Blender
質感・マテリアル
設定実践テクニック

Blender
4.2
対応版

灰ならし 著

本書のマテリアル素材について

本書で解説・使用しているマテリアル素材は本書のサポートサイトのサイトからダウンロードできます。

https://book.mynavi.jp/supportsite/detail/9784839986582.html

- 使い方の詳細は、本書内の解説を参照してください。
- モデルデータ、素材の著作権は著者が所有しています。このデータはあくまで読者の学習用の用途として提供されているもので、個人による学習用途以外の使用を禁じます。許可なくネットワークその他の手段によって配布することもできません。
- 画像データに関しては、データの再配布や、そのままままたは改変しての再利用を一切禁じます。
- 本書に記載されている内容やサンプルデータの運用によって、いかなる損害が生じても、株式会社マイナビ出版および著者は責任を負いかねますので、あらかじめご了承ください。

●本書籍で使用したモデル : Material ball in 3D-Coat (https://skfb.ly/FrVp) by 3d-coat is licensed under Creative Commons Attribution (http://creativecommons.org/licenses/by/4.0/).

●本書の解説は、Windows のキー表記にて行っています。Mac をお使いの方は、適宜キーを読み替えてください。

●本書は 2024 年 11 月段階での情報に基づいて執筆されています。
本書に登場する製品やソフトウェア、サービスのバージョン、画面、機能、URL、製品のスペックなどの情報は、すべてその原稿執筆時点でのものです。
執筆以降に変更されている可能性がありますので、ご了承ください。

●本書に記載された内容は、情報の提供のみを目的としております。
したがって、本書を用いての運用はすべてお客様自身の責任と判断において行ってください。

●本書の制作にあたっては正確な記述につとめましたが、 著者や出版社のいずれも、本書の内容に関してなんらかの保証をするものではなく、 内容に関するいかなる運用結果についてもいっさいの責任を負いません。あらかじめご了承ください。

はじめに

いきなりですが。
「マテリアル初心者用の本を作って下さい」と言われ、正直、困りました。
なにしろ、私自身は本を買わずにBlenderができるようになってしまったもので。

Q：では、どうやってBlenderができるようになったのか?
A：YouTubeにある魅力的なチュートリアルをどんどんやってみた。

それだけです。
や、本当に。

あれ作ってみよう――うおーできた! すげえ！――こんなのできるのか？――ひゃーできたできた！――そんな調子でどんどんやっていくうちに、なんとなく用語がわかるようになり、感覚が身につき、機能のあれこれを手が覚え……
そうしていつの間にやら自分でブログを書き始めるぐらい、どっぷりBlenderにはまっていたのでした。

結局のところ、それが一番なんだと思います。
「習うより慣れろ」
できるできないを気にするより、とにかくどんどんやってみる。
そのうち、なんとなく少しずつ分かるようになってくる。

ただ本を読んで知識だけ頭に入れても、手が動かなければCGはできあがりません。
なので――
この本は「パッと手に取り、サッと実行できる！」を目標に、作りました。
ここにある通りにやってみれば、その通りのものができる。
その楽しさを、存分に味わってください。

2024年11月
灰ならし

1

Chapter

マテリアルを作る準備

まずは前準備として、「マテリアルとは何か」という基礎知識から解説します。
また、マテリアルの作成・編集を行うための「シェーダーエディター」の使い方も説明します。

Chapter 1

1

「マテリアル」って何？

最初に「マテリアルって何?」、「ノードって何ぞや?」について、ざっくりと説明します。マテリアルの作り方（ノードの使い方）については後のChapterで順を追って説明していくので、ここでおおまかなイメージをつかんでおきましょう。

1-1 「マテリアル」って何？

まずは次の画像を見てください。
左が素のままのオブジェクト、右がマテリアルを設定したオブジェクトです。

一目瞭然、違いますね！
このように**マテリアル**とは、**オブジェクトの質感設定**のことです。

マテリアルの設定次第で、オブジェクトの見た目を自由に作ることができます。
例えば、下図のように金属にしたり、ガラスにしたり、模様をつけたり、表面の凹凸を表現したりできます。

金属のマテリアル

ガラスのマテリアル

木目のマテリアル

ドロドロ汚れのマテリアル

ちなみに、英語の**material**を直訳すると**物質**・**材質**・**素材**です。
3DCGでは「質感を設定することでそのオブジェクトの材質を表現するもの」がマテリアル、ということになります。

1-2 「ノード」って何ぞや？

下の画像は**錆びた金属のマテリアル**で、左側がマテリアルの設定部分です。
※作り方は**Chapter3-5　錆びの作り方**（113ページ）で説明します。

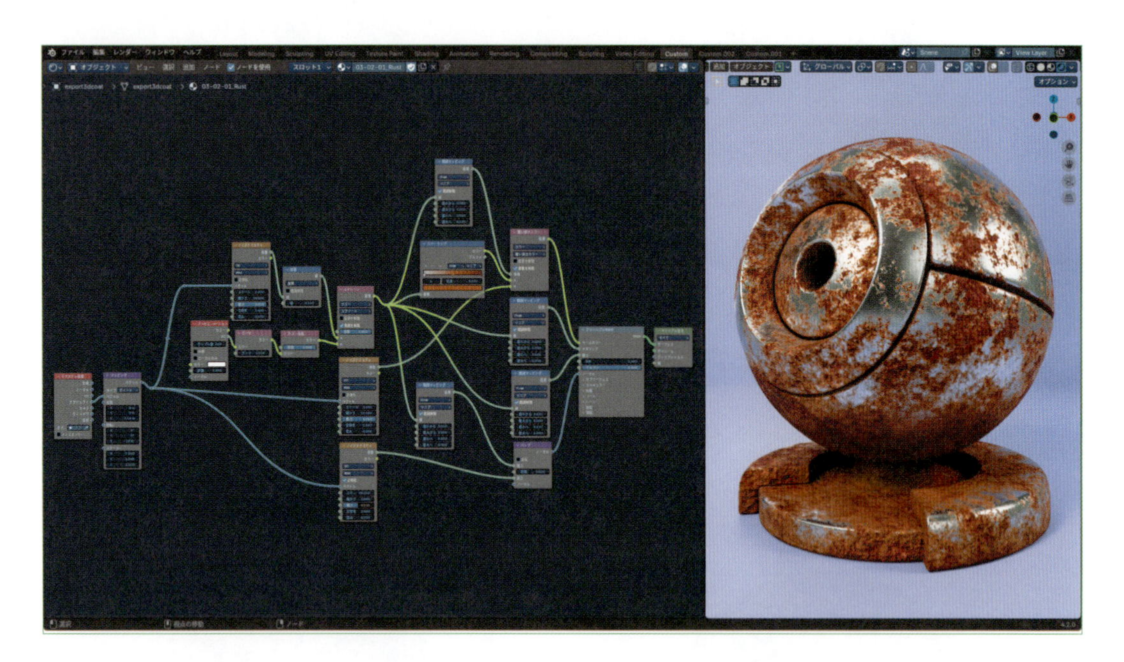

なんだかたくさんの四角がつながり合っていますね。
このひとつひとつの四角が**ノード**です。
ノード（Node）は**マテリアルを設定するためのパーツ**で、ひとつひとつに決まった働きがあります。
いろいろなノードを組み合わせ、つなぎ合わせることで、右側のような質感ができあがります（このノードがつながり合った状態を**ノードツリー**といいます）。

MEMO

ノードは、正式には**シェーダーノード**といいます（**マテリアルノード**と呼ばれることもあります）。
この本では略して**ノード**と表記しています。

ノードにはたくさんの種類がありますが、大まかに分類すると次の3つに分けられます。

1.シェーダー
2.シェーダーを操作するノード
3.その他

この違いを知っておくと、ノードの使い方やマテリアルの作り方が理解しやすくなります。

シェーダー

シェーダーとは**オブジェクトの基本的な質感を作る**ノードです。
マテリアルを作成・編集する**シェーダーエディター**でノード追加メニューを開くと**シェーダー**という項目がありますが、ここに分類されているノードが**シェーダー**です。
※シェーダーエディターの使い方は**Chapter1-2　シェーダーエディターの用意**（008ページ）と**Chapter1-3　シェーダーエディターの使い方**（015ページ）で説明します。

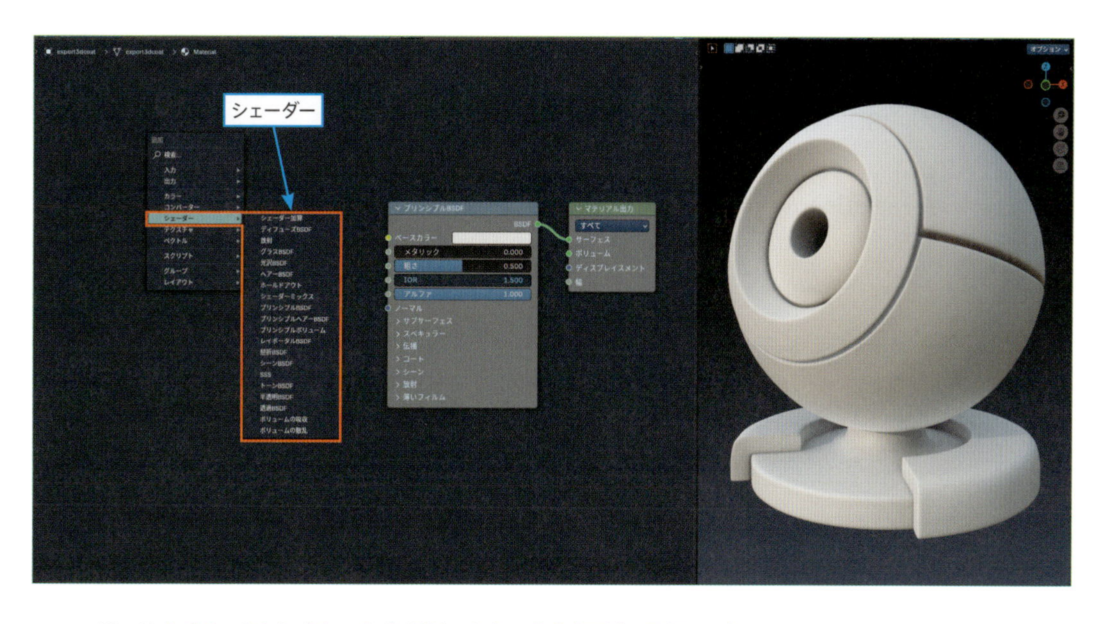

シェーダーは**オブジェクトに当たった光がどのように変化（反射・屈折など）するか**を設定するものです。「実際にその場にその物体があったらどう見えるか」をリアルにシミュレートするもの、と考えるとイメージしやすいでしょう。

シェーダーには、**プリンシプルBSDF**、**ディフューズ**、**光沢**、**グラス**など20種類くらいのノードがあり、それぞれ異なる質感を設定できます。

「シェーダーだけでもノードがたくさんあって、どれを使えばいいのか…」と思うかもしれませんが、大丈夫！
プリンシプルBSDFさえあれば、基本的な質感はすべて作れます。
この本では、**プリンシプルBSDF**だけを使って作れるさまざまなマテリアルを紹介します。
※プリンシプルBSDFについて詳しくは**Chapter2　基本的なマテリアルを作る**（029ページ～）で説明します。

POINT

プリンシプルBSDF以外のシェーダーは何に使うの？
プリンシプルBSDFが導入される以前（Blender2.7の頃）は、基本的な質感を作るために複数のシェーダー（**ディフューズ**や**光沢**など）を組み合わせる必要がありました。
今は**プリンシプルBSDF**があるので、その他のシェーダーは**凝った（特殊な）質感を作る時に使う**という位置づけになっています。

シェーダーを操作するノード

シェーダーだけでは、変化のない均一な質感しか作れません(均一な色、均一な表面の状態、などなど)。
模様、色ムラ、部分的な傷など、様々な質感の変化を表現するのが**テクスチャ**です。

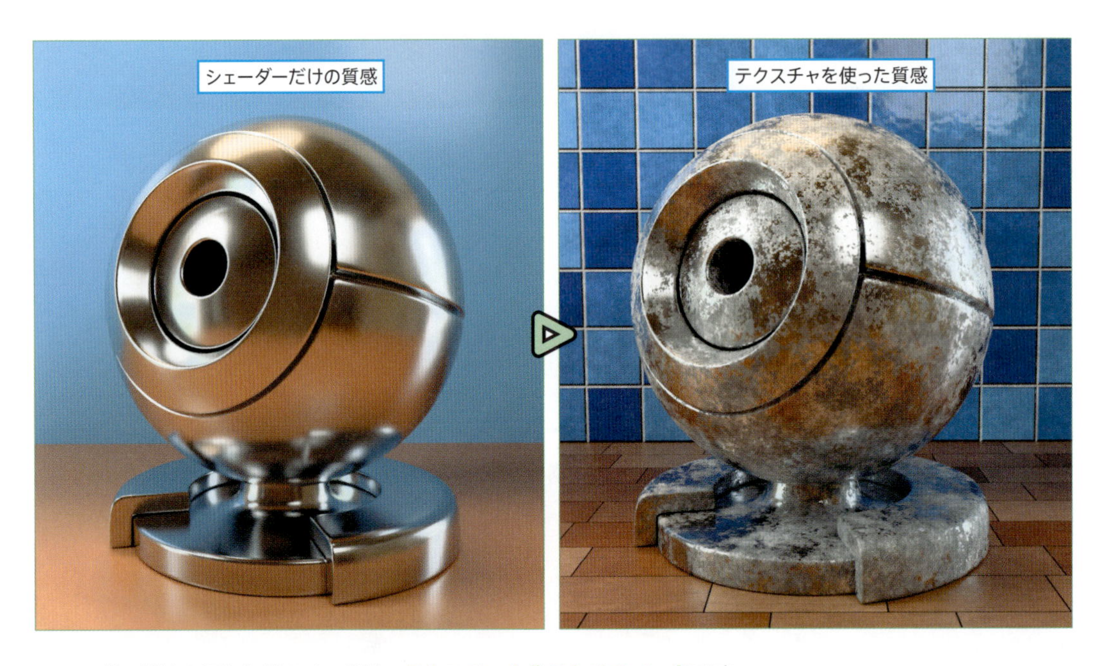

シェーダー以外のほとんどのノードは、**テクスチャを作るためのノード**です。
主なところでは次のような種類があります。

色の操作	カラーミックス、カラーランプなど
位置・回転・スケールなどの操作	テクスチャ座標、マッピング
数値の操作	数式、範囲マッピングなど
パターンを作る	ノイズテクスチャやボロノイテクスチャなどのテクスチャノード、アンビエントオクルージョンなど

マテリアル作りの基本は、これらのノードを組み合わせて**最終的なテクスチャ**を作り、シェーダーの色やパラメーターを操作して、欲しい質感を作りあげる、という流れになります。

※テクスチャの作り方は**Chapter3　マテリアル設定テクニック**（063ページ～）で説明します。

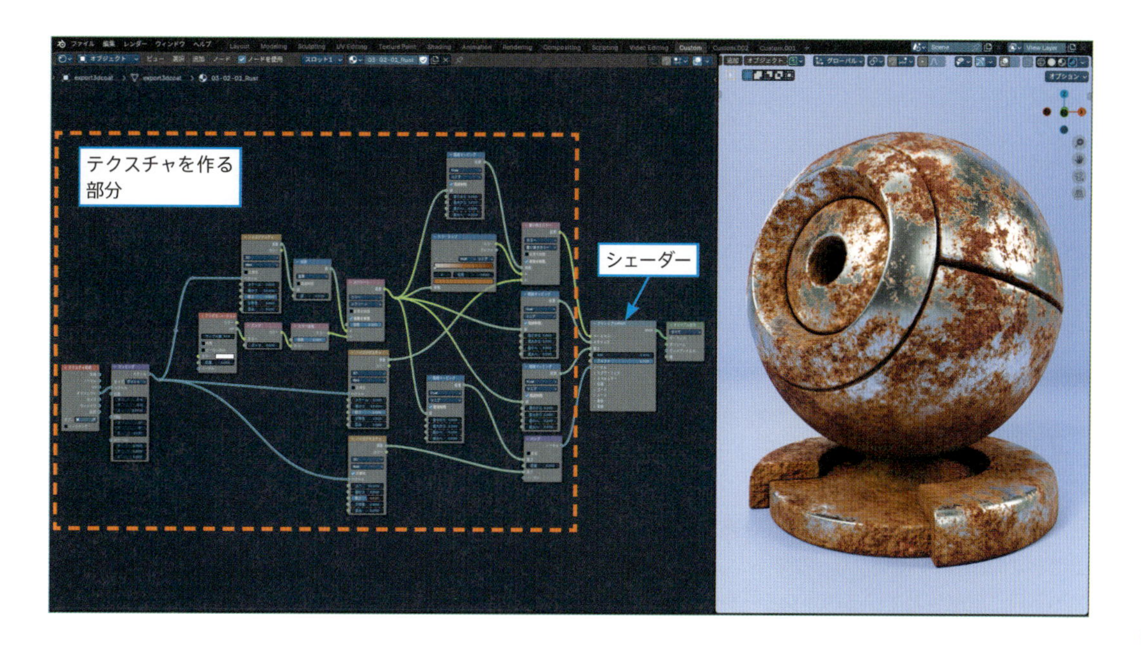

その他

ごく少数ですが、シェーダーでもテクスチャを作るためのものでもないノードがあります。
最終的なマテリアル設定を出力する**マテリアル出力**や、マテリアルの操作をしやすくするための**値**などがそうです。

MEMO

Blenderには90種類くらいのノードがありますが、いきなり全部を理解する必要はありません。
この本では**よく使う基本的なノード（20種類）**に絞り、ひとつひとつが使いこなせるように順を追って説明していきます。

Chapter 1

2

シェーダーエディターの用意

ここでは、マテリアルの作成・編集を行うためのシェーダーエディターの表示方法と、画面レイアウトのカスタマイズ方法を説明します。
自分の使いやすいレイアウトにすることで、操作性や作業効率が良くなります。

2-1 シェーダーエディターを表示する

シェーダーエディターはマテリアルを編集する画面です。
上のタブの**Shading**をクリックすると、編集画面のレイアウトが下図のように切り替わります。
この下段に配置されているのがシェーダーエディターです。

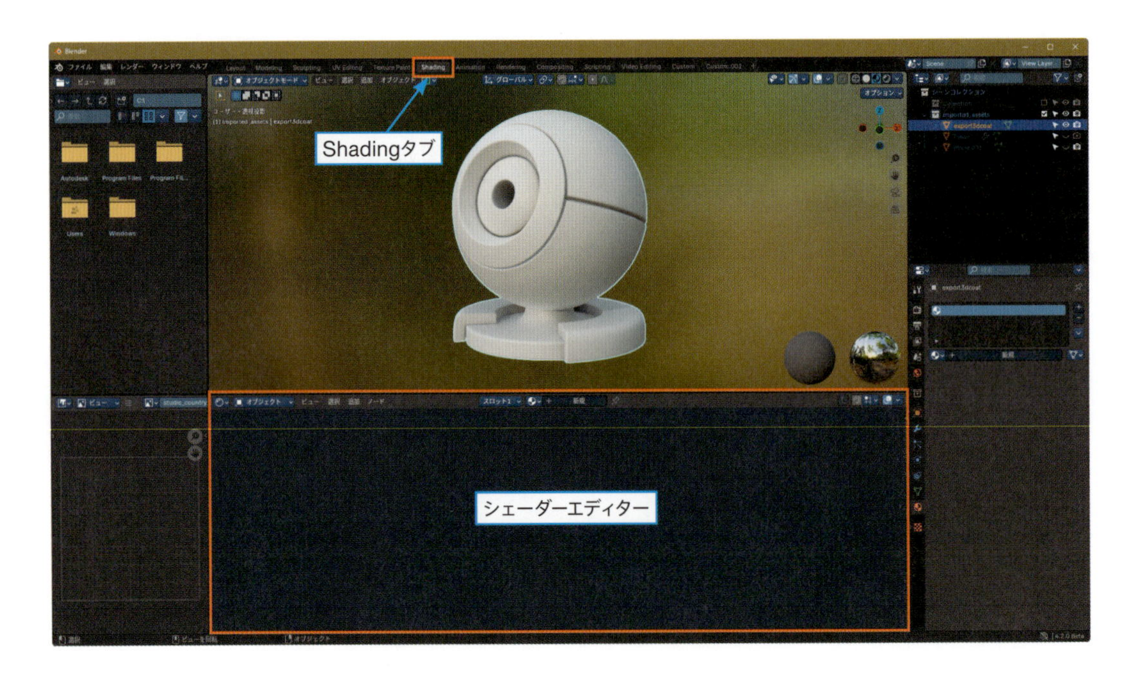

ただこのレイアウトは、シェーダーエディターの縦方向が狭いため、ちょっと使いにくいと感じることがあります。

レイアウトをカスタマイズすると、見やすく、使いやすくできます。

カスタマイズは簡単なので、次ページから手順を紹介します。

2-2 レイアウトのカスタマイズ

では、レイアウトをカスタマイズしてみましょう。

01 Step **Layoutタブにする**

上のタブの**Layout**をクリックして、標準の画面に戻します。
この**3Dビューポート**のエリアを分割します。

02 Step **画面を分割する**

❶3Dビューポートの隅にマウスカーソルを合わせると、カーソルが**十字**に変わります。

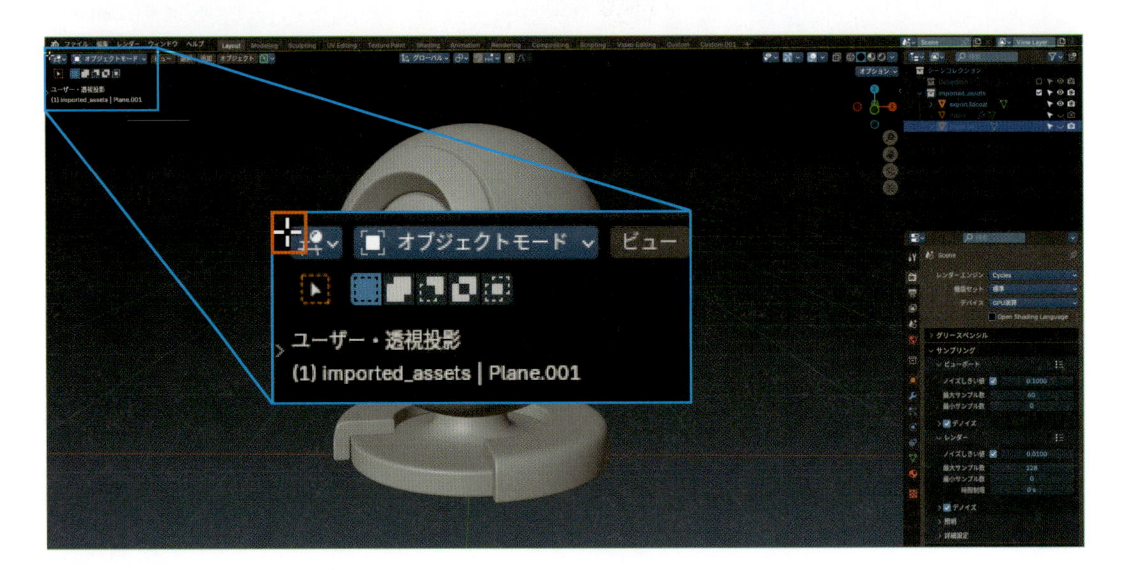

❷そのまま左ドラッグすると、エリアが分割されます。

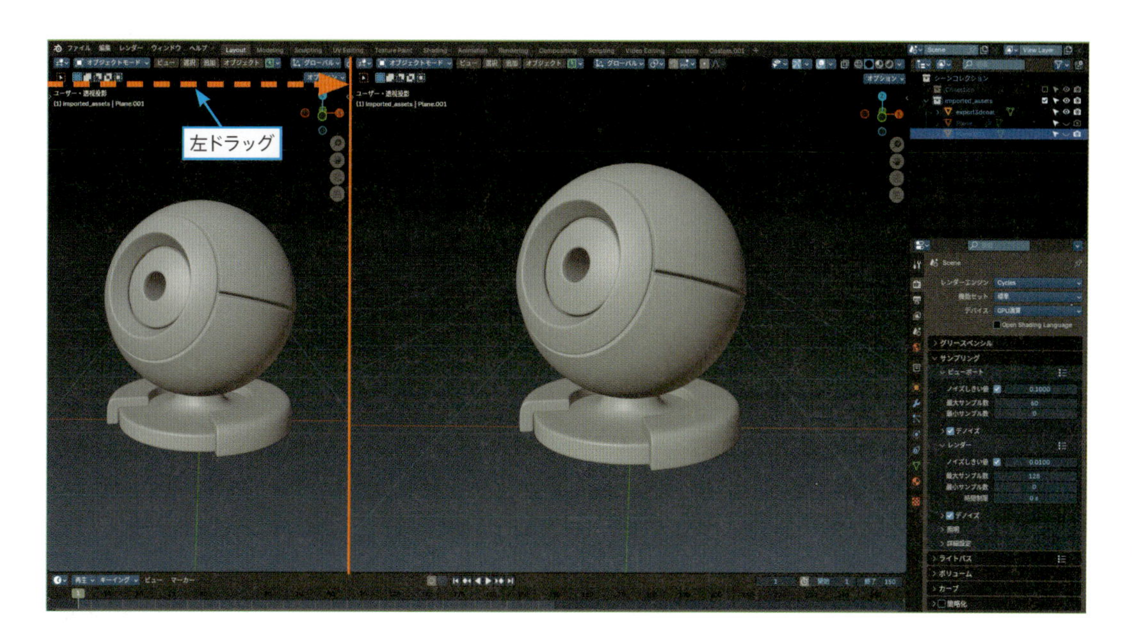

03 シェーダーエディターを選択

Step

分割されたエリアの左上のボタンから**シェーダーエディター**を選択します。

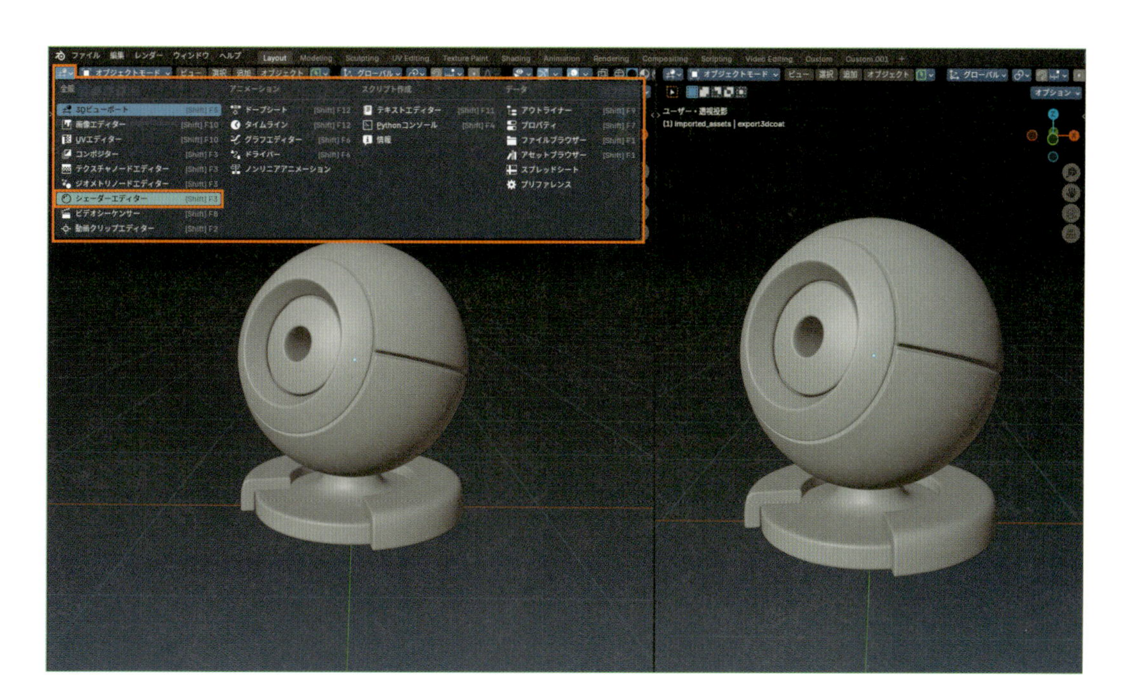

04 サイドバーを非表示にする

Step

Nキーで**シェーダーエディター**の**サイドバー**を非表示にします。

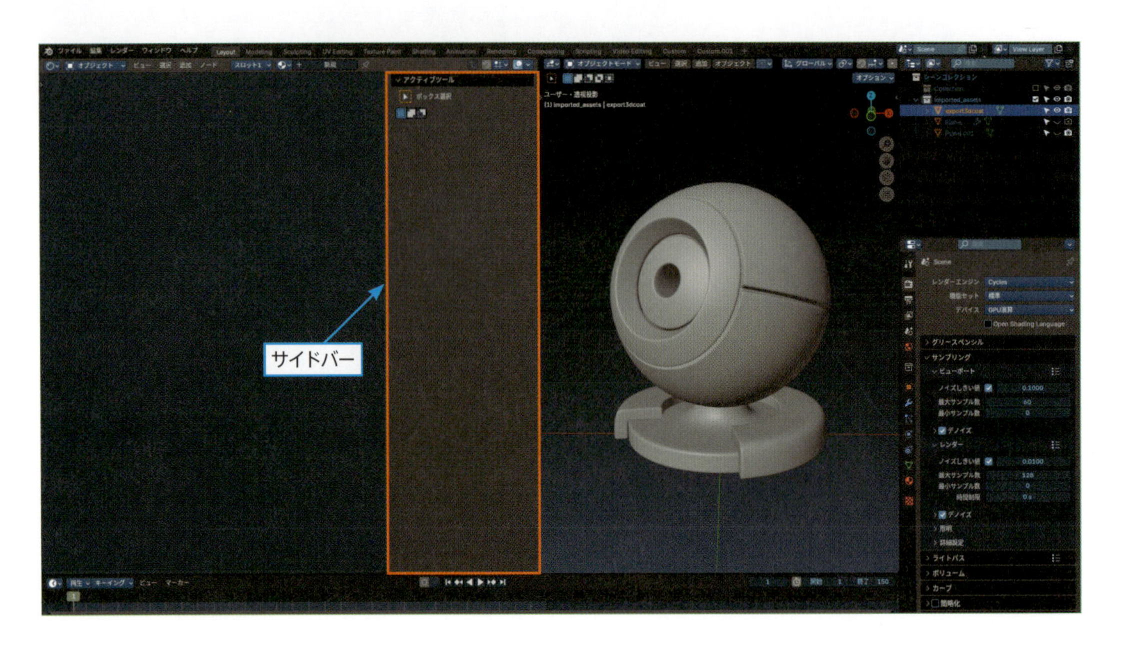

これで、大きい画面でシェーダーエディターが使えるようになりました。

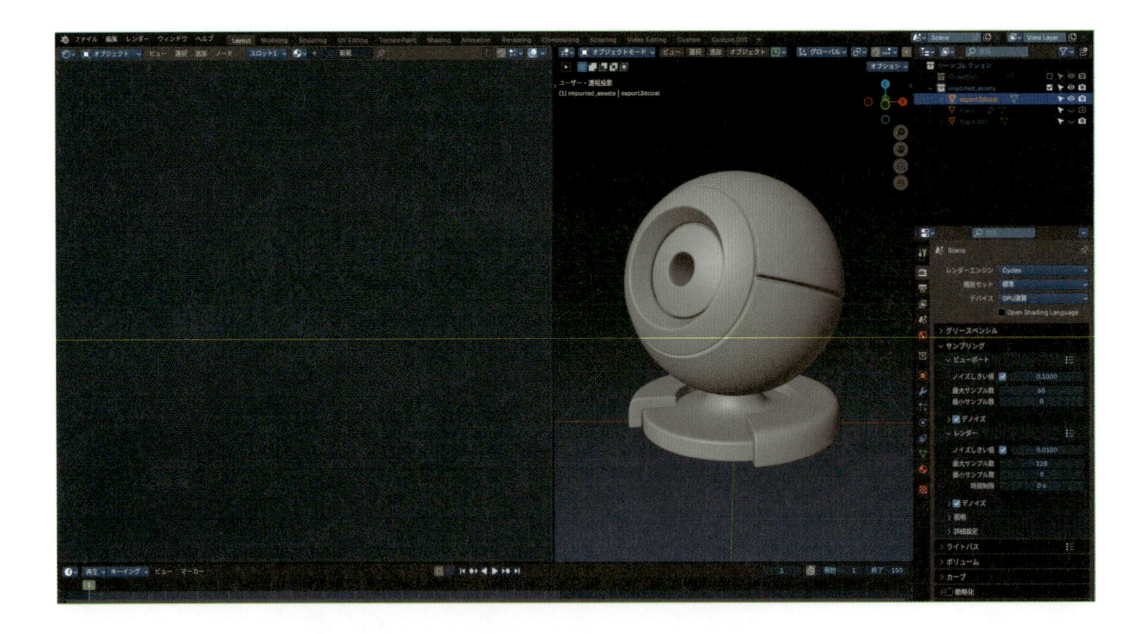

2-3 エリアの大きさを変更したい

エリアの境界にマウスカーソルを合わせると、カーソルが**両矢印**に変わります。そのまま左ドラッグすると、好きな方向にエリアの境界を移動できます。

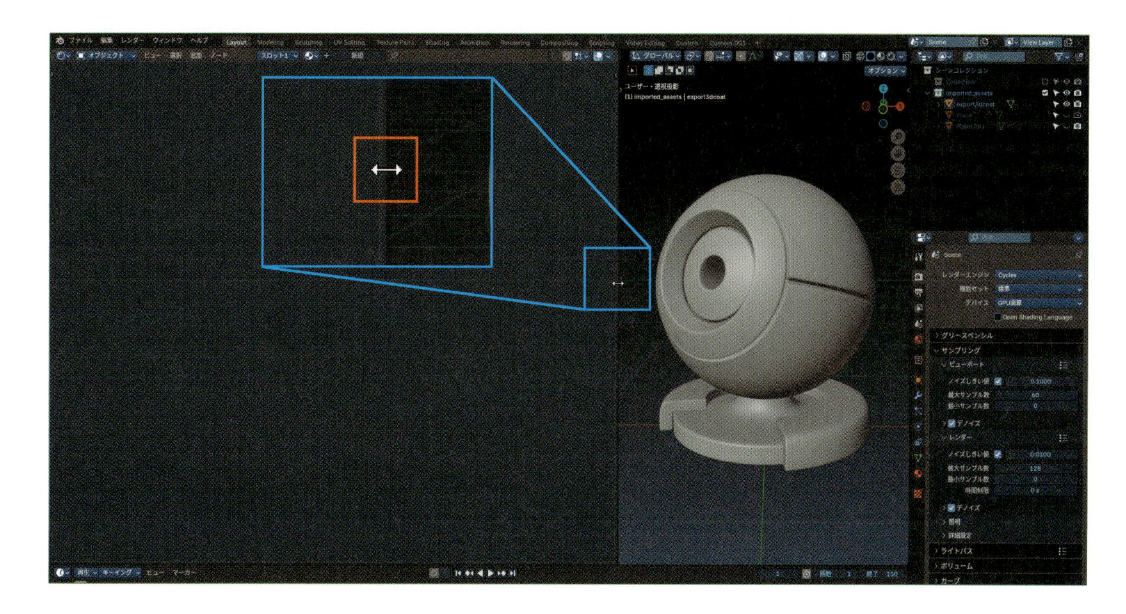

2-4 3Dビューポートだけの画面に戻したい

3Dビューポートとシェーダーエディターの境界の隅にマウスカーソルを合わせると、カーソルが**十字**に変わります。そのままシェーダーエディターの方に左ドラッグして、左ボタンを放します。

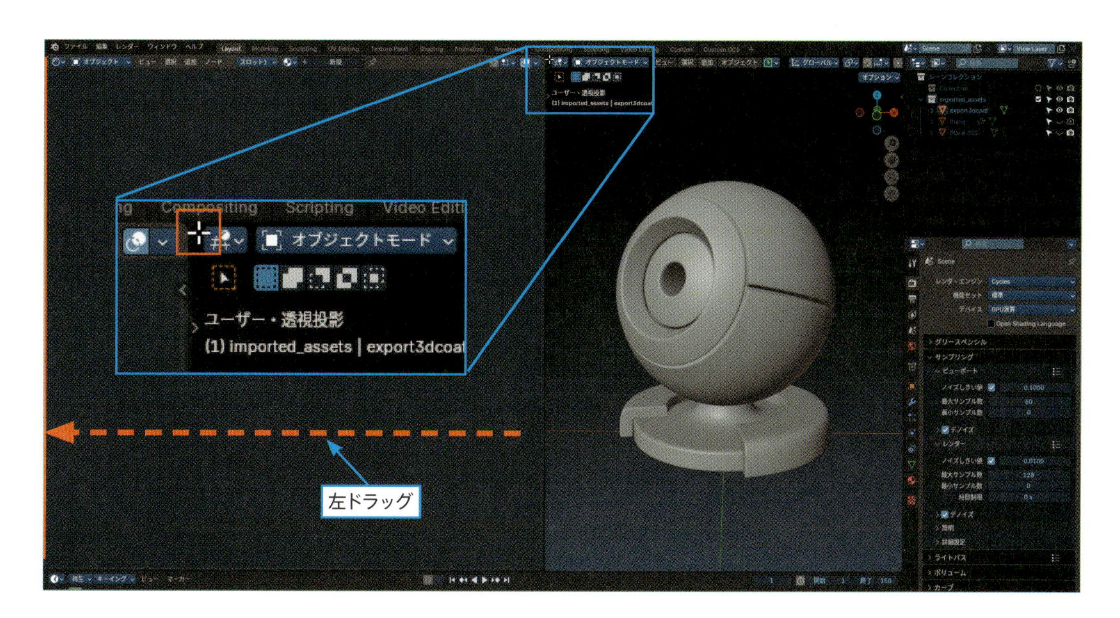

Chapter 1
Chapter 2
Chapter 3 1-5
Chapter 3 6-10
Chapter 3 11-15
Chapter 4

これで分割されていたエリアがひとつになります。

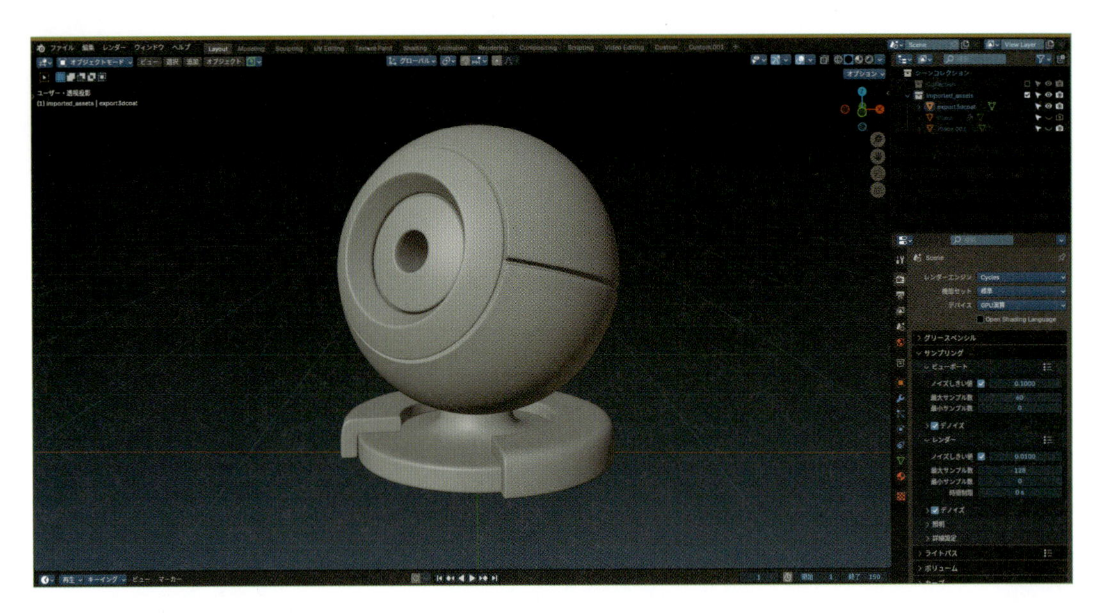

うっかり反対方向にドラッグして全部シェーダーエディターになってしまった場合は、左上のボタンから**3Dビューポート**を選択すればOKです。

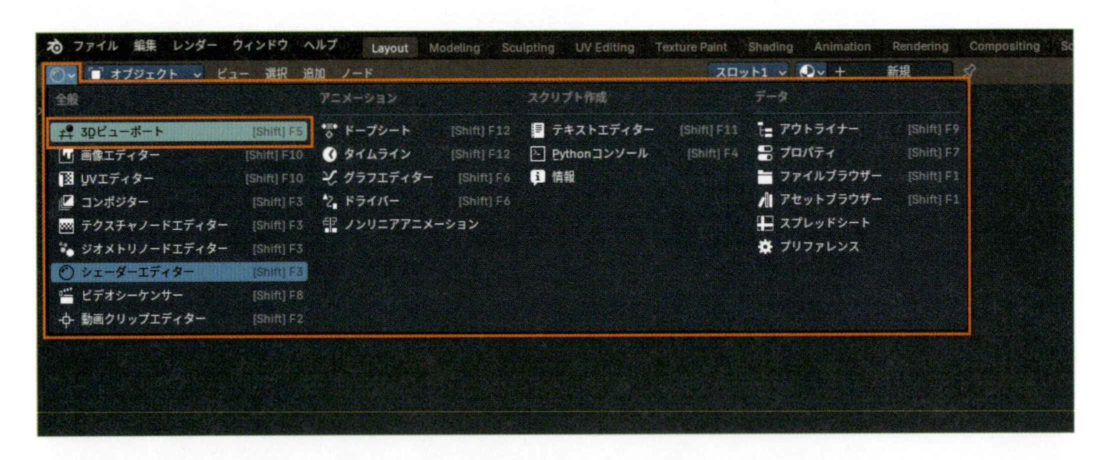

なおこの本では、見本の画像が見やすくなるよう、状況に応じて画面レイアウトを変更しています。
もちろん、みなさんが操作する時はレイアウトまで見本と同じにする必要はありません。
好みのレイアウトで作業してください。

Chapter 1

3

シェーダーエディターの使い方

簡単なマテリアルを作成しながら、ノードの追加や接続など、シェーダーエディターの基本的な操作方法を解説します。
既にシェーダーエディターの基本的な操作方法を理解している方は読み飛ばしても構いません。

3-1 マテリアルプレビューに切り替える

それでは、シェーダーエディターを使ってみましょう。
まず3Dビューポートの右上、右から2つめのボタンをクリックして、3Dビューの表示を**マテリアルプレビュー**に切り替えます。
※一番右のボタンの**レンダー**表示でもOKです。

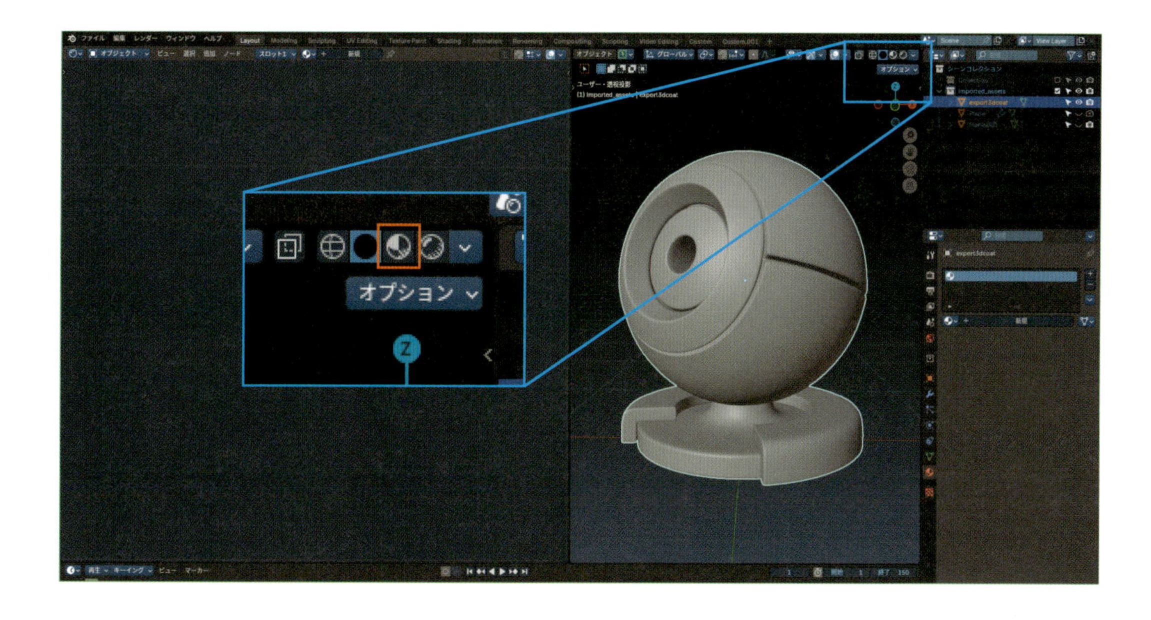

クリックしたボタンが青い表示に切り替わります。
これでオブジェクトが、設定したマテリアルの質感で表示されるようになります。

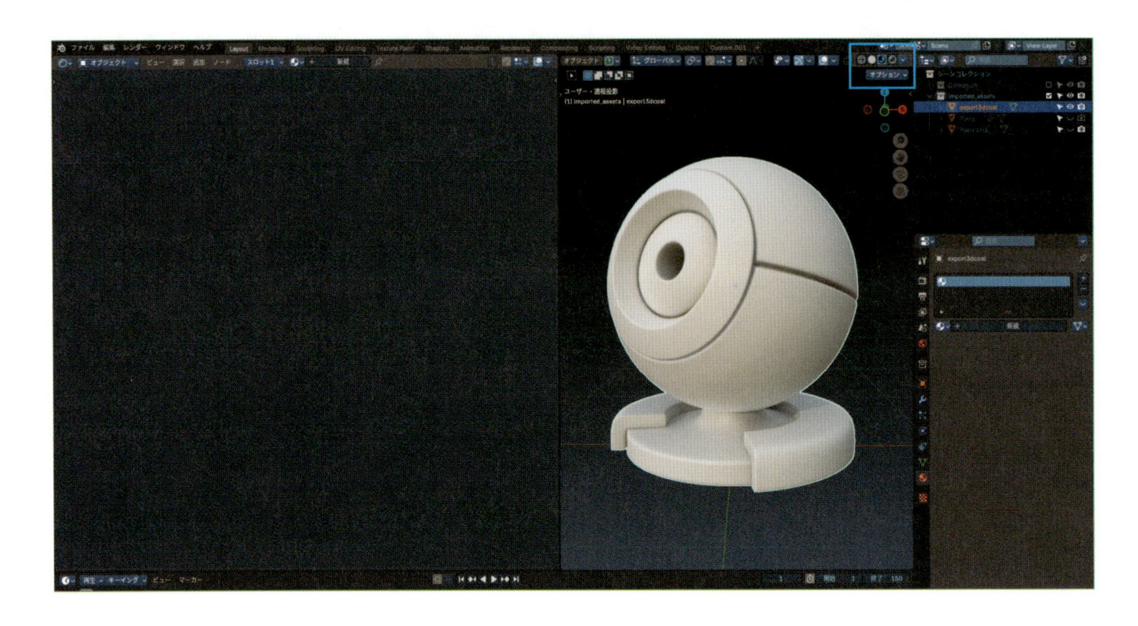

3-2 マテリアルの新規作成

オブジェクトを選択してシェーダーエディターの**新規**ボタンをクリックします。

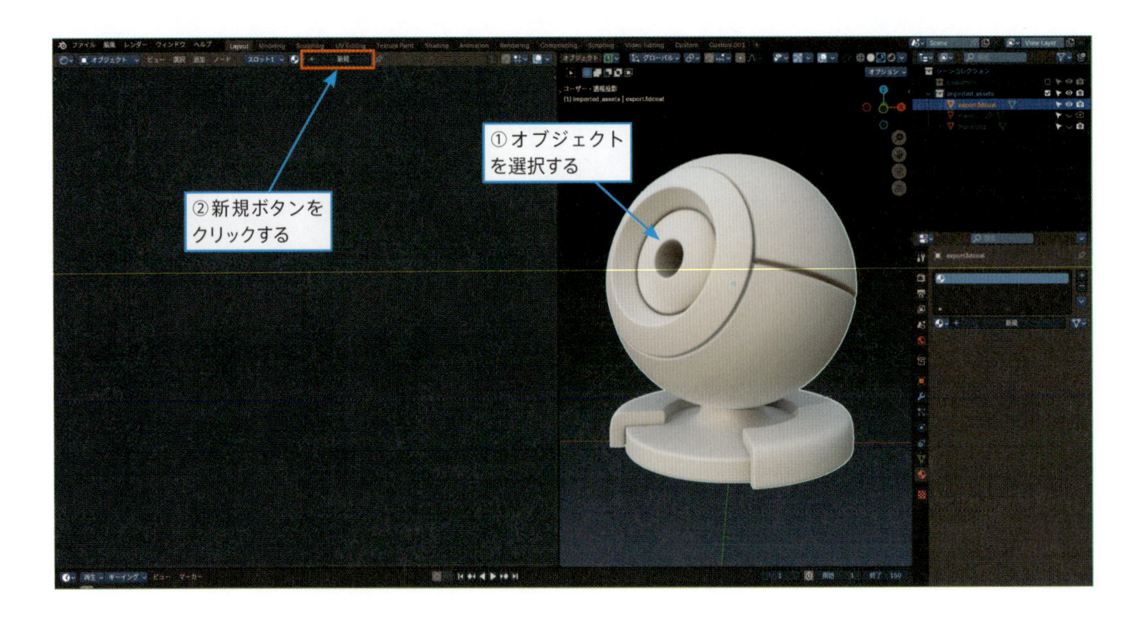

これで、選択したオブジェクトにマテリアルが追加されます。

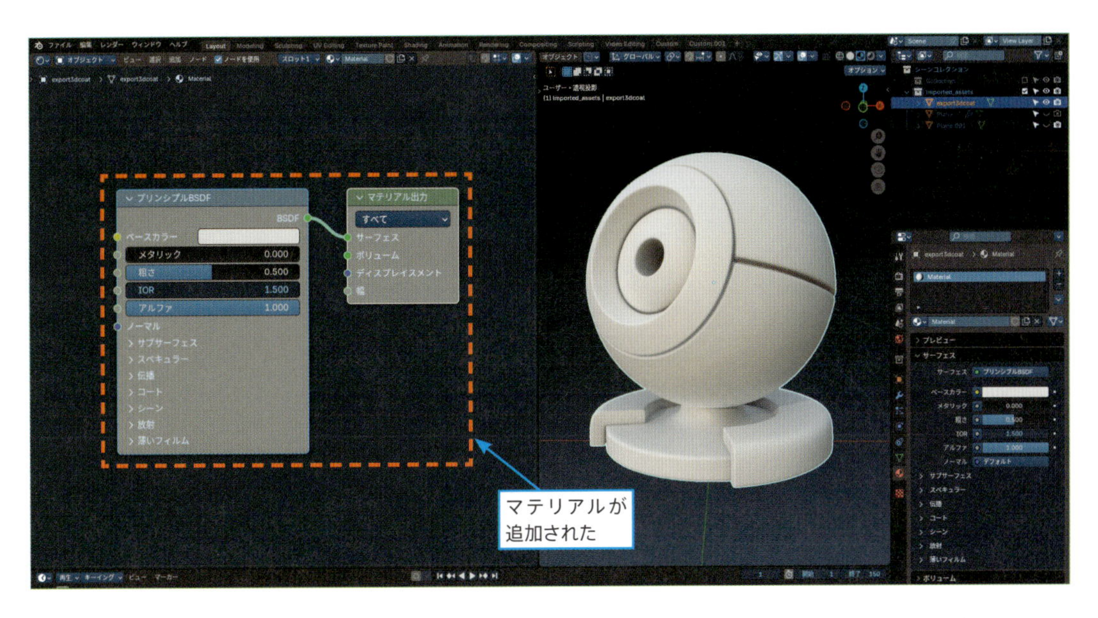

新規マテリアルには**プリンシプルBSDF**と**マテリアル出力**がセットされていて、すぐに質感の設定が始められる状態になっています。

ただし、この段階ではすべてのパラメーターが初期設定の状態なので、オブジェクトの見た目も初期状態のままです。

POINT

プリンシプルBSDFとマテリアル出力

プリンシプルBSDFは質感作りの基本となるノードで、**これさえ使えば現実的な物質の質感が表現できるすぐれモノ**です（詳しくは、Chapter2で説明します）。

マテリアル出力は、マテリアル設定を最終的に入力するノードです。
このノードへの入力がオブジェクトに反映されます。

3-3 シェーダーエディターの基本操作

だいたい、3Dビューポートと同じです。

視点操作

マウスホイール ↑	ズームイン
マウスホイール ↓	ズームアウト
マウスホイールドラッグ	視点移動
「Home」キー	すべてのノードがシェーダーエディター内に収まるように表示

ノードの追加·削除·コピー

Shift+A	ノードの追加
X	選択したノードの削除
Shift+D	選択したノードのコピー

ノードの選択

ノードを左クリック	そのノードを選択
A	すべてのノードを選択、または選択解除
Alt+A、または何もない場所を左クリック	すべての選択を解除
左ドラッグ	矩形選択
C	サークル選択（Escキーで選択終了）

ノードの移動

G	選択したノードを移動（左クリックで確定）
ノードを左ドラッグ	選択したノードを移動

その他

Ctrl+Z	操作の取り消し

ノードの設定などは、シェーダーエディター特有の操作方法になります。
簡単なマテリアルを作りながら、それらを見ていきましょう。

3-4 色の操作方法

まずは**プリンシプルBSDF**の**ベースカラー**を設定してみましょう。

01 Step ベースカラーの設定

ベースカラーの色が表示されている部分をクリックすると、**カラーピッカー**が表示されます。**カラーピッカー**の使い方は普通の画像編集ソフトと同じです。
円の部分で色相と彩度を、その右にある白黒グラデーションの部分で明度を設定します。
また**RGB（赤・緑・青）**、**HSV（色相・彩度・明度）**、**16進数**の数値による設定もできます。

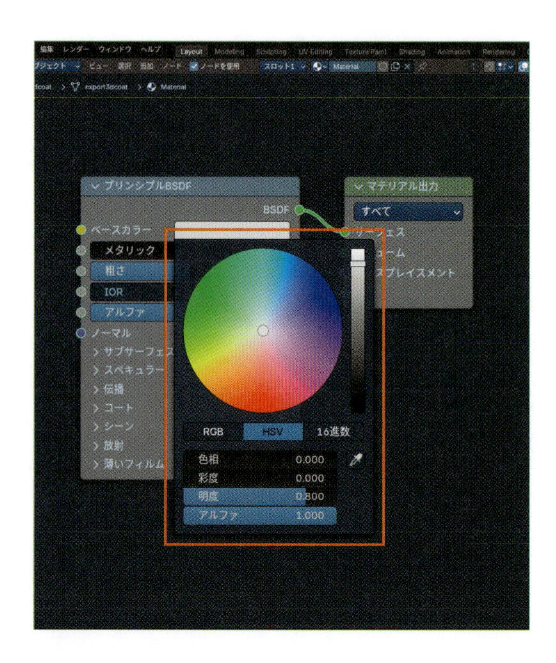

MEMO

カラーピッカーの**HSV**表示は、Blenderのバージョンによって、パラメーター名が次のように異なります。

- Blender 3.3以前：H、S、V、A
- Blender 3.4：色相、彩度、値、アルファ
- Blender 3.5以降：色相、彩度、明度、アルファ

これは表記が違うだけで、働きや使い方はどれも同じです。
※Blender 3.4の「値」は誤訳で、3.5で正しい訳語の「明度」に修正されました。

この本では、明度を操作する場合、**V（明度）**または**V**と表記しています。
ご使用のバージョンに合わせて、適宜読み替えてご利用ください。

02 Step カラーピッカーで色を指定

カラーピッカーで好みの色を設定すると、オブジェクトの色が決まります。

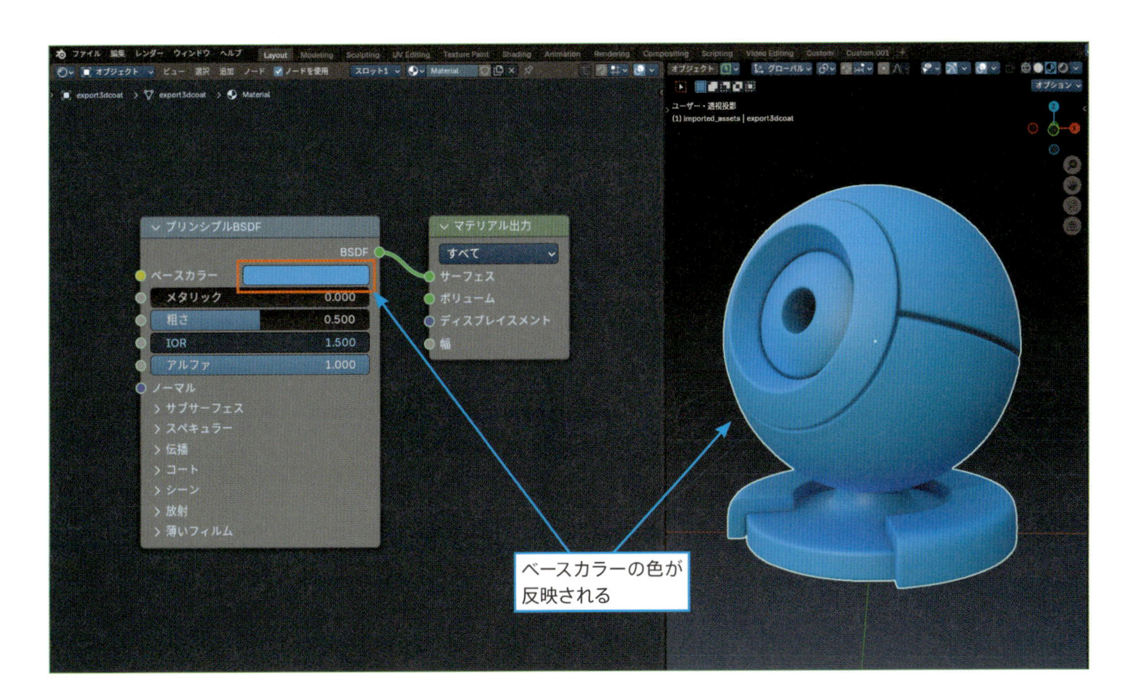

3-5 ノードの追加・接続

次に**ノイズテクスチャ**を追加して、**プリンシプルBSDF**の**ベースカラー**に接続してみましょう。
ノイズテクスチャは雲や煙のような不規則な模様を作るノードです。

01 Step ノイズテクスチャを追加

Shift+A>**テクスチャ**>**ノイズテクスチャ**を追加します。
Shift+Aで追加したノードは移動状態になっているので、マウスカーソルと一緒に動きます。
左クリックすると、その場所でノードの位置が確定します。

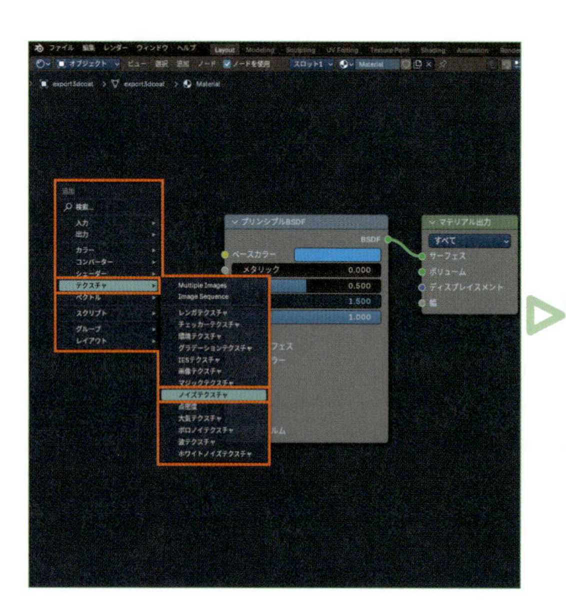

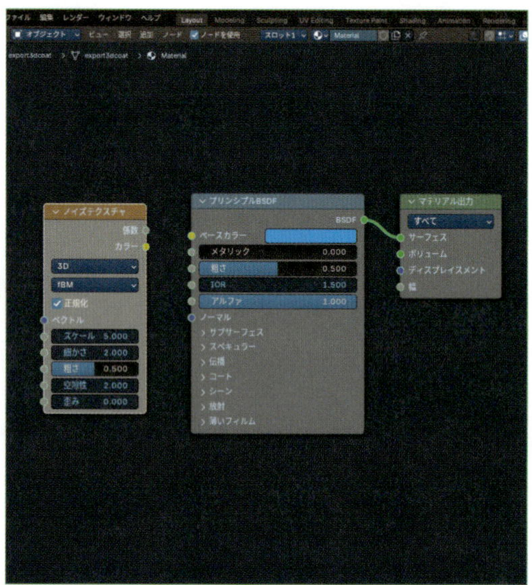

ノードの側面に並んでいる小さい丸を**ソケット**といいます。
左側が**入力ソケット**、右側が**出力ソケット**です。
ノード同士を接続するには、出力ソケットから入力ソケットを**リンク**でつなぎます。

では、**ノイズテクスチャ**の**係数**を、**プリンシプルBSDF**の**ベースカラー**に接続しましょう。

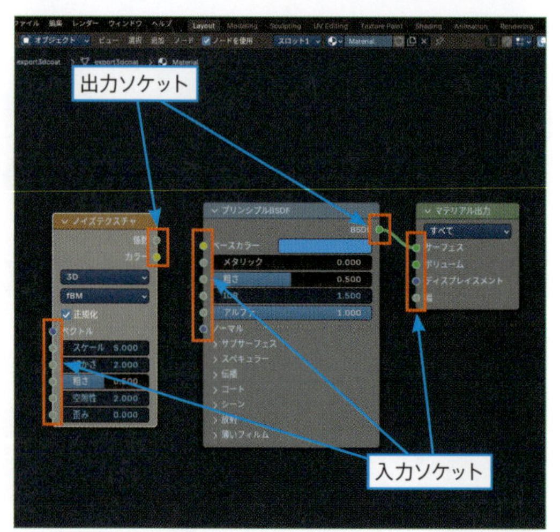

02 Step ソケットをドラッグ

ノイズテクスチャの**係数**のソケットを左ドラッグすると、ソケットからリンクが引き出されます。

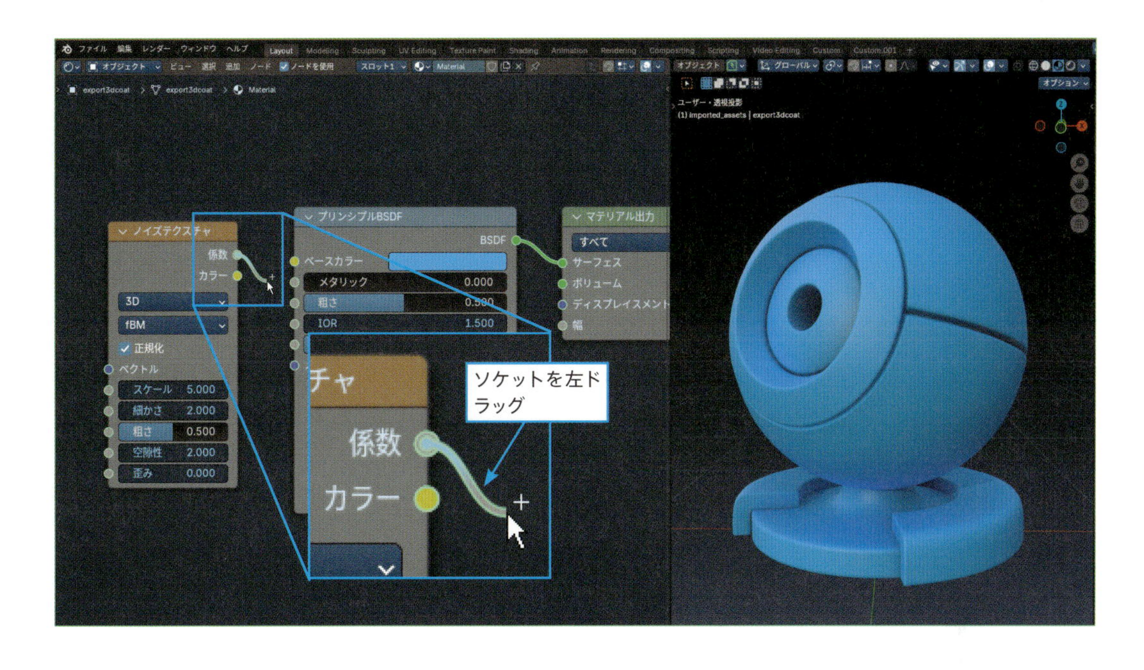

03 Step ソケットをつなぐ

マウスカーソルを**プリンシプルBSDF**の**ベースカラー**のソケットに近づけると、リンクがソケットに自動でくっつきます。
リンクがソケットにくっついた状態で左ボタンをはなすと、接続が確定されます。
これで、**ベースカラー**が**ノイズテクスチャ**の模様になります。

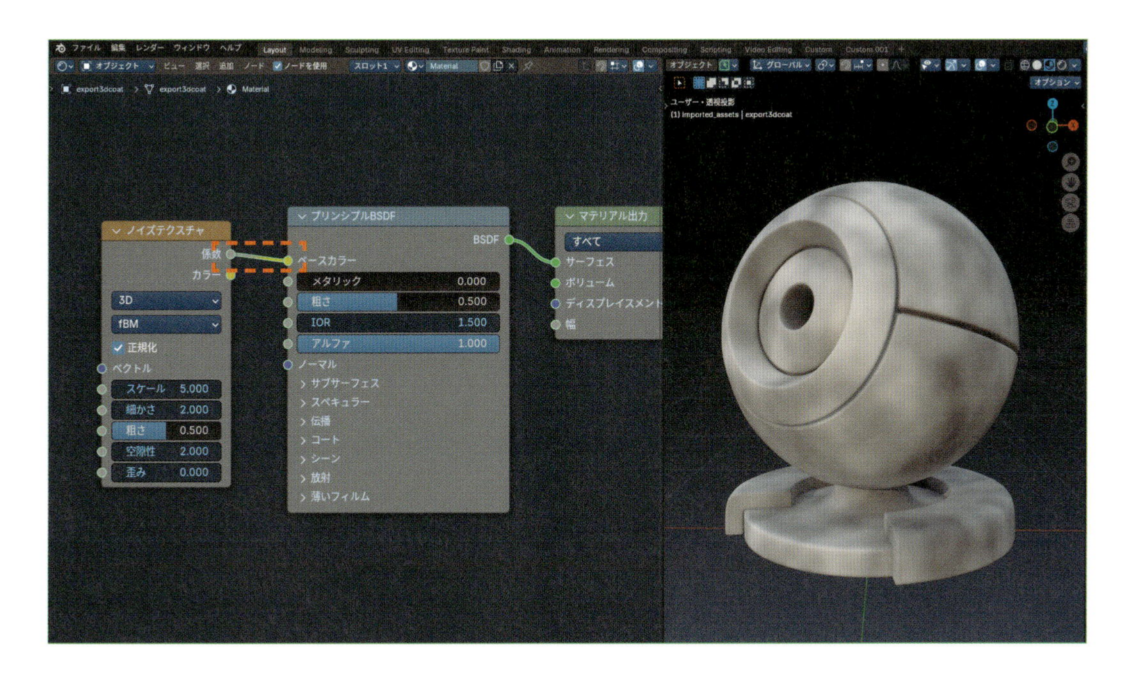

「色が消えた！？」と驚いた人がいるかも知れませんね。
このように、**ノードを接続すると接続先の設定は無効になり、つないだノードからの入力に置き換えられます**。
では、色をつけ直してみましょう。

04 Step カラーミックスを追加する

Shift+A>**カラー**>**カラーミックス**を追加します。
追加した直後なので、**カラーミックス**は移動状態になっています。

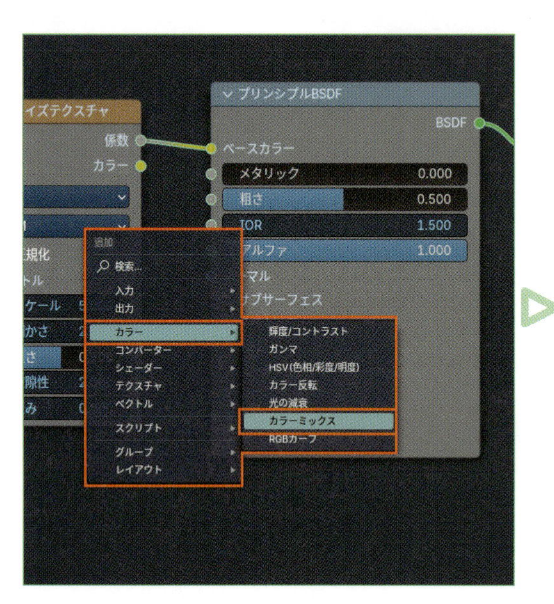

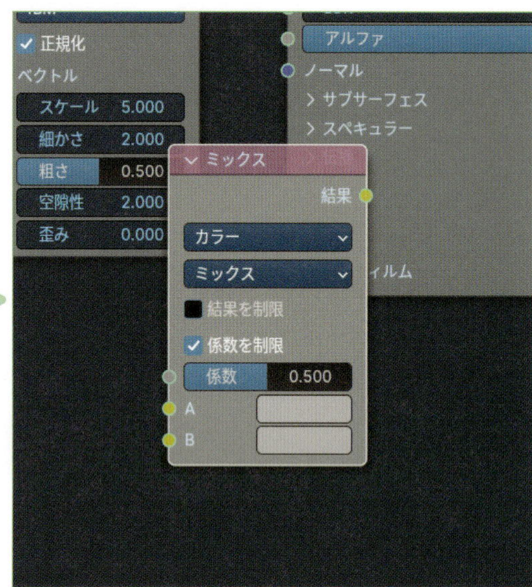

05 Step リンクをつなぐ

❶移動状態の**カラーミックス**を、**ノイズテクスチャ**と**ベースカラー**をつなぐリンクに重ねます。
するとリンクの色が明るく変化するので、左クリックして**カラーミックス**の位置を確定します。
これで、**ノイズテクスチャ**>**カラーミックス**>**ベースカラー**という接続に自動で組み替えられます。

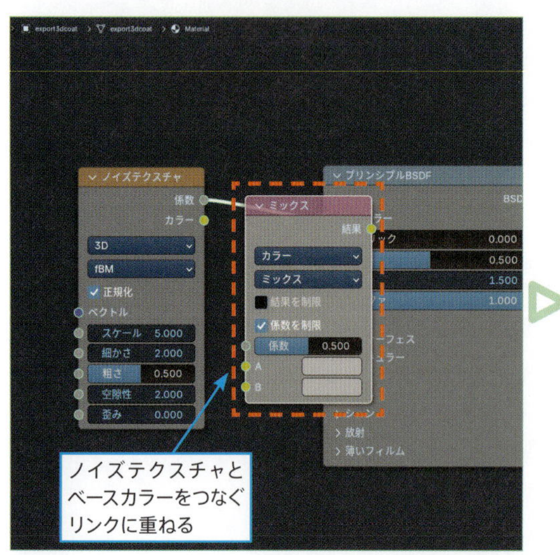

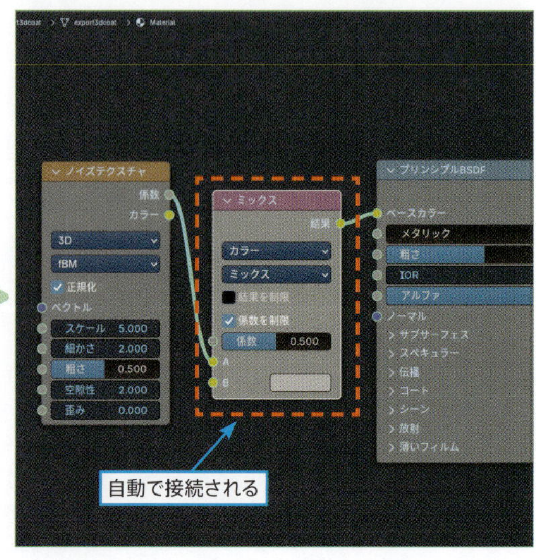

❷この自動接続では、**ノイズテクスチャ**からのリンクが、**カラーミックス**の**A**につながります。
これを**係数**につなぎ直します。

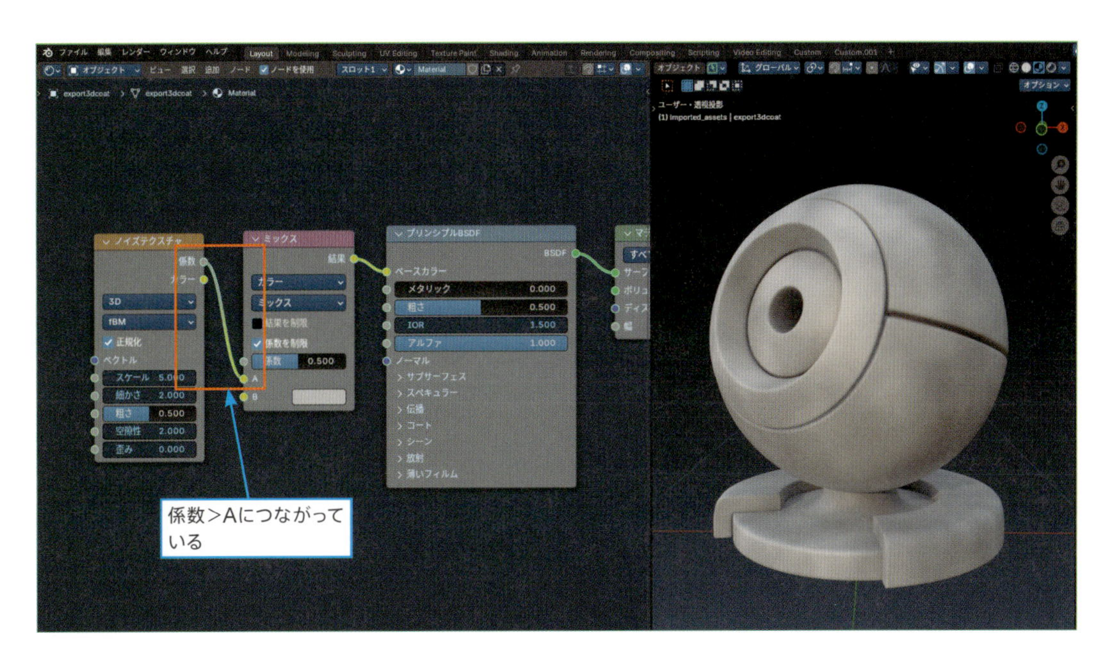

❸**カラーミックス**の**A**のソケットを左ドラッグすると、リンクをつまんで抜き取れます。

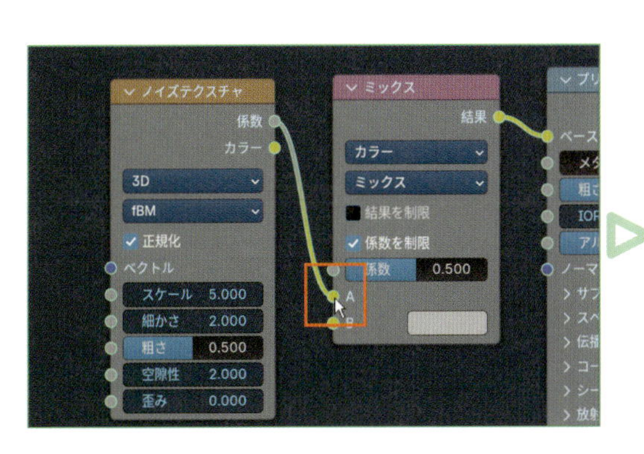

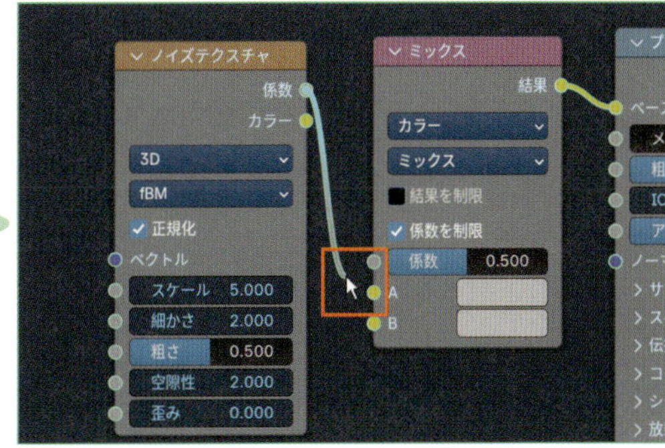

MEMO

カラーミックスは、Blenderのバージョンによって、ノード追加メニューの表記が次のように異なります。

- Blender 3.3以前：**RGBミックス**
- Blender 3.4以降：**カラーミックス**

この本では**カラーミックス**と表記していますが、ご使用のバージョンに合わせて、適宜読み替えてご利用ください。

❹マウスカーソルを**カラーミックス**の**係数**のソケットに近づけると、リンクがソケットに自動でくっつきます。この状態で左ボタンを放すと、リンクの接続が確定されます。

これで色をつける準備ができました。
この設定は、**ノイズテクスチャ**のグラデーション模様を元に**黒い部分 ⇒ A**、**白い部分 ⇒B**と置き換えます。中間のグレーの部分は、明度に応じた割合でAとBがミックスされます。

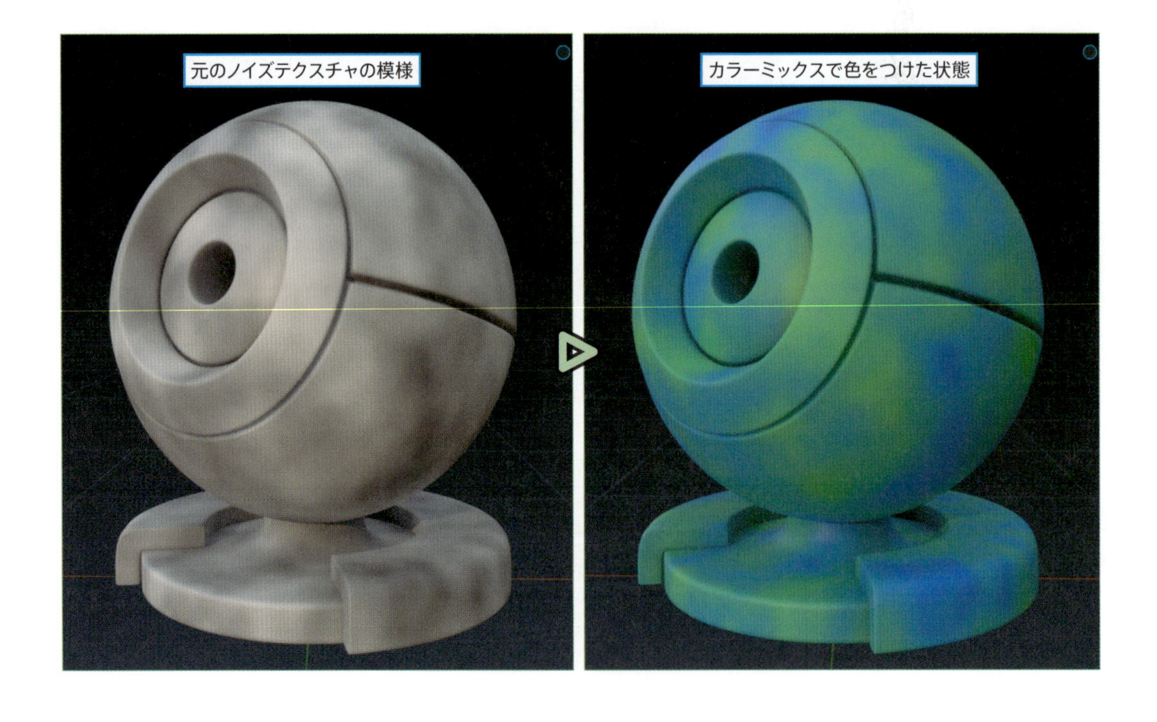

06 Step 色をつける

カラーミックスの**A**と**B**の色が表示されている部分をそれぞれクリックして、好みの色に設定します。

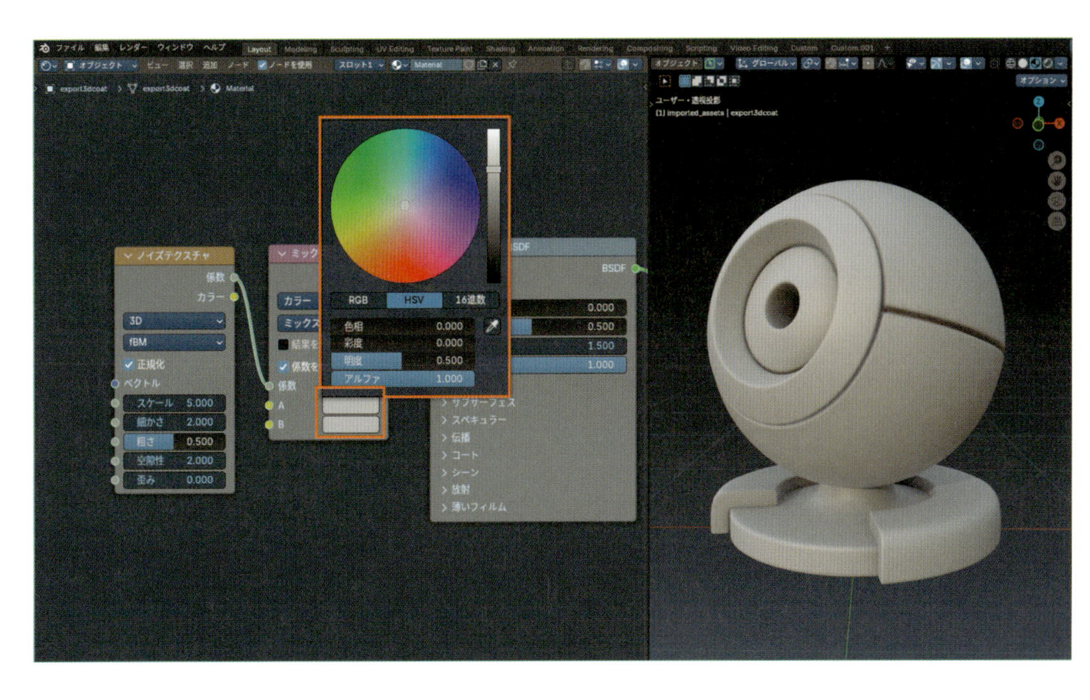

これで色がつきました。
この見本ではそれぞれの色を、**A : 0555F2**、**B : 93E758**（16進数）と設定しています。

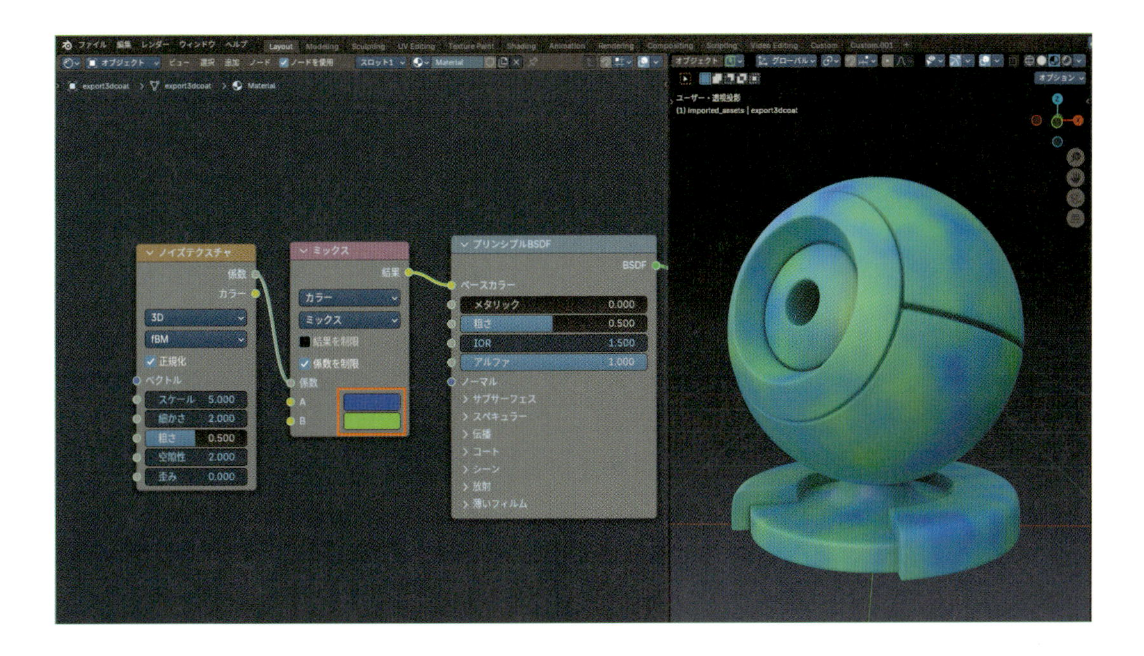

ここで作ったマテリアルは、

1. **ノイズテクテクスチャ**の模様を元に**カラーミックス**で色を作成
2. **プリンシプルBSDF**の**ベースカラー**に設定
3. マテリアルとして出力する

という手順で処理されています。

このように、ノードは左から右へ順番に処理が進みます。

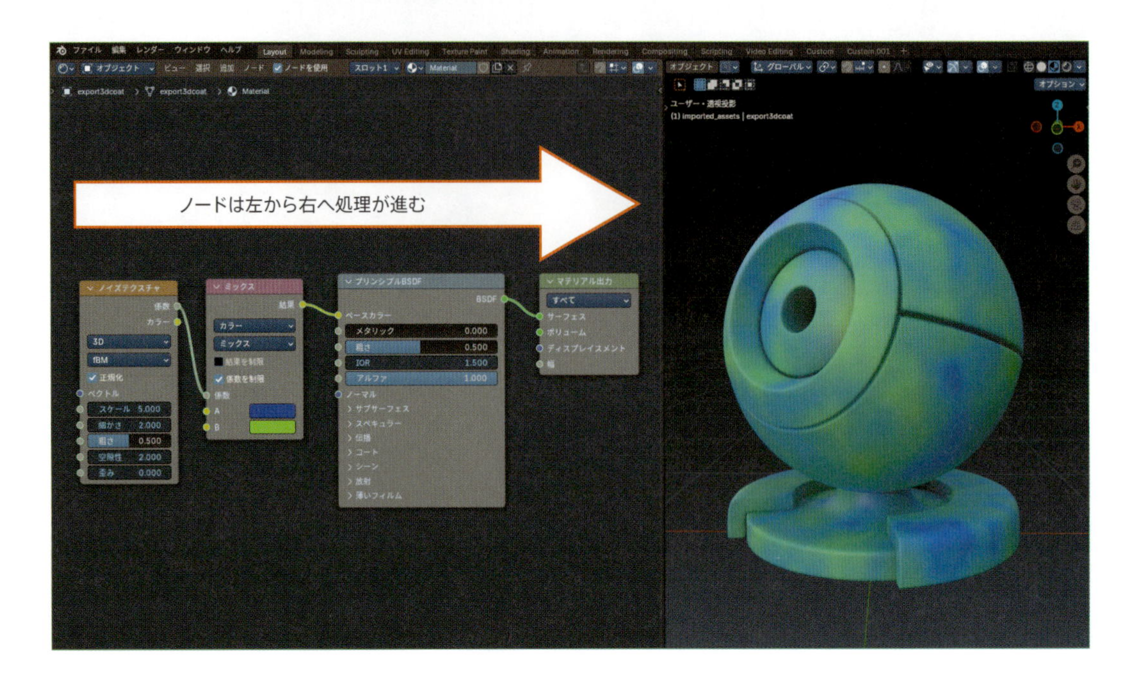

3-6 ノード操作の注意点

ノードの削除とリンクについて

ノードを削除すると、そのノードにつながっていたリンクはすべて切断されます。

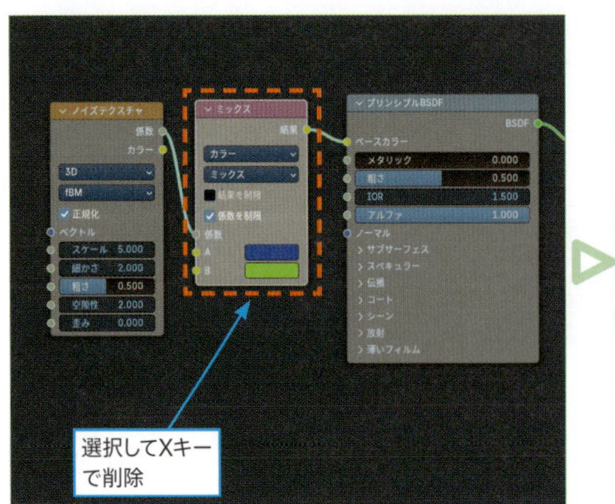

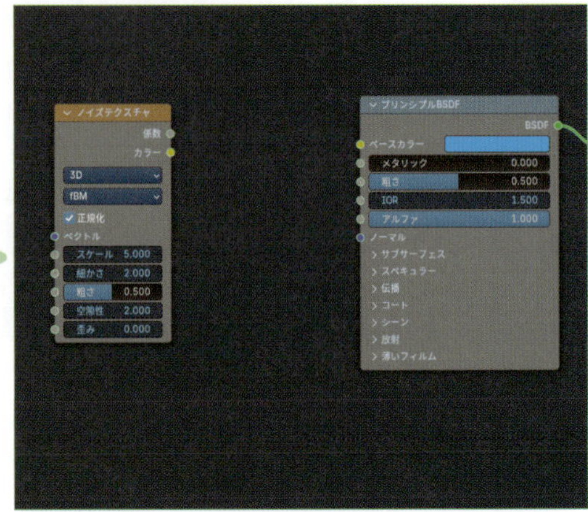

リンクの接続数について

入力ソケットに繋げられるリンクはひとつだけです。
リンクが接続されている入力ソケットに他のリンクをつなぐと、元のリンクは切断されます。

他のソケット
をつなげる

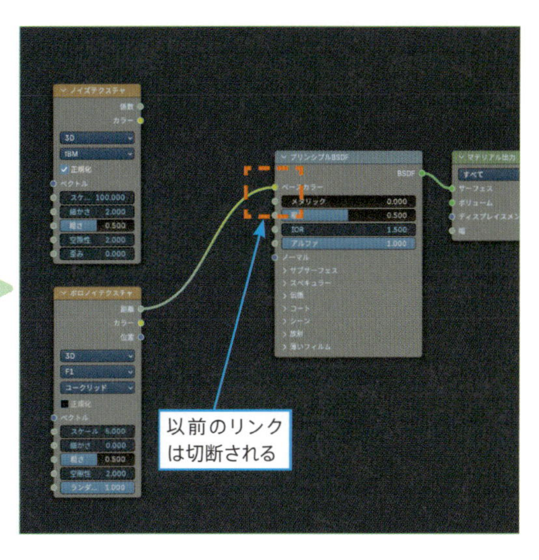

出力ソケットからは、複数のソケットに枝分かれして接続できます。

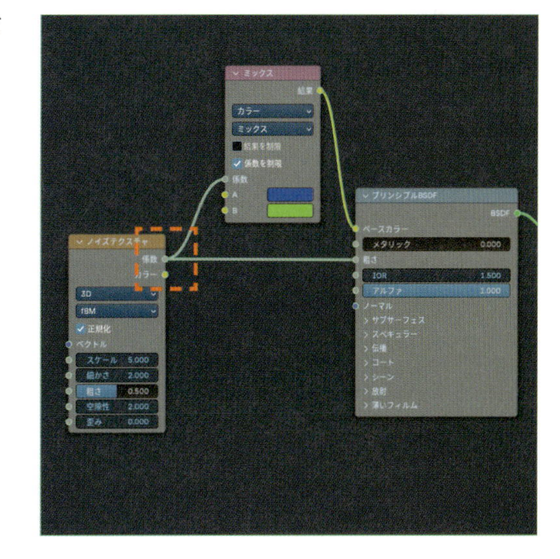

リンクの切断について

これは注意点ではなく知っておくと便利な操作方法ですが、**Ctrl+右ドラッグ**でリンクを切断できます。

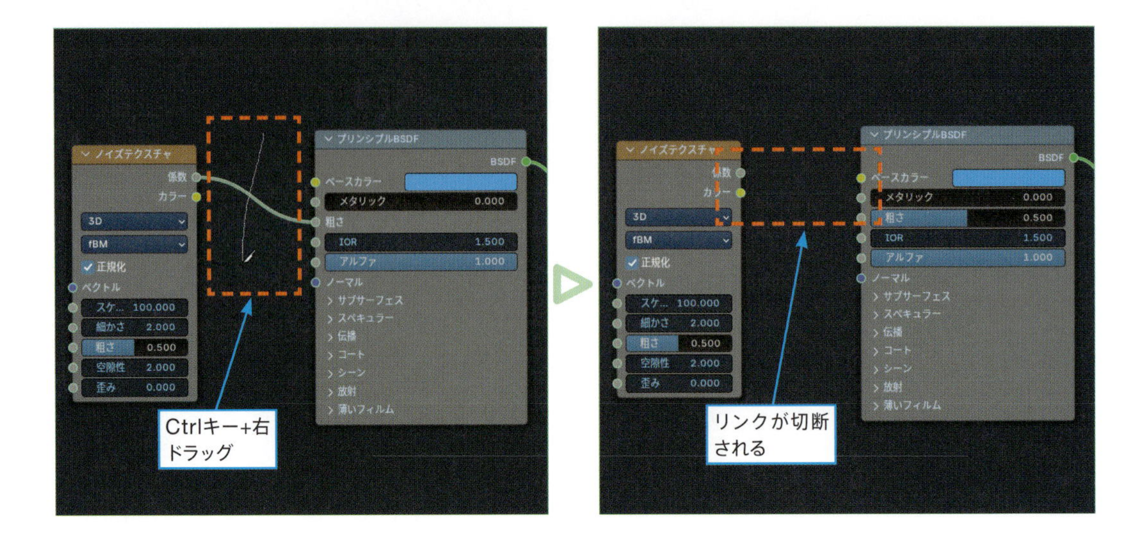

POINT

うっかりプリンシプルBSDFやマテリアル出力を削除してしまった！という場合でも、**Ctrl+Z**で削除を取り消せば、リンクの接続も含めて元通りになります。
新規ノードとして追加したい場合は、それぞれ次の場所にあります。

1.**Shift+A**＞**出力**＞**マテリアル出力**
2.**Shift+A**＞**シェーダー**＞**プリンシプルBSDF**

2

Chapter

基本的なマテリアルを作る

質感作りの基本となる「プリンシプルBSDF」の使い方を説明します。
実際にいろいろな質感（プラスチック製品、金属、ガラス、表面の凹凸表現）を作りながら、各パラメーターの働きと設定方法を見ていきましょう。

Chapter 2

1

プリンシプルBSDFって何？

質感作りの基本となる**プリンシプルBSDF**。
「なんだか便利なものらしいけど、正直よくわからない…」という人も多いのでは?
まずは**プリンシプルBSDF**とはどういうものなのか、ざっくり説明します。

マテリアルを新規作成すると、最初にセットされる**プリンシプルBSDF**。
これさえ使えば現実的な物質の質感が表現できる、非常に便利なノードです。
現実の物質を元に**質感の要素**がパラメーター化されていて、最小の操作で最適な見た目に調整してくれます。

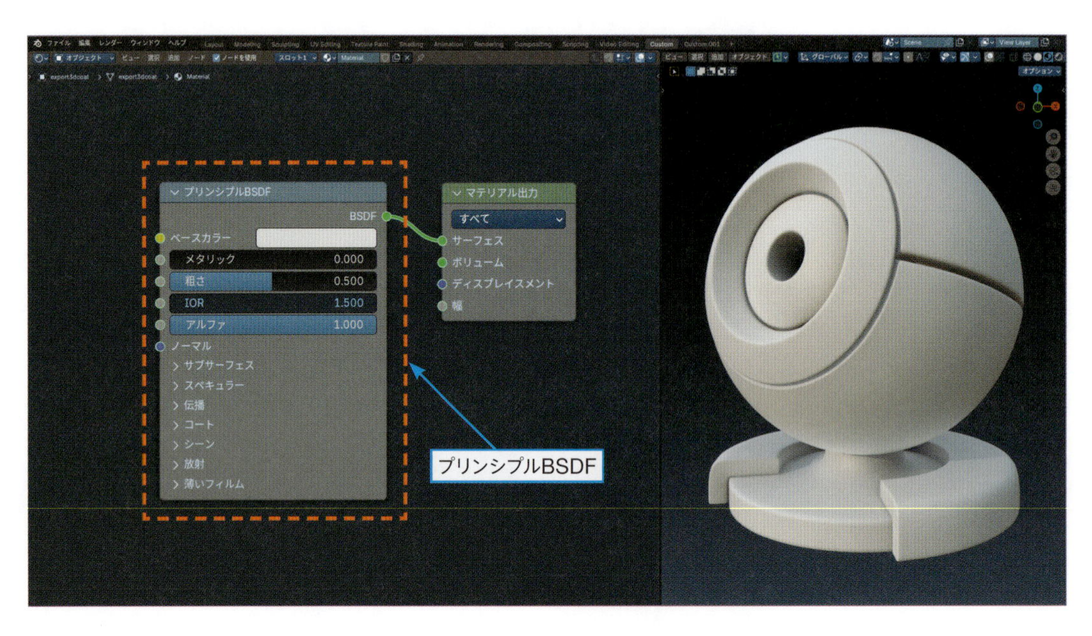

なんだかたくさんのパラメーターが並んでいますが、どのように使うのでしょうか?
ちょっと試しにいじってみましょう。

まず**メタリック**を**1**、**粗さ**を**0**にしてみましょう。
すると…オブジェクトがピカピカの金属の質感になりました！

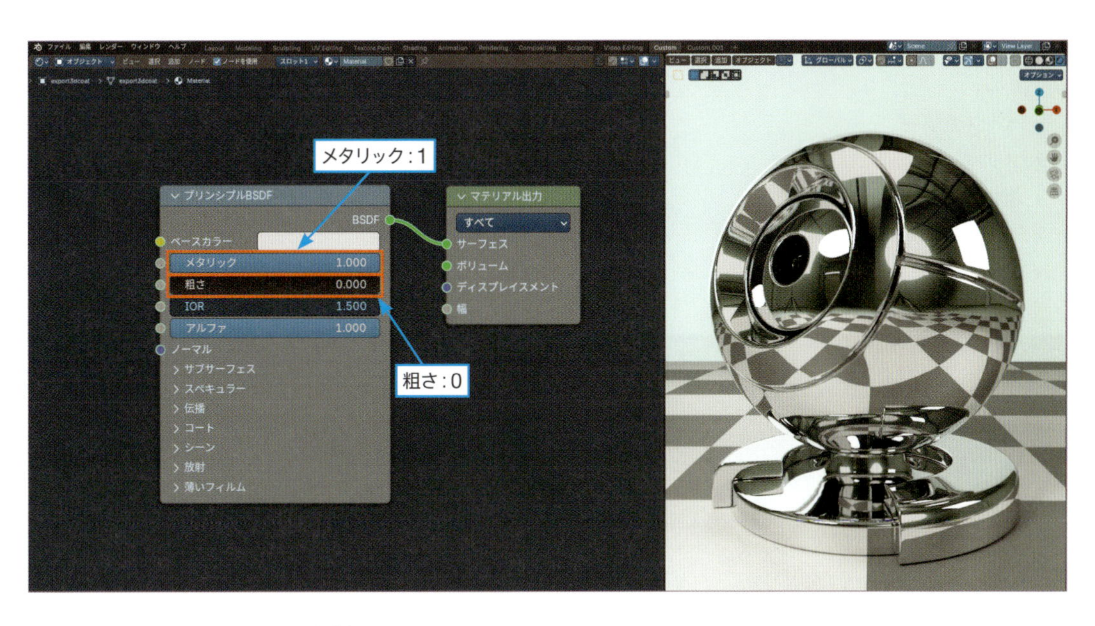

次は**メタリック**を**0**に戻して、**伝播**パネルを展開し、**ウェイト**を**1**にしてみましょう。
今度は、オブジェクトがガラスの質感に変わります。

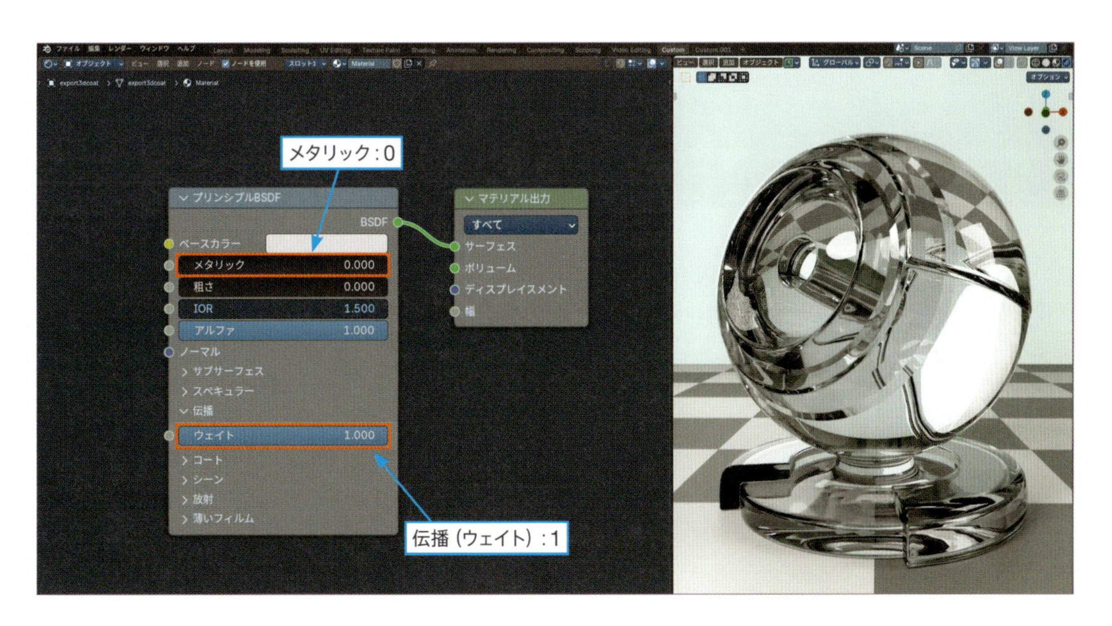

このように、パラメーターを操作することでいろいろな質感を作ることができます。

プリンシプルBSDFにはたくさんのパラメーターが並んでいるので、「なんだか難しそう…」と腰が引けてしまうかもしれません。
でも大丈夫！
基本となるパラメーターは5つだけです。

- ベースカラー
- メタリック
- 粗さ
- ノーマル
- 伝播（ウェイト）

この5つを使うだけで、ほとんどの質感を作ることができます。
その他のパラメーターは、よりディテールにこだわりたい場合や、特殊な質感を表現する時に使います。

では次ページから、基本のパラメーターだけを使ってできる、いろいろな質感の作り方を見ていきましょう。

Chapter 2

2

プラスチックの作り方

プラスチックの質感は**ベースカラー**と**粗さ**を設定するだけで作れます。
ここではすべての質感設定の基本となる**ベースカラー**と**粗さ**について説明します。

2-1 ベースカラーと粗さ

ベースカラーと**粗さ**は、**プリンシプルBSDF**の中でも一番基本のパラメーターです。
この2つがすべての質感の基礎になります。

ベースカラー (Base Color)

オブジェクトの色を設定するパラメーターです。

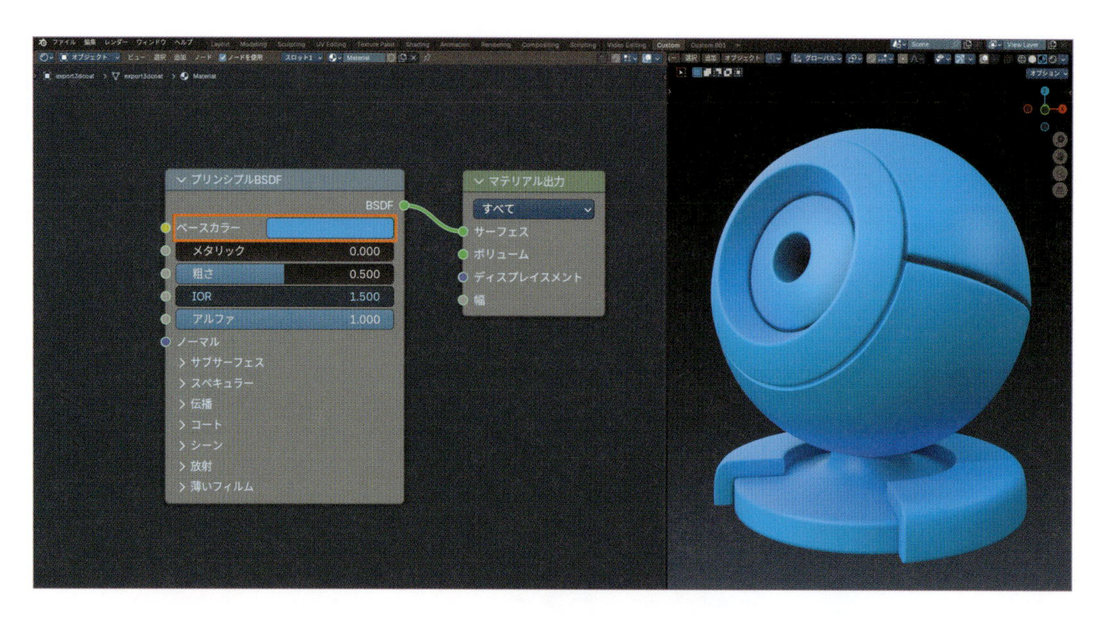

ベースカラーは自由に設定してOKですが、**V（明度）**は**0.009~0.875**の範囲にします。
この範囲外にすると、現実には存在しないくらい**黒すぎる**、**白すぎる**など不自然な見た目になります。

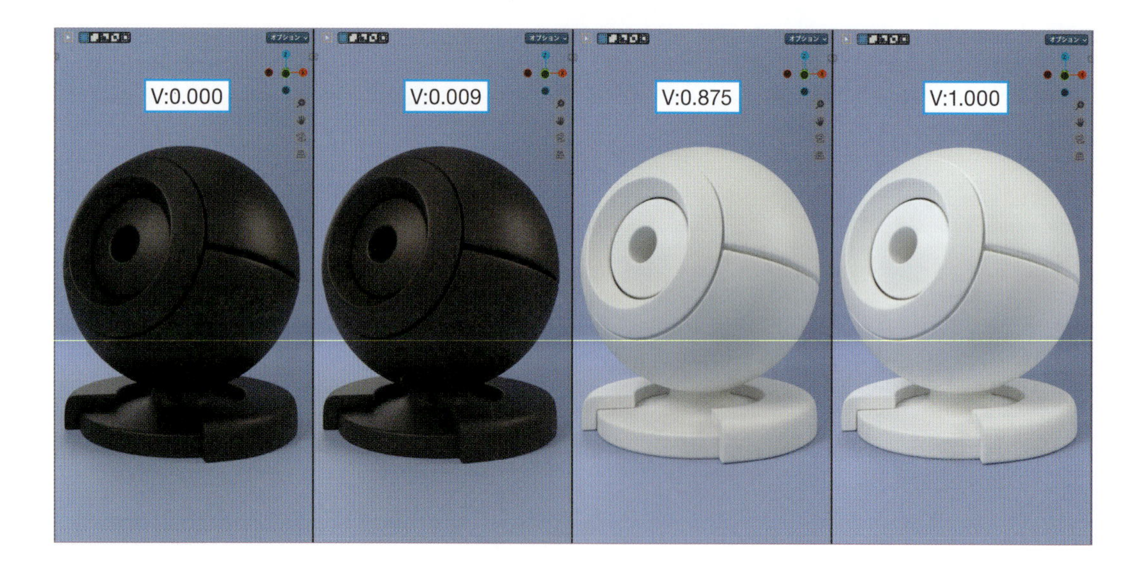

粗さ(Roughness)

物体表面の粗さを操作するパラメーターです。
0~1の範囲で設定します。
この値が小さいほどツルツルに、大きいほどモヤッとした見た目になります(サンプルデータ:2-02-1.blend)。

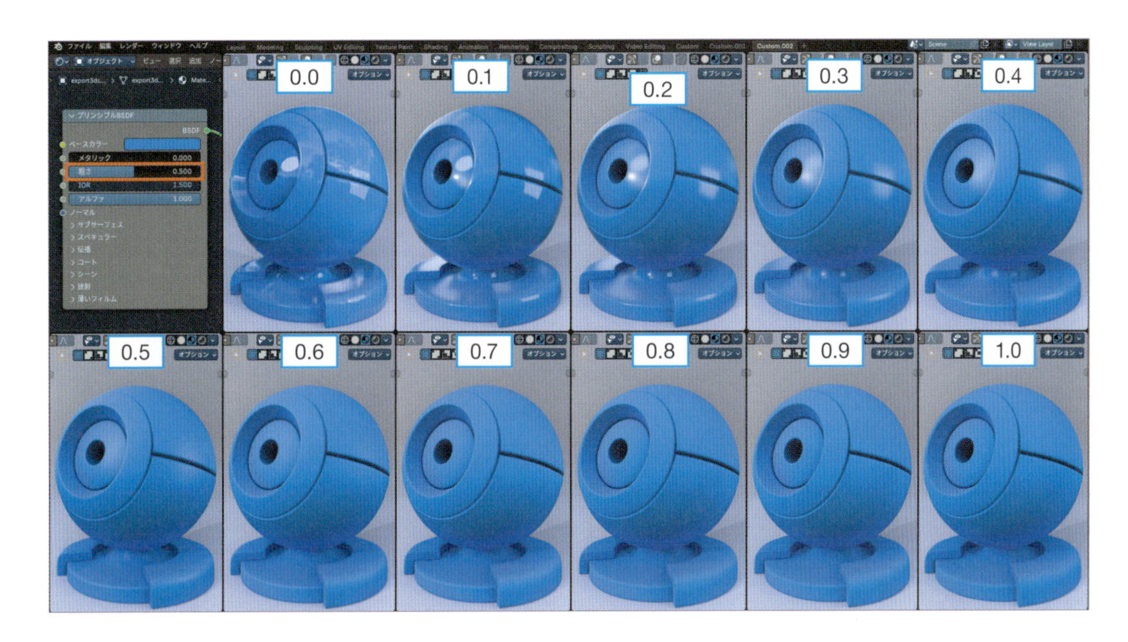

粗さで表現されるのは、物体表面の顕微鏡レベルの微細な凹凸です。「目で見て分かる引っ掻き傷が沢山ついている」というような表現はできません。
そういう質感は、下の画像のようにテクスチャで作ります。
※詳しくは、**Chapter3-6　ひび割れの作り方**(134ページ)で説明します。

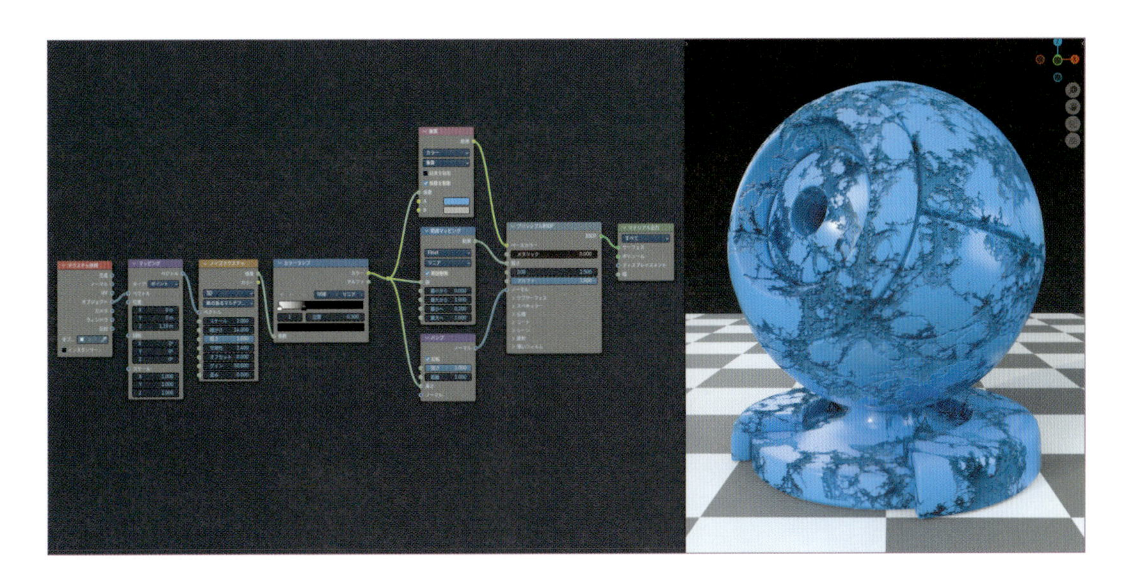

2-2 質感設定の手順

プラスチックの作り方

01 Step **ベースカラーを設定**

ベースカラーを設定します。

マテリアルプレビュー（またはレンダープレビュー）で実際のオブジェクトの色を確認しながら、好みの色にします（サンプルデータ：2-02-2.blend）。

02 Step **粗さを設定**

粗さを**0.2〜0.5**の範囲で設定します。

イメージ的な目安は次のようになります。

- 0.2〜0.3：新品のプラスチック
- 0.4〜0.5：通常のプラスチック

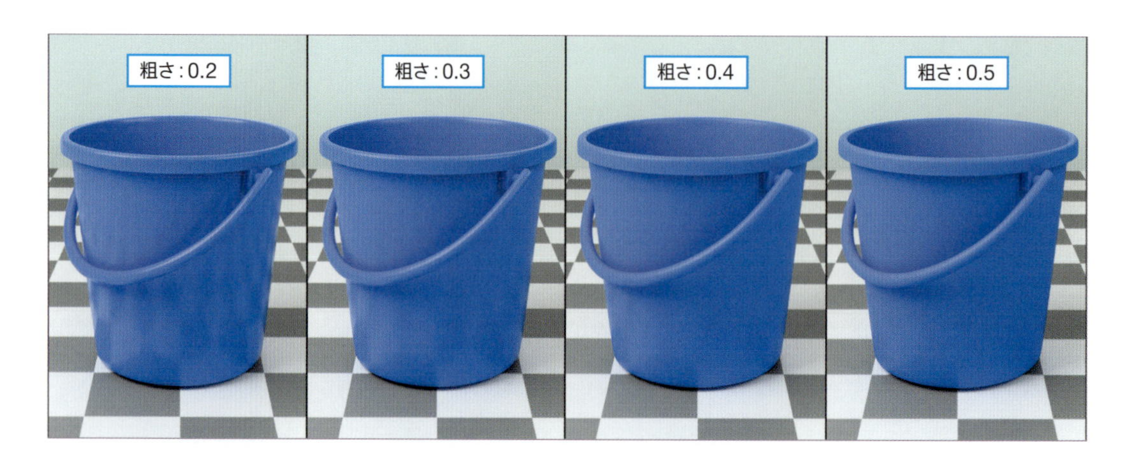

タイヤ(ゴム製品)の作り方

タイヤなどのゴム製品も、ベースカラーと粗さだけで作れます。

01 Step ベースカラーを設定

ベースカラーを黒にします。

ただし034ページで説明したように、**V（明度）**は最低でも**0.009**までで設定します。これよりも低い値にすると**不自然に黒すぎる黒**になります。

なお、ホコリっぽい感じにしたい場合は気持ち明るめに設定します（サンプルデータ：2-02-3.blend）。

02 Step 粗さを設定

粗さを**0.3〜0.7**の範囲で設定します。

イメージ的な目安は次のようになります。

- 0.3　　　：ピカピカの新品
- 0.4〜0.5：通常のゴム製品
- 0.6〜0.7：ほったらかされて劣化した品

Chapter 2

3

金属の作り方

ステンレスやシルバー、ゴールドなど、**光沢のある金属**の作り方です。
金属の質感は**メタリック**、**ベースカラー**、**粗さ**で設定します。

3-1 メタリック (Metallic)

普通の光沢と金属光沢を切り替えるパラメーターです。
0は普通の光沢、**1**で金属光沢になります。

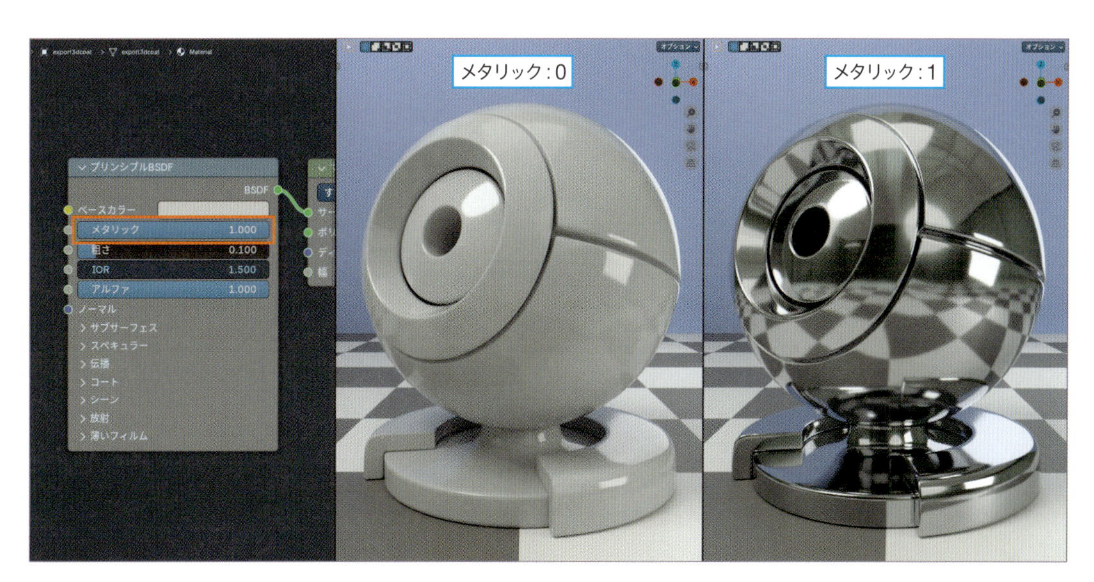

金銀やステンレスなど**金属光沢のある金属**を作る場合は、**メタリック**を**1**にします。
塗装された金属、錆びた金属、黒光りする金属などの光沢は金属光沢ではないので、**メタリック**は**0**にします。
※以後この本では、単に「金属」といった場合「金属光沢のある金属」のことを指します。

錆びかけ、汚れかけ、塗装の剥げかけ、樹脂と金属の混合塗装など、普通の光沢と金属光沢が混ざって見える質感では、**メタリック**を**0~1**の中間値にすることもあります。その場合は画面上の見た目を元に、好みで設定します（サンプルデータ：2-03-1.blend）。

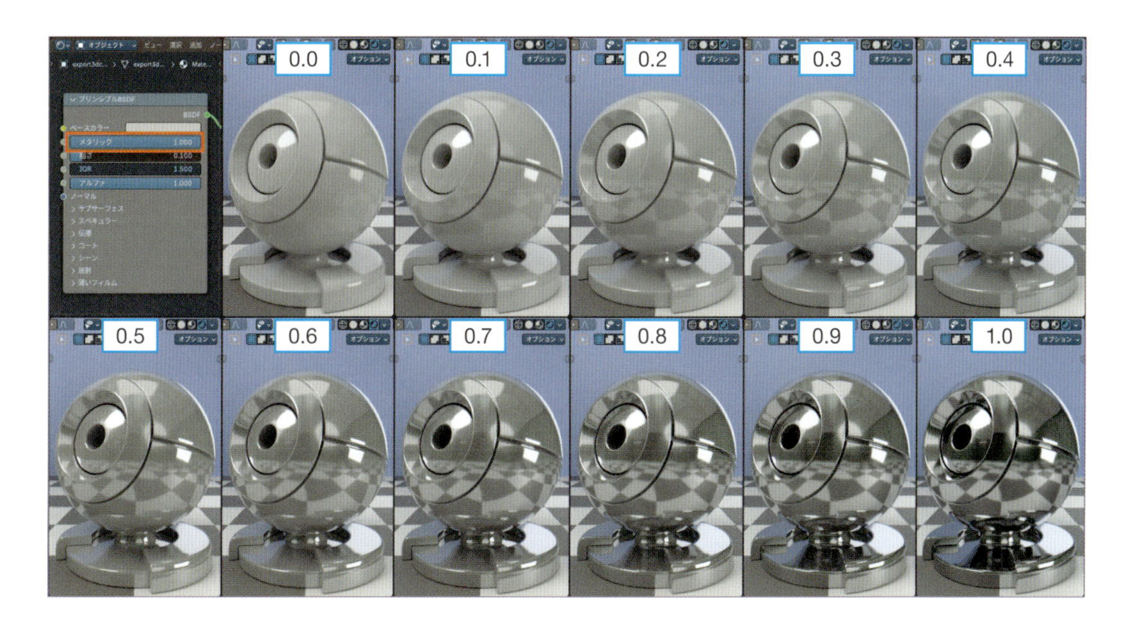

3-2 ベースカラー (Base Color)

金属のベースカラーの見本

下の一覧は、代表的な金属の**ベースカラー**の見本です。
これは現実の金属の測定データに基づいた値です。
ベースカラーをこの値に設定すると、現実の金属の色調が再現できます。

金属	R	G	B	16進数
鉄	0.560	0.570	0.580	C5C7C8
銀	0.972	0.960	0.915	FCFAF5
アルミニウム	0.913	0.921	0.925	F5F6F6
金	1.000	0.766	0.336	FFE39D
銅	0.955	0.637	0.538	FAD1C2
クロム	0.550	0.556	0.554	C4C5C4
ニッケル	0.660	0.609	0.526	D4CDC0
チタン	0.542	0.497	0.449	C2BBB3
コバルト	0.662	0.655	0.634	D5D4D0
プラチナ	0.672	0.637	0.585	D6D1C9

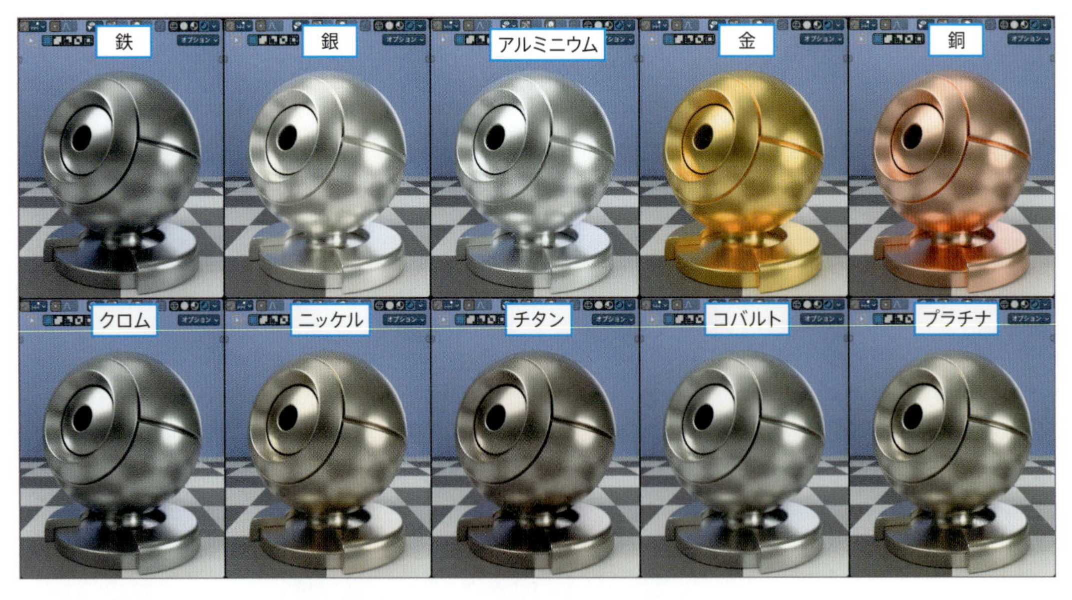

なお、この一覧は純粋な実験材料の金属の測定データに基づいた値です。
金属の色は他元素の含有率や加工時の条件などで変わるので、「絶対この色にしなければならない」というもの**ではありません**。
まずはこの値に設定して、それからイメージに合わせて微調整をすると、現実の金属に近い色調が作りやすいです。

明度

金属の**ベースカラー**は、**V（明度）**を**0.465〜1.0**の範囲で設定します。
これも、現実の金属の測定データに基づいた値の範囲です。
0.465より暗い色にすると、金属としては暗すぎる見た目になります。

ただし、これは絶対のルールではなく、**現実的な金属の色味**を作りたい場合の設定方法です。
現実にあるかは関係なく、「こういう色味の金属が作りたい」というイメージがある場合は、この明度範囲は気にせず、自由に設定してOKです。
下の画像は、自由に設定してみた例です。

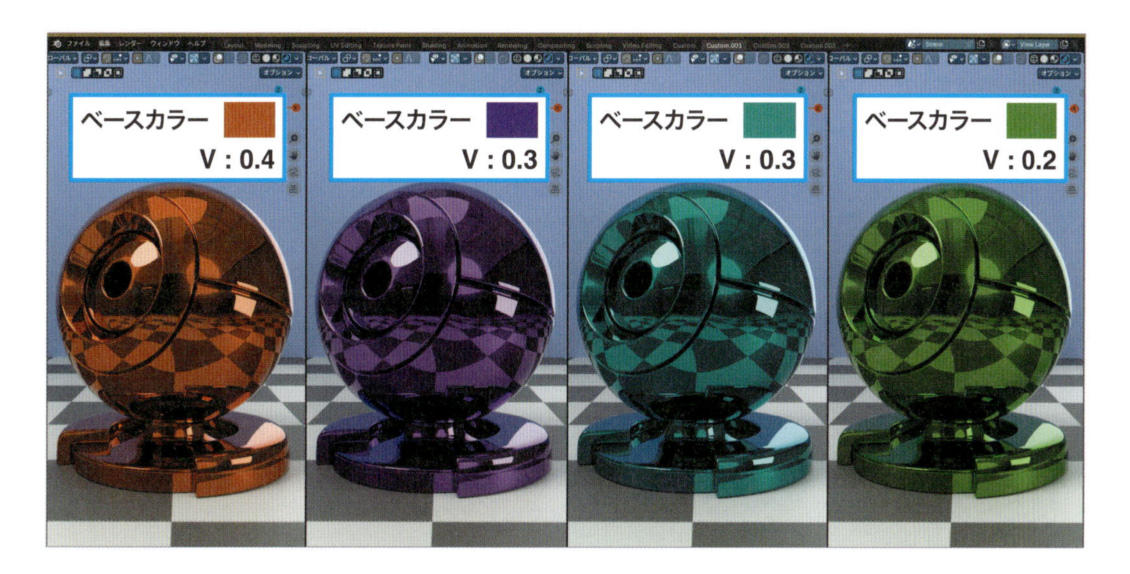

3-3 粗さ (Roughness)

プラスチックの作り方と同じく、**物体表面の粗さ**を操作するパラメーターです。
この値が小さいほどピカピカに、大きいほどモヤモヤした見た目になります。

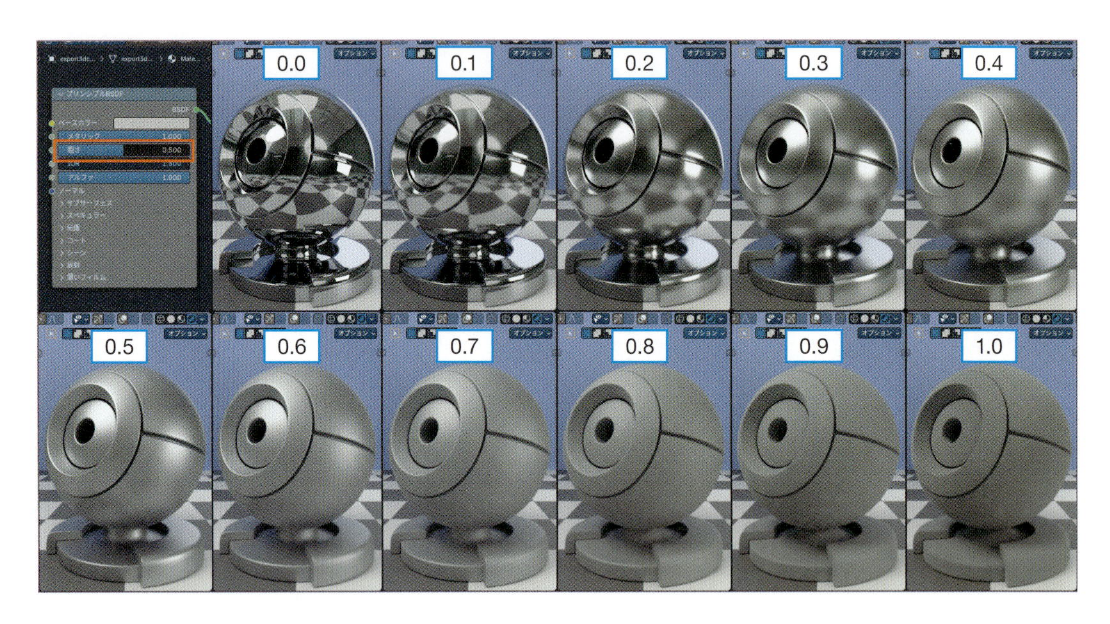

イメージ的な目安は次のようになります。

- 0.0～0.1 : 新品のステンレスやクロムめっき
- 0.2～0.4 : 古びて表面が曇ってきたステンレス、または新しめのブリキ
- 0.4～0.5 : 新しめのアルミサッシ
- 0.6～0.7 : 古びたアルミサッシやブリキ

POINT

より金属らしく見せるには

金属製品をよりリアルに見せるには、周囲の映り込みが重要です。ワールドの背景設定が単色のままだと、映り込みに変化がないため、金属としては物足りない見た目になります。
背景に**環境テクスチャ**を設定すると、映り込みの情報量が増えて、より金属らしく見えるようになります。

※環境テクスチャの設定方法は**Chapter4-3 環境テクスチャの使い方 (386ページ)**で説明します。

POINT

Metallic BSDF

Blender4.3で、**Metallic BSDF**というシェーダーが追加されました。
これは金属の質感表現のための専用シェーダーで、**プリンシプルBSDF**と同等のリアルな金属を、シンプルなパラメーターで作ることができます。
単体の金属を作る場合は**Metallic BSDF**の方が**プリンシプルBSDF**よりも簡単です。
しかし、例えばChapter3-5で説明する**錆びのマテリアル**のような**金属と非金属を組み合わせたマテリアル**を作る場合は、**プリンシプルBSDF**よりも手間がかかります。

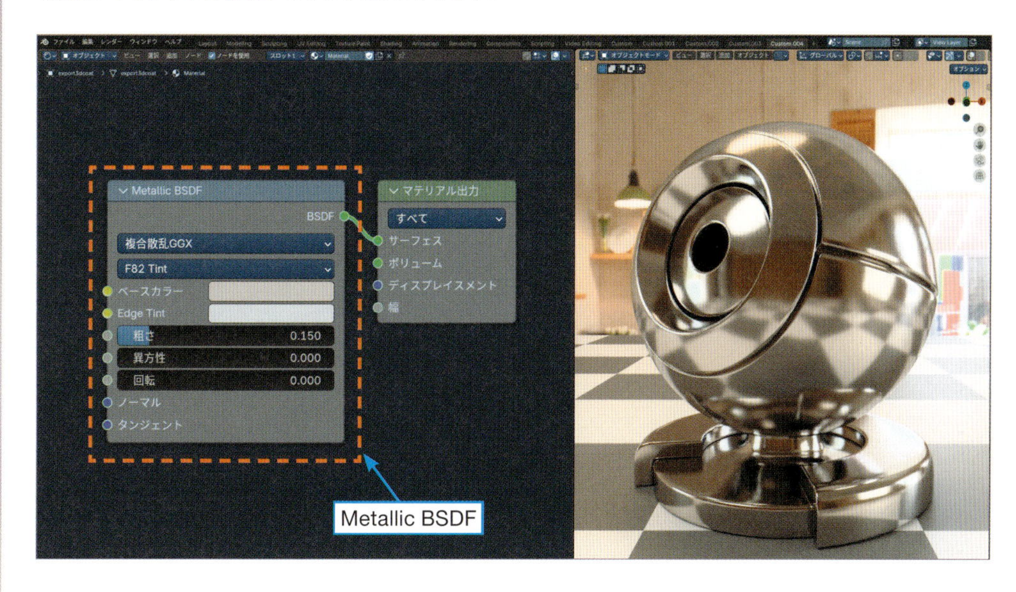

Metallic BSDFのパラメーターは**プリンシプルBSDF**とほぼ共通なので、**プリンシプルBSDF**が使えれば**Metallic BSDF**も使えるようになります。
まずは汎用性の高い**プリンシプルBSDF**から覚えて、慣れてきたら状況に応じて**Metallic BSDF**と使い分けるのが良いと思います。

Chapter 2

4

水やガラスの作り方

水やガラスのような「光を透過する物質」の質感は**伝播**で作ります。
ここでは**伝播**、**ベースカラー**、**粗さ**を使った基本の設定方法と、**伝播**の補助的な働きをする**IOR**について説明します。

4-1 伝播 (Transmission)

光を透過する・しないを切り替えるパラメーターです。
不透明な物質は**0**、光を透過する物質は**1**にします(サンプルデータ:2-04-1.blend)。
※実際に操作するパラメーターは**伝播**パネルの中の**ウェイト**ですが、この本では省略して**伝播**と表記します。

伝播の原語の**Transmission**は、辞書的な意味では**(熱・光の)伝導**です。
プリンシプルBSDFでは**屈折を伴う透過**と捉えるのが分かりやすいと思います。

伝播は**0**か**1**のどちらかで使います。
0～1の中間の値にすると、不透明と透過がミックスされた不自然な見た目になります。
半透明を表現したい場合は、後で説明する**粗さ**を使います。

なお、ガラスや水などを作る時は、**メタリック**を**0**にしておきます。
伝播と**メタリック**を両方とも**1**にすると、**メタリック**の方が優先されて金属の質感になってしまいます。

4-2 ベースカラー (Base Color)

ベースカラー

伝播が**1**の場合、**ベースカラー**は透過光の色に影響を与えます。
ガラスに色をつける感じです。

明度

ベースカラーは自由に設定してOKですが、**完全な白（V：1.0）**にはしない方が良いです。
完全な白にすると、透過光の明るさが全く変化しない**不自然なまでに透明すぎるガラス**になります。
私の個人的な目安ですが、**V（明度）**は**0.875**以下で設定すると良いと思います（ただし、ダイヤモンドなどでは**V**を**1.0**にすることもあります）。

4-3 粗さ（Roughness）

プラスチックや金属と同じく、**物体表面の粗さ**を操作するパラメーターです。
反射光と透過光、両方の鮮明さに影響します。
この値が小さいほどクッキリして、大きいほどモヤけます。

イメージ的な**粗さ**の目安は、次のようになります。

- 0.0　　　　：液体（水・その他）、クリスタルガラス、宝石
- 0.0〜0.05 ：普通のガラス、やわらかい宝石
- 0.1〜0.2　：使い込んでくすんだガラス
- 0.3〜0.4　：すりガラス、汚れや傷が溜まったガラス

MEMO

Blender3.6までは、反射光には影響せずに透過光の鮮明さだけを調整する**伝播の粗さ**というパラメーターがありましたが、4.0で削除されました。

4-4 IOR（屈折率）

Index of Refractionの頭文字で、直訳するとズバリ**屈折率**です。
ガラスなどを透かして見ると向こうが歪んで見えるのが**屈折**ですが、その歪みの強さを表します。
1.0が屈折なし。値が大きくなるほど歪みも大きくなります（サンプルデータ：2-04-2.blend）。

IORは、**現実の物質に基づいた値を設定する**のが基本です（サンプルデータ：2-04-3.blend）。
見た目が劇的に変化するものではありませんが、正しい**IOR**を設定すると、確実に「そのものの感じ」になります。

主な透過系の材質の**IOR**は次の通りです。

IOR	材質
1.31	氷
1.33	水・アルコール
1.45	ガラス・食用油脂・石油製品（ガソリン・灯油・オイルなど）・アクリル・ポリプロピレン
1.54	水晶・琥珀
1.57	アクアマリン・エメラルド・ポリスチレン・PET・ポリカーボネート・ポリ塩化ビニル
1.63	トルマリン・トパーズ
1.76	ガーネット・サファイア・ルビー
1.98	ジルコン
2.41	ダイヤモンド

※この一覧は、使いやすいように数値を簡略化しています。
あまり厳密な数値にこだわりすぎると扱うのが大変なので、このくらい大まかにまとめた方が実用的です。

4-5 IORと反射率

現実の物質には「IORが高い物体ほど光を強く反射する」という性質があります。宝石がキラキラ輝くのは**IOR**が高いためで、特にダイヤモンドは最高クラスの**IOR**なので反射率も高く、強く輝きます。
プリンシプルBSDFにはこの仕組みが組み込まれていて、**IOR**を設定すると最適な反射率に自動で調整されます。
「IORは現実の物質に基づいた値を設定するのが基本」というのは、この点でも重要になります。
下の画像は、**IOR**の値による反射光の変化です。**IOR**が大きいほど、反射光が強く輝くようになります。

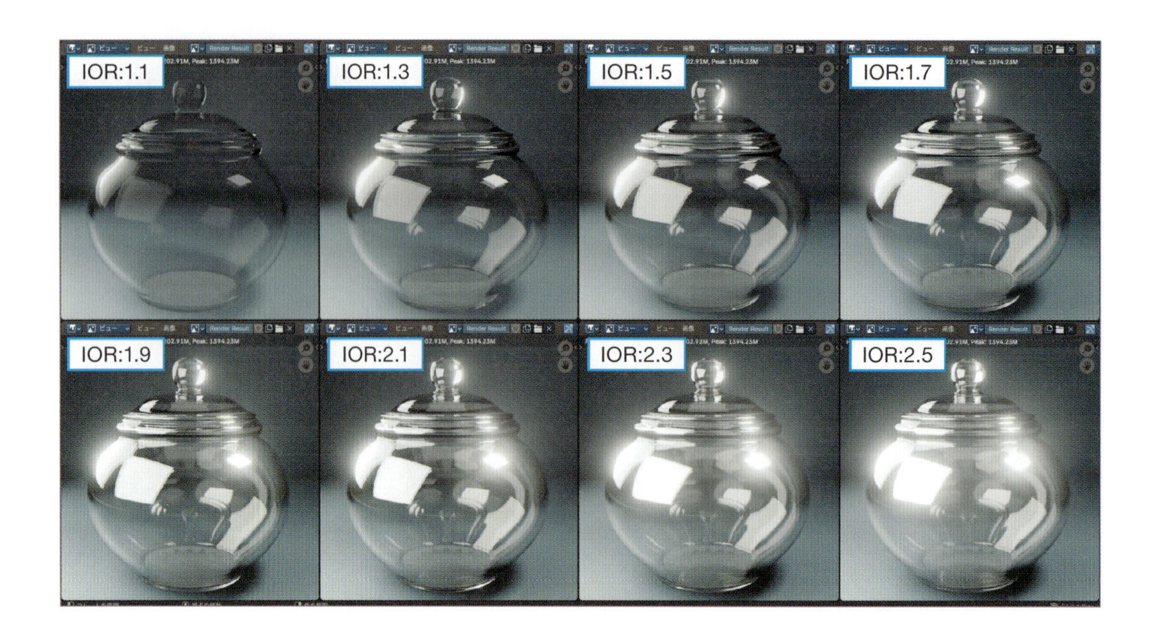

4-6 CyclesとEEVEEの違い

ここまでの見本は、すべてCyclesでレンダリングしています。
CyclesとEEVEEでは、屈折のレンダリング結果が異なります。

Cyclesは**現実をできるだけ再現する**方法なので、レンダリングに時間がかかりますが、現実に近い屈折が表現されます。
EEVEEは**最低限のレンダリングを済ませた後に、屈折に見えるエフェクトを追加する**方法なので、レンダリングは非常に高速ですが、少し不自然な屈折表現になります。

※EEVEEで透過・屈折を描画するには、専用の設定をする必要があります。
設定方法は、**Chapter4-2　EEVEEの透過・屈折の設定方法**（380ページ）を参照してください。

POINT

よりガラスや水らしく見せるには

ガラスや水などが本物らしく見えるには、周囲の映り込みが重要です。
ワールドの背景設定が単色のままだと、映り込みに変化がないため、平面的な見た目になります。
背景に**環境テクスチャ**を設定すると、映り込みに変化が付き、立体感と透明感が出ます。

※環境テクスチャの設定方法は**Chapter4-3　環境テクスチャの使い方**（386ページ）で説明します。

Chapter 2

5

凹凸表現の作り方

物体表面の凹凸はバンプマッピングという手法で表現します。
これが使えるようになると、表現できる質感の幅が大きく広がります。

5-1 バンプマッピング

テクスチャの明暗を元に、サーフェスに擬似的な凹凸をつける手法です（サンプルデータ：2-05-1.blend）。
元のテクスチャの明るい部分が盛り上がり、暗い部分が凹むように表現されます（あくまでも擬似的な凹凸表現であり、オブジェクトそのものの形状や輪郭は変化しません）。

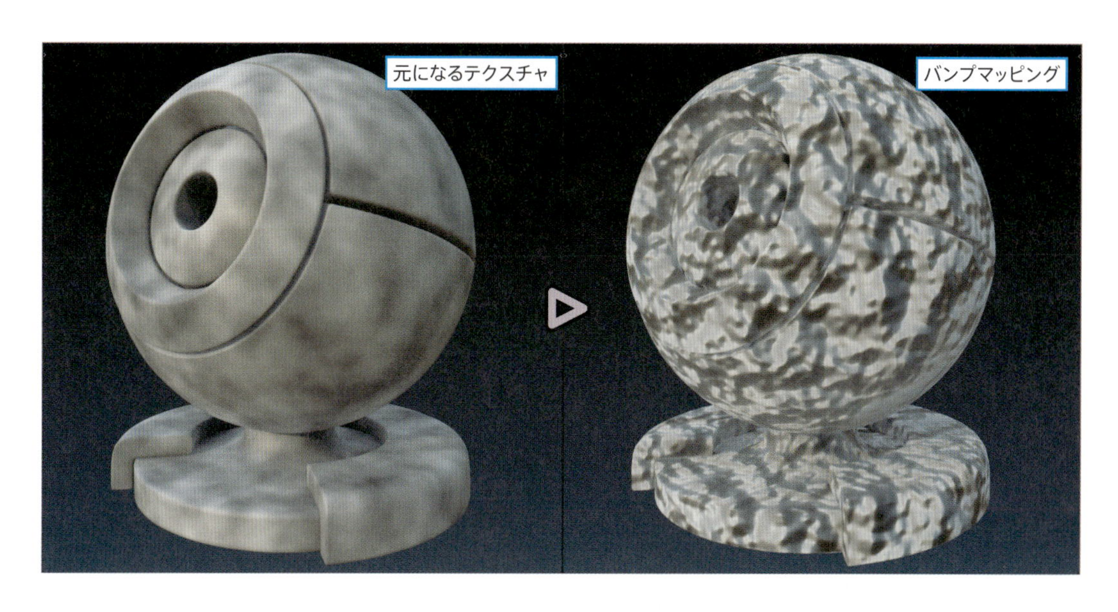

バンプマッピングは**元になるテクスチャ**と**バンプ**ノードで作ります。
では実際に、***ノイズテクスチャ***を元にバンプマッピングを作ってみましょう。

01 Step ノードを追加

テクスチャ座標、***ノイズテクスチャ***、**バンプ**の3つのノードを追加します。

- **Shift+A>入力>テクスチャ座標**
- **Shift+A>テクスチャ>ノイズテクスチャ**
- **Shift+A>ベクトル>バンプ**

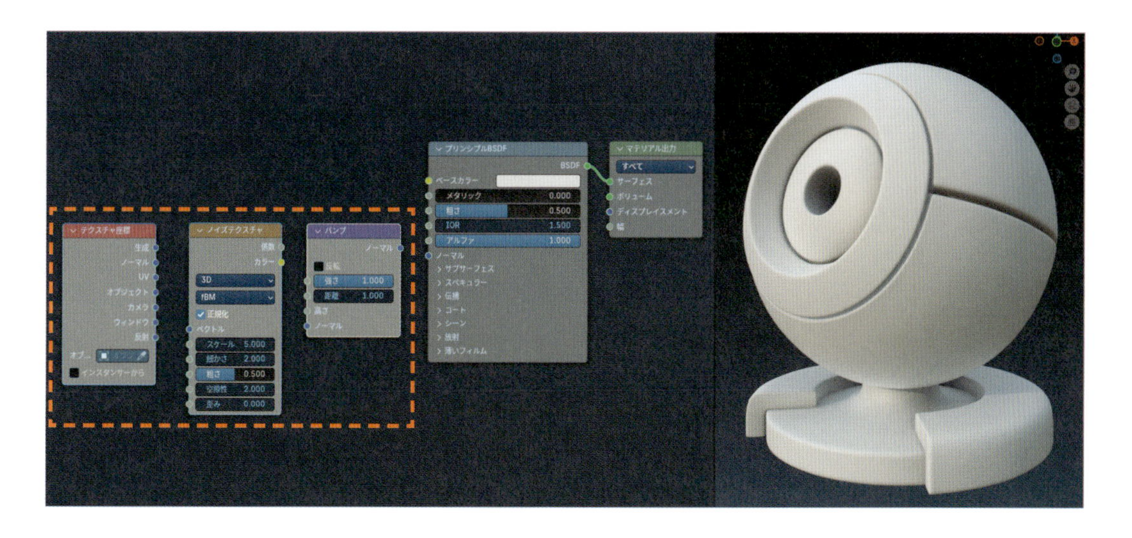

02 ノードの接続

Step

この3つのノードを、次のように接続します。

- [**テクスチャ座標**：**オブジェクト**] > [**ノイズテクスチャ**：**ベクトル**]
- [**ノイズテクスチャ**：**係数**] > [**バンプ**：**高さ**]
- [**バンプ**：**ノーマル**] > [**プリンシプルBSDF**：**ノーマル**]

これでオブジェクトに擬似的な凹凸が追加され、見た目がボコボコになりました。

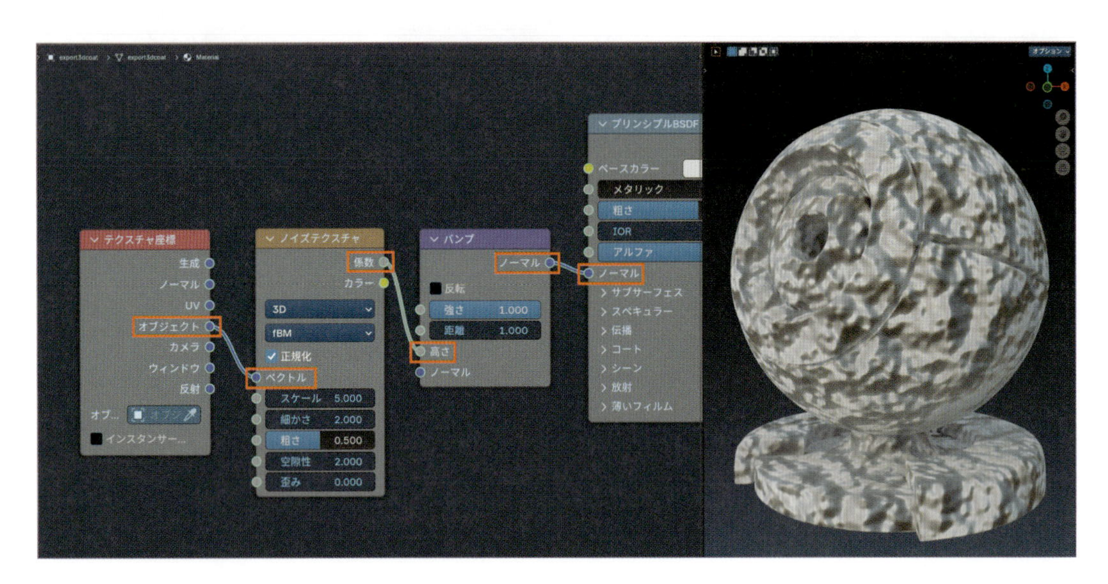

バンプの**強さ**で凹凸の度合いを操作できます。
この値が大きいほど、凹凸が強くなります。

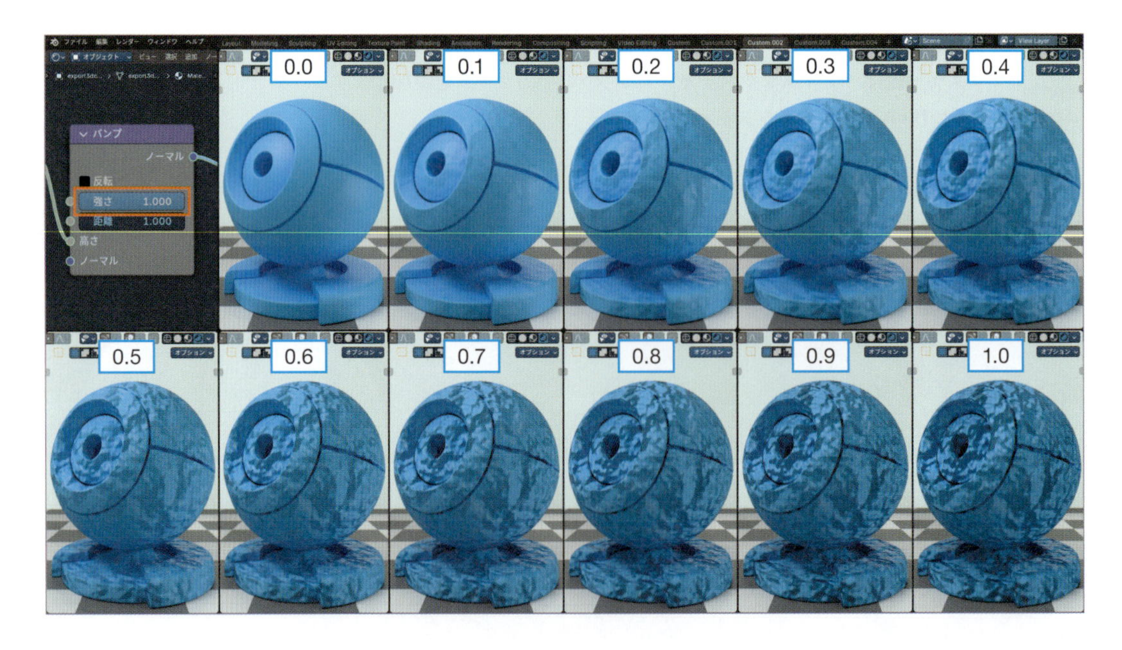

※上の画像では変化が分かりやすいよう、**ベースカラー**を青に変更してあります。

テクスチャの**スケール**で、凹凸模様の細かさを操作できます。
この値が小さいほど凹凸模様が大まかになり、値が大きいほど凹凸模様が細かくなります。

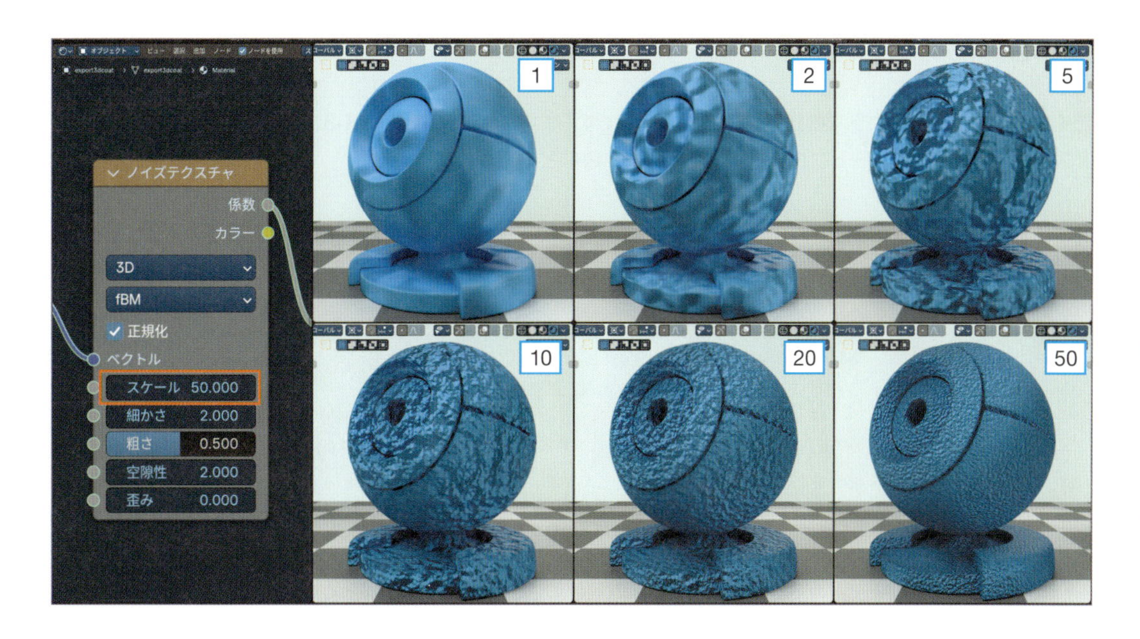

バンプの**反転**にチェックを入れると、凹凸が逆転します（サンプルデータ：2-05-2.blend）。

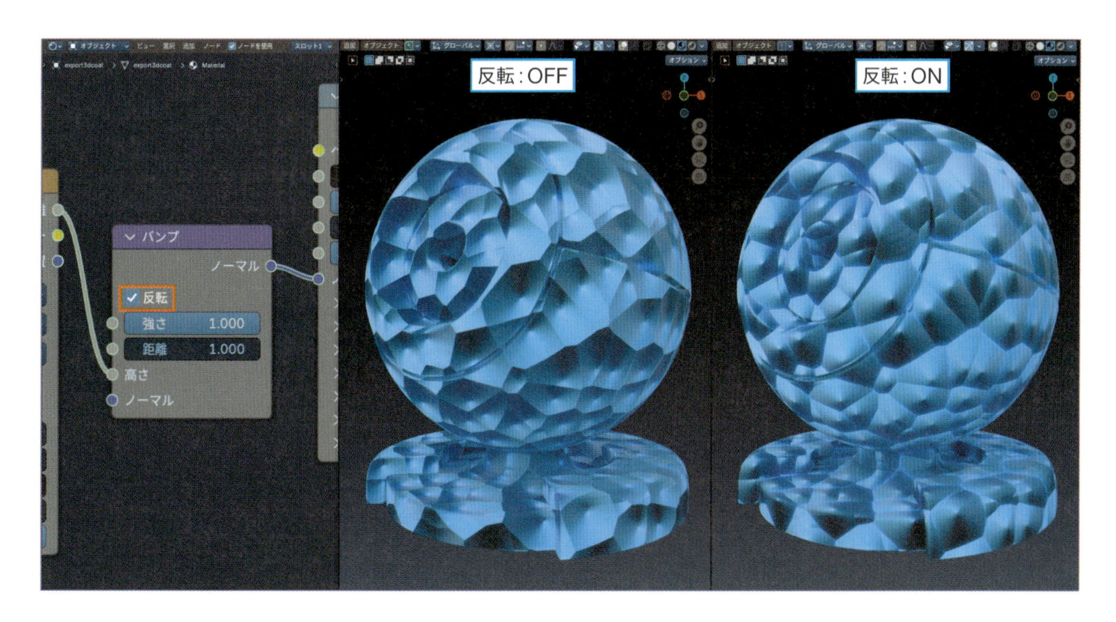

※この変化は**ノイズテクスチャ**では分かりにくいので、上の見本は**ボロノイテクスチャ**を元にしています。

元になるテクスチャの種類を変えることで、いろいろな凹凸模様が作れます。
ノイズテクスチャ（標準）の他によく使うテクスチャには、次の3種類があります。

ボロノイテクスチャ

たくさん並んだ細胞のような模様を作るテクスチャです（サンプルデータ：2-05-3.blend）。
アスファルト、コンクリートブロック、木彫りの彫り跡などの表現に使います。

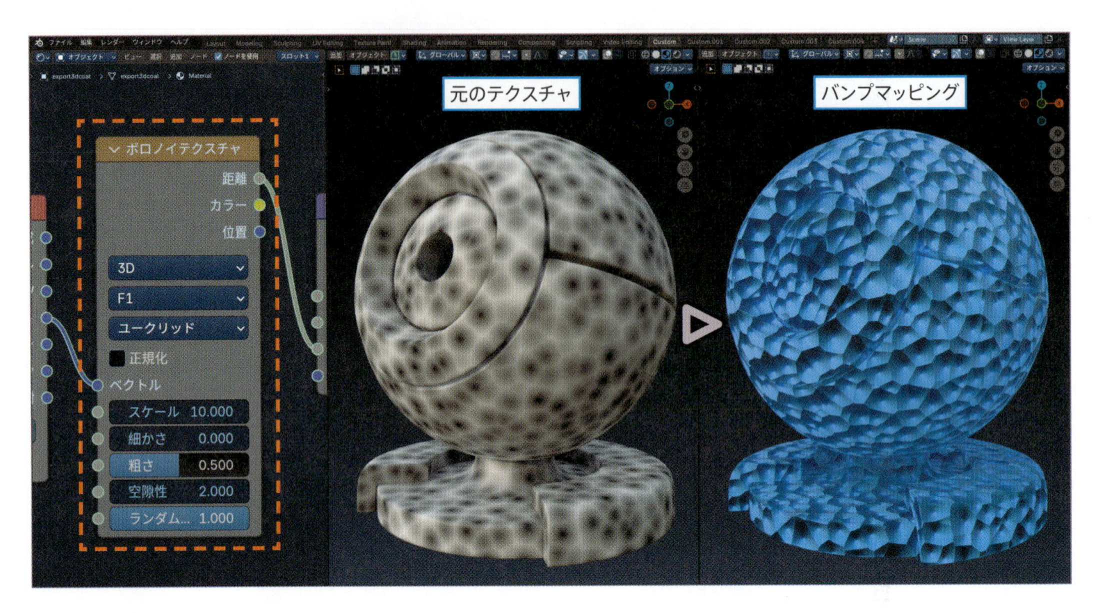

アスファルト

作り方は**Chapter3-8　アスファルトの作り方（192ページ）**で説明します。

□ コンクリートブロック

作り方は**Chapter3-10　コンクリートブロックの作り方（220ページ）**で説明します。

木彫りの彫り跡

作り方は**Chapter3-11　木目・木彫りの作り方（244ページ）**で説明します。

レンガテクスチャ

レンガやタイルを並べた模様を作るテクスチャです（サンプルデータ：2-05-4.blend）。
バンプマッピングで目地の凹みを表現します。

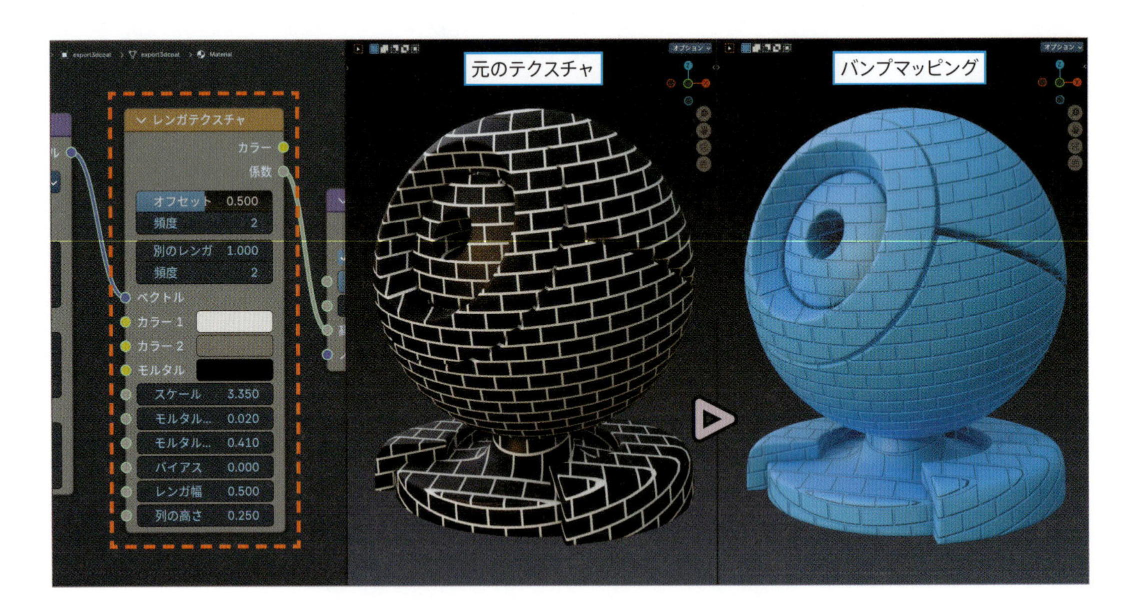

□ タイル

作り方は**Chapter3-7　レンガ・タイルの作り方（167ページ）**で説明します。

□ ノイズテクスチャ（畝のあるマルチフラクタル）

ノイズテクスチャの**タイプ**を**畝のあるマルチフラクタル**に切り替えると、血管のような模様ができます。ひび割れや傷の表現に使います（サンプルデータ：2-05-5.blend）。

※下図の見本では、模様が分かりやすいように**カラーランプ**で調整しています。。

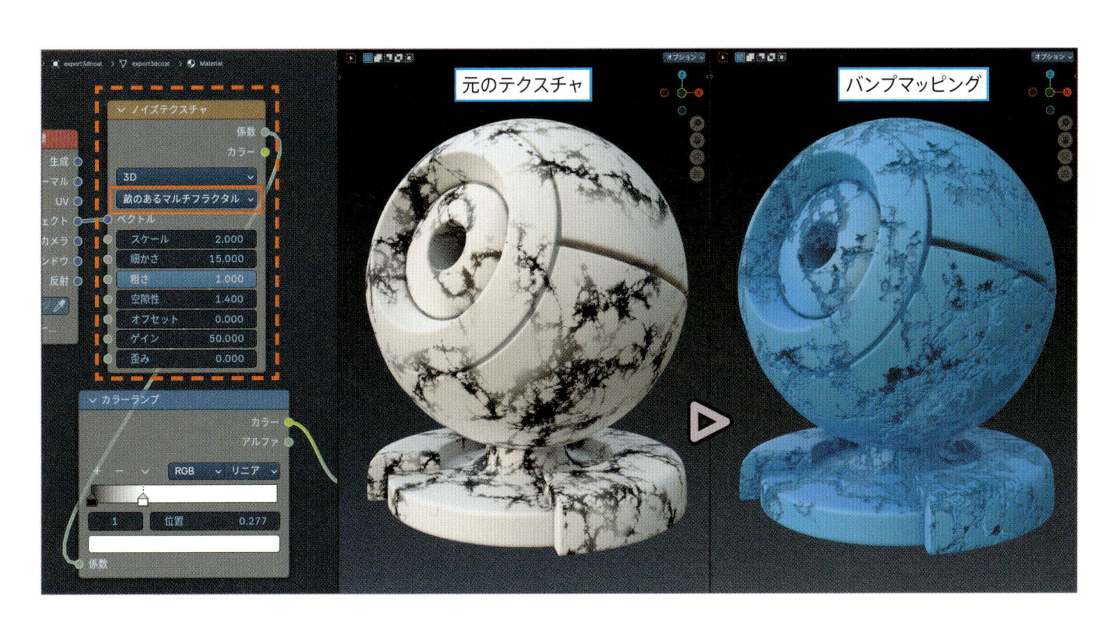

□ ひび割れ

作り方は**Chapter3-6　ひび割れの作り方 (134ページ)** で説明します。

POINT

さらに複数のテクスチャを組み合わせたり、他のノードで加工することで、さまざまな模様（凹凸）が作れます。
Chapter3で詳しい作り方を説明します。

5-2 透明な材質のバンプマッピング

光を透過する材質 (**伝播：1**) でのバンプマッピングは、反射と屈折の両方に影響します。
窓ガラスやペットボトルなどは、表面の歪みをバンプマッピングで表現すると、より自然な見た目になります (サンプルデータ：2-05-6.blend)。

このような微妙な歪みを表現する場合は、**バンプの強さ**を**0.05〜0.1**くらいの小さい値にします。

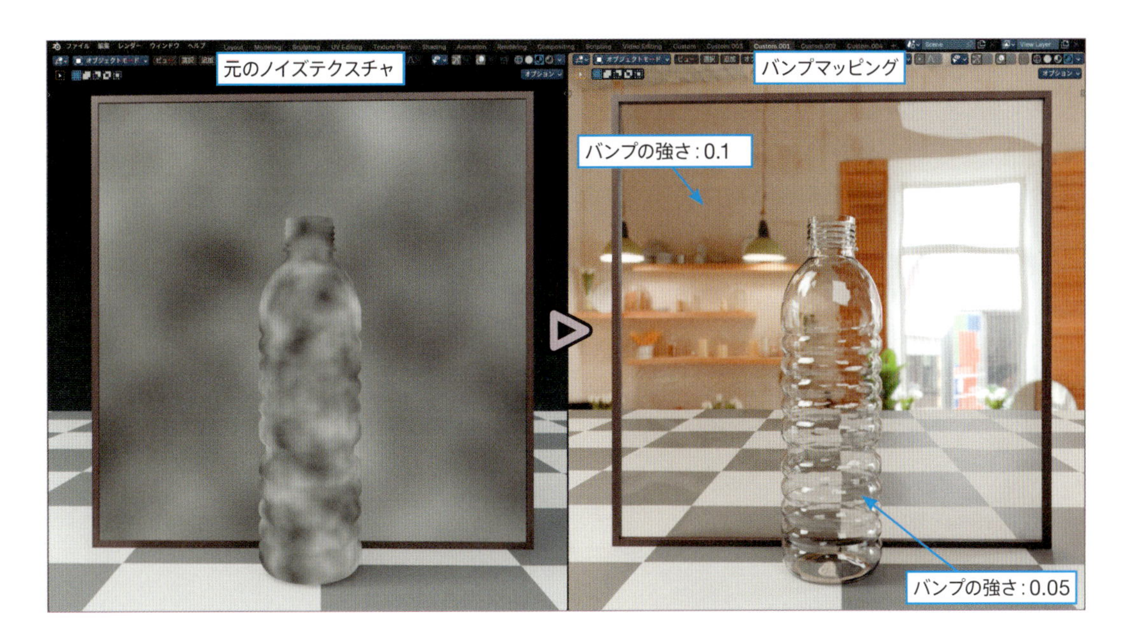

また、元のテクスチャの模様を細かくすると、「表面がボコボコした視線をさえぎるためのガラス」も作れます（このようなガラスを**型ガラス**といいます）（サンプルデータ：2-05-7.blend）。

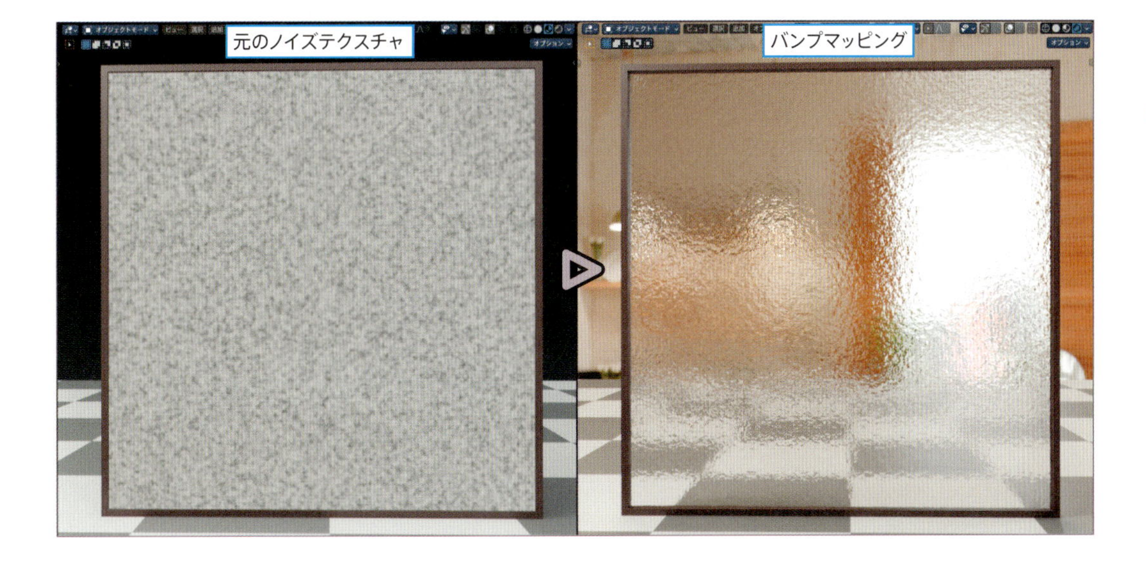

POINT

ノーマルマッピングについて

凹凸を表現する方法には、**バンプマッピング**と**ノーマルマッピング**の２種類があります。
ノーマルマッピングは、**面の向きを記録した特殊なテクスチャ（ノーマルマップ）**を元に、面の向きを擬似的に変化させて陰影を表現する手法です。

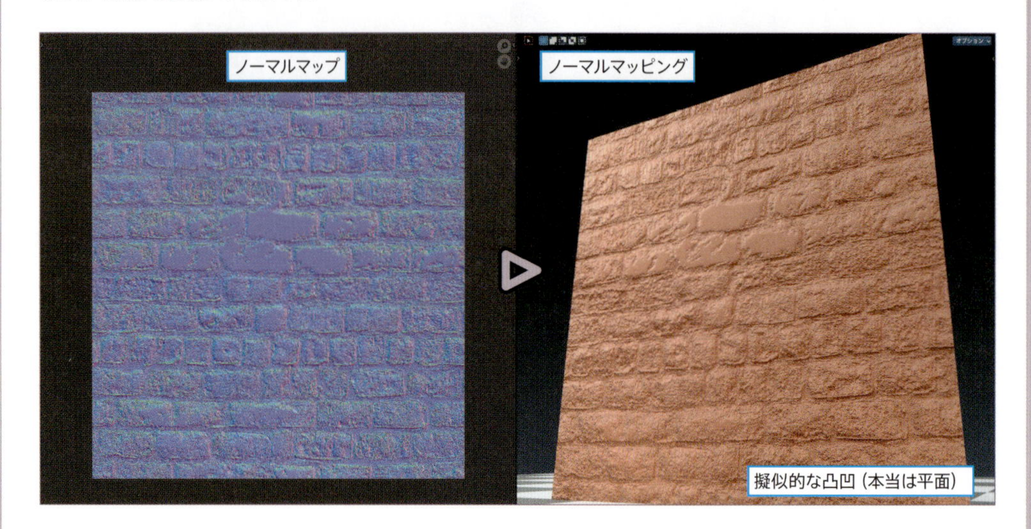

ノーマルマッピングは、主にハイポリモデルで作成した細かい凹凸（服のシワなど）を、**ノーマルマップ**に**ベイク（画像に変換する処理）**して、ローポリモデルでディテールを表現するという用途で使います。
ベイクされたノーマルマップの模様は変更できず、一点物としてそのまま使います。また、ノーマルマップの自作は中・上級者向けの技術になります。

バンプマッピングは、Blender備え付けの**テクスチャ（ノイズテクスチャなど）**を元にして凹凸を表現するのに向いています。模様の加工や調整がしやすく、汎用性の高い手法なので、この本ではバンプマッピングの使い方に絞って説明しています。

3

Chapter

マテリアル設定テクニック

Chapter2で説明したプリンシプルBSDFは、それだけでもいろいろな質感を作ることができます。
しかしプリンシプルBSDFだけでは、**均一な質感**しか作れません。
実際の物体には、模様がついていたり、色ムラがあったり、部分的に傷がつくなど、1つの素材の上でも様々な変化があります。
そのような変化を表現するのが**テクスチャ**です。
このChapterではテクスチャを使って、よりリアルな質感を作る方法を紹介します。

Chapter 3

1

重量感の作り方

「どうしてもプラスチックのような軽い質感になってしまう…もっと見た目に重量感を出したい！」と思ったことはありませんか？
そんな時は**アンビエントオクルージョン（AO）**を使います。

1-1 「アンビエントオクルージョン」って何？

面の凹んだ部分に陰影をつけるノードです。
この陰影を**ベースカラー**に加えると、くぼみ・溝・入り隅（内側に折れて凹んだ部分）などが際立ち（きわだ）ち、オブジェクトに実在感と重量感を出すことができます。

1-2 陰影の作り方

01 Step

アンビエントオクルージョンを追加する

❶**Shift+A**＞**入力**＞**アンビエントオクルージョン**を追加します。

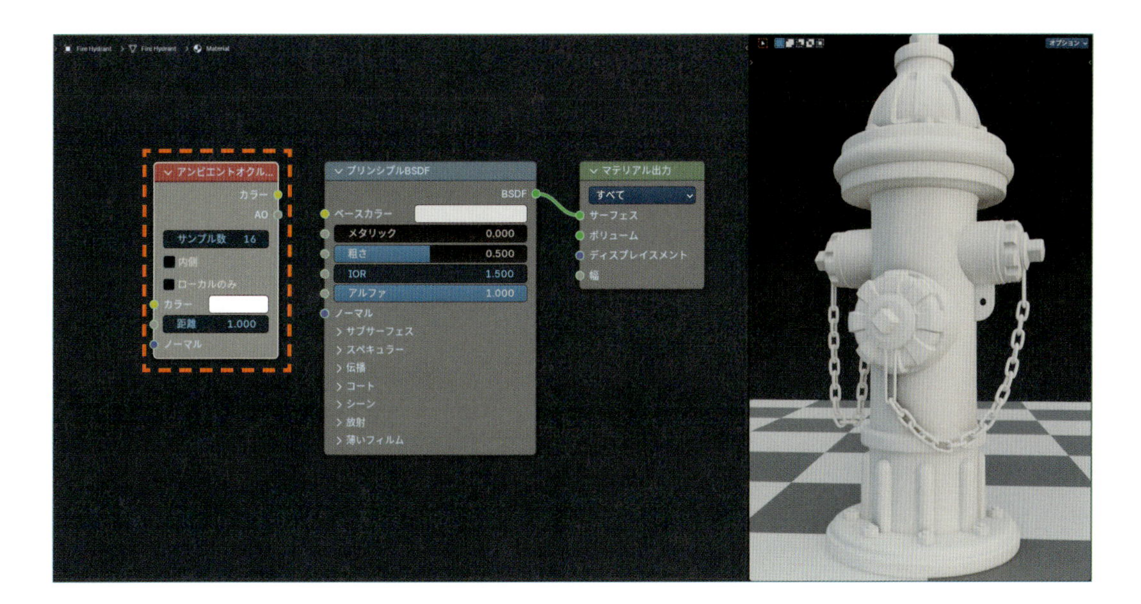

❷アンビエントオクルージョンのAOを、プリンシプルBSDFのベースカラーに接続します。
これで、凹んだ部分の陰影がくっきりします。

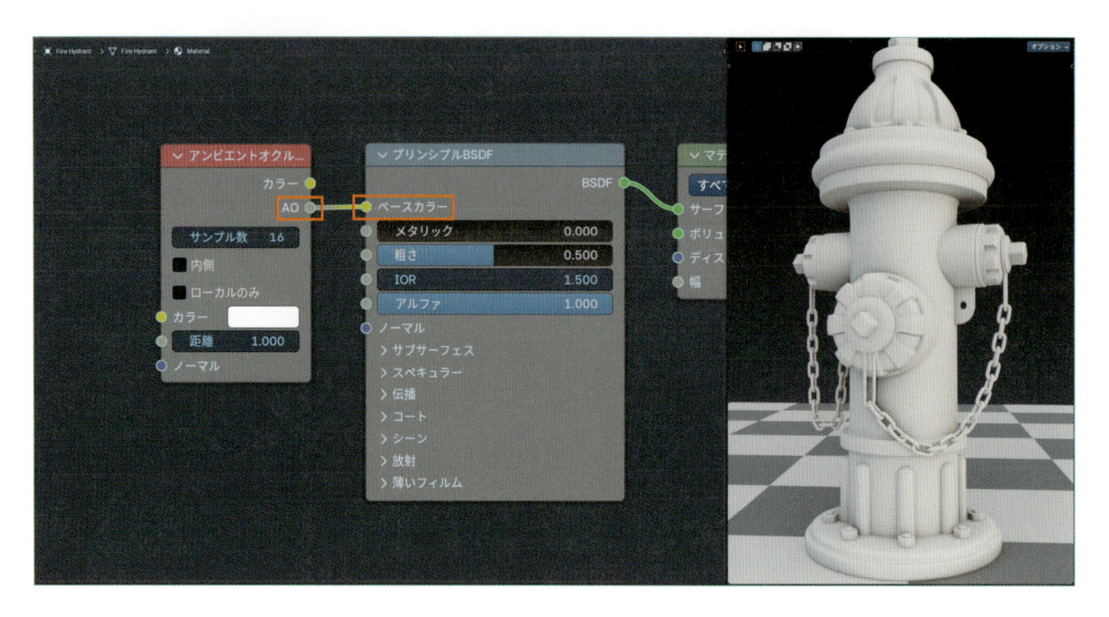

でもデフォルト状態では、くっきり度合いが弱いですね。

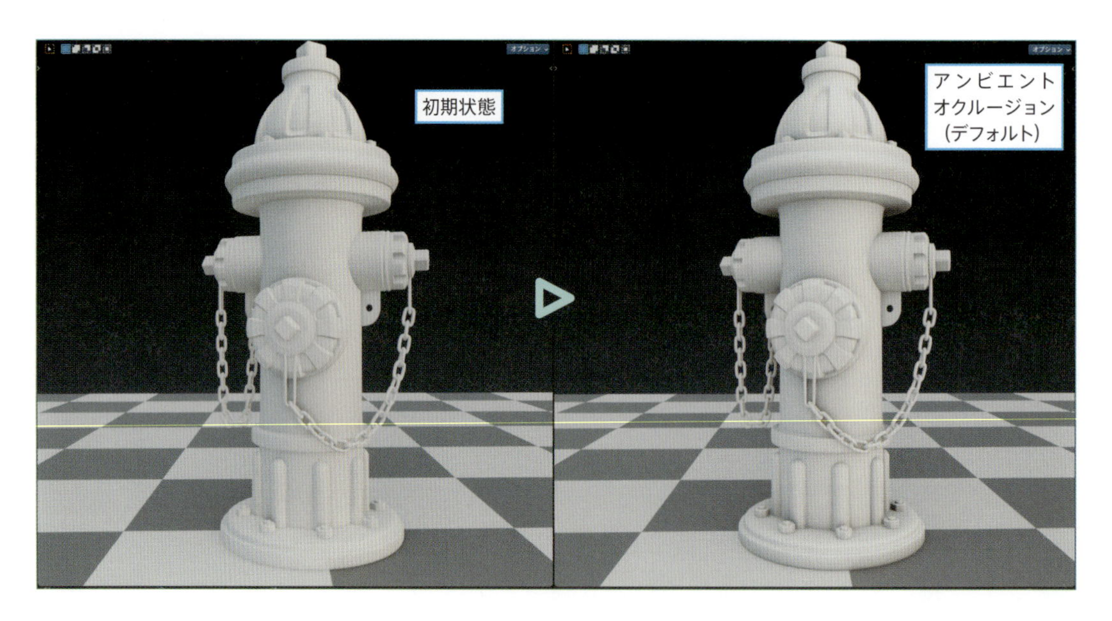

では、陰影のコントラストを強くしましょう。

02 陰影のコントラストを強くする

Step

❶**Shift+A**＞**カラー**＞**ガンマ**を追加します。

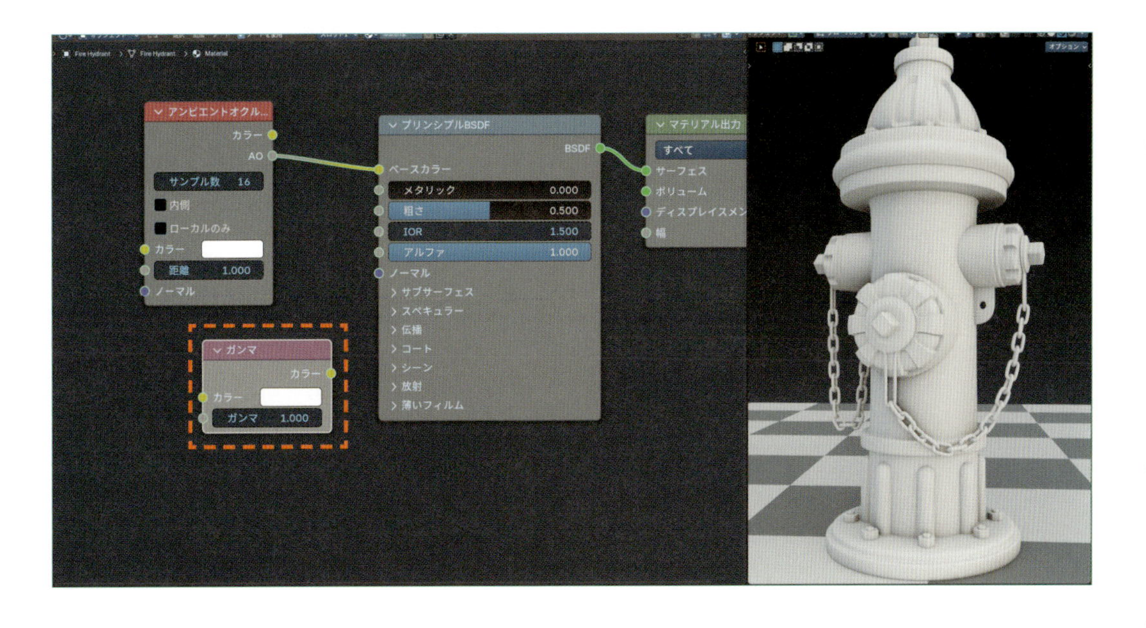

❷**ガンマ**を、**アンビエントオクルージョン**と**プリンシプルBSDF**の間に接続します。

- ［**アンビエントオクルージョン：AO**］＞［**ガンマ：カラー**］
- ［**ガンマ：カラー**］＞［**プリンシプルBSDF：ベースカラー**］

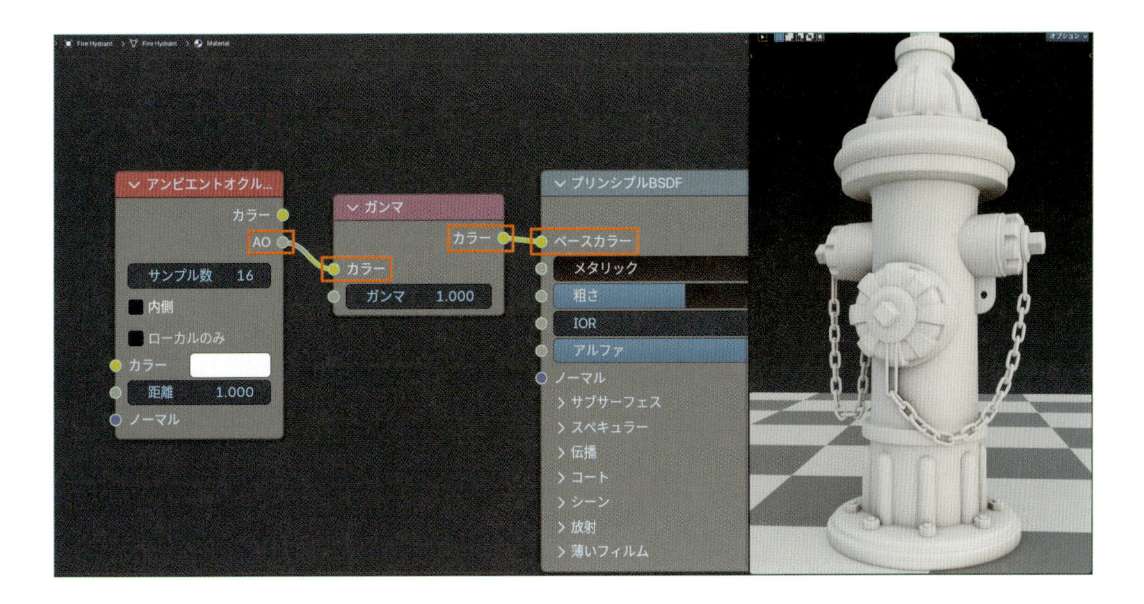

Chapter 1
Chapter 2
Chapter 3 1-5
Chapter 3 6-10
Chapter 3 11-15
Chapter 4

❸ガンマの値で陰影のコントラストを調整します。
1は元のまま変化なし。値を大きくするほど陰影が濃くなります（最大値は10）。

EEVEEとCyclesの違い

EEVEEとCyclesではアンビエントオクルージョンの処理方法が違うため、異なる陰影になります。
下図はEEVEEの陰影になります。

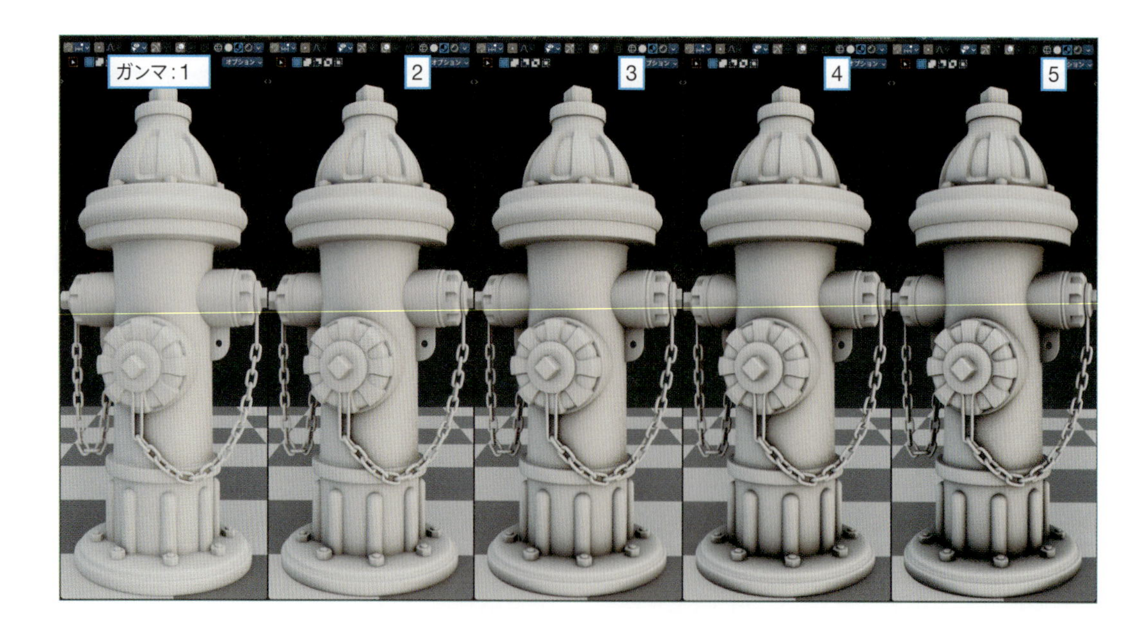

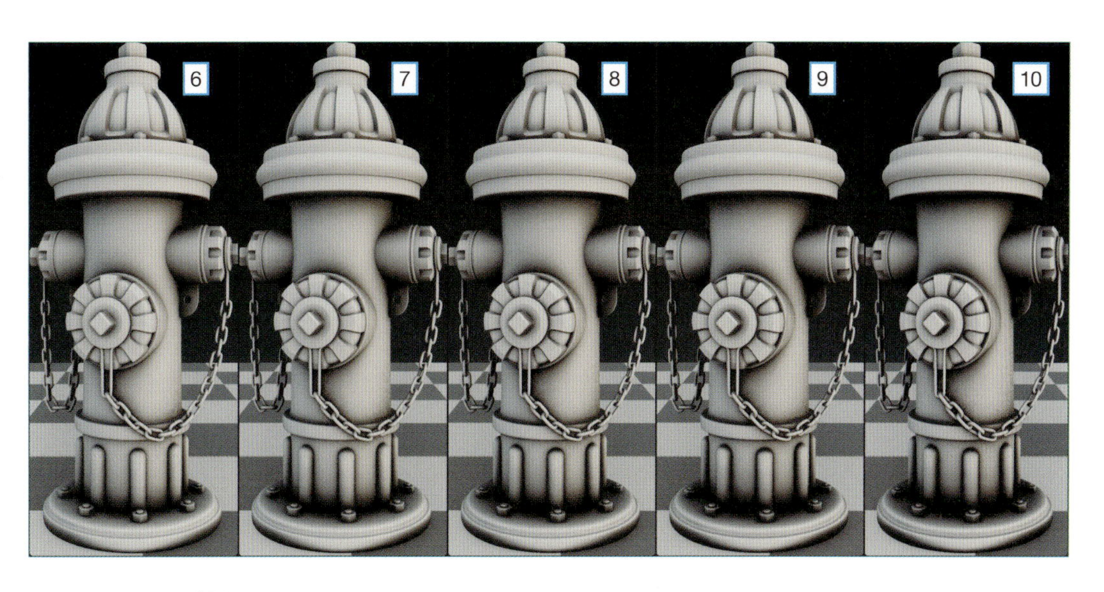

下図はCyclesの陰影になります。

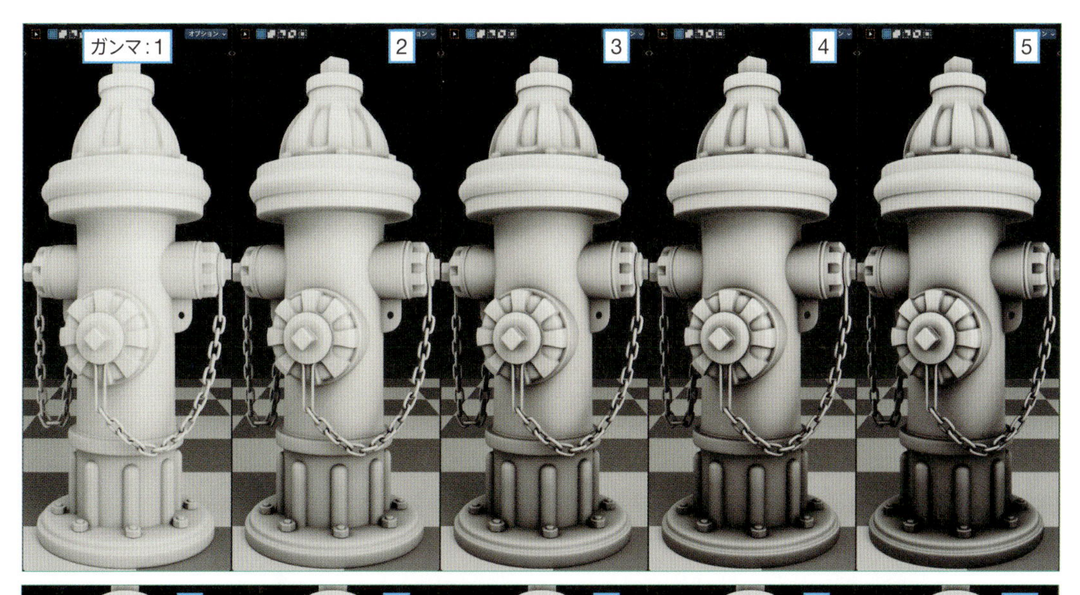

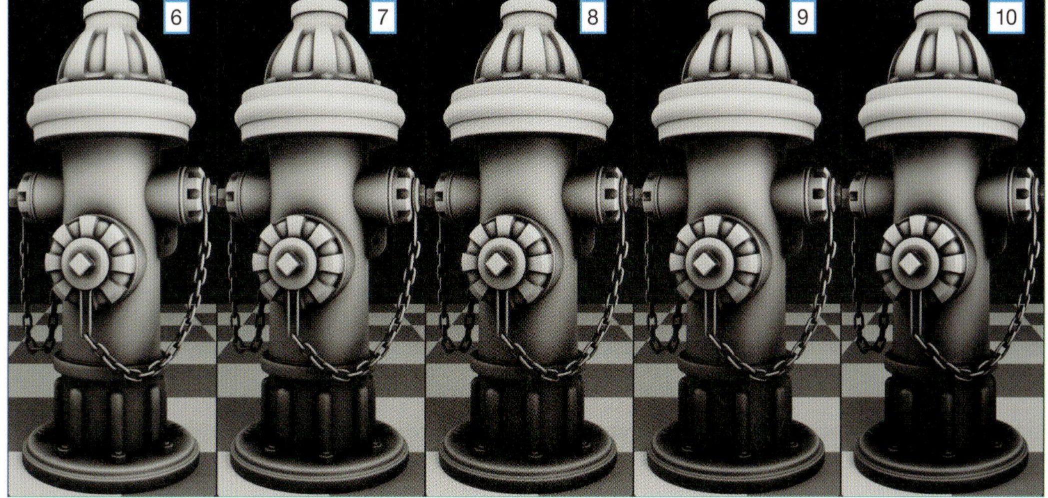

このようにEEVEEとCyclesでかなり結果が変わるので、どちらを使うかを先に設定してから**ガンマ**を調整します。なお、この後の見本ではEEVEEを使用して、**ガンマ**は**5**にしています。

次はこの陰影を元に、**陰影つきの色**を作ります。

03 Step 陰影つきの色を作る

❶Shift+A>**カラー**>**カラーミックス**を追加します。

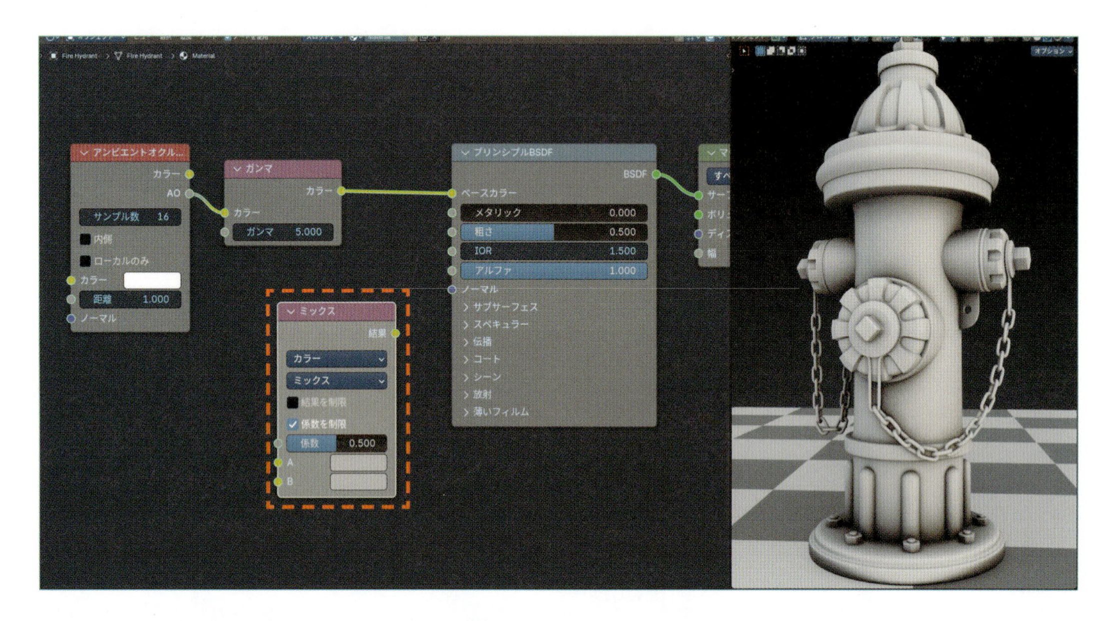

❷カラーミックスを、**ガンマ**と**プリンシプルBSDF**の間に接続します。

- [**ガンマ:カラー**]>[**カラーミックス:B**]
- [**カラーミックス:結果**]>[**プリンシプルBSDF:ベースカラー**]

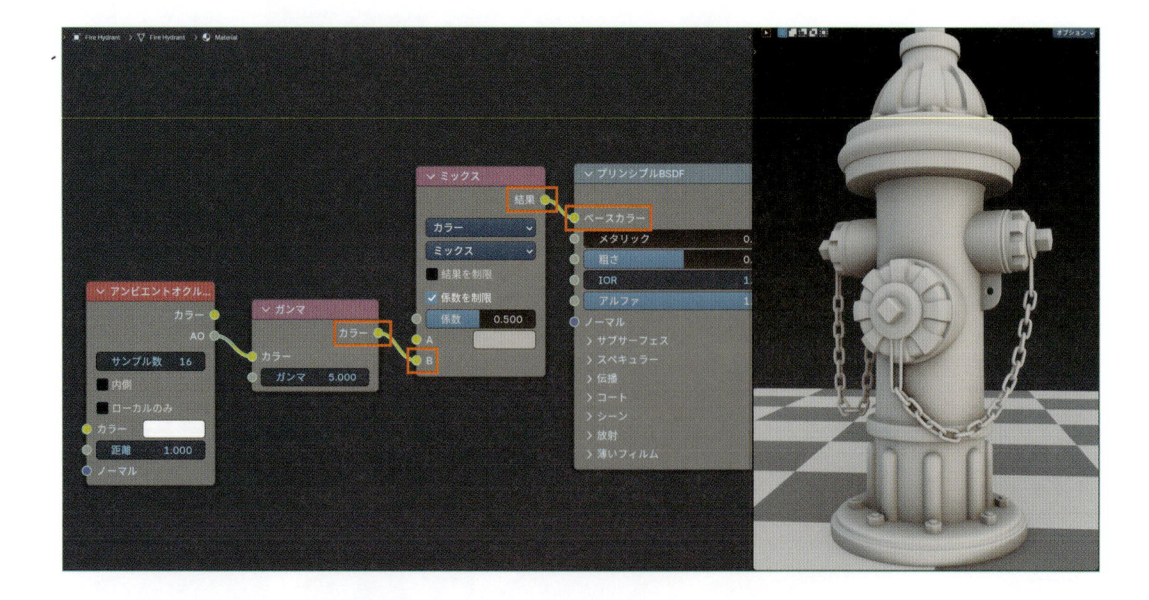

❸**カラーミックス**のパラメーターを、次のように設定します。

- **ブレンドモード**：**乗算**
- **係数**：**画面を見ながら調整**
- **A**：**オブジェクト本来の色（またはテクスチャ）**

これで、**A**の色（またはテクスチャ）に**アンビエントオクルージョン**の陰影が掛け合わされ、陰影つきの色になります（サンプルデータ：3-01-01.blend）。

係数の値を大きくするほど陰影が濃くなります。
最終的な陰影の濃さは**ガンマ**との兼ね合いで決まるので、画面で確認しながら目的の質感になるように調整します。ここでは**0.9**にしました。

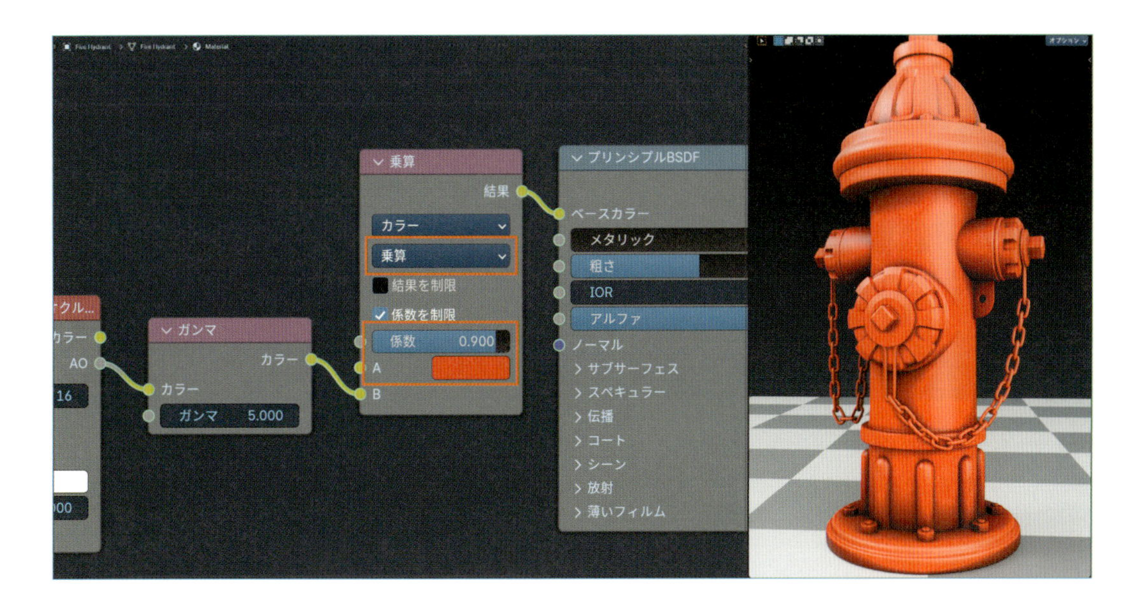

以上で、できあがりです。

POINT

ノードはどんな手順で組んでもOKです。
この本では、初心者でもノードの働きが分かりやすい手順で説明していますが、実際にマテリアルを作成する際は、皆さんのやりやすいように自由にアレンジしてください。

Chapter 1
Chapter 2
Chapter 3 1-5
Chapter 3 6-10
Chapter 3 11-15
Chapter 4

1-3 さらに重量感を出すには

ペンキを塗った鉄などを作る場合は、バンプマッピングで表面の細かい凹凸を表現すると、より重量感が出ます(サンプルデータ：3-01-02.blend)。

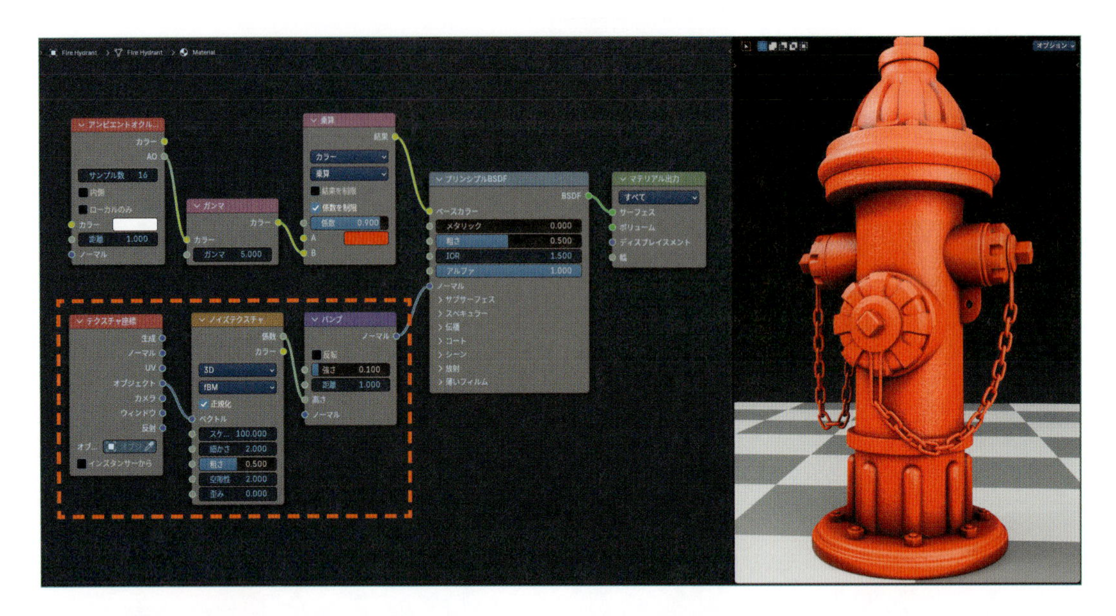

アップで見ると、下図のように変化します。

※このような鉄製品(鋳鉄)を表現する場合、バンプマッピングは**ノイズテクスチャ**を使います。

※バンプマッピングの設定方法は、**Chapter2-5　凹凸表現の作り方**(052ページ)を参照してください。

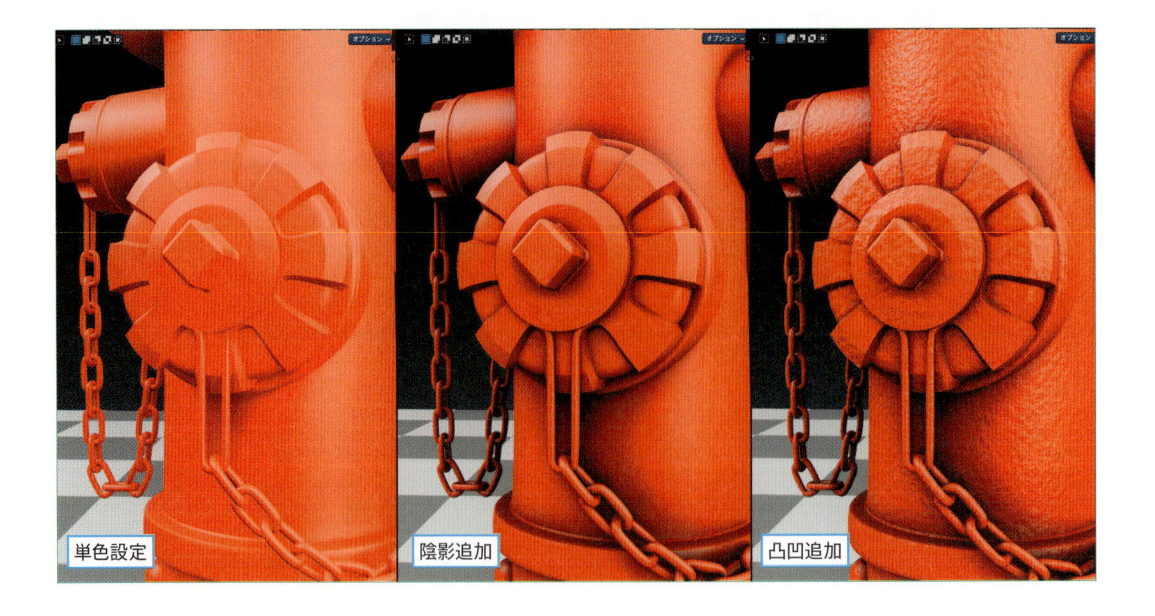

1-4 金属の場合

金属（メタリック：1）のマテリアルでも、陰影を加えると重量感が出せます（サンプルデータ：3-01-03.blend）。
バンプマッピングを使うかはお好みでどうぞ。

アップで見るとこんな感じです。
「重量感」というより、「重厚な感じ」になります。

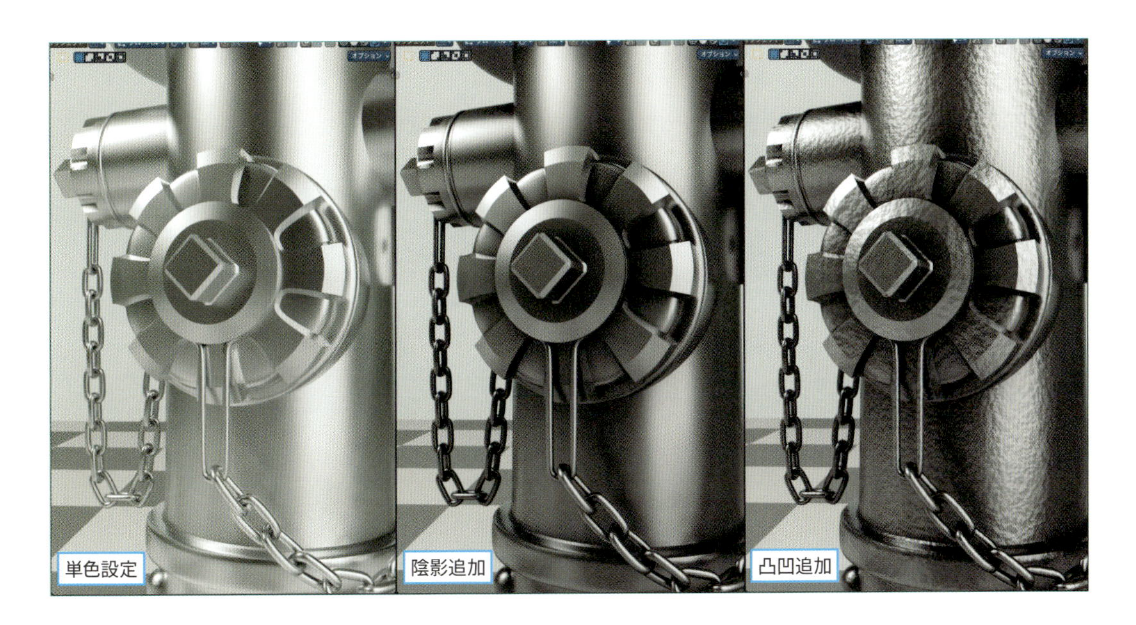

1-5 アンビエントオクルージョンの応用

アンビエントオクルージョンは、リアルな錆びの表現にも応用できます。
面の凹んだ部分は汚れや湿気が溜まりやすく、錆びやすいので、それを表現するのに使います。
※詳しくは**Chapter3-5　錆びの作り方**（113ページ）で説明します。

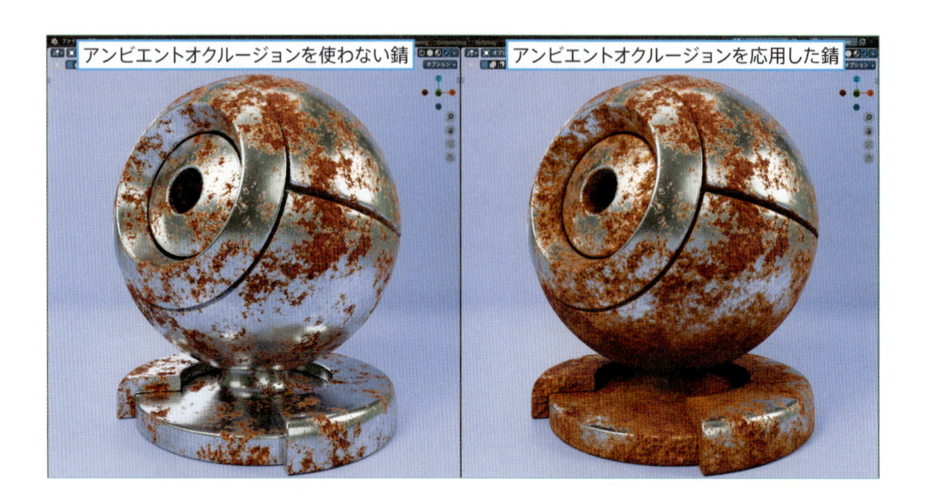

1-6 アンビエントオクルージョンの注意点

アンビエントオクルージョンは、「**面と面の距離**」を元に陰影をつけます。
「**面と面の距離**」には**他のオブジェクト**も含まれ、周囲のオブジェクトの有無や位置関係によって、陰影の具合も変化します。
例えば下図のように、**床**の表示・非表示を切り替えると、足元の陰影が変化します。

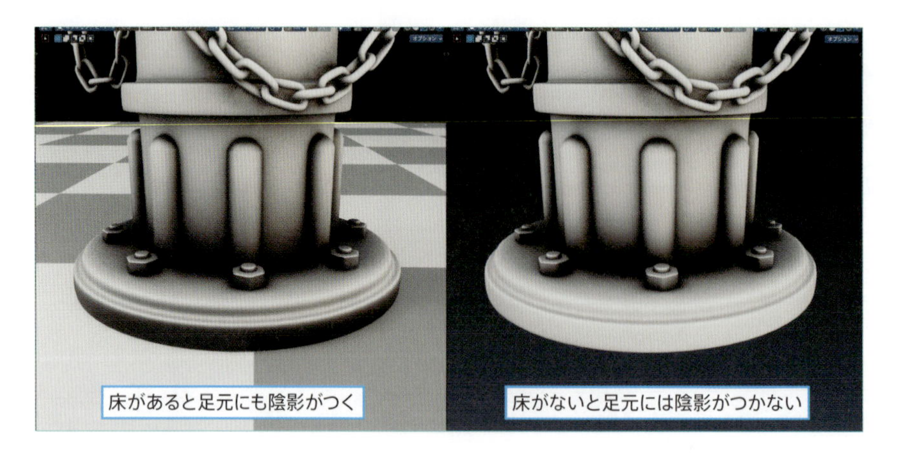

陰影を固定して他のオブジェクトの影響を受けないようにしたい場合は、**アンビエントオクルージョン**を**ベイク（画像テクスチャに変換する処理）**する必要があります。
ベイクのやり方についての説明は長くなるので、この本では省略します。
「AO　ベイク」で検索するとすぐ見つかるので、そちらを参照してください。

Chapter 3

2

色ムラの作り方

ノイズテクスチャで作る複雑なフラクタル模様を使った色ムラの作り方を説明します。
色ムラはリアルな質感作りに欠かせない、基本のテクニックです。
後で説明するくすみ・表面劣化、ドロドロ汚れ、錆び、コンクリートなどのマテリアルは、この色ムラの応用になります。

2-1 「複雑なフラクタル模様」って何？

ノイズテクスチャは、自然界によくみられる不規則パターン（フラクタル模様）を作るテクスチャです。
初期状態のノイズテクスチャは比較的シンプルな雲や煙のような模様を作るように調整されていますが、設定を変えるとより複雑な模様を作ることができます。
この複雑なフラクタル模様は、汚れ、シミ、色ムラ、塗装の剥げ、表面劣化、錆び、ひび、和紙、革製品、大理石、雲、煙、炎、波…などなど、幅広い材質や表現に応用できます。

2-2 色ムラの作り方

01 Step 基本のパターンを作る

❶**テクスチャ座標**と**ノイズテクスチャ**を追加します。

- **Shift+A**>**入力**>**テクスチャ座標**
- **Shift+A**>**テクスチャ**>**ノイズテクスチャ**

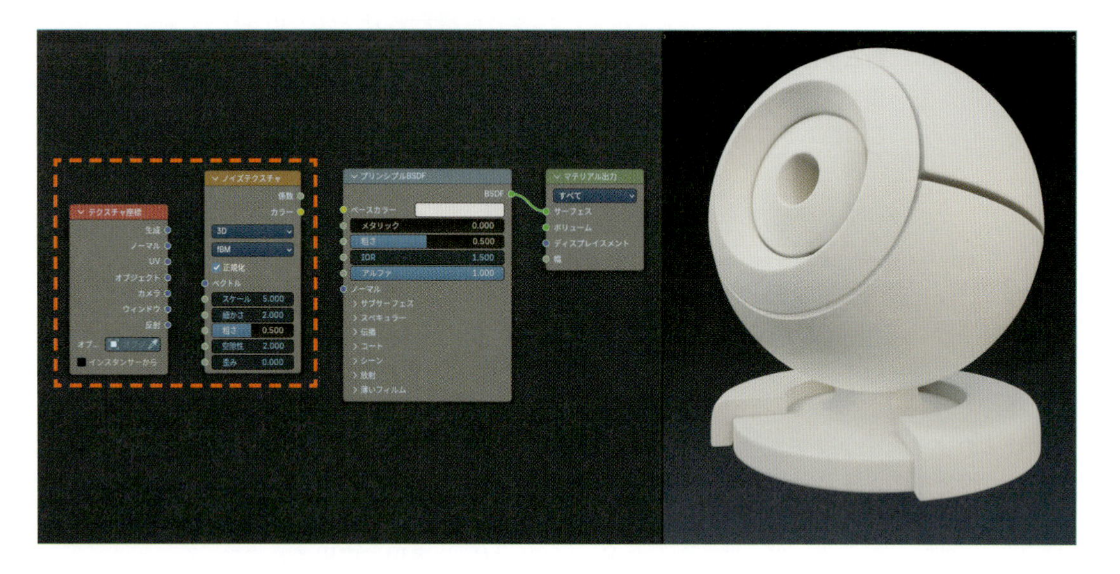

❷この2つのノードを、次のように接続します。

- [**テクスチャ座標**：**オブジェクト**]>[**ノイズテクスチャ**：**ベクトル**]
- [**ノイズテクスチャ**：**係数**]>[**プリンシプルBSDF**：**ベースカラー**]

これでオブジェクトが、**ノイズテクスチャ**（初期状態）の模様になります。

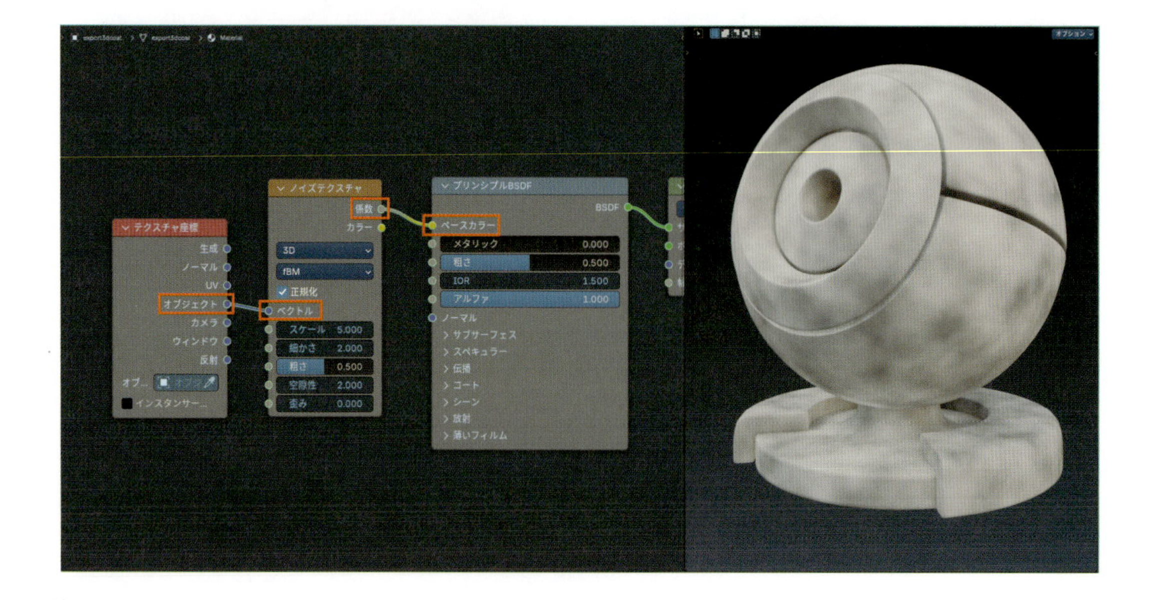

❸**ノイズテクスチャ**の**正規化**を**OFF**にして、パラメーターを**細かさ**：**15**、**粗さ**：**1**、**空隙性**（くうげきせい）：**1.4**と設定します。
これで**ノイズテクスチャ**の模様が、下図のように変化します。

Chapter 1

Chapter 2

Chapter 3 1-5

Chapter 3 6-10

Chapter 3 11-15

Chapter 4

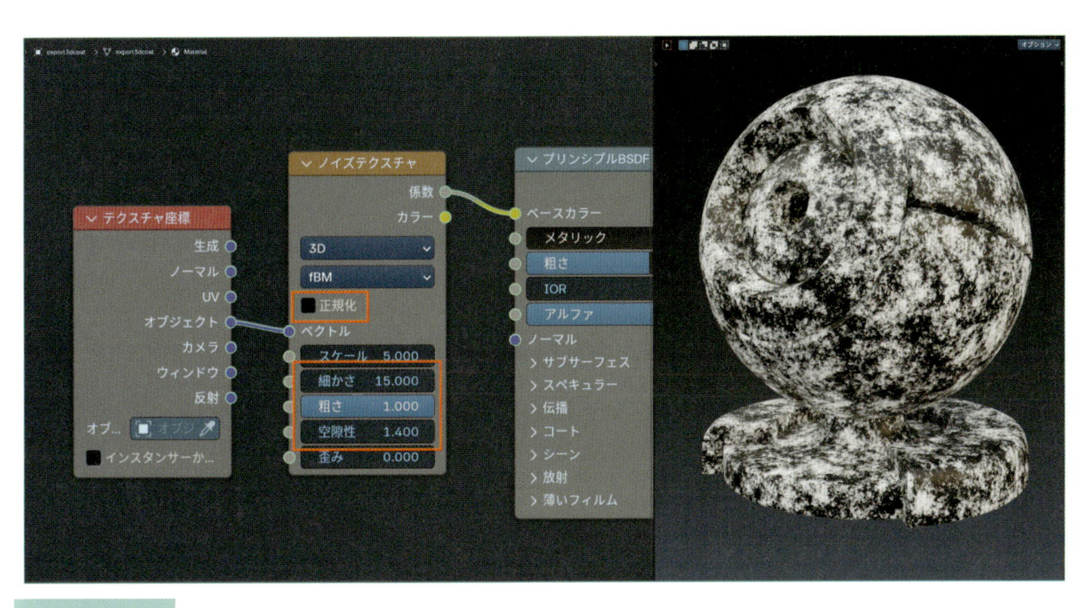

POINT

ノイズテクスチャの**正規化**は、**模様の複雑さの切り替えスイッチ**と考えると扱いやすいです。
正規化が**ON**の場合は標準のシンプルな模様。**OFF**の場合はここで作るような複雑な模様に切り替わります。

❹模様の大きさは、画面を見ながら**ノイズテクスチャ**の**スケール**の値で調整します。
目安としては、下図くらいの見た目にすると、バランスの良い色ムラになります。

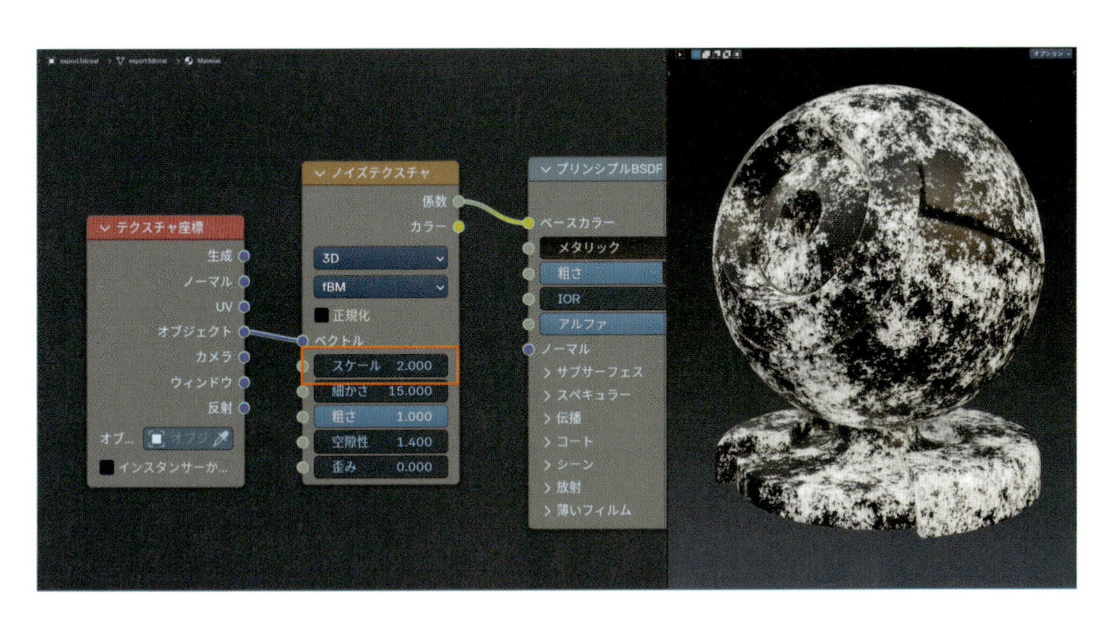

これで、色ムラの原型ができました。
次はこの白黒模様を、色ムラの色に置き換えます。

02 Step 色ムラの色を作る

❶**数式**ノードと**カラーミックス**を追加します。

- **Shift+A**>**コンバーター**>**数式**
- **Shift+A**>**カラー**>**カラーミックス**

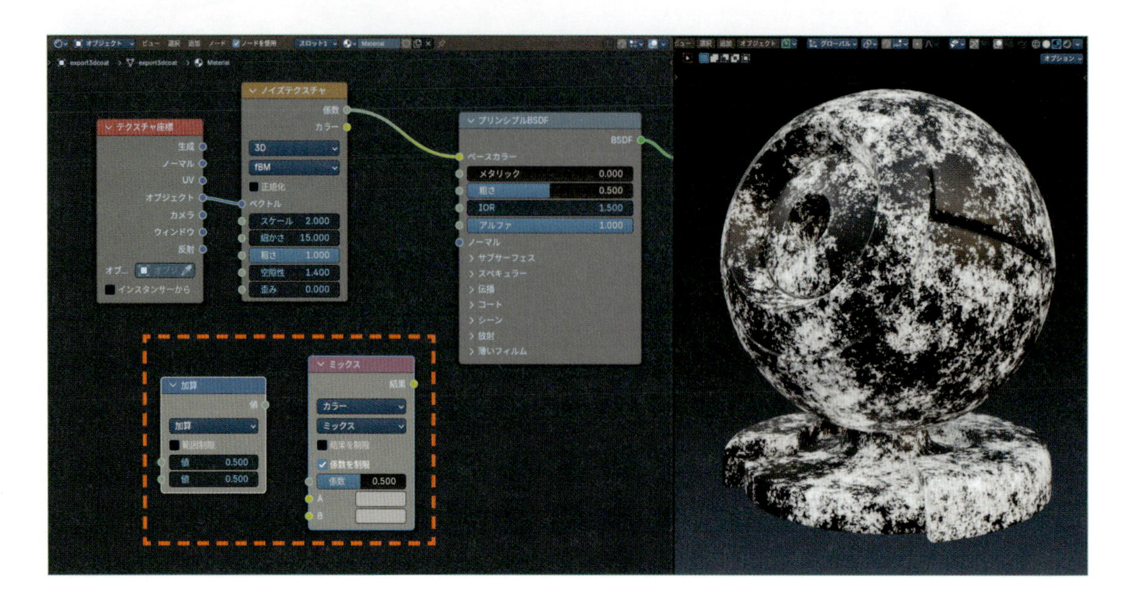

❷この2つのノードを、**ノイズテクスチャ**と**プリンシプルBSDF**の間に接続します。

- [**ノイズテクスチャ：係数**]>[**数式：値1**]
- [**数式：値**]>[**カラーミックス：係数**]
- [**カラーミックス：結果**]>[**プリンシプルBSDF：ベースカラー**]

ここではまだ**カラーミックス**の色を設定していないので、オブジェクトの模様が消えます。

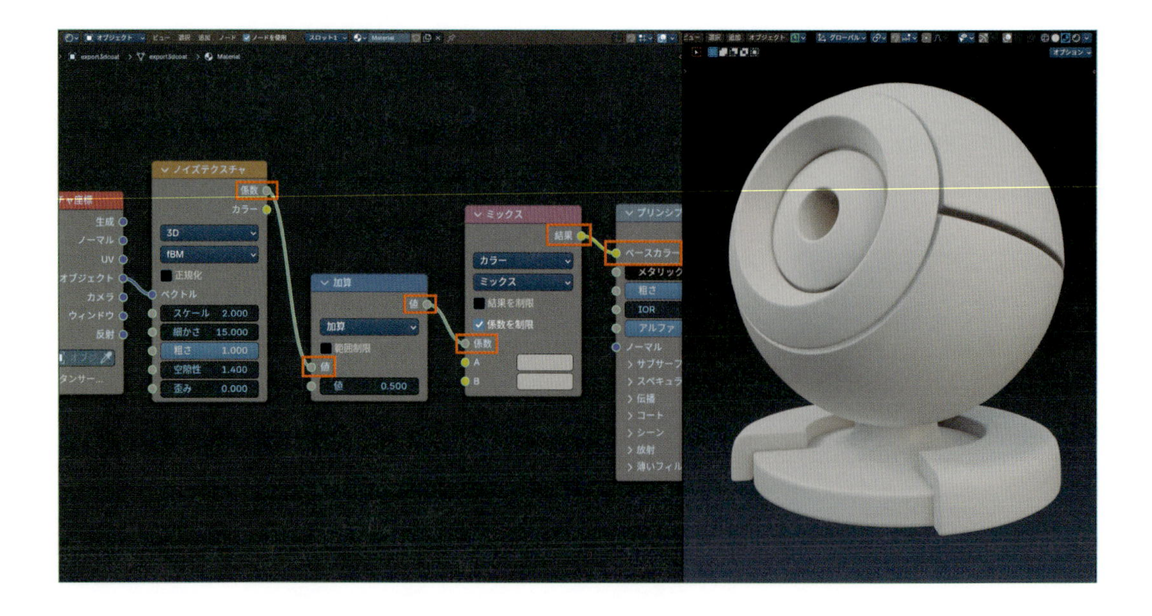

❸**カラーミックス**を、次のように設定します。

- **A：オブジェクト本来の色**
- **B：汚れやシミなどの色**

※**オブジェクト本来の色**をテクスチャで設定する場合は、**A**につなげます。

これで色ムラの基本形ができました。

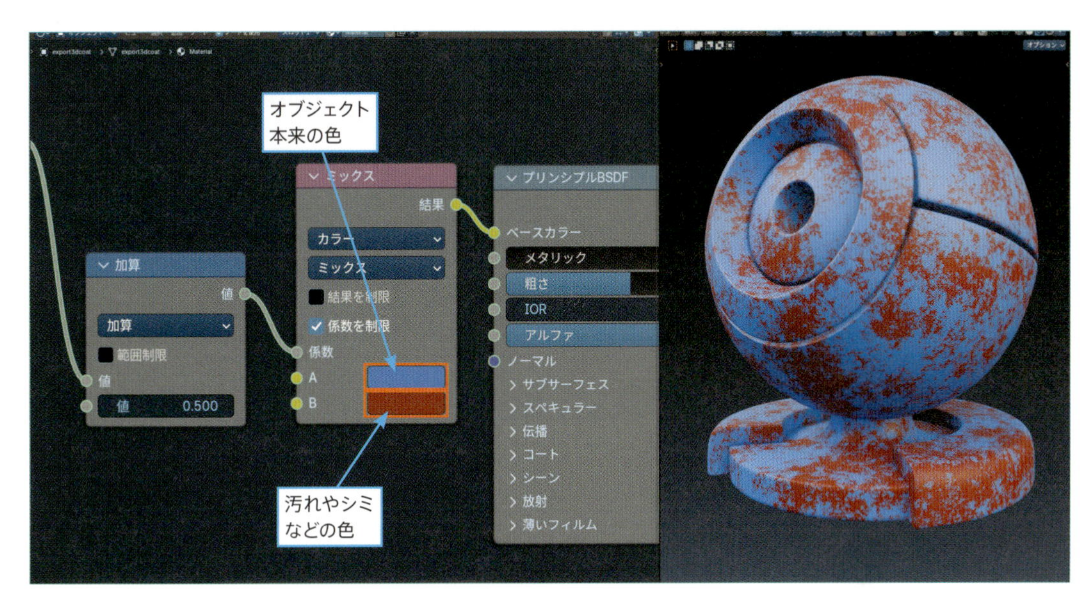

次はこの色ムラに、より複雑な色変化のディテールを加えます。

03 Step ノイズテクスチャをコピー

❶**ノイズテクスチャ**を選択して、**Shift+D**でコピーします。
コピー後のノードは移動状態になるので、適当な場所でクリックして位置を確定します。

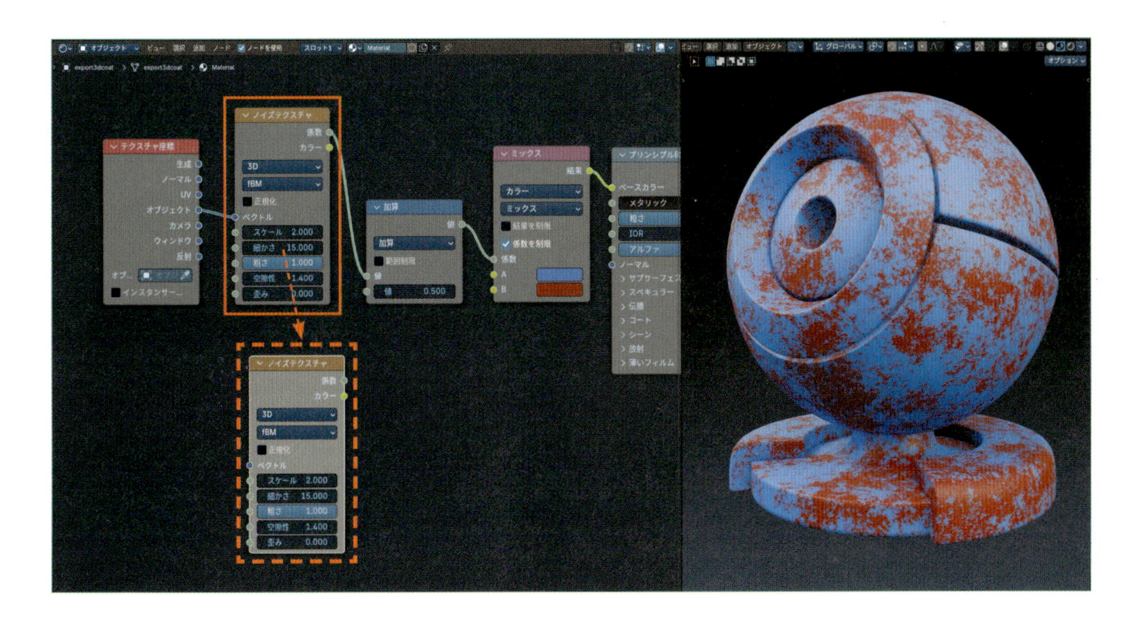

❷コピーした**ノイズテクスチャ**の**空隙性**を**1.5**に変更します。

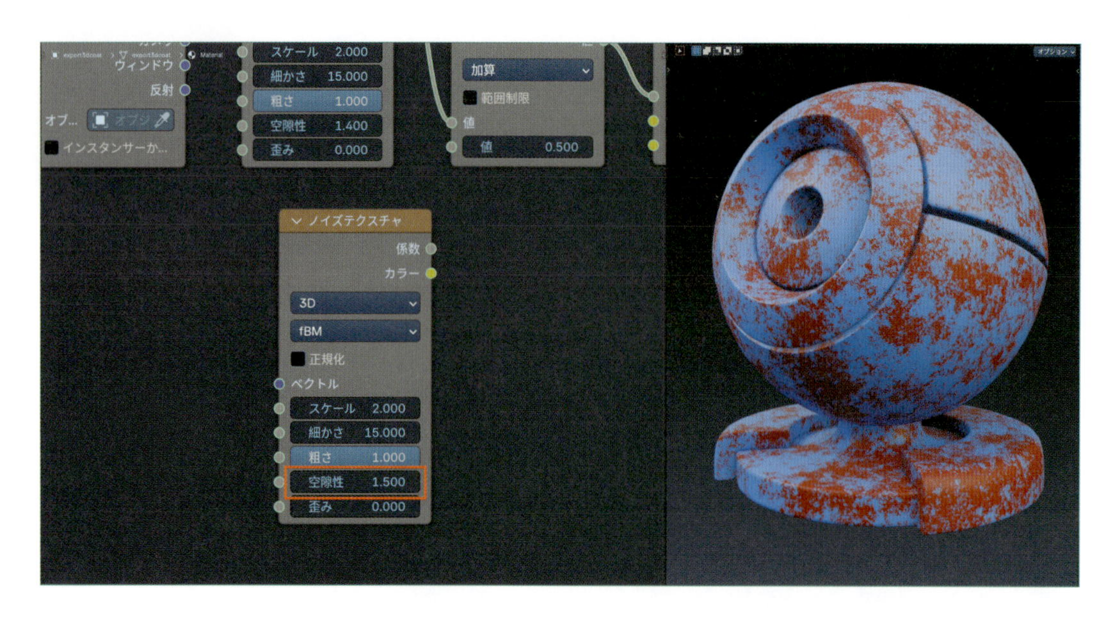

04 カラーミックスを追加

Step

❶**Shift+A**＞**カラー**＞**カラーミックス**を追加します。

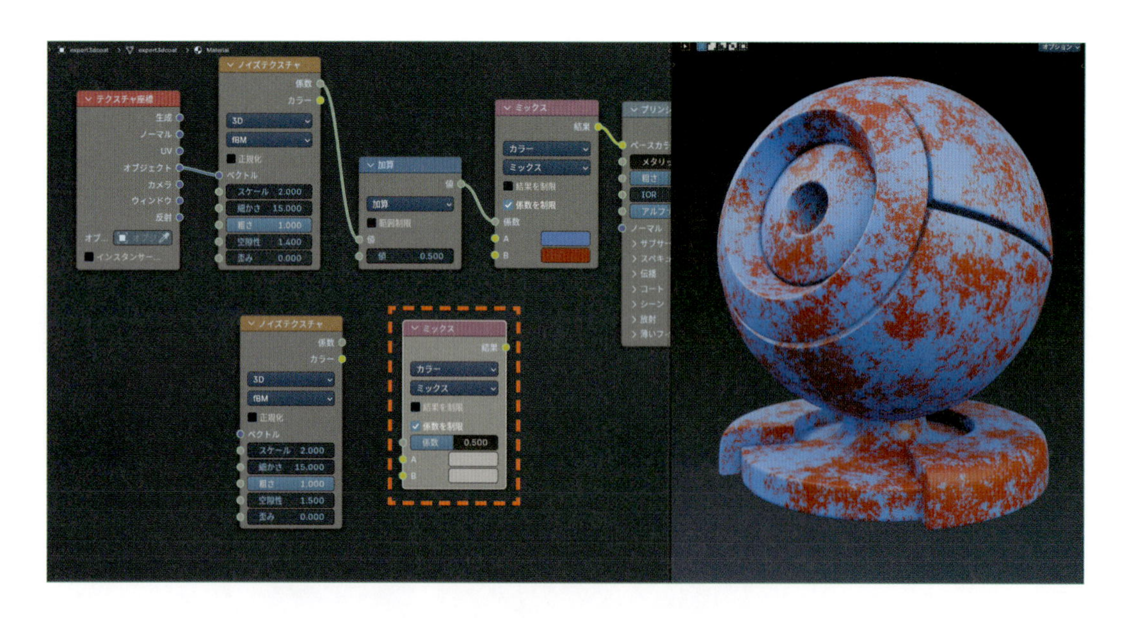

❷追加した**カラーミックス**のパラメーターを、**ブレンドモード**：**覆い焼きカラー**、**係数**：**0.2**と設定します。

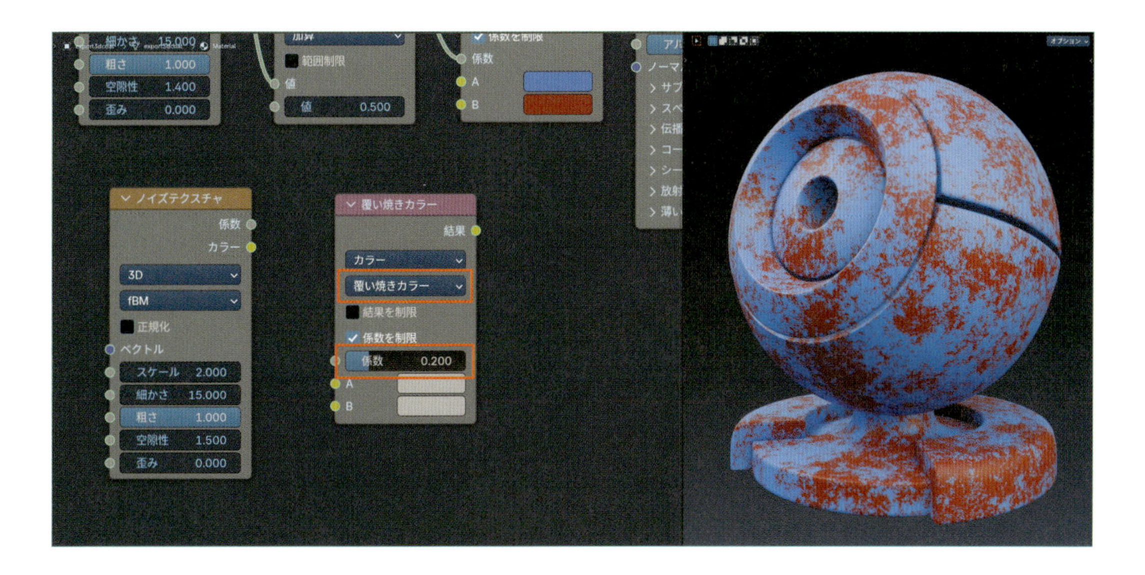

05 ノードの接続

Step

この2つのノードを、次のように接続します。

- [**カラーミックス（ミックス）：結果**] > [**カラーミックス（覆い焼きカラー）：A**]
- [**テクスチャ座標：オブジェクト**] > [**ノイズテクスチャ：ベクトル**]
- [**ノイズテクスチャ：係数**] > [**カラーミックス（覆い焼きカラー）：B**]
- [**カラーミックス（覆い焼きカラー）：結果**] > [**プリンシプルBSDF：ベースカラー**]

これで、より複雑な色変化のディテールが追加されます（サンプルデータ：3-02-01.blend）。

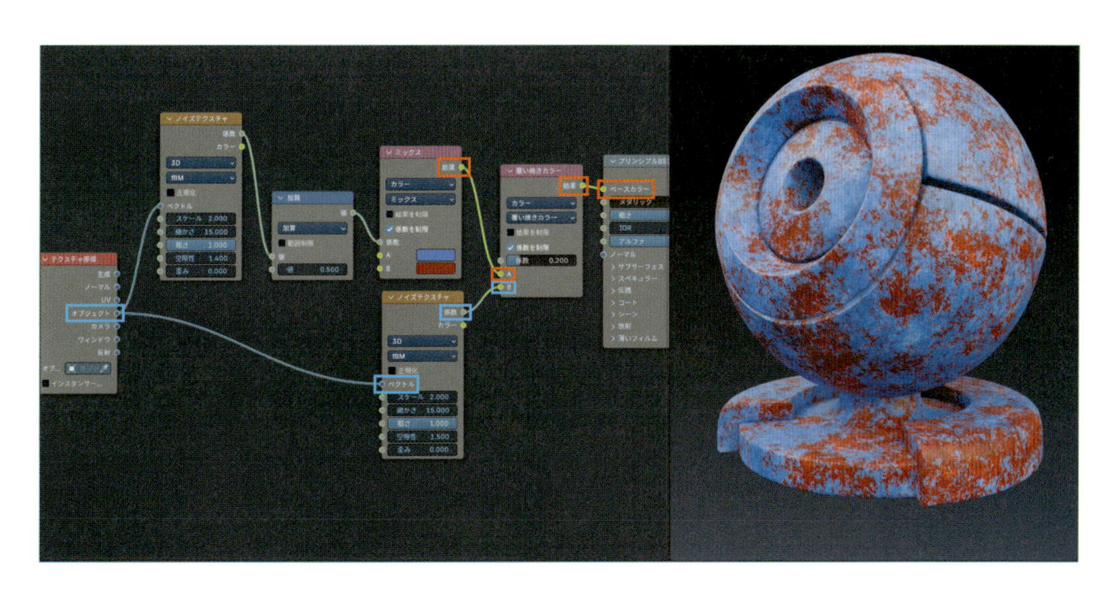

以上で、できあがりです。
この設定は、くすみ・表面劣化、ドロドロ汚れ、錆びなど、使う場面の多い基本テクニックです。

2-3 色ムラ模様の調整方法

色の範囲

数式ノードの値で、**本来の色の部分（色A）**と**汚れなどの部分（色B）**の範囲を操作できます。
0は初期状態です。
値を小さくすると**色A**の範囲が増え、値を大きくすると**色B**の範囲が増えます。

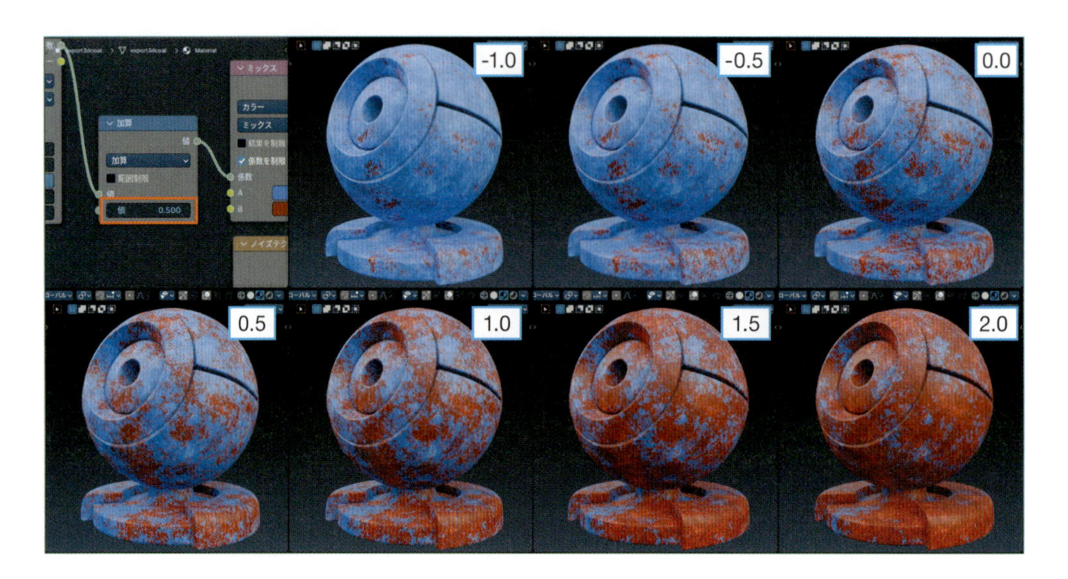

模様のぼやけ具合

数式ノードにつながっている**ノイズテクスチャ**の**粗さ**で、模様のぼやけ具合を操作できます。
この値を小さくすると全体的に模様がぼやけて、細かい部分が消えていきます。
塗装の剥げや錆びなど、くっきりしたパターンを作る場合は**1**、シミなどのぼんやりしたパターンを作る場合は値を小さくします。
あまり小さい値にすると模様がぼやけすぎるので注意してください。

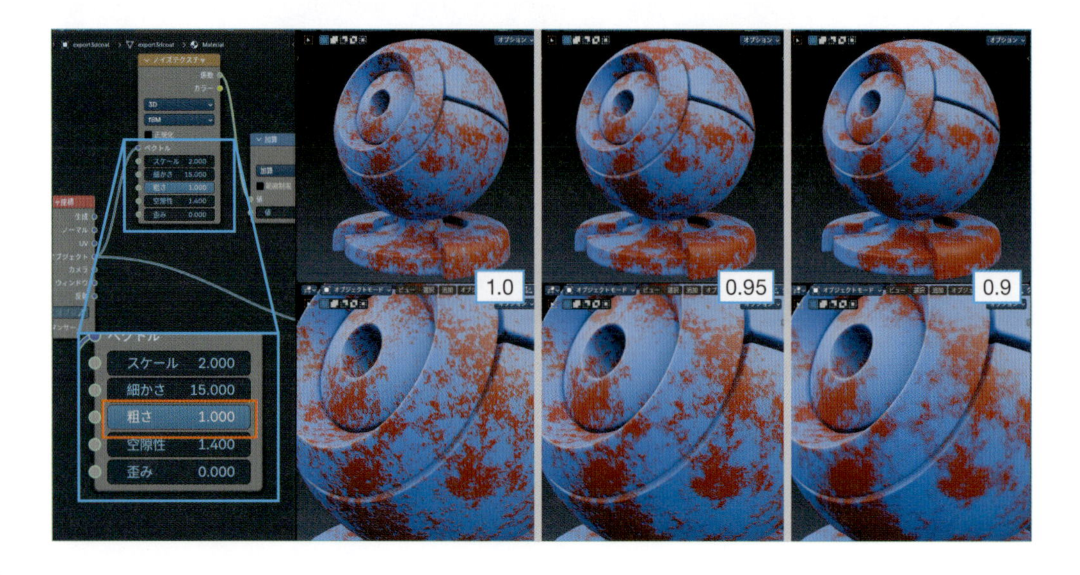

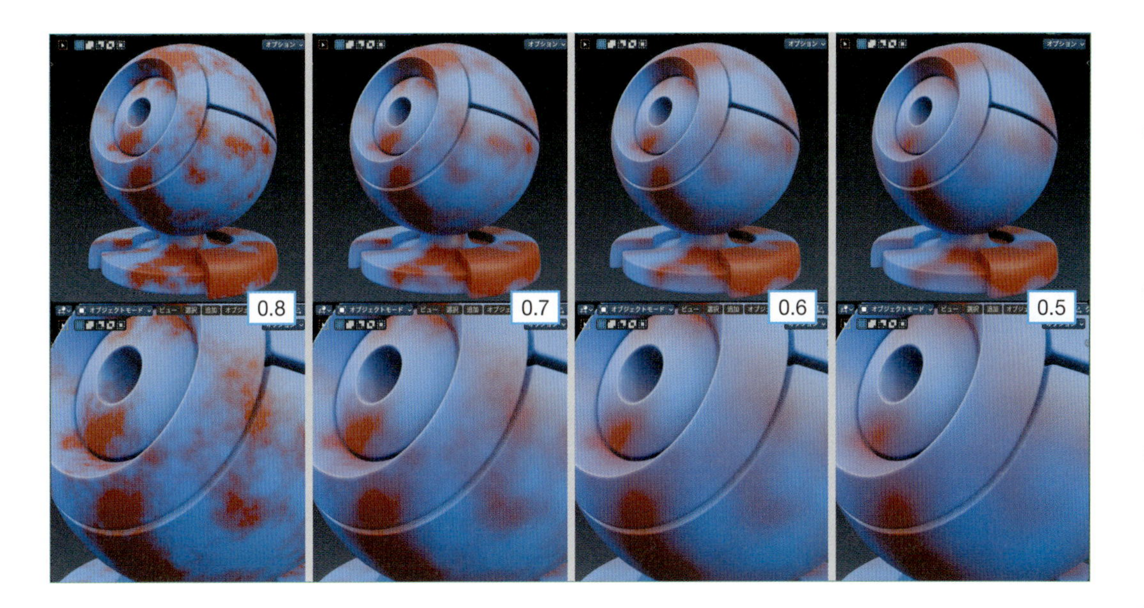

2-4 平面が変な模様になる現象について

平面オブジェクトに**ノイズテクスチャ**の複雑なフラクタル模様を設定すると、右の画像のようにおかしな結果になります。
これは**オブジェクトの原点を含む平面上**で発生する現象です。

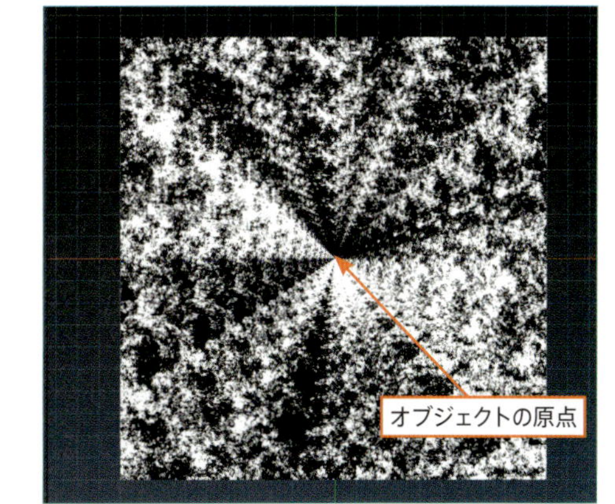

オブジェクトの形状が立体でも、平面部分にオブジェクトの原点がある場合は、同じ現象が発生します。

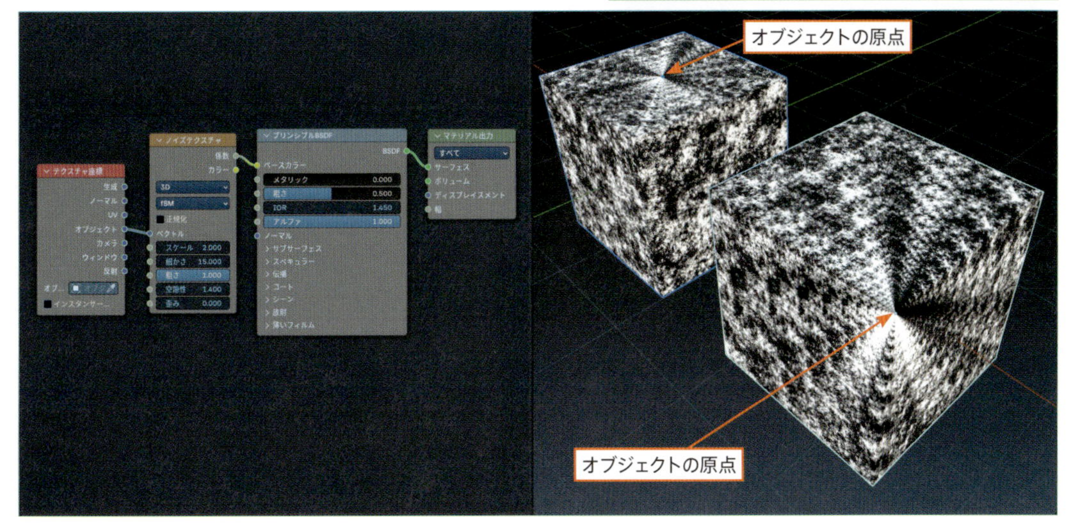

このおかしな模様は**原点を中心にした一定の範囲内**だけに発生するので、次の手順でテクスチャをずらして対処します。

01 Step マッピングを追加

Shift+A＞**ベクトル**＞**マッピング**を追加します。

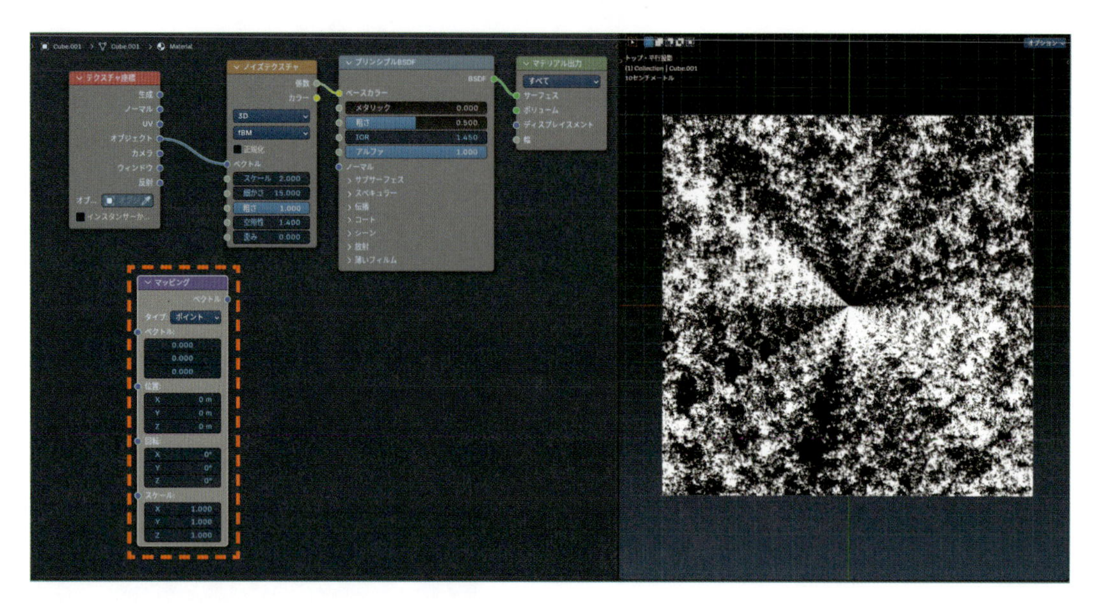

02 Step ノードを接続

マッピングを、**テクスチャ座標**と**ノイズテクスチャ**の間に接続します。

- ［**テクスチャ座標：オブジェクト**］＞［**マッピング：ベクトル**］
- ［**マッピング：ベクトル**］＞［**ノイズテクスチャ：ベクトル**］

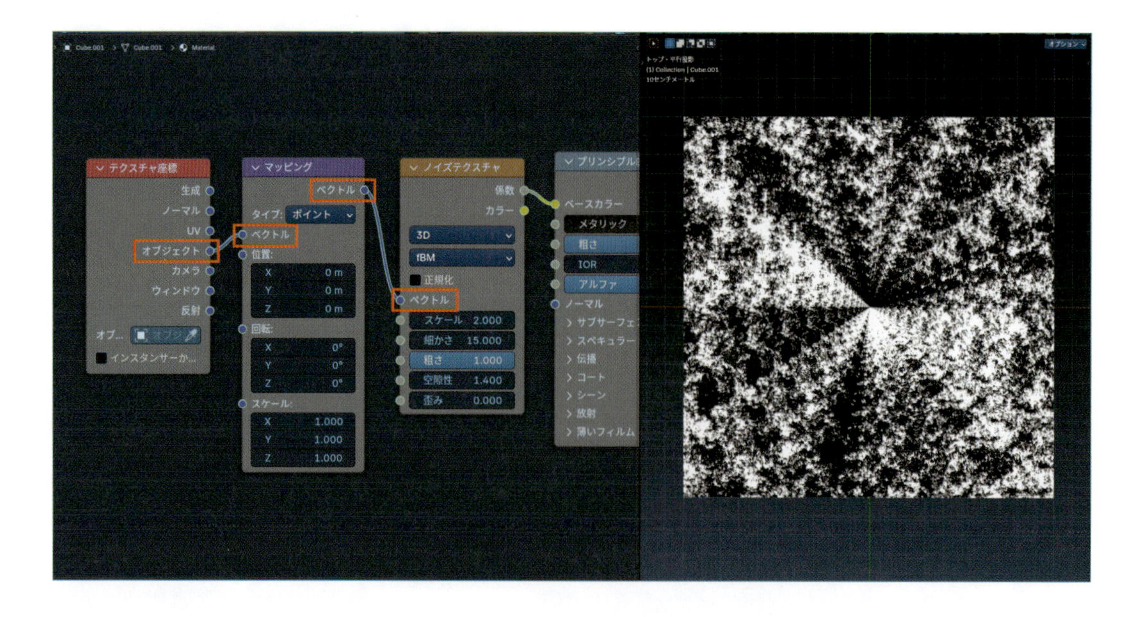

03 Step マッピングの設定

マッピングの**位置**に適当な値を入力すると、テクスチャをずらすことができます。
画面で確認しながら、変な模様が見えなくなるまで値を調整してください。
※入力するのは **X**、**Y**、**Z**のどれでもOKです。

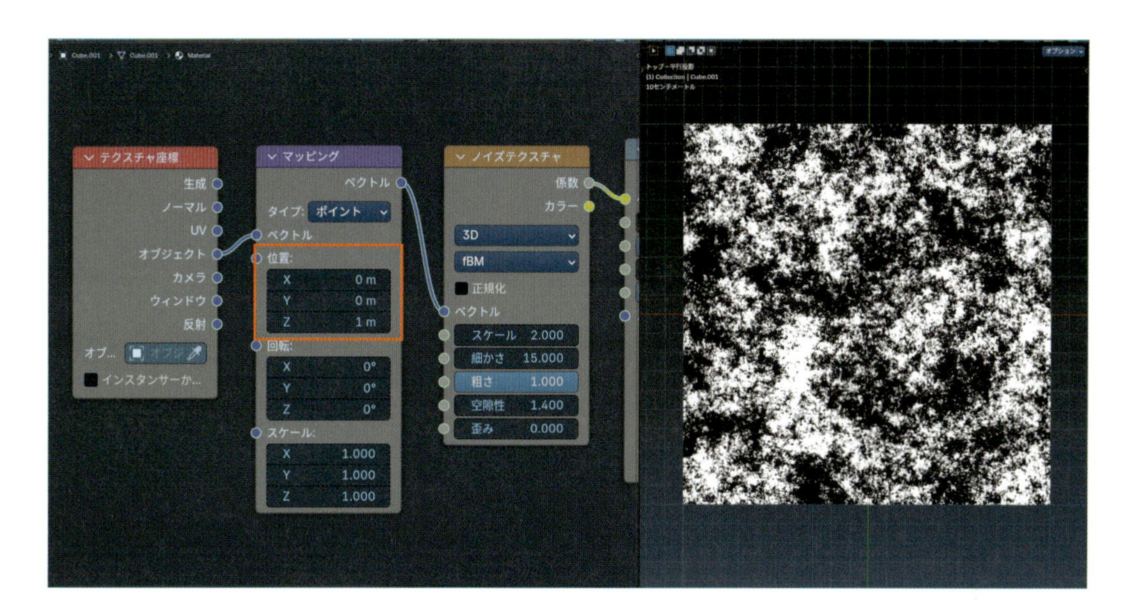

Chapter 3

3

くすみ・表面劣化の作り方

Chapter3-2で作った**色ムラ**のマテリアルを元に、物体表面のくすみや劣化を表現します。
どんな質感に対しても使える手法ですが、ここでは変化が分かりやすい**金属**と**ガラス**を見本に作っていきます。

3-1 くすみ・表面劣化の設定の仕組み

くすみ・表面劣化は、**ノイズテクスチャ**の複雑なフラクタル模様を元に、**粗さ**を変化させて作ります。
粗さに応じて光沢の具合が変化し、細かい傷や汚れなどで劣化した状態がリアルに表現できます。

3-2 金属のくすみ・表面劣化

01 Step 色ムラの設定を準備

075ページの**色ムラの設定**を用意します。

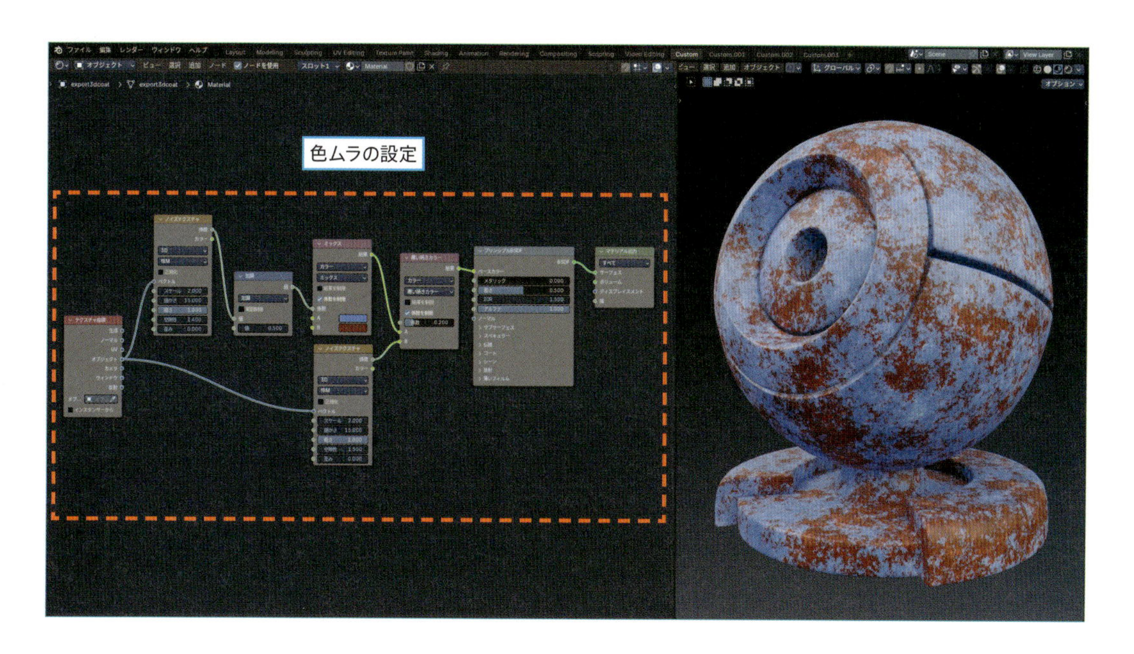

02 Step 金属の質感に変更する

❶**プリンシプルBSDF**の**メタリック**を**1**にします。
これで、金属の質感になります。

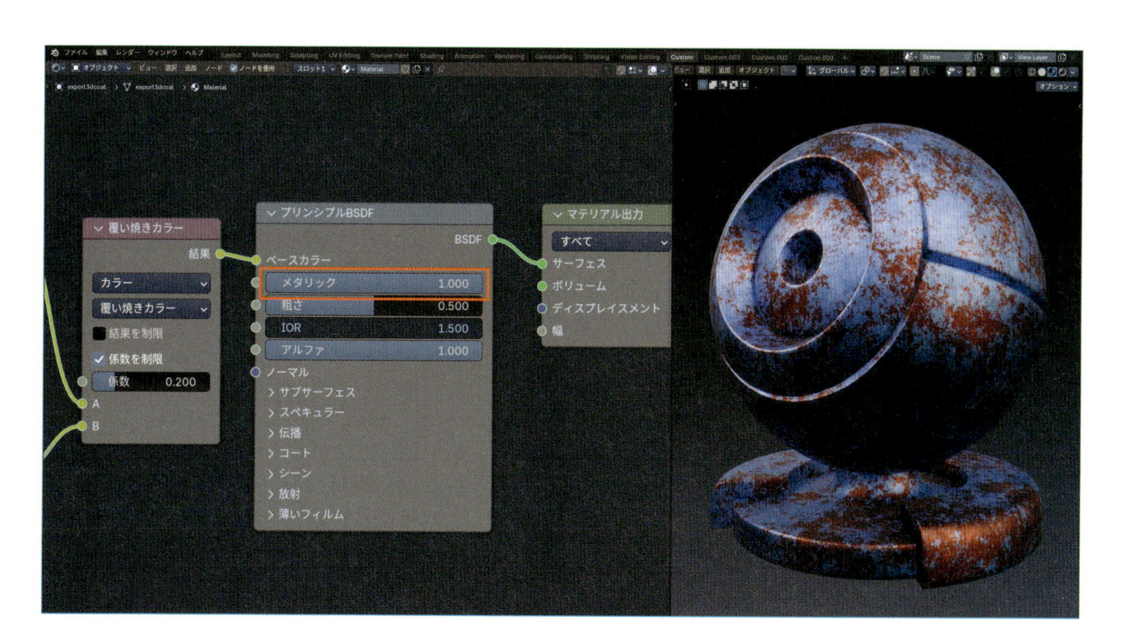

❷**カラーミックス（ミックス）**のAとB両方に、作りたい金属のベースカラー（040ページ参照）を設定します。
ここでは、鉄のベースカラーの**C5C7C8**（16進数）に設定しました。
これで**カラーミックス（覆い焼きカラー）**による色ムラのディテールだけになり、「くすんだ金属の色ムラ」が表現されます。

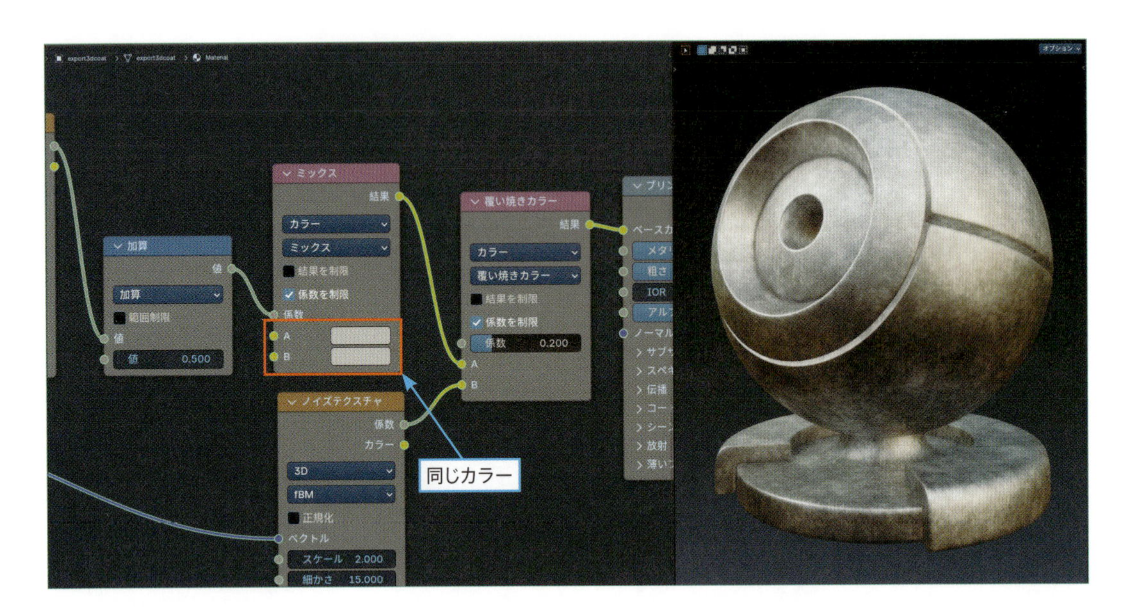

次は表面の劣化を表現してみましょう。

03 粗さに変化をつける

Step

❶**Shift+A**＞**コンバーター**＞**範囲マッピング**を追加します。

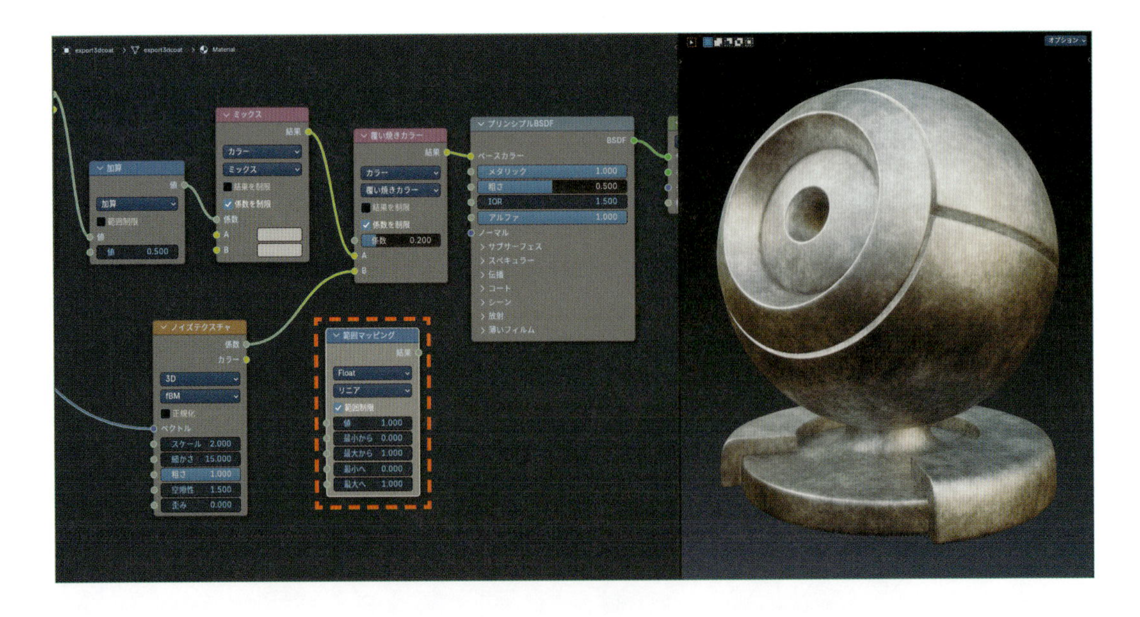

❷**範囲マッピング**を、**数式**ノードと**プリンシプルBSDF**の間に接続します。

- ［**数式：値**］>［**範囲マッピング：値**］
- ［**範囲マッピング：結果**］>［**プリンシプルBSDF：粗さ**］

これで光沢の鮮明さに変化がつき、細かい傷や汚れによる表面の劣化が表現できます。

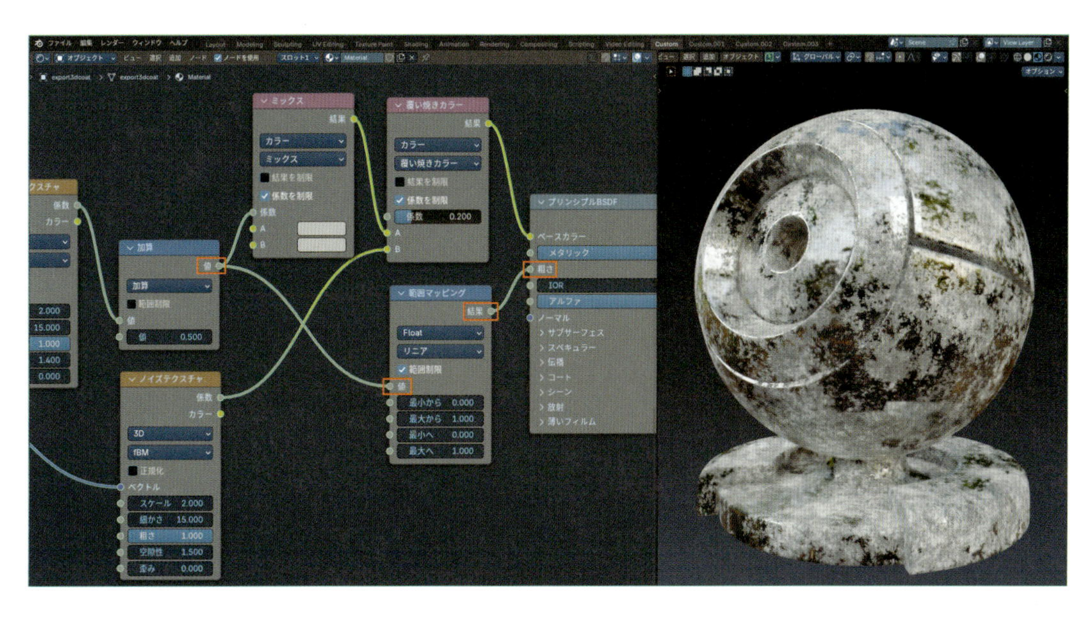

範囲マッピングのパラメーターは、次のように設定します。

- **最小へ**：オブジェクト本来の**粗さ**（元になるテクスチャの**黒い部分**）
- **最大へ**：傷や汚れで劣化した部分の**粗さ**（元になるテクスチャの**白い部分**）

これでテクスチャの白黒を元に、場所によって異なる**粗さ**が表現されます。

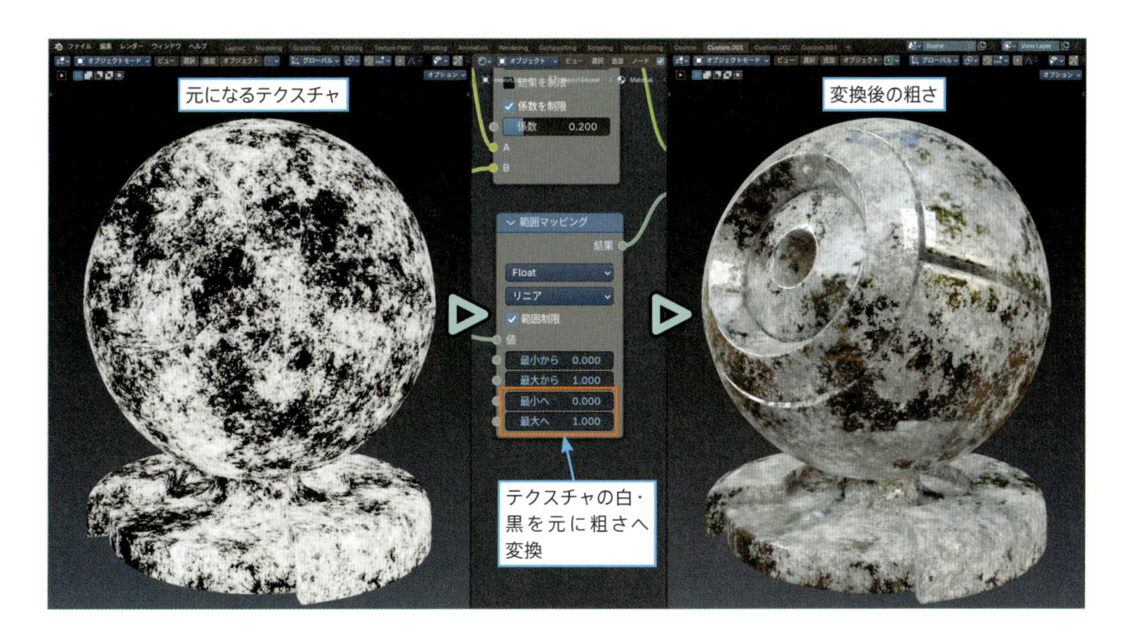

範囲マッピングの**最小へ**と**最大へ**の組み合わせ方で、いろいろな劣化具合が表現できます。
下の見本を参考に、自由に設定して下さい（サンプルデータ：3-03-01.blend）。

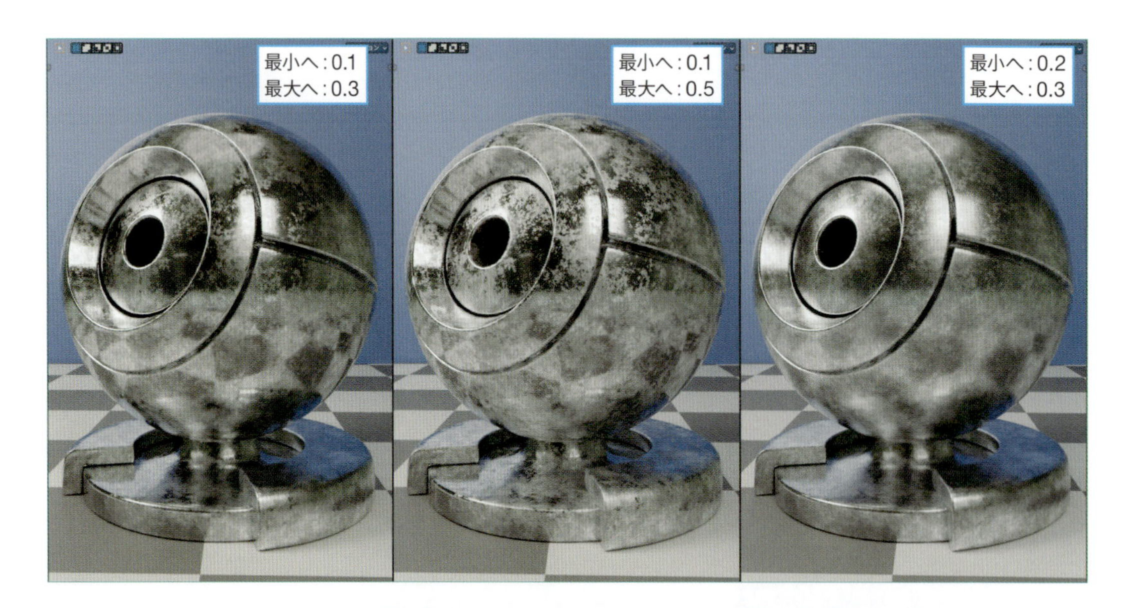

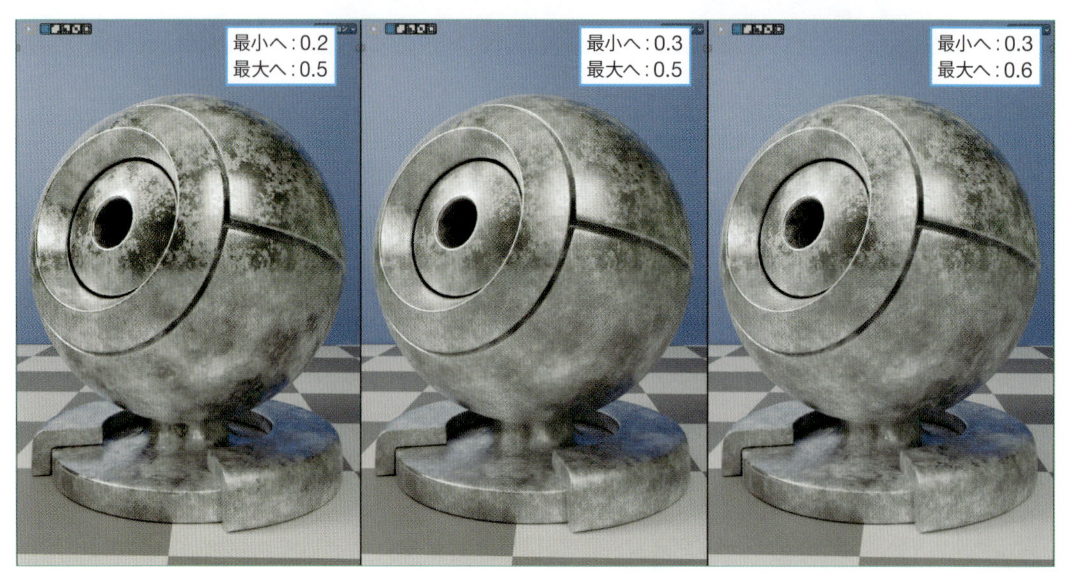

以上で、できあがりです。

3-3 ガラスのくすみ・表面劣化

ここまでで作った金属の設定を元に、ガラスのマテリアルへ作り替えてみましょう。

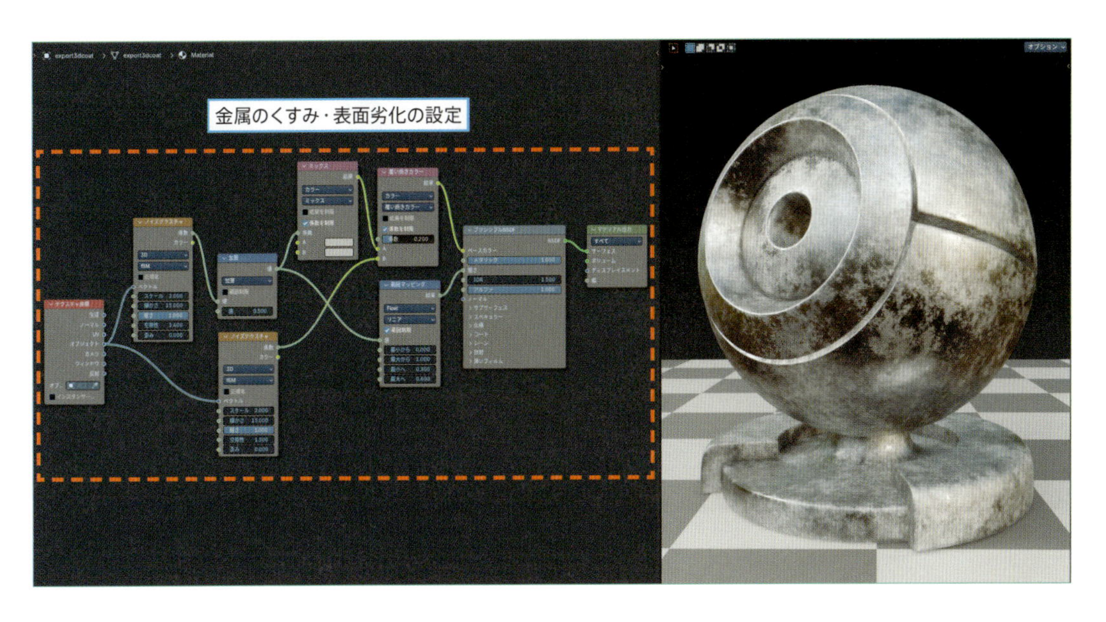

まずは、金属からガラスの質感に切り替えます。

01 Step ガラスの質感に変更する

❶この後の変化が分かりやすいように、**カラーミックス（覆い焼きカラー）**と**範囲マッピング**を、**プリンシプルBSDF**から切断します。
これで色ムラとくすみの表現が解除され、変化のない金属の質感になります。

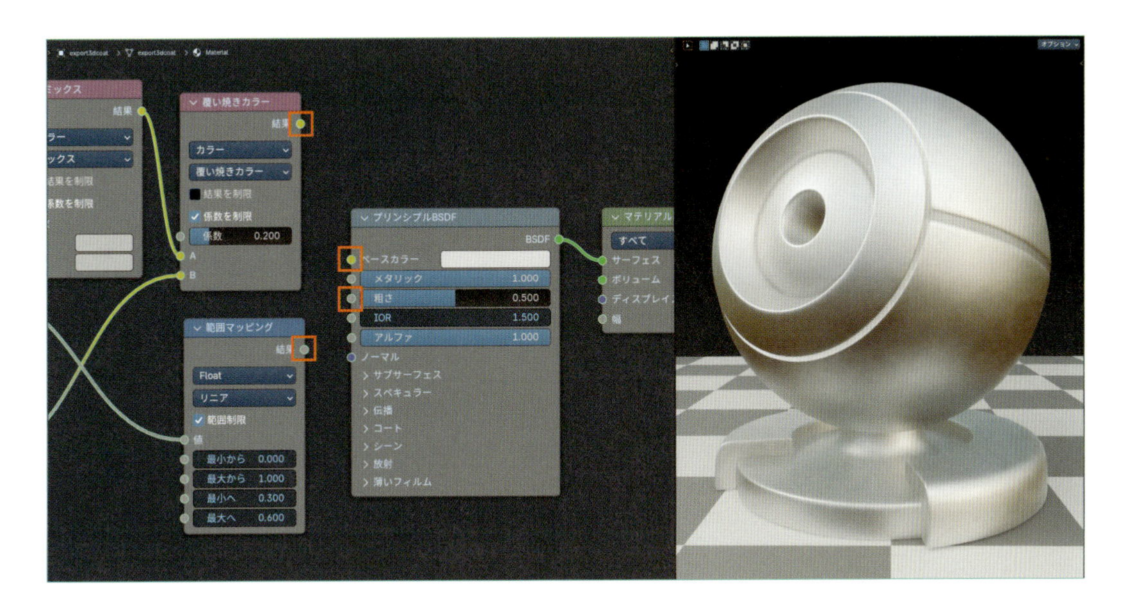

❷プリンシプルBSDFのパラメーターを、メタリック：0、粗さ：0、伝播：1に変更します。
これで、ガラスの質感になりました。

注 意

ここから先の見本は、すべてCyclesでレンダリングしてあります。
見本の通りに表示するには、次のように設定してください。

- レンダーエンジンを**Cycles**にする
- 3Dビューポートの表示を**レンダー**にする

EEVEE（または**マテリアルプレビュー**）で描画すると、見本とかなり異なる見た目になります（この点については後で詳しく説明します）。

では、表面の劣化を表現していきましょう。

02 Step 色ムラを設定する

❶カラーミックス（ミックス）を、**A：本来のガラスの色**、**B：くすんだ部分の色**に設定します。
ここでは**色1：F0F0F0**、**色2：868B97**（16進数）と設定しました。

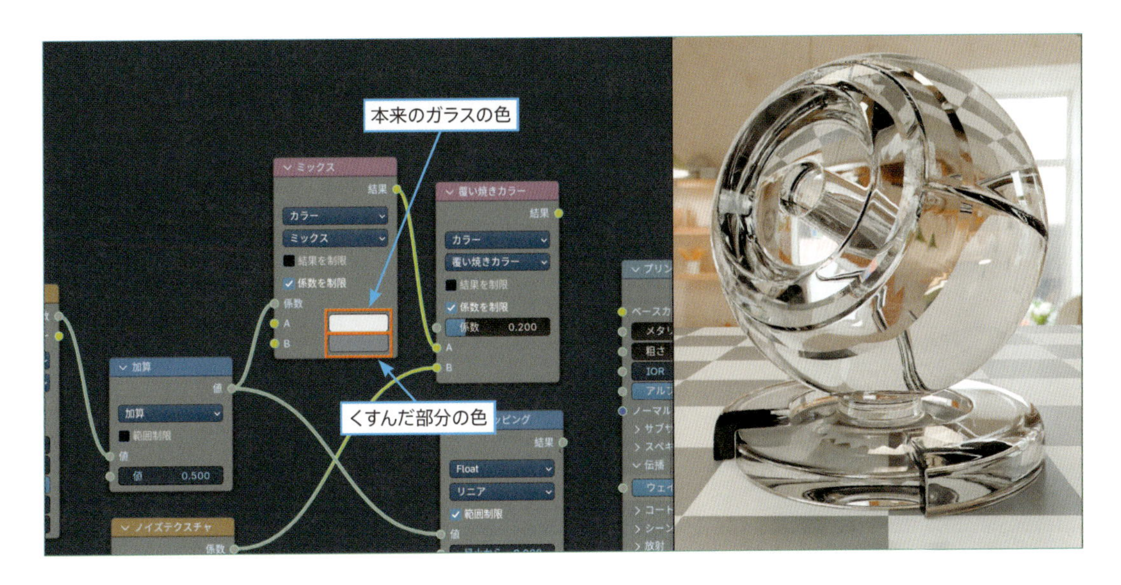

❷カラーミックス（覆い焼きカラー）を、**プリンシプルBSDF**の**ベースカラー**に接続します。
これで「くすんで色ムラのついたガラス」になります。

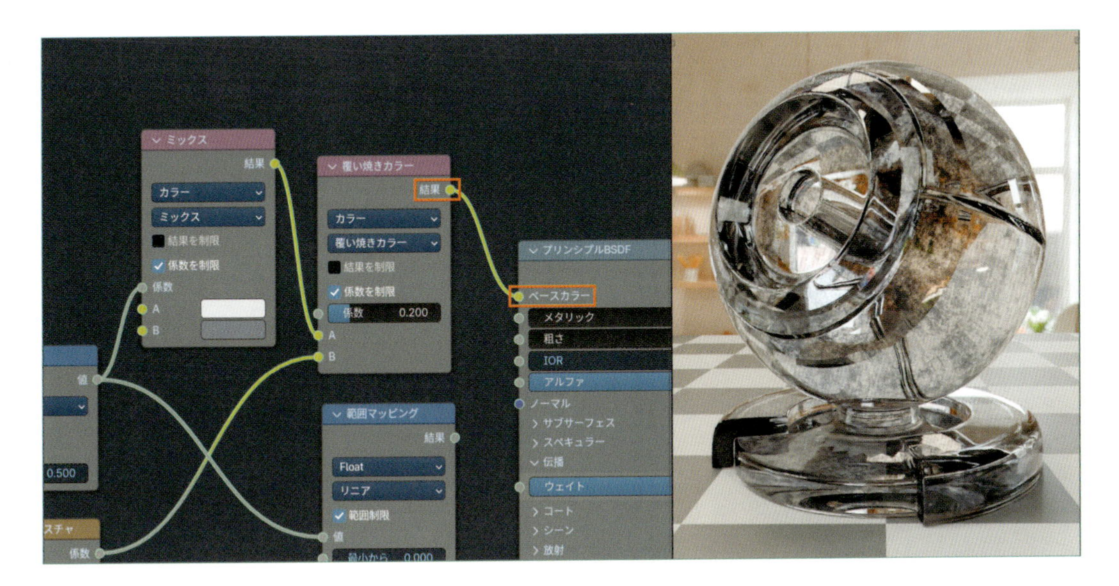

03 Step 粗さに変化をつける

❶**範囲マッピング**のパラメーターを、**最小へ：0.1**、**最大へ：0.3**と設定します。

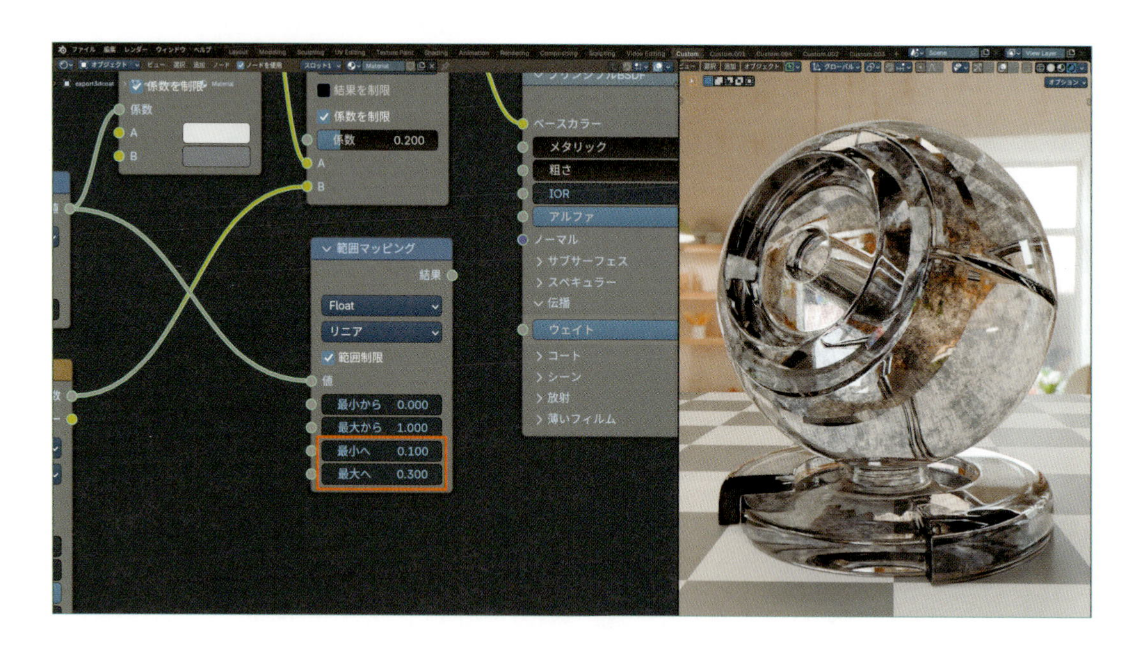

❷**範囲マッピング**の**結果**を、**プリンシプルBSDF**の**粗さ**に接続します。
これで、細かい傷や汚れで表面が劣化したガラスになりました（サンプルデータ：3-03-02.blend）。

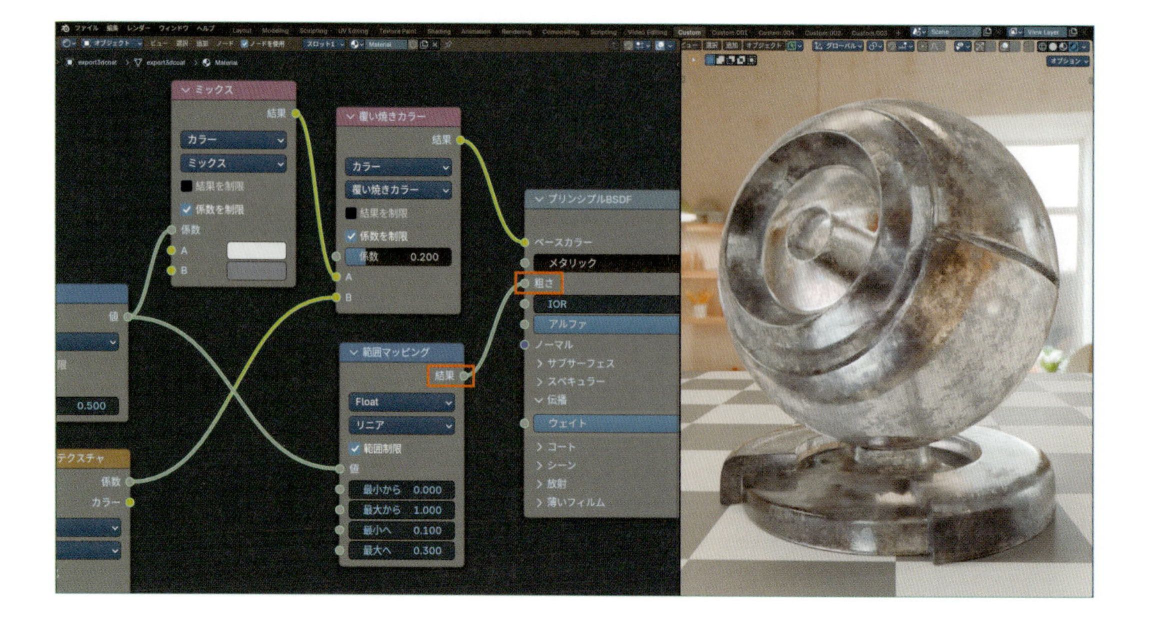

範囲マッピングの**最小へ**と**最大へ**の組み合わせ方で、いろいろな劣化具合が表現できます。
下の見本を参考に、自由に設定して下さい。

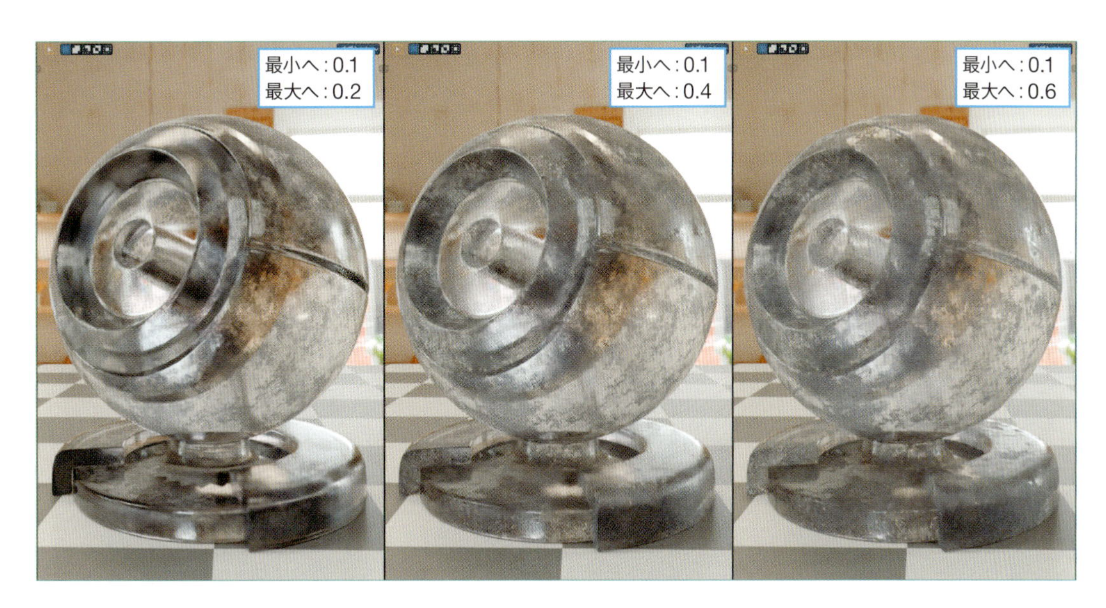

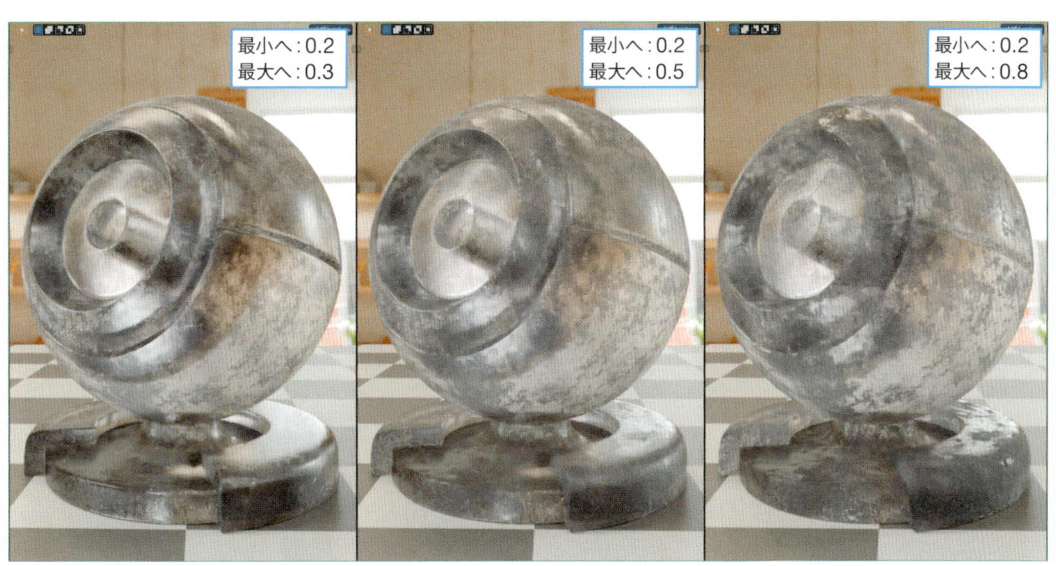

以上で、できあがりです。

3-4 窓ガラスやコップのくすみ

このマテリアルは、窓ガラスやコップなど**薄いガラス**の場合、より暗い見た目になります（サンプルデータ：3-03-03.blend）。

これはテクスチャの仕組みが原因で、薄いガラスの表と裏が（ほぼ）同じくすみ模様になってしまうためです。対処方法としては、片方の面に**くすみのないきれいなガラスのマテリアル**を設定すると、意図した通りの色味になります。

※1つのオブジェクトに複数のマテリアルを設定する方法は、**Chapter4-1　マテリアルデータの基本操作**（368ページ）を参照してください。

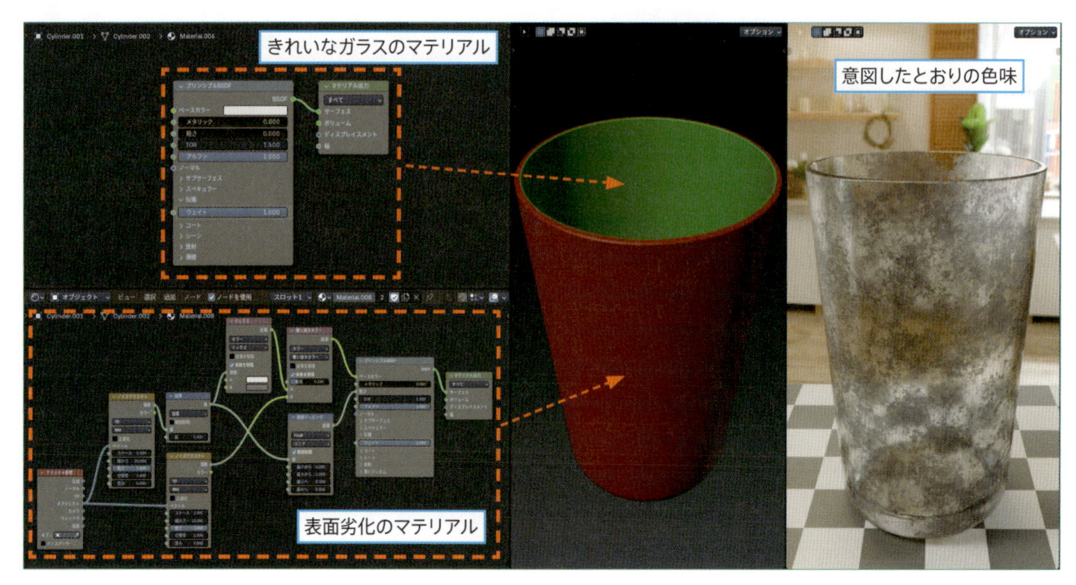

3-5 くすんだガラスでEEVEEを使うには

同じマテリアルを使っても、**Cycles**と**EEVEE**では下図のように異なる見た目になります。

Cyclesは**現実をできるだけ再現する**方法なので、レンダリングに時間がかかりますが、現実に近い見た目になります。
EEVEEは**最低限のレンダリングを済ませた後に、屈折などのエフェクトを追加する**方法なので、レンダリングは非常に高速になりますが、少し不自然な見た目になります。
特にガラスなど透過・屈折のあるマテリアルでは違いが大きいので、ここまでのガラスの見本はすべてCyclesでレンダリングしました。

とはいえ、特にガラスはレンダリングに時間がかかるので、できればEEVEEを使いたいところです。
EEVEEを使ってくすんだガラスを作るには、いくつか設定を変更する必要があります。

描画設定

EEVEEで透過・屈折を描画するには、専用の設定をする必要があります。
設定方法は、**Chapter4-2　EEVEEの透過・屈折の設定方法**（380ページ）を参照してください。

Chapter 1
Chapter 2
Chapter 3 1-5
Chapter 3 6-10
Chapter 3 11-15
Chapter 4

パラメーターの調整

EEVEEはCyclesよりも、くすんだ部分とくすんでいない部分の境界がくっきり分かれるので、くすみというより**汚れがこびりついている**ように見えます。
そこで、**数式**ノードにつながっている**ノイズテクスチャ**の**粗さ**の値を小さくすると、くすみ模様の細部がぼやけて「ぼんやりとしたくすみ」を表現できます。

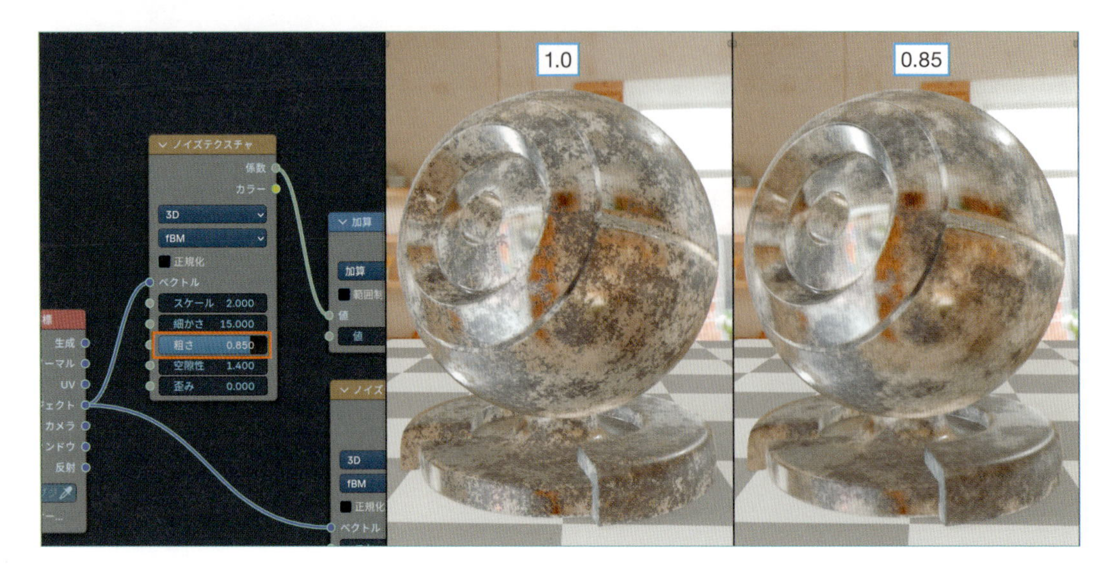

また、**プリンシプルBSDF**の**ベースカラー**や**粗さ**の見え具合もCyclesとは異なるので、画面を見ながら好みの質感になるよう調整してください。

※実際に操作するのは**カラーミックス（ミックス）**の**色A**と**色B**、および**範囲マッピング**の**最小へ**と**最大へ**になります。

Chapter 3

4

ドロドロ汚れの作り方

Chapter3-2で作った**色ムラ**のマテリアルを元に、飛び散った泥（やペンキなど）をあびたような汚れを作ります。
Chapter3-5で説明する錆びのマテリアルは、このドロドロ汚れの応用になります。

4-1 ドロドロ汚れの設定の仕組み

ドロドロ汚れは、**バンプマッピング**で凹凸を表現して作ります。
さらに**ノイズテクスチャ**の複雑なフラクタル模様を元に、場所によって凹凸のON・OFFを切り替えて、汚れている部分と汚れていない部分を表現します。

4-2 ドロドロ汚れの作り方

01 Step 色ムラの設定を準備

❶075ページの**色ムラの設定**を用意します。

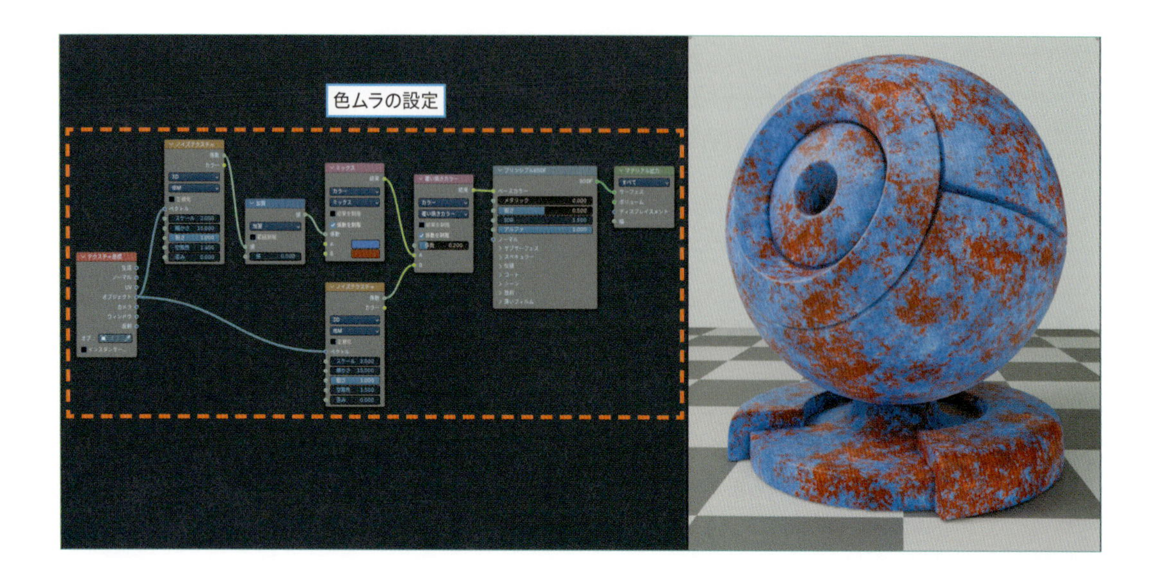

❷**カラーミックス（ミックス）**を、**A**：**汚れていない部分の色**、**B**：**汚れの色**に設定します。

※**汚れていない部分の色**をテクスチャで設定する場合は、**A**につなげます。

ここでは泥汚れのイメージで、**B**を**6C5345**（16進数）に設定しました。

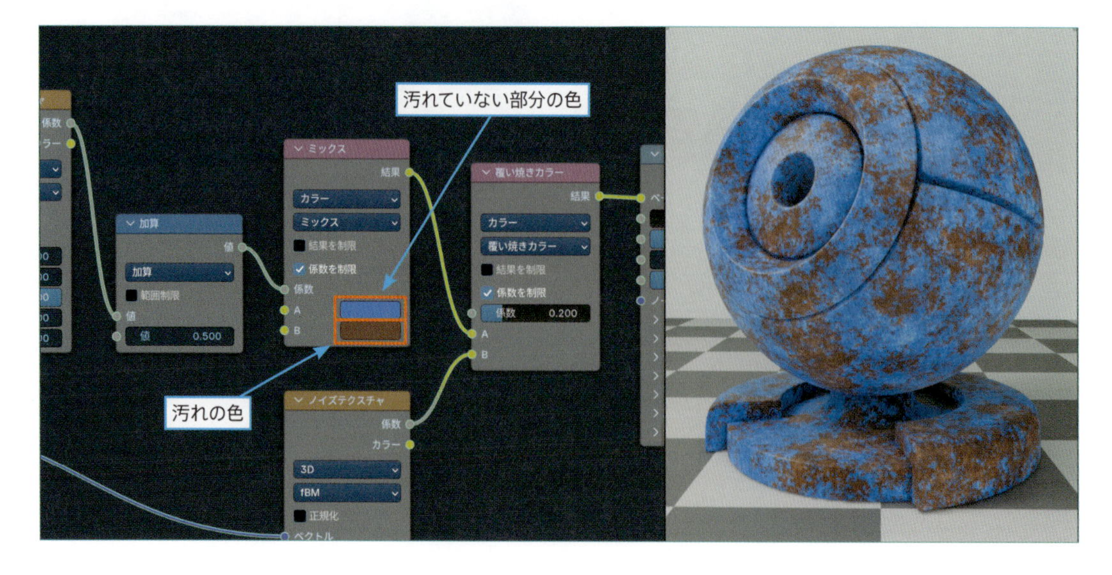

次は、汚れていない部分から色ムラを消します。

02 色ムラの調整

Step

❶**Shift+A**＞**コンバーター**＞**範囲マッピング**を追加します。

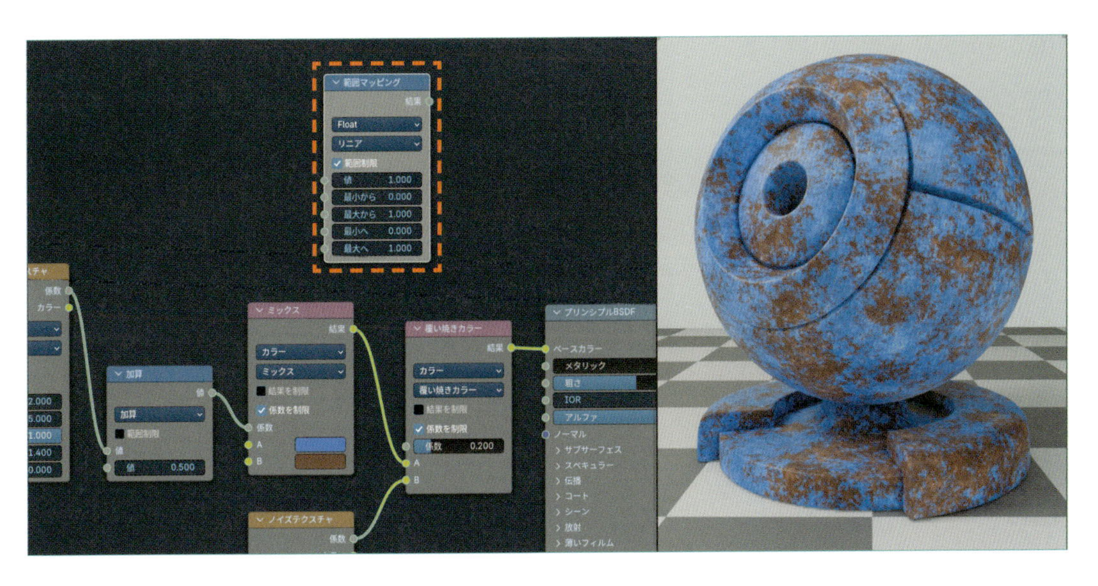

❷**範囲マッピング**のパラメーターを、**最小へ：0（デフォルト）**、**最大へ：0.2**と設定します。

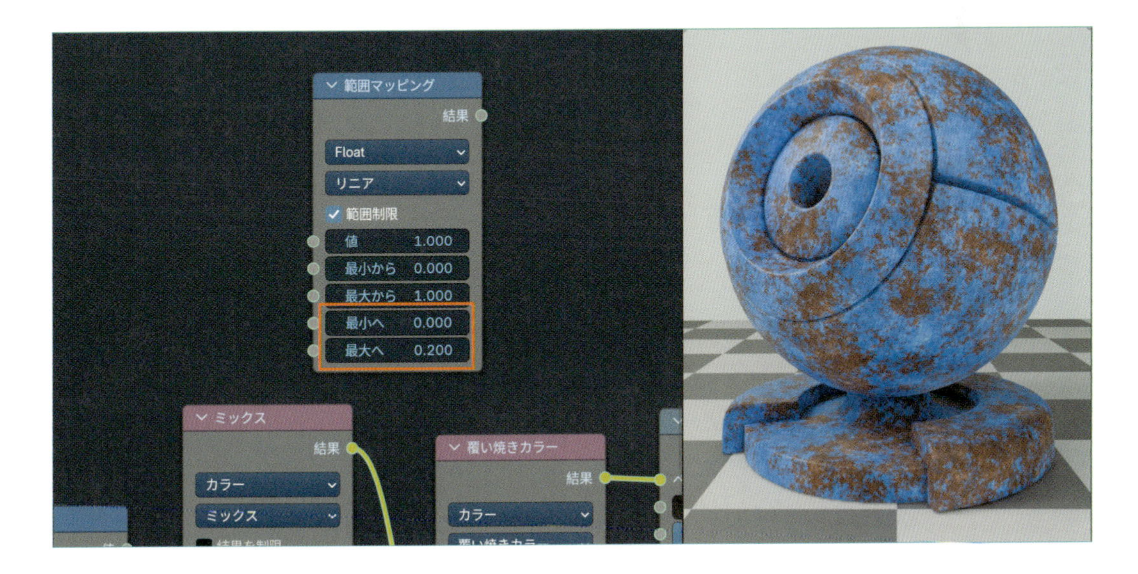

❸**範囲マッピング**を、**数式**ノードと**カラーミックス（覆い焼きカラー）**の間に接続します。

- ［**数式**：**値**］>［**範囲マッピング**：**値**］
- ［**範囲マッピング**：**結果**］>［**カラーミックス（覆い焼きカラー）**：**係数**］

これで**カラーミックス（覆い焼きカラー）**の**係数**が、汚れていない部分は**0**、汚れ部分は**0.2**になり、汚れ部分だけ色ムラがついた設定になりました。

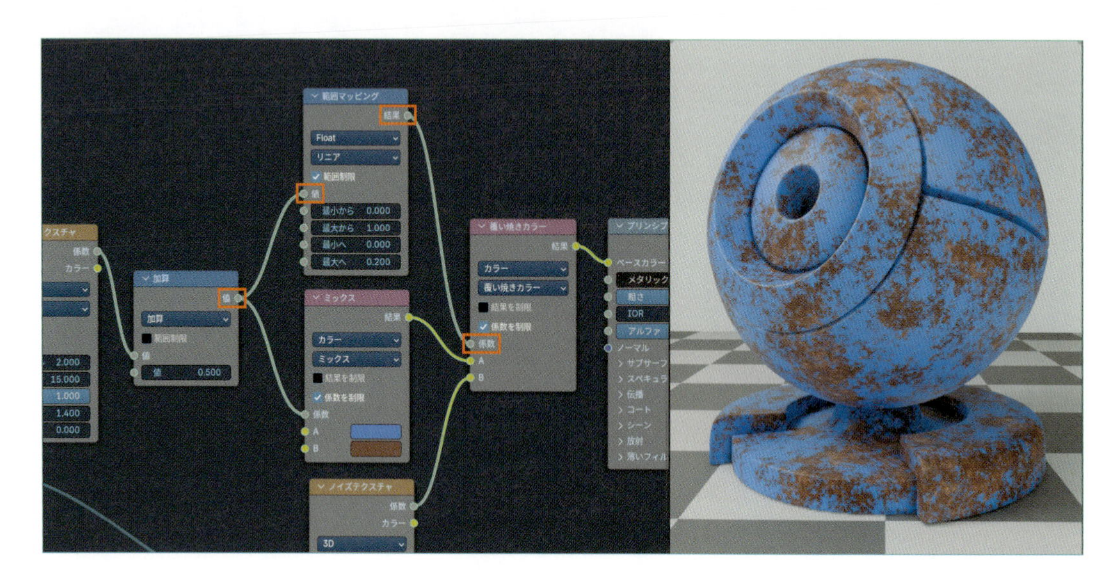

ここから、汚れ部分の調整に入ります。

03 Step 汚れの範囲を広げる

汚れの質感を見ながら調整しやすくするために、**数式**ノードの値を大きくして汚れの範囲を広げておきます。

ここでは**1.5**にしました。

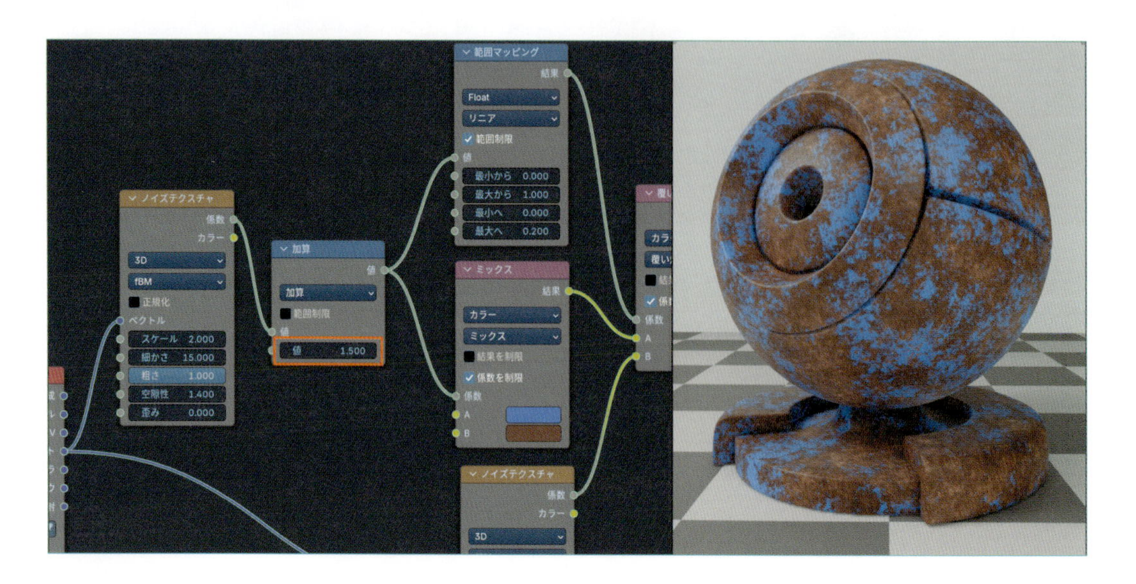

では、汚れ部分を**ドロドロの質感**にしましょう。
まずは**粗さ**を調整して、ドロドロ部分にツヤ（光沢）をつけます。

04 Step 粗さを調整する

❶**範囲マッピング**を選択して、**Shift+D**でコピーします。
コピー後のノードは移動状態になるので、適当な場所でクリックして位置を確定します。

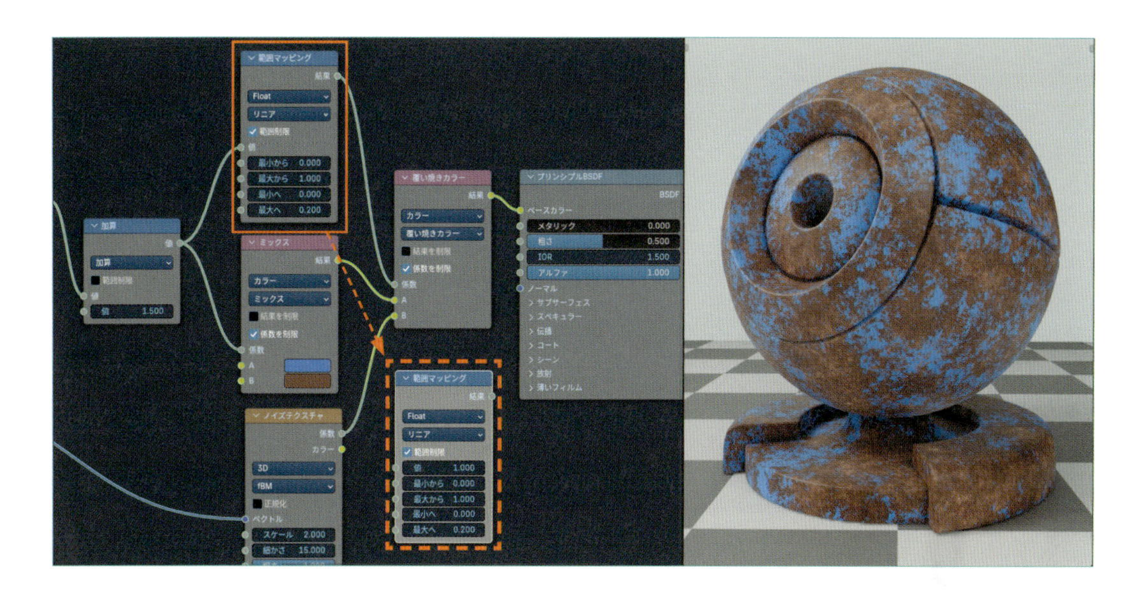

❷**範囲マッピング**のパラメーターを、**最小へ**：**0.5**、**最大へ**：**0.2**と設定します。

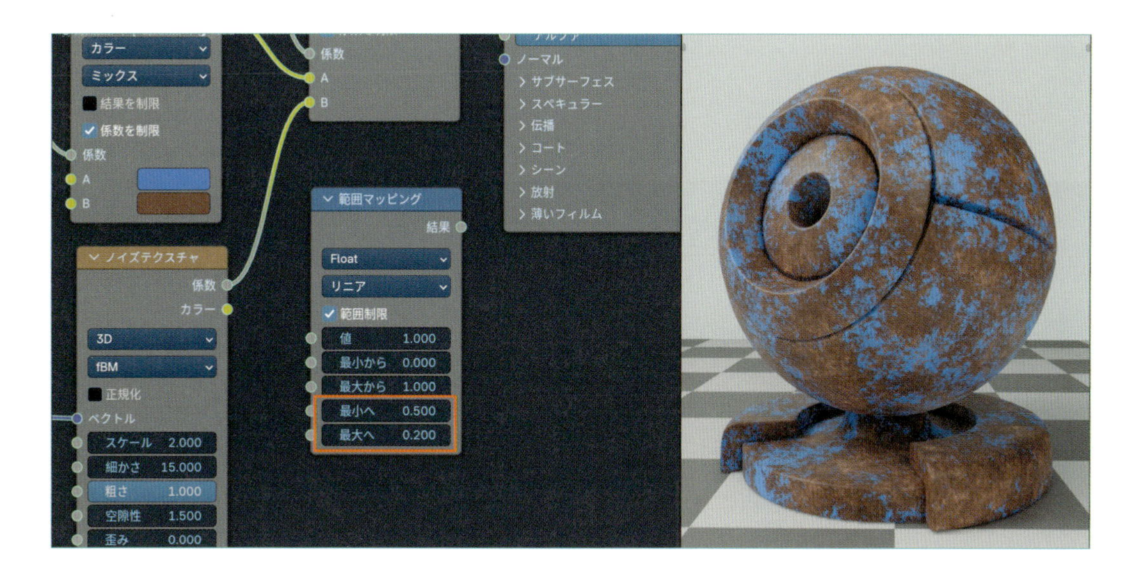

❸**範囲マッピング**を、**数式**ノードと**プリンシプルBSDF**の間に接続します。

- ［**数式**：**値**］>［**範囲マッピング**：**値**］
- ［**範囲マッピング**：**結果**］>［**プリンシプルBSDF**：**粗さ**］

これでプリンシプルBSDFの**粗さ**が、汚れていない部分は**0.5**、汚れ部分は**0.2**になります。
ドロドロのツヤ（光沢）を表現するため、汚れ部分は**粗さ**を小さくします。

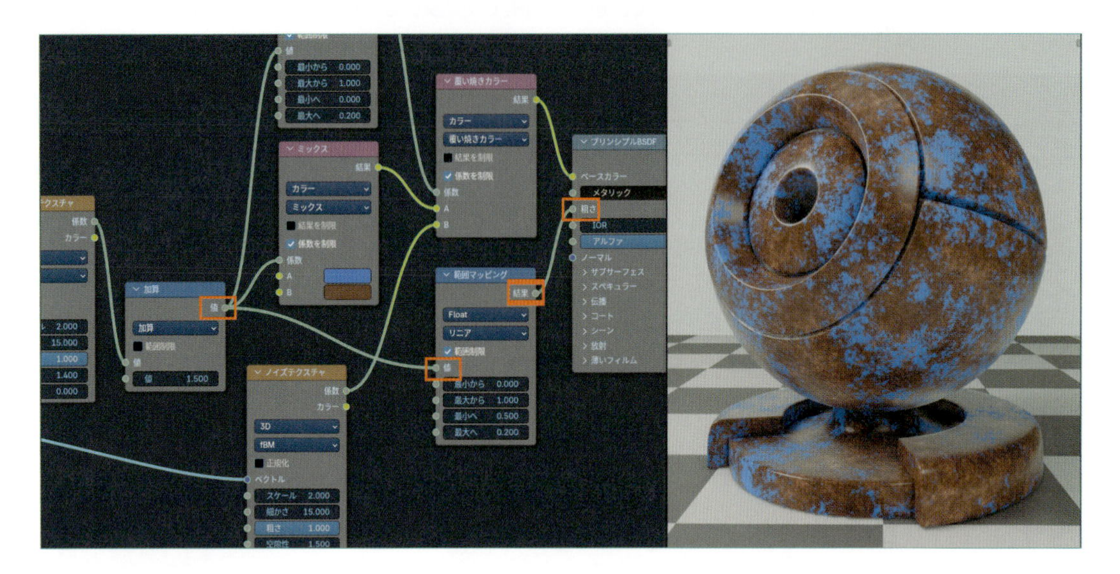

次に汚れの凹凸を表現します。

05 Step バンプマッピングを追加する

❶**ノイズテクスチャ**と**バンプ**を追加します。

- **Shift+A**>**テクスチャ**>**ノイズテクスチャ**
- **Shift+A**>**ベクトル**>**バンプ**

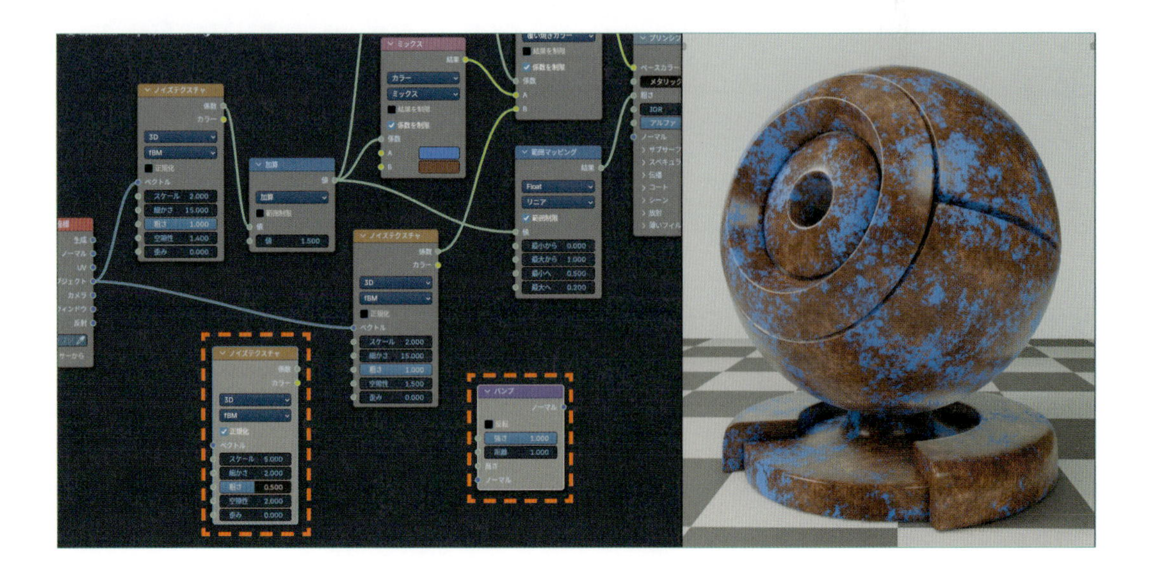

❷この2つのノードを、次のように接続します。

- ［**テクスチャ座標**：**オブジェクト**］>［**ノイズテクスチャ**：**ベクトル**］
- ［**ノイズテクスチャ**：**係数**］>［**バンプ**：**高さ**］
- ［**バンプ**：**ノーマル**］>［**プリンシプルBSDF**：**ノーマル**］

これでオブジェクトに擬似的な凹凸が追加されます。
しかしこの時点では、全体がボコボコになっています。

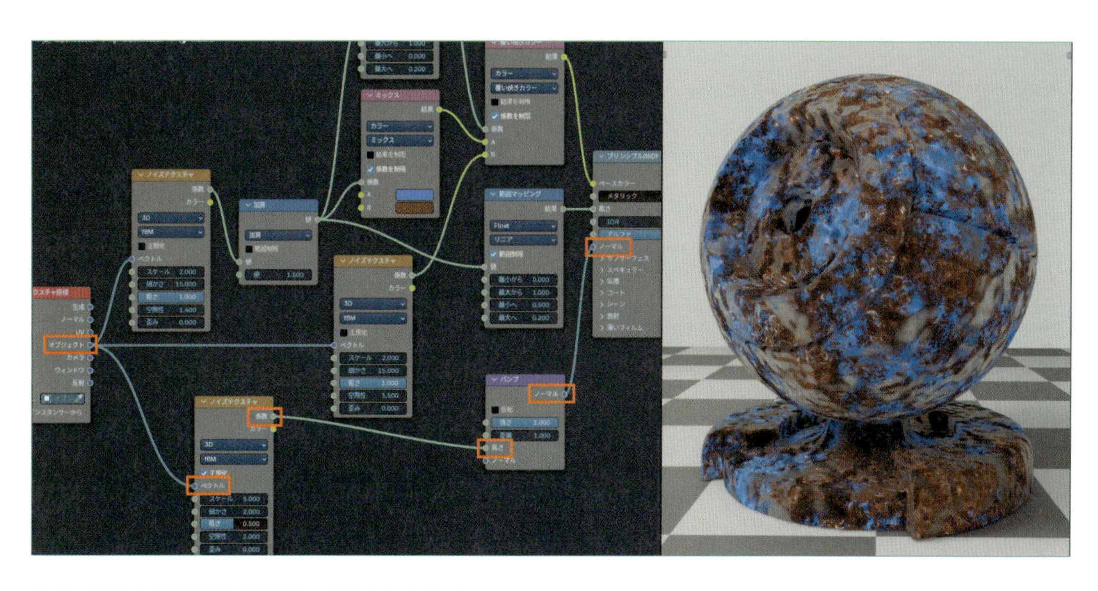

次は、汚れ部分だけに凹凸がつくようにします。

06 Step バンプの強さに変化をつける

❶**範囲マッピング**を選択して、**Shift+D**でコピーします。
範囲マッピングは2つあるので、どちらからコピーしてもOKです。
コピー後のノードは移動状態になるので、適当な場所でクリックして位置を確定します。

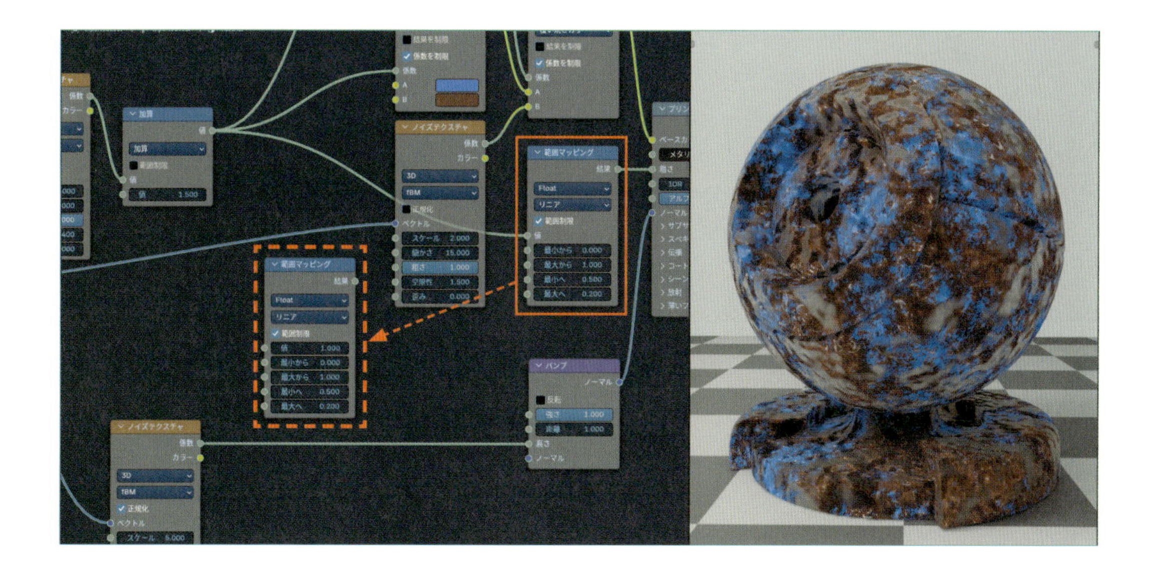

❷**範囲マッピング**のパラメーターを、**最小へ**：**0**、**最大へ**：**0.2**と設定します。

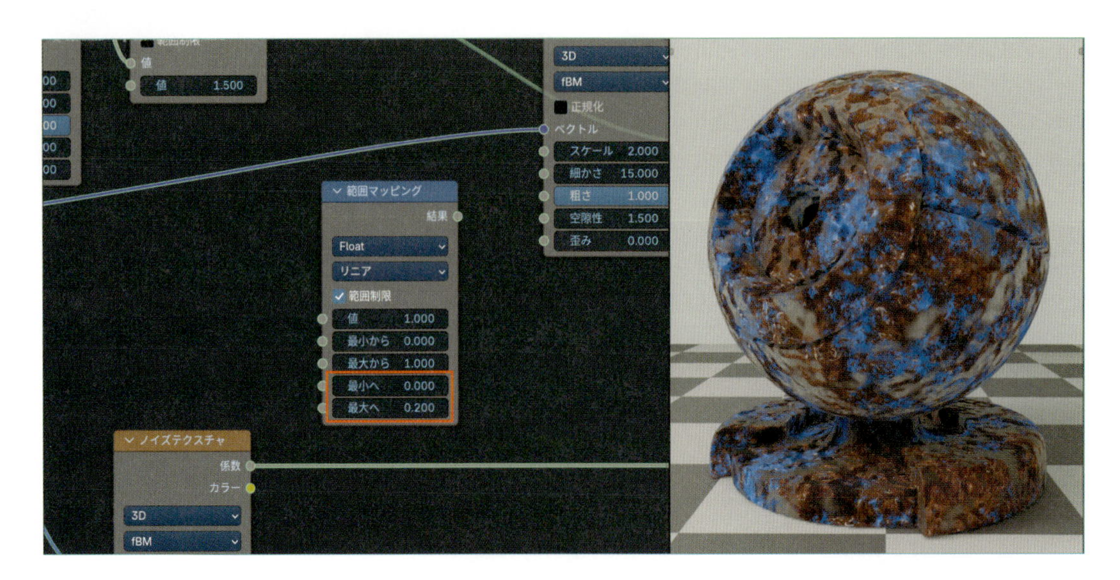

❸**範囲マッピング**を、**数式**ノードと**バンプ**の間に接続します。

- ［**数式**：**値**］＞［**範囲マッピング**：**値**］
- ［**範囲マッピング**：**結果**］＞［**バンプ**：**強さ**］

これで**バンプ**の**強さ**が、汚れていない部分は**0**、汚れ部分は**0.2**になり、汚れ部分だけ凹凸が表現されるようになりました。

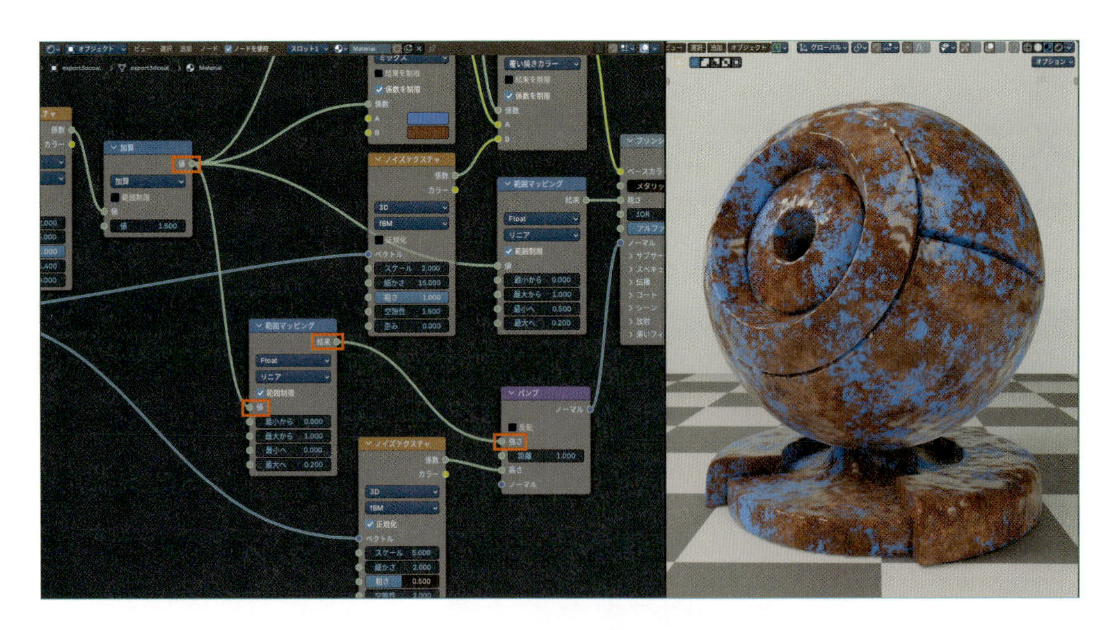

07 Step 凹凸模様の細かさを調整

良い具合の凹凸になるように、画面を見ながら**バンプ**につながっている**ノイズテクスチャ**の**スケール**を調整します。

目安としては、**ノイズテクスチャ**の模様を下図くらいに調整すると、程良いドロドロ感が出せます。

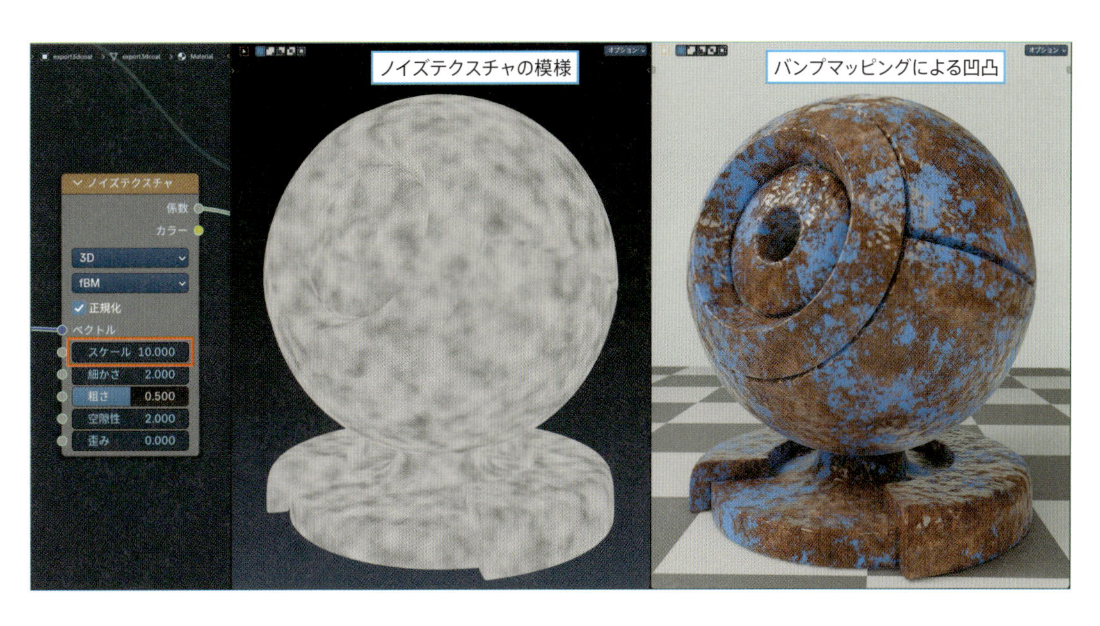

これで今回必要なすべてのノードがそろいました。

ノードツリー全体を見ると、下の画像のようになります(サンプルデータ：3-04-01.blend)。

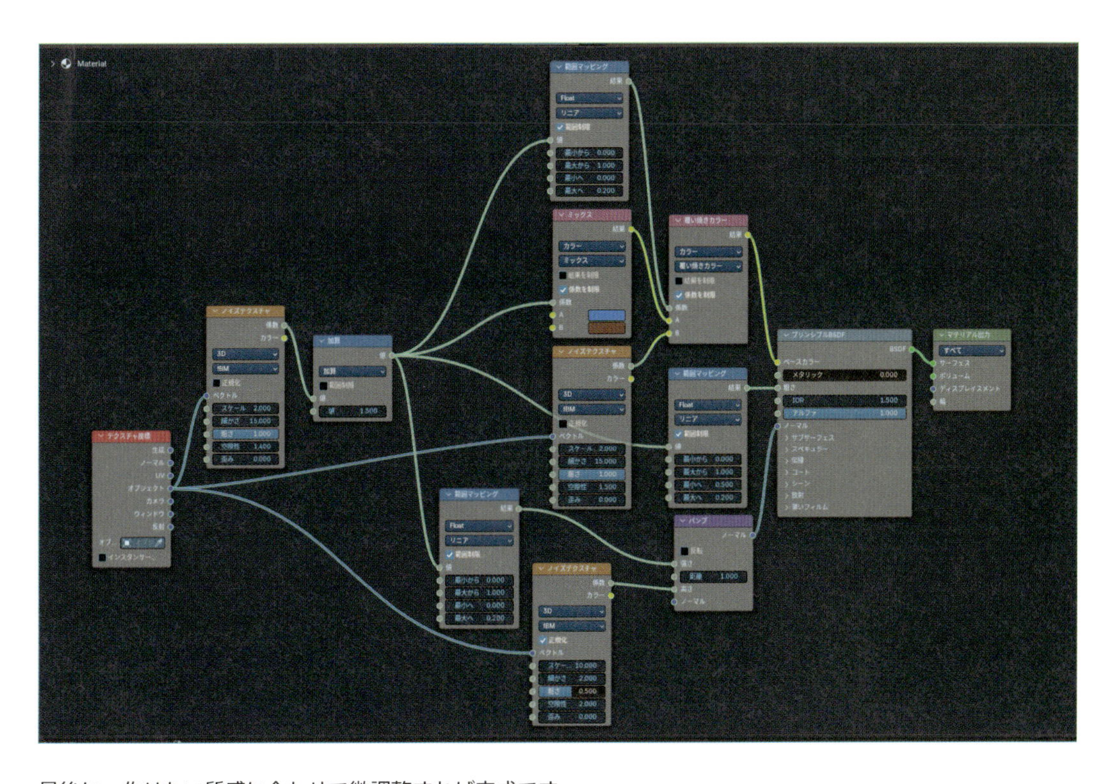

最後に、作りたい質感に合わせて微調整すれば完成です。

4-3 微調整

作りたい質感に合わせて、マテリアルを微調整します。
質感の要素によって操作するノードが異なるので、ひとつずつ解説します。

汚れの範囲

数式ノードの値で、汚れの範囲を操作できます。
値を小さくすると汚れが狭くなり、値を大きくすると汚れが広がります。

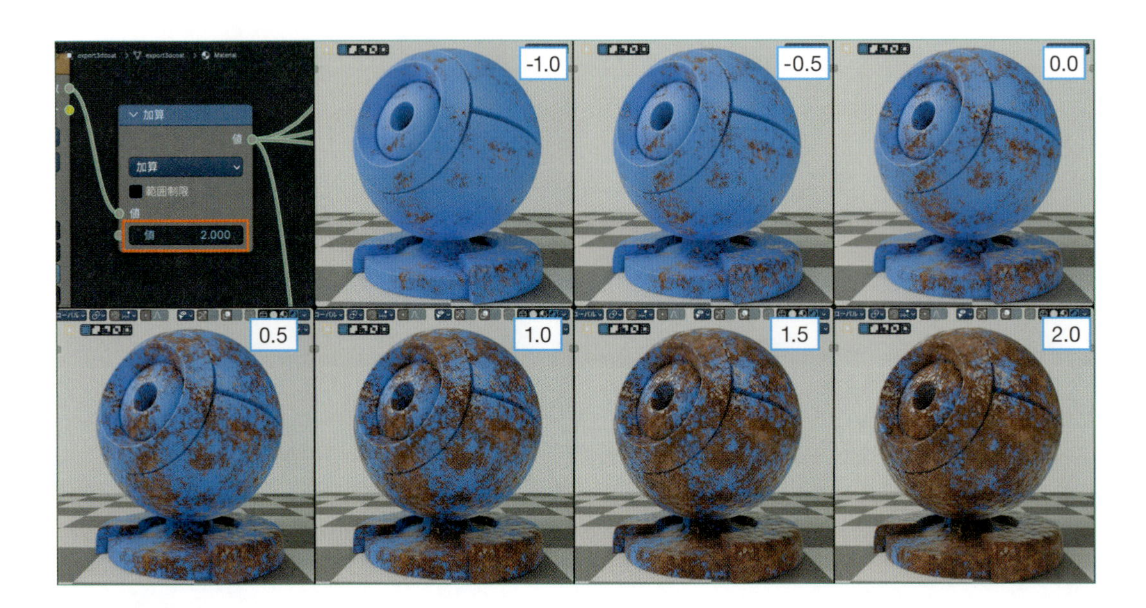

汚れの乾き具合

プリンシプルBSDFの**粗さ**につながっている**範囲マッピング**の**最大へ**で、汚れの**粗さ**を操作すると、汚れの乾き具合を表現できます。
イメージ的な目安は次のようになります。

- 0.0~0.2：ドロドロの泥、ペンキ（未乾燥）、廃油
- 0.3~0.4：乾いたペンキ
- 0.5~0.6：湿り気の残った泥
- 0.7~1.0：乾いた泥

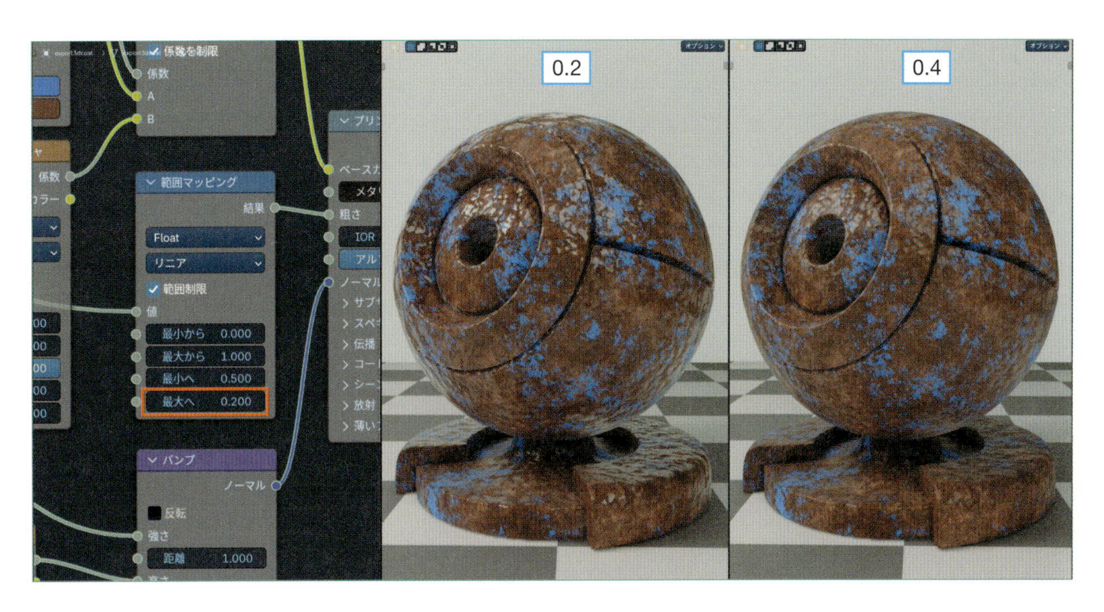
係数を制限
係数
A
B
範囲マッピング
結果
Float
リニア
範囲制限
値
最小から 0.000
最大から 1.000
最小へ 0.500
最大へ 0.200
バンプ
ノーマル
反転
強さ
距離 1.000
粗さ
IOR
0.2
0.4

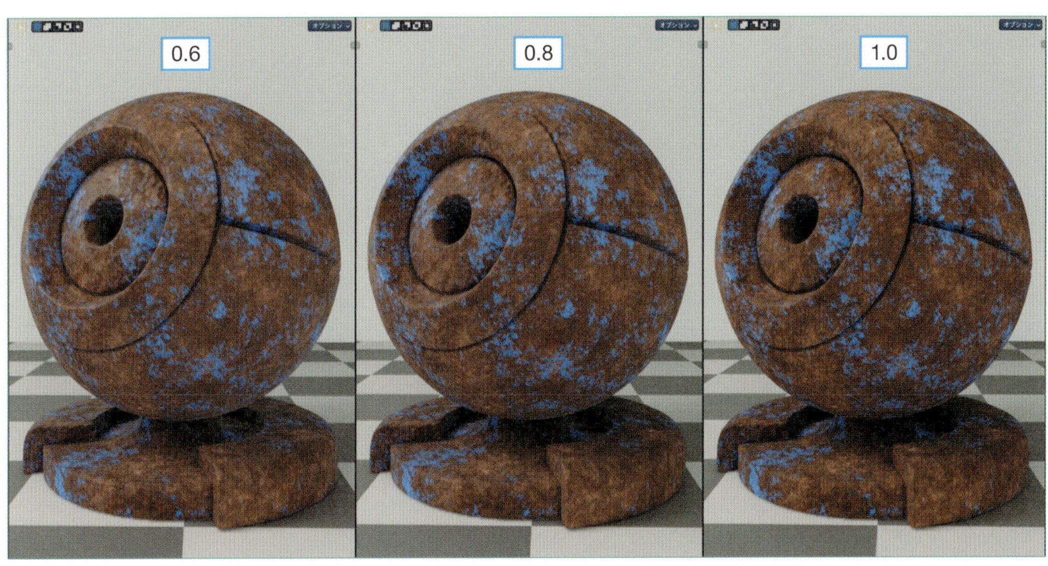
0.6
0.8
1.0

汚れの凹凸

バンプにつながっている**範囲マッピング**の**最大へ**で、汚れの凹凸の度合いを操作できます。
値を小さくすると凹凸が弱くなり、値を大きくすると凹凸が強くなります。
イメージ的な目安は次のようになります。

- 0.1：水気の多いサラッとした汚れ
- 0.2：ドロドロと粘りの強い汚れ

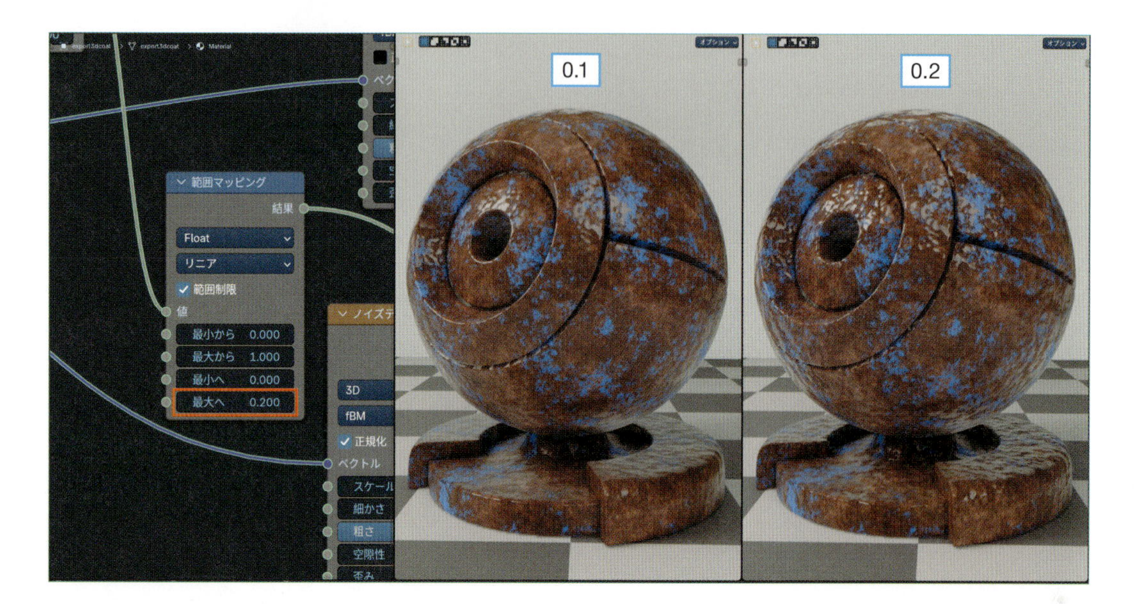

汚れのぼやけ具合

数式ノードにつながっている**ノイズテクスチャ**の**粗さ**で、汚れ模様のぼやけ具合を操作できます。
値を小さくすると汚れ模様の細部がぼやけて、汚れの「じんわりとした広がり」を表現できます。
イメージ的な目安は次のようになります。

- 1.0：細かいしぶき状の泥やペンキを、吹き付けられるように浴びた直後
- 0.9〜0.95：汚れがだんだんたれて、広がった状態

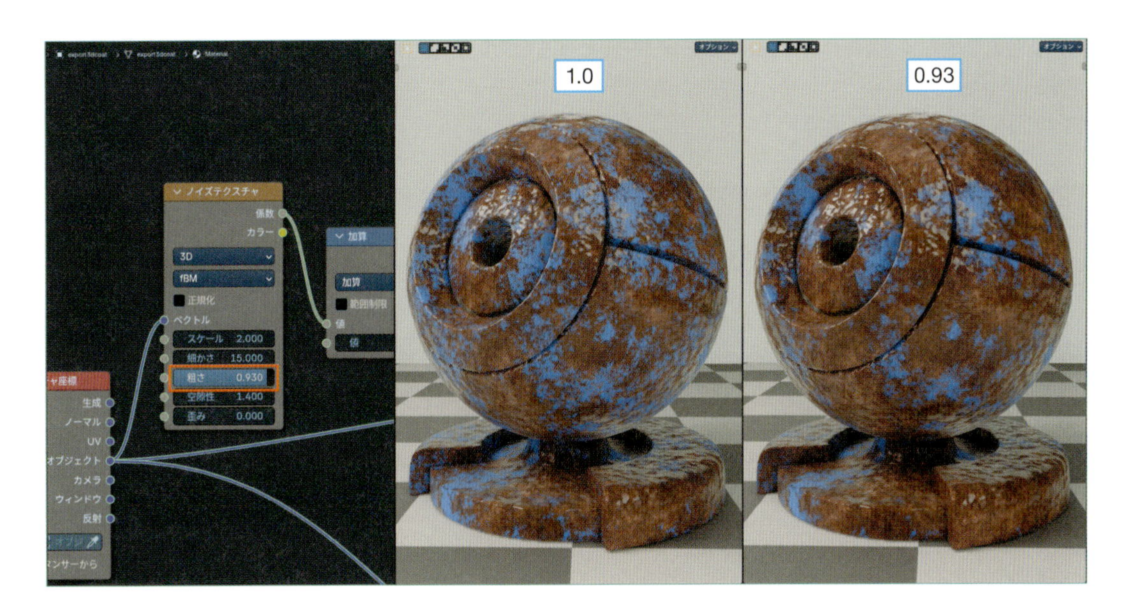

汚れの色ムラ

カラーミックス（覆い焼きカラー）につながっている**範囲マッピング**の**最大へ**で、汚れの色ムラの強弱を操作できます。

色ムラがない汚れ（ペンキなど）を作る場合は**0**にします。

※下図の見本では、ペンキの質感表現として、凹凸も弱めてあります。

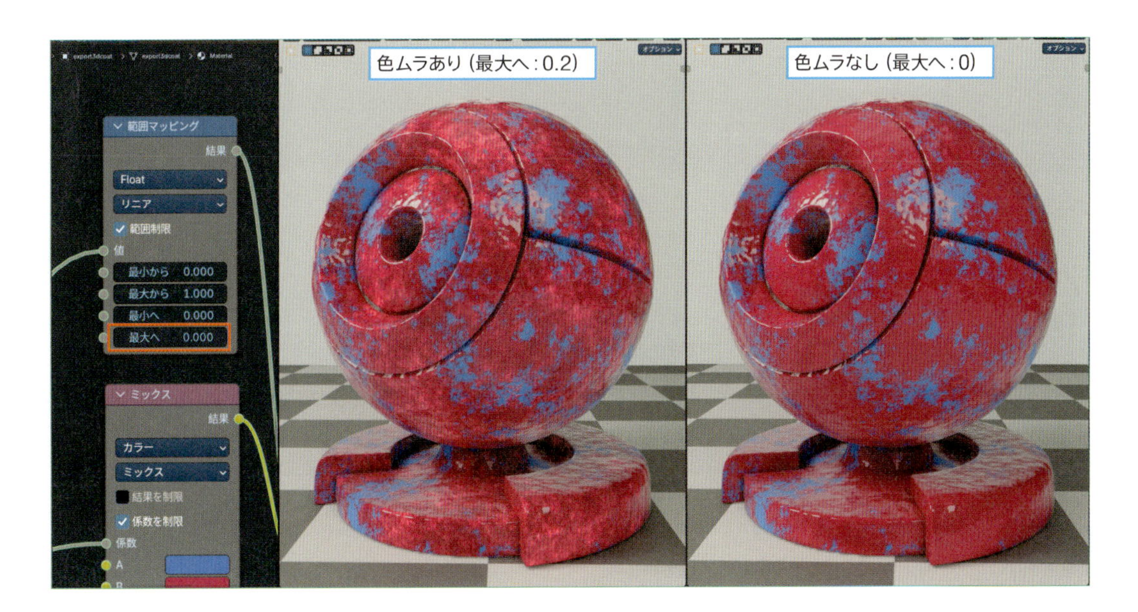

なお、色ムラをなくす場合は、色ムラのディテールを作るために用意したノードを削除しても同じ結果になります。
やりやすい方で設定してください。

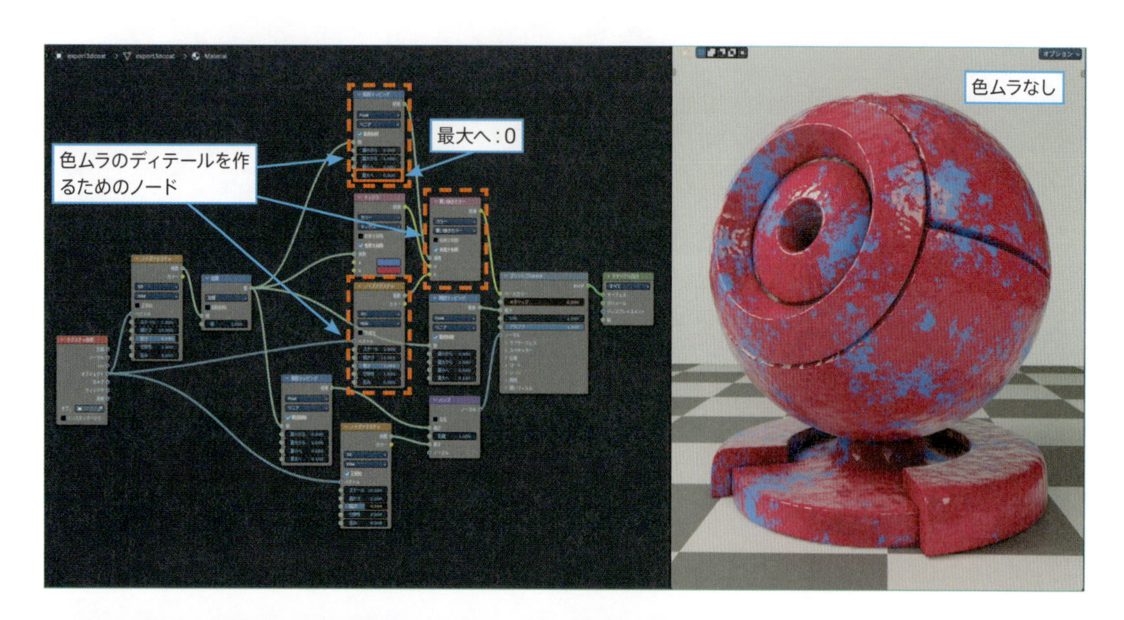

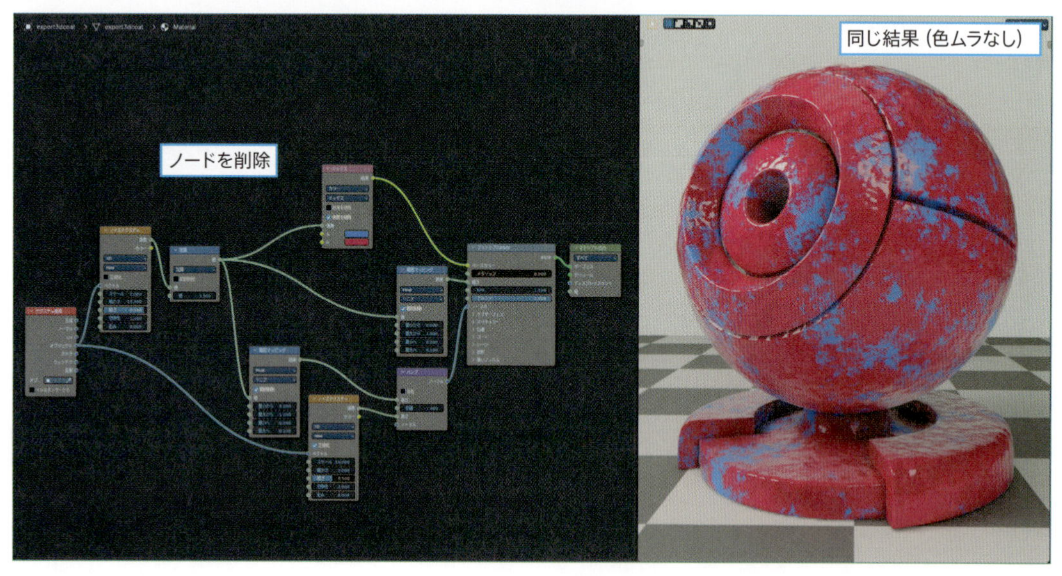

以上で、できあがりです。

Chapter 3
5 錆びの作り方

Chapter3-4で作った**ドロドロ汚れ**の設定を元に、錆びのマテリアルを作ります。
最初に**塗装した金属の錆び**を作り、次にそれを発展させて**光沢のある金属の錆び**を作っていきます。

5-1 錆びの設定の仕組み

ドロドロ汚れの設定から、汚れの部分を**錆びの質感**に調整するだけで、錆びのマテリアルになります。
さらに**アンビエントオクルージョン**を組み合わせて面の凹んだ部分の錆びを表現すると、よりリアルな錆びになります。

5-2 塗装した金属の錆び

01 Step ドロドロ汚れの設定を準備

099ページの**ドロドロ汚れの設定**を用意します。

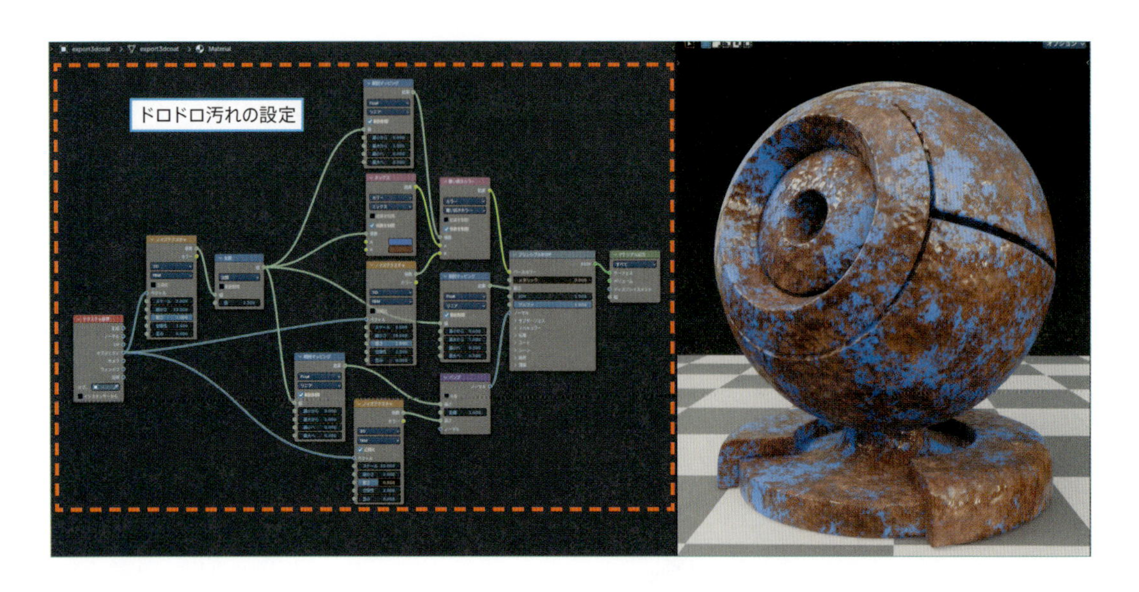

02 Step 錆びの範囲を狭くする

錆びと本体がバランスよく見えるように、**数式**ノードの値を小さくして錆びの範囲を狭くしておきます。ここでは**0.7**にしました。

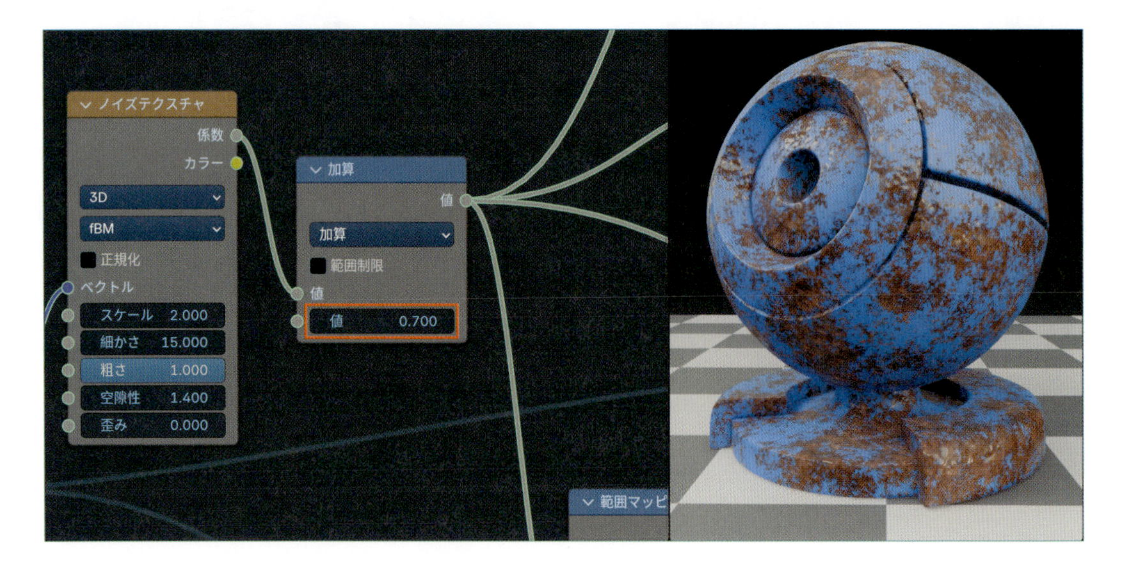

では、錆び部分の質感を調整していきましょう。

まずは**粗さ**を調整します。

03 Step 粗さを調整する

プリンシプルBSDFの**粗さ**につながっている**範囲マッピング**のパラメーターを、**最小へ：0.5**、**最大へ：1.0**と設定します。

これで**プリンシプルBSDF**の**粗さ**が、塗装部分は**0.5**、錆び部分は**1.0**になり、錆びっぽい質感になってきました。

次に、凹凸の強さを調整します。

04 Step バンプマッピングを調整する

❶**バンプ**につながっている**範囲マッピング**のパラメーターを、**最小へ：0**、**最大へ：0.5~1.0**と設定します。

これで**バンプ**の**強さ**が、塗装部分は**0**、錆び部分は**0.5~1.0**になり、錆び部分の凹凸が強くなります。

しかし凹凸が大まかすぎて、まだ錆びっぽくありません。

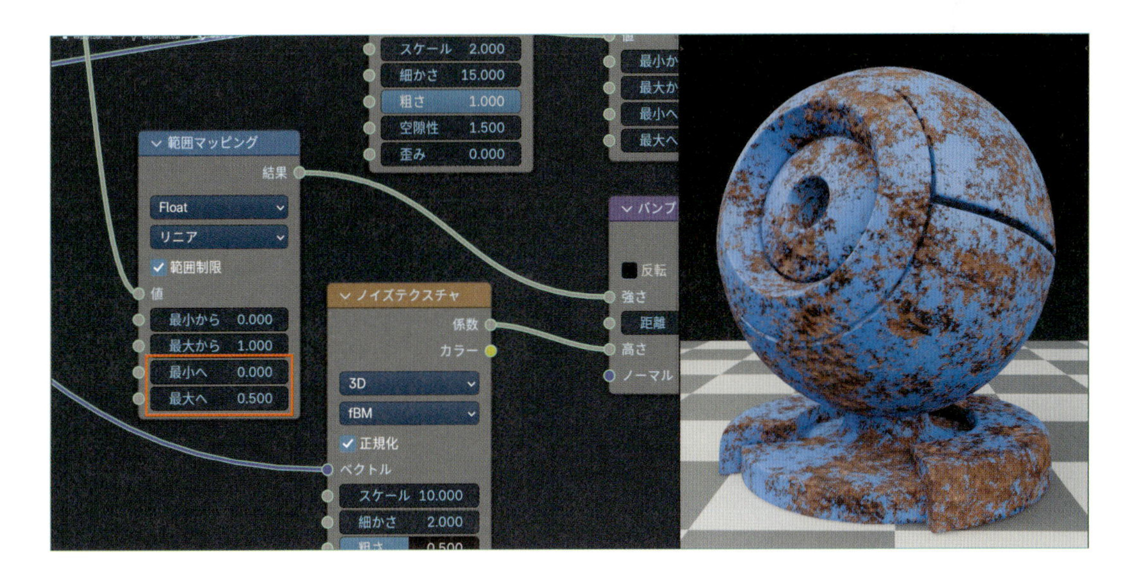

❷良い具合の凹凸になるように、画面を見ながら**ノイズテクスチャ**の**スケール**を調整します。
目安としては、**ノイズテクスチャ**の模様を下の画像くらいに調整すると、錆びの盛り上がった様子がちょうどいい感じに表現できます。
※下の画像では、紙面でも**ノイズテクスチャ**の模様が見えやすいように、コントラストを強めてあります。

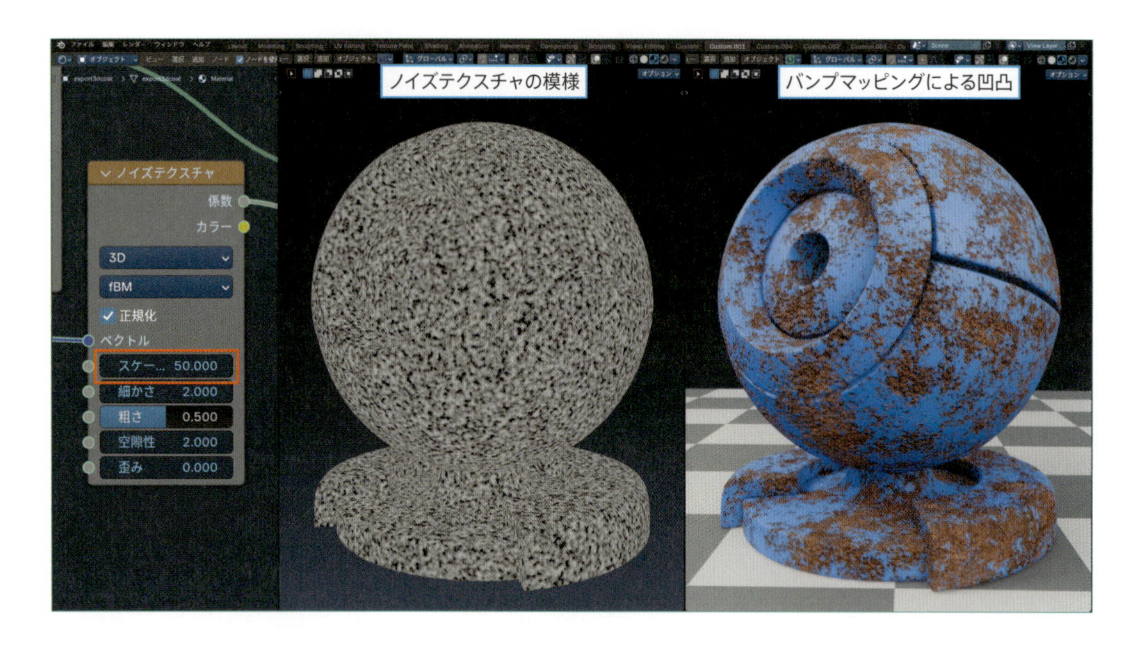

05 Step 錆びの色を設定する

カラーミックス(ミックス)を、**A**:**本体の塗装の色**、**B**:**錆びの色**と設定します。
※**本体の塗装の色**をテクスチャで設定する場合は、**A**につなげます。
Bの設定で、**赤錆び**、**黒錆び**、**緑青(ろくしょう)(銅や真鍮の錆び)**など、いろいろな錆びを表現できます。
ここでは赤錆びのイメージで、**7E5041**(16進数)に設定しました(サンプルデータ:3-05-01.blend)。

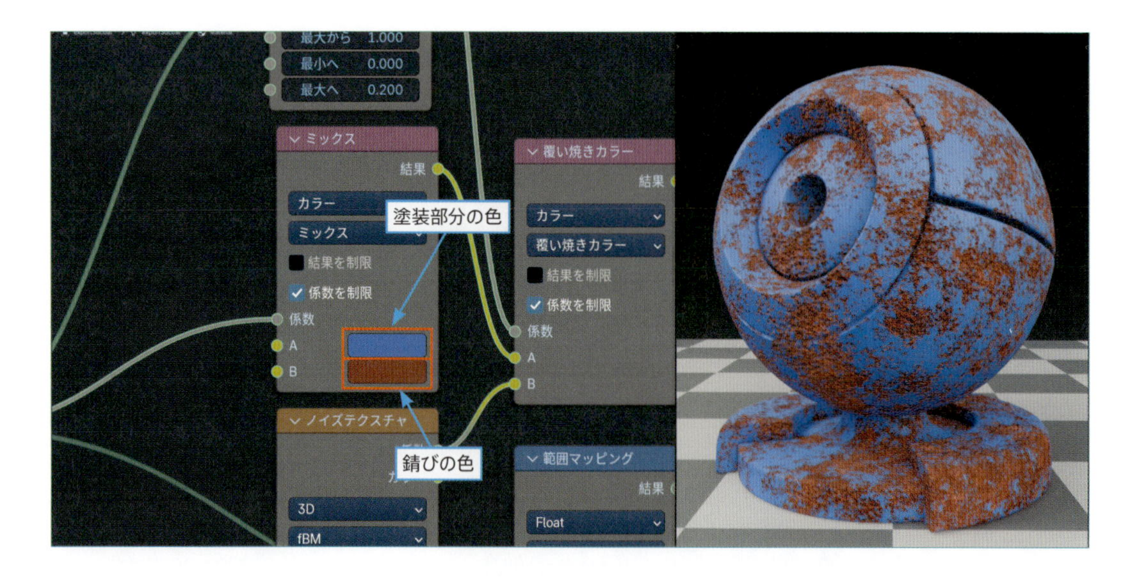

このままでも良いのですが、もう一工夫して、錆びが広がっている様子を表現してみましょう。

06 Step 錆びの広がり具合を調整する

数式ノードにつながっている**ノイズテクスチャ**の**粗さ**を**0.95**にします。
これで模様の細部がぼやけて、錆びが広がっている状態が表現できます。

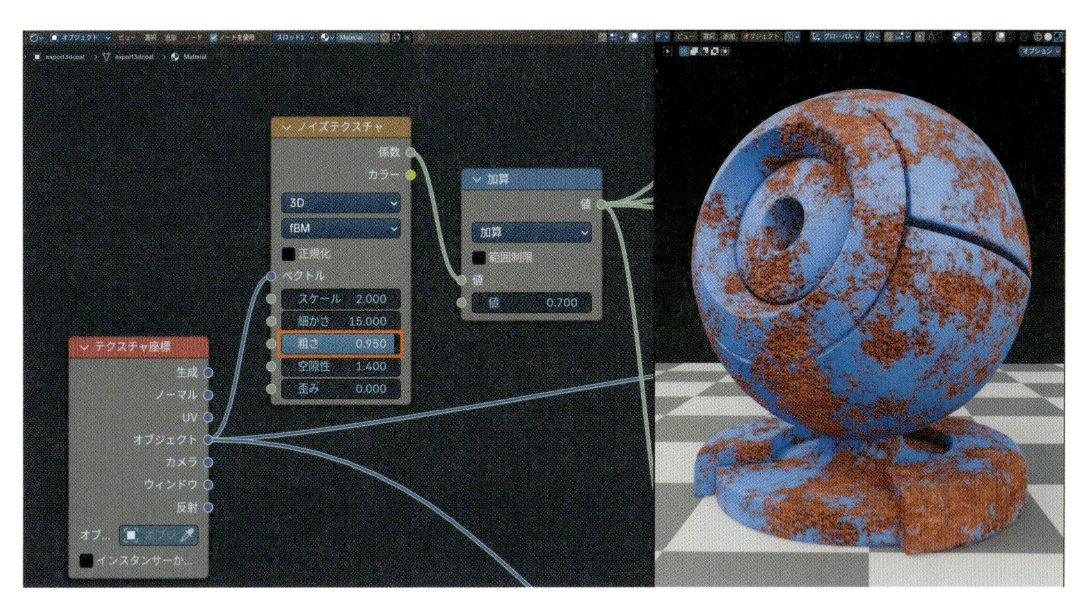

以上で、できあがりです。

なお、ここまでボコボコではない「少し錆びが浮いてきた」くらいの状態を表現する場合は、**プリンシプルBSDF**から**バンプ**を切断して、バンプマッピングを解除します。

5-3 光沢のある金属の錆び

ここまでの設定を元に、**光沢のある金属の錆び**へ作り替えてみましょう。
ここからの手順は、大きく分けると「金属の質感を設定する」と「凹んだ部分の錆びをアンビエントオクルージョンで表現する」の2段階になります。

金属の錆びへ作り替える

01 Step

バンプを再接続する

バンプを切断している場合は、**プリンシプルBSDF**の**ノーマル**に再接続します。

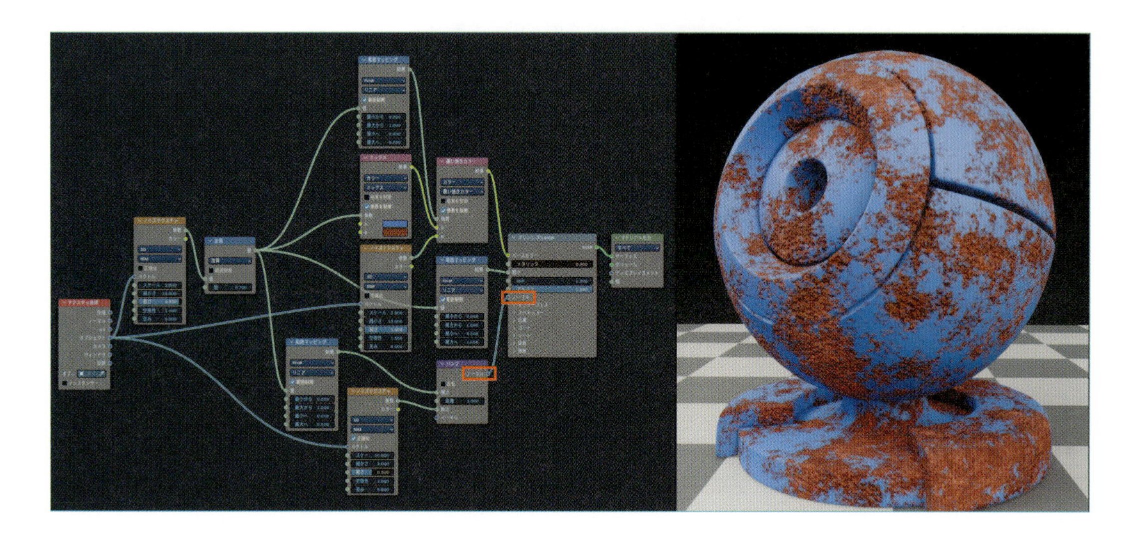

02 Step

錆びていない部分を金属の質感にする

❶**Shift+A**＞**コンバーター**＞**範囲マッピング**を追加します。

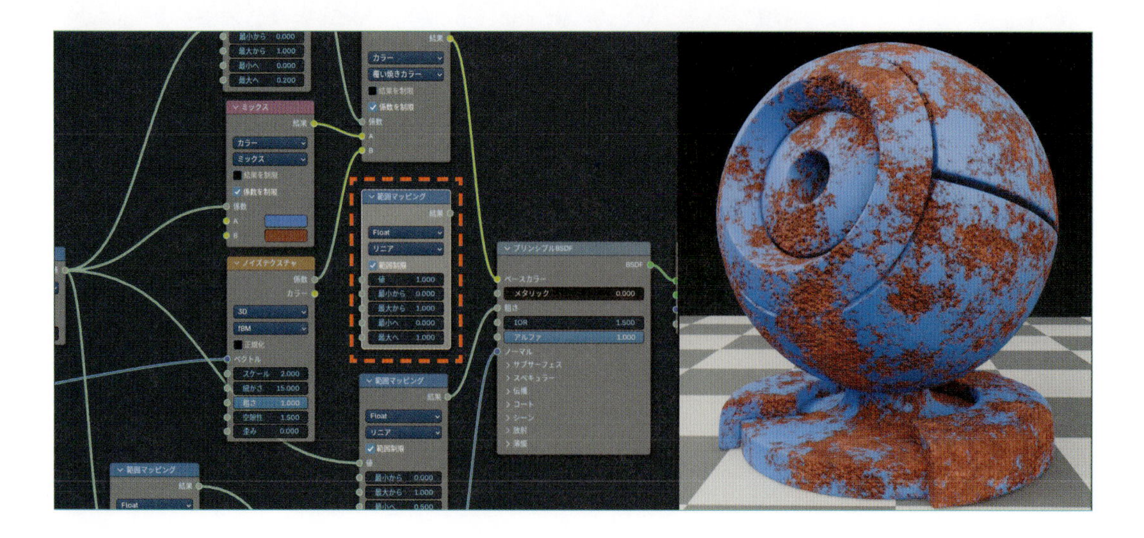

❷**範囲マッピング**のパラメーターを、**最小へ**：**1**、**最大へ**：**0**と設定します。

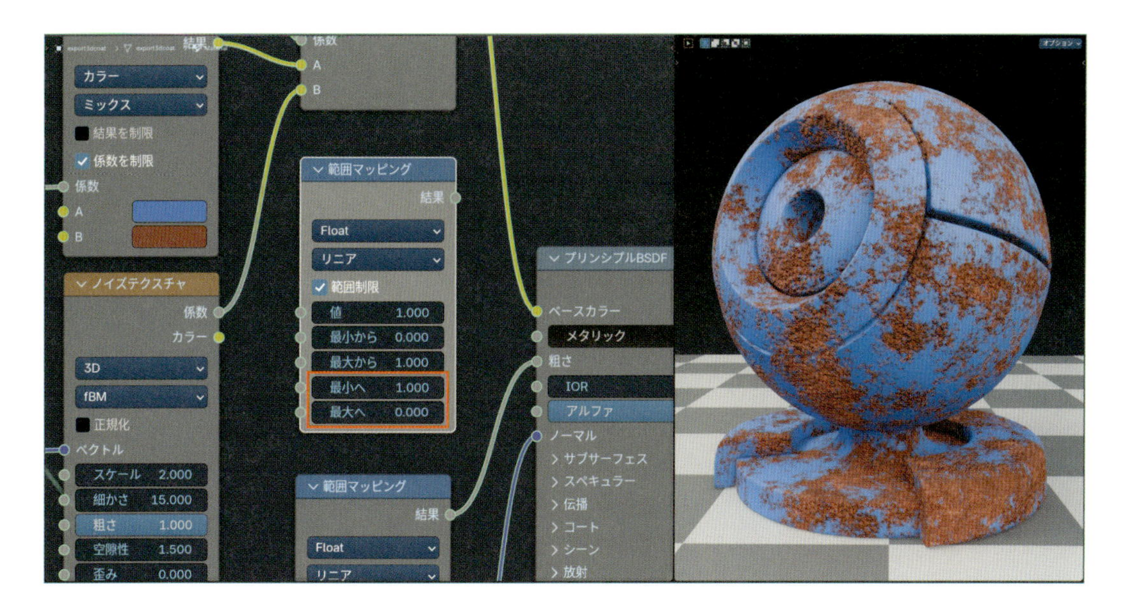

❸**範囲マッピング**を、**数式**ノードと**プリンシプルBSDF**の間に接続します。

- ［**数式**：**値**］＞［**範囲マッピング**：**値**］
- ［**範囲マッピング**：**結果**］＞［**プリンシプルBSDF**：**メタリック**］

これで**プリンシプルBSDF**の**メタリック**が、錆びていない部分は**1**、錆び部分は**0**になり、錆びていない部分だけ金属の質感になりました。

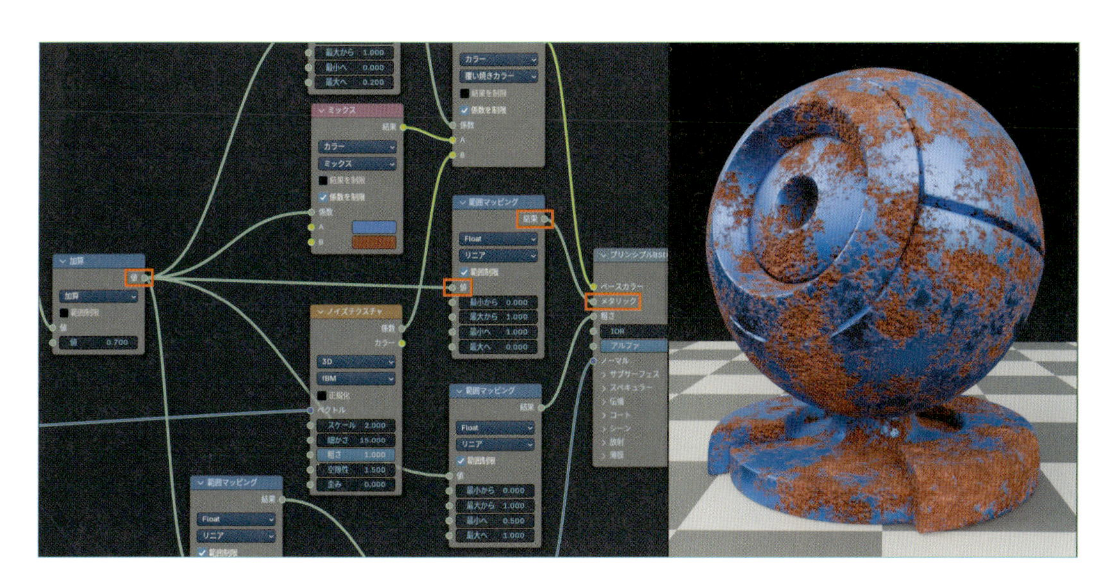

次は金属と錆びの色を設定します。
金属の腐食は複雑な色変化をするので、**カラーミックス**ではなく**カラーランプ**を使って設定します。

03 Step カラーミックス（ミックス）を削除

カラーミックス（ミックス）を選択して、**Xキー**で削除します。

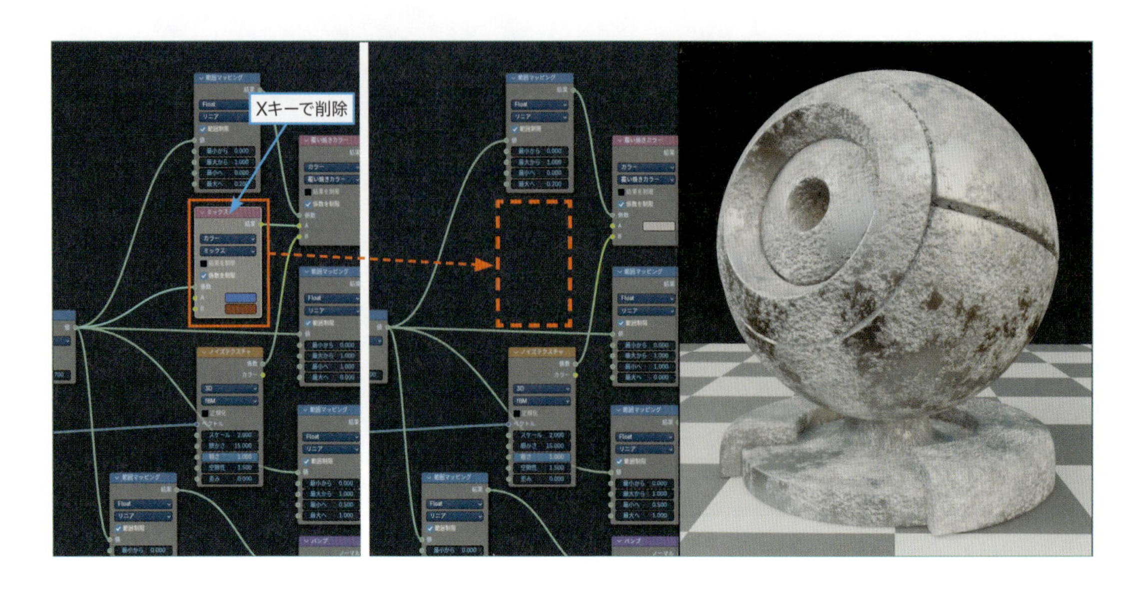

04 Step カラーランプを追加

❶**Shift+A**＞**コンバーター**＞**カラーランプ**を追加します。

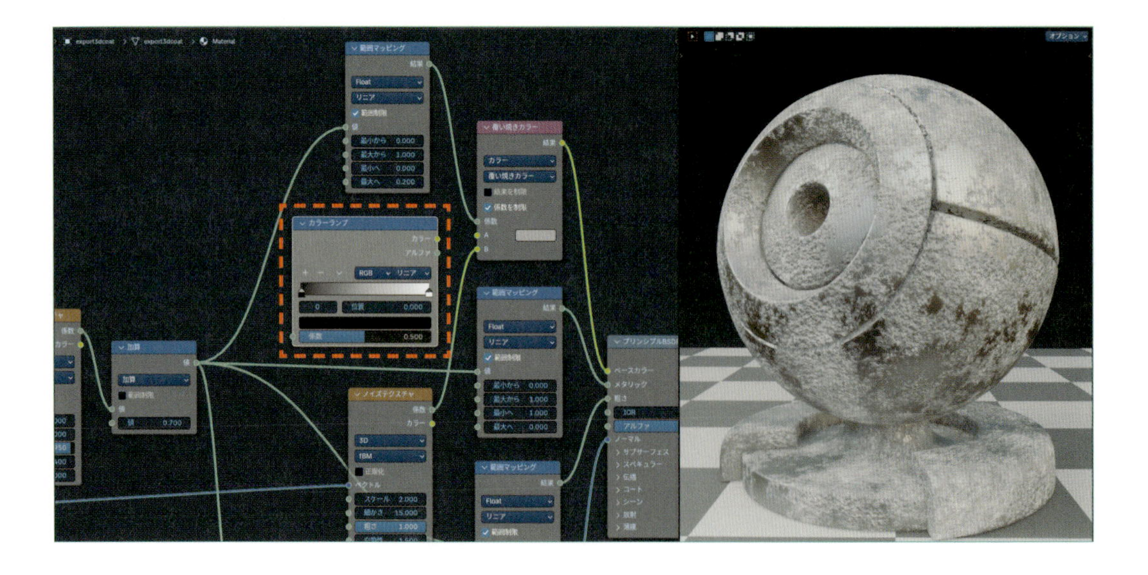

❷**カラーランプ**を、**数式**ノードと**カラーミックス（覆い焼きカラー）**の間に接続します。

- ［**数式**：**値**］＞［**カラーランプ**：**係数**］
- ［**カラーランプ**：**カラー**］＞［**カラーミックス（覆い焼きカラー）**：**A**］

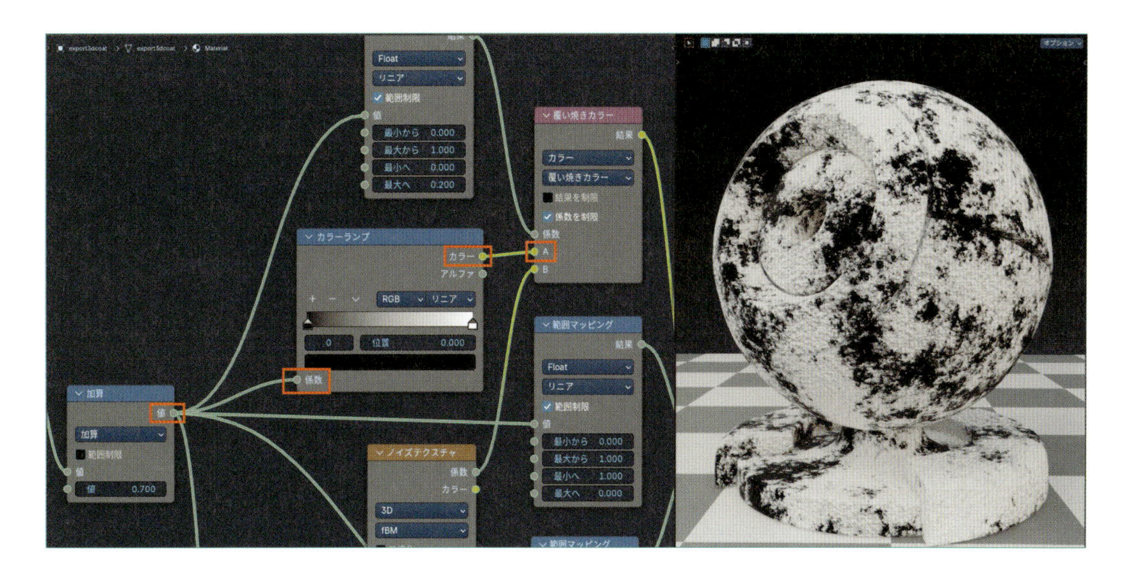

05 カラーランプの色を設定する

Step

❶**カラーランプ**の＋をクリックして、**カラーストップ**を追加します。

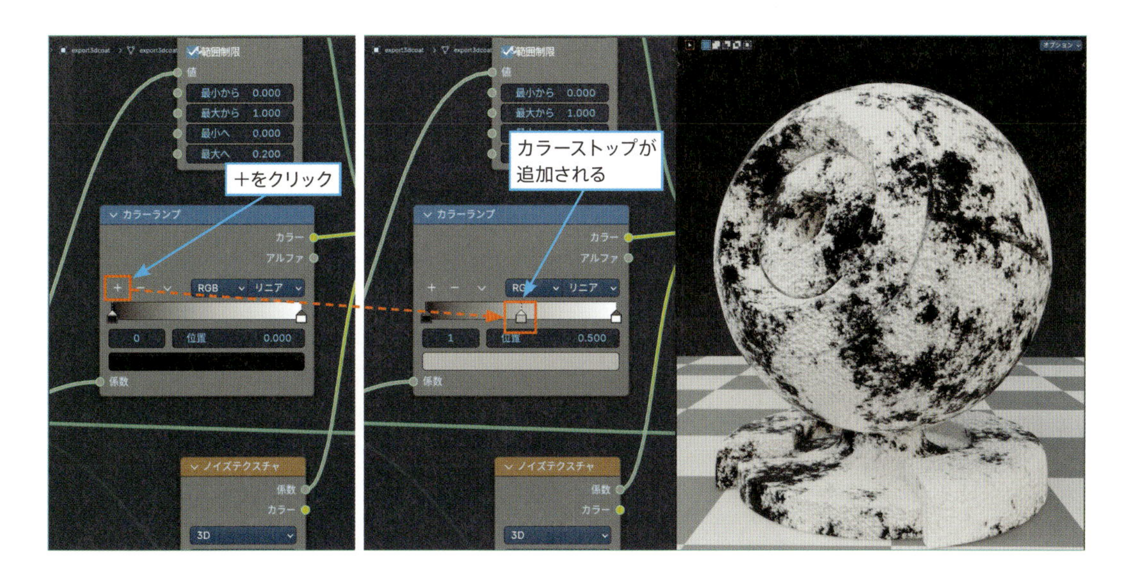

❷カラーストップの色を、次のように設定します。

- **カラーストップ 0**：錆びていない金属の色 **(C5C7C8)**
- **カラーストップ 1**：錆び始めた部分の明るい錆び色 **(C58C50)**
- **カラーストップ 2**：錆びが進んだ部分の暗い錆び色 **(5D281F)**

ここでは「赤錆びの浮いた鉄」のイメージで、() 内の色 (16進数) に設定しています。

※**カラーストップ 0**の色は**鉄のベースカラー**です。

これで金属と錆びの色が設定できました。

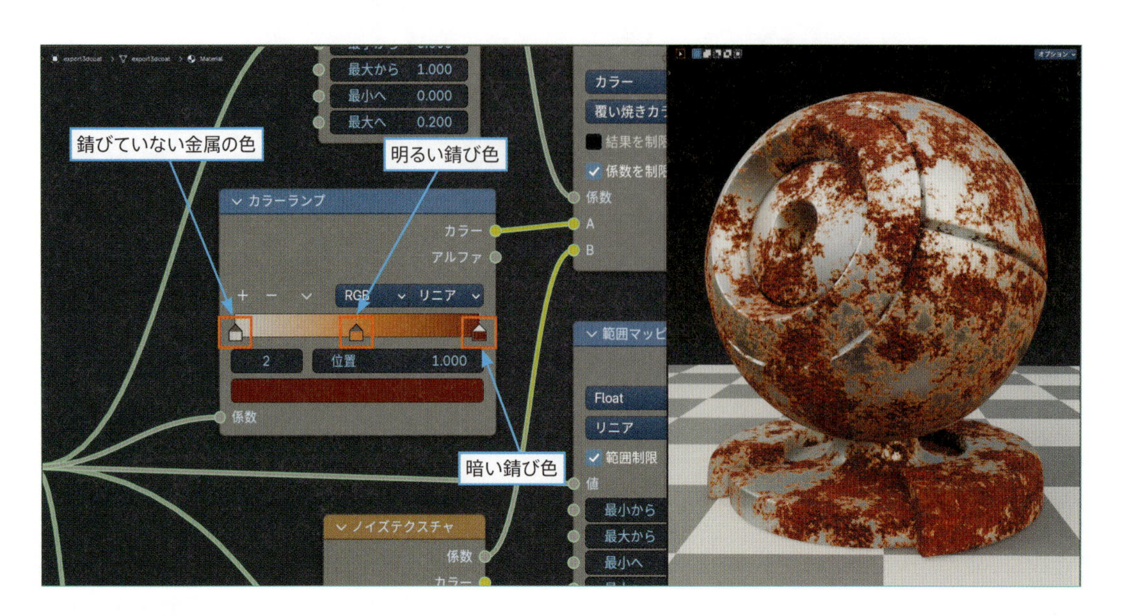

POINT

どうしてカラーランプを使うの？

色変化の段階が多い錆びは、**カラーランプ**を使った方がリアルにできます。
カラーミックスを使った設定と比較すると、下の画像のようになります。

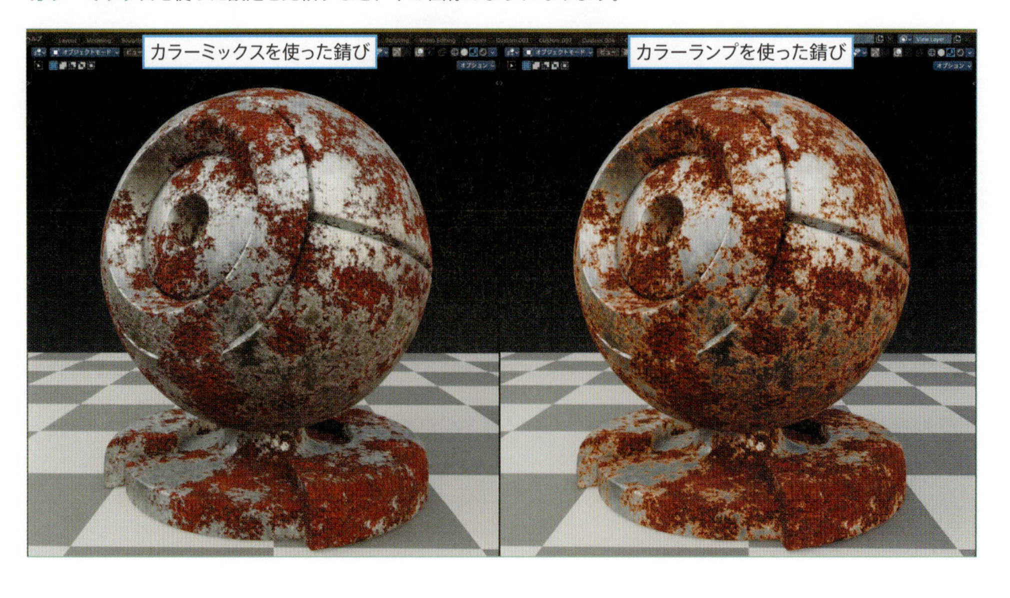

さらに、金属の色にくすみを入れます。
錆びだらけの金属を表現する場合は、錆びていない部分にもくすみを入れると、よりリアルになります。

Chapter 1
Chapter 2
Chapter 3 1-5
Chapter 3 6-10
Chapter 3 11-15
Chapter 4

06 Step 金属の色にくすみを入れる

カラーミックス(覆い焼きカラー)につながっている**範囲マッピング**のパラメーターを、**最小へ**：**0.2**、**最大へ**：**0.2**と設定します。
これで**カラーミックス(覆い焼きカラー)**の**係数**が、錆びていない部分・錆び部分の両方とも**0.2**になり、錆びていない部分にも**くすんだ金属の色ムラ**が表現されるようになりました。

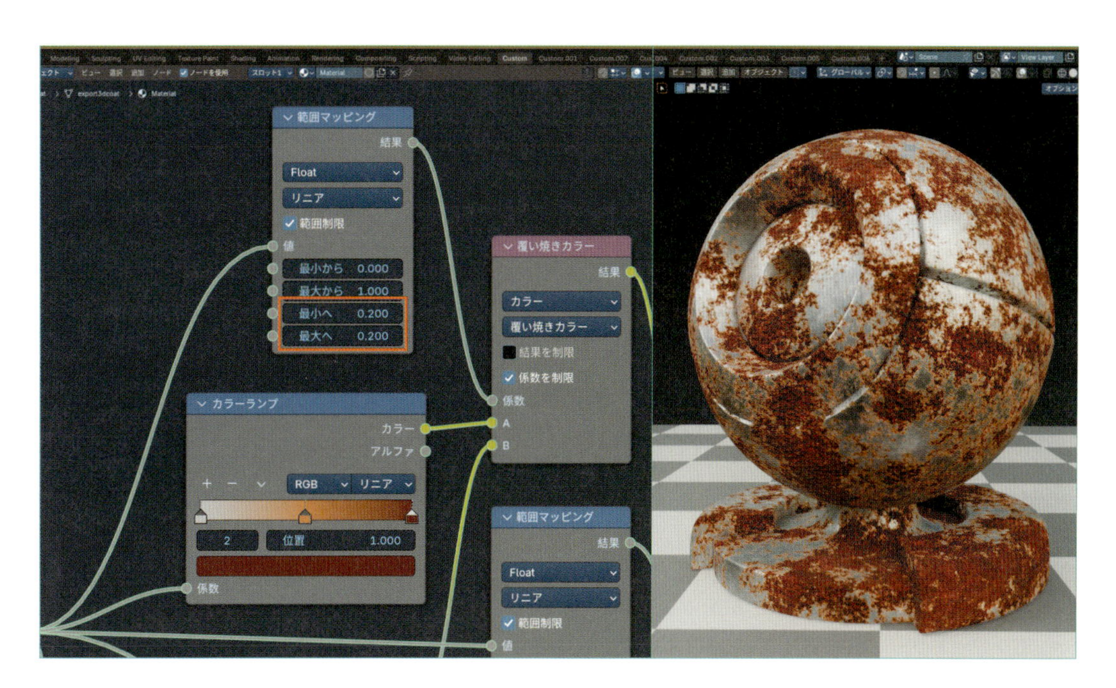

凹んだ部分の錆びを表現する

次は**アンビエントオクルージョン**を応用して、面の凹んだ部分の錆びを表現します。
面の凹んだ部分には汚れや湿気が溜まりやすく、錆びやすいものです。
そこで、くぼみ・溝・入り隅(内側に折れて凹んだ部分)などに陰影をつける**アンビエントオクルージョン**を使うと、よりリアルな錆び具合が表現できます。
※**アンビエントオクルージョン**の詳細は、**Chapter3-1 重量感の作り方**(064ページ)を参照してください。

まず**アンビエントオクルージョン**を追加して、陰影を作ります。

07 Step アンビエントオクルージョンの陰影を作る

❶**アンビエントオクルージョン**と**ガンマ**を追加します。

- **Shift+A**＞**入力**＞**アンビエントオクルージョン**
- **Shift+A**＞**カラー**＞**ガンマ**

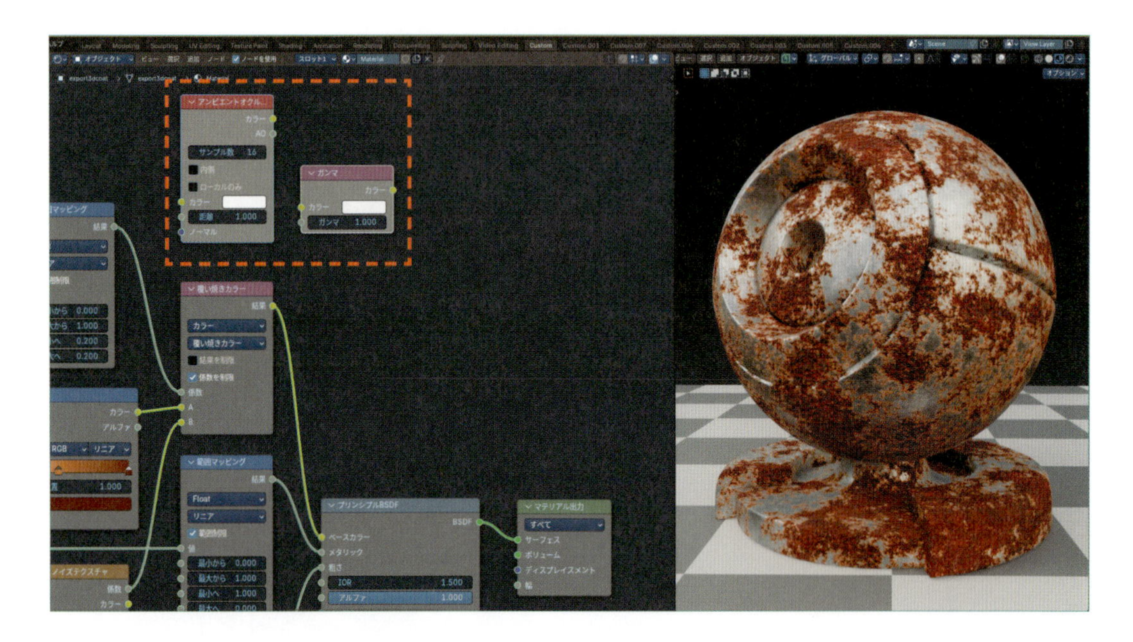

❷この2つのノードを、次のように接続します。

- ［**アンビエントオクルージョン**：**AO**］＞［**ガンマ**：**カラー**］
- ［**ガンマ**：**カラー**］＞［**マテリアル出力**：**サーフェス**］

これで、一時的に**アンビエントオクルージョン**の陰影だけがオブジェクトに表示されるようになります。

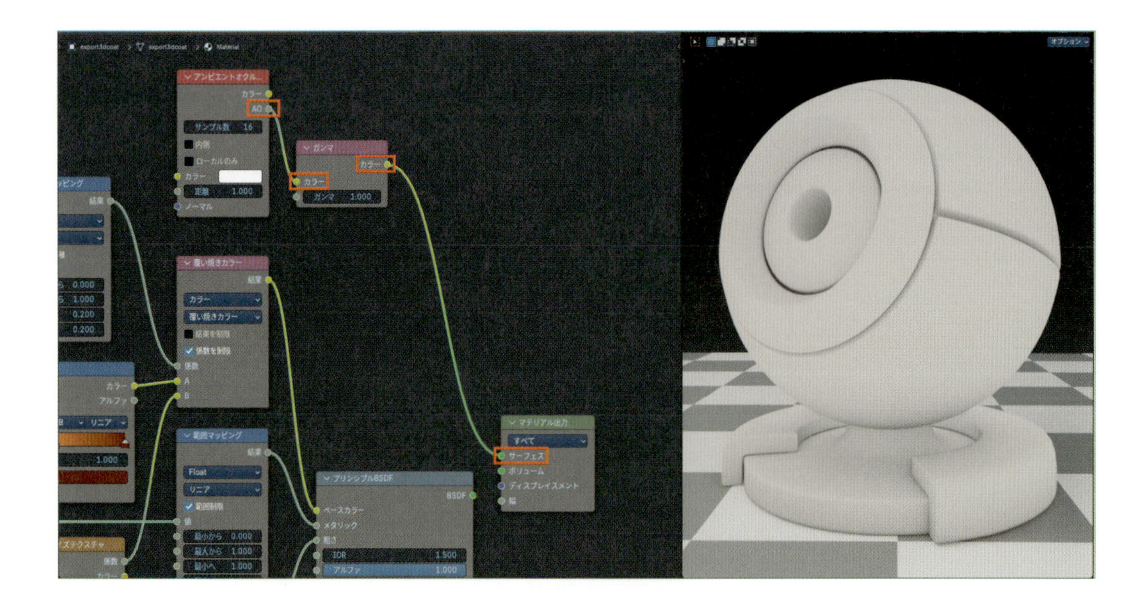

POINT

AOや**テクスチャ**などを直接**マテリアル出力**の**サーフェス**に接続すると、周囲からの照明の影響を受けない状態の色やテクスチャをそのまま表示することができます。
テクスチャの模様などを確認するための、一時的な表示用として使うと便利です。

❸**ガンマ**の値を、**EEVEE**の場合は**10**、**Cycles**の場合は**3**と設定します。
これで陰影が濃くなります。

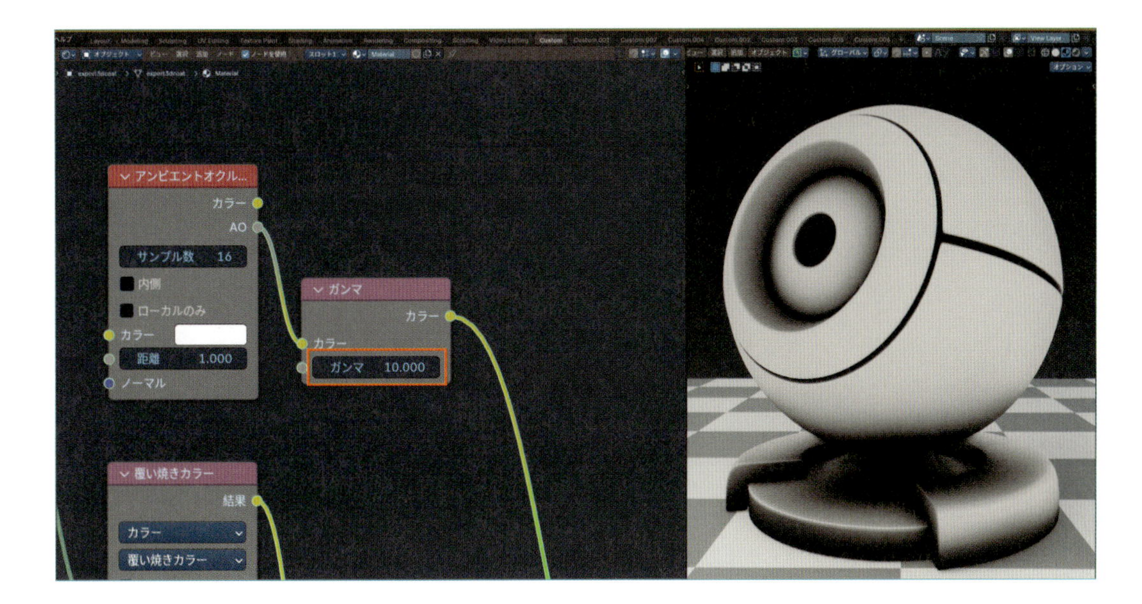

POINT

Cyclesと EEVEEでは、**アンビエントオクルージョン**の陰影のつき方が異なるため、それぞれに合わせた調整が必要になります。この見本ではEEVEEを使用しています。

このマテリアルでは、**黒：錆びていない部分**、**白：錆びた部分**と変換する設定にしてあります。
ここでは**面の凹んだ部分の錆び**を表現したいので、面の凹んだ部分が白になるよう、白黒を反転させます。

08 Step 陰影の白黒を反転させる

❶**Shift+A**＞**カラー**＞**カラー反転**を追加します。

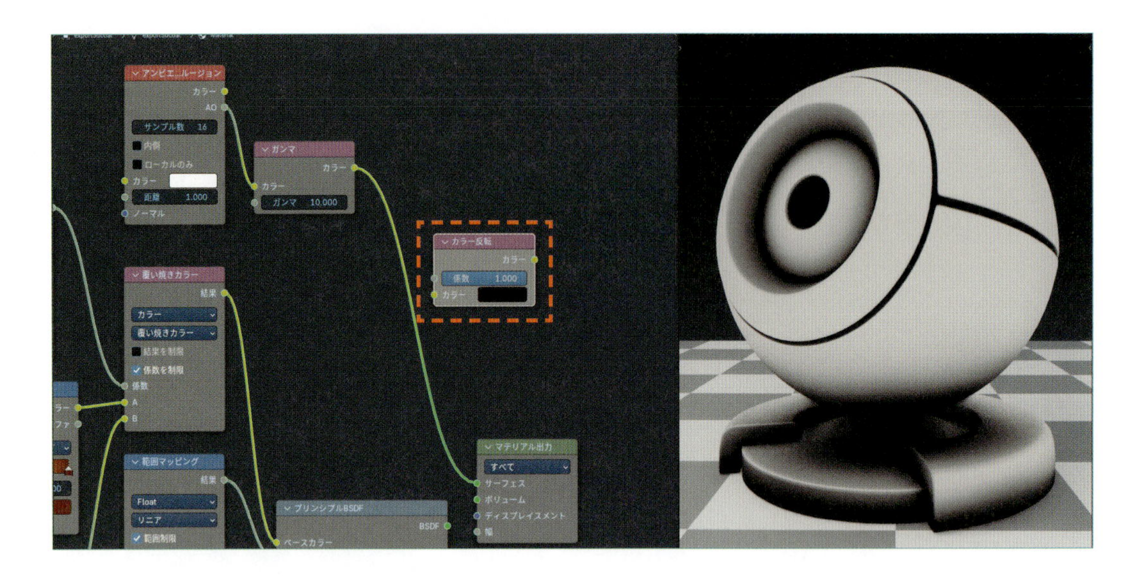

❷**カラー反転**を、**ガンマ**と**マテリアル出力**の間に接続します。

- ［**ガンマ**：**カラー**］＞［**カラー反転**：**カラー**］
- ［**カラー反転**：**カラー**］＞［**マテリアル出力**：**サーフェス**］

これで、陰影の白黒が反転します。

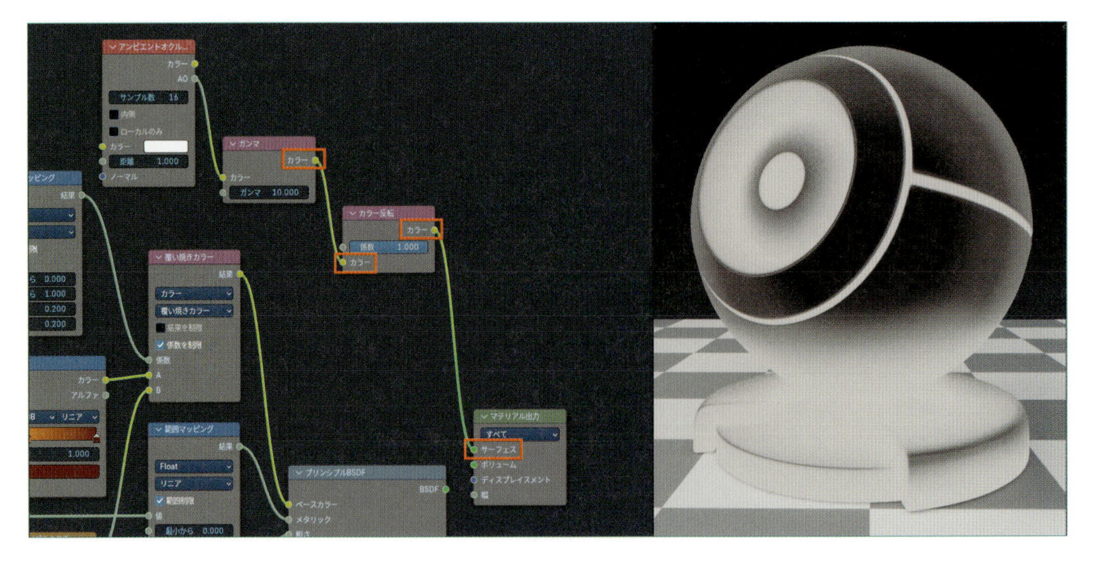

次は、この反転した陰影と**ノイズテクスチャ**の白黒模様を合成します。

09 陰影と白黒模様を合成する

Step

❶**Shift+A**＞**カラー**＞**カラーミックス**を追加します。

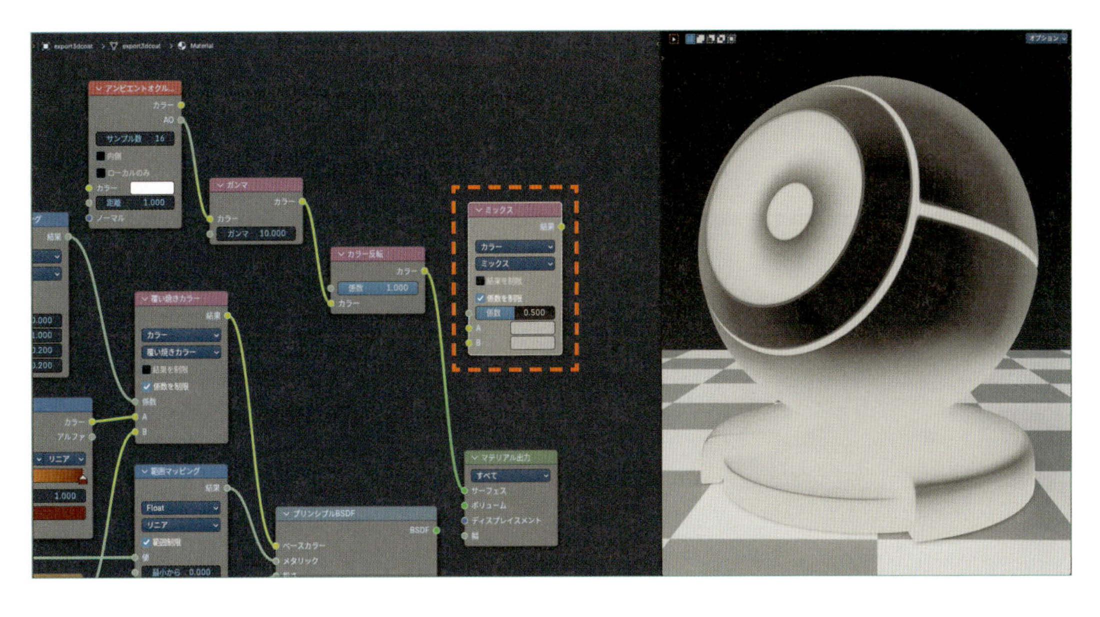

❷**カラーミックス**を、**ブレンドモード**：**スクリーン**、**係数**：**1**と設定します。

❸次のようにノードを接続します。

- ［**数式**：**値**］＞［**カラーミックス**：**A**］
- ［**カラーの反転**：**カラー**］＞［**カラーミックス**：**B**］
- ［**カラーミックス**：**結果**］＞［**マテリアル出力**：**サーフェス**］

※ノード配置の都合で、**カラーミックス**につながるリンクが交差します。
　つなぐ先を間違えないよう注意してください。

これで、**ノイズテクスチャ**による錆び模様の白黒と、**アンビエントオクルージョン**による面の凹んだ部分の白黒が合成されました。

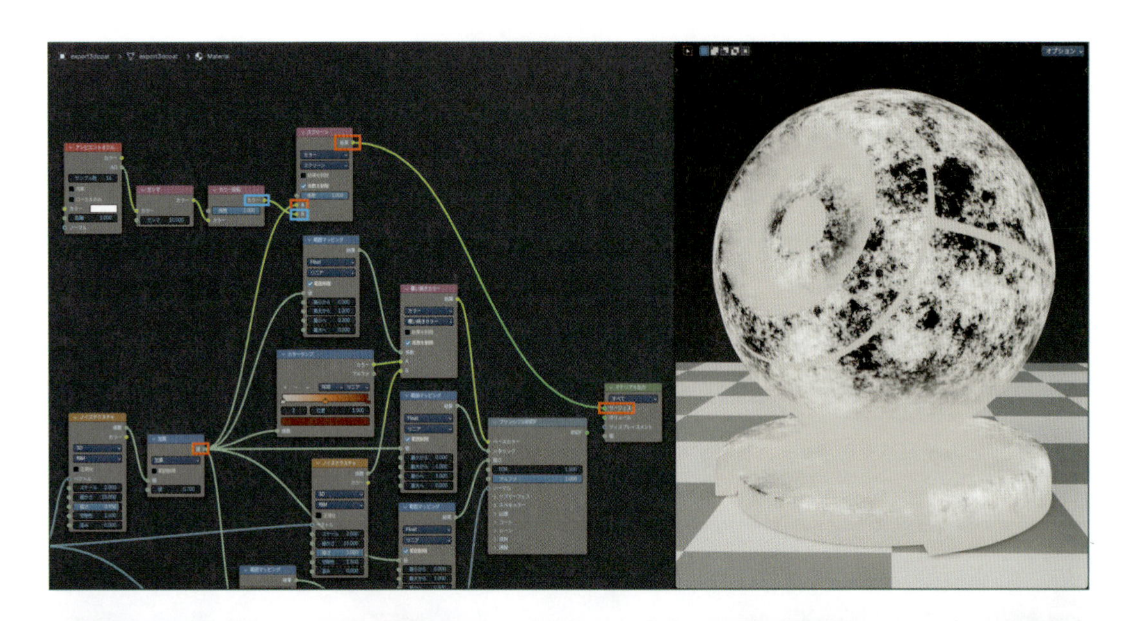

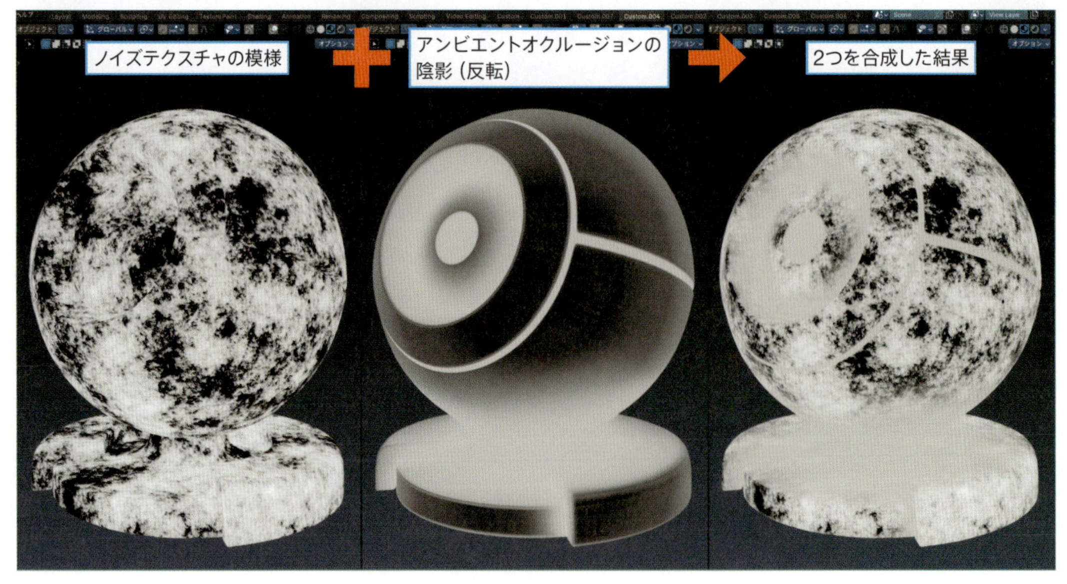

では、この合成した白黒模様を元に、錆びの質感表現に戻しましょう。

10 Step リンクを束ねる

下の画像のオレンジの線で、5本のリンクを**Shift+右ドラッグ**で横切ります。

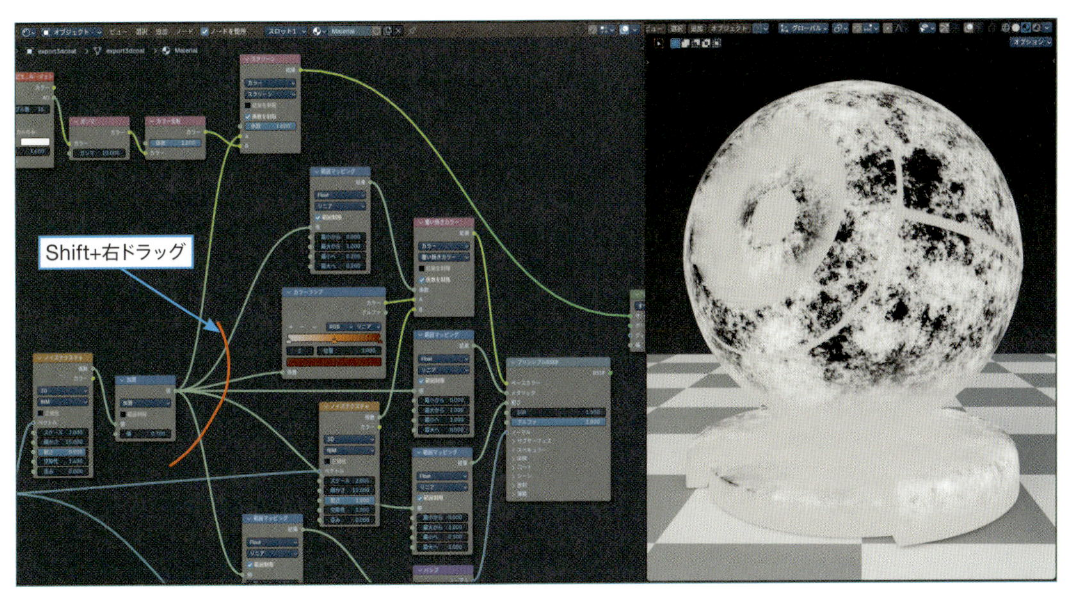

自動で**リルート**が追加され、リンクが束ねられます。

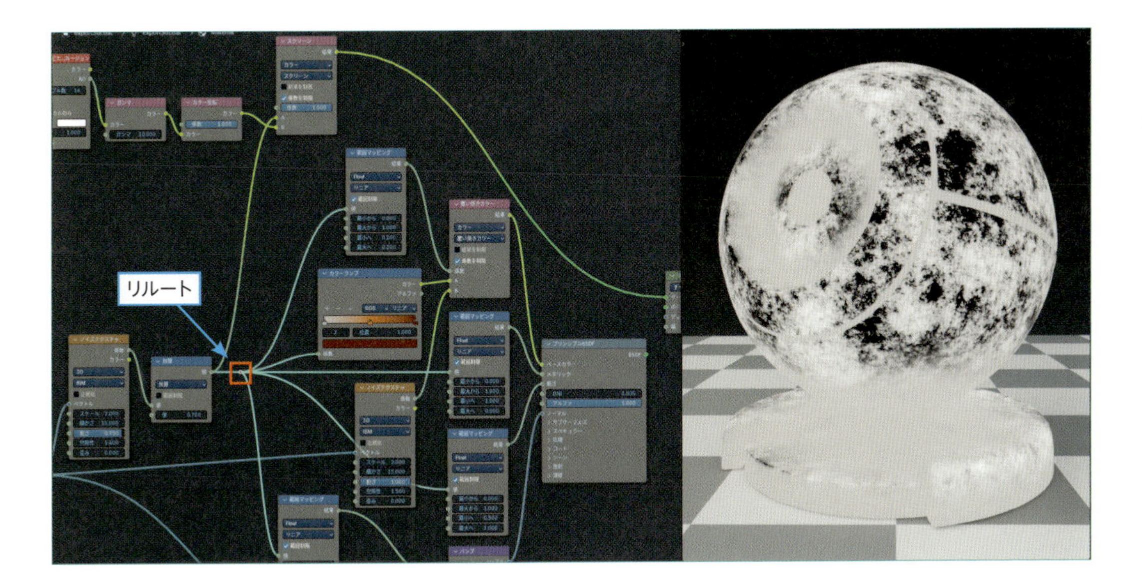

11 Step ノードの組み替え

次のようにノードを接続します。

- ［カラーミックス（スクリーン）：結果］＞［リルート］
- ［プリンシプルBSDF：BSDF］＞［マテリアル出力：サーフェス］

これで、面の凹んだ部分に錆びが追加できました。

ノードツリーを拡大すると、下図のようになります（サンプルデータ：3-05-02.blend）。

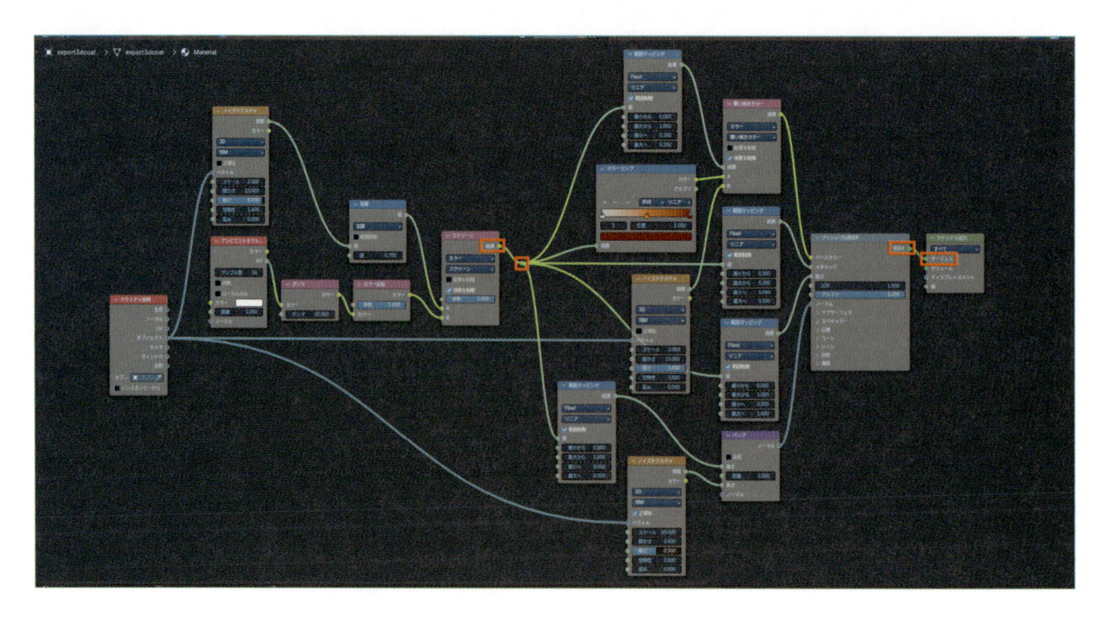

これで今回必要なすべてのノードがそろいました。
最後に、作りたい質感に合わせて微調整すれば完成です。

5-4 微調整

錆びの範囲

数式ノードの値で、基本の錆びの範囲を操作できます。

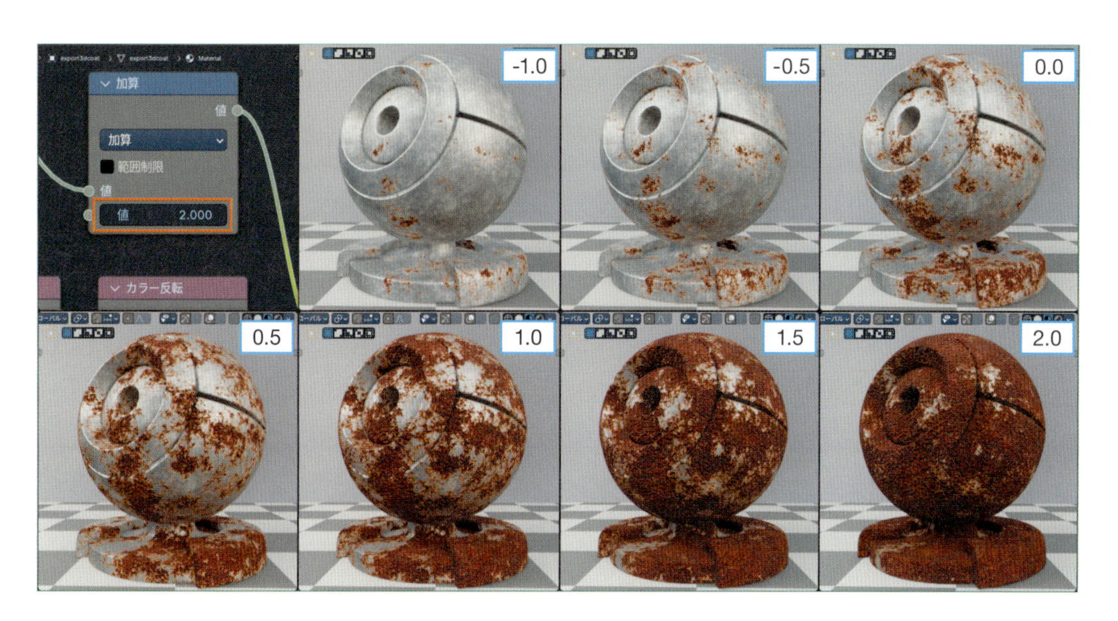

ガンマの値で、面の凹んだ部分の錆びの範囲を操作できます。
EEVEEとCyclesでは、同じ値でも異なる結果になります。
下図はEEVEEの場合です。

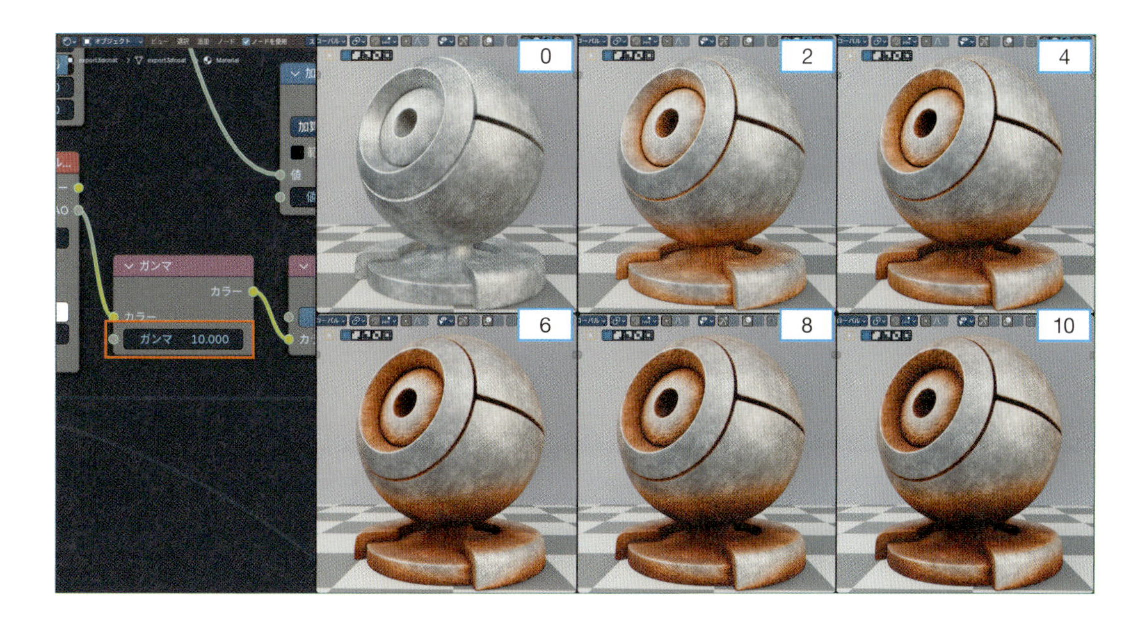

下図はCyclesの場合です。

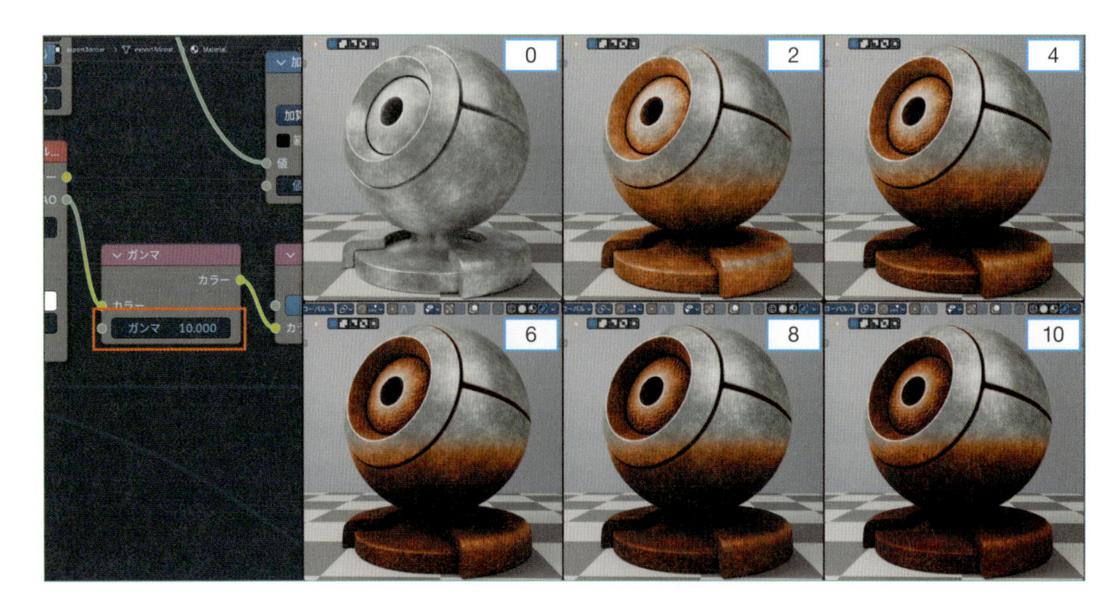

数式と**ガンマ**の値をバランス良く設定して、全体的な錆びの範囲を調整してください。

POINT

アンビエントオクルージョンの注意点

アンビエントオクルージョンは、**「面と面の距離」**を元に陰影をつける機能です。
「面と面の距離」には**他のオブジェクト**も含まれ、周囲のオブジェクトの有無や位置関係によって、錆びの範囲も変わってしまいます。

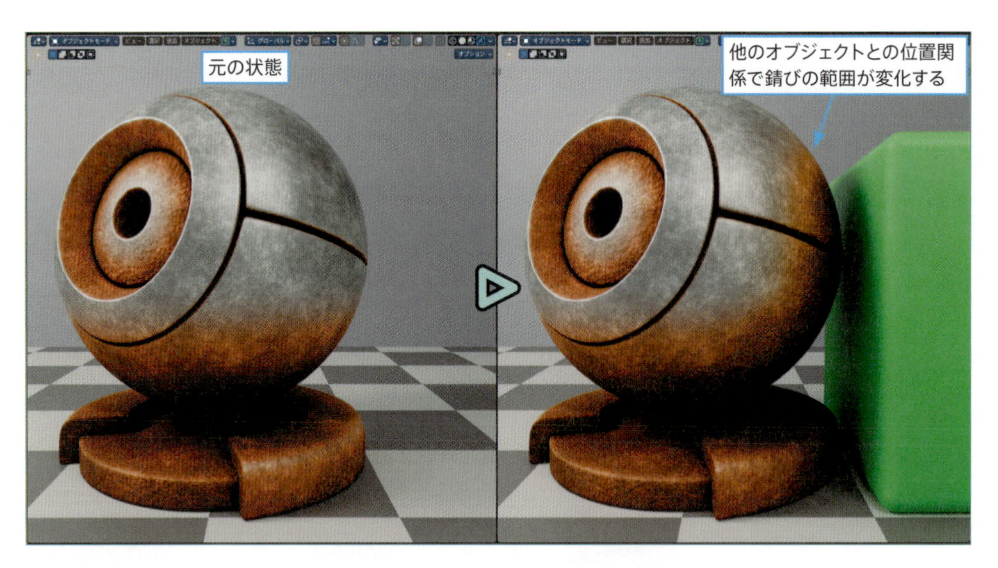

錆びの範囲を固定して他のオブジェクトの影響を受けないようにしたい場合は、**アンビエントオクルージョン**を**ベイク（画像テクスチャに変換する処理）**する必要があります。
ベイクのやり方についての説明は長くなるので、この本では省略します。
「AO　ベイク」で検索するとすぐ見つかるので、そちらを参照してください。

錆びの広がり具合

数式ノードにつながっている**ノイズテクスチャ**の**粗さ**で、錆びの広がり具合を操作できます。
イメージ的な目安は次のようになります。

- 1.0：細かく錆びが入り始めた状態
- 0.95：錆びが広がった状態

※下図の見本では違いが分かりやすいように、**アンビエントオクルージョン**による面の凹んだ部分の錆びを解除しています。

以上で、できあがりです。

POINT

範囲マッピングの最小へ、最大へってどういう意味？

範囲マッピングは、

- **最小から**と**最大から**の範囲の数値を
- **最小へ**と**最大へ**の範囲の数値に変換する

という働きをするノードです。
…わけの分からないパラメーター名ですが、これは英語の直訳だからです。
それぞれの原語は、次のようになります。

最小から：From Min
最大から：From Max
最小へ：To Min
最大へ：To Max

各パラメーターの「実際の働きや機能」は、次のようになります。

- 最小から ⇒ 入力最小値
- 最大から ⇒ 入力最大値
- 最小へ ⇒ 入力最小値の変換後の値
- 最大へ ⇒ 入力最大値の変換後の値

多少イメージしやすくなったのではないでしょうか？

Chapter 3

6

ひび割れの作り方

バンプマッピングで表現する、ひび割れや大きな傷の作り方です。
ひび割れ以外にも、レンガ・タイル・フローリングの目地の凹み、アスファルト・コンクリートブロックの凹凸、目の粗い布の布目など、いろいろな凹凸表現に応用できる基本テクニックです。

6-1 ひび割れの設定の仕組み

ひび割れのマテリアルは、次の手順で作ります。

1. ひび割れの**元になる模様**（テクスチャ）を用意する
2. 1の模様を元に、ひび割れの凹みや色などを表現する

マテリアルの基本形ができれば、**元になる模様**を入れ替えるだけで、異なるパターンのひび割れを作ることができます。
ここでは、次の3種類のひび割れを作ります。

- **ノイズテクスチャ（初期状態）**を使った**大まかなひび割れ**
- **ボロノイテクスチャ**を使った**細かいひび割れ**
- **ノイズテクスチャ（畝のあるマルチフラクタル）**を使った**不規則性の高いひび割れ**

6-2 大まかなひび割れの作り方

まずは**ノイズテクスチャ**を使って、ひび割れの元になる模様を作ります。

01 Step ノードを追加

❶**テクスチャ座標**、**ノイズテクスチャ**、**カラーランプ（×2）**の4つのノードを追加します。

- **Shift+A**＞**入力**＞**テクスチャ座標**
- **Shift+A**＞**テクスチャ**＞**ノイズテクスチャ**
- **Shift+A**＞**コンバーター**＞**カラーランプ（×2）**

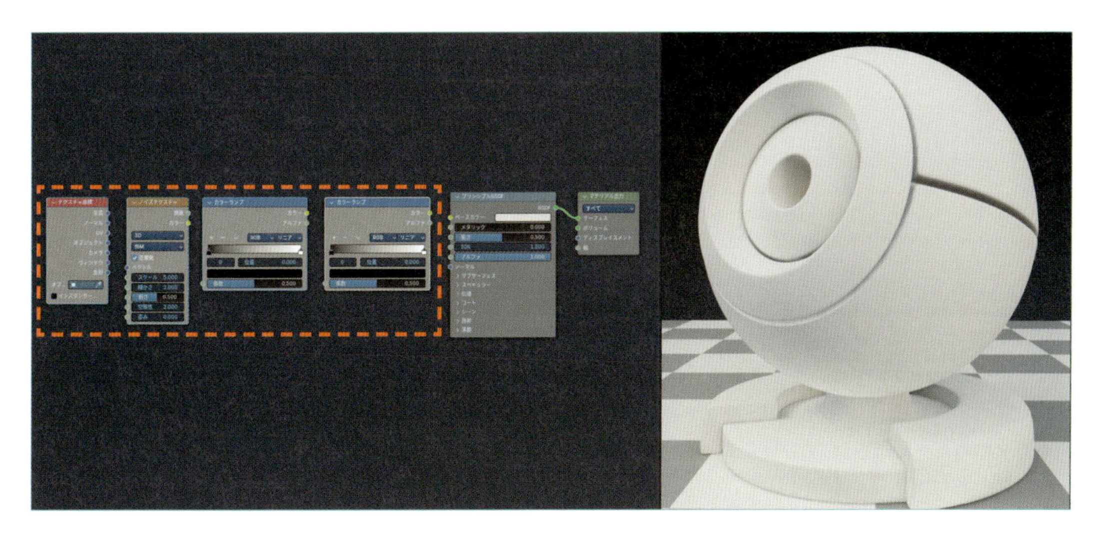

❷この4つのノードを、次のように接続します。

- ［**テクスチャ座標**：**オブジェクト**］＞［**ノイズテクスチャ**：**ベクトル**］
- ［**ノイズテクスチャ**：**係数**］＞［**カラーランプ**：**係数**］
- ［**カラーランプ**：**カラー**］＞［**カラーランプ**：**係数**］
- ［**カラーランプ**：**カラー**］＞［**プリンシプルBSDF**：**ベースカラー**］

これでオブジェクトが、ノイズテクスチャの模様になります。

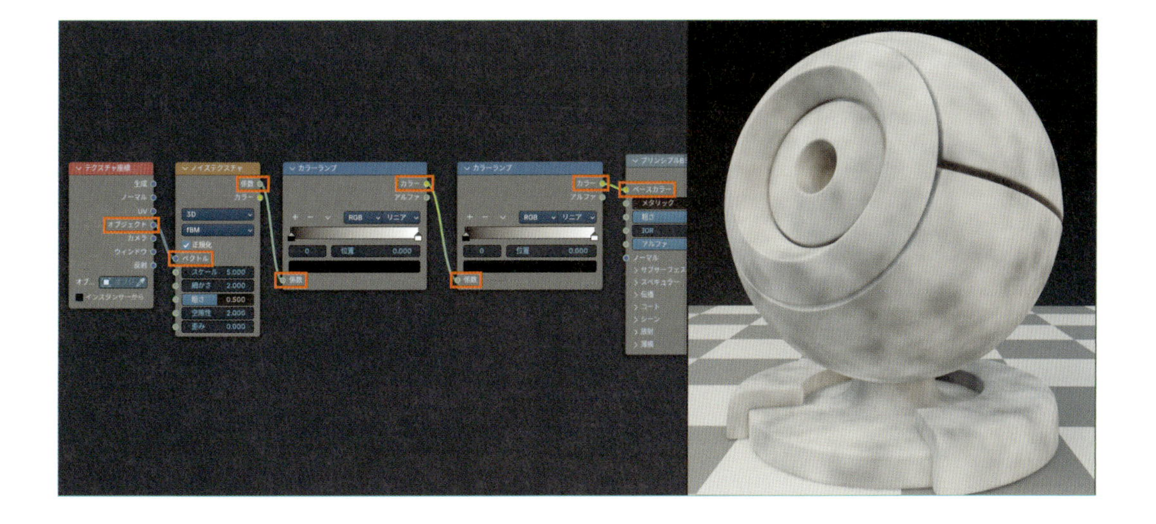

02 1つめのカラーランプを設定する

Step

❶1つめの**カラーランプ**の**＋**をクリックして、**カラーストップ**を追加します。

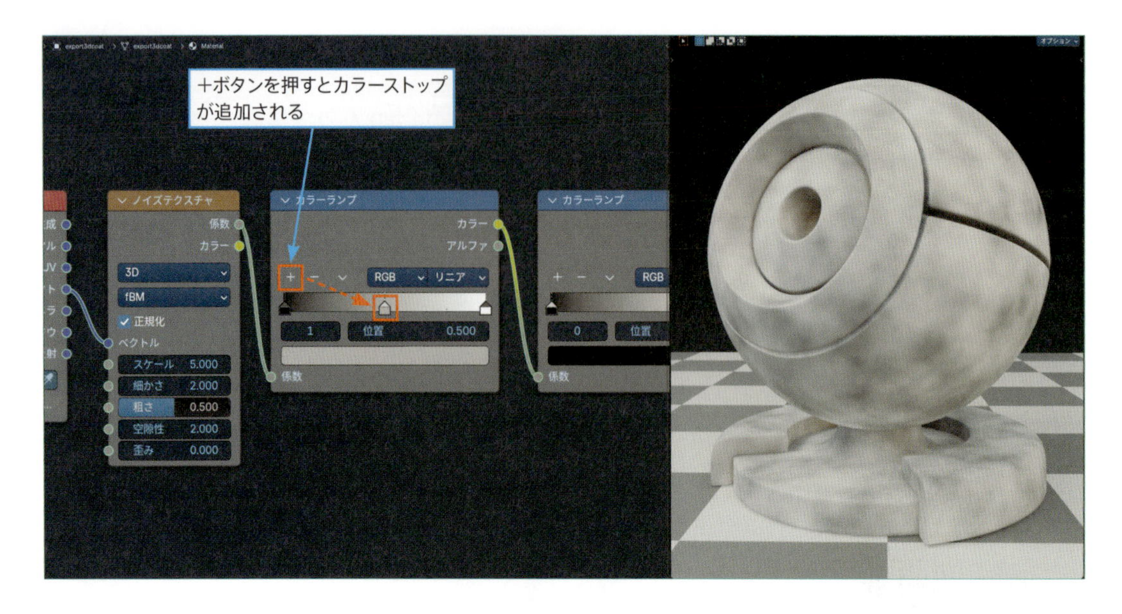

❷1つ目の**カラーランプ**の**カラーストップ**の色を、次のように設定します。

- **カラーストップ 0**：**黒（V：0）**
- **カラーストップ 1**：**白（V：1）**
- **カラーストップ 2**：**黒（V：0）**

これで、元の模様の**黒**→**白**のグラデーションが、**黒**→**白**→**黒**のグラデーションに変換されます。

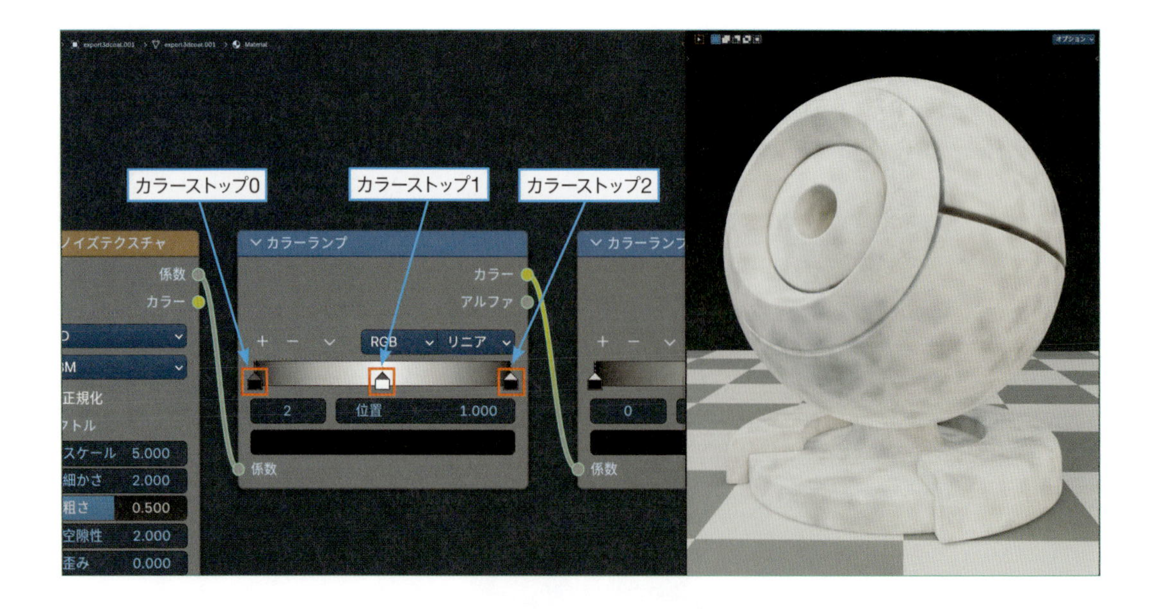

03 Step 2つめのカラーランプを設定する

2つめの**カラーランプ**の、**黒いカラーストップ**の**位置**を**0.95**にします。

これで、STEP02で変換した**黒**→**白**→**黒**のグラデーションの黒い部分が広がり、筋状の白い模様ができます。

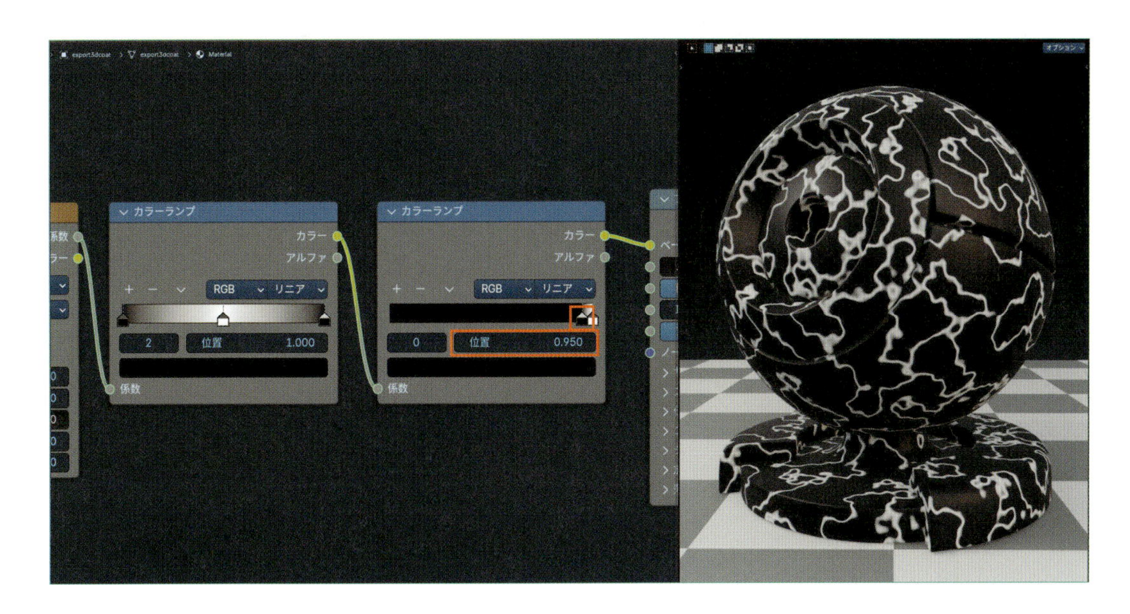

04 Step 模様の大きさを調整する

ノイズテクスチャの**スケール**で、模様の大きさを調整します。

模様の見た目の大きさはオブジェクトのサイズによって変わるので、画面を見ながら、下の画像くらいの大きさにします。

これで、ひび割れの元になる白黒模様ができました。

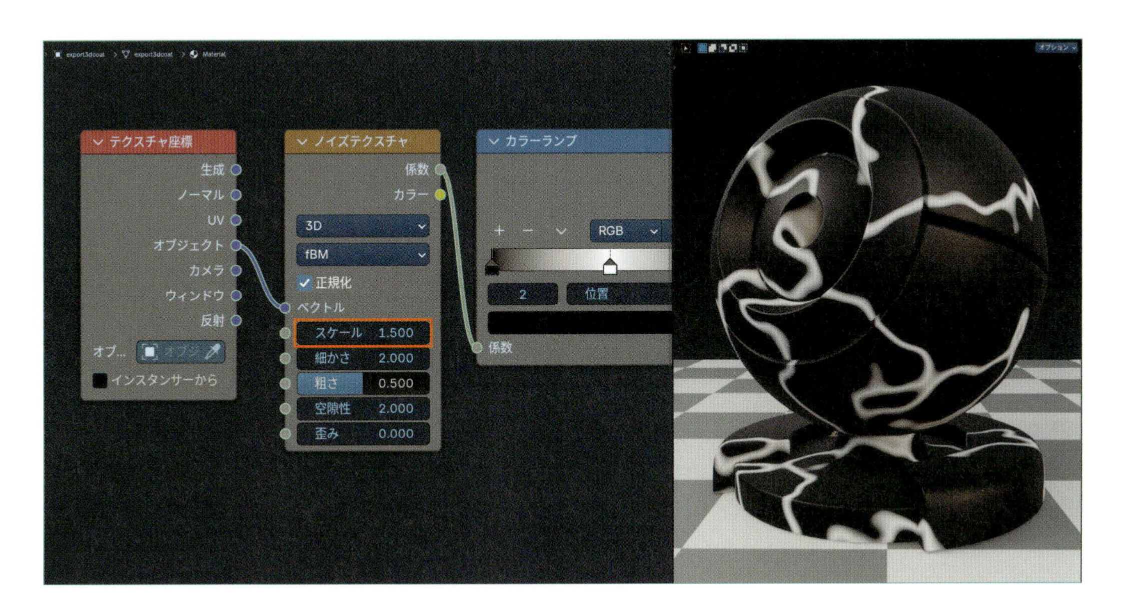

次は、ひび割れ部分の凹みを表現します。

Chapter 1
Chapter 2
Chapter 3 1-5
Chapter 3 6-10
Chapter 3 11-15
Chapter 4

05 ひび割れ部分の凹みを表現する

Step

❶Shift+A＞ベクトル＞バンプを追加します。

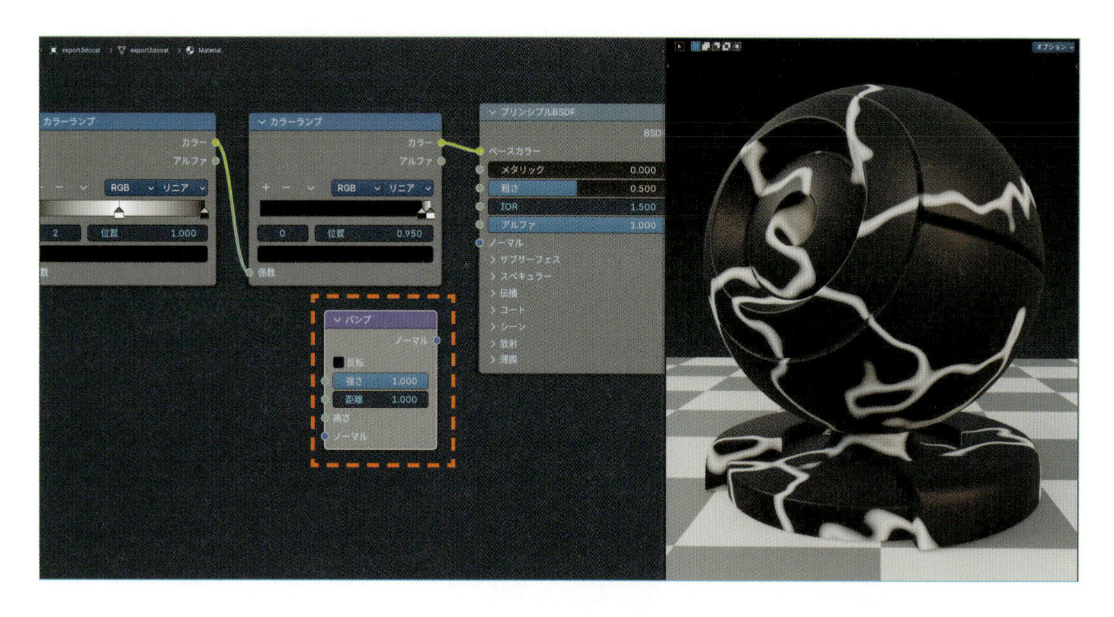

❷バンプを、2つめのカラーランプとプリンシプルBSDFの間に接続します。

- ［カラーランプ：カラー］＞［バンプ：高さ］
- ［バンプ：ノーマル］＞［プリンシプルBSDF：ノーマル］

これでオブジェクトに擬似的な凹凸が追加されます。
しかしこの時点では、ひび割れ部分が盛り上がるように表現されています。

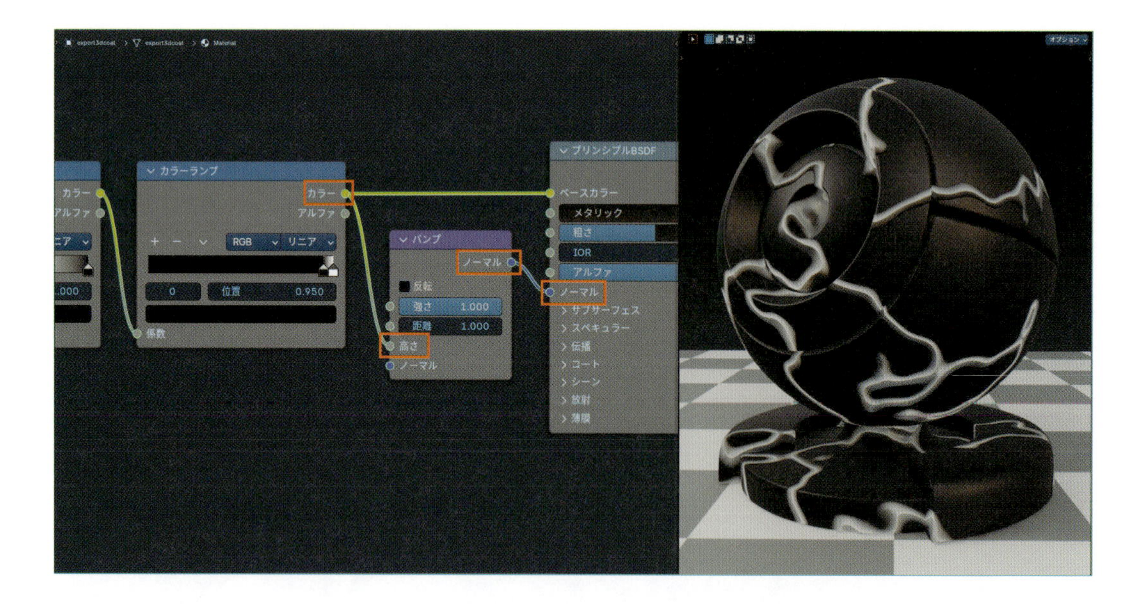

❸**バンプ**の**反転**にチェックを入れます。
これで凹凸が反転し、ひび割れ部分の凹みが表現ができました。

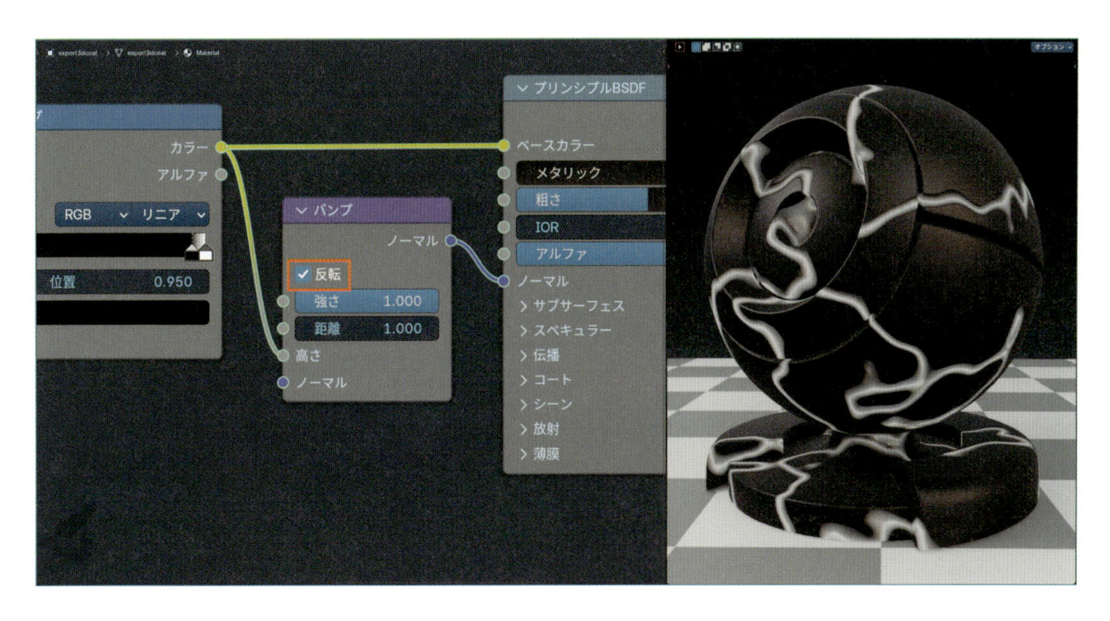

次は、**ベースカラー**を設定します。

06 Step ノードを切断する

2つめの**カラーランプ**から、**プリンシプルBSDF**の**ベースカラー**につながるリンクを切断します。
これで、**ベースカラー**が初期状態(グレー)に戻ります。

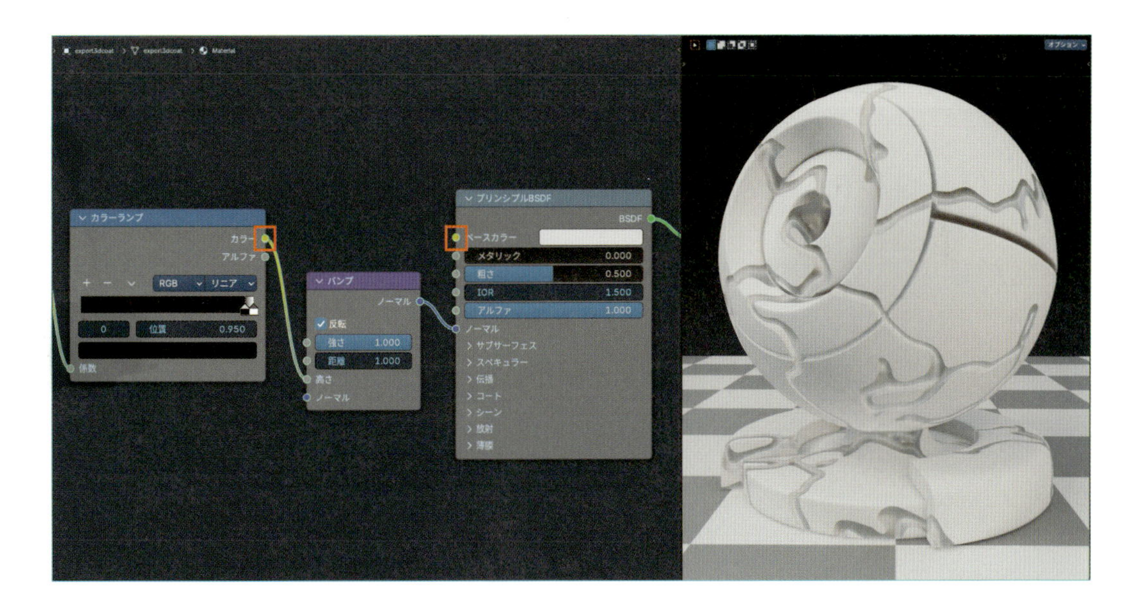

Chapter 1
Chapter 2
Chapter 3 1-5
Chapter 3 6-10
Chapter 3 11-15
Chapter 4

07 Step ベースカラーを設定する

プリンシプルBSDFのベースカラーに、好みの色（またはテクスチャ）を設定します。
これで、ベースカラーが設定できました。

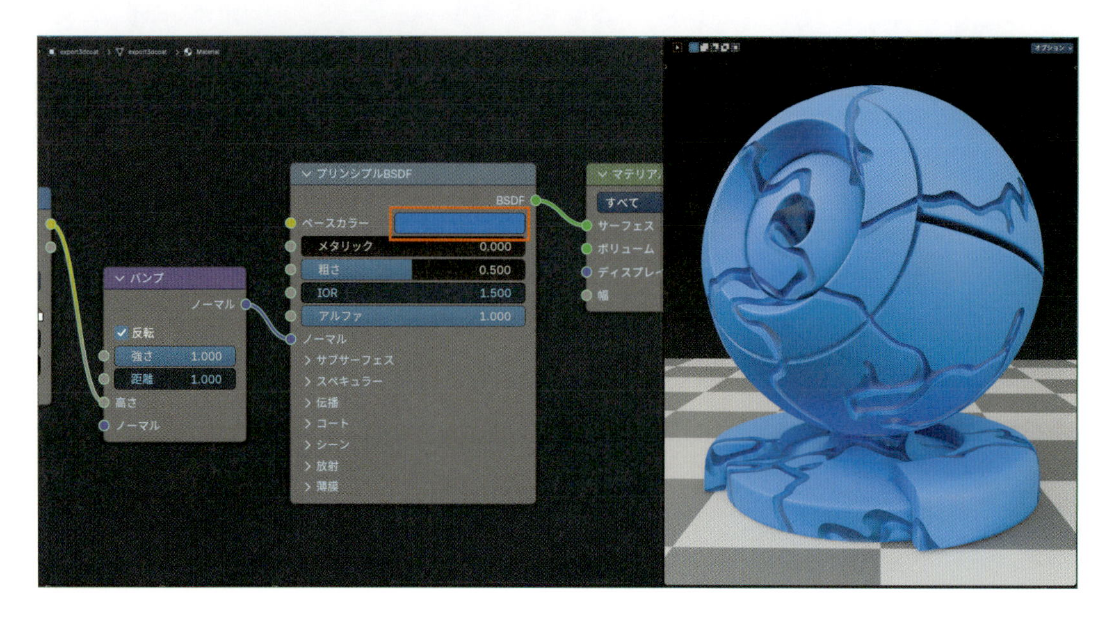

この状態でも充分ひび割れらしくなっていますが、凹み部分の色を暗くして、もっと強調してみましょう。

08 Step 凹み部分の色を暗くする

❶Shift+A＞カラー＞カラーミックスを追加します。

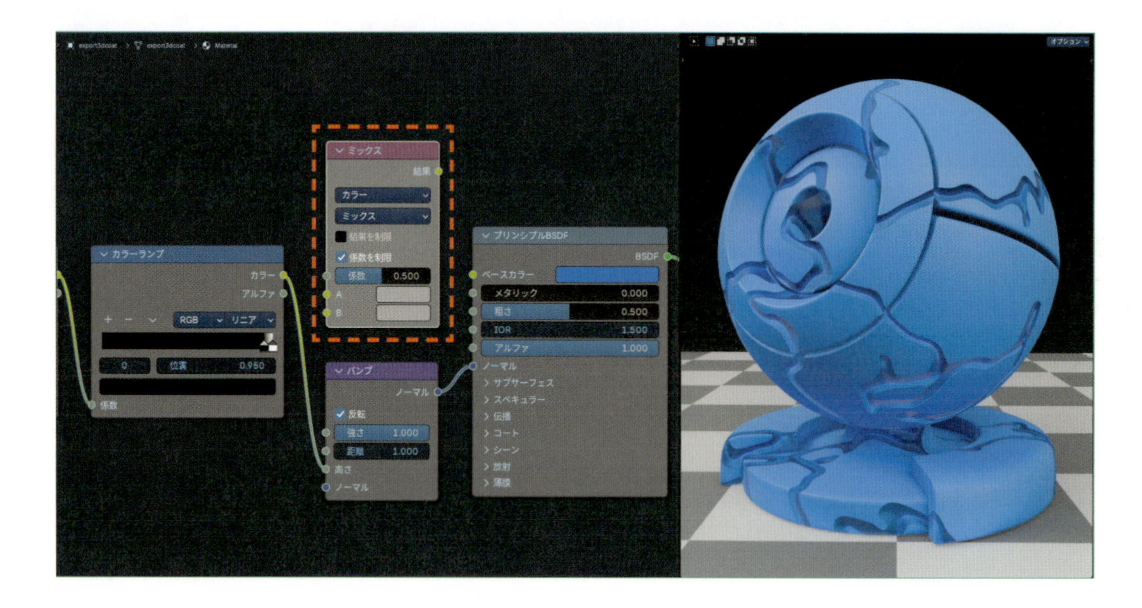

❷**カラーミックス**を次のように設定します。

- **ブレンドモード**：**乗算**
- **A**：**ベースカラーに設定した色（またはテクスチャ）**
- **B**：**ひび割れ部分を暗くするための色（黒〜グレー）**

Bは後で調整しますが、ここでは**V**：**0.4**に設定しました。

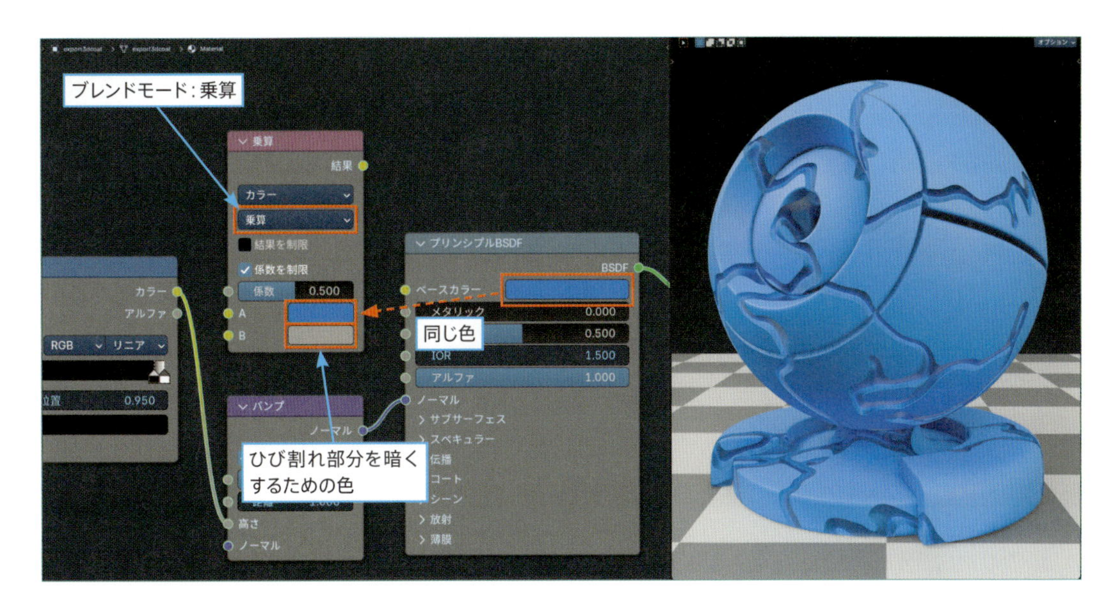

❸**カラーミックス**を、**カラーランプ**と**プリンシプルBSDF**の間に接続します。

- ［**カラーランプ**：**カラー**］＞［**カラーミックス**：**係数**］
- ［**カラーミックス**：**結果**］＞［**プリンシプルBSDF**：**ベースカラー**］

これで、凹み部分だけ**B**のグレーが掛け合わされて暗くなり、ひび割れが強調されました。

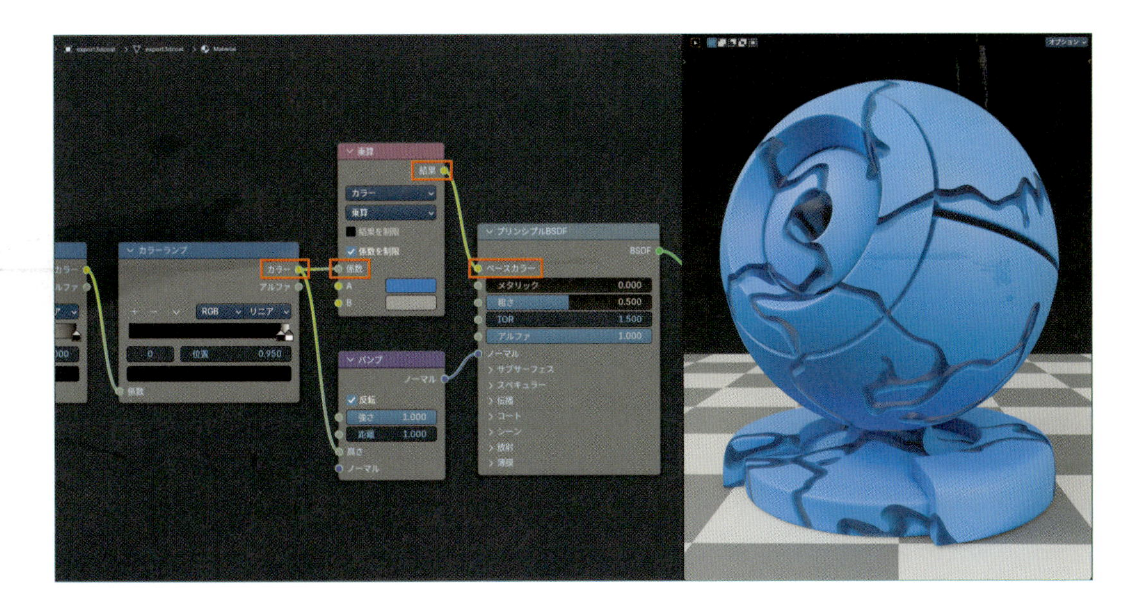

色Bの**V（明度）**で、凹み部分の暗さを操作できます。
白（V：1）は、**色A**のまま変化なし。**V**を小さくするほど、凹み部分が暗くなります。
最終的なひび割れ表現ができあがった後に、好みで調整してください。

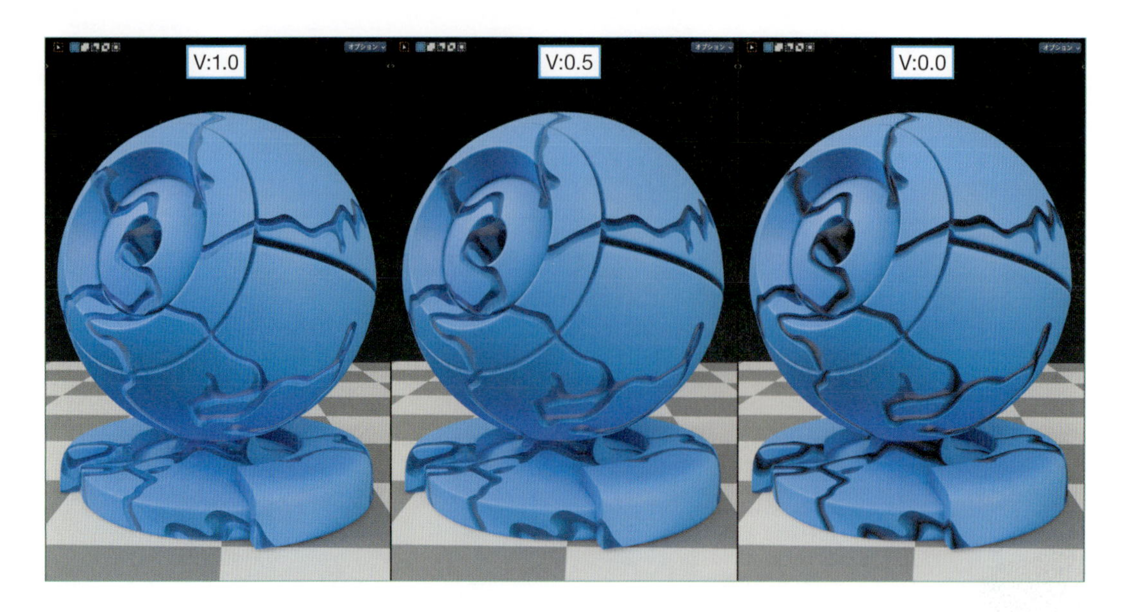

次は、ひび割れ部分と本体部分の**粗さ**を個別に設定できるようにします。

09 Step ひび割れと本体の粗さを個別に設定する

❶**Shift+A**＞**コンバーター**＞**範囲マッピング**を追加します。

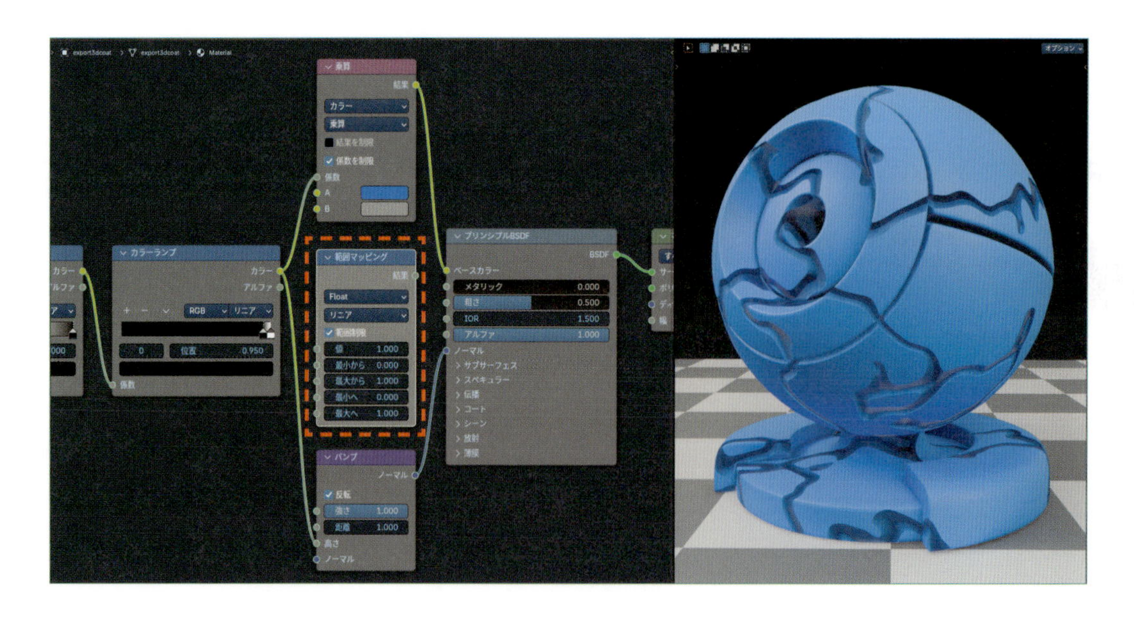

❷**範囲マッピング**を、**カラーランプ**と**プリンシプルBSDF**の間に接続します。

- ［**カラーランプ**：**カラー**］>［**範囲マッピング**：**値**］
- ［**範囲マッピング**：**結果**］>［**プリンシプルBSDF**：**粗さ**］

これで、ひび割れ部分と本体部分の**粗さ**を個別に設定できるようになりました。
この時点では、**範囲マッピング**のデフォルトの値により、本体部分の**粗さ**が**0**になっています。

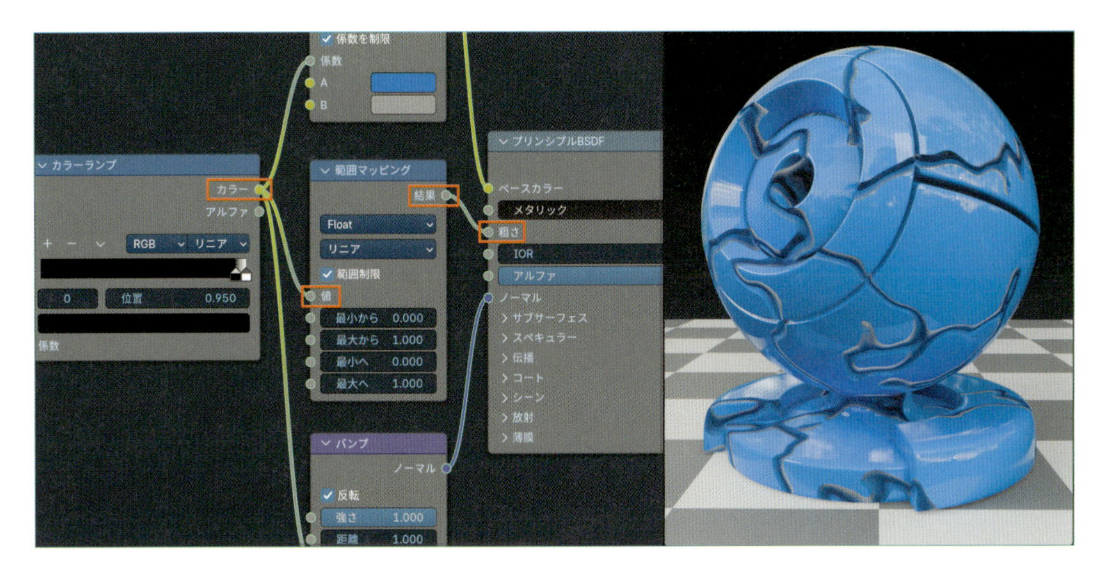

❸**範囲マッピング**のパラメーターを、次のように設定します。

- **最小へ**：オブジェクト本体の**粗さ**
- **最大へ**：**1**（ひび割れ部分の**粗さ**）

最小へは作りたい質感に合わせて設定します。下の画像では**0.3**にしました。
最大へはひび割れ部分に光沢が生じないよう、デフォルトの**1**のままにしておきます。

最後に、ひび割れに細かい変化をつけます。

10 Step　ひび割れに細かい変化をつける

❶ノイズテクスチャとカラーミックスを追加します。

- Shift+A＞テクスチャ＞ノイズテクスチャ
- Shift+A＞カラー＞カラーミックス

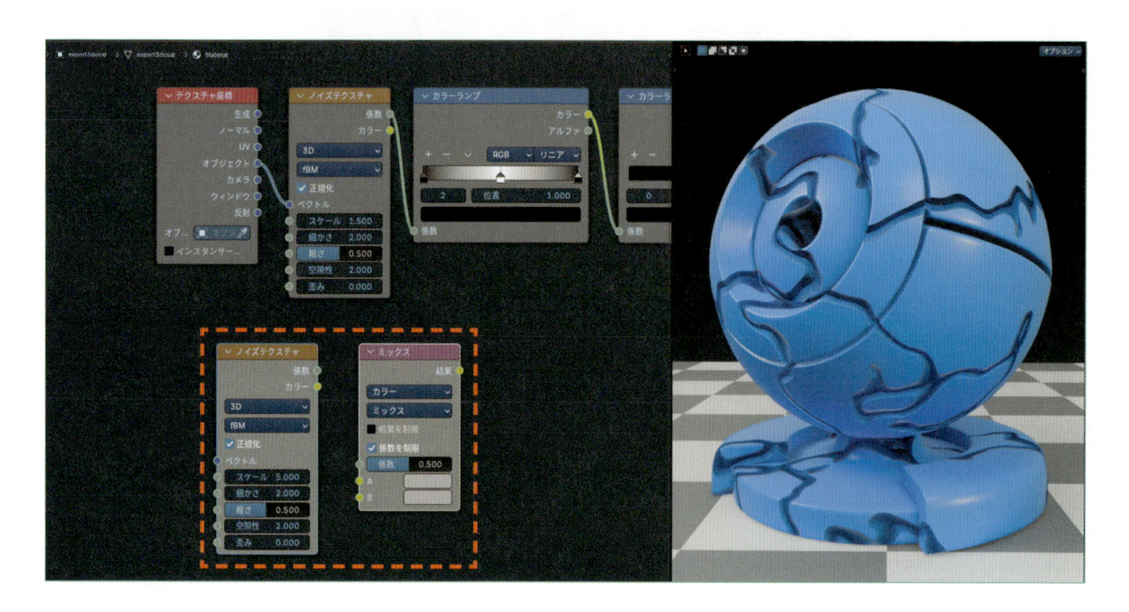

❷ノイズテクスチャのスケールを、最初に用意したノイズテクスチャのスケールの20倍の値にします。
ここでは、最初に用意したノイズテクスチャのスケールが1.5なので、追加したノイズテクスチャのスケールは30にしました。

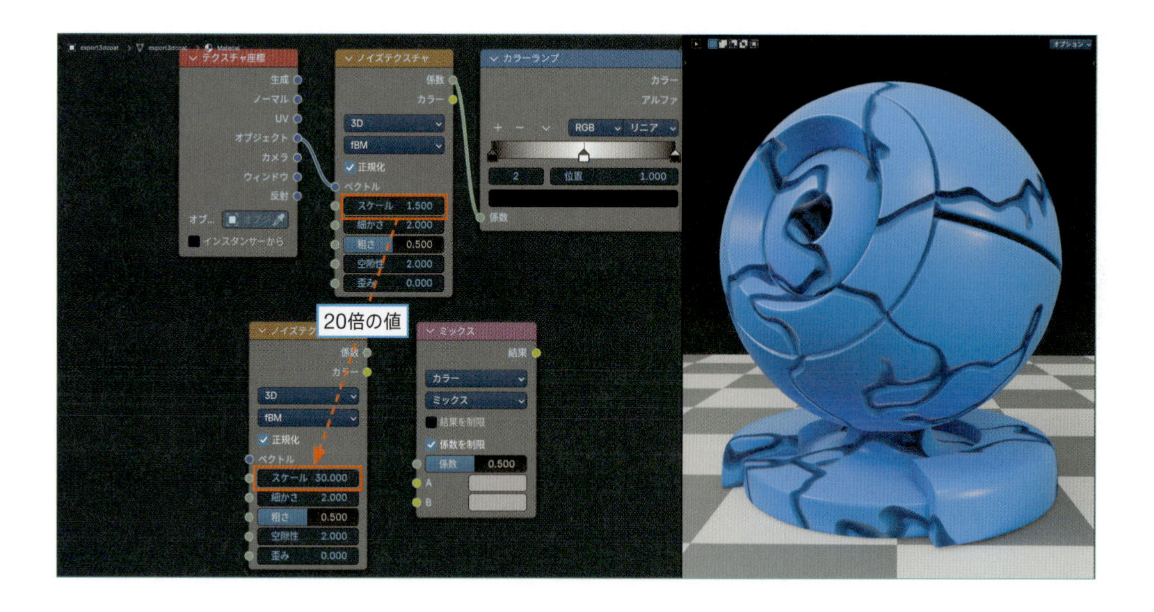

❸カラーミックスの係数を0.05にします。

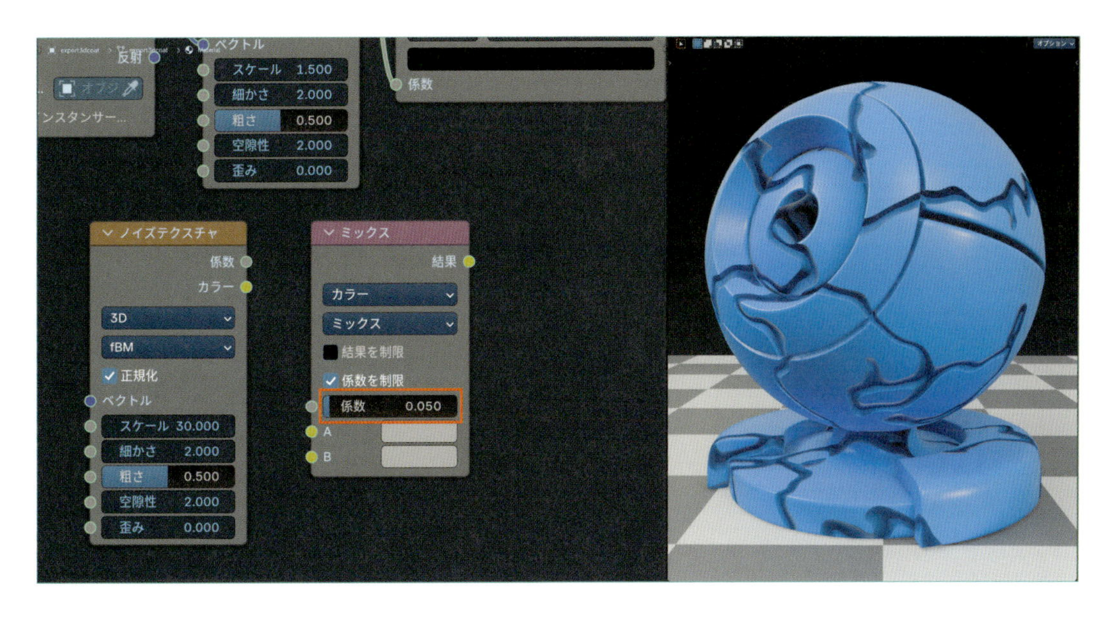

❹ノイズテクスチャとカラーミックスを、次のように接続します。

- ［テクスチャ座標：オブジェクト］＞［カラーミックス：A］
- ［テクスチャ座標：オブジェクト］＞［ノイズテクスチャ（追加）：ベクトル］
- ［ノイズテクスチャ（追加）：カラー］＞［カラーミックス：B］
- ［カラーミックス：結果］＞［ノイズテクスチャ（元）：ベクトル］

これで、ひび割れに細かい変化がつきました。

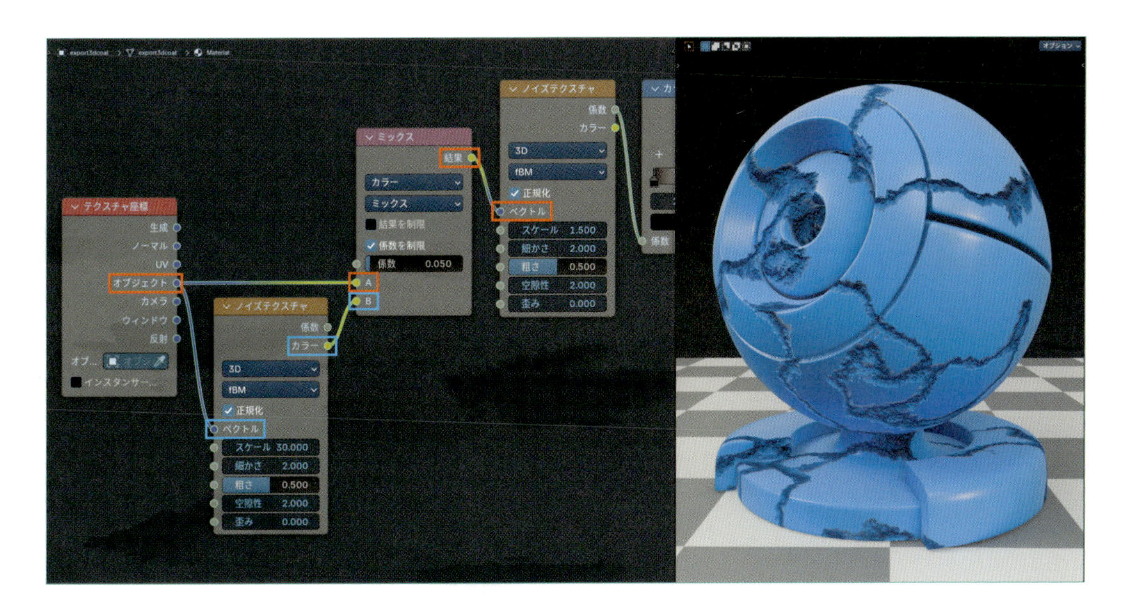

拡大すると、このようになります。

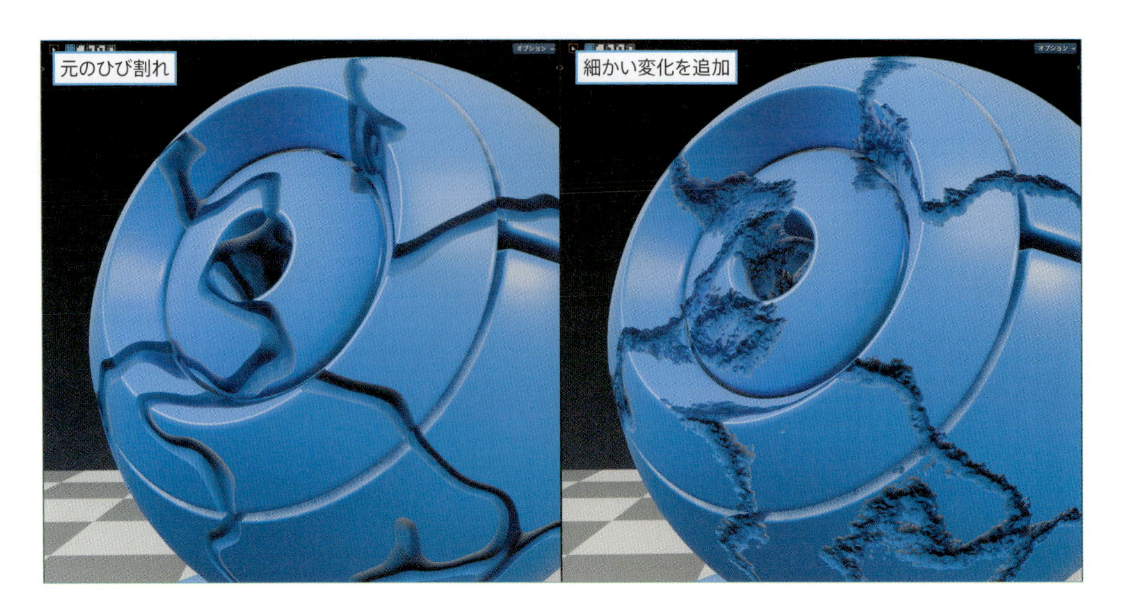

これはテクスチャの模様を歪ませるテクニックです。
「なぜ歪むのか」の仕組みは中～上級レベルの内容になるので、説明は省きます。
ノードの組み方をそのまま覚えて利用してください。

これで今回必要なすべてのノードがそろいました。
ノードツリー全体を見ると、下図のようになります（サンプルデータ：3-06-01.blend）。

最後に、作りたい質感に合わせて微調整すれば完成です。

ひび割れの幅

2つめのカラーランプの黒いカラーストップの位置で、ひび割れの幅を操作できます。
値を小さくすると広くなり、値を大きくすると狭くなります。

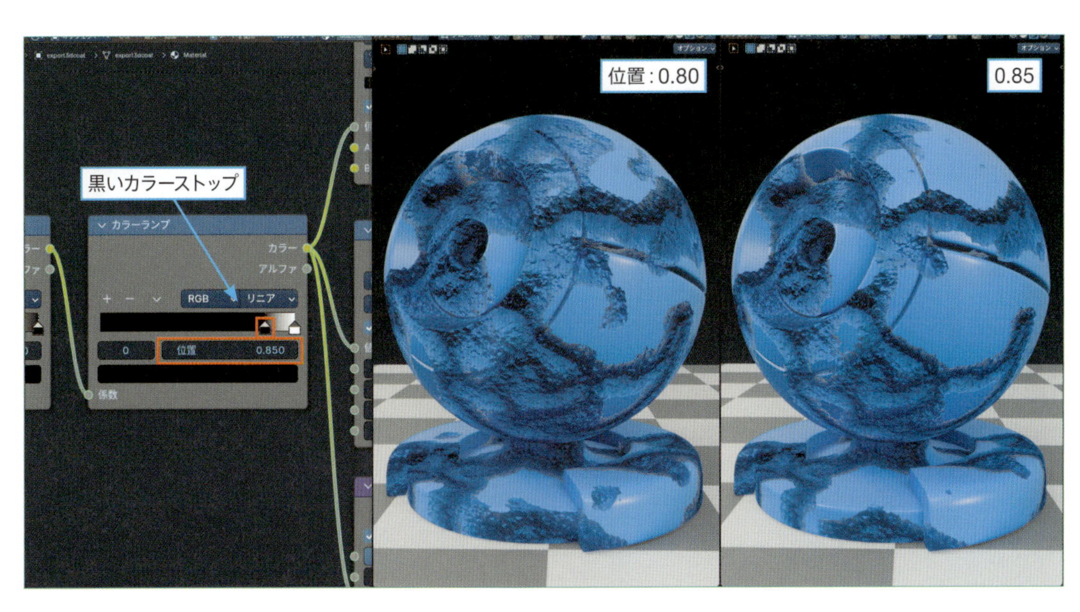

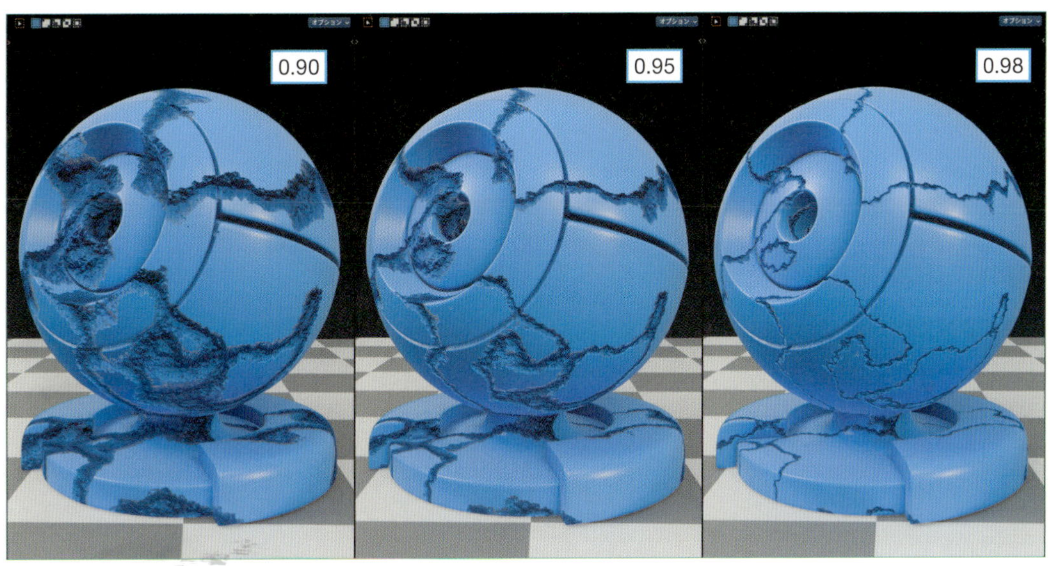

ひび割れの大きさ

ひび割れの大きさは、オブジェクトの大きさに合わせて調整する必要があります。
もし、大きさの異なるオブジェクトに同じマテリアルを設定した場合、下図のようになります。

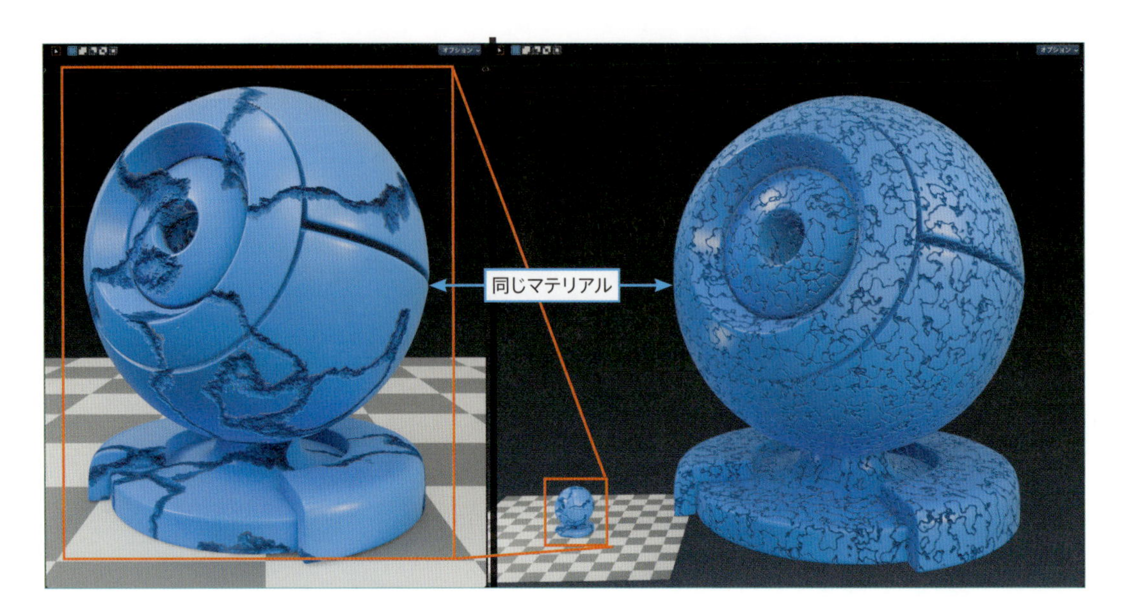

この場合、大きい方のオブジェクトのマテリアルは、次のように調整します。

- **ノイズテクスチャ**の**スケール**を小さくして、模様を大きくする
- **カラーミックス**の**係数**を大きくして、ひび割れの細かい変化を強める

画面を見ながら、良い具合になるよう調整してください。

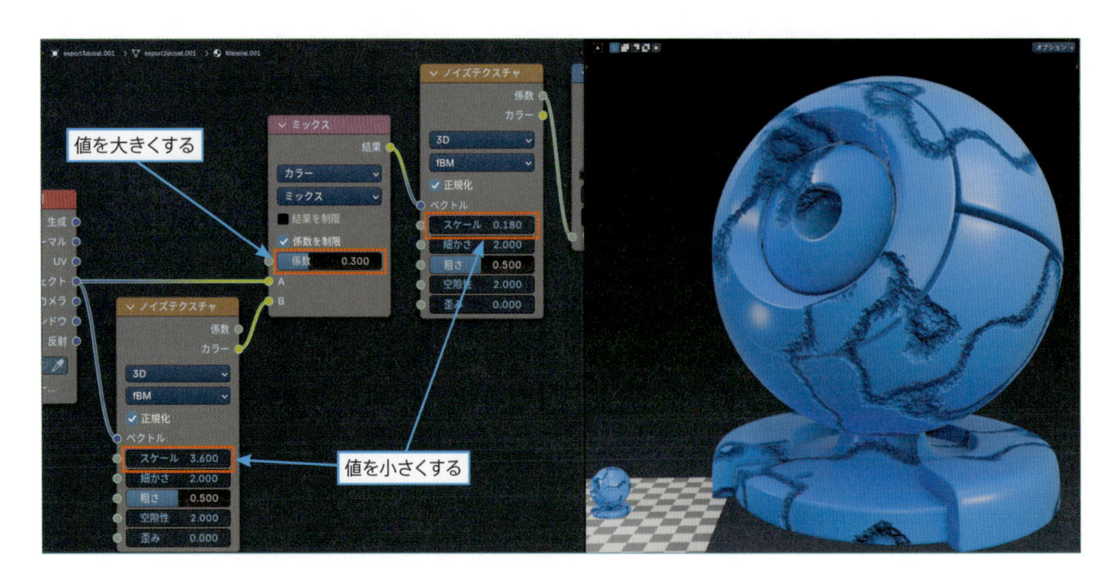

逆に、元のサイズより小さいオブジェクトに対しては、次のように調整します。

- **ノイズテクスチャ**の**スケール**を大きくして、模様を小さくする
- **カラーミックス**の**係数**を小さくして、ひび割れの細かい変化を弱める

以上で、できあがりです。

6-3 細かいひび割れの作り方

ここまでの設定を元に、**細かいひび割れ**に作り替えましょう。
まずは**ボロノイテクスチャ**を使って、細かいひび割れの元になる模様を作ります。

01 Step ノードを追加

❶**Shift+A**＞**テクスチャ**＞**ボロノイテクスチャ**を追加します。

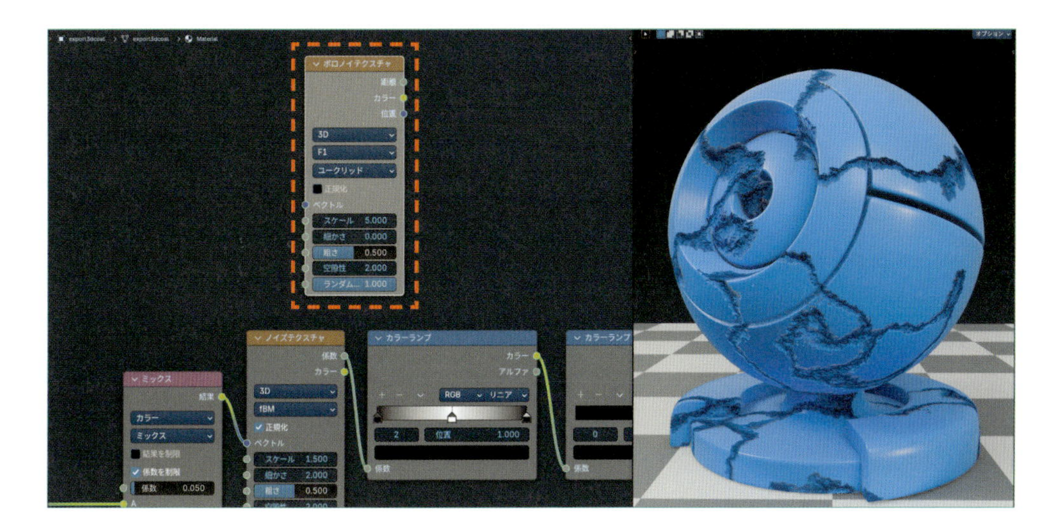

❷ボロノイテクスチャを、**テクスチャ座標**と**マテリアル出力**の間に接続します。

- ［**テクスチャ座標**：**オブジェクト**］＞［**ボロノイテクスチャ**：**ベクトル**］
- ［**ボロノイテクスチャ**：**距離**］＞［**マテリアル出力**：**サーフェス**］（※次ページに図解）

これで、一時的に**ボロノイテクスチャ**の模様だけがオブジェクトに表示されるようになります。

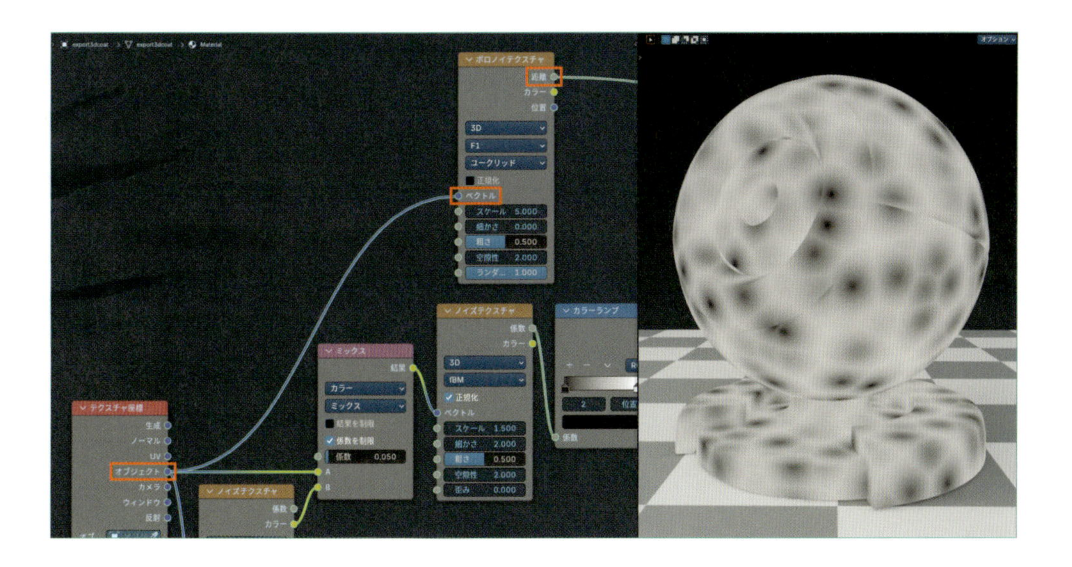

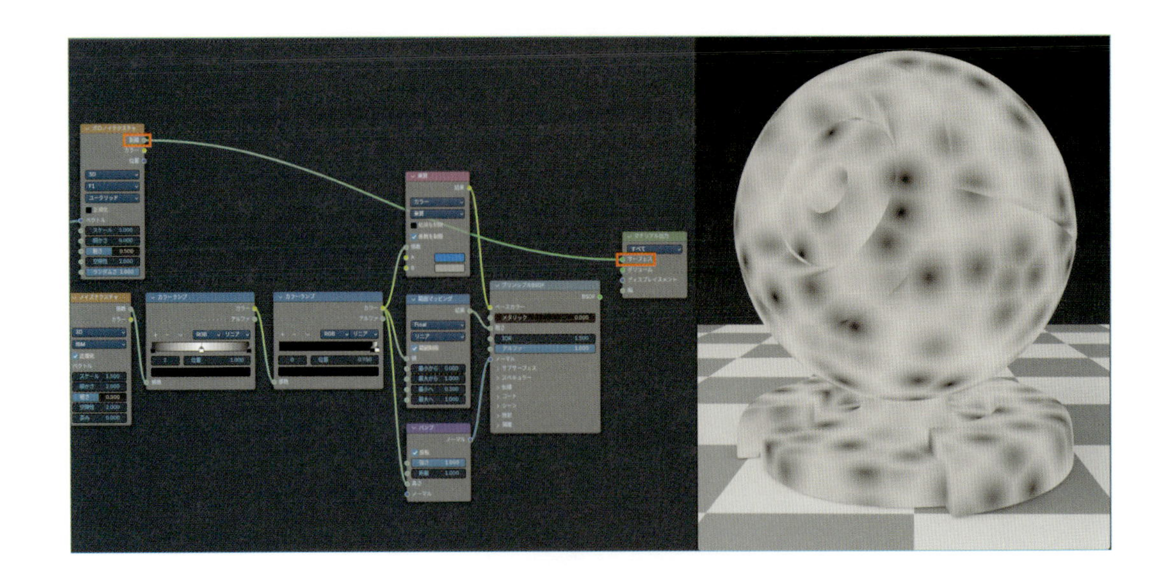

02 ボロノイテクスチャをコピーする

Step

❶ボロノイテクスチャを選択して、**Shift+D**でコピーします。
コピー後のノードは移動状態になるので、適当な場所でクリックして位置を確定します。

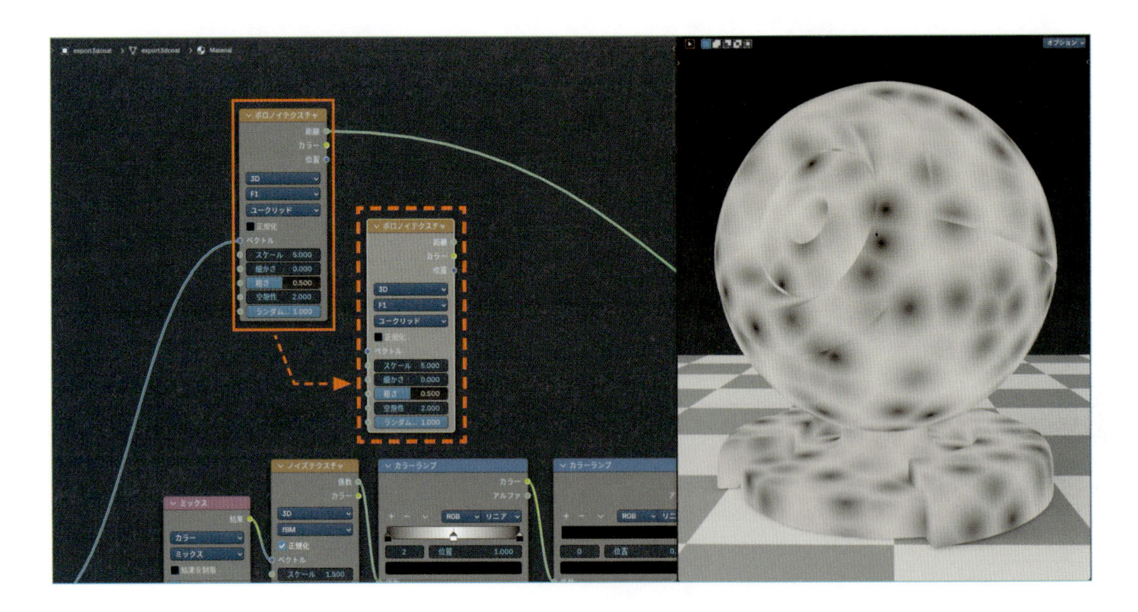

❷コピーした**ボロノイテクスチャ**の**特徴出力**を、**F1（スムーズ）**に変更します。

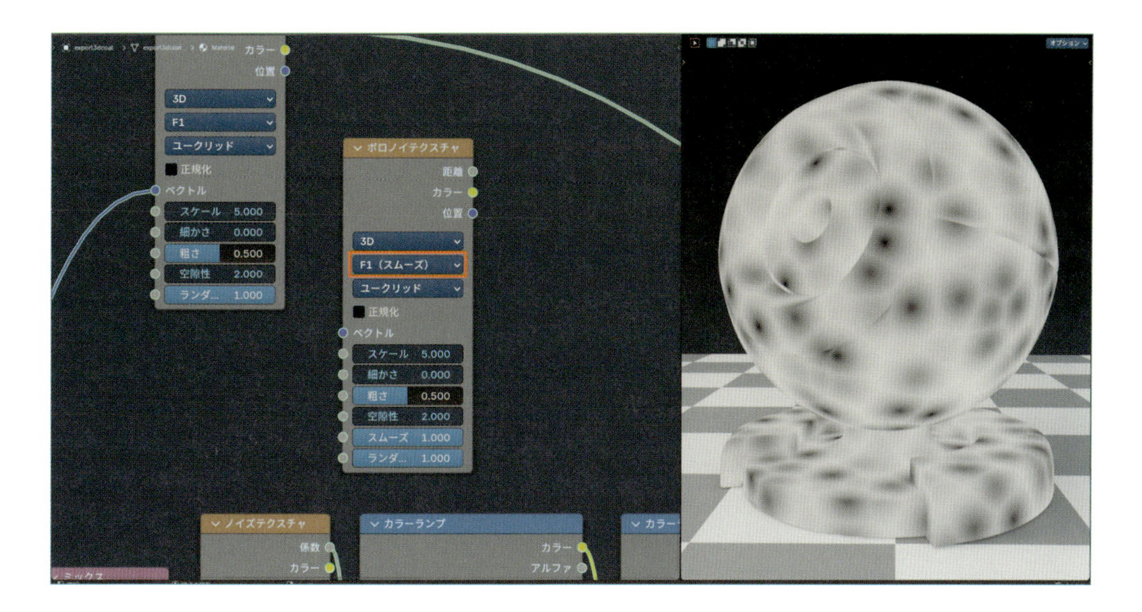

03 カラーミックスノードを追加する

Step

❶**Shift+A**＞**カラー**＞**カラーミックス**を追加します。

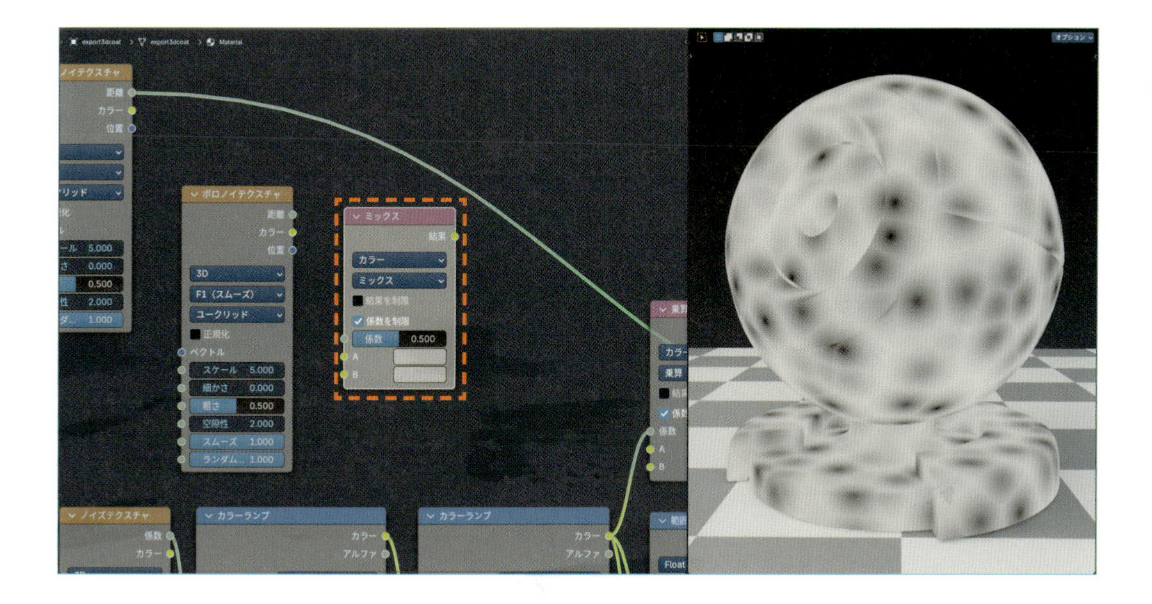

❷カラーミックスを、ブレンドモード：差分、係数：1と設定します。

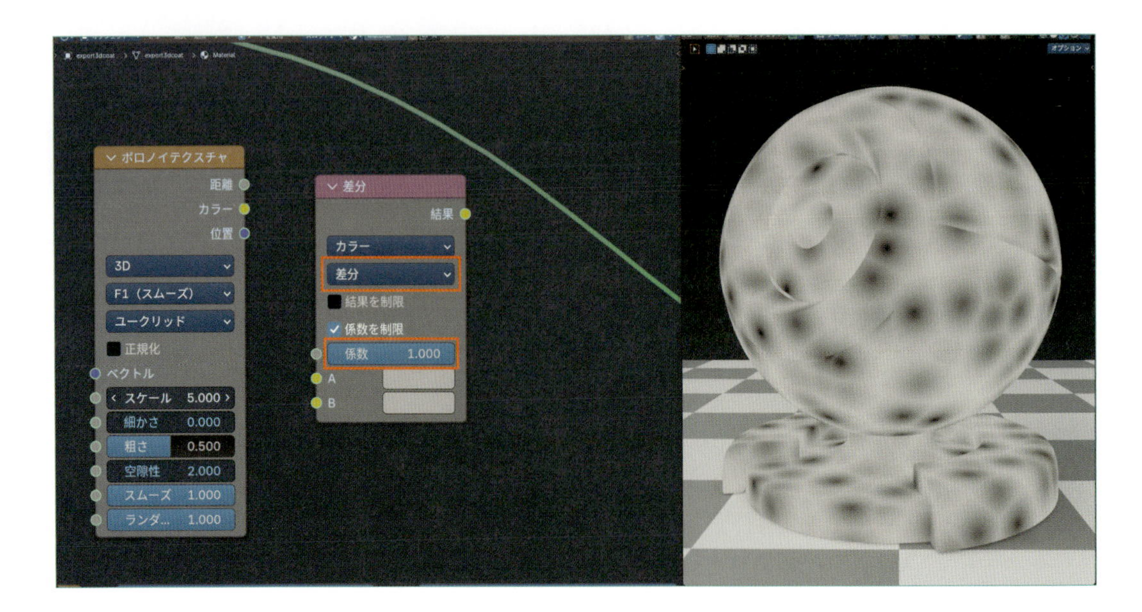

04 Step ノードの接続

ボロノイテクスチャとカラーミックスを、次のように接続します。

- ［ボロノイテクスチャ（F1）：距離］＞［カラーミックス：A］
- ［テクスチャ座標：オブジェクト］＞［ボロノイテクスチャ（F1スムーズ）：ベクトル］
- ［ボロノイテクスチャ（F1スムーズ）：距離］＞［カラーミックス：B］
- ［カラーミックス：結果］＞［マテリアル出力：サーフェス］

これで、オブジェクトが網目状の模様になります。

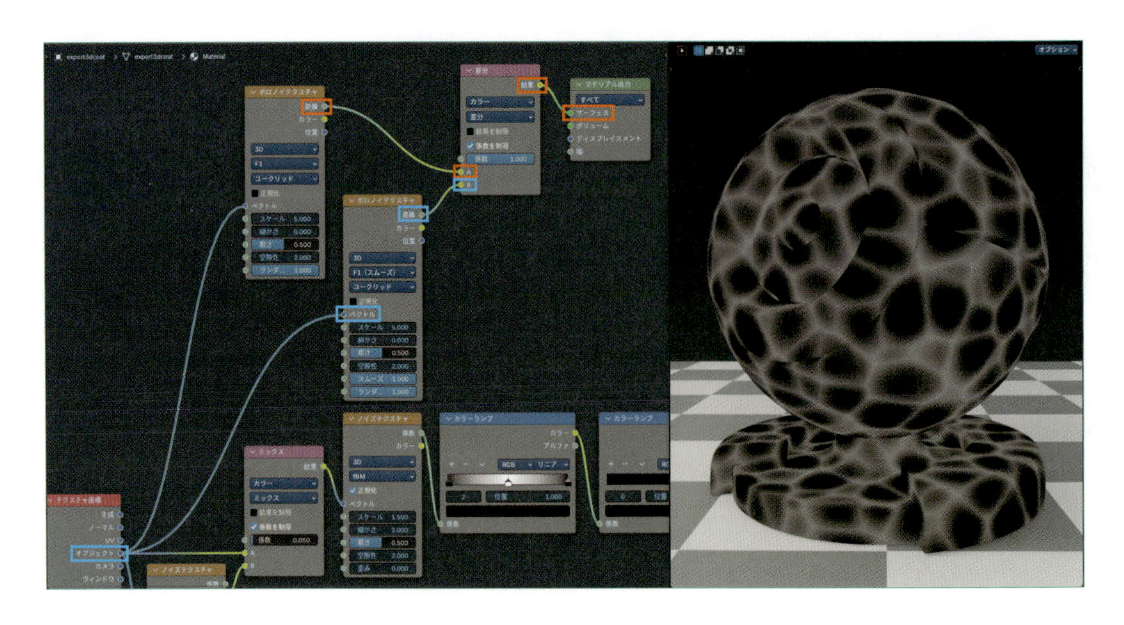

POINT

どうして網目模様になるの？

カラーミックスの**差分**は、2つのテクスチャが**どのくらい違うか**を比較するモードです。
まったく同じ色は**黒**、違いが大きいほど明るい色になります。

ボロノイテクスチャの**F1（スムーズ）**は、**F1**を滑らかにした模様です。
F1と**F1（スムーズ）**がどれくらい違うかを**差分**で比較した結果が、この網目模様になります。

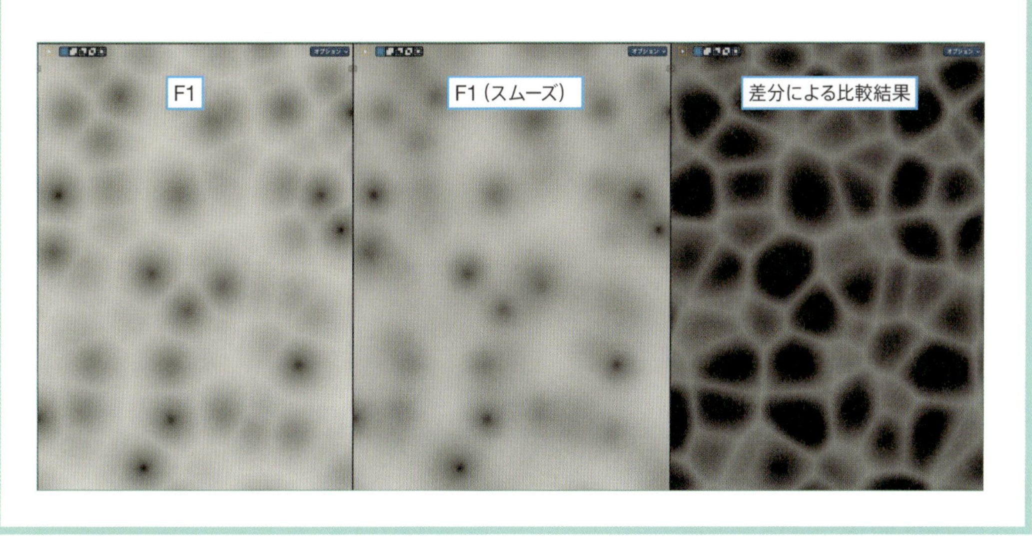

次は、この模様のコントラストを調整します。

05 Step 模様のコントラストを調整する

❶**Shift+A**>**コンバーター**>**カラーランプ**を追加します。

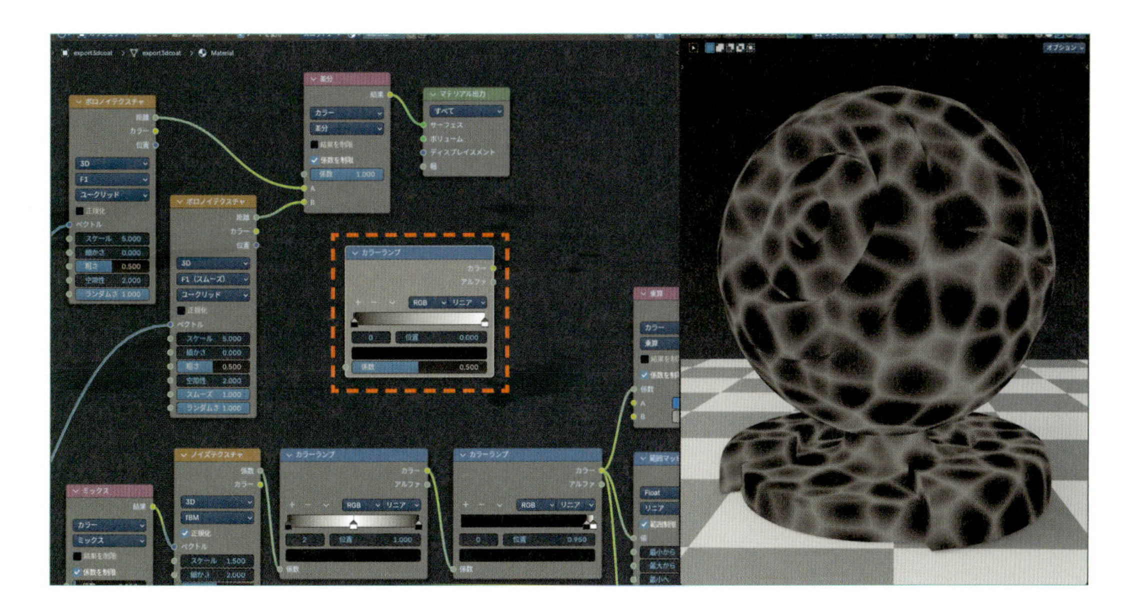

❷**カラーランプ**を、**カラーミックス**と**マテリアル出力**の間に接続します。

- ［**カラーミックス**：**結果**］＞［**カラーランプ**：**係数**］
- ［**カラーランプ**：**カラー**］＞［**マテリアル出力**：**サーフェス**］

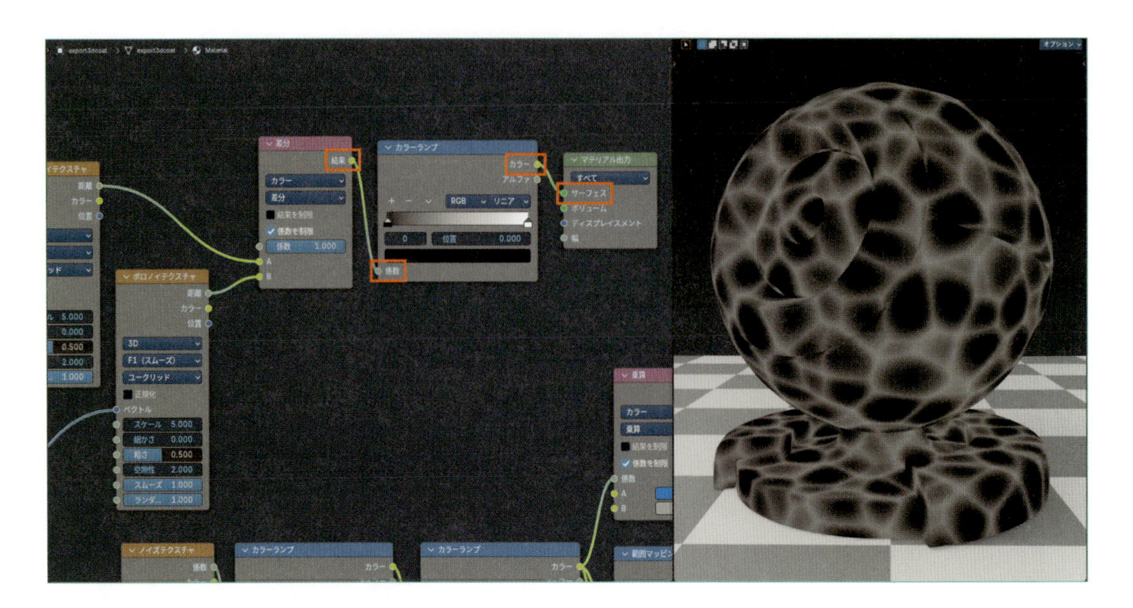

❸**カラーランプ**の**カラーストップ**の**位置**を、**黒い方**：**0.085**、**白い方**：**0.25**に設定します。
これで模様の白黒がくっきりして、細かいひび割れの元になる模様ができました。

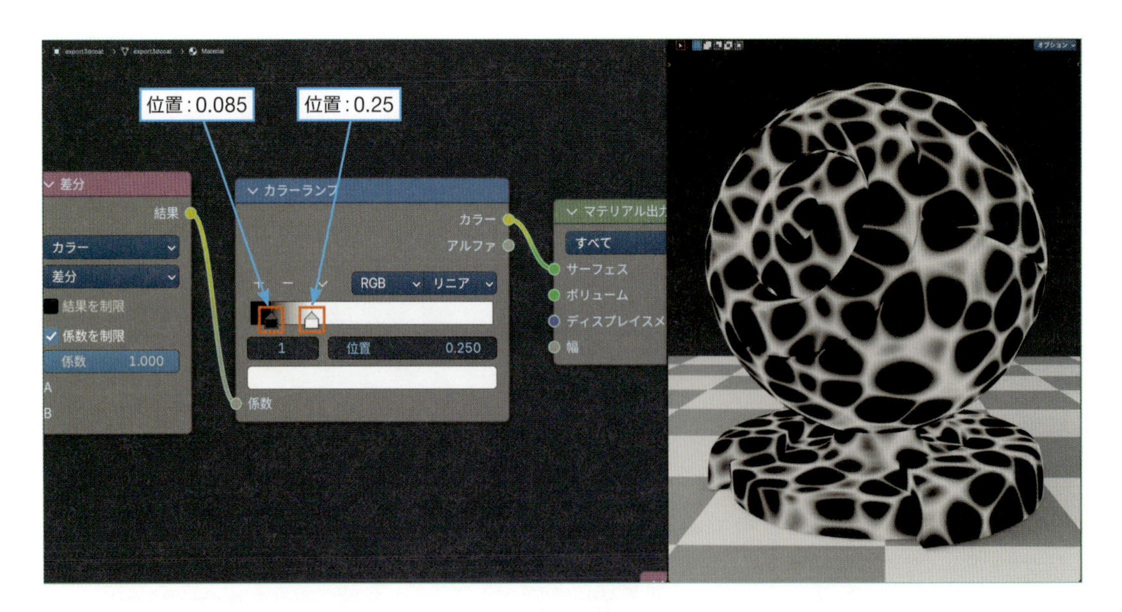

では、この模様をひび割れ表現にしましょう。

06 Step リンクを束ねる

下の画像のオレンジの線で、3本のリンクを**Shift+右ドラッグ**で横切ります。

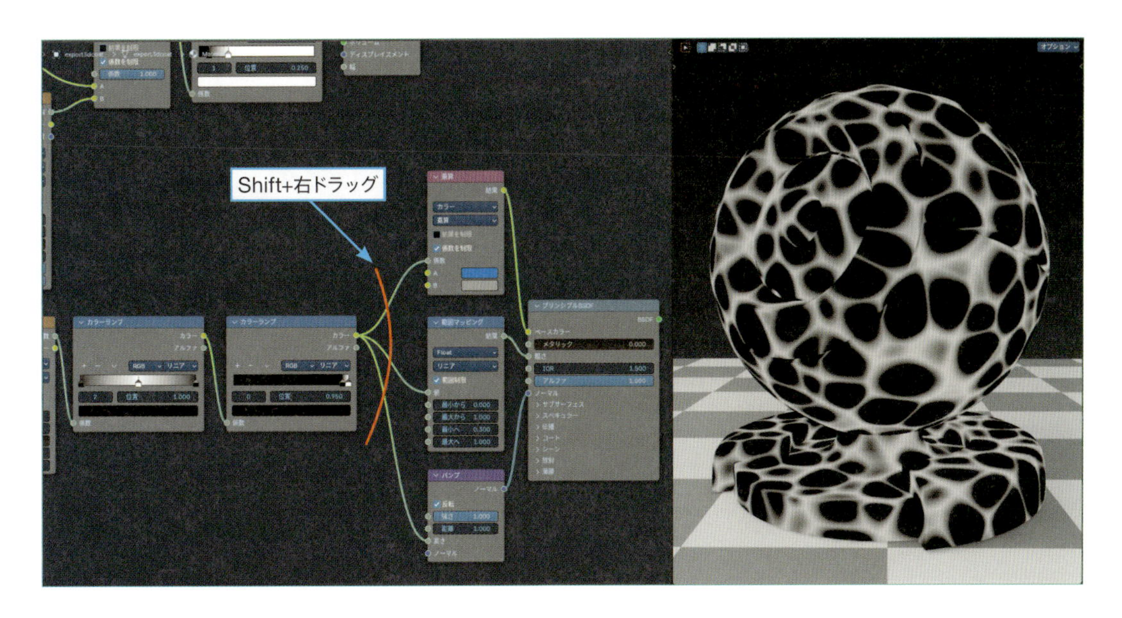

自動で**リルート**が追加され、リンクが束ねられます。

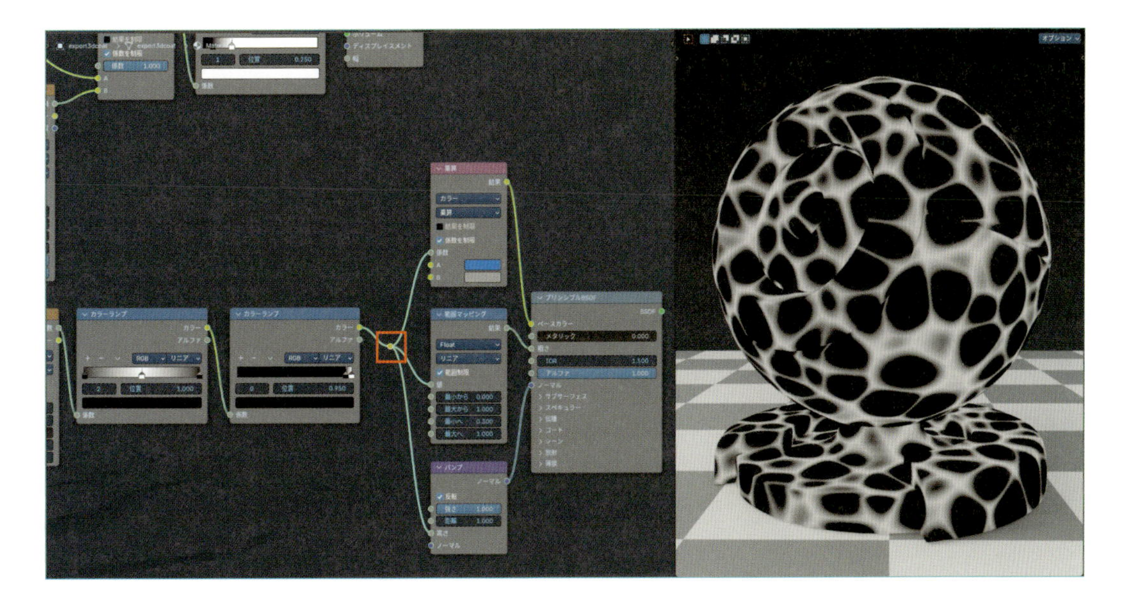

07 Step ノイズテクスチャとカラーランプを削除

大まかなひび割れを作るのに使った**ノイズテクスチャ**と**カラーランプ**を選択して、**Xキー**で削除します。

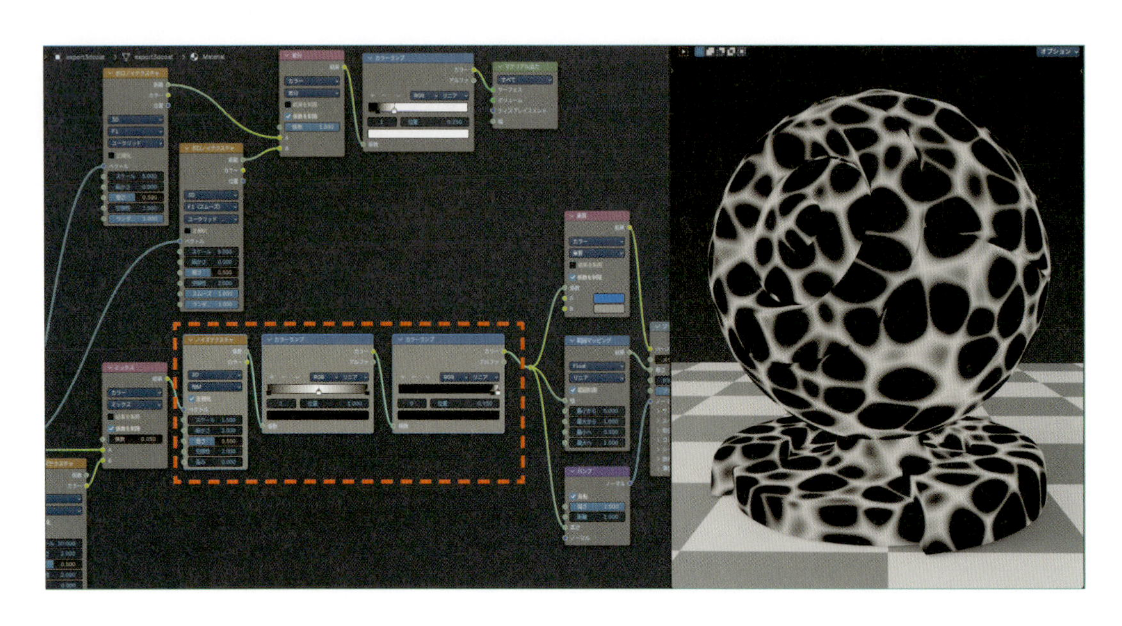

削除後は下図のようになります。

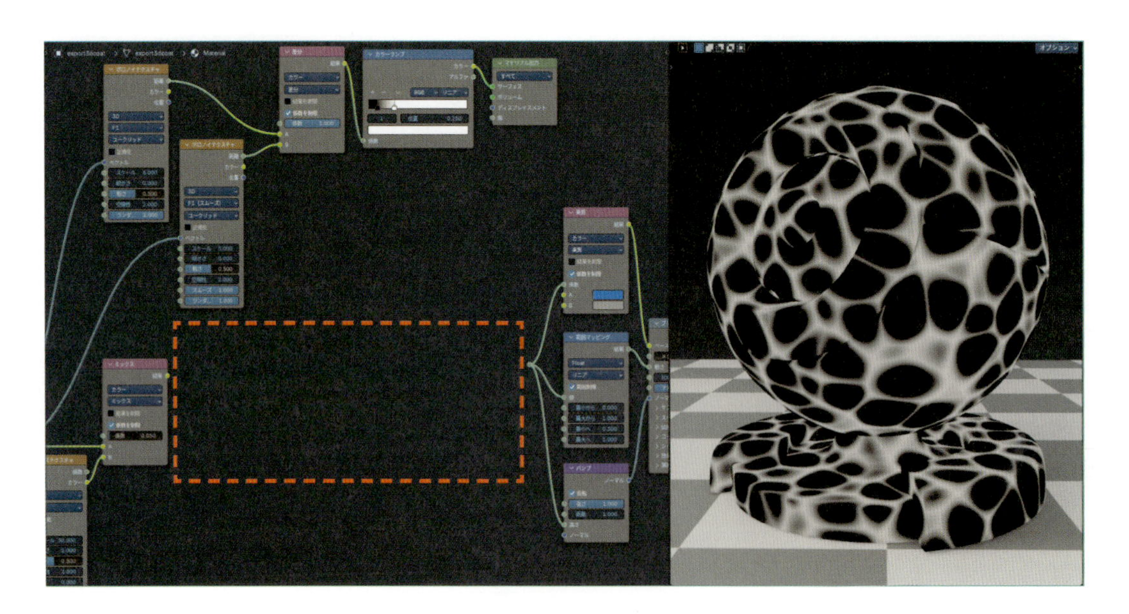

08 ノードを接続

Step

次のようにノードを接続します。

- ［カラーランプ：カラー］＞［リルート］
- ［プリンシプルBSDF：BSDF］＞［マテリアル出力：サーフェス］

これで、細かいひび割れ模様に作り替えられました。

Chapter 1
Chapter 2
Chapter 3 1-5
Chapter 3 6-10
Chapter 3 11-15
Chapter 4

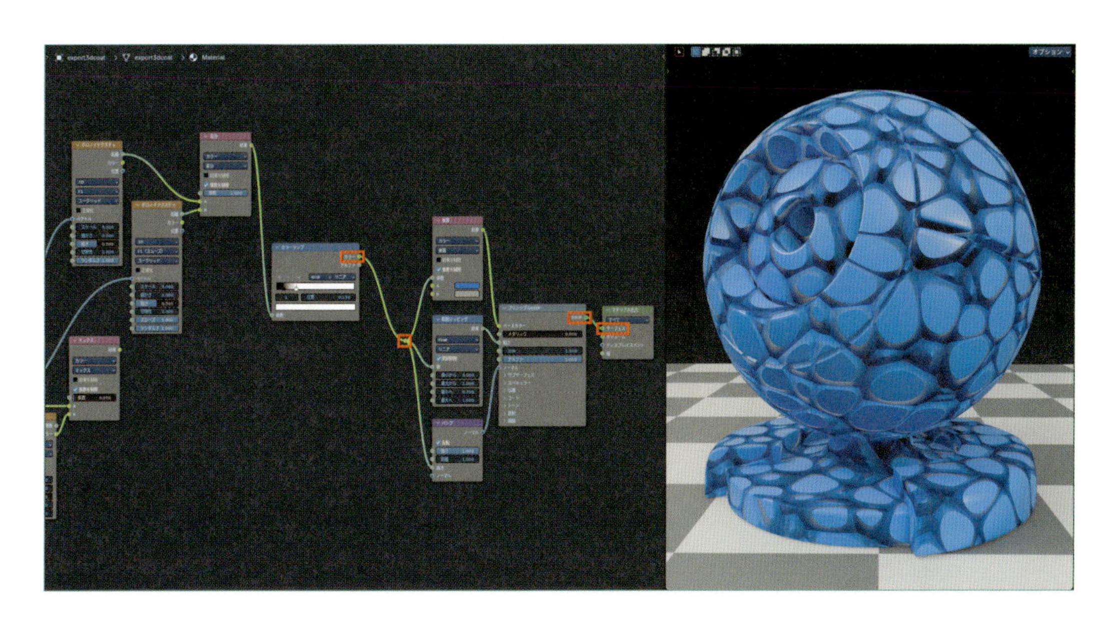

09 ひび割れに細かい変化をつける

Step

次のようにノードを接続します。

- ［カラーミックス（ミックス）：結果］＞［ボロノイテクスチャ：ベクトル］

ボロノイテクスチャは2つありますが、両方に接続します。

これで、ひび割れに細かい変化がつきました。

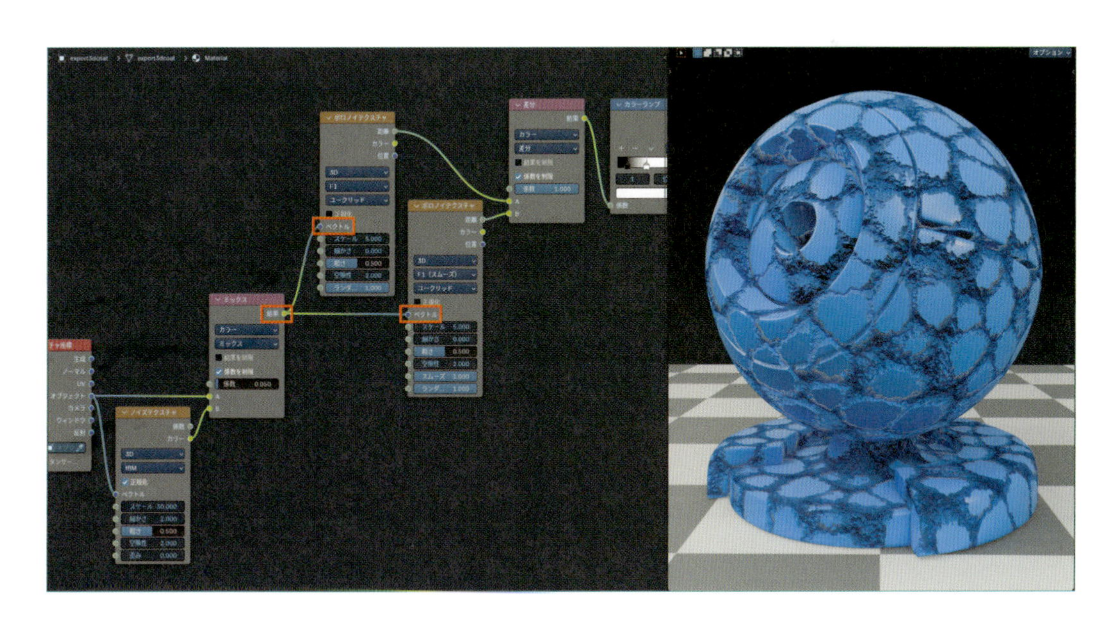

最後に、ひび割れの大きさを調整しやすくします。
ひび割れの大きさは、**ボロノイテクスチャ**の**スケール**で操作します。
2つの**ボロノイテクスチャ**の**スケール**を同じ値にする必要があるので、次のように設定します。

10 Step ひび割れの大きさを調整しやすくする

❶**Shift+A**＞**入力**＞**値**ノードを追加します。

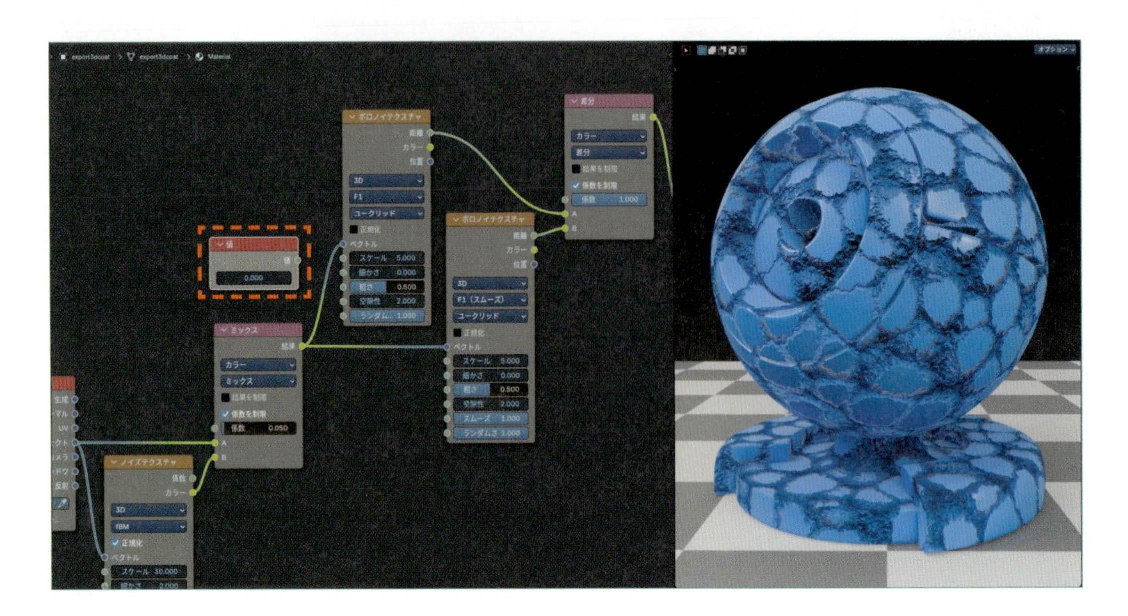

❷この**値**ノードを**ボロノイテクスチャ**の**スケール**につなぐのですが、そのままつなぐといきなり模様の大きさが変わって混乱するので、**値**ノードを**ボロノイテクスチャ**の**スケール**と同じ値にしておきます。

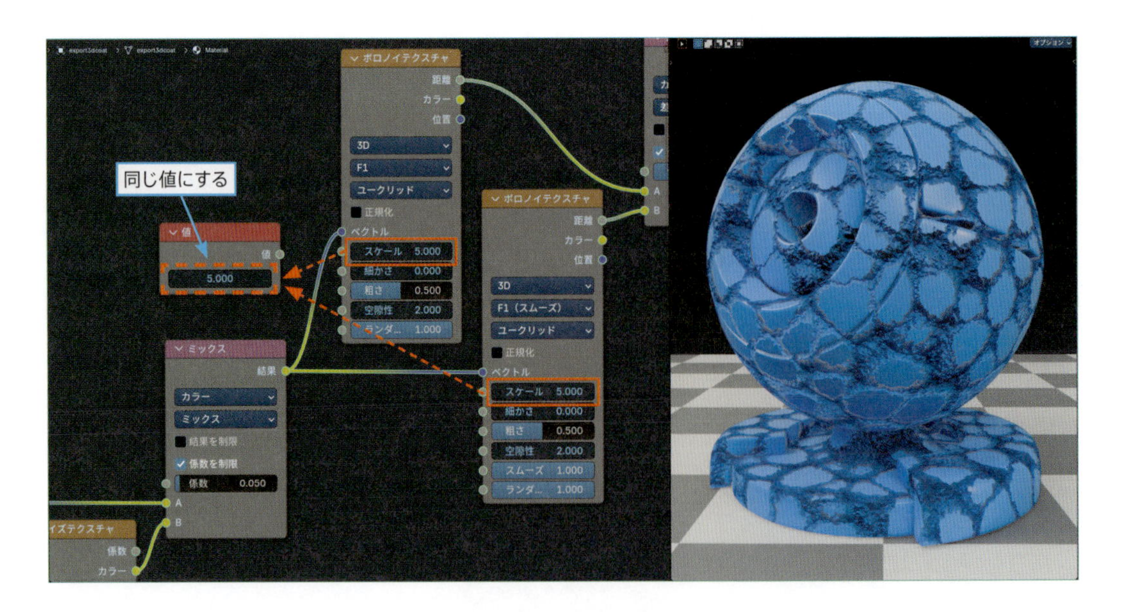

❸**値**ノードを、**ボロノイテクスチャ**の**スケール**に接続します。
これで、**値**ノードを操作するだけで、ひび割れの大きさを調整できるようになりました。

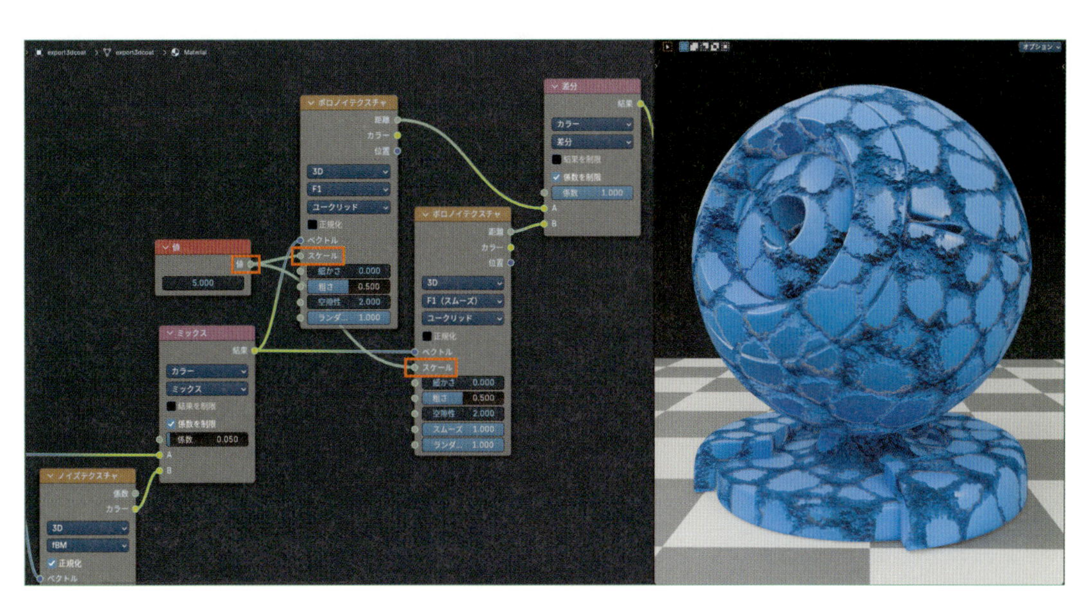

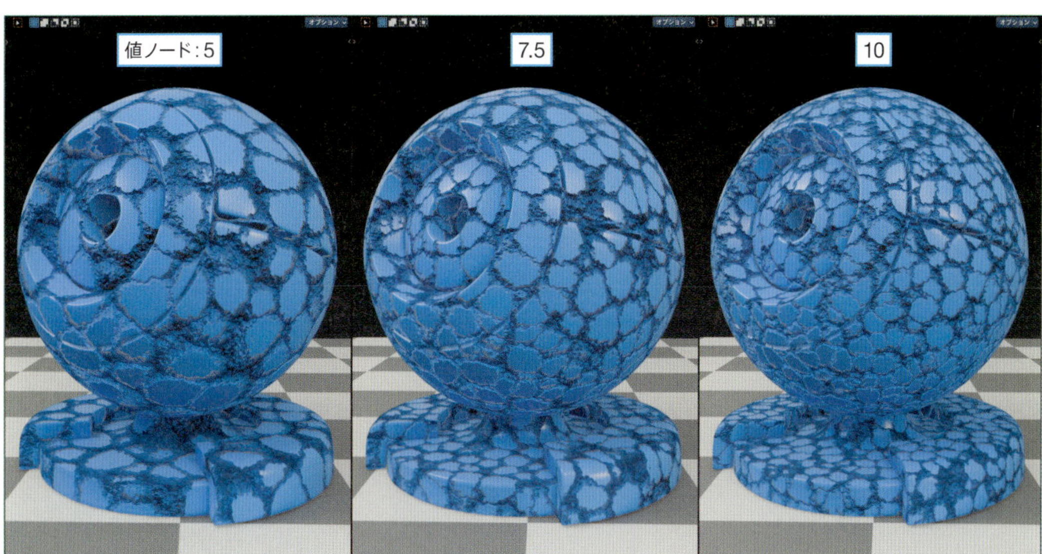

これで今回必要なすべてのノードがそろいました。
ノードツリー全体を見ると、次ページの画像のようになります(サンプルデータ:3-06-02.blend)。

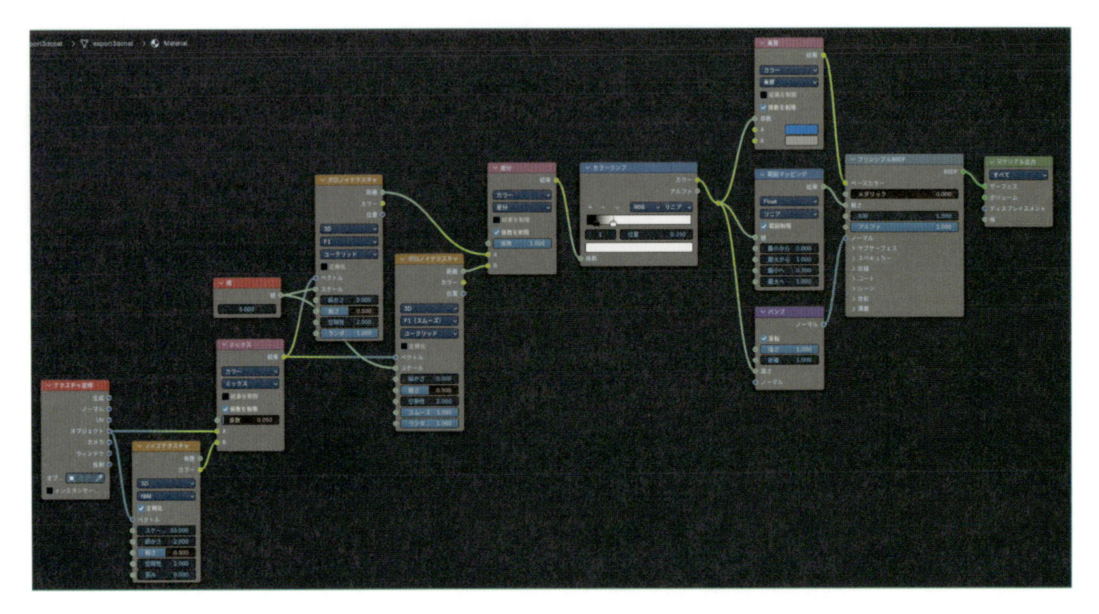

以上で、できあがりです。

6-4　不規則性の高いひび割れの作り方

今度は、ここまでの設定を元に**不規則性の高いひび割れ**に作り替えましょう。
まずは**ノイズテクスチャ**を使って、ひび割れの元になる模様を作ります。

01 Step　ノードを追加

❶**ノイズテクスチャ**と**カラーランプ**を追加します。

- **Shift+A**>**テクスチャ**>**ノイズテクスチャ**
- **Shift+A**>**コンバーター**>**カラーランプ**

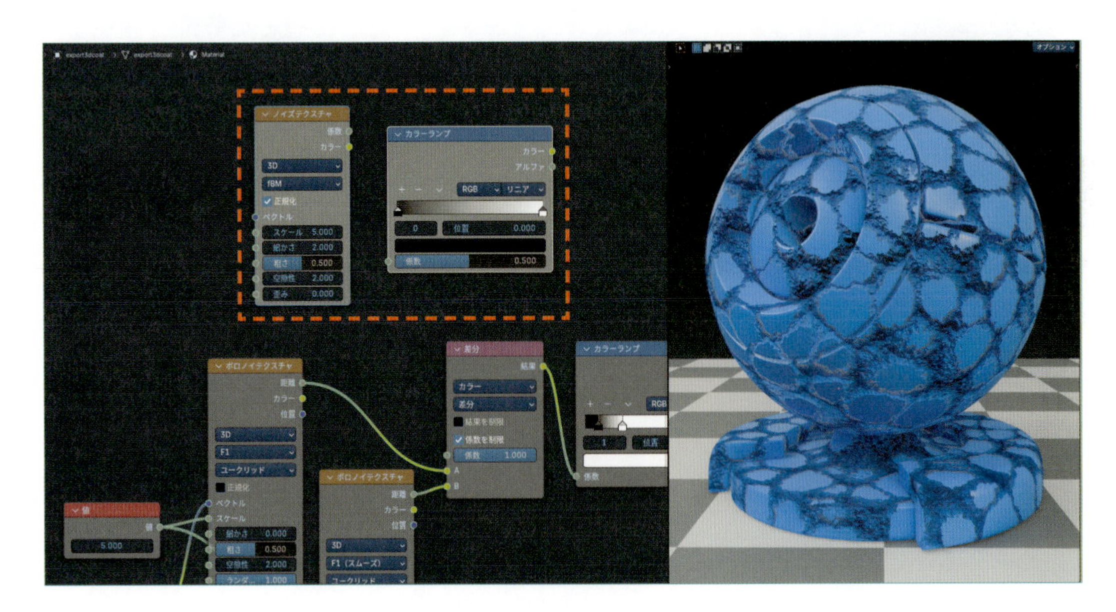

❷この2つのノードを、次のように接続します。

- ［**テクスチャ座標**：**オブジェクト**］>［**ノイズテクスチャ**：**ベクトル**］
- ［**ノイズテクスチャ**：**係数**］>［**カラーランプ**：**係数**］
- ［**カラーランプ**：**カラー**］>［**マテリアル出力**：**サーフェス**］

これで、一時的に**ノイズテクスチャ**の模様だけがオブジェクトに表示されるようになります。

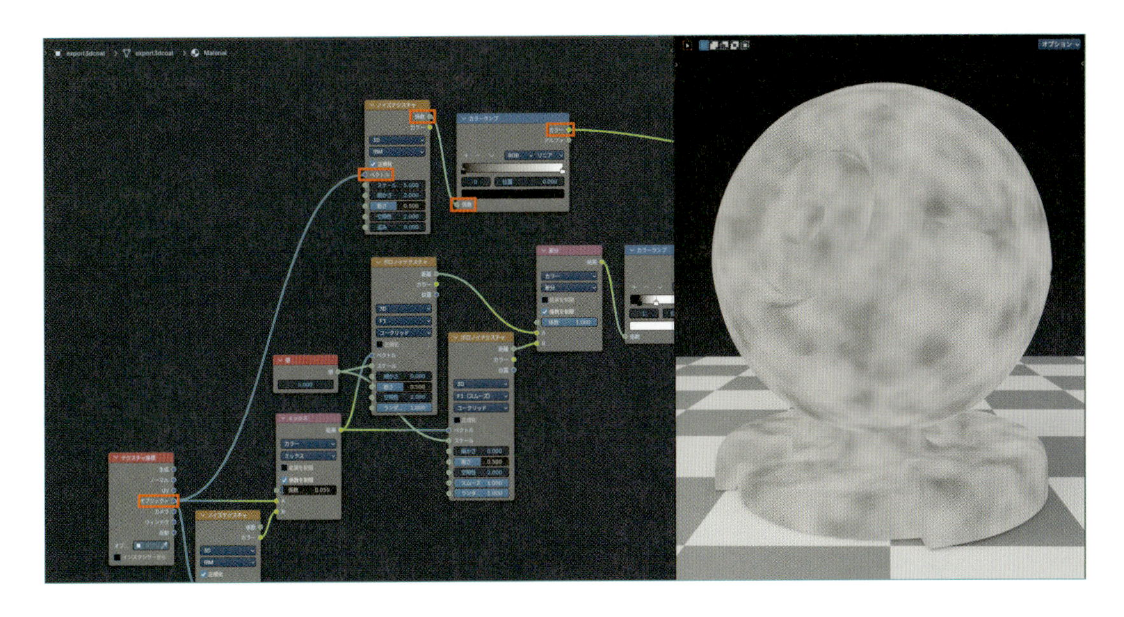

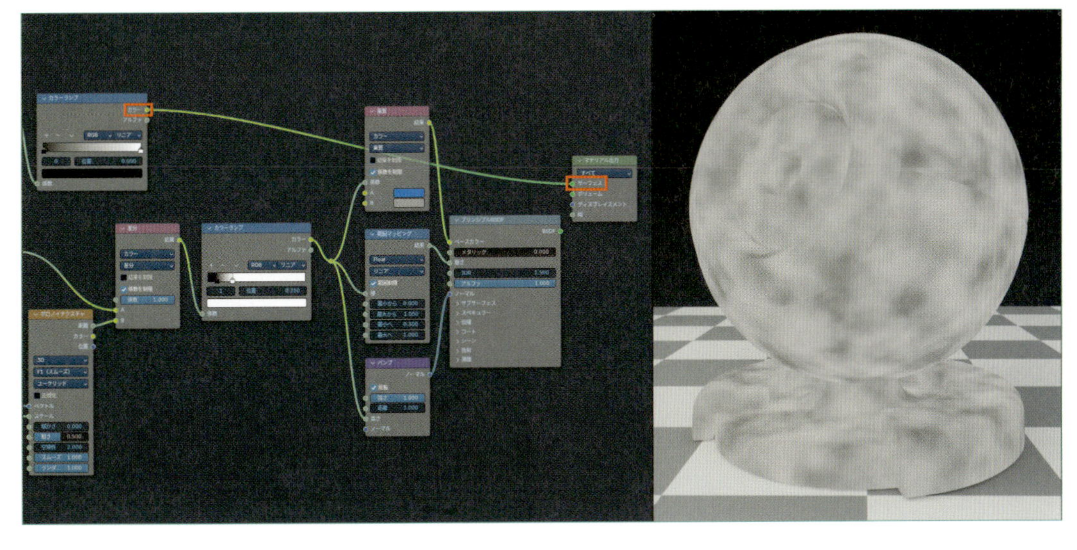

02 Step ノイズテクスチャの設定

❶ノイズテクスチャのタイプを、畝のあるマルチフラクタルにします。
これで、ノイズテクスチャの模様のパターンが変化します。

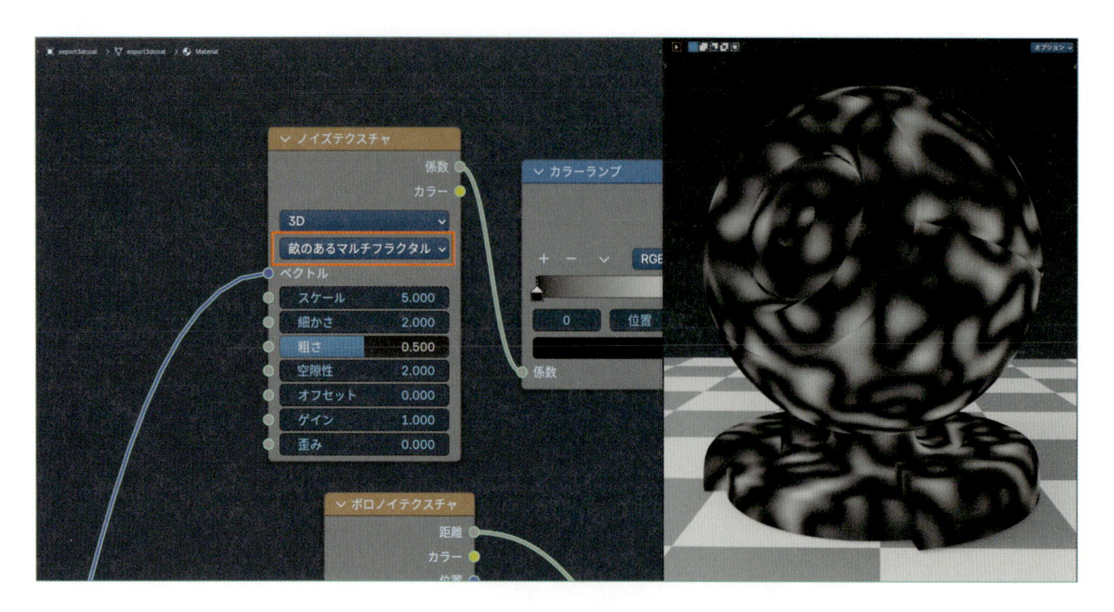

❷ノイズテクスチャのパラメーターを、細かさ：15、粗さ：1.0、空隙性：1.4、ゲイン：50と設定します。
これでノイズテクスチャの模様が、下図のように変化します。

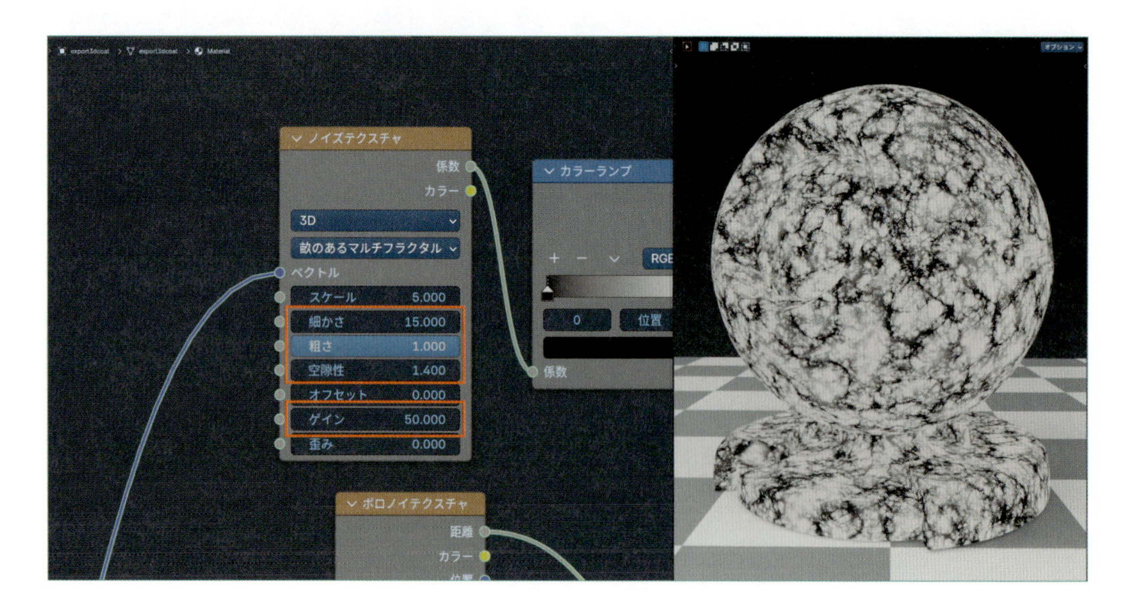

このマテリアルでは、**黒**：**本体部分**、**白**：**ひび割れ部分**と変換する設定にしてあります。
上の画像の「血管のような模様」をひび割れ部分にしたいので、白黒を反転させます。

03 Step 模様の白黒を反転させる

カラーランプの**カラーストップ**の**位置**を、**黒い方**：**0.3**、**白い方**：**0.0**と設定します。
これで模様の白黒が反転します。

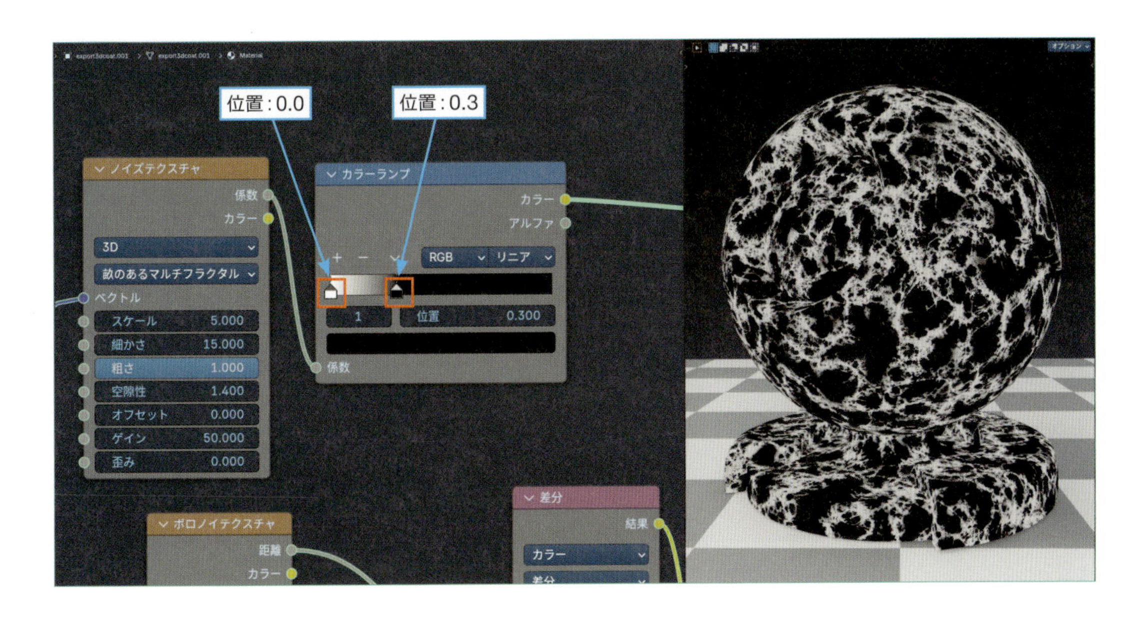

04 Step 模様の大きさを調整する

ノイズテクスチャの**スケール**で、模様の大きさを調整します。
画面を見ながら、下の画像くらいの大きさにします。
これで、ひび割れの元になる白黒模様ができました。

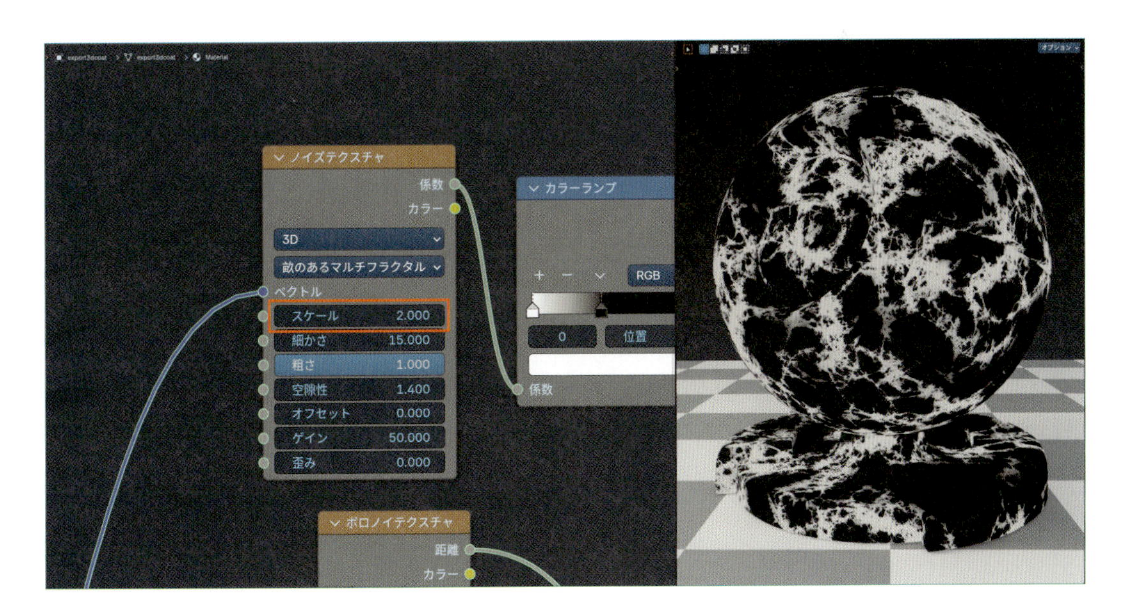

では、この模様をひび割れ表現にしましょう。

05 Step 「細かいひび割れ模様」を作るノードを削除する

下の画像の枠で囲ったノードを選択して、**Xキー**で削除します。
今回は「ひび割れの細かい変化」を作るためのノードも不要なので、その部分も一緒に削除します。

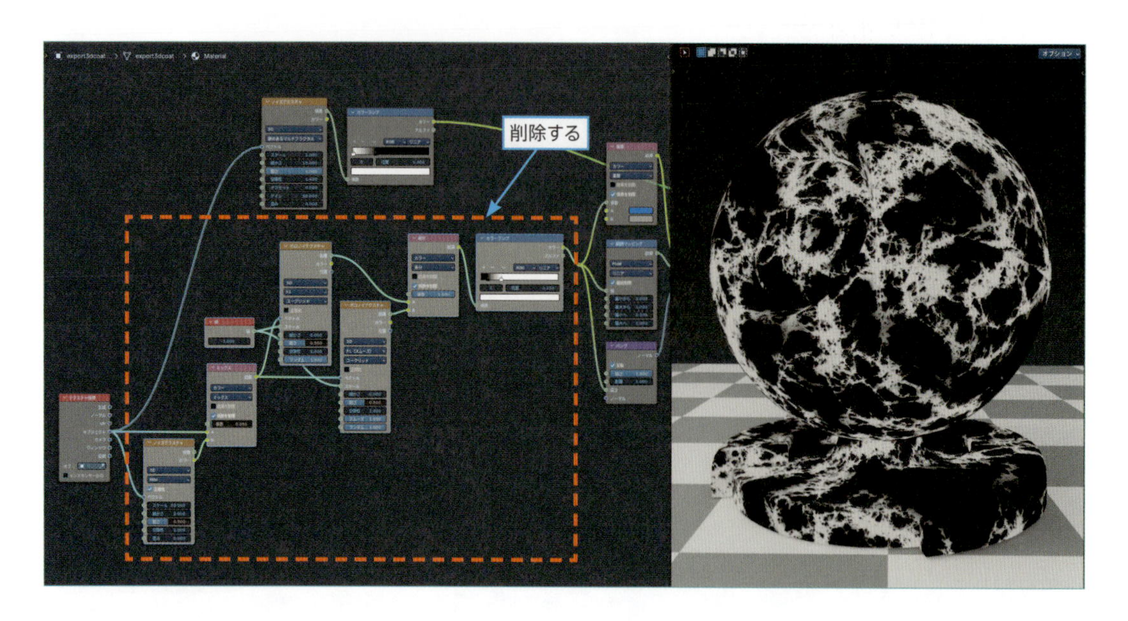

削除後は下図のようになります。

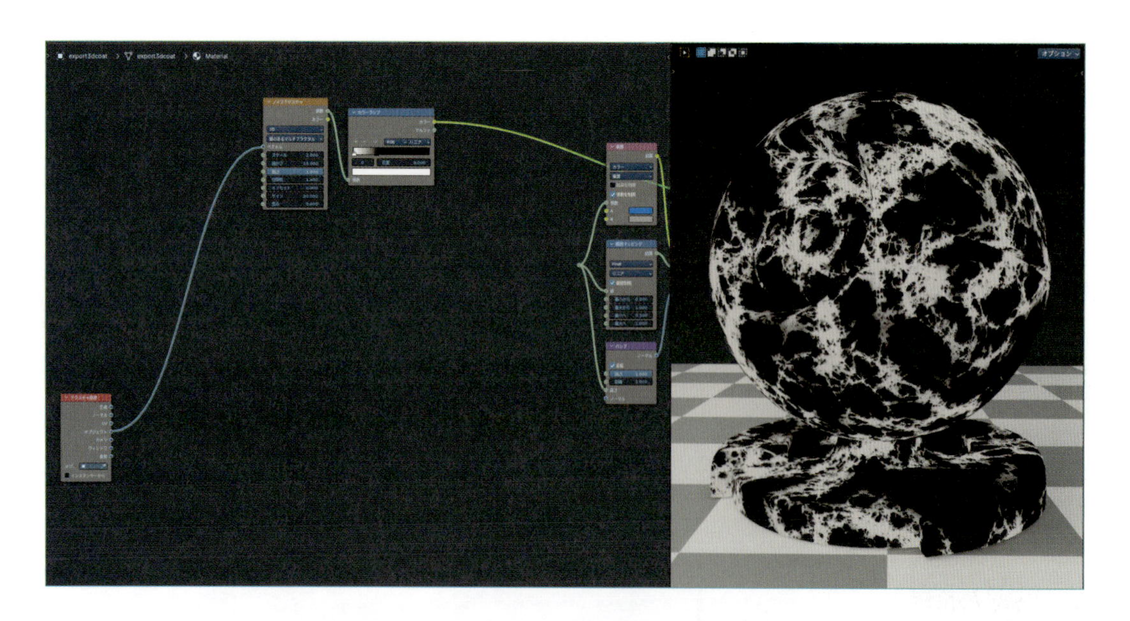

06 ノードを接続

Step

次のようにノードを接続します。

- [**カラーランプ**：**カラー**] > [**リルート**]
- [**プリンシプルBSDF**：**BSDF**] > [**マテリアル出力**：**サーフェス**]

これで、ひび割れの模様が変わりました。

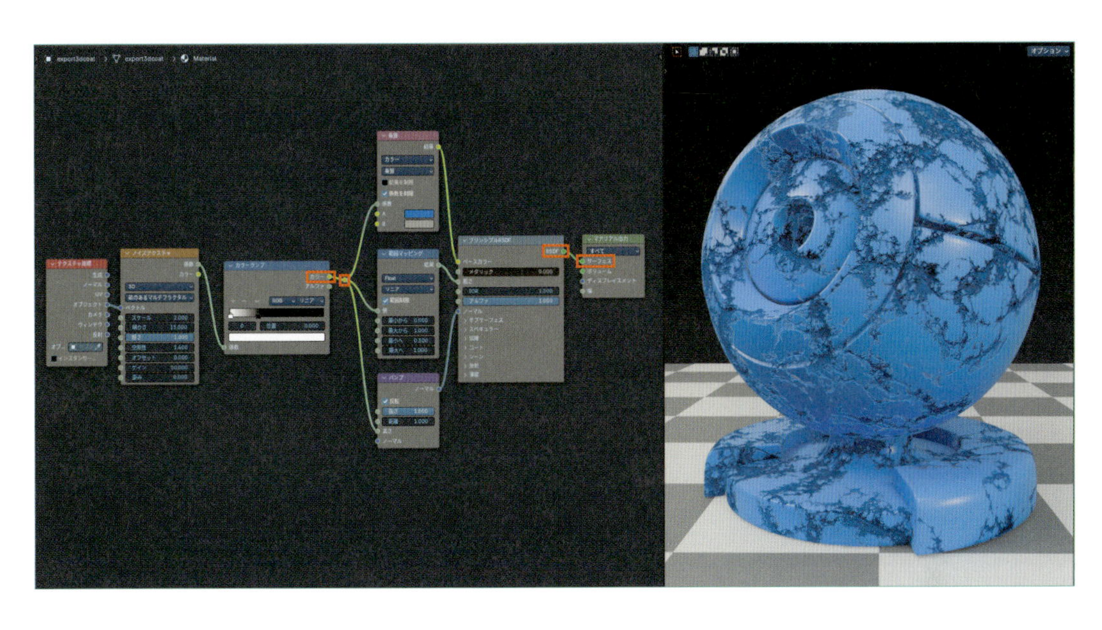

これで今回必要なすべてのノードがそろいました。
ノードツリー全体を見ると、下の画像のようになります（サンプルデータ：3-06-03.blend）。

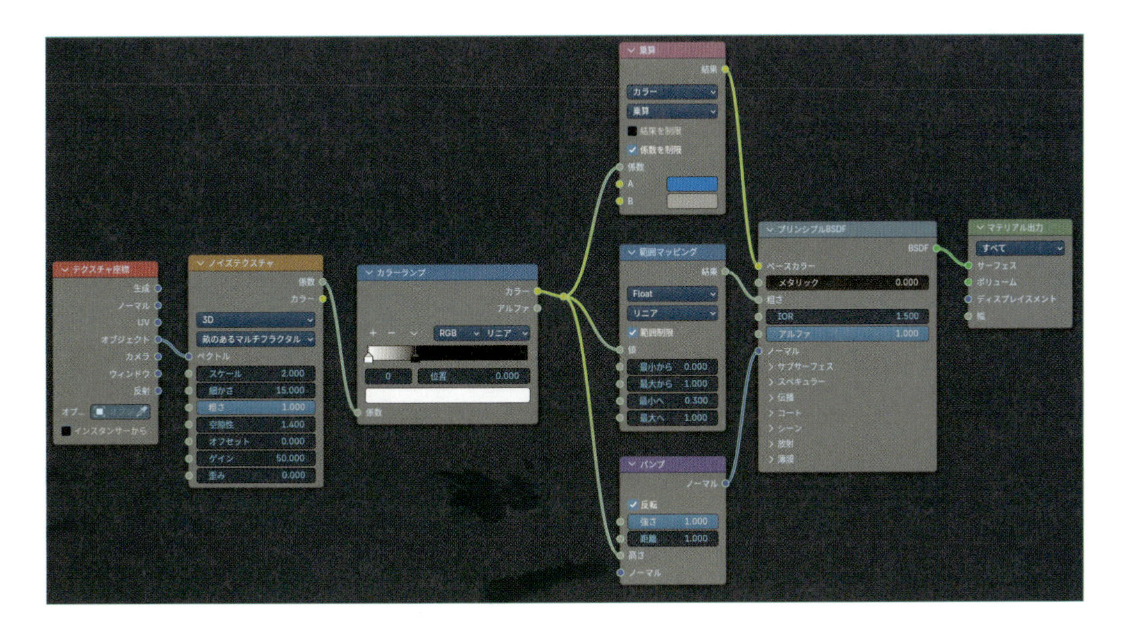

ひび割れの範囲を調整

最後に、**カラーランプ**の**黒いカラーストップ**の**位置**で、ひび割れの範囲を調整します。
値を小さくすると狭くなり、値を大きくすると広くなります。

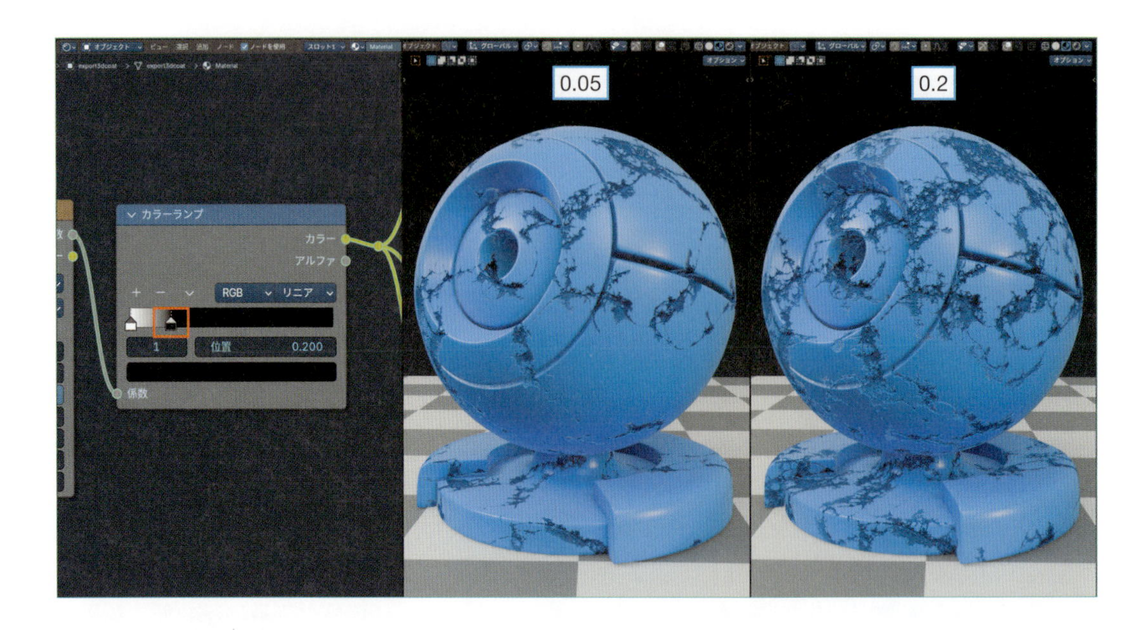

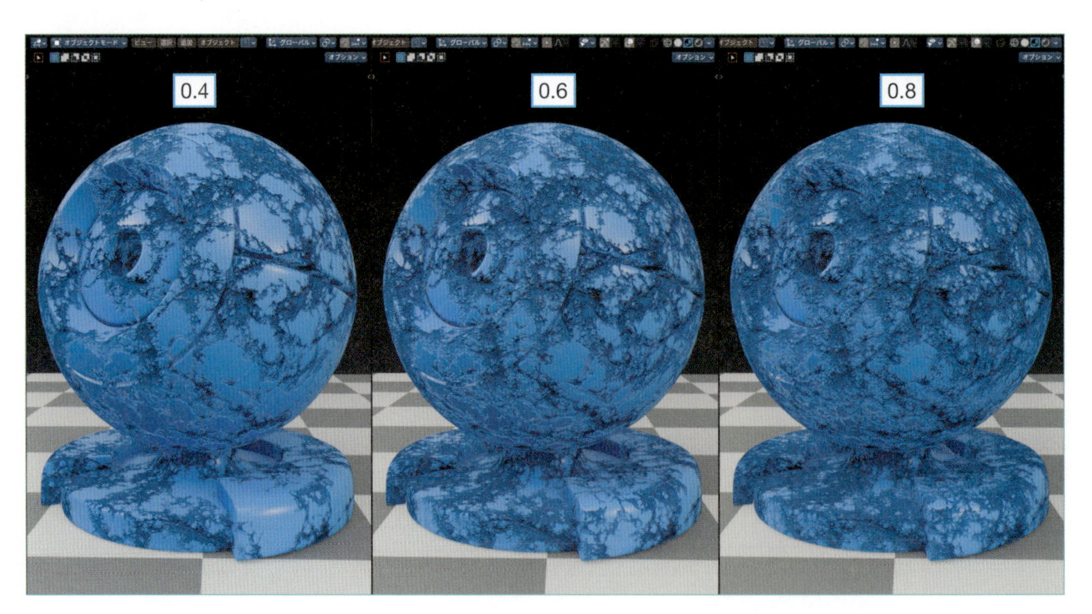

以上で、できあがりです。

Chapter 3

7 レンガ・タイルの作り方

この節では**レンガテクスチャ**を使って、**レンガ積み(舗装)**と**タイル張り**を作ります。
また、**レンガテクスチャ**による基本パターンの他に、**ノイズテクスチャ**による色ムラや凹凸表現など、複数のテクスチャを組み合わせて質感を作る方法も説明します。

7-1 レンガテクスチャについて

並べたレンガの模様を作るテクスチャです。
レンガ以外に、タイル、ブロック塀(232ページ)、板張り(263ページ)などの表現にも使えます。

レンガテクスチャの出力には**カラー**と**係数**があり、それぞれ次の特徴があります。

カラー

レンガブロックとモルタル(目地)の色模様を出力します。
レンガブロックは、**カラー1**と**カラー2**がランダムにミックスされた色になります。

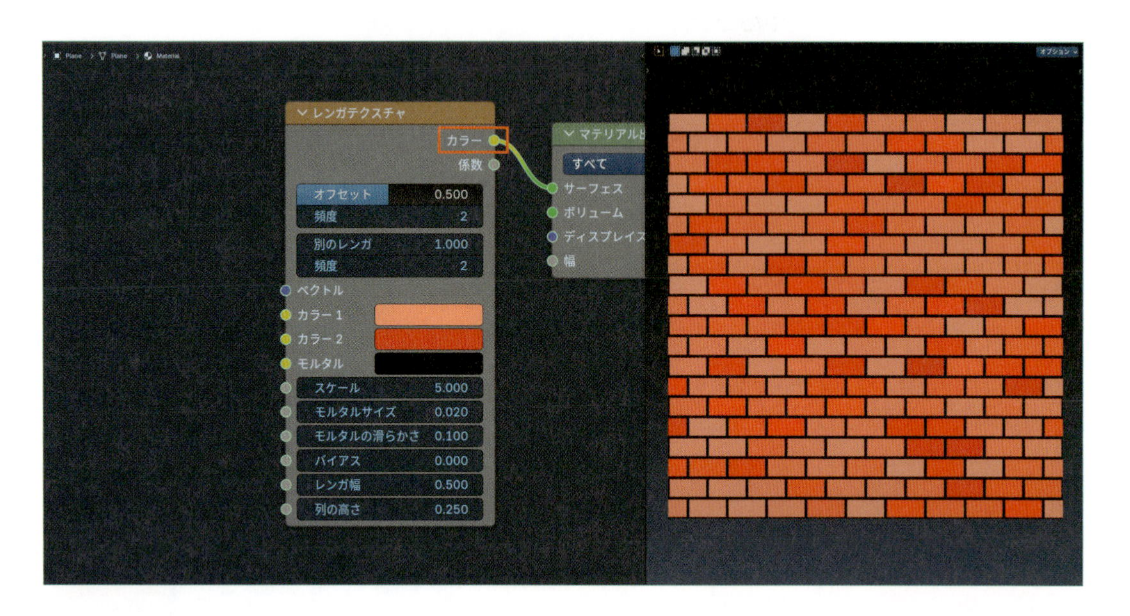

係数

レンガブロックは**黒**、モルタルは**白**の白黒パターンを出力します。
粗さなどのパラメーター操作や、バンプマッピングの元テクスチャとして使います。

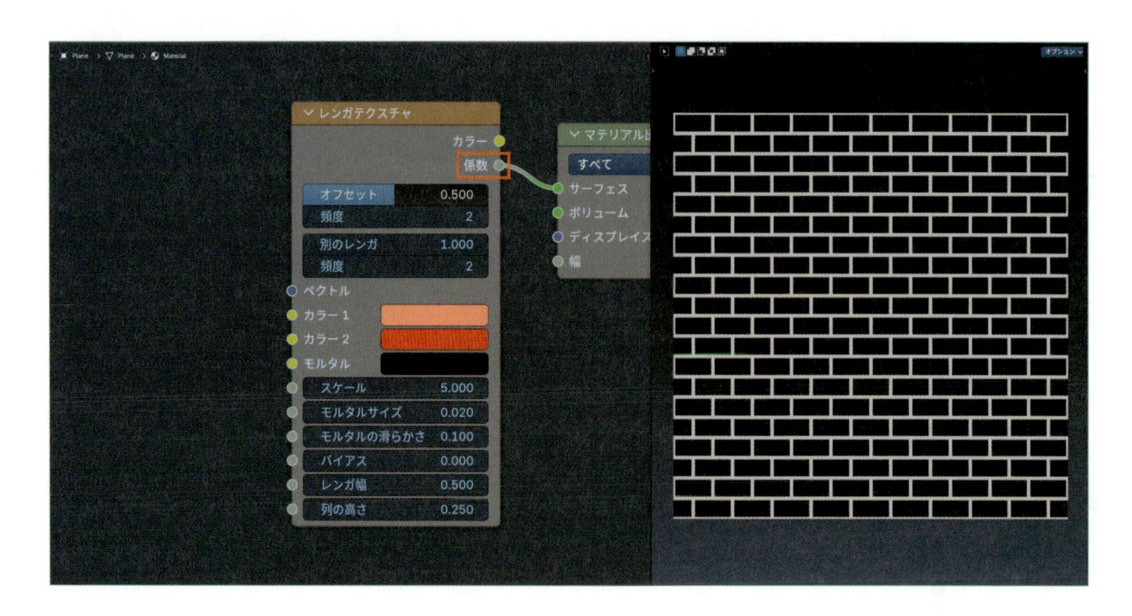

7-2 レンガ積み（舗装）の作り方

今回は平面オブジェクトを使って、レンガのマテリアルを設定します。

01 Step ノードを追加

❶テクスチャ座標とレンガテクスチャを追加します。

- Shift+A＞入力＞テクスチャ座標
- Shift+A＞テクスチャ＞レンガテクスチャ

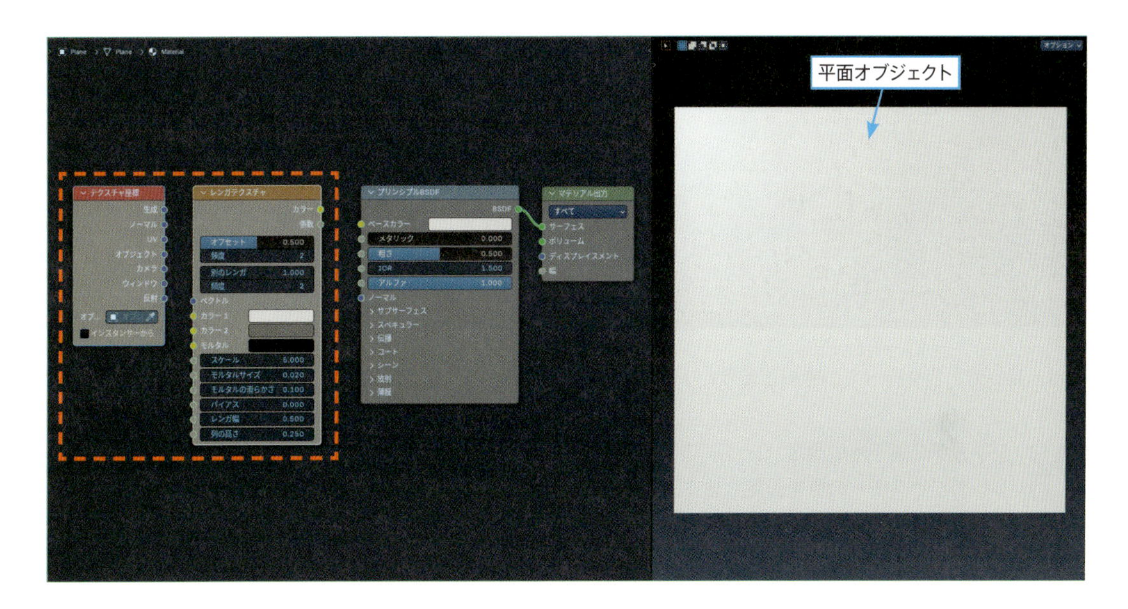

❷この2つのノードを、次のように接続します。

- ［テクスチャ座標：オブジェクト］＞［レンガテクスチャ：ベクトル］
- ［レンガテクスチャ：カラー］＞［プリンシプルBSDF：ベースカラー］

これでオブジェクトが、レンガの模様になります。

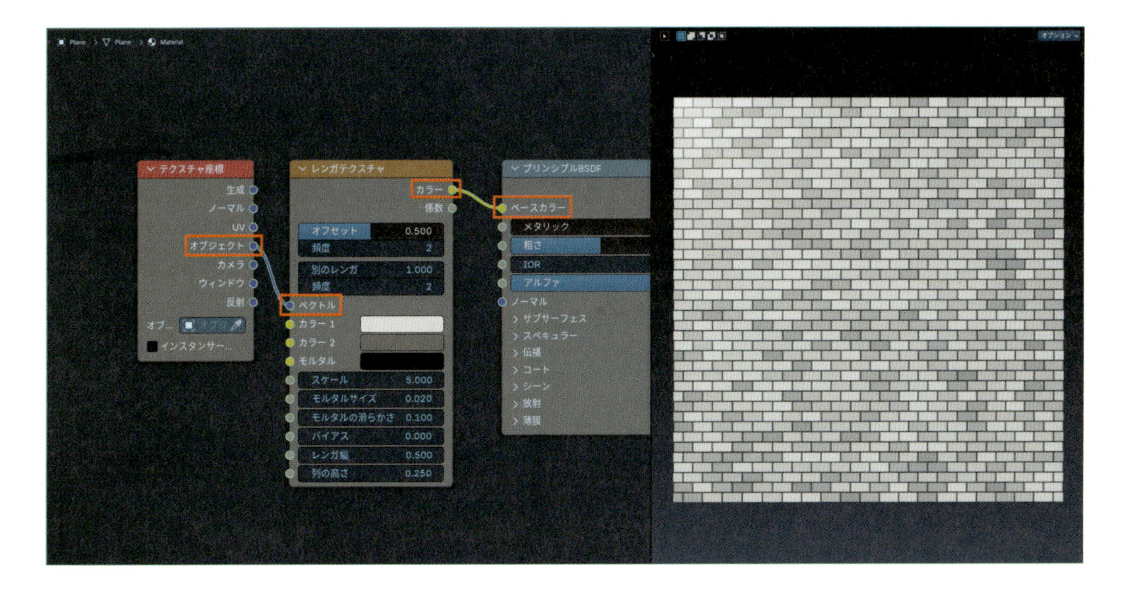

全体の模様と、レンガのひとつひとつをバランス良く眺めながら調整できるように、**レンガテクスチャ**の**スケール**を**2**にします。

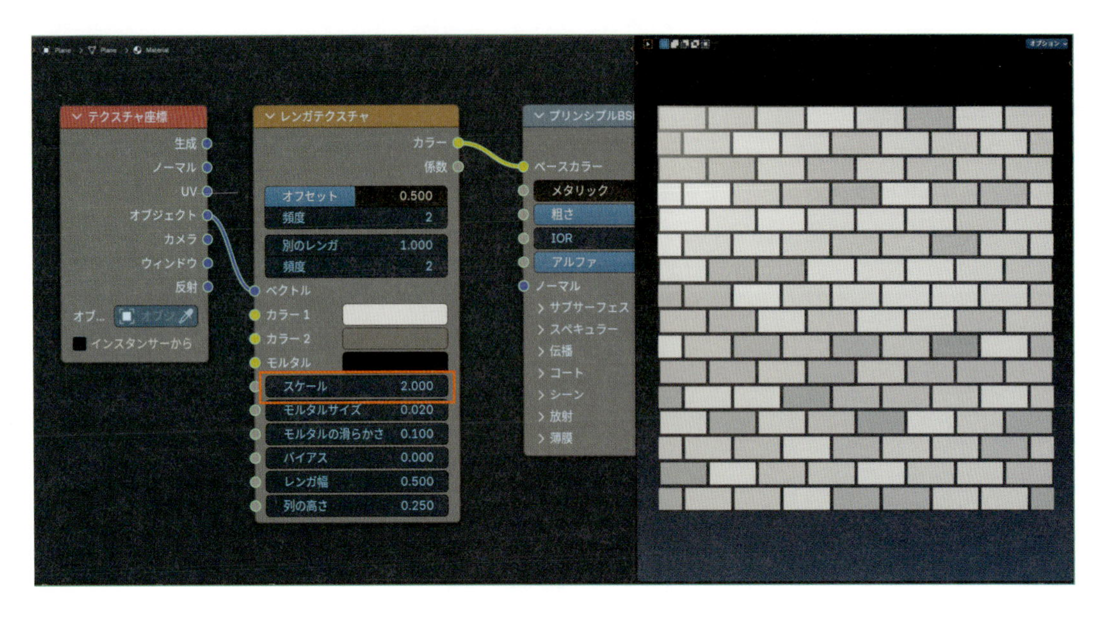

では、レンガの色を作っていきましょう。

02 Step レンガテクスチャの設定

レンガテクスチャの色を設定します。

ここでは標準的な赤レンガのイメージで、**カラー1**：**DA553A**、**カラー2**：**95240C**、**モルタル**：**898989**（16進数）と設定しました。

レンガにはいろいろな種類と色があるので、好みで設定してください。

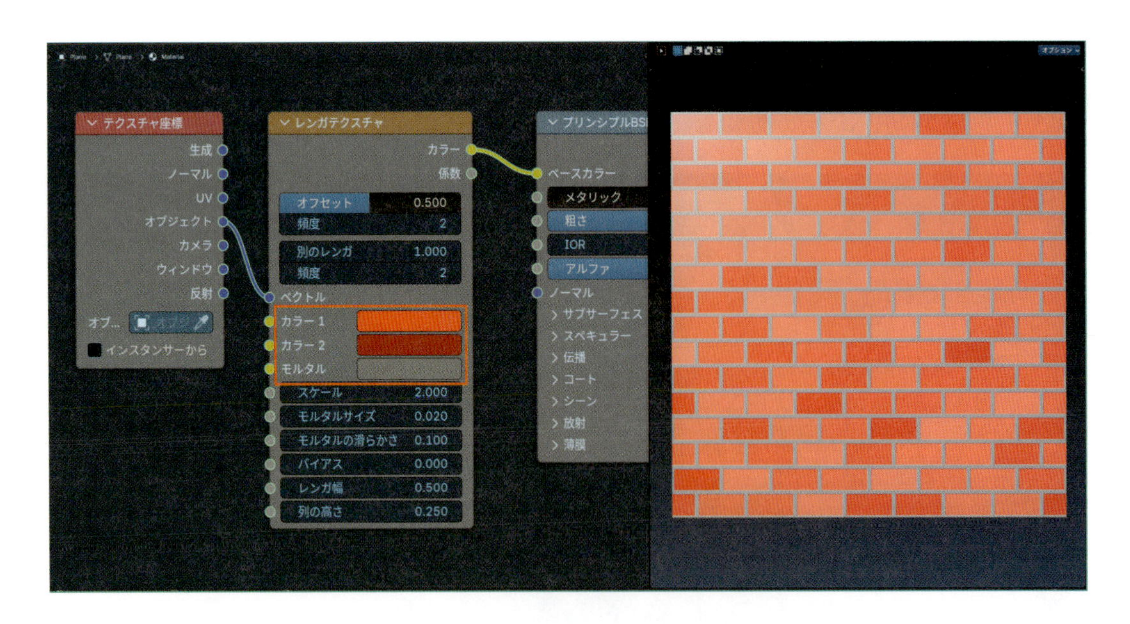

このレンガ模様に、色ムラを加えます。

03 Step 色ムラを追加する

❶**マッピング**、**ノイズテクスチャ**、**カラーミックス**の3つのノードを追加します。

- **Shift+A**＞**ベクトル**＞**マッピング**
- **Shift+A**＞**テクスチャ**＞**ノイズテクスチャ**
- **Shift+A**＞**カラー**＞**カラーミックス**

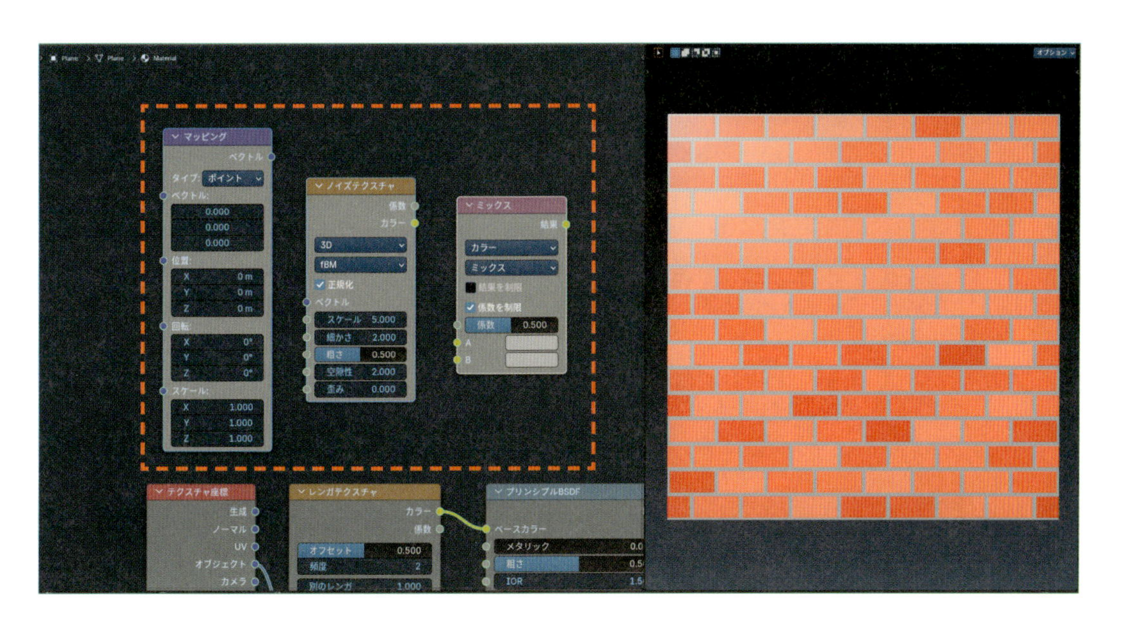

❷**ノイズテクスチャ**と**カラーミックス**を、次のように設定します。

- **ノイズテクスチャ**
  正規化：**OFF**、**スケール**：**2**、**細かさ**：**15**、**粗さ**：**1.0**、**空隙性**：**1.5**
- **カラーミックス**
  ブレンドモード：**覆い焼きカラー**、**係数**：**0.2**

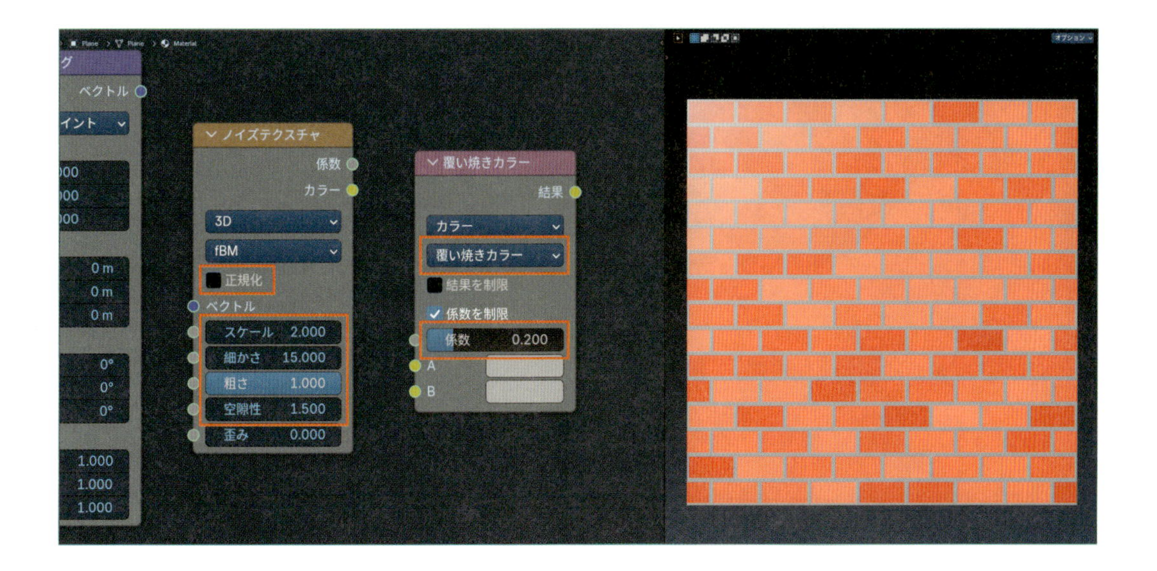

❸この3つのノードを、次のように接続します。

- [**レンガテクスチャ**：**カラー**] > [**カラーミックス**：**A**]
- [**テクスチャ座標**：**オブジェクト**] > [**マッピング**：**ベクトル**]
- [**マッピング**：**ベクトル**] > [**ノイズテクスチャ**：**ベクトル**]
- [**ノイズテクスチャ**：**係数**] > [**カラーミックス**：**B**]
- [**カラーミックス**：**結果**] > [**プリンシプルBSDF**：**ベースカラー**]

※ノード配置の都合で、**カラーミックス**につながるリンクが交差しますが、つなぐ先を間違えないよう注意してください。

これで色ムラが追加されました。

※色ムラの設定についての詳細は、**Chapter3-2 色ムラの作り方**（075ページ）を参照してください。

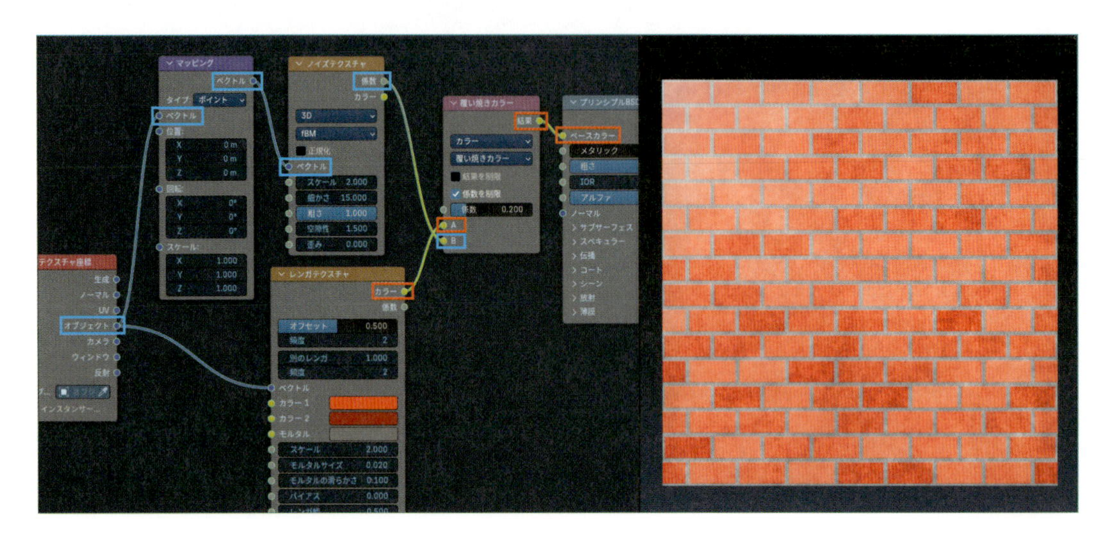

しかしよく見ると、色ムラの模様がおかしなことになっています。

これは、**オブジェクトの原点を含む平面**で**ノイズテクスチャ**の複雑なフラクタル模様を使うと発生する現象です。

※詳しくは、083ページを参照してください。

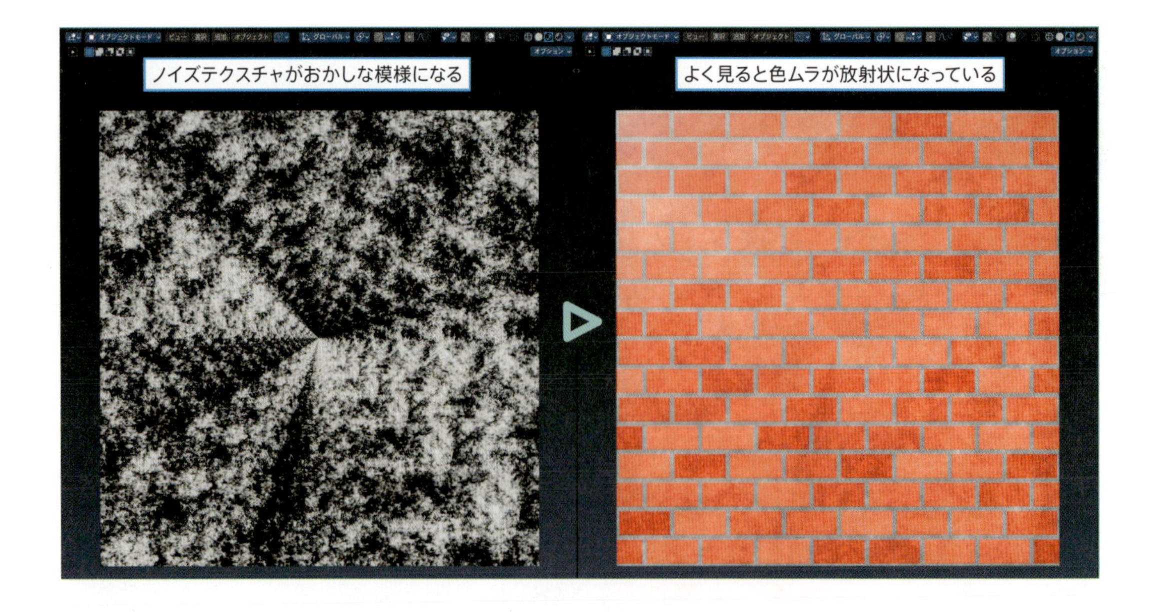

対処方法としては、**マッピング**の**位置**に適当な値を入力してテクスチャをずらします。
入力するのは **X**、**Y**、**Z** どれでもOKです。
ここでは**Z**に**1**を入力しました。

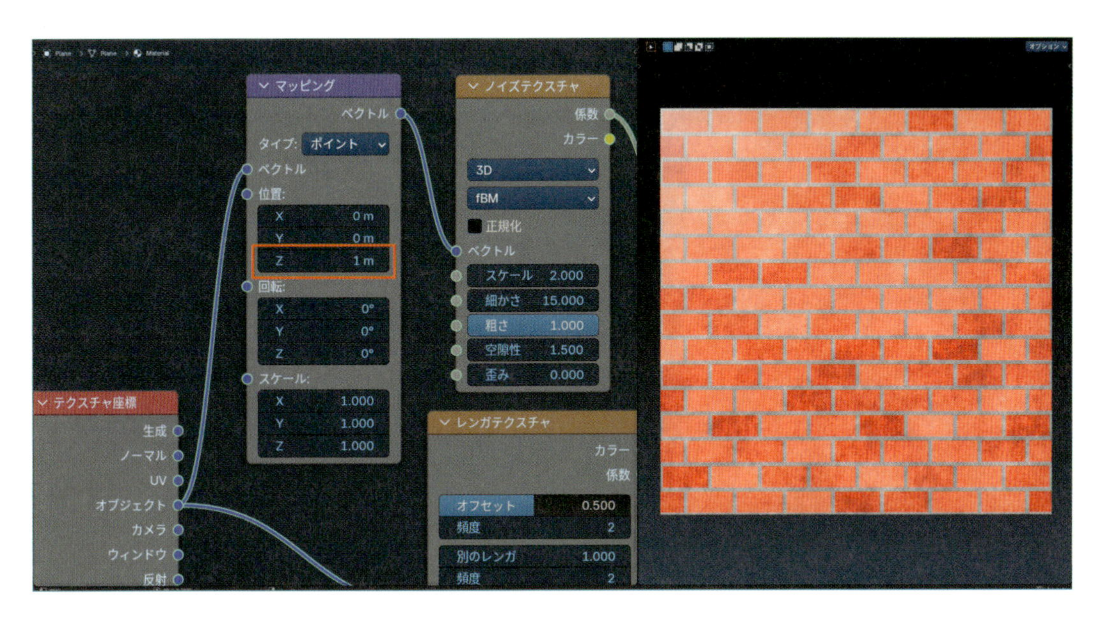

これで色ムラが正常な模様になり、レンガの色模様ができあがりました。

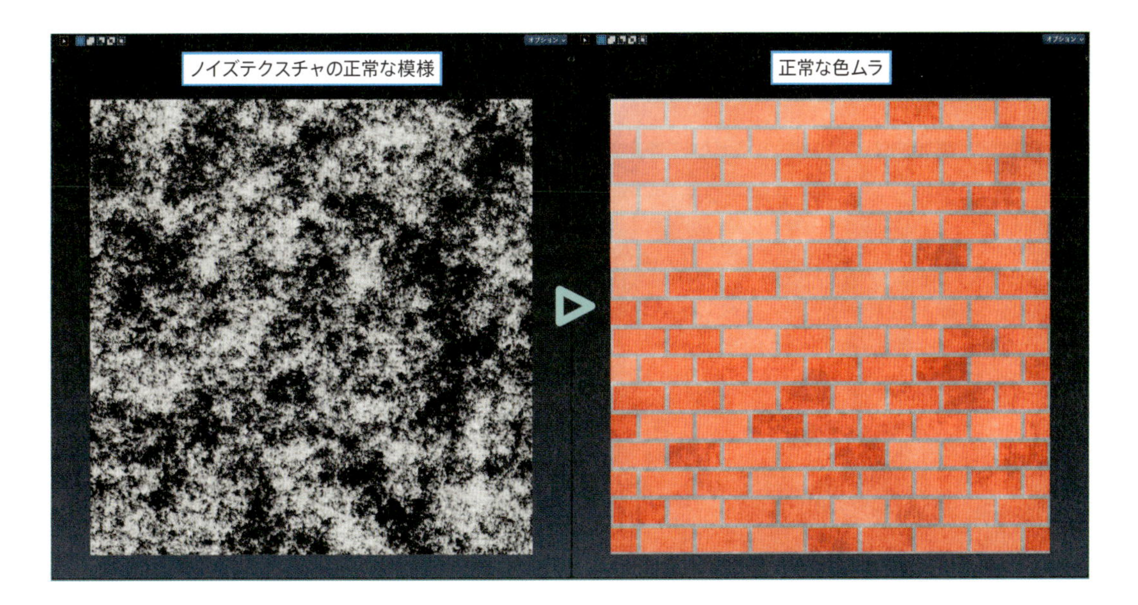

次は、モルタル部分の凹みをバンプマッピングで表現します。

04 Step バンプマッピングを追加する

❶**Shift+A**＞**ベクトル**＞**バンプ**を追加します。

※この後の変化が見やすいように、3Dビューポートの視点を変えてあります。

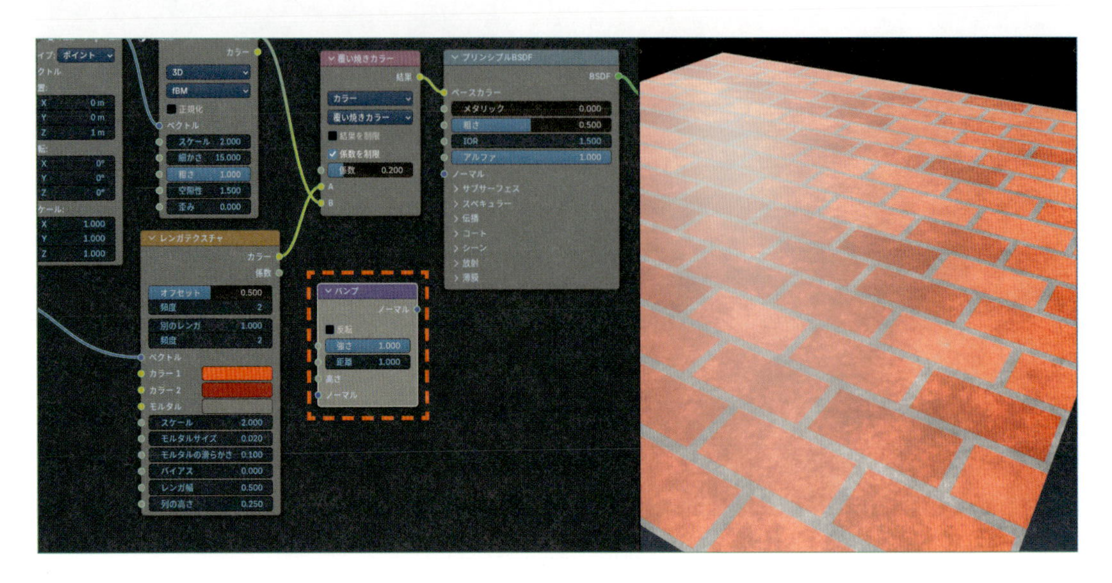

バンプの元になる白黒テクスチャとして、**レンガテクスチャ**の**係数**を使います。
係数では、レンガブロックは**黒**、モルタルは**白**で出力されますが、今回はモルタル部分が凹むように表現したいので、**バンプ**の**反転**にチェックを入れます。

❷**バンプ**を、**レンガテクスチャ**と**プリンシプルBSDF**の間に接続します。

- ［**レンガテクスチャ**：**係数**］>［**バンプ**：**高さ**］
- ［**バンプ**：**ノーマル**］>［**プリンシプルBSDF**：**ノーマル**］

これでオブジェクトに擬似的な凹凸が追加されます。
しかしこの時点では、ほんの少し凹んだように見えるだけです。

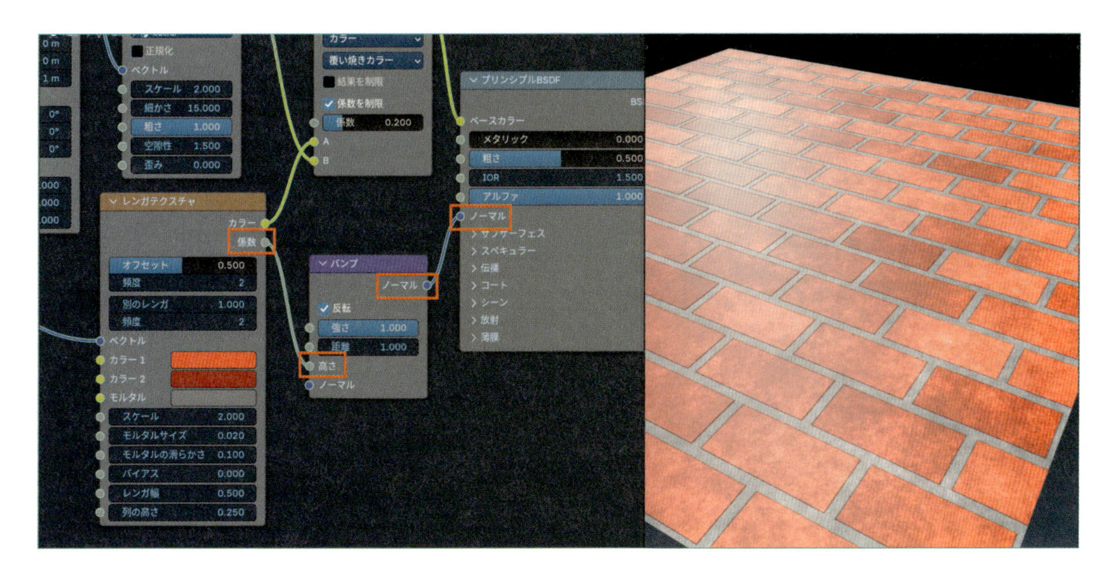

❸**レンガテクスチャ**の**モルタルの滑らかさ**を**0.75**にします。
これで、モルタル部分がはっきりと凹んで見えるようになりました。

POINT

モルタルの滑らかさについて

モルタルの滑らかさを大きくすると、レンガ部分とモルタル部分の間が滑らかにグラデーション変化するようになります。

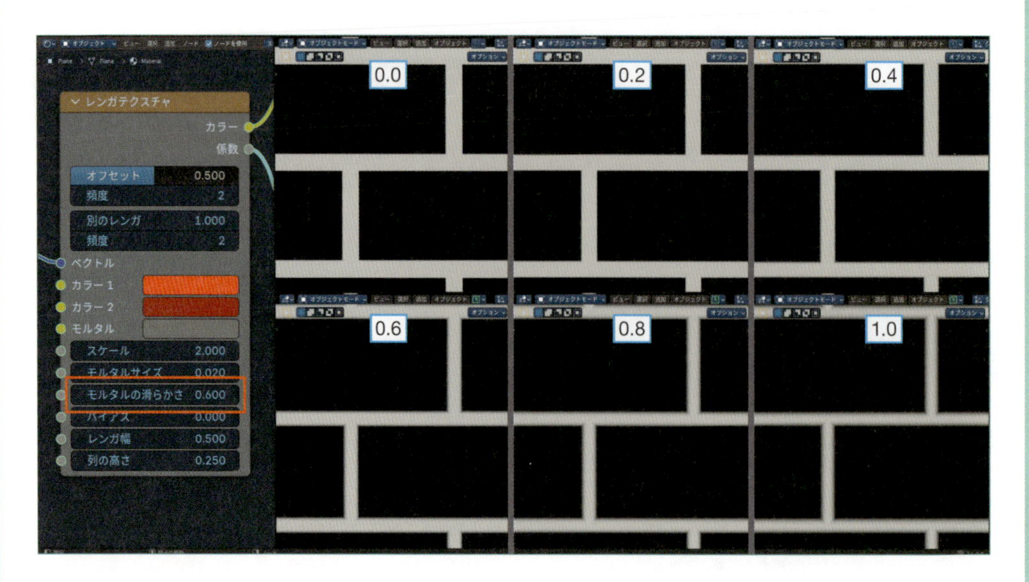

その結果、バンプマッピングによるモルタル部分の凹みが、次のように変化します。

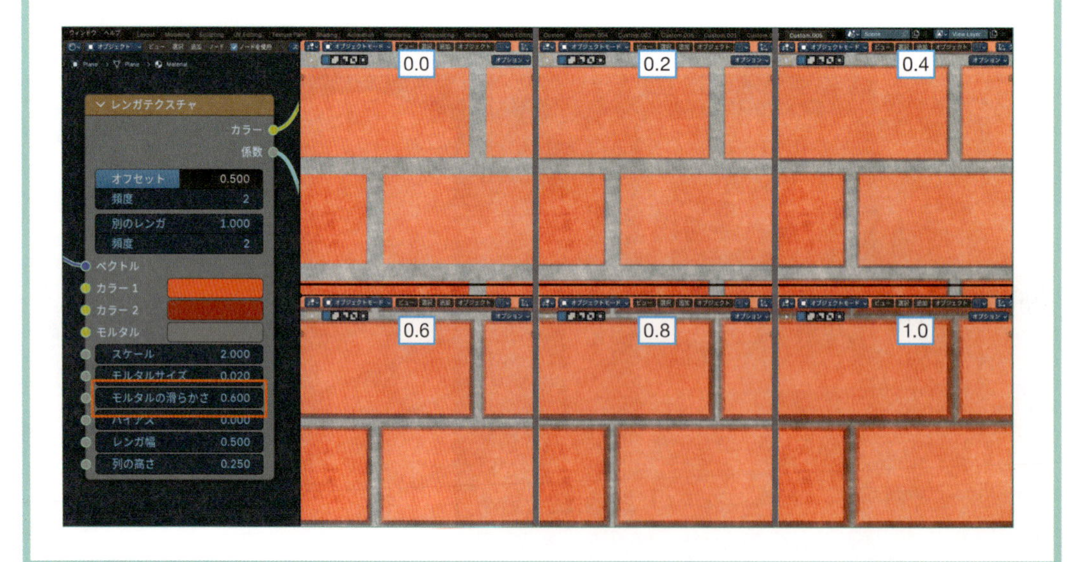

次は、レンガ部分とモルタル部分の**粗さ**を個別に設定できるようにします。

05 Step レンガとモルタルの粗さを個別に設定する

❶**Shift+A**＞**コンバーター**＞**範囲マッピング**を追加します。

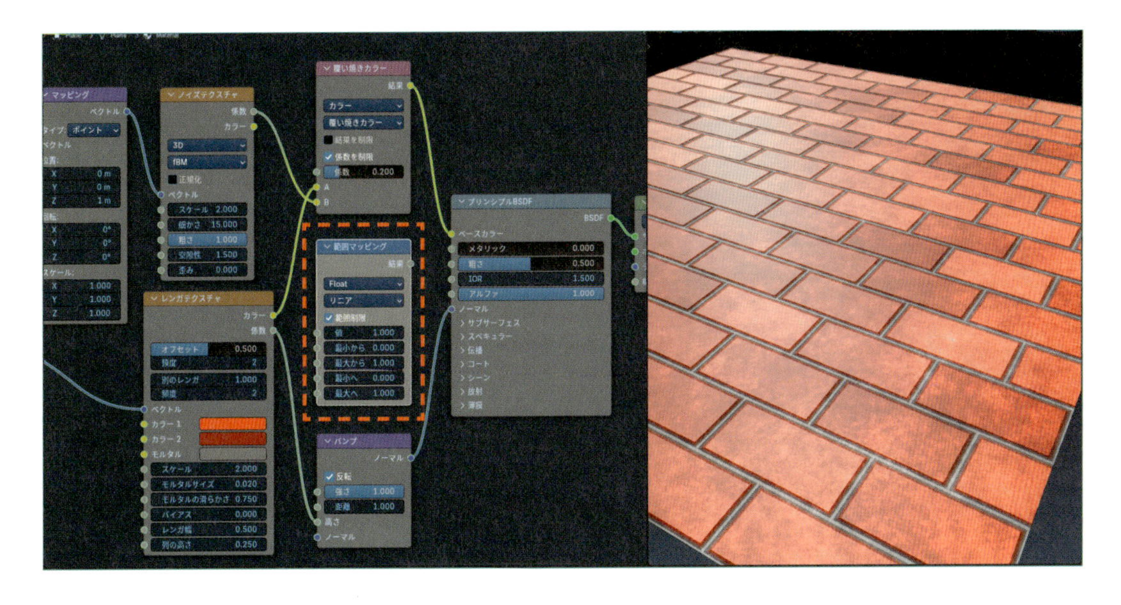

❷**範囲マッピング**を、**レンガテクスチャ**と**プリンシプルBSDF**の間に接続します。

- ［**レンガテクスチャ**：**係数**］＞［**範囲マッピング**：**値**］
- ［**範囲マッピング**：**結果**］＞［**プリンシプルBSDF**：**粗さ**］

これで、レンガ部分とモルタル部分の**粗さ**を個別に設定できるようになりました。
この時点では、**範囲マッピング**のデフォルトの値により、レンガ部分の**粗さ**が**0**になっています。

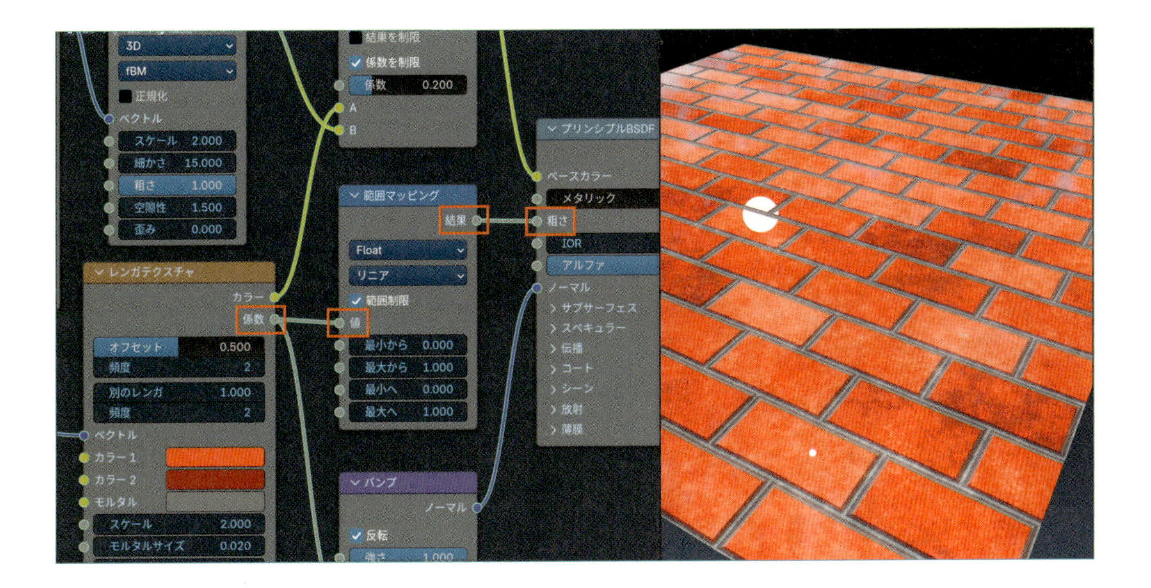

Chapter 1
Chapter 2
Chapter 3 1-5
Chapter 3 6-10
Chapter 3 11-15
Chapter 4

❸**範囲マッピング**のパラメーターを、**最小へ：0.9**、**最大へ：1**と設定します。
最小へはレンガ部分の**粗さ**です。ザラザラ感を出すため、**0.9**にします。
最大へはモルタル部分の**粗さ**です。光沢が生じないよう、デフォルトの**1**のままにしておきます。

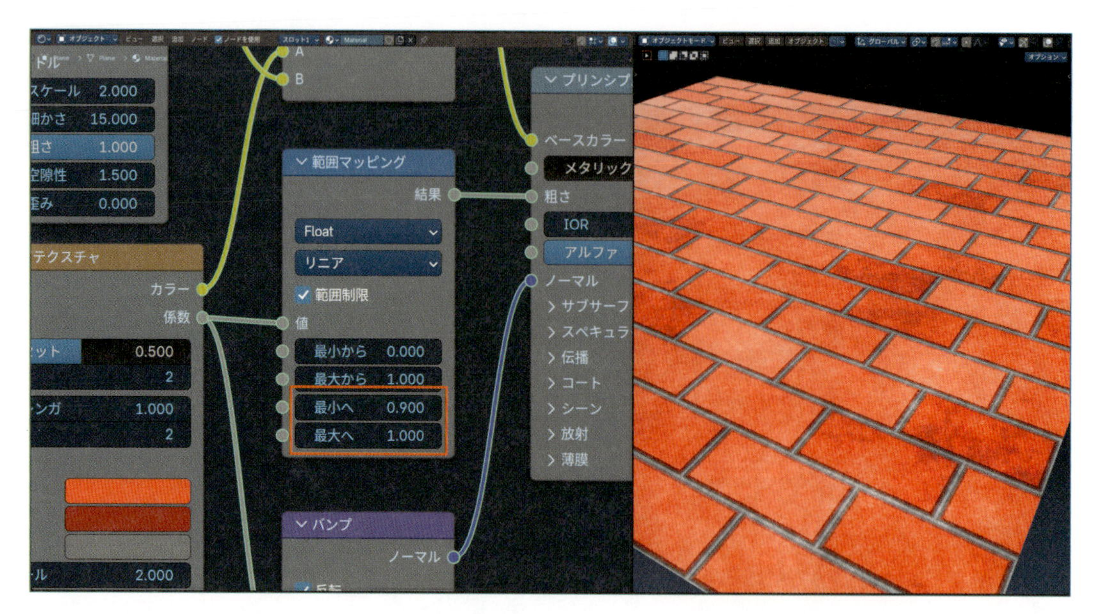

最後に、模様の大きさを操作する仕組みを加えます。
このマテリアルは複数のテクスチャを組み合わせて模様を作っています。
そのため、全体的な模様の大きさを調整する時、それぞれのテクスチャのスケールを連動させる必要があるので、一括で操作できるようにします。

06 Step スケールの一括操作の設定

❶**Shift+A**＞**ベクトル**＞**マッピング**を追加します。

❷下の画像のオレンジの線で、2本のリンクを**Shift+右ドラッグ**で横切ります。

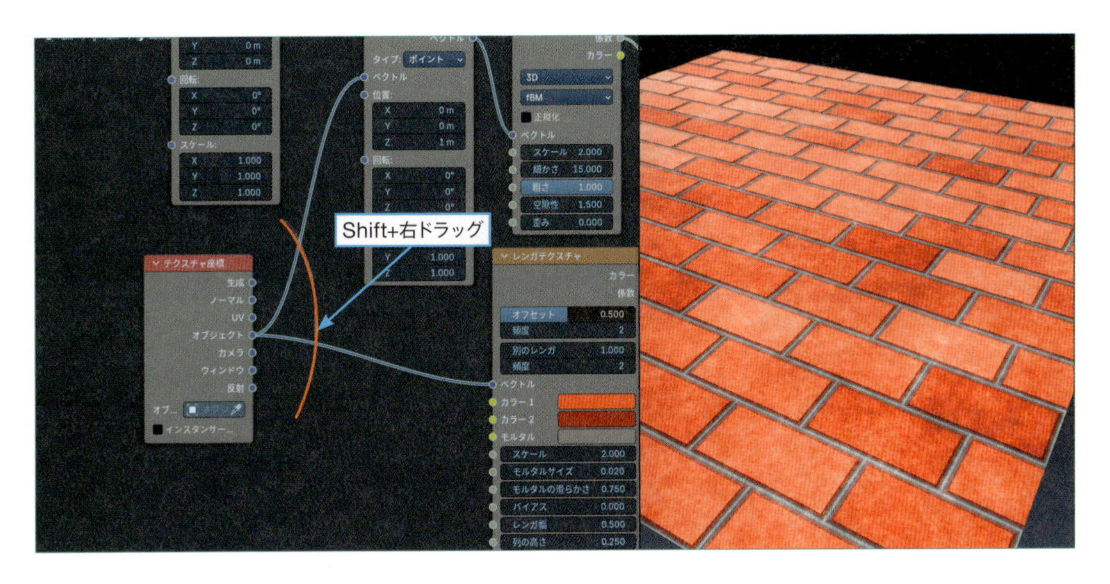

自動で**リルート**が追加され、リンクが束ねられます。

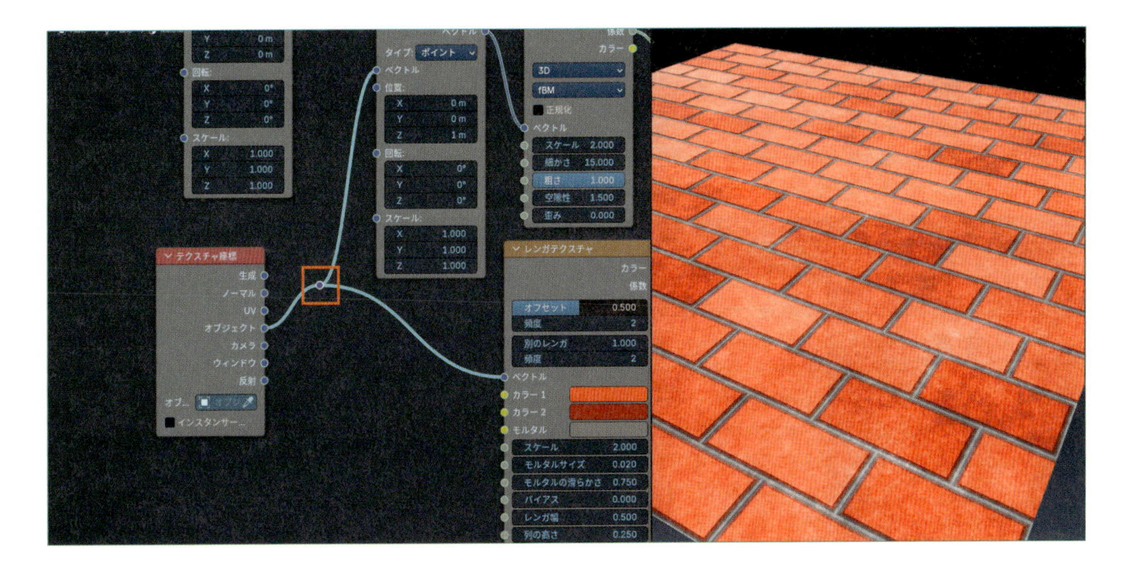

❸マッピングを、テクスチャ座標とリルートの間に接続します。

- ［テクスチャ座標：オブジェクト］＞［マッピング：ベクトル］
- ［マッピング：ベクトル］＞［リルート］

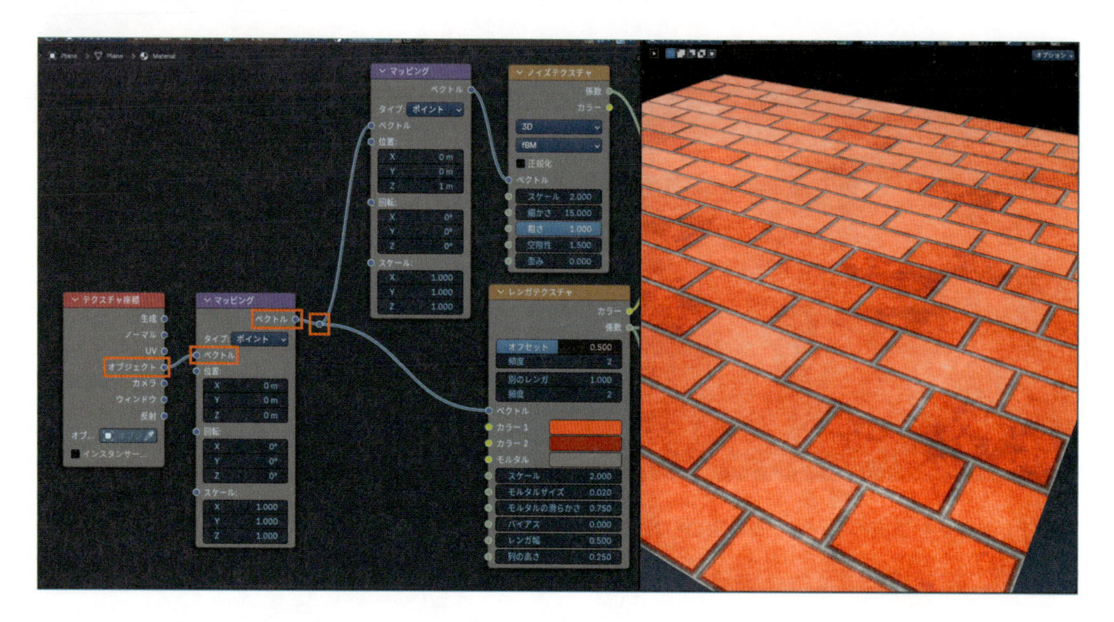

これで、マッピングのスケールの値で模様の大きさを操作できるようになりました。
スケールは X、Y、Z すべてを同じ値にします。
テクスチャのスケールと同じように、値を大きくすると模様が小さく、値を小さくすると模様が大きくなります。

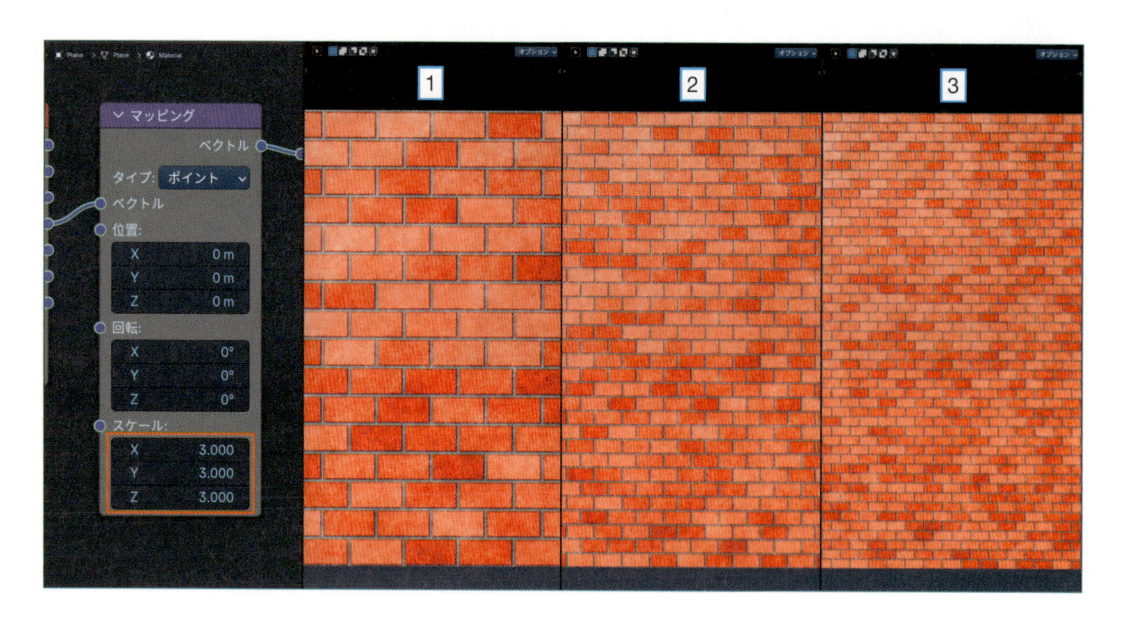

これで今回必要なすべてのノードがそろいました。
ノードツリー全体を見ると、下の画像のようになります（サンプルデータ：3-07-01.blend）。

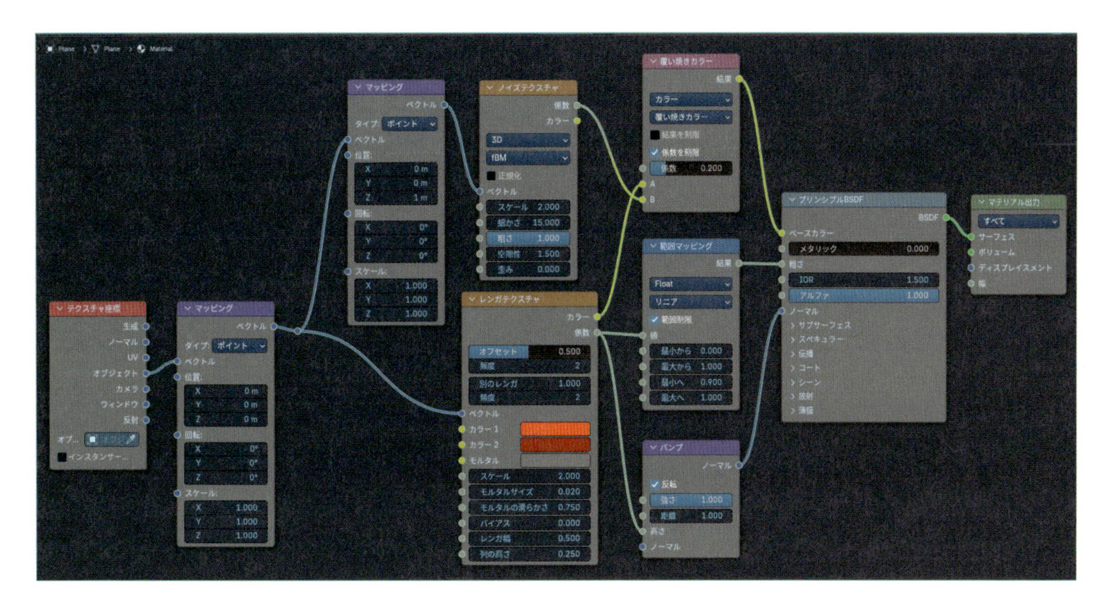

以上で、できあがりです。

レンガ積みとレンガ舗装

ここまで作ってきたのは、壁や塀など**レンガ積み**の設定です。
レンガ積みは目地が広く、レンガとレンガの間にモルタルが挟まります。
レンガ舗装は目地が狭く、レンガとレンガの間は砂で埋められます。

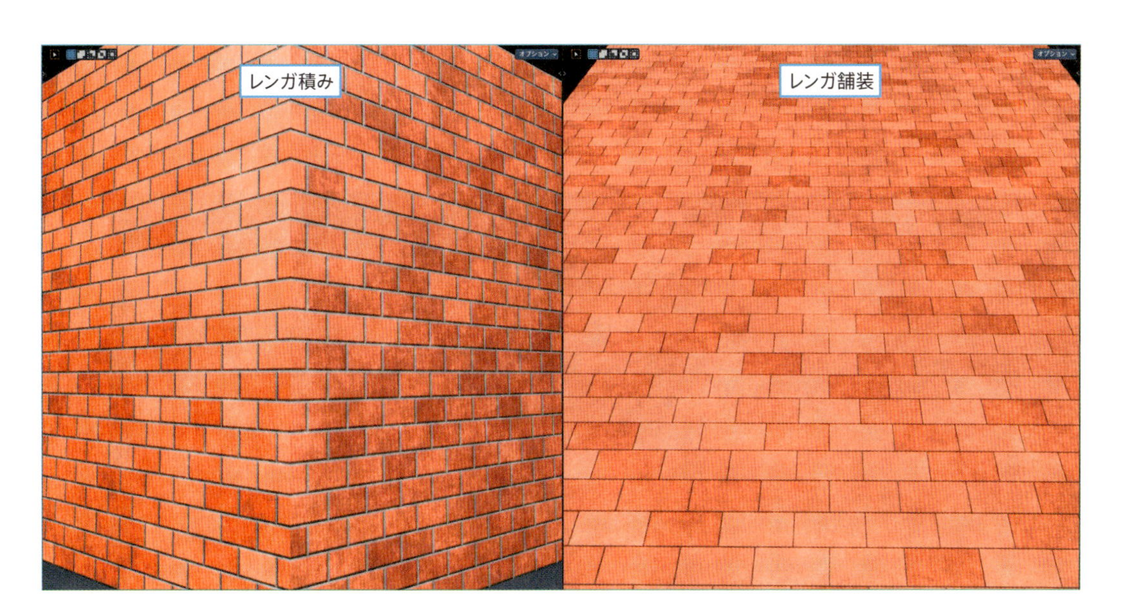

レンガ舗装を作る場合は、**レンガテクスチャ**のパラメーターを次のように変更します。

- **モルタル**：**000000**（16進数）
- **モルタルサイズ**：**0.003**

これで目地の幅が狭く・暗くなり、レンガ舗装が表現できます。

7-3 タイルの作り方

ここまでの設定を元に、タイルに作り替えましょう。

01 Step モルタルサイズを戻す

レンガテクスチャの**モルタルサイズ**を変更している場合は、**0.02**に戻します。

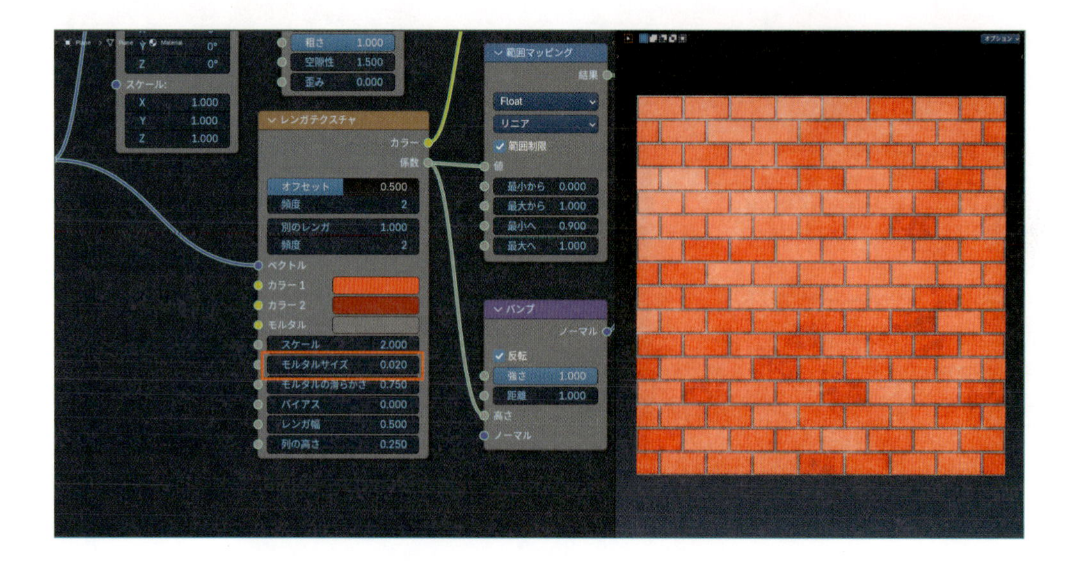

まずはレンガのパターン（互い違いに並ぶ長方形）から、タイルのパターン（直線に並ぶ正方形）に変更します。

02 Step タイルのパターンに変更する

❶**レンガテクスチャ**の**オフセット**を**0**にします。
これでブロック（タイル）が直線に並ぶようになります。

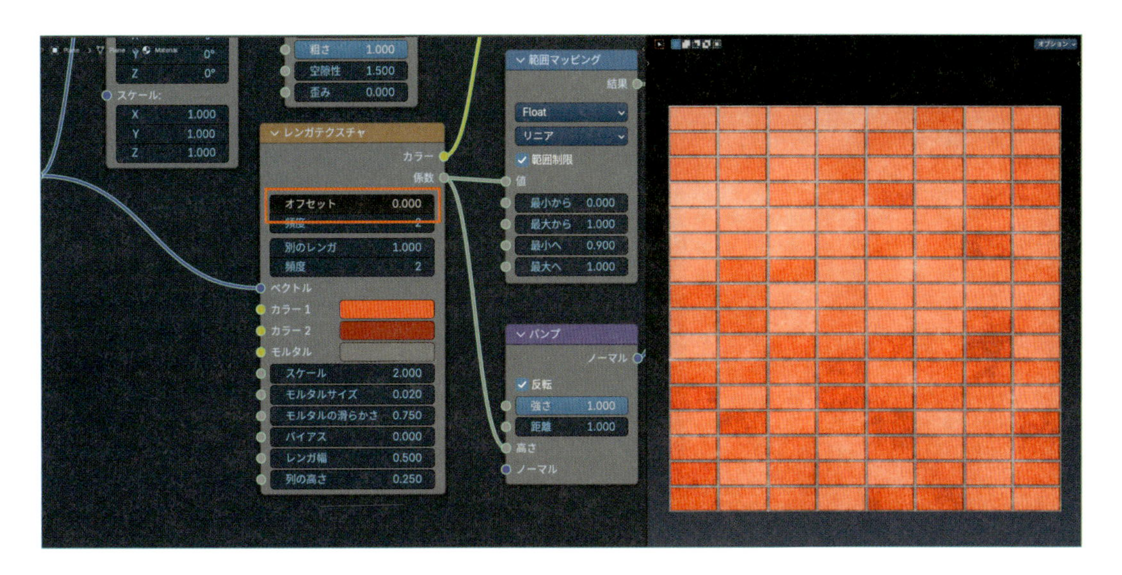

❷**レンガテクスチャ**の**列の高さ**を**0.5**にします。
これでブロック（タイル）の形が正方形になり、タイルのパターンができました。

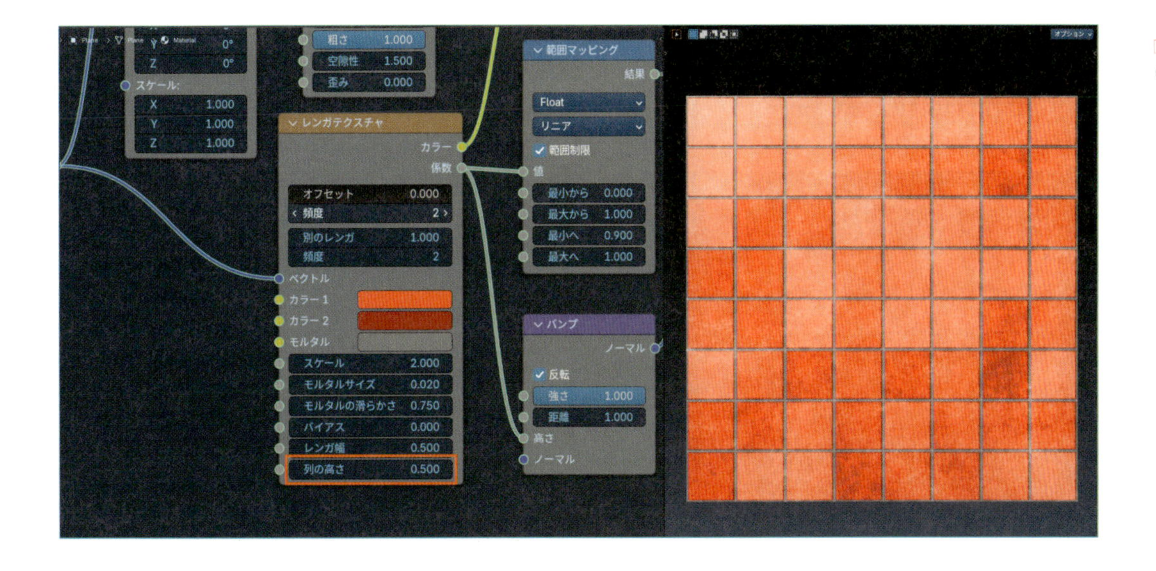

では、各ノードのパラメーターを調整してタイルの質感を作りましょう。

03 Step 模様の大きさを調整

テクスチャ座標からつながる**マッピング**の**スケール**で、模様の大きさを調整します。
タイルらしく見えるように、**スケール**の値を大きくして、模様を小さくします。
ここでは**3**にしました。

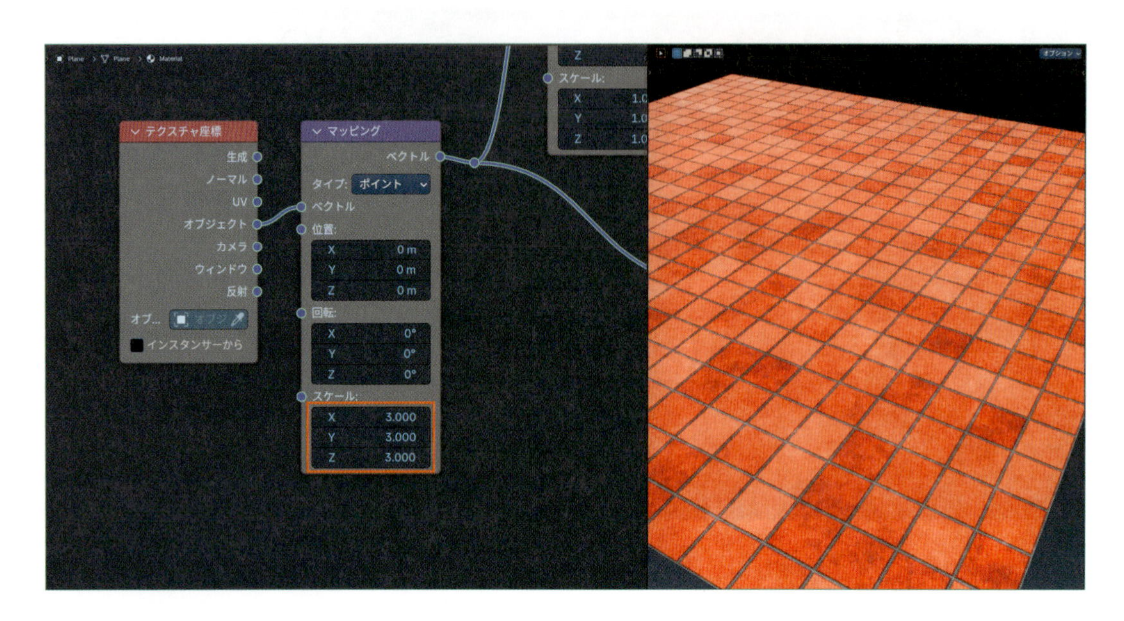

04 Step 粗さの調整

範囲マッピングの**最小へ**で、タイルの**粗さ**を調整します。
タイルの滑らかさを表現するため、**0.05~0.2**くらいの値にします。
ここでは**0.1**にしました。

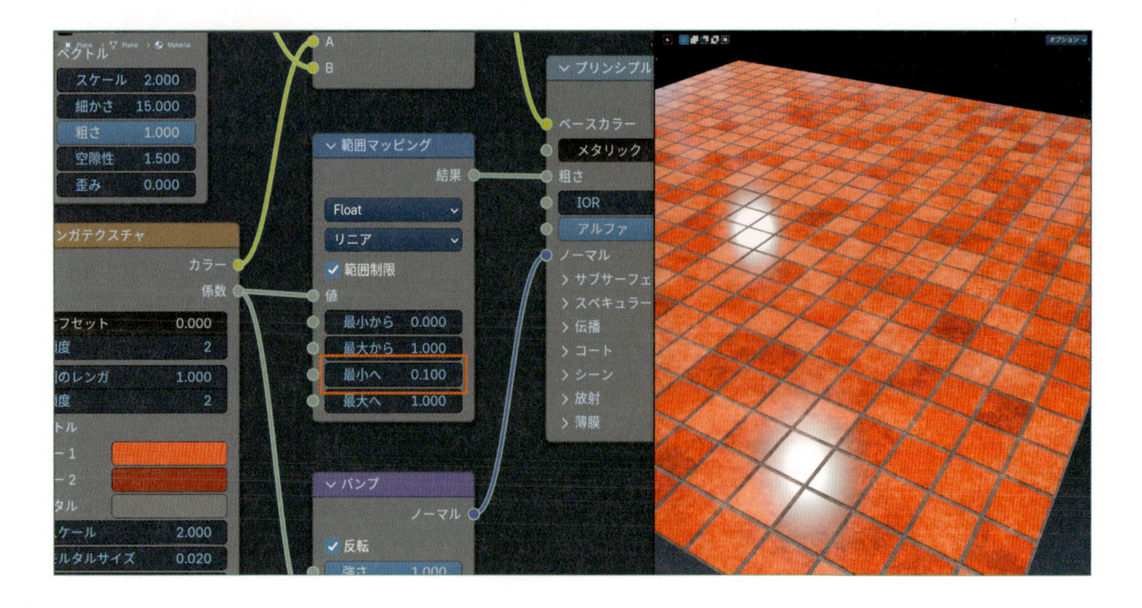

05 Step タイルとモルタルの色を設定

タイルとモルタルの色を、画面で確認しながら好みで設定します。
ここでは**カラー1**：**85BCF4**、**カラー2**：**1E3888**、**モルタル**：**E2E2E2**（16進数）と設定しています。
モルタルは明るい色の方が、タイル張りらしくなります。

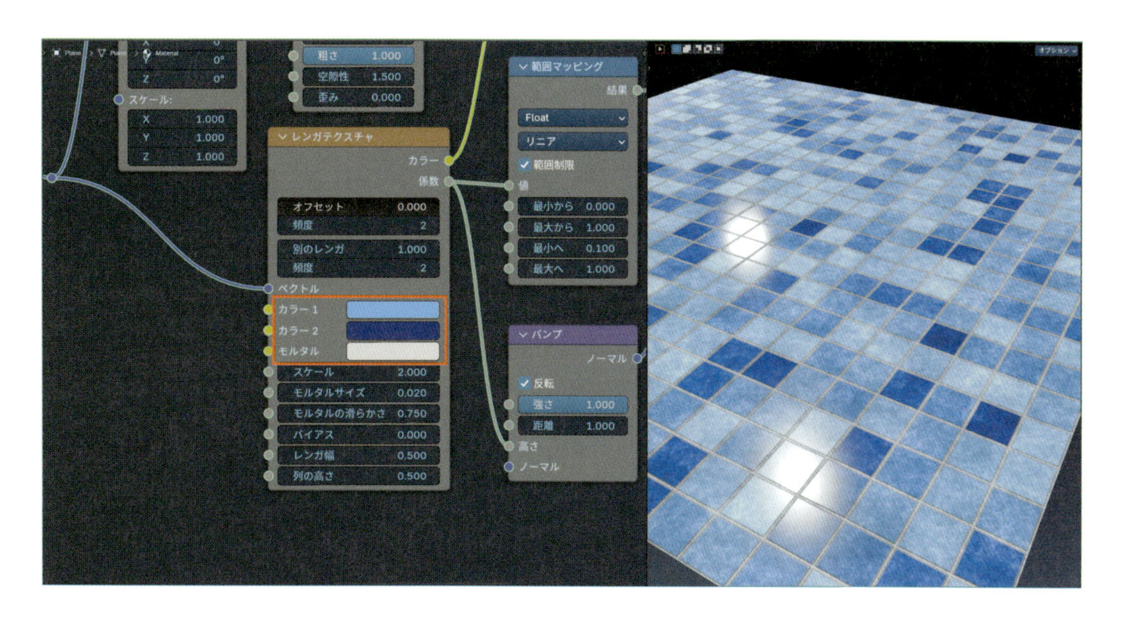

06 Step 色ムラの強さを調整

カラーミックスの**係数**で、色ムラの強さを調整します。
画面で確認しながら好みで設定します。
ここでは**0.1**にして、少し色ムラを弱めました。

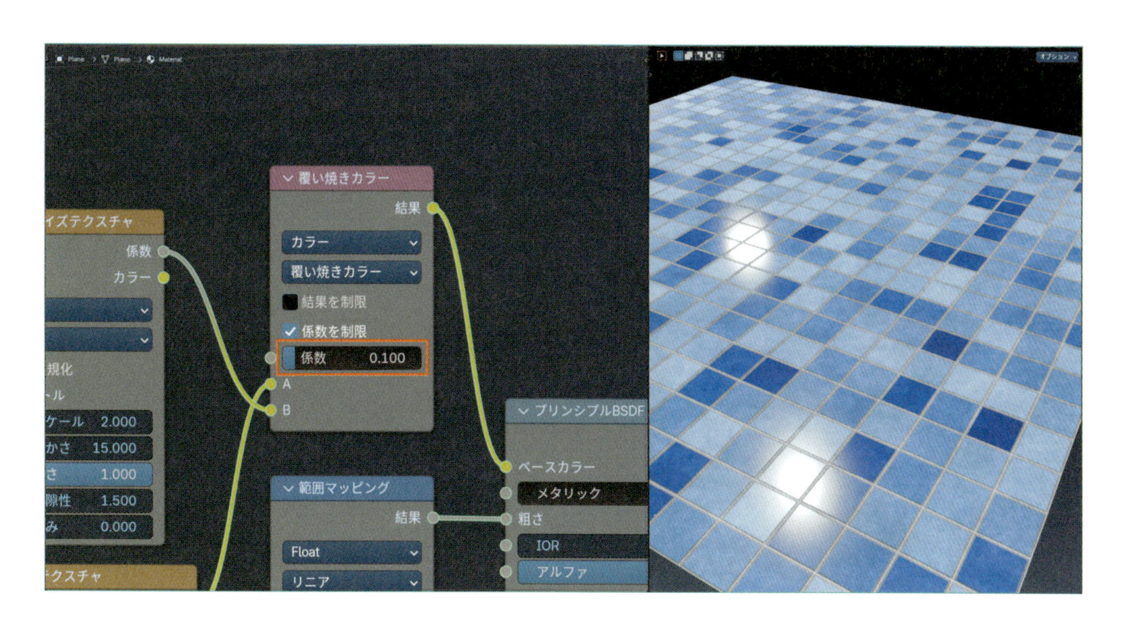

Chapter 1
Chapter 2
Chapter 3 1-5
Chapter 3 6-10
Chapter 3 11-15
Chapter 4

これで、タイル模様の設定はできあがりました、
最後に、バンプマッピングで細かい凹凸を追加して、タイルの微妙な歪みを表現します。

07 Step バンプマッピングを追加する

❶ノイズテクスチャとバンプを追加します。

- Shift+A＞テクスチャ＞ノイズテクスチャ
- Shift+A＞ベクトル＞バンプ

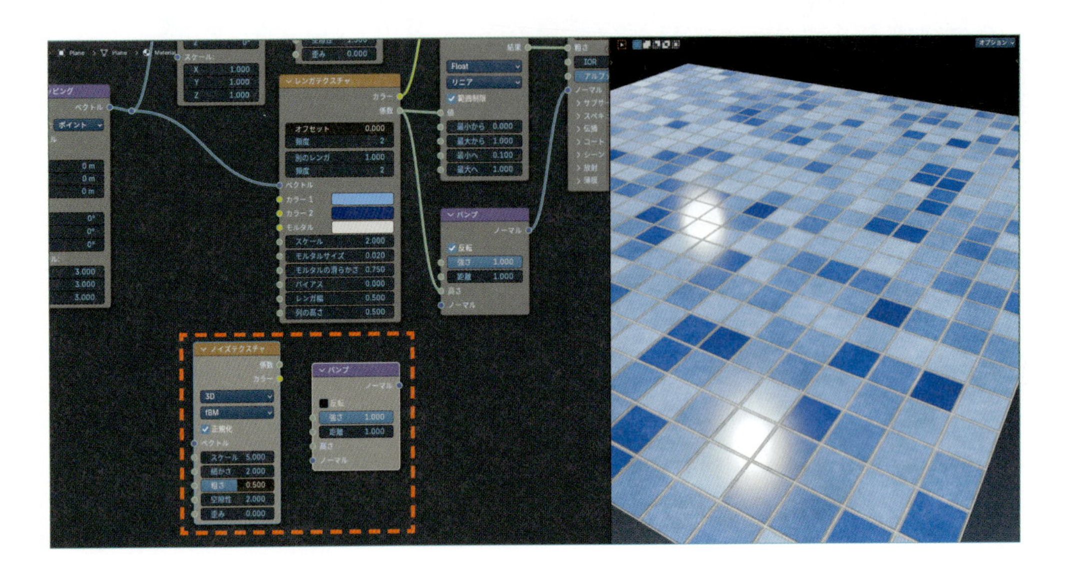

❷この2つのノードを、リルートとバンプの間に接続します。

- ［リルート］＞［ノイズテクスチャ：ベクトル］
- ［ノイズテクスチャ：係数］＞［バンプ（追加）：高さ］
- ［バンプ（追加）：ノーマル］＞［バンプ（元）：ノーマル］

これで、全体的に凹凸が追加されます。
この時点ではどちらもデフォルトの設定なので、かなり強い凹凸になります。

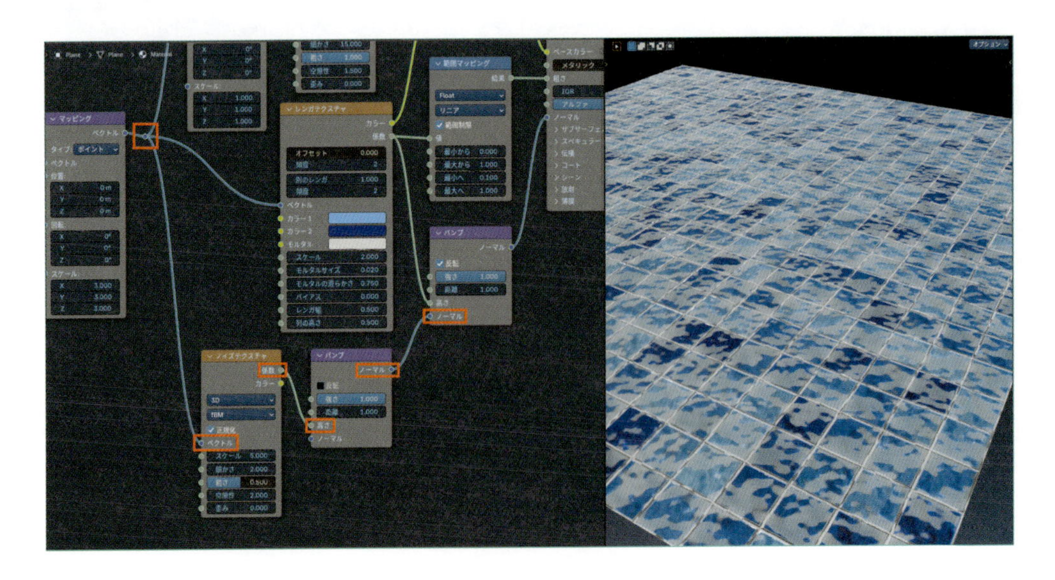

❸この2つのノードを、次のように設定します。

- **ノイズテクスチャ**
  スケール：**5〜10**
- **バンプ**
  強さ：**0.01**

ここでは**ノイズテクスチャ**の**スケール**を**10**にしました。
これで凹凸が細かくなり、タイルの微妙な歪みが表現できました。
このように、複数の**バンプ**をつなぐと異なる凹凸を重ね合わせて表現することができます。

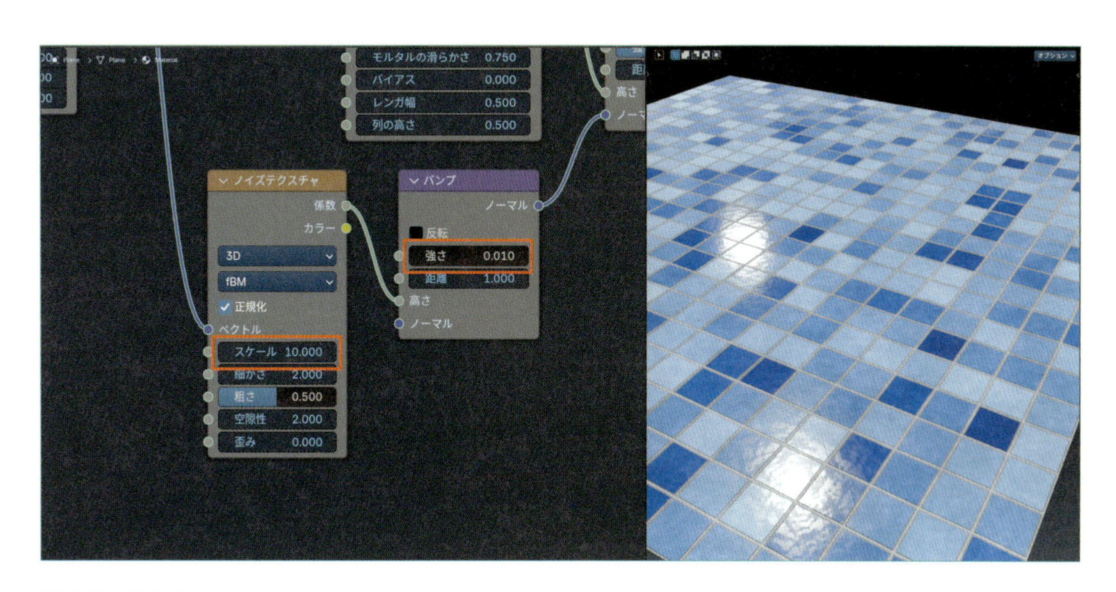

POINT

Cyclesを使う場合の注意点

ここまでの見本は、すべてEEVEEでレンダリングしてあります。
Cyclesでレンダリングすると、タイルの目地の部分に**黒いまだら模様**が現れます。
これは複数の**バンプ**をつないだ時、**強さ**の合計が**1**より大きくなると起きる現象です。
このような場合は、**強さ**の合計が**1**より小さくなるように調整すると、黒いまだら模様は見えなくなります。

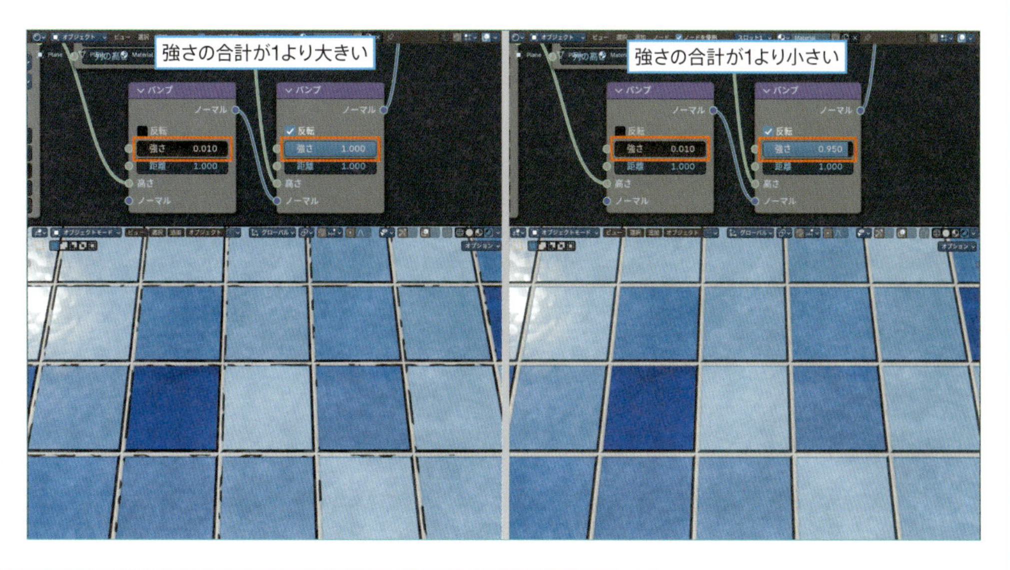

これで今回必要なすべてのノードがそろいました。
ノードツリー全体を見ると、下の画像のようになります（サンプルデータ：3-07-02.blend）。

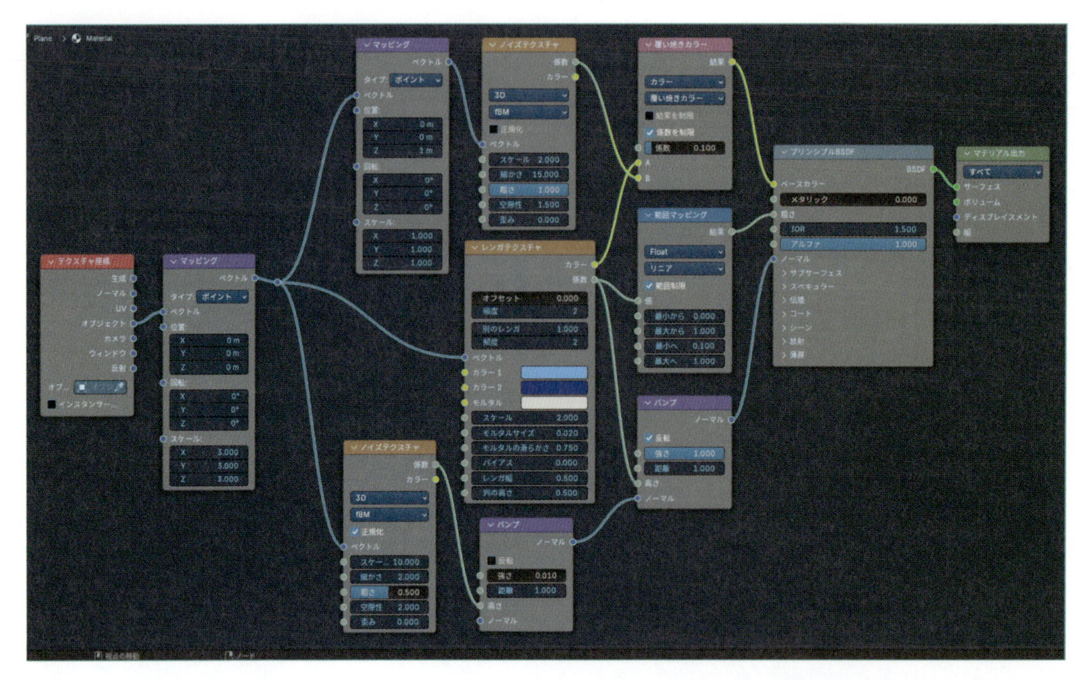

なお、**レンガテクスチャ**の**バイアス**で、タイルの**カラー1**と**カラー2**がミックスされる割合を操作できます。

- **-1**：**カラー1**だけになる
- **0**　：**カラー1**と**カラー2**がランダムにミックスされる
- **1**　：**カラー2**だけになる

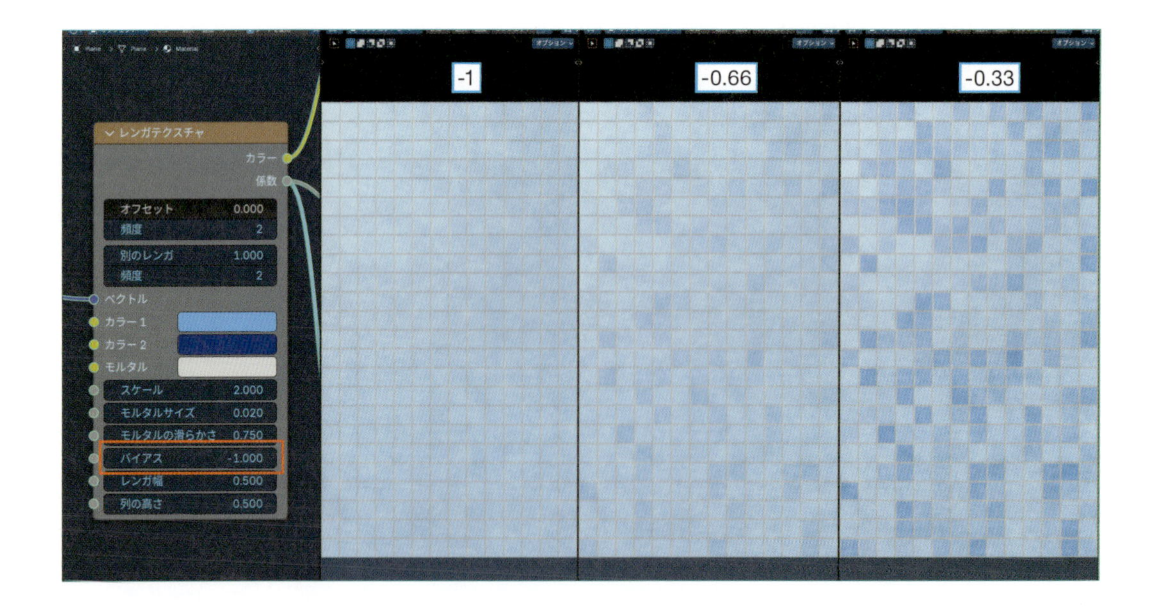

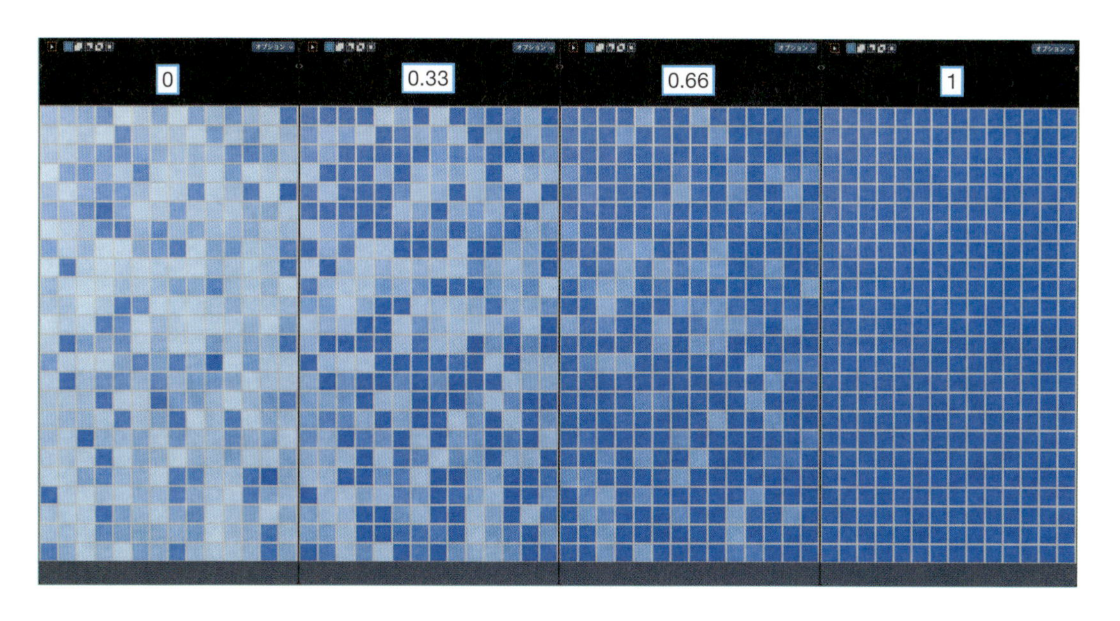

以上で、できあがりです。

7-4 壁を作る場合の注意点

レンガテクスチャは2Dテクスチャです。
オブジェクトのローカル座標系で、Z軸方向の面だけにレンガの模様が作られます。
その他の面は、レンガ模様になりません。

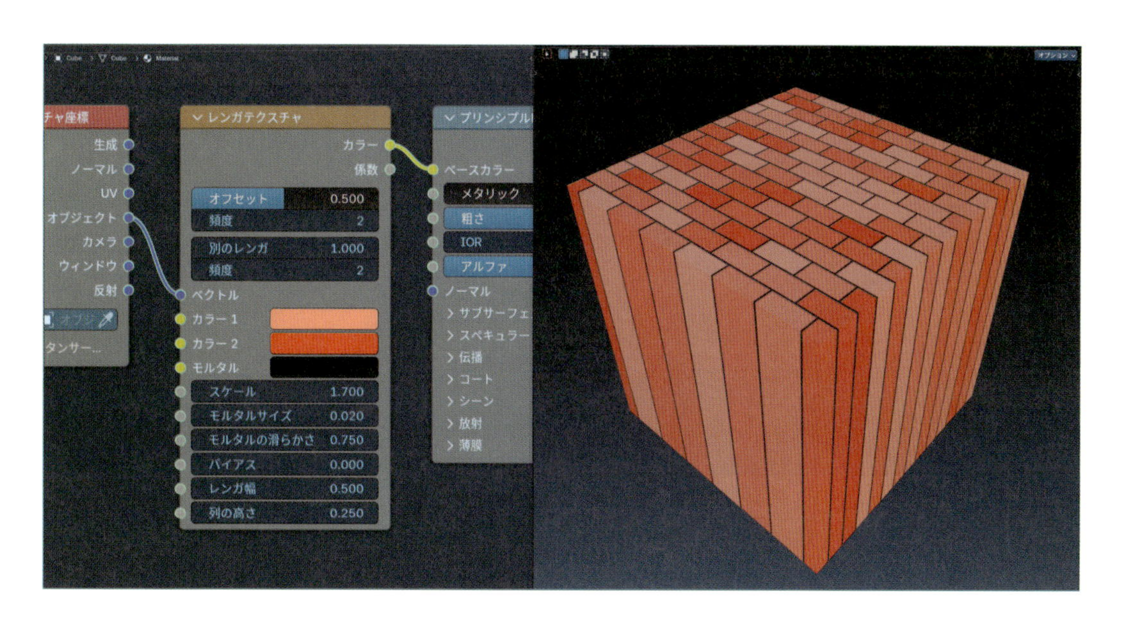

レンガの壁を作る場合は、次の手順で作ります。

1.平面オブジェクトにマテリアルを設定する
2.オブジェクトを90°回転して、壁の向きに立ち上げる
3.適度に厚みをつける

厚みをつけすぎると不自然な見た目になるので注意してください。

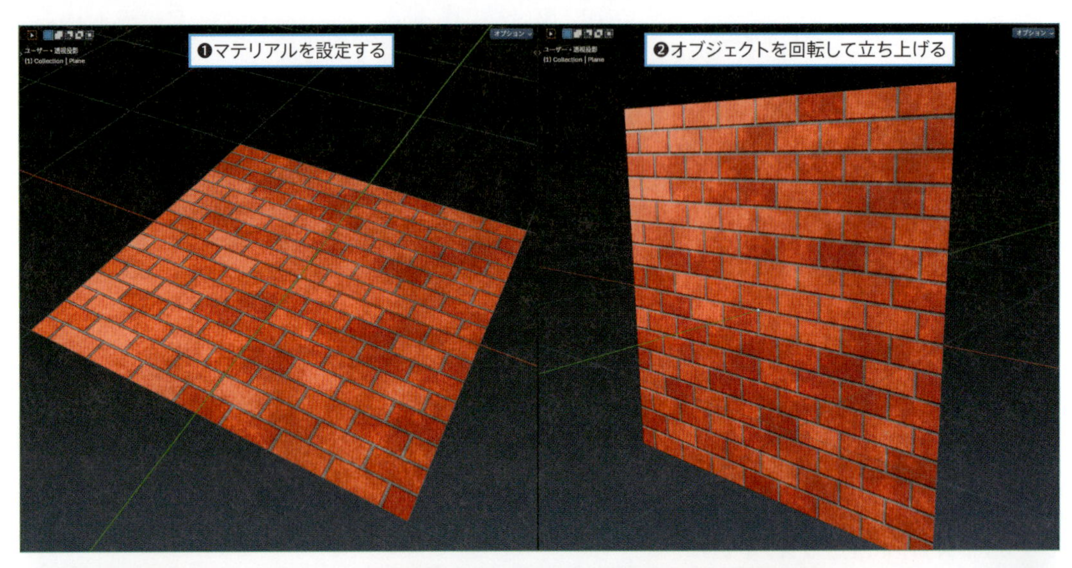

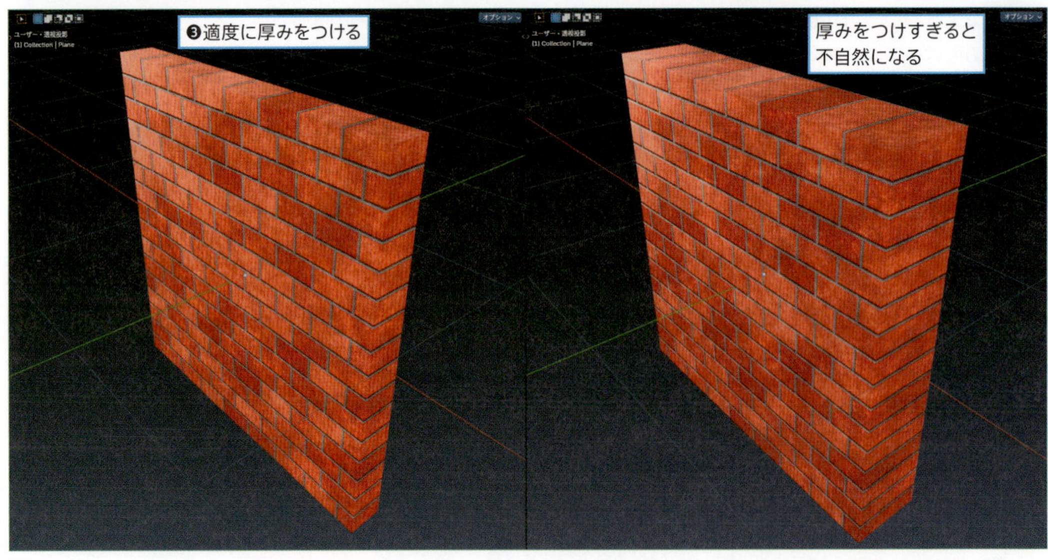

なお、家の壁などの折れ曲がった面にレンガの模様をつけたい場合は、テクスチャ座標の**UV**を使います。

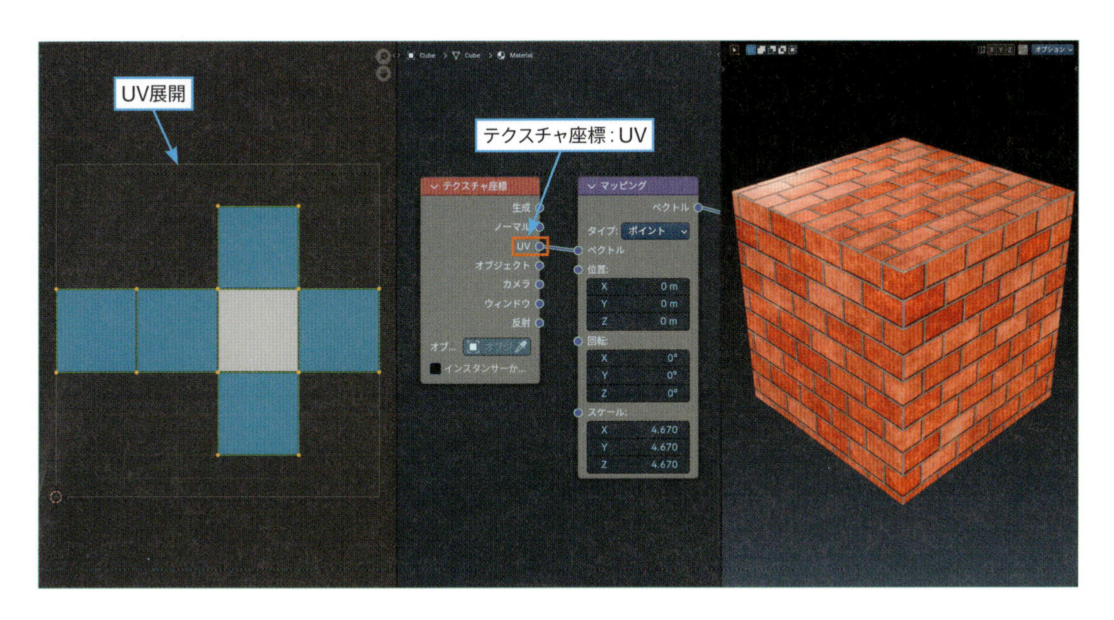

この場合、作りたいレンガ模様の向きに合わせて**UV展開**を調整しておく必要があります。
UV展開については中級者向けの内容になるので、この本では省略します。
「Blender UV」で検索するとすぐ見つかるので、そちらを参照してください。

Chapter 3

8

アスファルトの作り方

アスファルトと一言でいっても、いろいろな質感があります。
黒々とツヤのある新しいアスファルト、年数が経って白っぽくなったアスファルト、表面のボコボコが大きいもの、滑らかなもの、ひび割れているもの…
ここではそういったリアルな質感ではなく、**簡単で効果的にアスファルトっぽい質感を作る方法**を説明します。

8-1 アスファルトの質感のポイント

アスファルト舗装は、**砕石と接着剤(アスファルト)を混合したものを敷きならして固める**という方法で作られます。
質感表現のパターンとしては「敷き詰めた石」の一種になるので、**ボロノイテクスチャ**で作ります。

8-2 アスファルトの作り方

今回は平面オブジェクトを使って、アスファルトのマテリアルを設定します。

01 Step ボロノイテクスチャを設定

❶テクスチャ座標とボロノイテクスチャを追加します。

- Shift+A＞入力＞テクスチャ座標
- Shift+A＞テクスチャ＞ボロノイテクスチャ

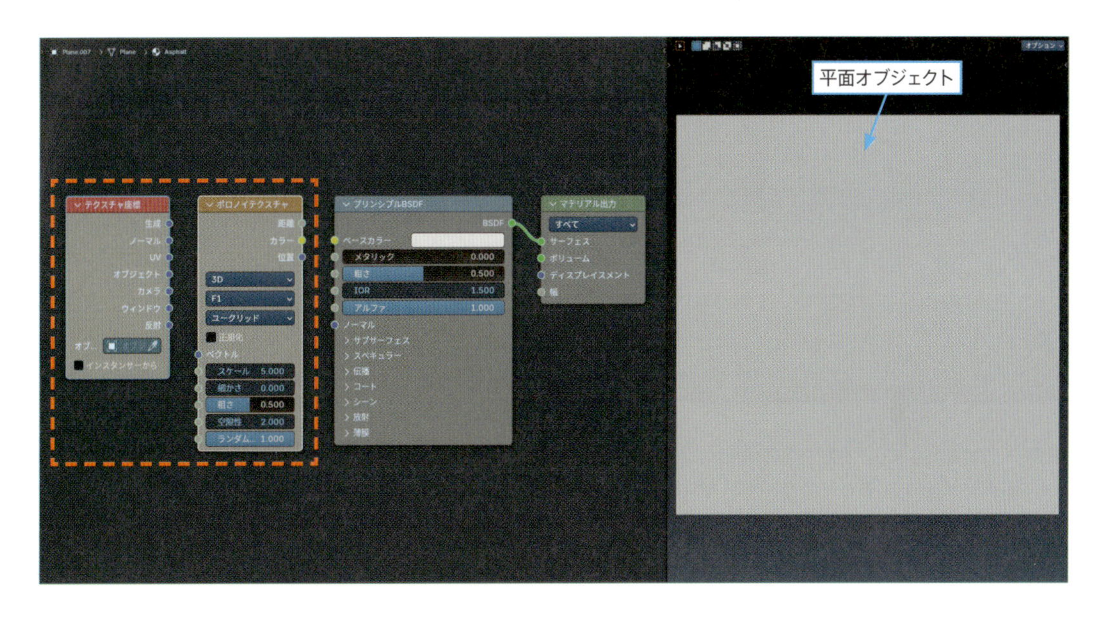

❷この2つのノードを、次のように接続します。

- ［テクスチャ座標：オブジェクト］＞［ボロノイテクスチャ：ベクトル］
- ［ボロノイテクスチャ：カラー］＞［プリンシプルBSDF：ベースカラー］

これでオブジェクトが、ボロノイテクスチャのランダムな色模様になります。

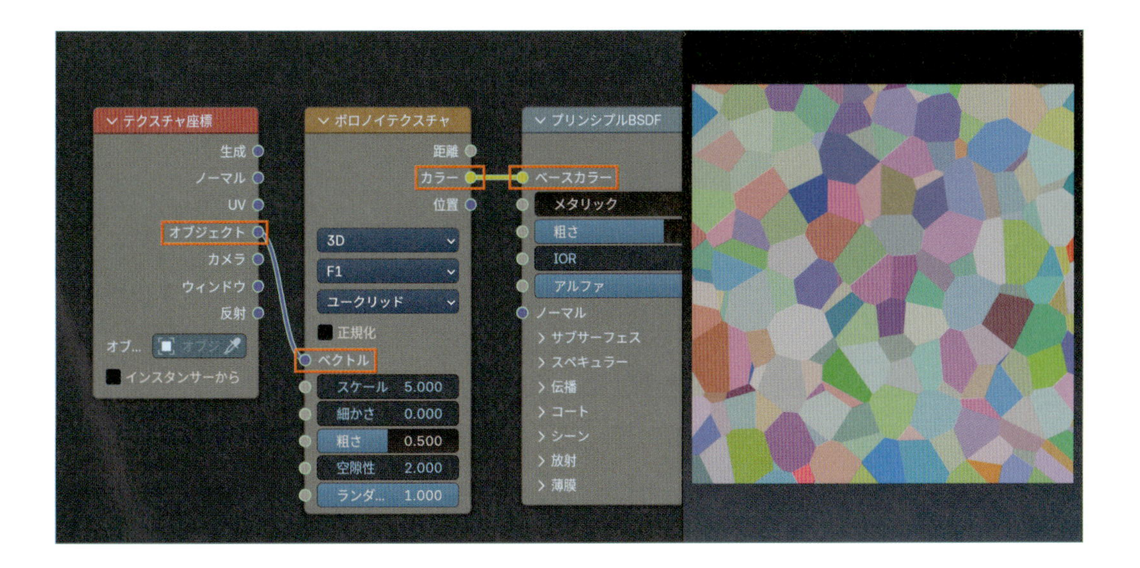

Chapter 1
Chapter 2
Chapter 3 1-5
Chapter 3 6-10
Chapter 3 11-15
Chapter 4

この色模様を、モノクロの模様に変換します。

02 Step モノクロ模様に変換

❶**Shift+A**＞**コンバーター**＞**カラー分離**を追加します。

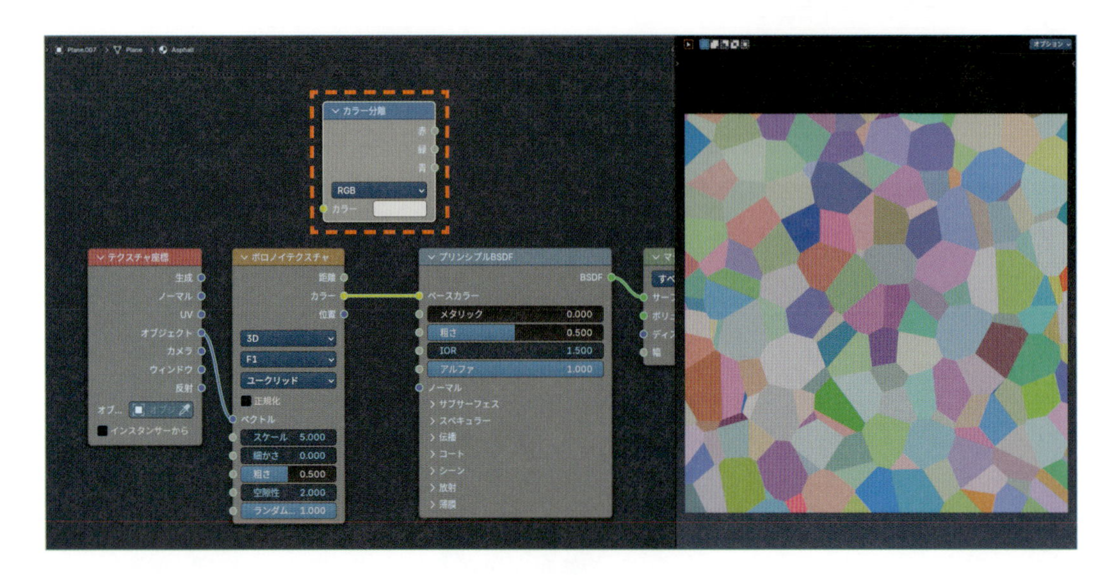

❷**カラー分離**を、**ボロノイテクスチャ**と**プリンシプルBSDF**の間に接続します。

- ［**ボロノイテクスチャ**：**カラー**］＞［**カラー分離**：**カラー**］
- ［**カラー分離**：**赤**］＞［**プリンシプルBSDF**：**ベースカラー**］

これで模様が色を失い、「ランダムな明度のモノクロ模様」になりました。

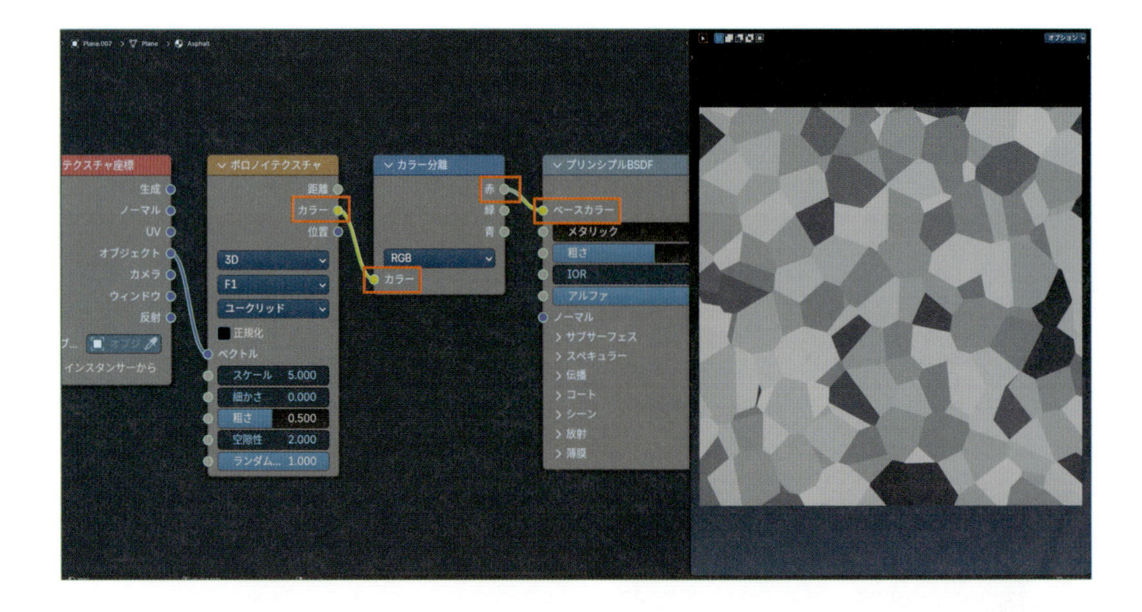

POINT

赤を分離したのに、どうしてモノクロになるの？

カラー分離は、画像から赤（R）・緑（G）・青（B）の成分を個別に抽出するノードです。
今回のように赤を抽出したなら、結果は「赤い画像」になる…と思いますよね。
でも、実際にはモノクロの画像になります。
カラー分離は、赤・緑・青それぞれの強さを表す**数値**を抽出します。
これはただの0～1の数値で、それ自体に**色**はありません。
この数値を「赤として扱う」や「緑として扱う」といった変換処理をすることで、色として表示されるようになります。
ここでは抽出した数値を色に変換していないので、ただの明度（V）として扱われ、色のないモノクロの画像として表示されます。
なお、緑や青を抽出しても、同じように**ランダムな明度のモノクロ模様**になります。
部分的に比べるとそれぞれ違う結果に見えますが、全体的にはどれも同じランダム度合いになります。
アスファルトを作るにはどれを使っても同じなので、ここでは一番上にある赤を使いました。

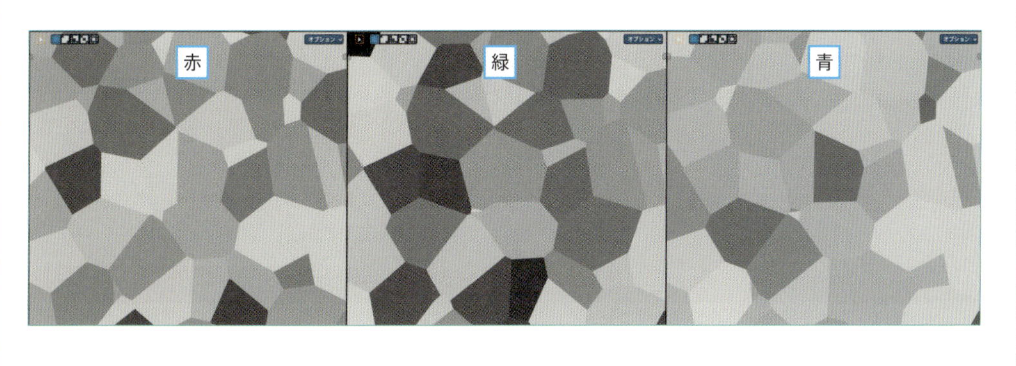

この時点では「敷き詰められたタイル」のようですが、これを「ところどころに石が頭を出しているアスファルト」にしていきましょう。
まず、模様をぼやけさせます。

03 Step ボロノイテクスチャの設定を変更

ボロノイテクスチャの特徴出力をF1（スムーズ）に変更します。
これで、模様がぼやけます。

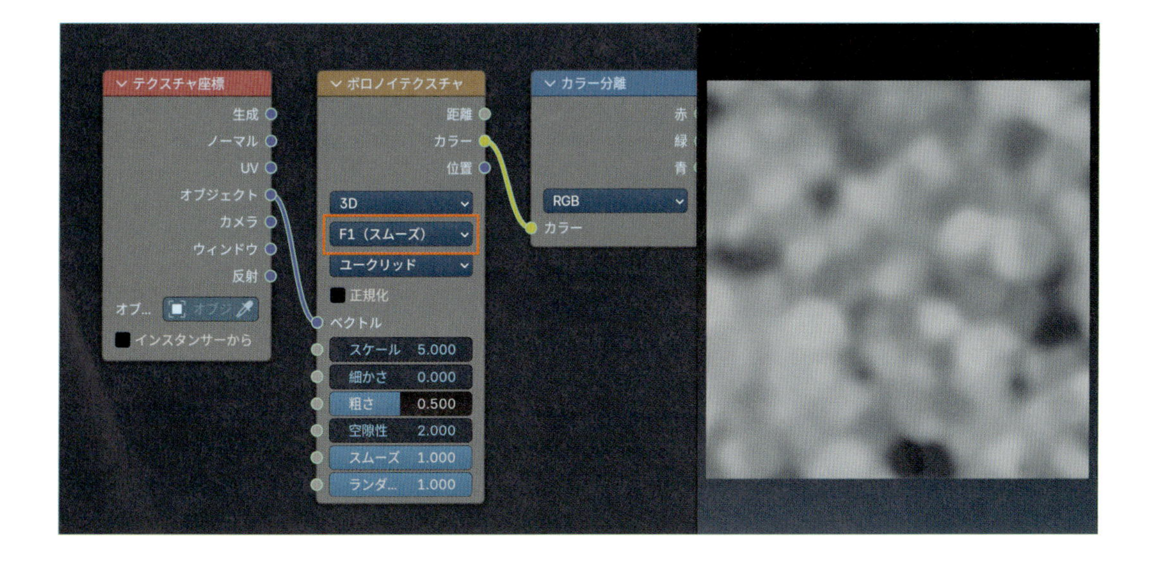

次は、この模様のコントラストを強くします。

04 Step 模様のコントラストを強くする

❶**Shift+A**>**カラー**>**ガンマ**を追加します。

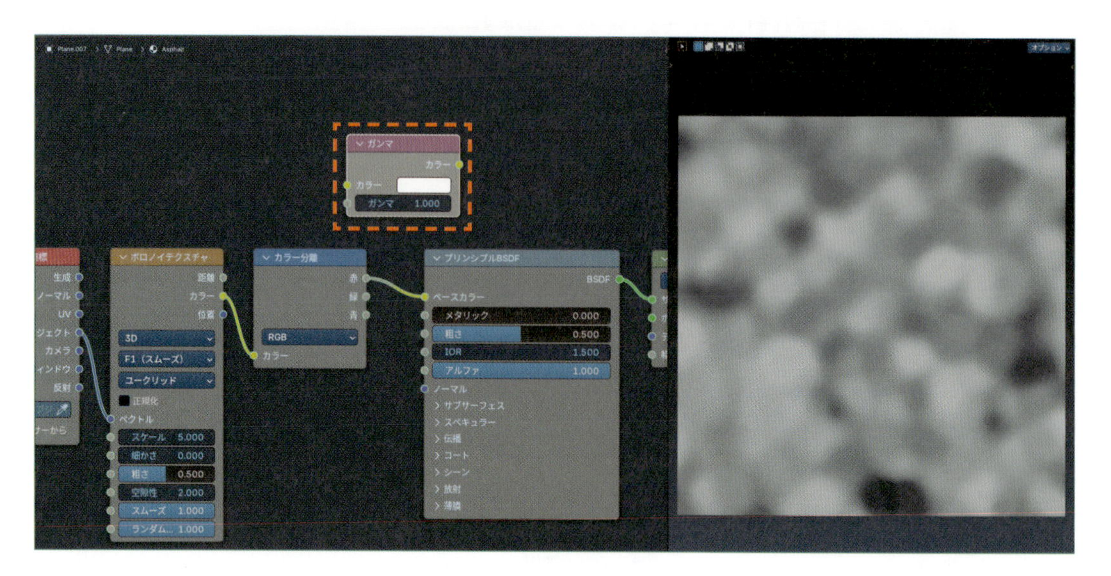

❷**ガンマ**を、**カラー分離**と**プリンシプルBSDF**の間に接続します。

- ［**カラー分離**：**赤**］>［**ガンマ**：**カラー**］
- ［**ガンマ**：**カラー**］>［**プリンシプルBSDF**：**ベースカラー**］

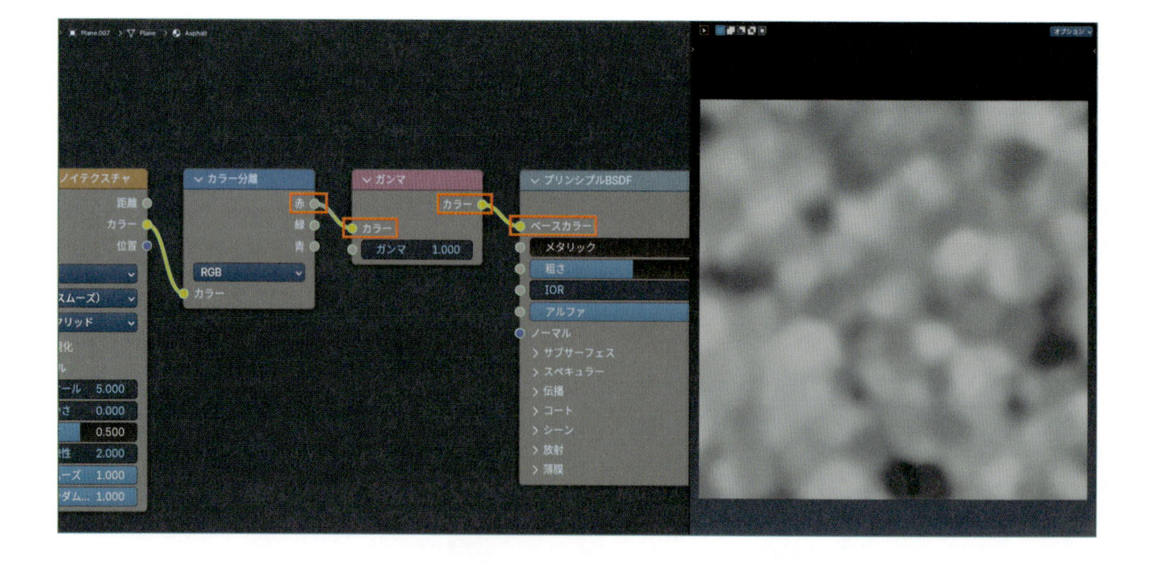

❸ガンマの値を5にします。
これで模様のコントラストが強くなりました。
この黒い部分が「アスファルト」、白い部分が「アスファルトから頭を出している石」を表現します。

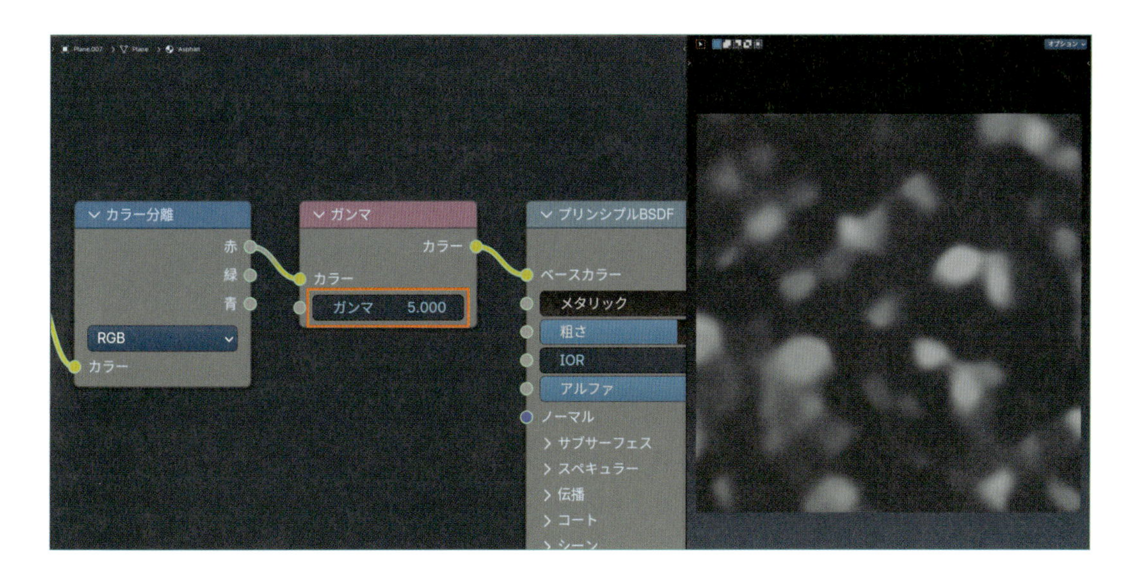

05 Step 模様の大きさを調整

ボロノイテクスチャのスケールで、模様の大きさを調整します。
実寸でモデリングしている場合は、スケールを100にすると、実物と同じくらいの見た目になります。
これで、アスファルトの色設定の元になる白黒模様ができました。

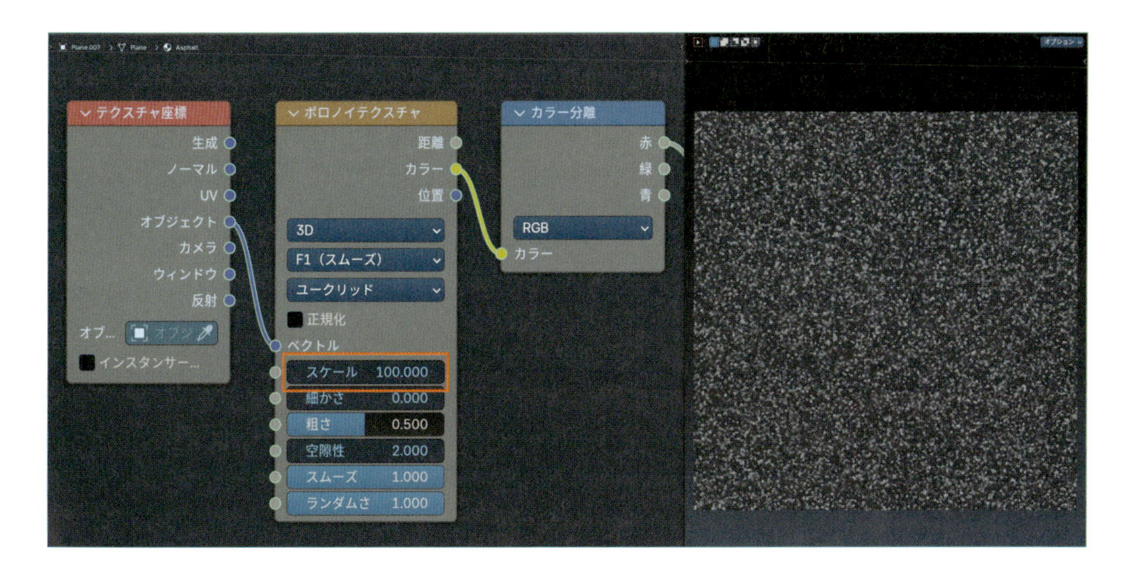

POINT

どうしてカラーを元にするの？

今回ボロノイテクスチャのカラーを元にしたのは、「ところどころに石が頭を出しているアスファルトの模様」を作るのに最適だからです。
もし「一面の砂」の模様を作るならば、距離が最適になります。

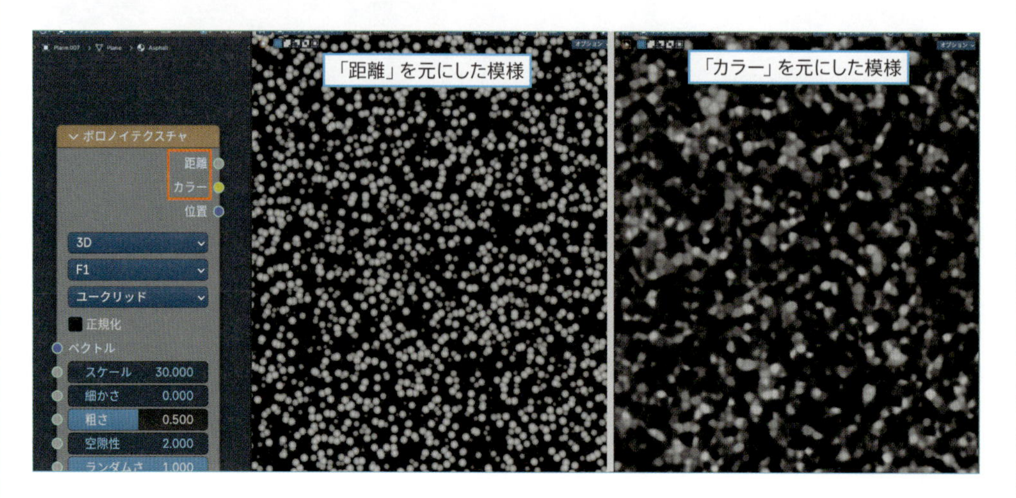

このように同じテクスチャでも、出力やパラメーターを変えると模様は大きく変化するので、作りたい質感に合わせて最適なものを使います。

できあがった模様を元に色をつけたいところですが、まだ凹凸も粗さも設定していないため、適切な色が判断できません。
なので先に、バンプマッピングで凹凸を表現します。

06 Step バンプマッピングを追加

❶バンプとガンマを追加します。

- Shift+A＞ベクトル＞バンプ
- Shift+A＞カラー＞ガンマ

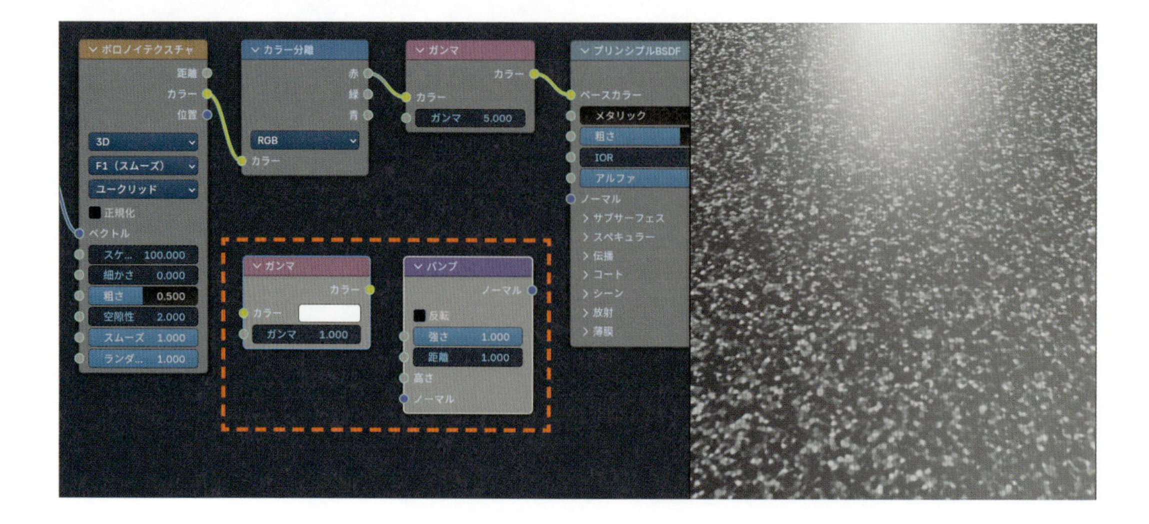

❷この2つのノードを、次のように接続します。

- [ボロノイテクスチャ：距離] > [ガンマ：カラー]
- [ガンマ：カラー] > [バンプ：高さ]
- [バンプ：ノーマル] > [プリンシプルBSDF：ノーマル]

バンプマッピングの元になる白黒模様は、ボロノイテクスチャの距離を使います。
距離を元にすることで、「アスファルトをかぶったままの石の盛り上がり」も表現できます。

これでオブジェクトに擬似的な凹凸が追加されます。
しかしこの時点では、クレーター状の凹みがたくさん並んでいるように表現されます。

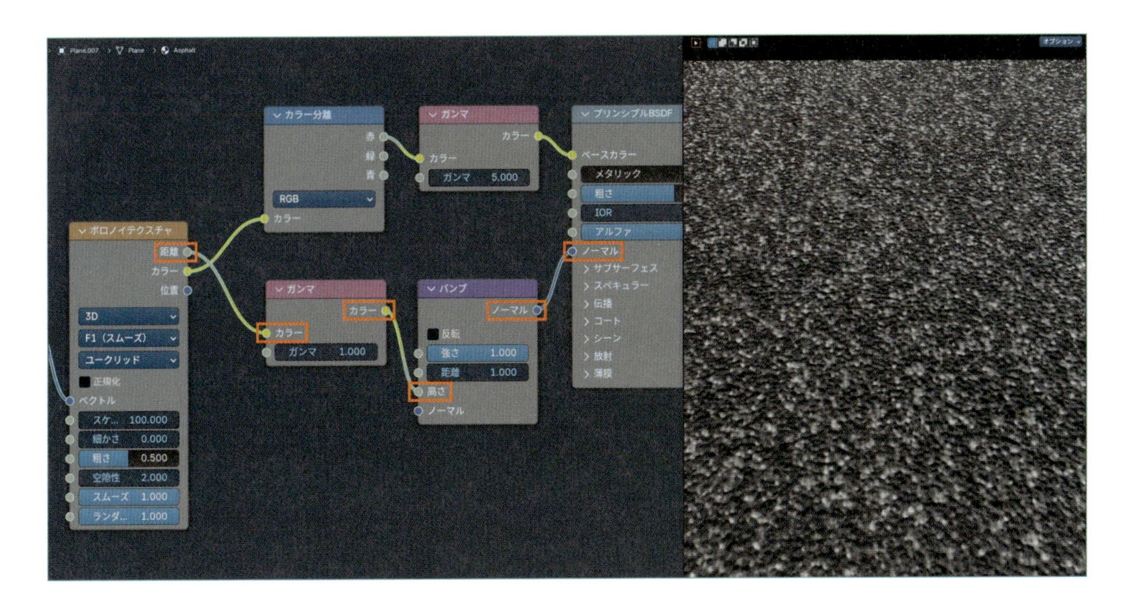

❸バンプの反転にチェックを入れます。
これで凹凸が反転し、石の部分の盛り上がりが表現できます。

❹**ガンマ**の値を**8**にします。
これで凹凸の頭の部分が平らになり、「ロードローラーで締め固められたアスファルトの表面」が表現できました。

次は、アスファルトのツヤを調整します。

07 Step プリンシプルBSDFの粗さを設定

プリンシプルBSDFの**粗さ**を、作りたい質感に合わせて設定します（ここでは**0.9**にしました）。
イメージ的な目安は次のようになります。

- 0.8：新しくてツヤのあるアスファルト
- 0.9：年数が経ってツヤを失ったアスファルト

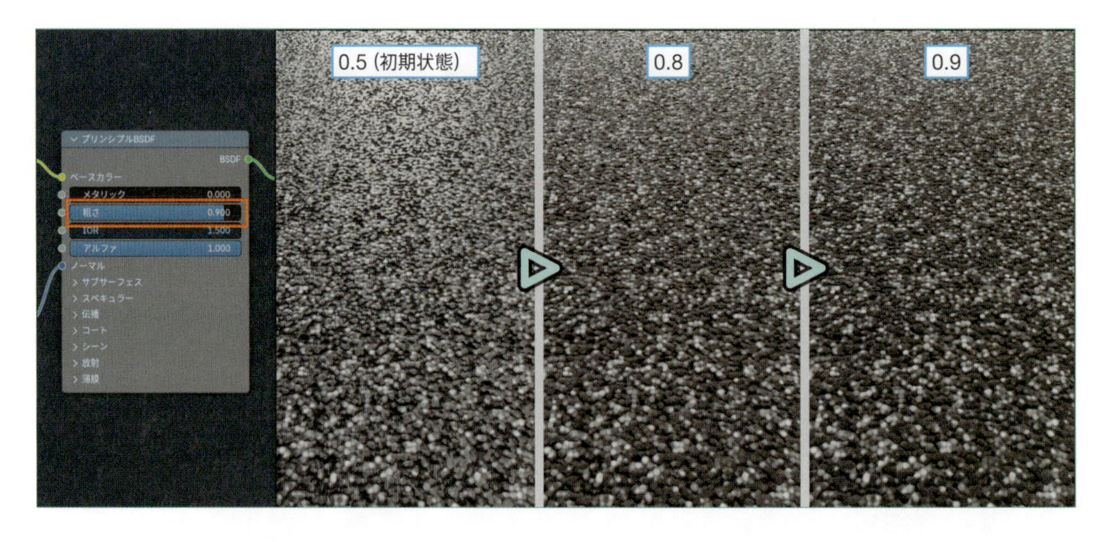

凹凸と**粗さ**が設定できたので、全体の色味を設定しましょう。

08 Step アスファルトの色味を設定

❶**Shift+A**＞**カラー**＞**カラーミックス**を追加します。

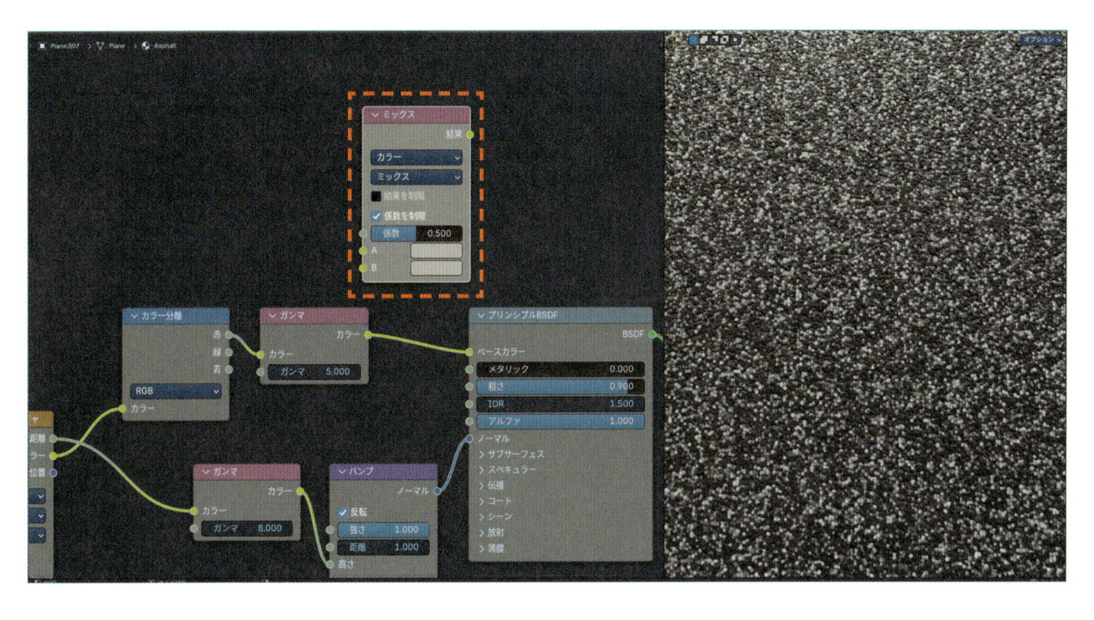

❷**カラーミックス**を、**ガンマ**と**プリンシプルBSDF**の間に接続します。

- ［**ガンマ**：**カラー**］＞［**カラーミックス**：**係数**］
- ［**カラーミックス**：**結果**］＞［**プリンシプルBSDF**：**ベースカラー**］

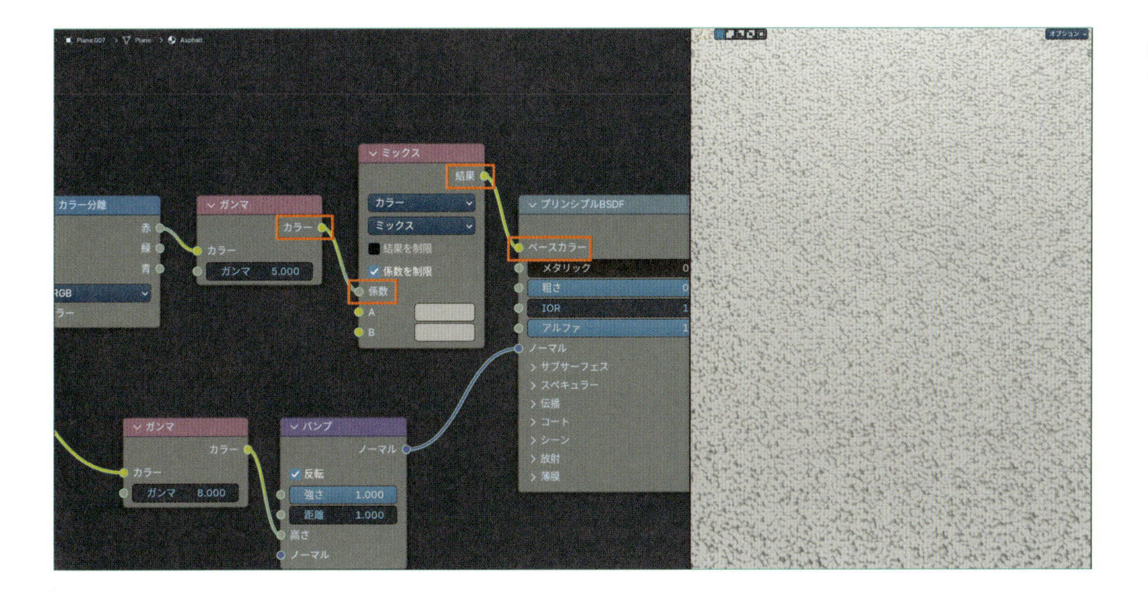

❸カラーミックスを、次のように設定します。

- A：アスファルトの色（暗い色）
- B：ところどころに頭を出す石の色（明るい色）

Aは軽く青みをつけると、アスファルトらしい色になります。
これで全体の色味が設定できました。

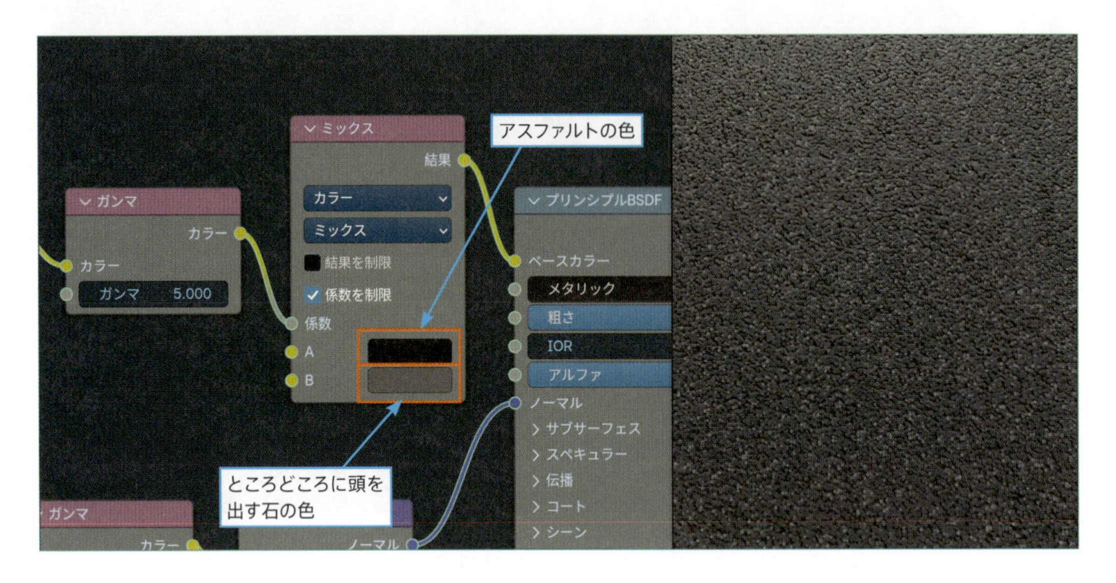

最後に、色ムラを追加します。

09 Step 色ムラを追加する

❶マッピング、ノイズテクスチャ、カラーミックスの3つのノードを追加します。

- Shift+A＞ベクトル＞マッピング
- Shift+A＞テクスチャ＞ノイズテクスチャ
- Shift+A＞カラー＞カラーミックス

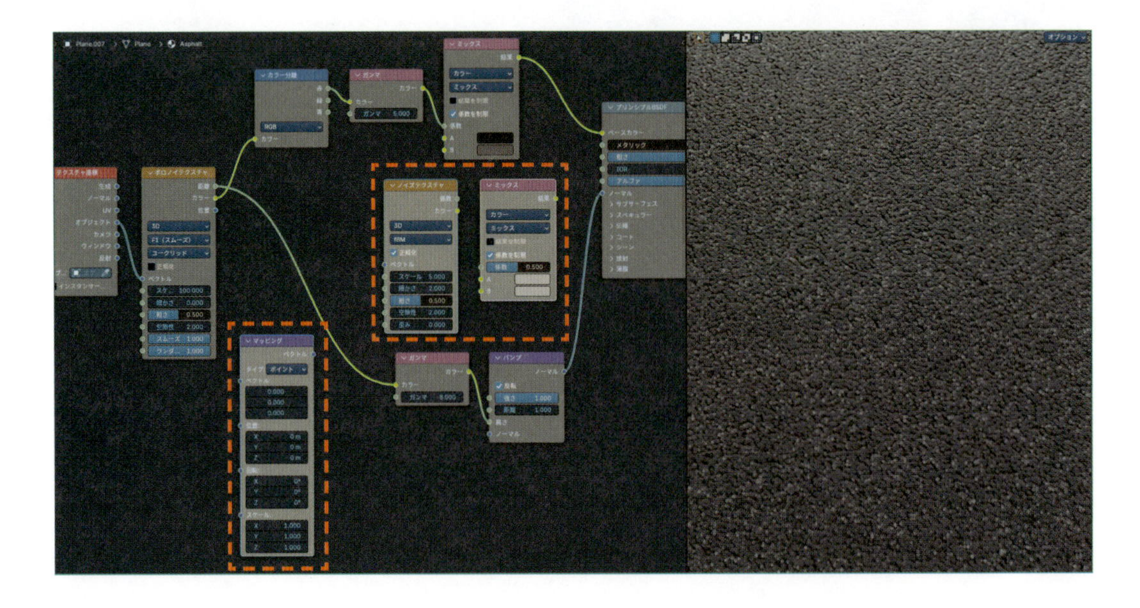

❷この3つのノードを、次のように設定します。

- **マッピング**
  位置 Z：**1m**
- **ノイズテクスチャ**
  正規化：**OFF**、**スケール**：**2**、**細かさ**：**15**、**粗さ**：**1.0**、**空隙性**：**1.5**
- **カラーミックス**
  ブレンドモード：**覆い焼きカラー**、**係数**：**0.1~0.2**

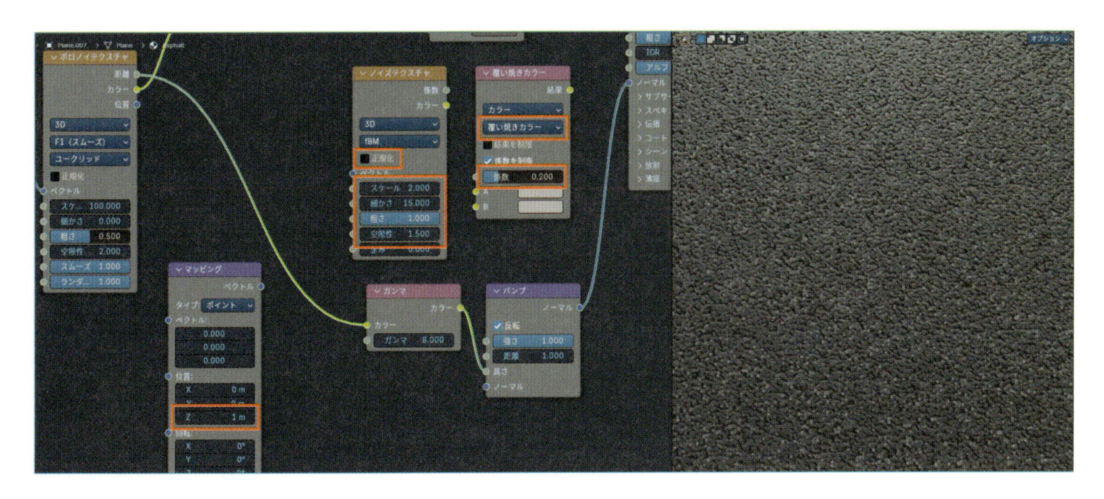

❸この3つのノードを、次のように接続します。

- [**カラーミックス（ミックス）**：**結果**] > [**カラーミックス（覆い焼きカラー）**：**A**]
- [**テクスチャ座標**：**オブジェクト**] > [**マッピング**：**ベクトル**]
- [**マッピング**：**ベクトル**] > [**ノイズテクスチャ**：**ベクトル**]
- [**ノイズテクスチャ**：**係数**] > [**カラーミックス（覆い焼きカラー）**：**B**]
- [**カラーミックス（覆い焼きカラー）**：**結果**] > [**プリンシプルBSDF**：**ベースカラー**]

これで色ムラが追加されました。

※色ムラの設定についての詳細は、**Chapter3-2　色ムラの作り方（075ページ）**を参照してください。
※**マッピング**は、「オブジェクトの原点を含む平面で**ノイズテクスチャ**の複雑なフラクタル模様を使うと発生するおかしな模様」への対処のために使用しています。詳しくは、083ページを参照してください。

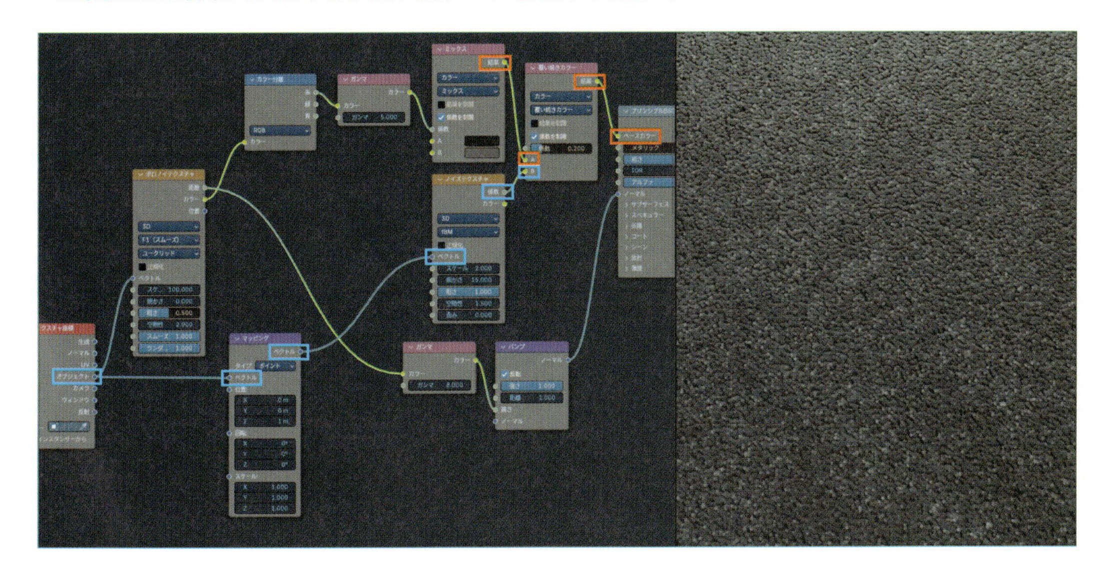

これで今回必要なすべてのノードがそろいました。
ノードツリー全体を見ると、下の画像のようになります（サンプルデータ：3-08-01.blend）。

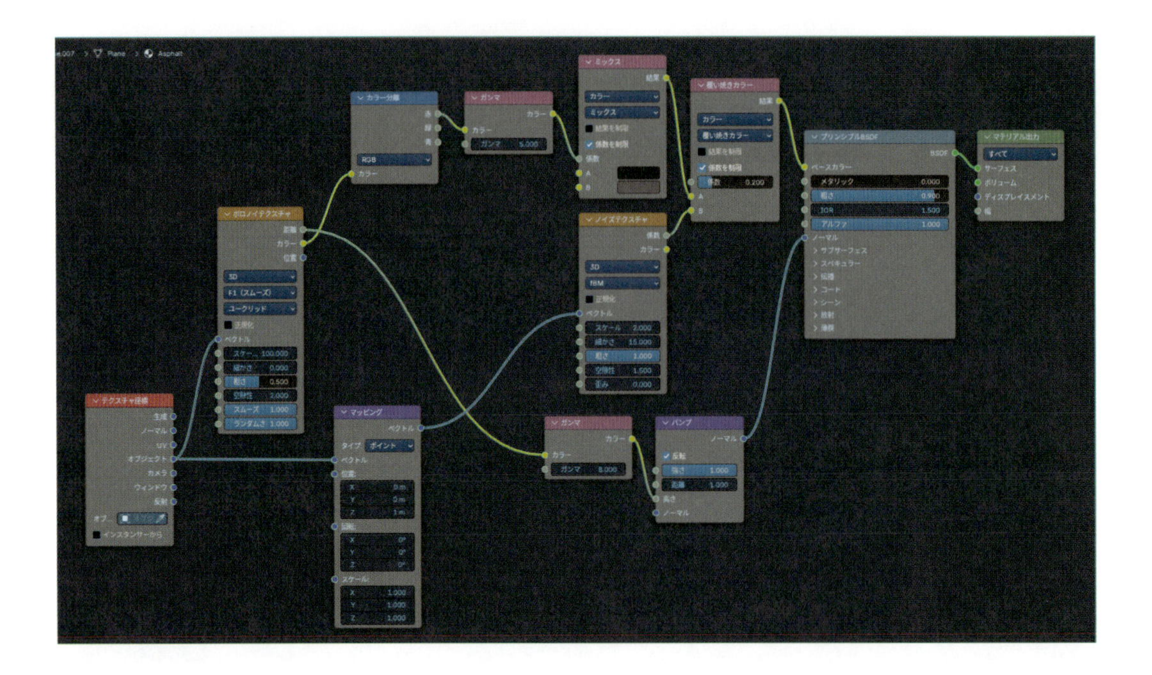

8-3 設定見本

新しいアスファルト、**標準的なアスファルト**、**古いアスファルト**の3パターンの設定見本を用意したので、参考にしてください（色表記は16進数です）。

新しいアスファルト

黒々とした色、**ツヤのある表面**に設定すると、新しいアスファルトが表現できます。
下図では、次のように設定しています。

- **カラーミックス（ミックス）**
  A：**0A0B0E**、**B**：**575759**
- **プリンシプルBSDF**
  粗さ：**0.8**

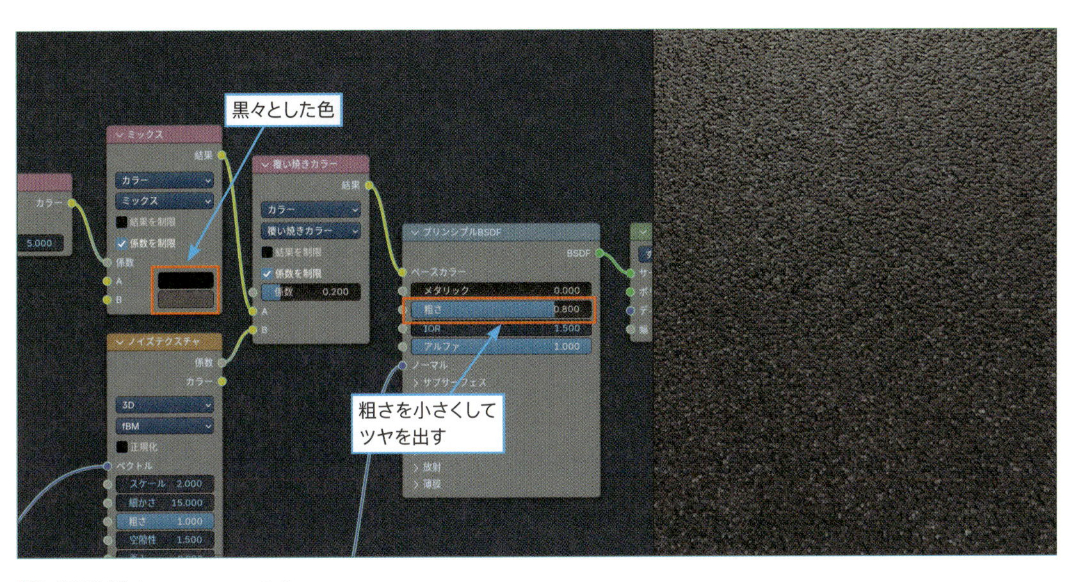

標準的なアスファルト

- **カラーミックス（ミックス）**
  A：202427、B：636366
- **プリンシプルBSDF**
  粗さ：0.8〜0.9

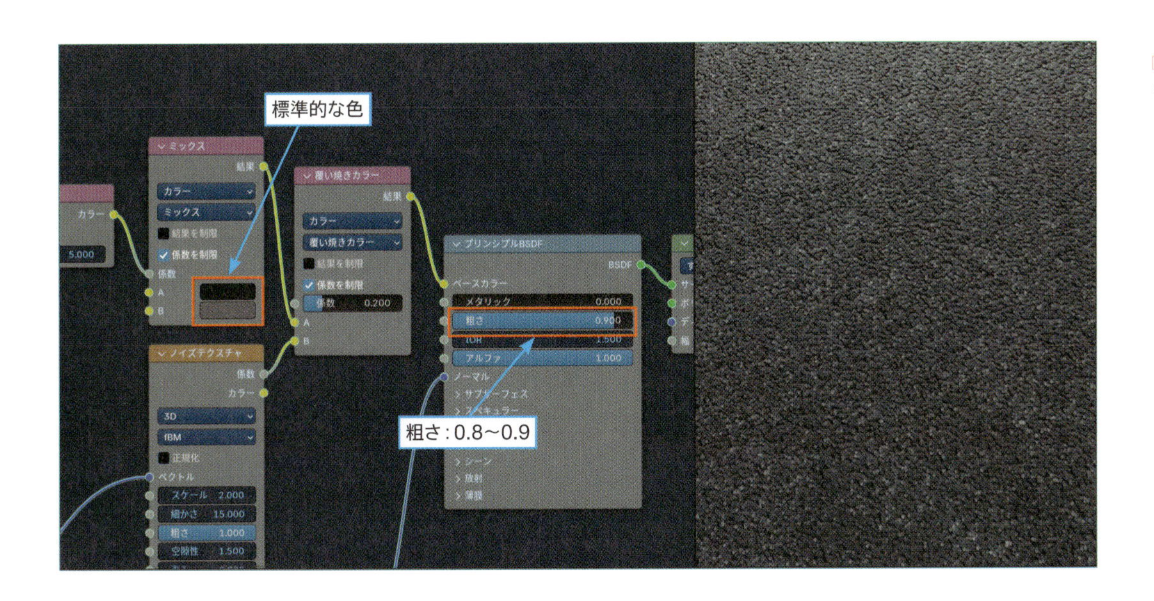

Chapter 1
Chapter 2
Chapter 3 1-5
Chapter 3 6-10
Chapter 3 11-15
Chapter 4

古いアスファルト

白っぽい灰色、**ツヤを失った表面**に設定すると、古いアスファルトが表現できます。
下の画像では、次のように設定しています。

- **カラーミックス（ミックス）**
  A：353C41、B：6F6F73
- **プリンシプルBSDF**
  粗さ：0.9

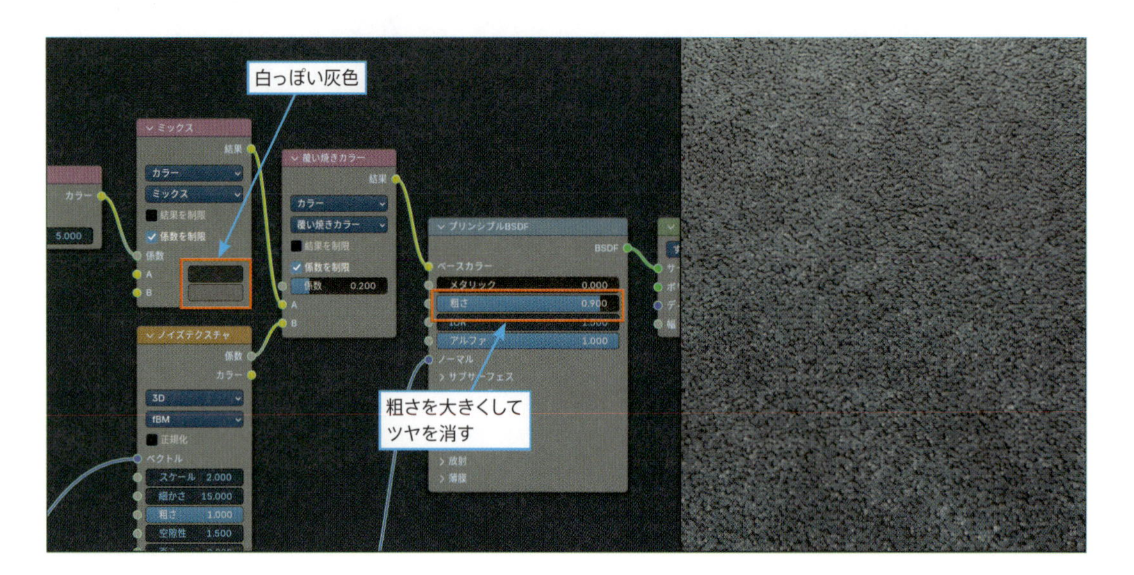

Chapter 3

9

コンクリートの作り方

Chapter3-2で作った色ムラのマテリアルを元に、コンクリートの質感を作ります。

9-1 コンクリートの質感のポイント

コンクリートには必ず色ムラがあります。
新品のコンクリート製品でも、「プラスチックのように均一な色」ということはなく、うっすらとした色ムラがあります。
もちろん、劣化・変色が進んだコンクリートでは、さらに色ムラが強くなります。
この色ムラの表現が、コンクリートの質感作りで一番のポイントになります。

9-2 コンクリートの作り方

01 Step 色ムラの設定を準備

077ページの**色ムラの設定**を用意します。

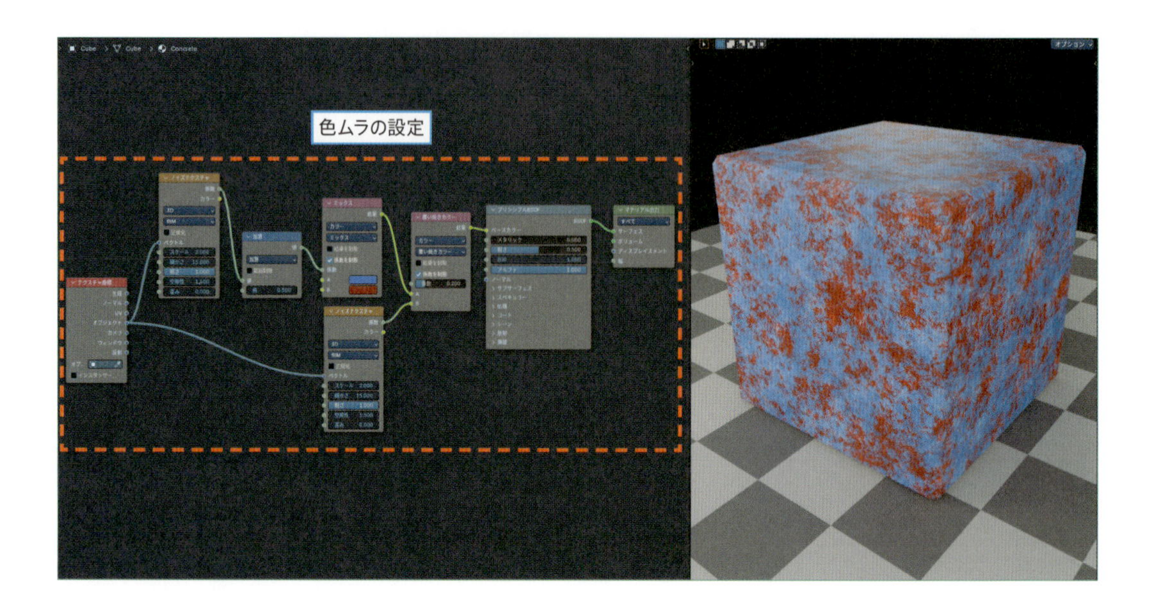

02 Step 色ムラの設定

❶**カラーミックス（ミックス）**のAとBで、基本の色を設定します。
次のように決めておくと、イメージと操作がしやすくなります。

- **A**：明るい方の色
- **B**：暗い方の色

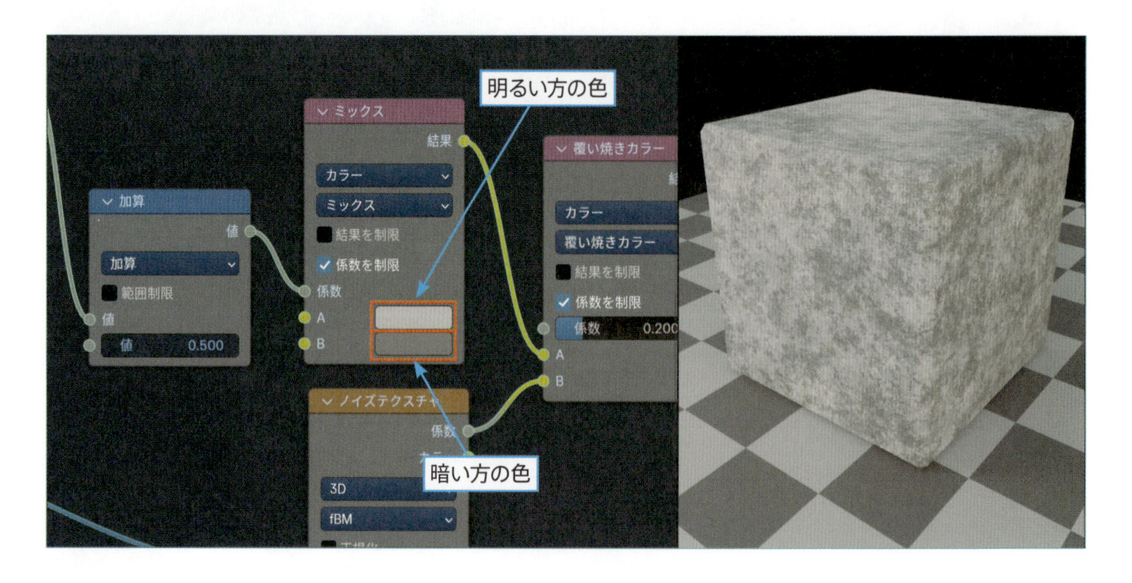

POINT

無彩色のグレーでもいいのですが、少しだけ青みをつけても、コンクリートらしい色味になります。

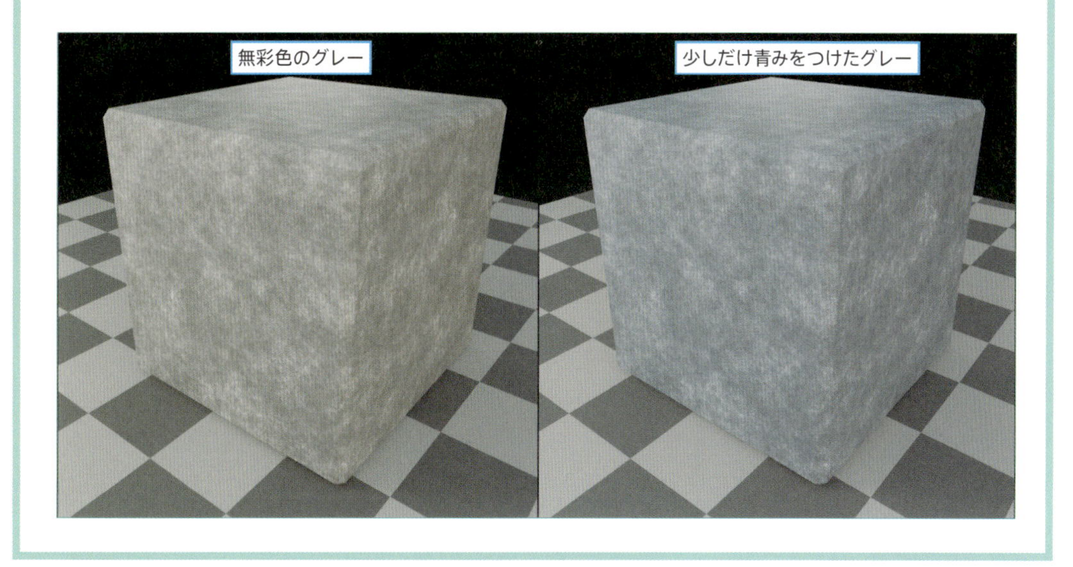

❷カラーミックス（覆い焼きカラー）の**係数**で、色ムラのディテールの強さを調整します。
係数は**0.1～0.2**の範囲で設定します。
イメージ的な目安は次のようになります。

- **0.1**：普通のコンクリート
- **0.2**：劣化・変色したコンクリート

これでコンクリートの色ムラができあがりました。

次は**型枠との間に残った気泡の凹み**を作ります。

03 Step 気泡の模様を作る

❶**ノイズテクスチャ**と**カラーランプ**を追加します。

- **Shift+A**＞**テクスチャ**＞**ノイズテクスチャ**
- **Shift+A**＞**コンバーター**＞**カラーランプ**

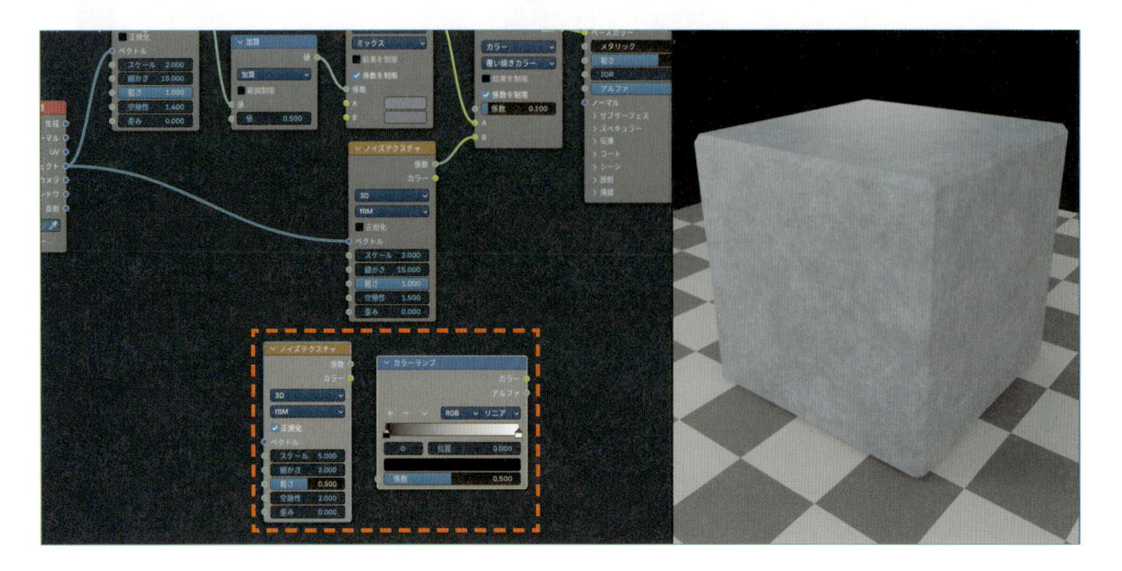

❷この2つのノードを、次のように接続します。

- ［**テクスチャ座標**：**オブジェクト**］＞［**ノイズテクスチャ**：**ベクトル**］
- ［**ノイズテクスチャ**：**係数**］＞［**カラーランプ**：**係数**］
- ［**カラーランプ**：**カラー**］＞［**プリンシプルBSDF**：**ベースカラー**］

これでオブジェクトが、一時的にノイズテクスチャの模様になります。

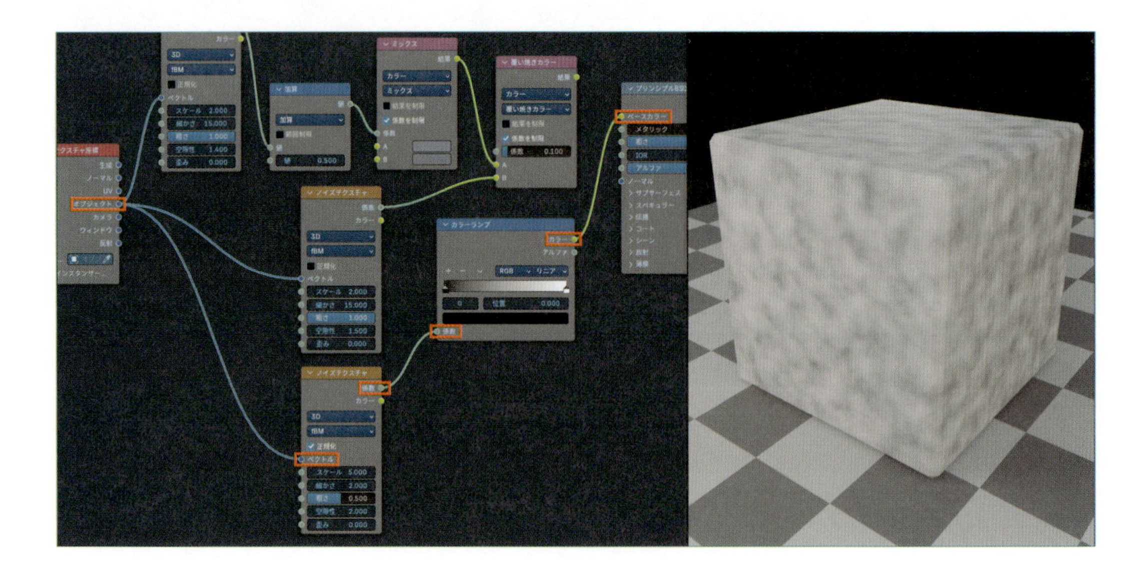

❸**カラーランプ**の**カラーストップ**の**位置**を、次のように設定します。

- **黒い方：0.73**
- **白い方：0.8**

これで、黒い中に白い点々のある模様になります。

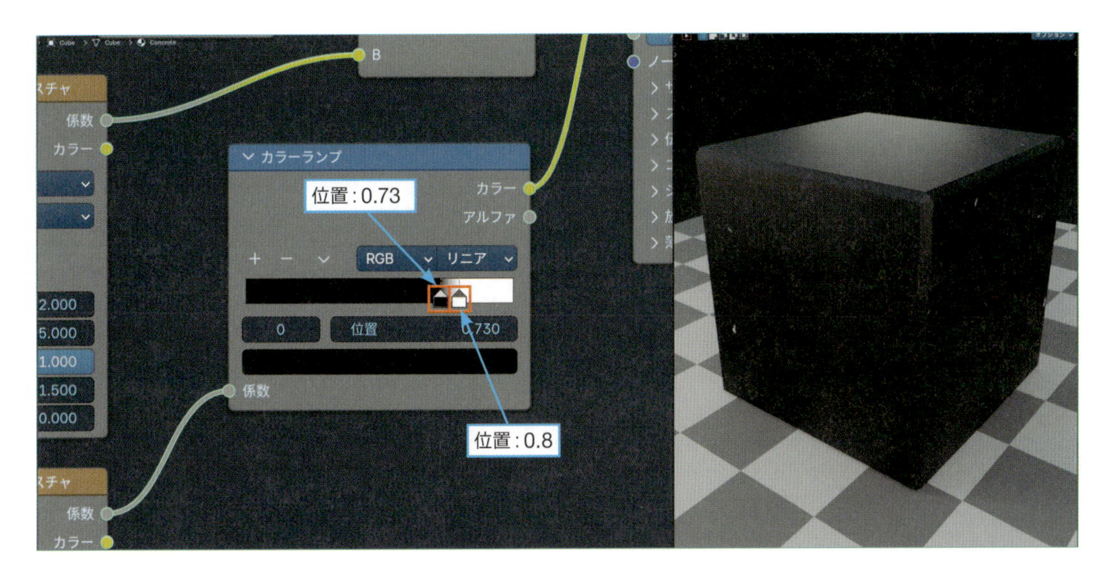

❹**ノイズテクスチャ**の**スケール**で、模様の大きさを調整します。
画面を見ながら、下の画像くらいの大きさにします。

これで、気泡の凹みの元になる白黒模様ができました。

この白黒模様を元に、バンプマッピングで凹凸を表現します。

04 Step バンプマッピングを追加

❶**Shift+A**＞**ベクトル**＞**バンプ**を追加します。

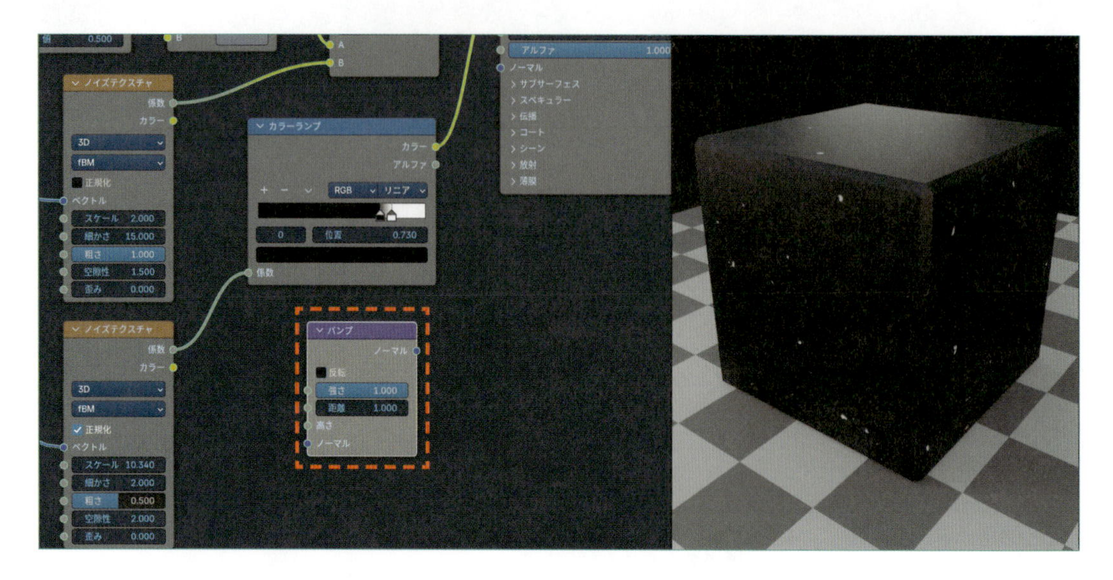

❷模様の白い部分が凹むように表現したいので、**バンプ**の**反転**にチェックを入れます。

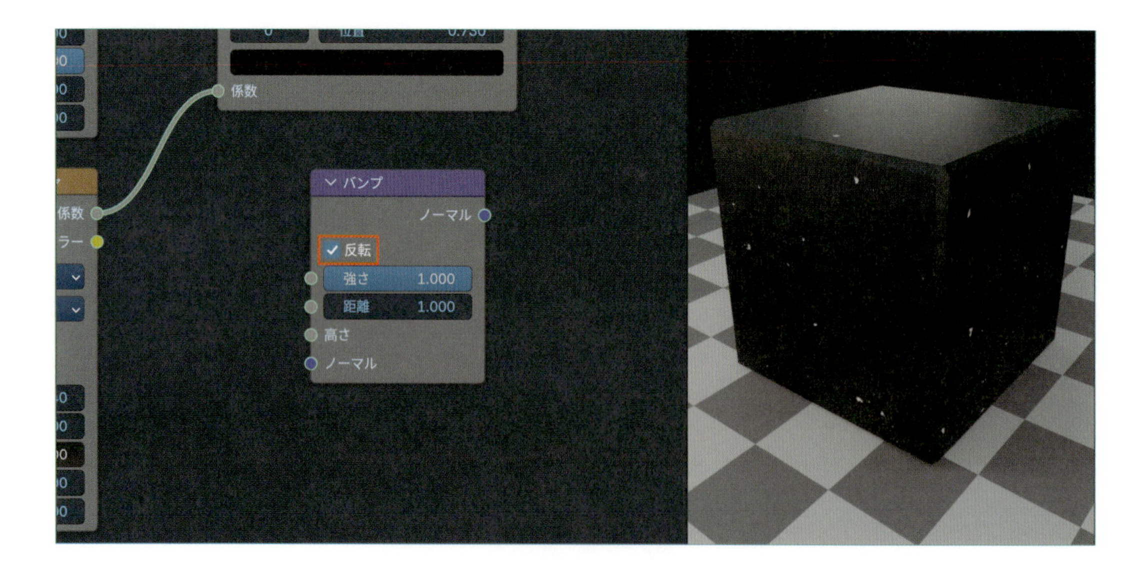

❸次のようにノードを接続して、ベースカラーを元の色に戻します。

- [カラーミックス（覆い焼きカラー）：結果] > [プリンシプルBSDF：ベースカラー]

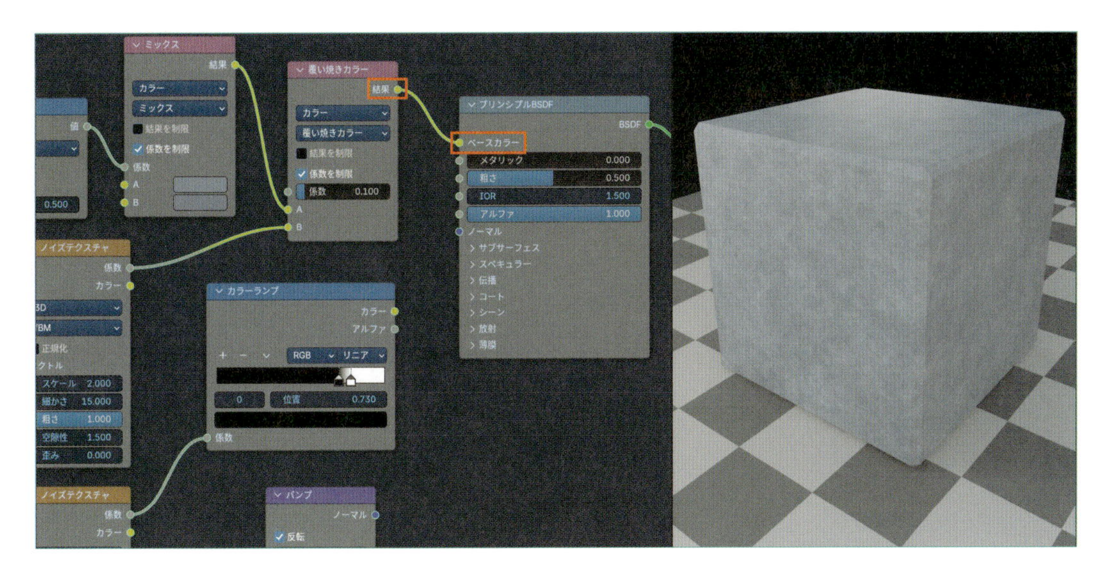

❹バンプを、カラーランプとプリンシプルBSDFの間に接続します。

- [カラーランプ：カラー] > [バンプ：高さ]
- [バンプ：ノーマル] > [プリンシプルBSDF：ノーマル]

これでオブジェクトに擬似的な凹凸が追加され、気泡の凹みが表現できました。
しかし、これだけでは凹みがあまり目立ちません。

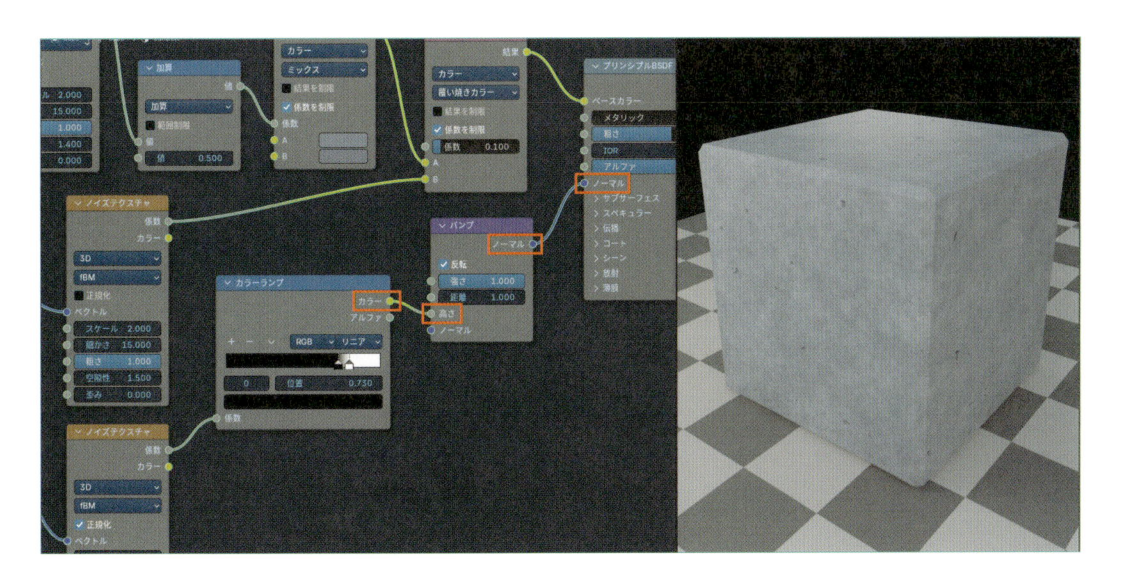

さらに凹み部分の色を暗くして、凹みを強調します。

Step 05 凹み部分の色を暗くする

❶**Shift+A**＞**カラー**＞**カラーミックス**を追加します。

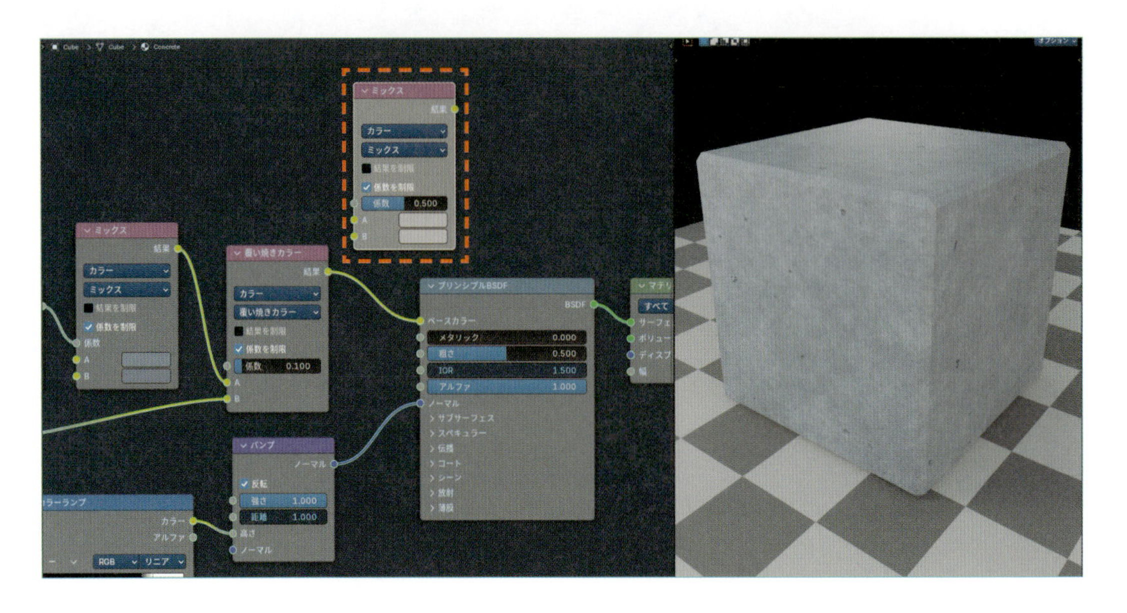

❷**カラーミックス**を、次のように設定します。

- **ブレンドモード**：**乗算**
- **B**：**黒（V：0）**

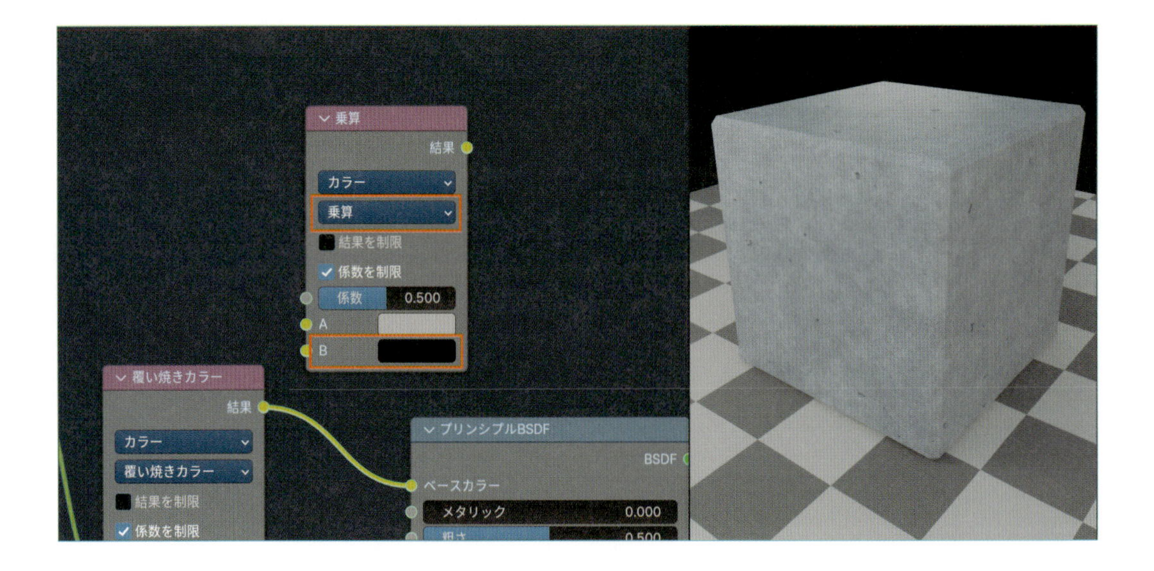

❸**カラーミックス**を、次のように接続します。

- ［**カラーミックス（覆い焼きカラー）：結果**］＞［**カラーミックス（乗算）：A**］
- ［**カラーランプ：カラー**］＞［**カラーミックス（乗算）：係数**］
- ［**カラーミックス（乗算）：結果**］＞［**プリンシプルBSDF：ベースカラー**］

※ノード配置の都合で、**カラーミックス**につながるリンクが交差します。
つなぐ先を間違えないよう注意してください。

これで、凹み部分だけ**B（黒）**が掛け合わされて暗くなり、凹みが強調されました。

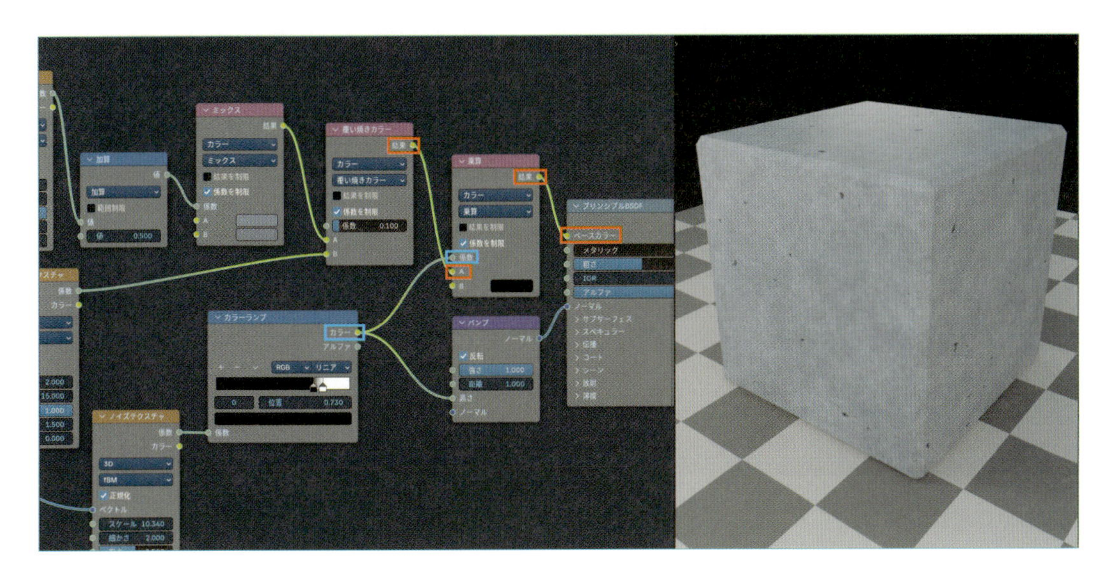

最後に、凹み部分と本体部分の**粗さ**を個別に設定できるようにしましょう。

06 Step 凹み部分と本体部分の粗さを個別に設定する

❶**Shift+A**＞**コンバーター**＞**範囲マッピング**を追加します。

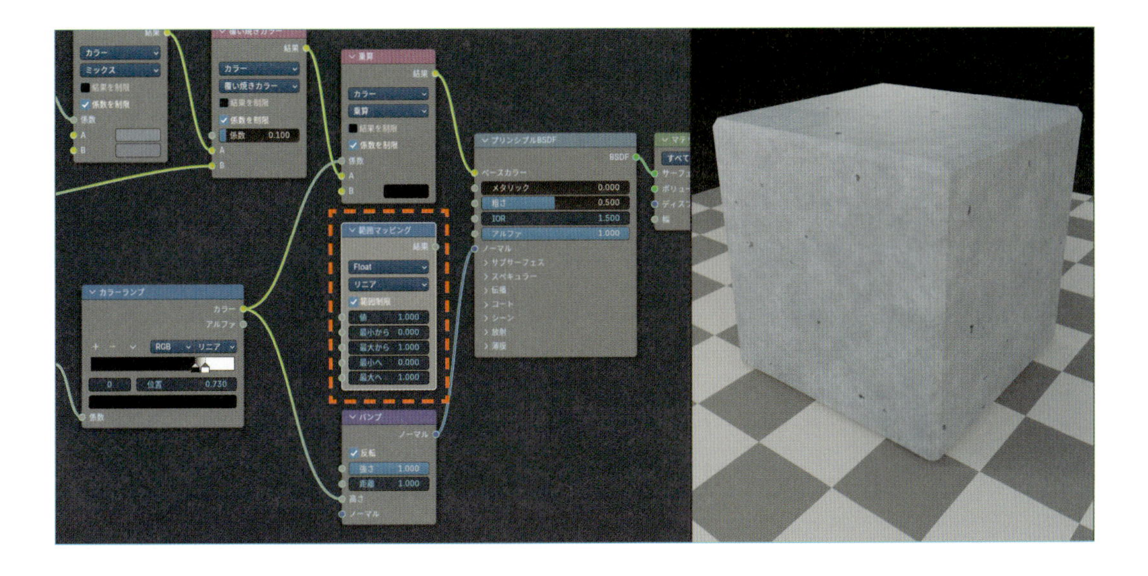

❷**範囲マッピング**を、**カラーランプ**と**プリンシプルBSDF**の間に接続します。

- ［**カラーランプ**：**カラー**］>［**範囲マッピング**：**値**］
- ［**範囲マッピング**：**結果**］>［**プリンシプルBSDF**：**粗さ**］

これで、本体部分と凹み部分の**粗さ**を個別に設定できるようになりました。

この時点では、**範囲マッピング**のデフォルトの値により、コンクリート本体の**粗さ**が**0**になっています。

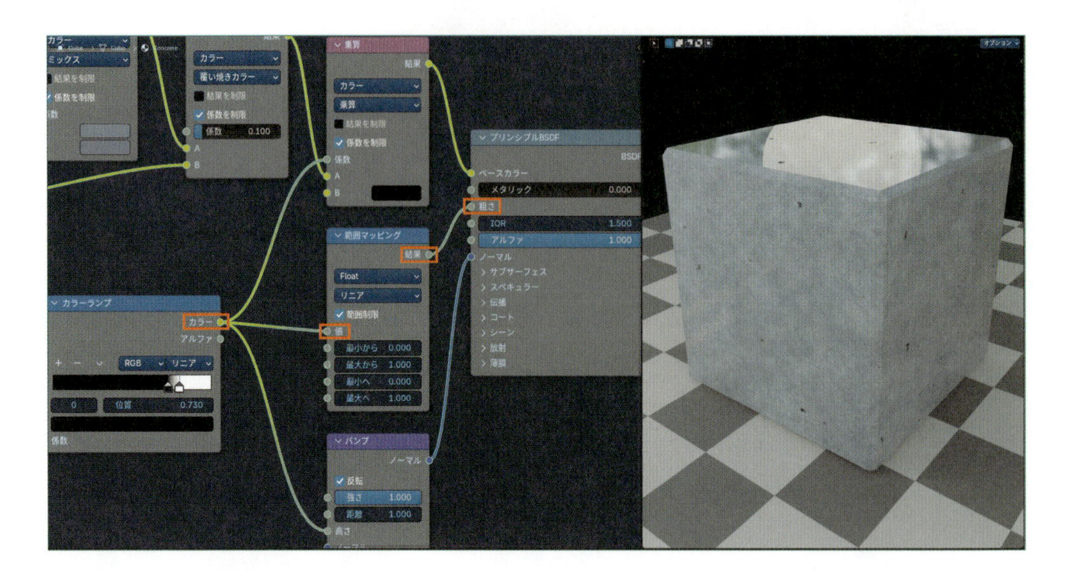

❸**範囲マッピング**のパラメーターを、次のように設定します。

- **最小へ**：コンクリート本体の**粗さ**
- **最大へ**：**1**（凹み部分の**粗さ**）

最小へは、作りたい質感に合わせて設定します（下の画像では**0.4**にしました）。

イメージ的な目安は次のようになります。

- 0.4　　　：新品で光沢のあるコンクリート
- 0.5~0.6：表面が滑らかなコンクリート
- 0.7　　　：年数が経ってツヤを失ったコンクリート
- 0.8~0.9：劣化して表面がザラザラになったコンクリート

最大へは凹み部分に光沢が生じないよう、デフォルトの**1**のままにしておきます。

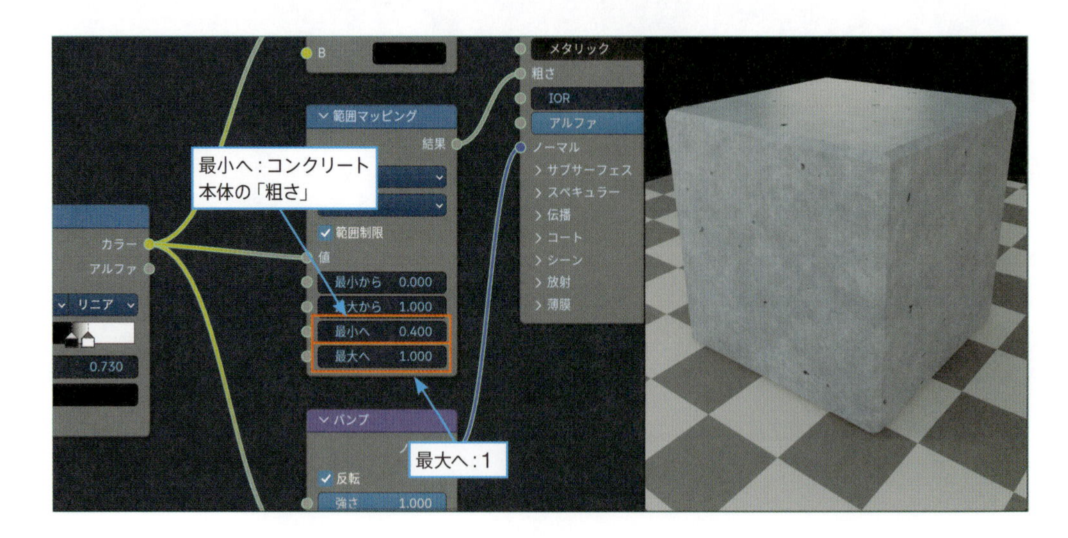

これで今回必要なすべてのノードがそろいました。
ノードツリー全体を見ると、下の画像のようになります（サンプルデータ：3-09-01.blend）。

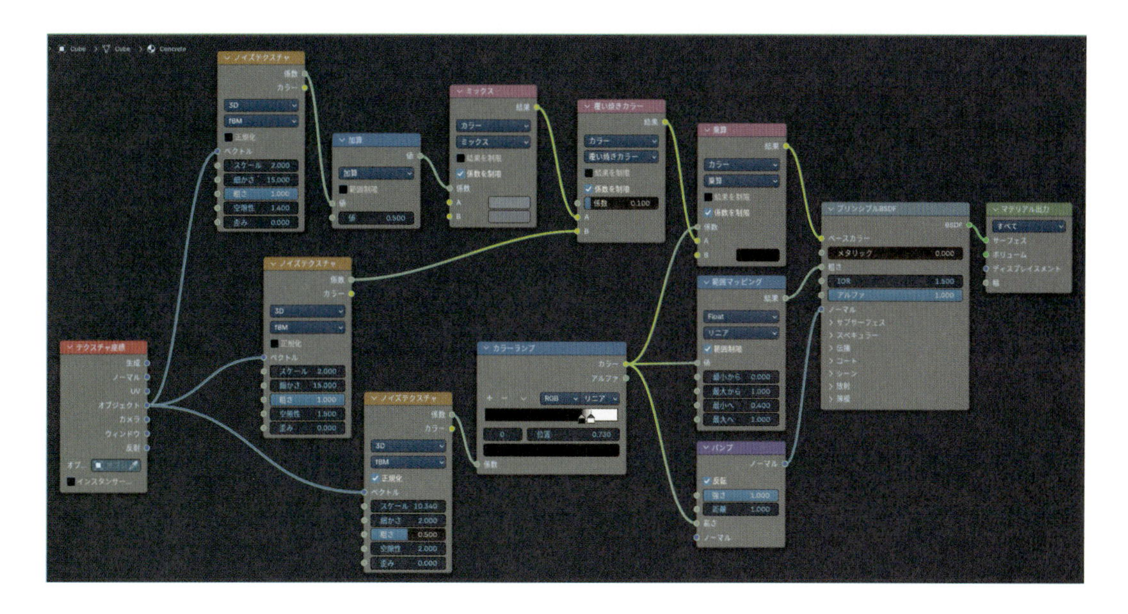

9-3 設定見本

新しいコンクリート、**標準的なコンクリート**、**劣化・変色したコンクリート**の3パターンの設定見本を用意したので、参考にしてください（色表記は16進数です）。

新しいコンクリート

基本の色は明るめにする、**色ムラは控えめに**、**粗さを小さくして光沢をつける**のがポイントです。
次ページの画像では、次のように設定しています。

- **カラーミックス（ミックス）**
  A：**A1AAB9**、**B**：**99A0B1**
- **カラーミックス（覆い焼きカラー）**
  係数：**0.1**
- **範囲マッピング**
  最小へ：**0.4**

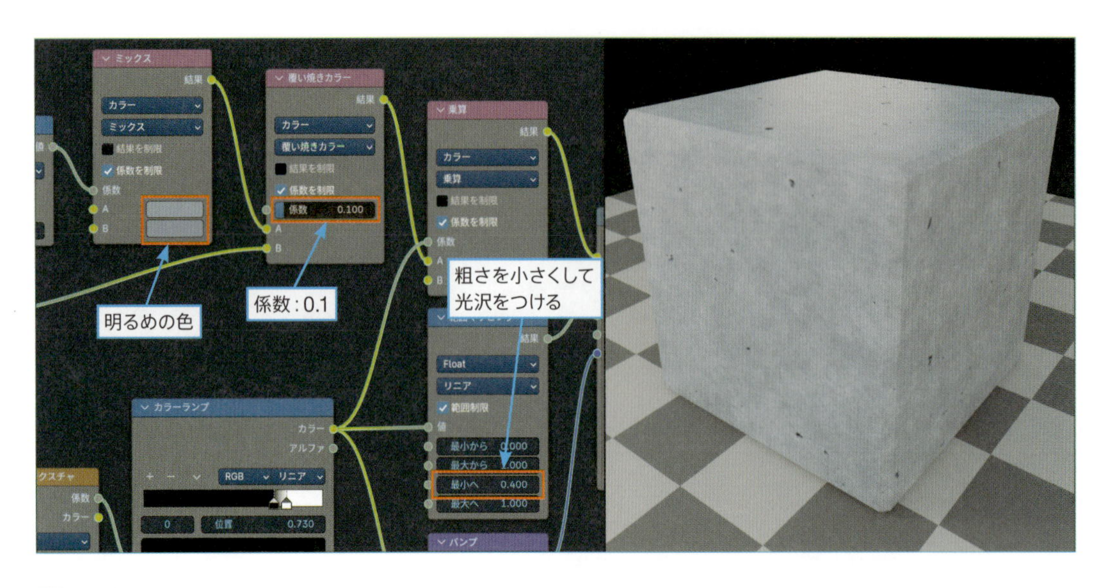

標準的なコンクリート

- **カラーミックス（ミックス）**
  A：8B93A0、B：838997
- **カラーミックス（覆い焼きカラー）**
  係数：0.15
- **範囲マッピング**
  最小へ：0.6

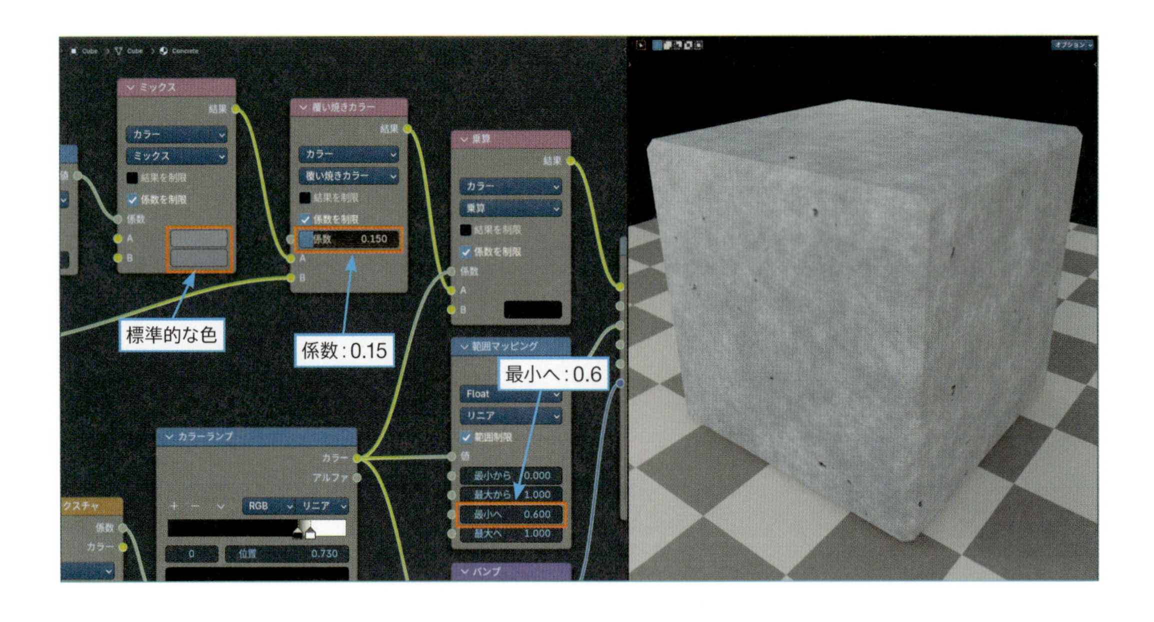

劣化・変色したコンクリート

基本の色は暗めにする、色ムラは強く、粗さを大きくして光沢を消すのがポイントです。
下の画像では、次のように設定しています。

- **カラーミックス（ミックス）**
  A：7C7870、B：67696F
- **カラーミックス（覆い焼きカラー）**
  係数：0.2
- **範囲マッピング**
  最小へ：0.8

なお、この見本では**カラーミックス（ミックス）**の**A**のカラーに、少しだけ茶色をつけています。
劣化・変色したコンクリートは緑がかったり赤みを帯びたりするので、そうした色味を加えると、いろいろな雰囲気のコンクリートが作れます。

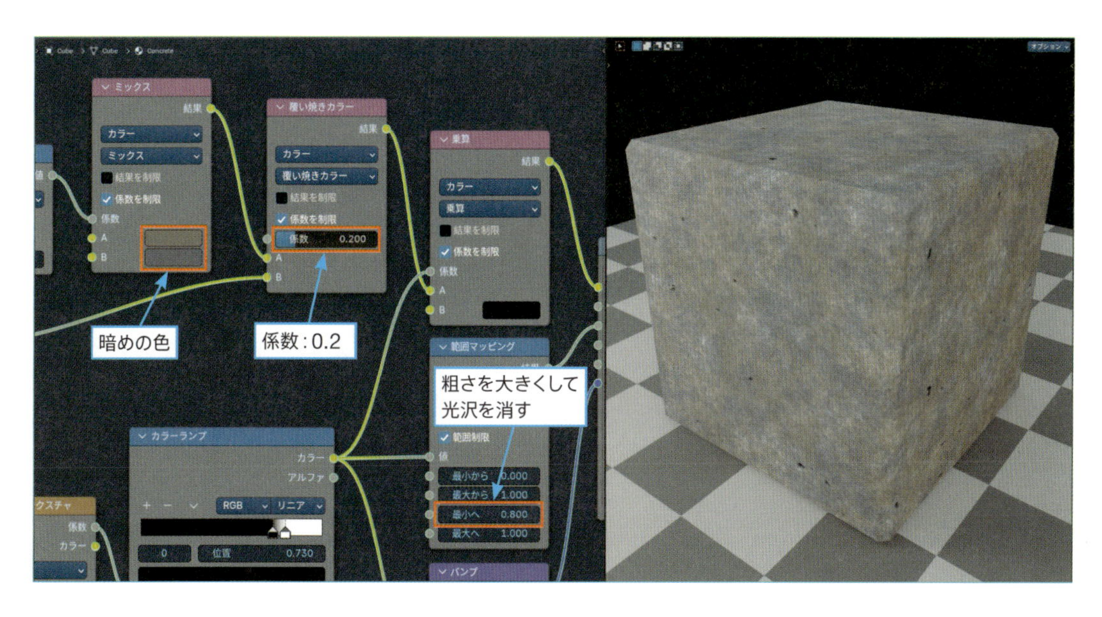

以上で、できあがりです。

POINT

スペキュラーについて

ここでは気泡部分の光沢を消すのに**粗さ**を**1**にしましたが、こういった「光が入らないので光沢が生じない部分」を表現する場合、実は**プリンシプルBSDF**の**スペキュラー**の方が適しています。
スペキュラーは**非金属の鏡面反射率**を設定するパラメーターで、本来ならば、表現したいオブジェクトの状態に合わせて**粗さ**と**スペキュラー**を使い分ける必要があります。
今回は本の内容をシンプルにするために、説明がややこしくなる**スペキュラー**は使わず、**粗さ**を使った表現に統一しましたが、よりリアルな質感表現をしたい場合や、先々プロの現場を目指したいような場合は、**スペキュラー**についても理解する必要があるでしょう。

スペキュラーについて、より詳しくは著者のブログ（https://hainarashi.hatenablog.com/）で説明しているので、興味のある方はそちらを参照してください。

Chapter 3

10

コンクリートブロックの作り方

コンクリートブロックに代表される、**表面に砂が見えてザラザラしたコンクリート**を作ります。
また応用として、**レンガテクスチャ**と**組み合わせたブロック塀**の作り方も説明します。

10-1 コンクリートブロックの質感のポイント

コンクリートブロックはモルタル（セメント＋砂）を型に流し込んで作られます。
型があるので表面は平らになりますが、砂と砂のすき間でセメントが届かなかった部分に凹みが残るため、全体としては「ザラザラした平面」になります。
この凹みの残り方は「砂模様」の変形パターンになるので、**ボロノイテクスチャ**で作ります。

10-2 ザラザラしたコンクリートの作り方

まず、**ボロノイテクスチャ**を元に砂模様を作ります。

01 Step ボロノイテクスチャを設定

❶**テクスチャ座標**、**ボロノイテクスチャ**、**カラーランプ**の3つのノードを追加します。

- **Shift+A**＞**入力**＞**テクスチャ座標**
- **Shift+A**＞**テクスチャ**＞**ボロノイテクスチャ**
- **Shift+A**＞**コンバーター**＞**カラーランプ**

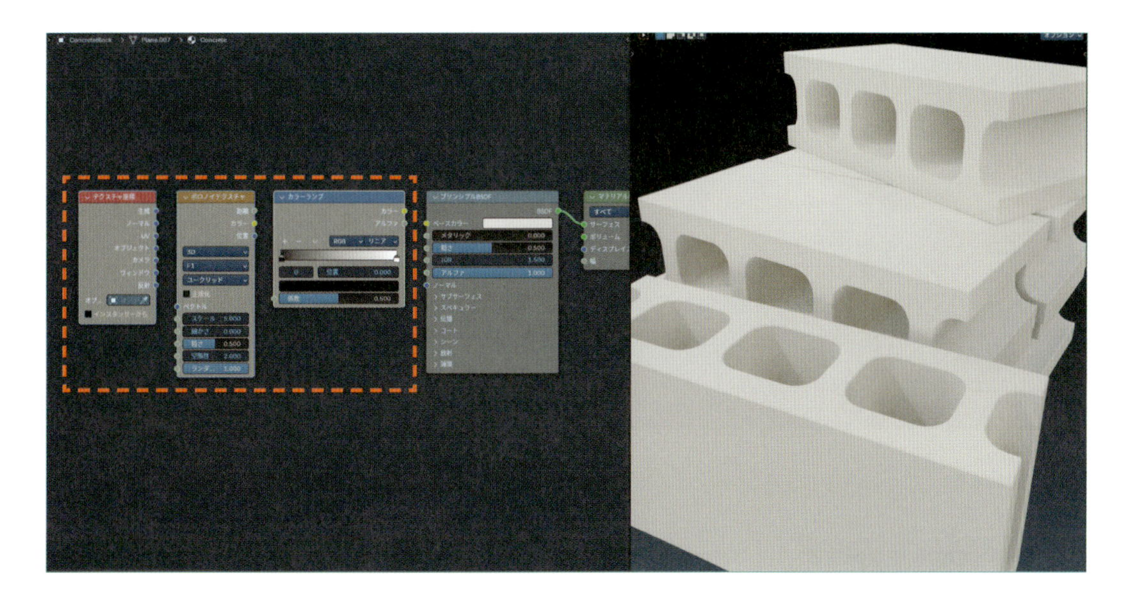

❷この3つのノードを、次のように接続します。

- ［**テクスチャ座標**：**オブジェクト**］＞［**ボロノイテクスチャ**：**ベクトル**］
- ［**ボロノイテクスチャ**：**距離**］＞［**カラーランプ**：**係数**］
- ［**カラーランプ**：**カラー**］＞［**プリンシプルBSDF**：**ベースカラー**］

これでオブジェクトが、**ボロノイテクスチャ**の模様になります。
しかし、今回は見本のオブジェクトが原寸サイズで作ってあり「小さめ」なので、模様が大きすぎる状態になっています。

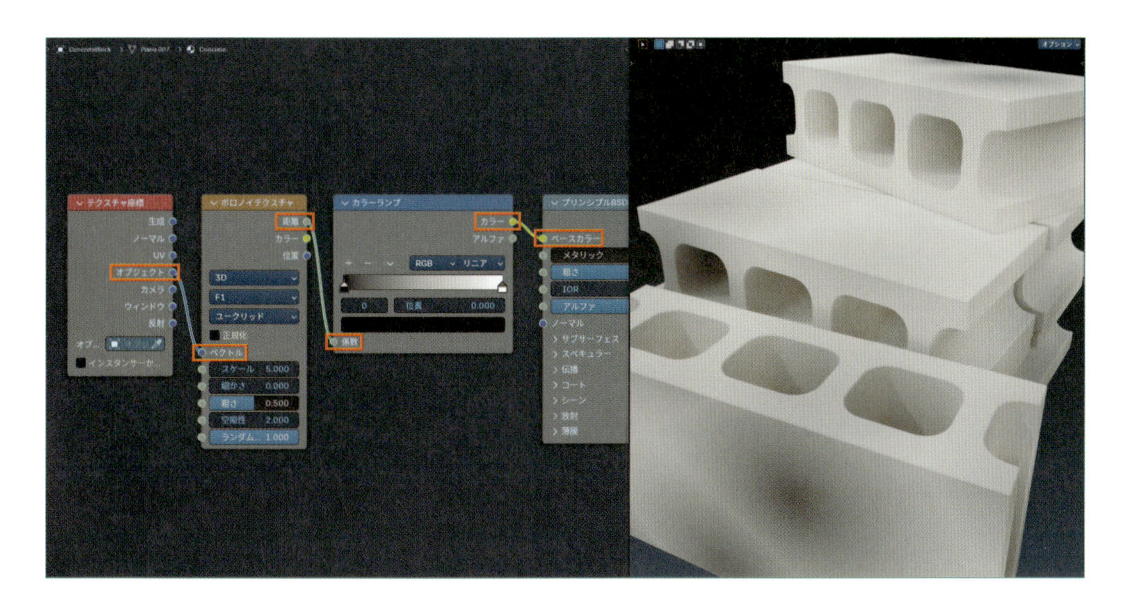

❸編集しやすい大きさに、**ボロノイテクスチャ**の**スケール**を調整します。

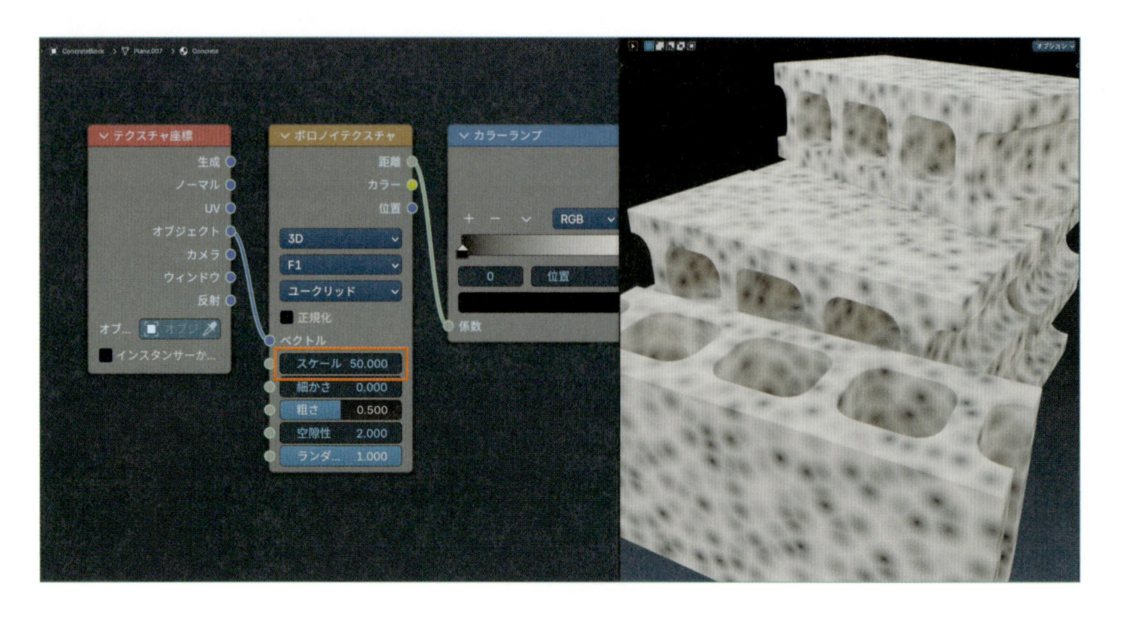

では、模様を加工していきましょう。

02 Step 模様の白黒を反転する

カラーランプの**カラーストップ**の**位置**を、次のように設定します。

- **黒い方：1**
- **白い方：0**

これで模様の白黒が反転して、粒々の模様になります。

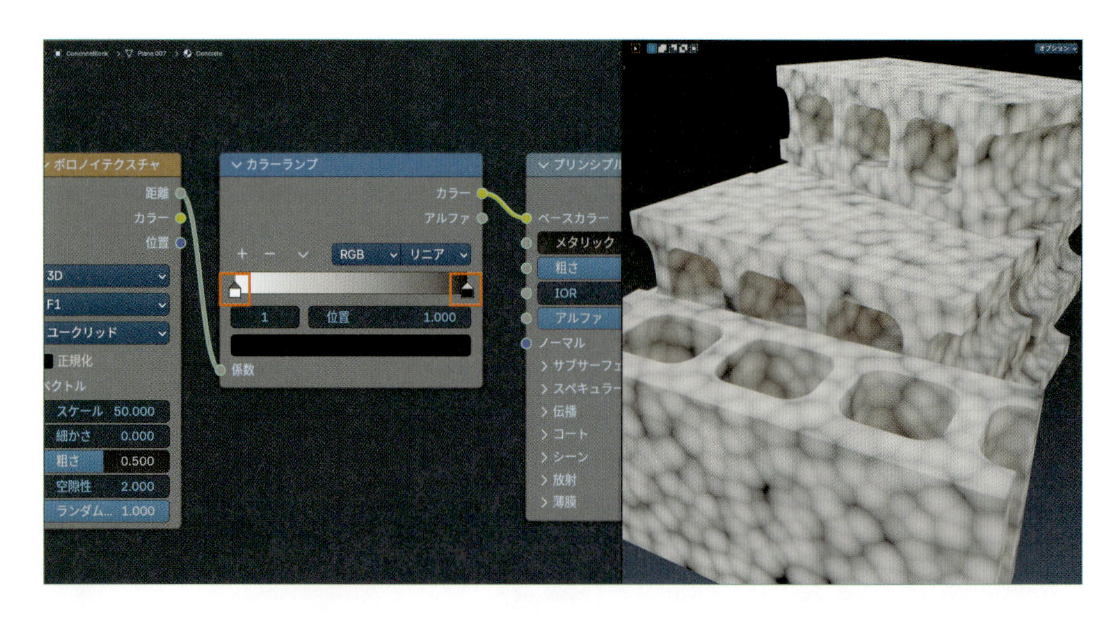

次は、この粒々模様に明るさの変化をつけます。

03 ランダムな明度のモノクロ模様を作る

Step

❶**Shift+A**＞**コンバーター**＞**カラー分離**を追加します。

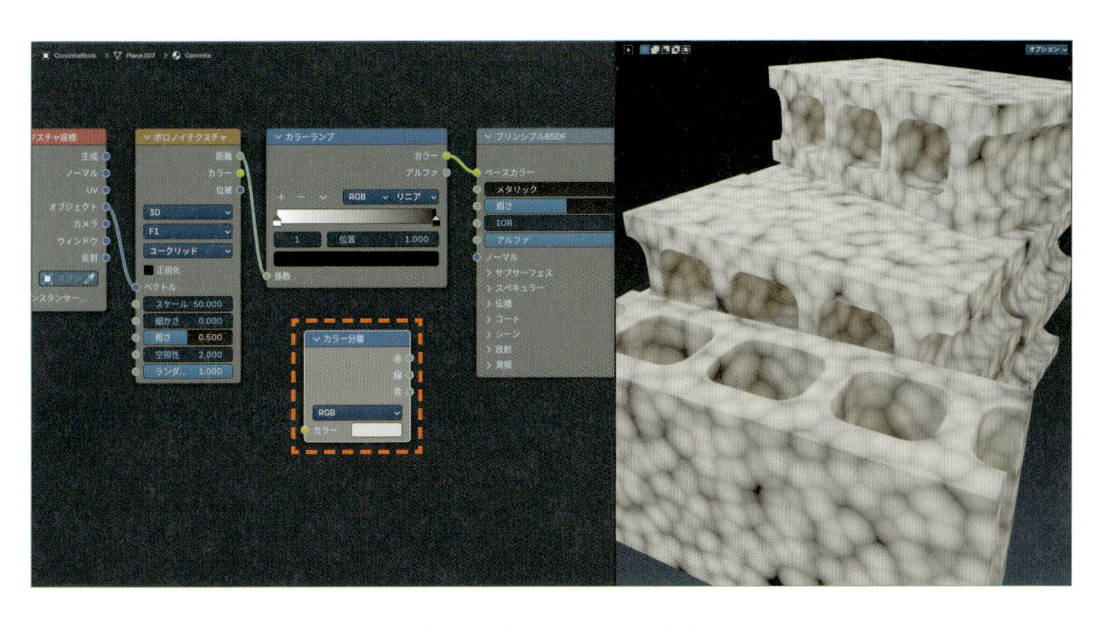

❷**カラー分離**を、**ボロノイテクスチャ**と**プリンシプルBSDF**の間に接続します。

- ［**ボロノイテクスチャ**：**カラー**］＞［**カラー分離**：**カラー**］
- ［**カラー分離**：**赤**］＞［**プリンシプルBSDF**：**ベースカラー**］

これで、「ランダムな明度のモノクロ模様」ができます。

※この模様ができる仕組みについては、195ページの POINT を参照してください。

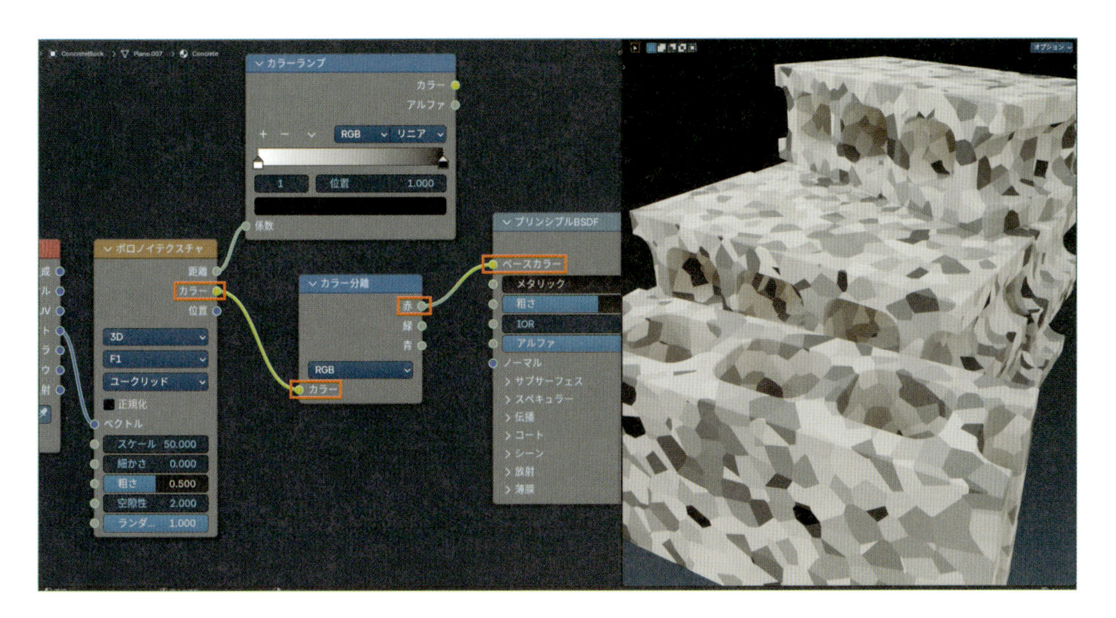

この模様と粒々模様を掛け合わせます。

04 Step 2つの模様を掛け合わせる

❶**Shift+A**>**カラー**>**カラーミックス**を追加します。

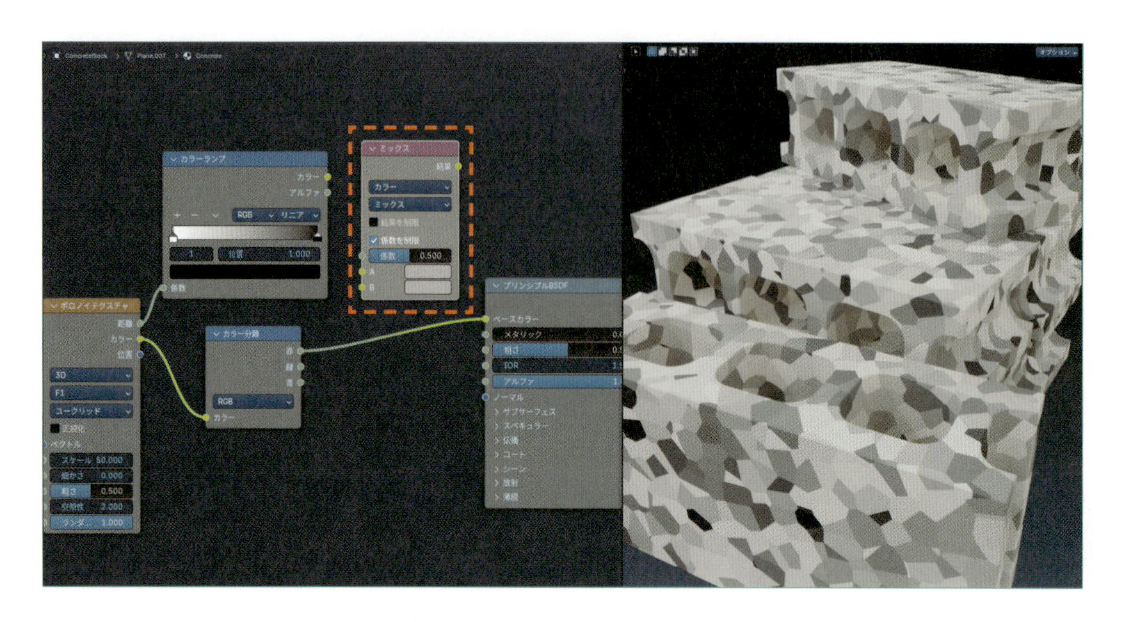

❷**カラーミックス**を、次のように設定します。

- **ブレンドモード**：**乗算**
- **係数**：**1**

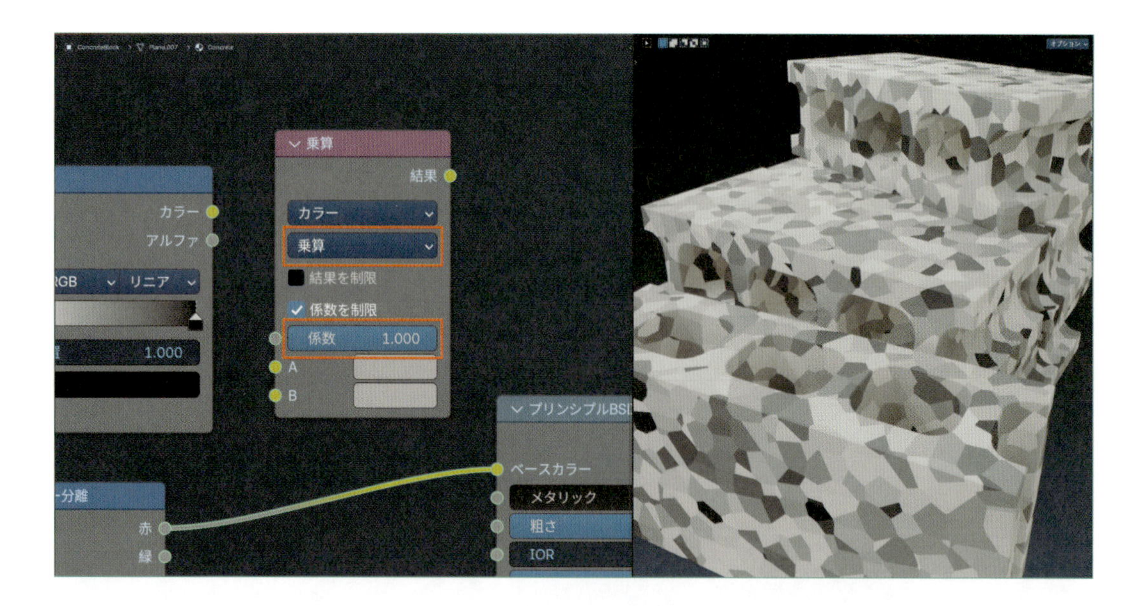

❸**カラーミックス**を、次のように接続します。

- ［**カラーランプ**：**カラー**］＞［**カラーミックス**：**A**］
- ［**カラー分離**：**赤**］＞［**カラーミックス**：**B**］
- ［**カラーミックス**：**結果**］＞［**プリンシプルBSDF**：**ベースカラー**］

これで2つの模様が掛け合わされ、**ランダムな明度の粒々模様**になります。

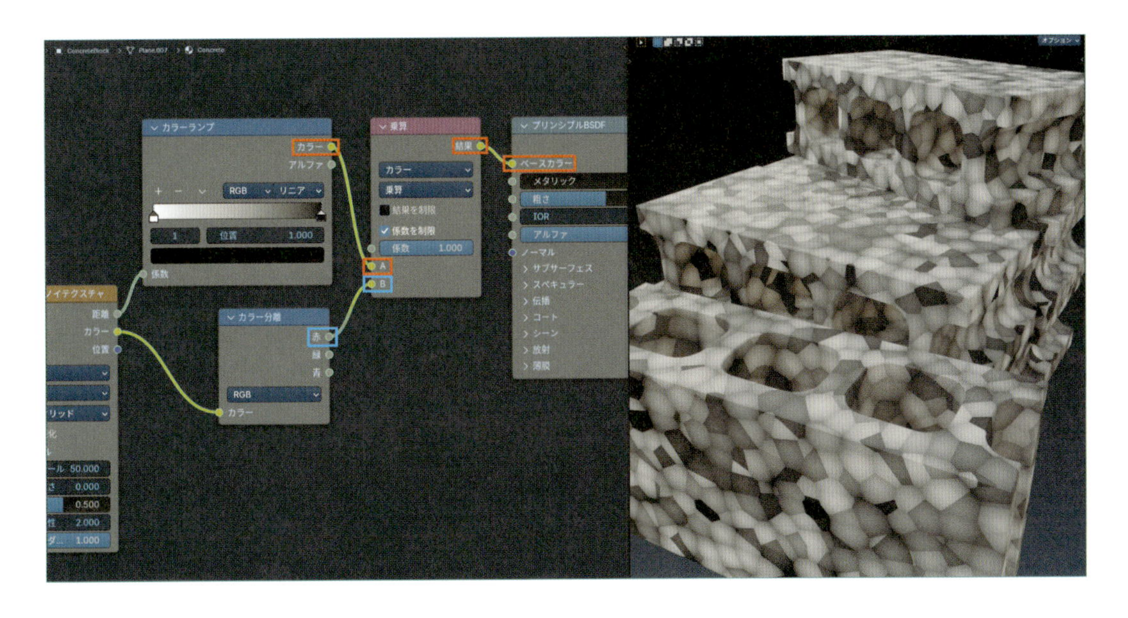

05 Step 模様の大きさを調整

ボロノイテクスチャの**スケール**で、模様の大きさを調整します。

実寸でモデリングしている場合は、**スケール**を**500~600**くらいにすると、実物に近い見た目になります。これで「砂模様」ができました。

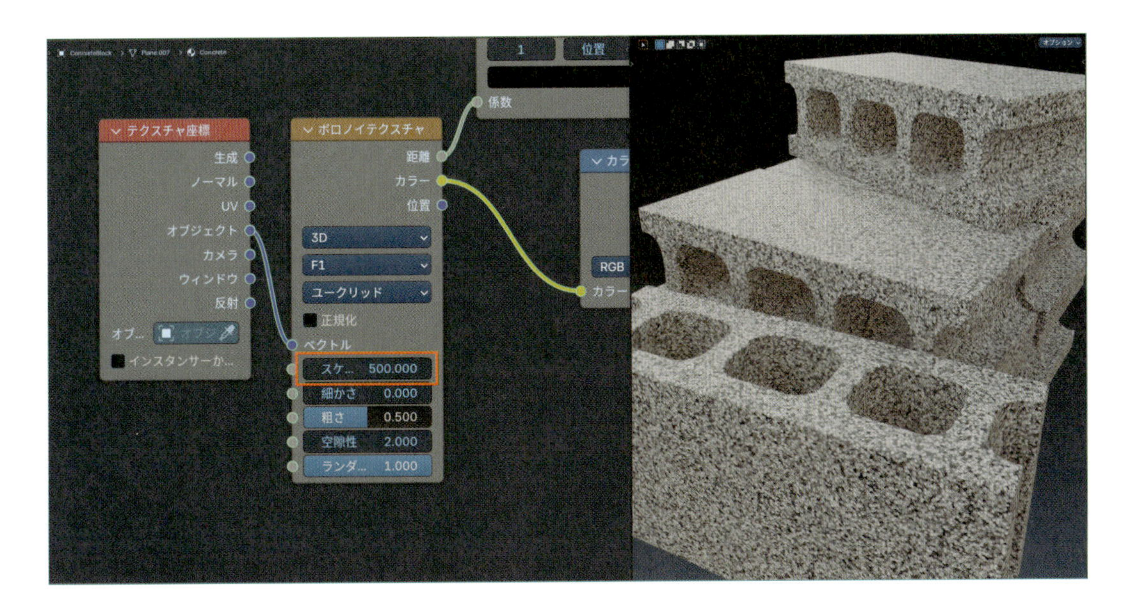

次はこの模様に色をつけます。

06 Step コンクリートの色味を設定

❶**Shift+A**>**カラー**>**カラーミックス**を追加します。

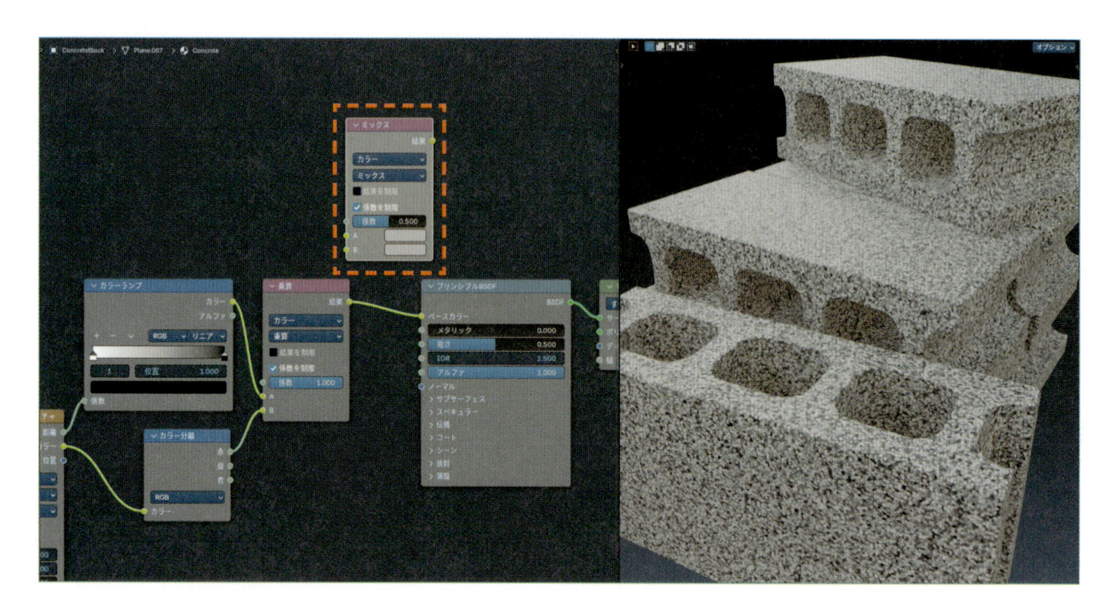

❷**カラーミックス**を、**カラーミックス(乗算)**と**プリンシプルBSDF**の間に接続します。

- [**カラーミックス(乗算):結果**]>[**カラーミックス(ミックス):係数**]
- [**カラーミックス(ミックス):結果**]>[**プリンシプルBSDF:ベースカラー**]

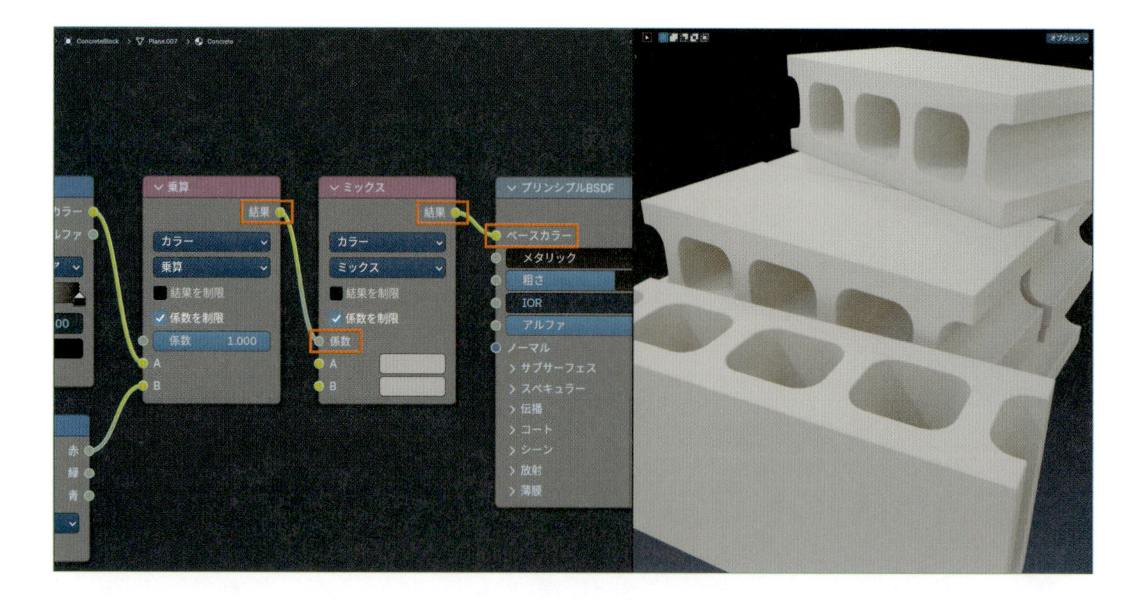

❸カラーミックスを、次のように設定します。

- A：砂と砂の隙間の色（暗めの色）
- B：砂粒の色（明るめの色）

AとBは、どちらも少しだけ青みをつけると、コンクリートブロックらしい色になります。
ここでは、A：5B5D62、B：B3B3BC（16進数）と設定しています。
これでコンクリートブロックの色ができました。

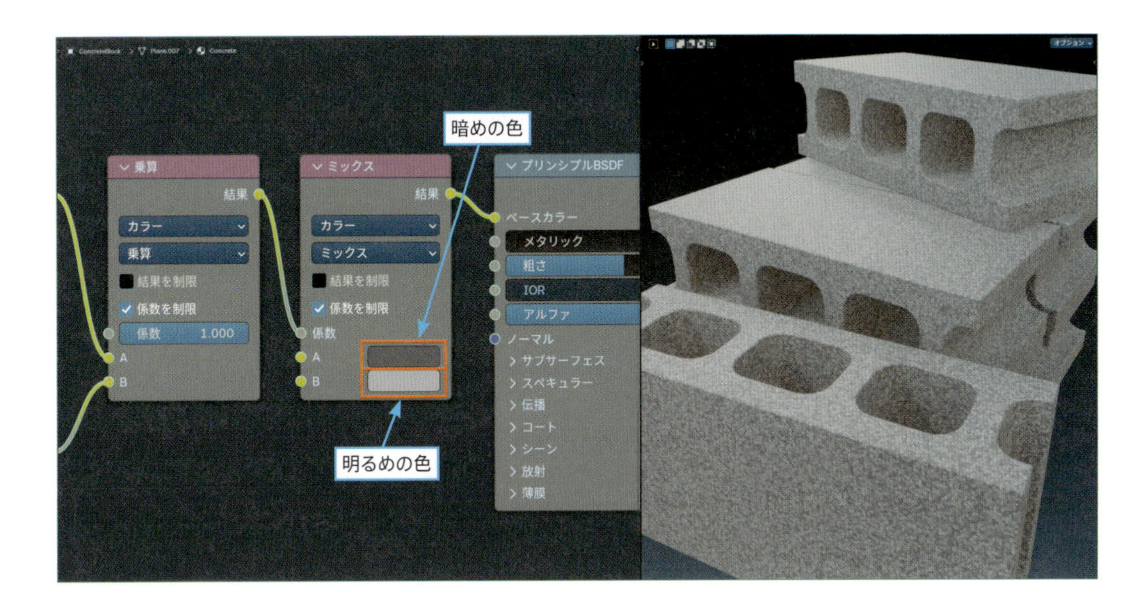

07 Step コンクリートブロックのザラザラ感を出す

プリンシプルBSDFの粗さを0.9にします。
これで光沢が消えてザラザラ感が出ます。

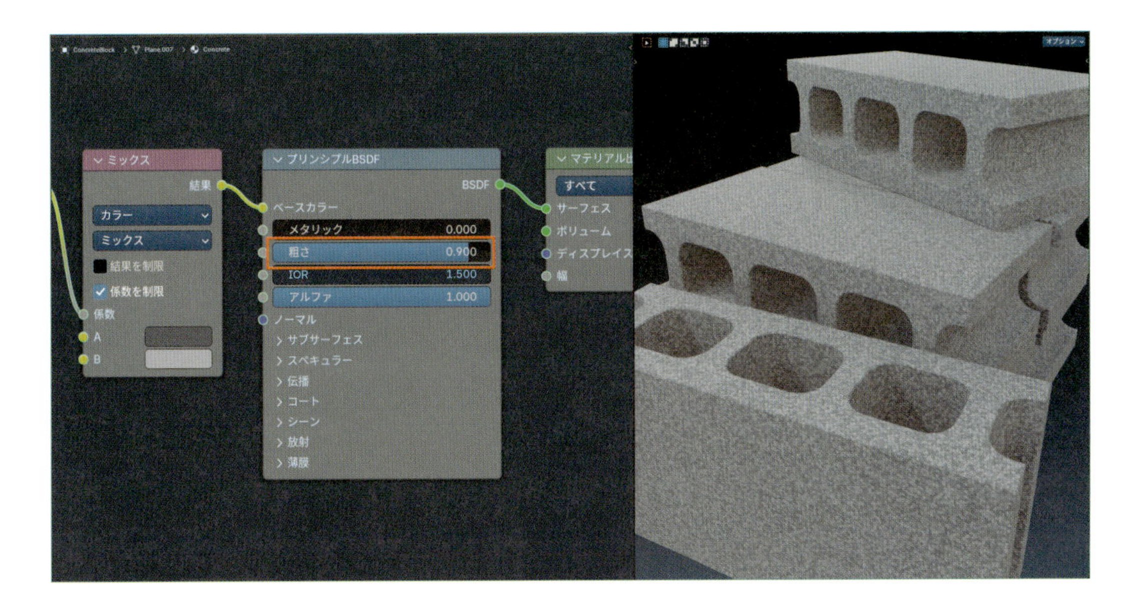

さらに色ムラを加えて、よりリアルな色にします。

08 Step 色ムラを追加する

❶**ノイズテクスチャ**と**カラーミックス**を追加します。

- **Shift+A＞テクスチャ＞ノイズテクスチャ**
- **Shift+A＞カラー＞カラーミックス**

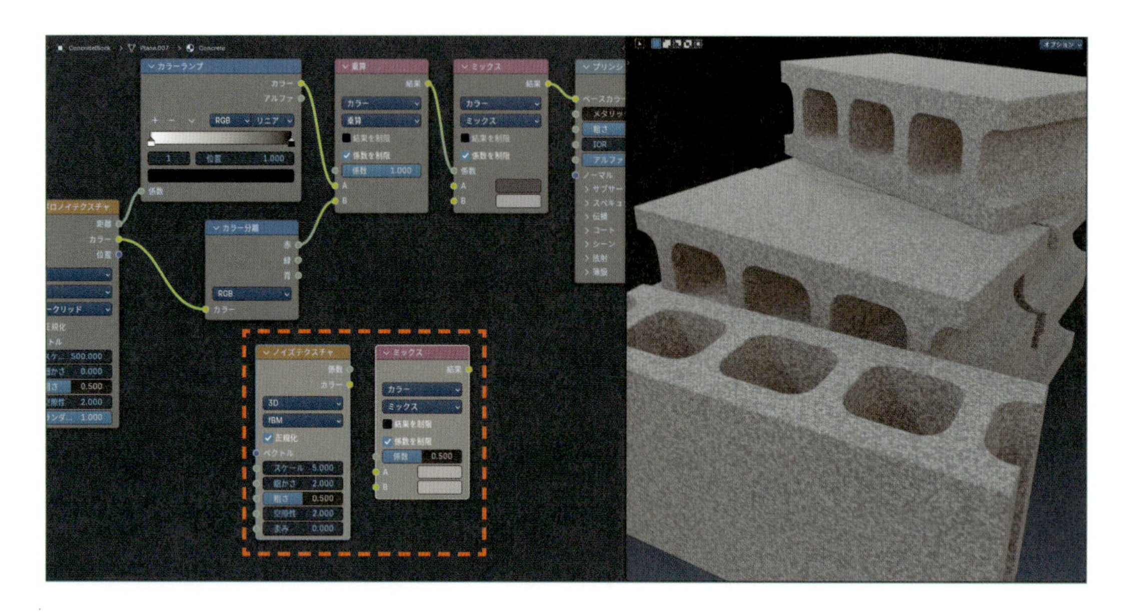

❷この2つのノードを、次のように設定します。

- **ノイズテクスチャ**
  正規化：OFF、スケール：2、細かさ：15、粗さ：1.0、空隙性：1.5
- **カラーミックス**
  ブレンドモード：覆い焼きカラー、係数：0.2

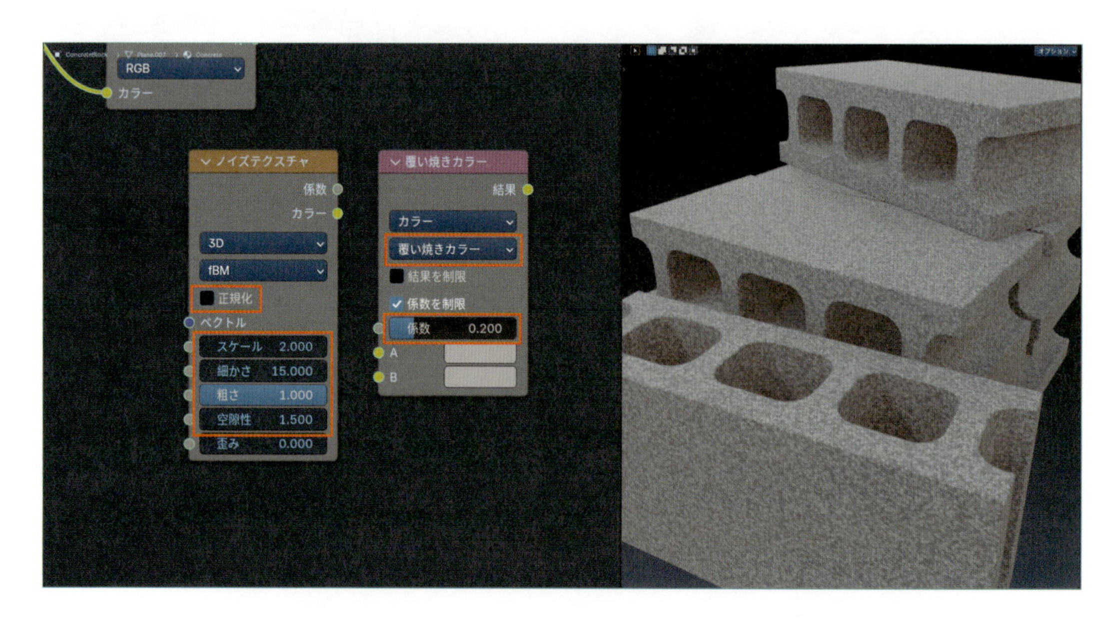

❸この2つのノードを、次のように接続します。

- [カラーミックス(ミックス):結果]>[カラーミックス(覆い焼きカラー):A]
- [テクスチャ座標:オブジェクト]>[ノイズテクスチャ:ベクトル]
- [ノイズテクスチャ:係数]>[カラーミックス(覆い焼きカラー):B]
- [カラーミックス(覆い焼きカラー):結果]>[プリンシプルBSDF:ベースカラー]

これで色ムラが追加されました。

※色ムラの設定についての詳細は、Chapter3-2 色ムラの作り方(075ページ)を参照してください。

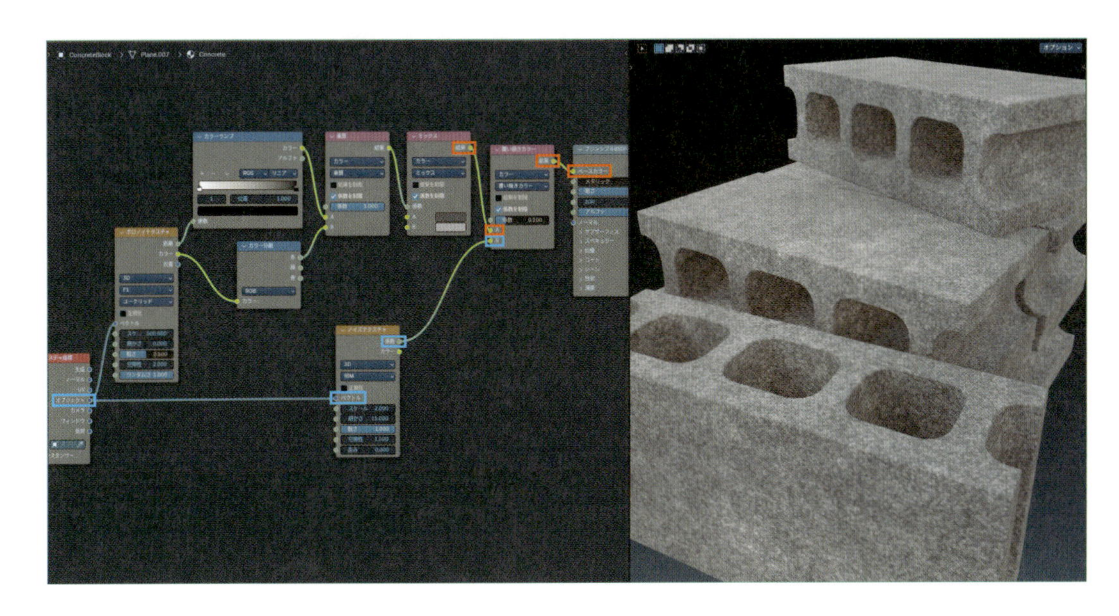

仕上げに、バンプマッピングで細かい凹凸を表現します。

09 Step バンプマッピングを追加

❶Shift+A>ベクトル>バンプを追加します。

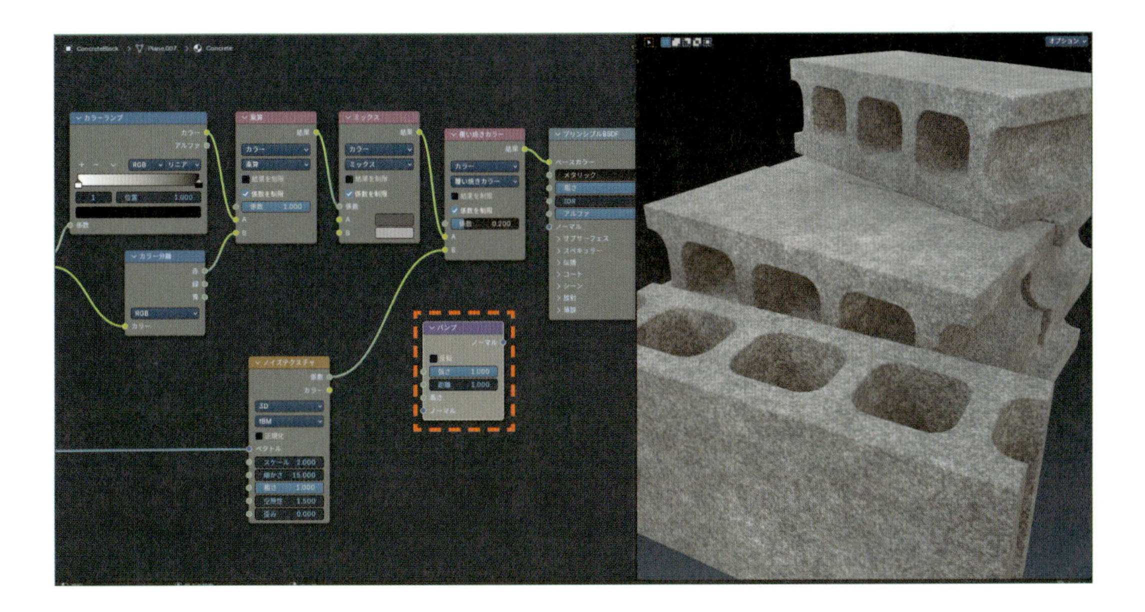

❷**バンプ**を、**カラーランプ**と**プリンシプルBSDF**の間に接続します。

- [**カラーランプ**：**カラー**] > [**バンプ**：**高さ**]
- [**バンプ**：**ノーマル**] > [**プリンシプルBSDF**：**ノーマル**]

これでオブジェクトに擬似的な凹凸が追加されます。
しかしデフォルトの**強さ**では、ちょっと強すぎる凹凸になります。

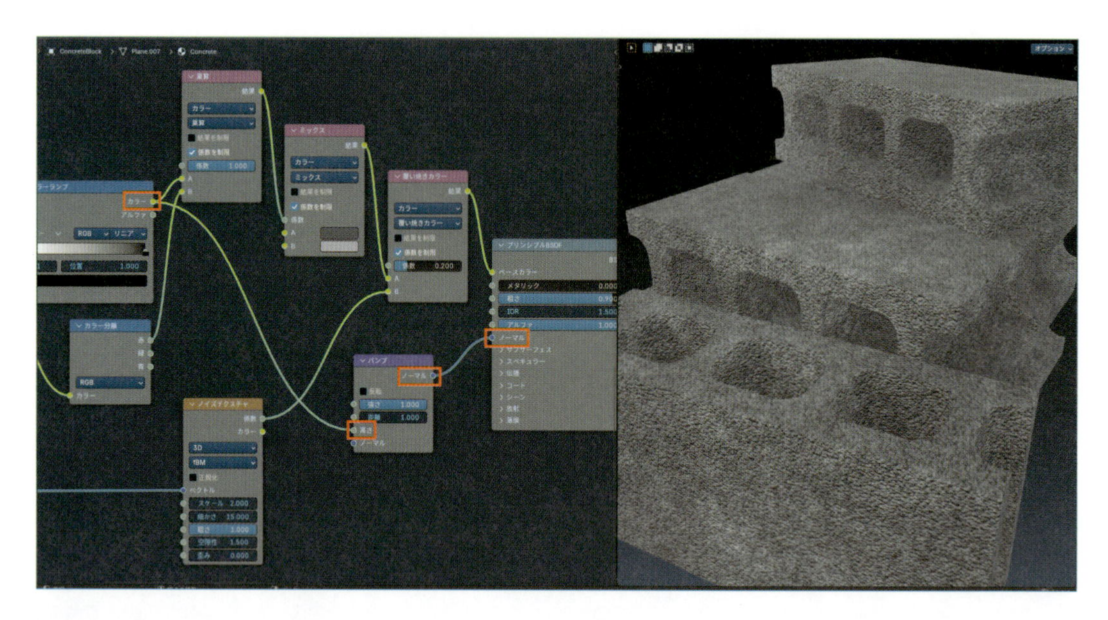

❸**バンプ**の**強さ**を**0.5**にします。
これで、良い具合の凹凸になります。

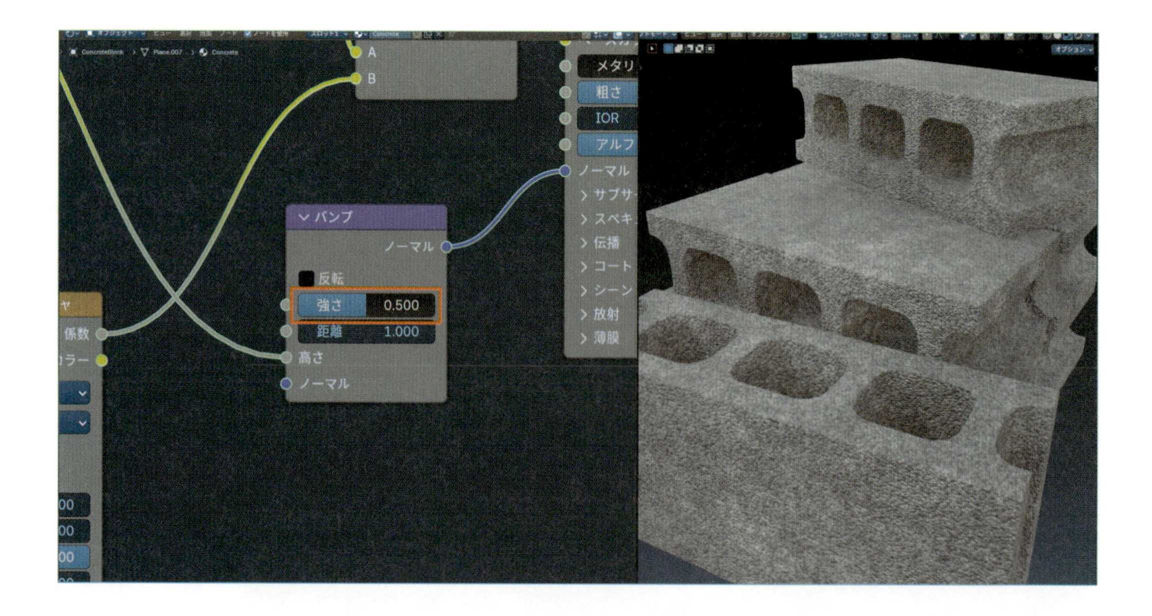

もう少し工夫して、よりコンクリートブロックらしい凹凸にしましょう。

10 Step 砂粒の頭を平らにする

カラーランプの**白いカラーストップ**の**位置**を**0.5**にします。
これで砂粒の頭が平らになり、「型にモルタルを流し込んだ平らな表面」が表現できます。

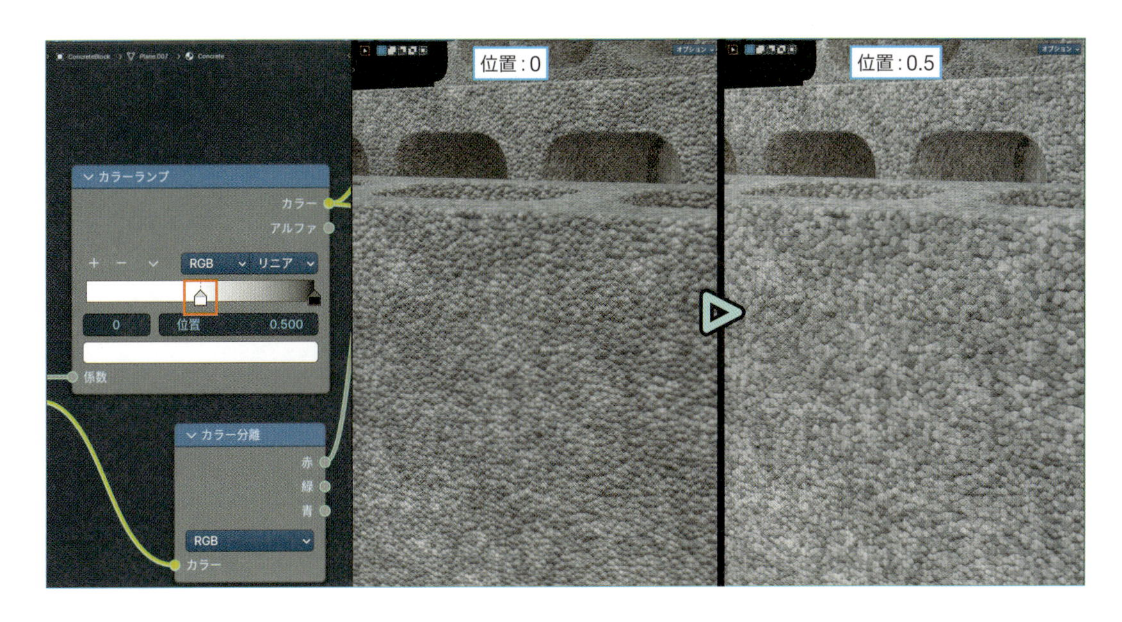

11 Step 砂模様の粒々を滑らかにする

ボロノイテクスチャの**特徴出力**を**F1（スムーズ）**に変更します。
F1では粒々がくっきりしていましたが、**F1（スムーズ）**にすると「セメントがお互いにくっつき合った」ような見た目になります。
これでコンクリートブロックの凹凸が完成しました。

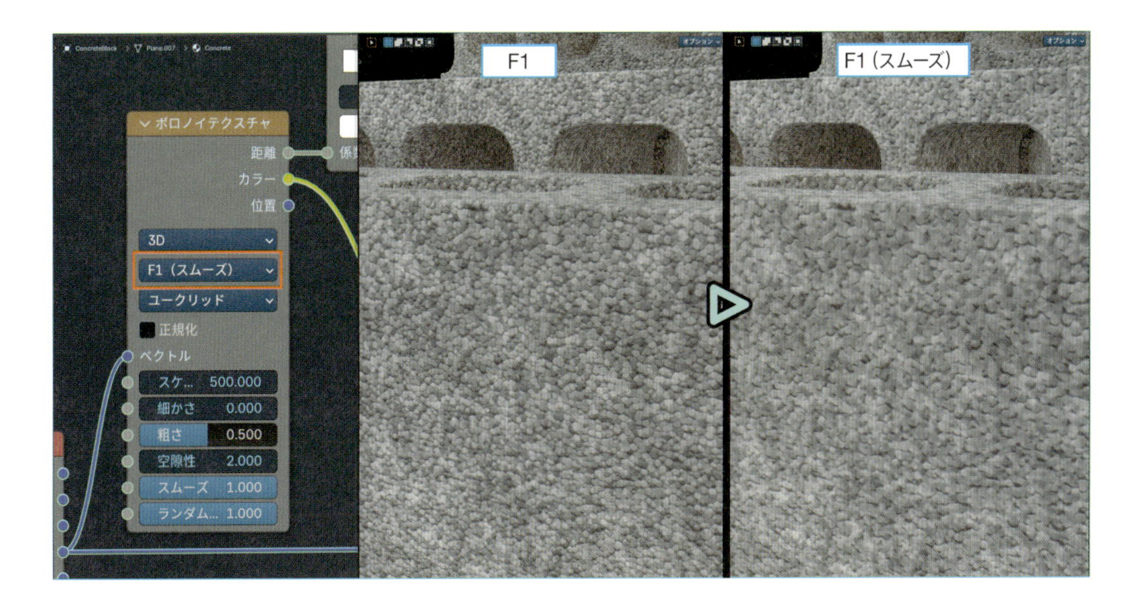

Chapter 1
Chapter 2
Chapter 3 1-5
Chapter 3 6-10
Chapter 3 11-15
Chapter 4

これで今回必要なすべてのノードがそろいました。
ノードツリー全体を見ると、下の画像のようになります（サンプルデータ：3-10-01.blend）。

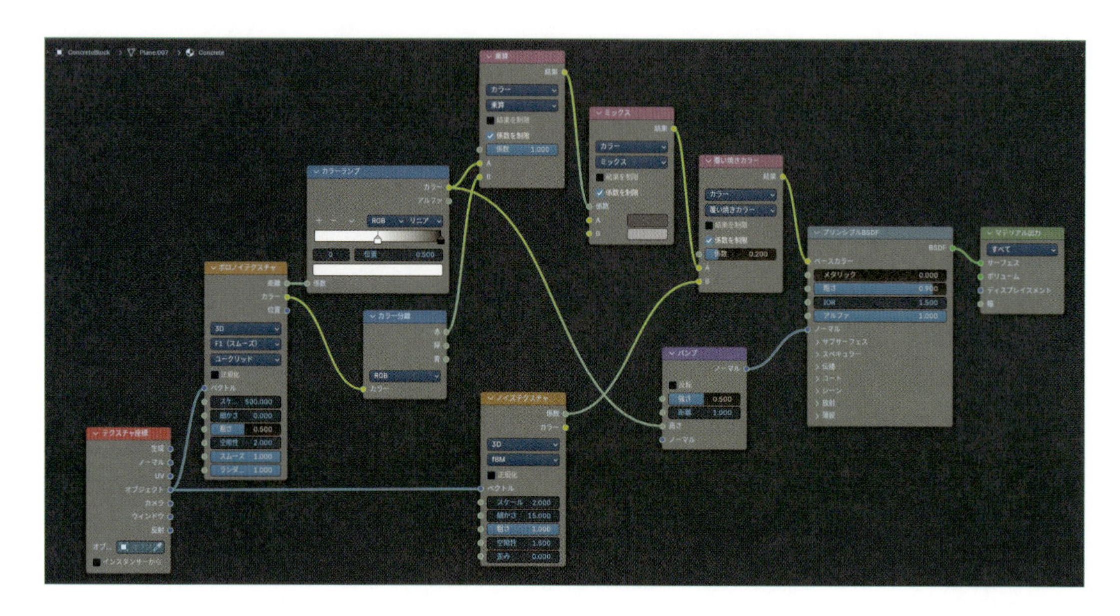

以上で、できあがりです。

10-3 ブロック塀の作り方

ここまでの設定を使って**ブロック塀**を作りましょう。
まずは見本のオブジェクトを平面に変更します。

01 Step 平面オブジェクトを用意する

平面オブジェクトに、前項のマテリアルを設定します。
これで、ザラザラしたコンクリートの質感の平面になります。しかし、放射状のおかしな模様が現れます。

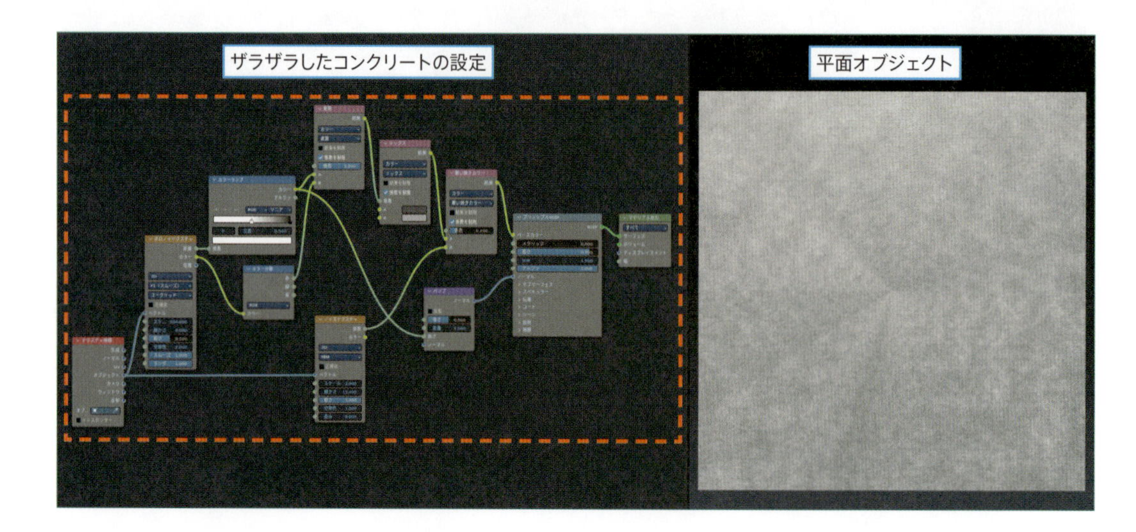

これは、「オブジェクトの原点を含む平面」で**ノイズテクスチャ**の複雑なフラクタル模様を使うと発生する現象です。
※詳しくは、083ページを参照してください。

これを、テクスチャをずらして正常な模様に戻しましょう。

02 Step 色ムラを正常な模様にする

❶**Shift+A**>**ベクトル**>**マッピング**を追加します。

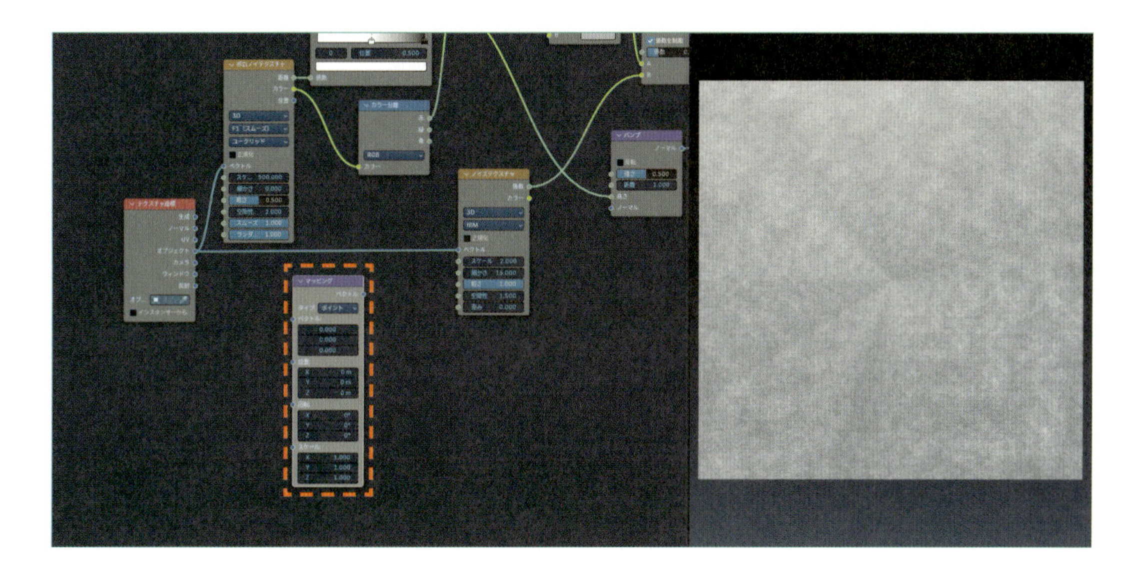

❷**マッピング**を、**テクスチャ座標**と**ノイズテクスチャ**の間に接続します。

- [**テクスチャ座標**：**オブジェクト**]>[**マッピング**：**ベクトル**]
- [**マッピング**：**ベクトル**]>[**ノイズテクスチャ**：**ベクトル**]

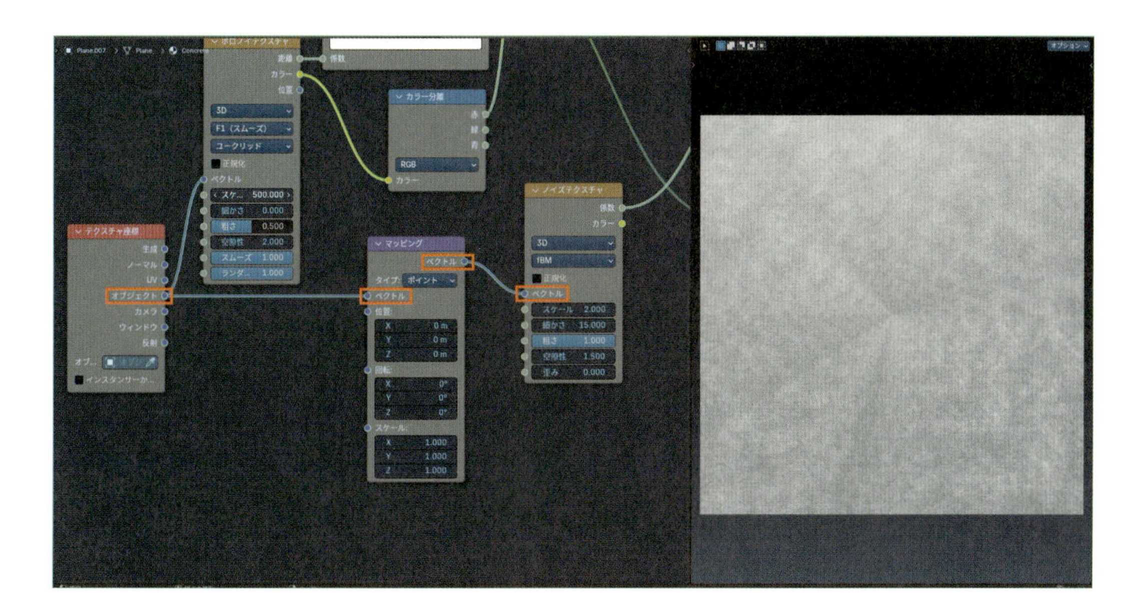

❸**マッピング**の**位置**に適当な値を入力します。
入力するのは**X**、**Y**、**Z**のどれでもOKです。ここでは**Z**に**1**を入力しました。
これで色ムラが正常な模様になります。

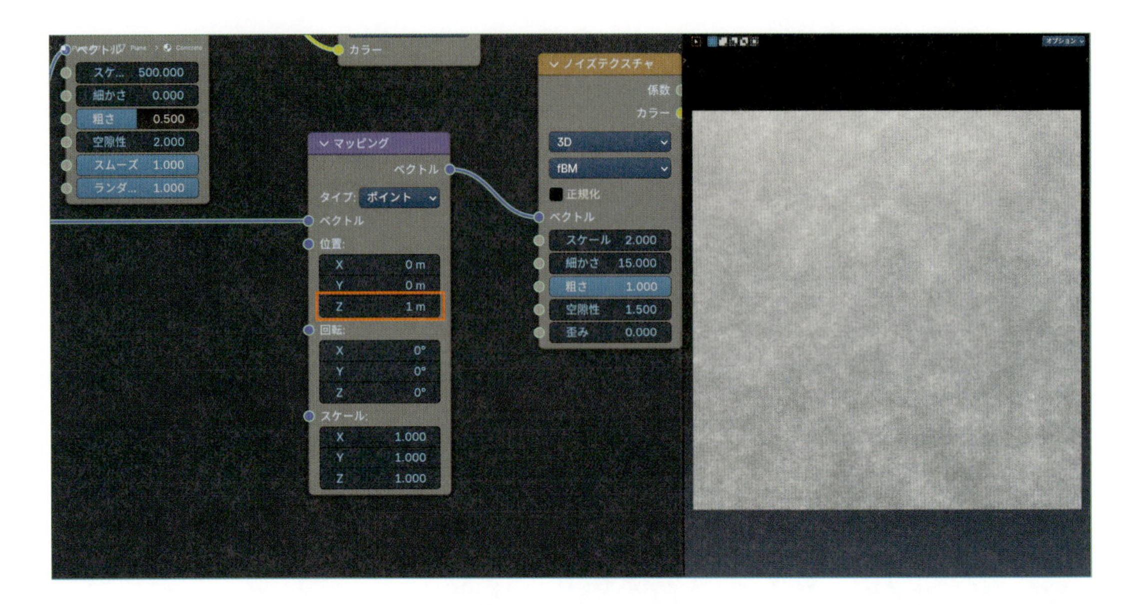

では**レンガテクスチャ**を使って「ブロック塀のパターン」を作りましょう。

03 Step ブロック塀のパターンを作る

❶**Shift+A**>**テクスチャ**>**レンガテクスチャ**を追加します。

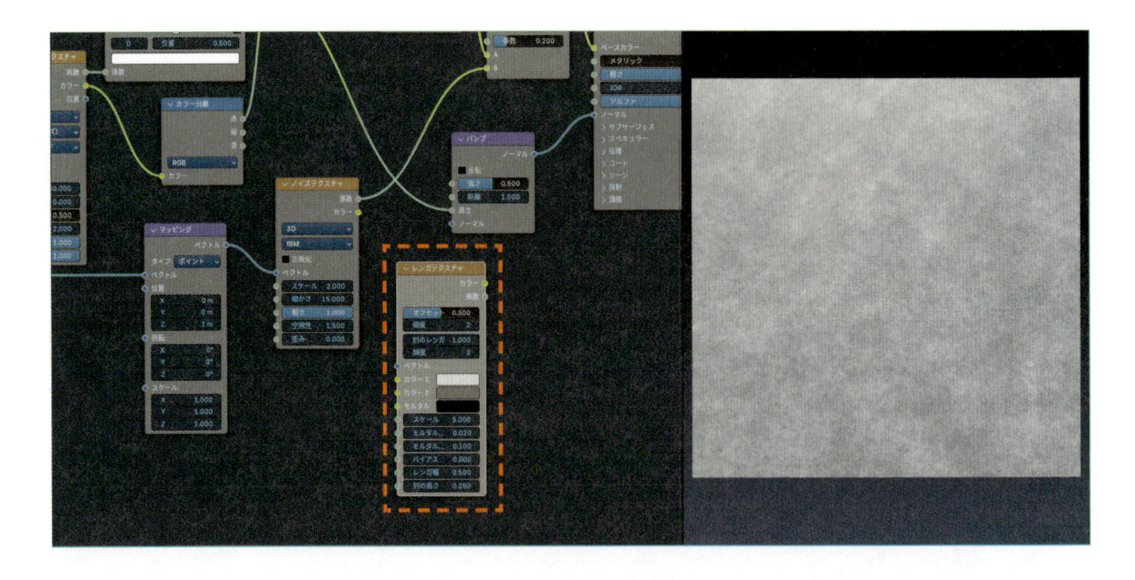

❷**レンガテクスチャ**を、**テクスチャ座標**と**プリンシプルBSDF**の間に接続します。

- ［**テクスチャ座標**：**オブジェクト**］＞［**レンガテクスチャ**：**ベクトル**］
- ［**レンガテクスチャ**：**係数**］＞［**プリンシプルBSDF**：**ベースカラー**］

これでオブジェクトが、一時的に**レンガテクスチャ**の模様になります。

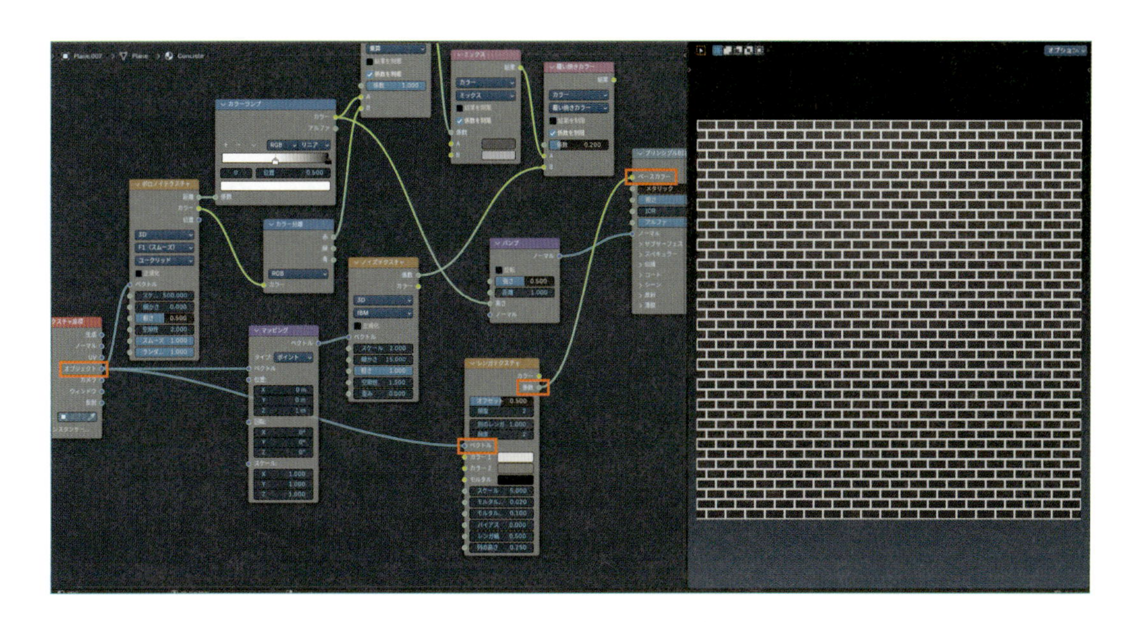

❸**レンガテクスチャ**の**オフセット**を**0**にします。
これで、ブロックが直線に並ぶようになります。

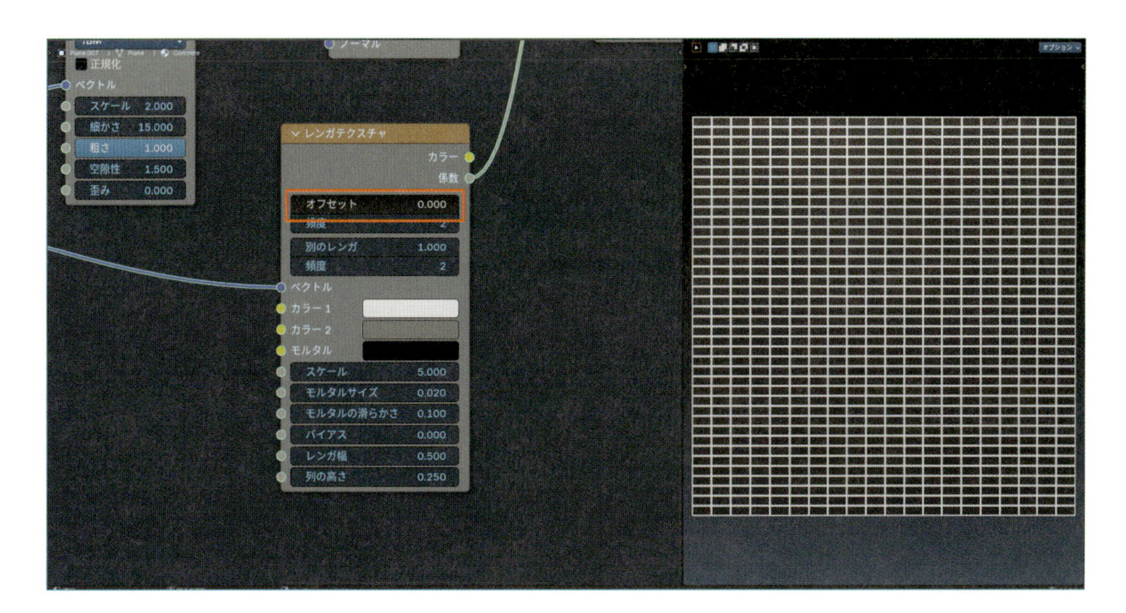

❹**レンガテクスチャ**のパラメーターを、次のように設定します。

- **スケール：1**
- **モルタルサイズ：0.01**
- **レンガ幅：0.4**
- **列の高さ：0.2**

これで、実物と同じ寸法の「ブロック塀のパターン」ができました。

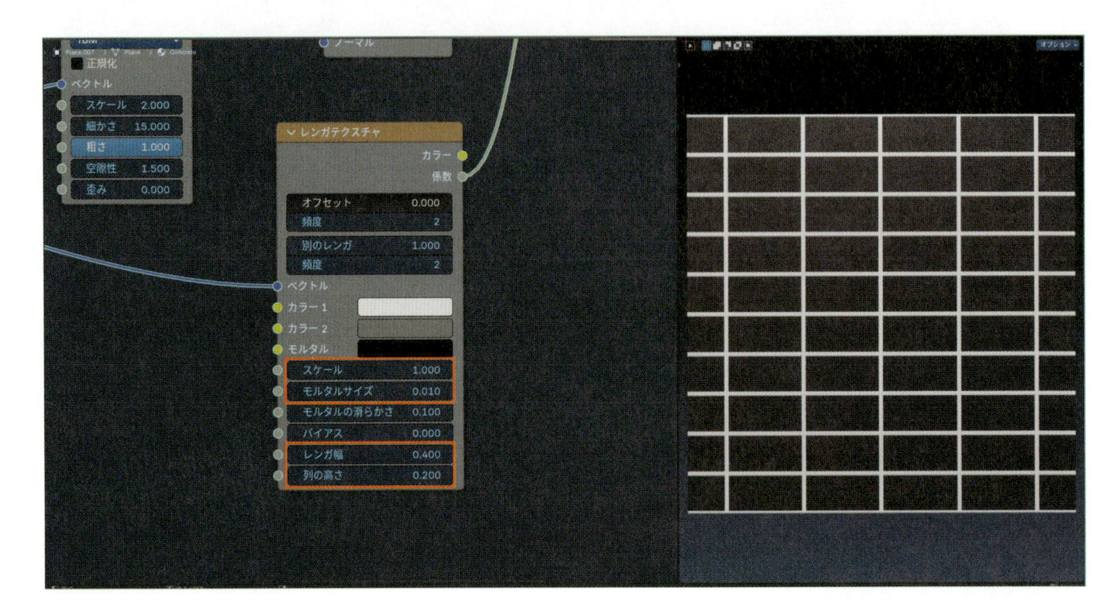

このパターンを「ザラザラしたコンクリートの質感」と組み合わせて、ブロック塀の模様を作りましょう。

04 Step ブロック塀の模様を作る

❶**Shift+A**＞**カラー**＞**カラーミックス**を追加します。

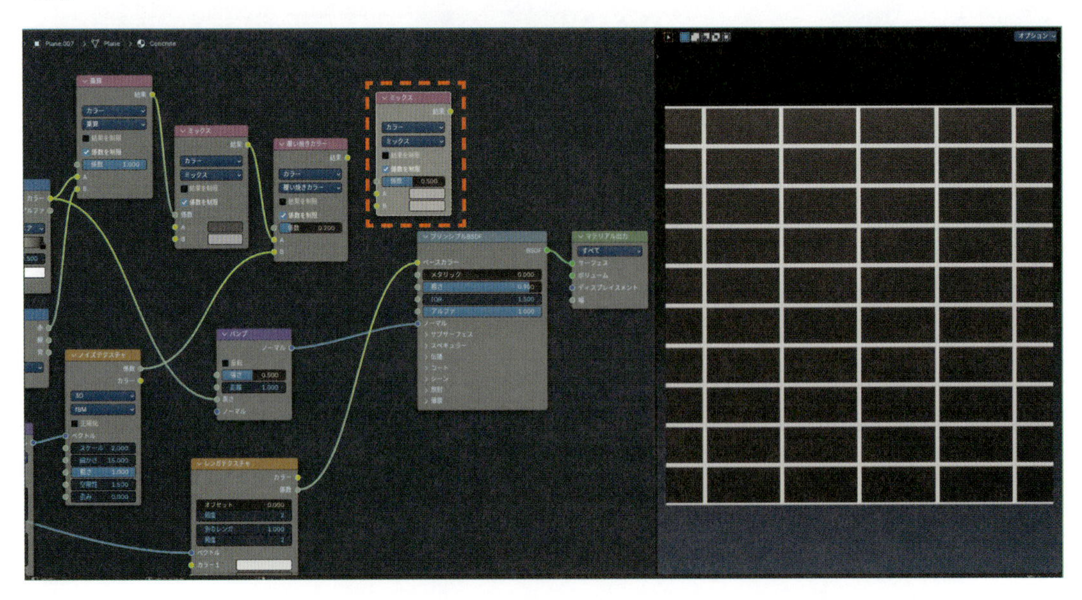

❷**カラーミックス**の**ブレンドモード**を**乗算**にします。

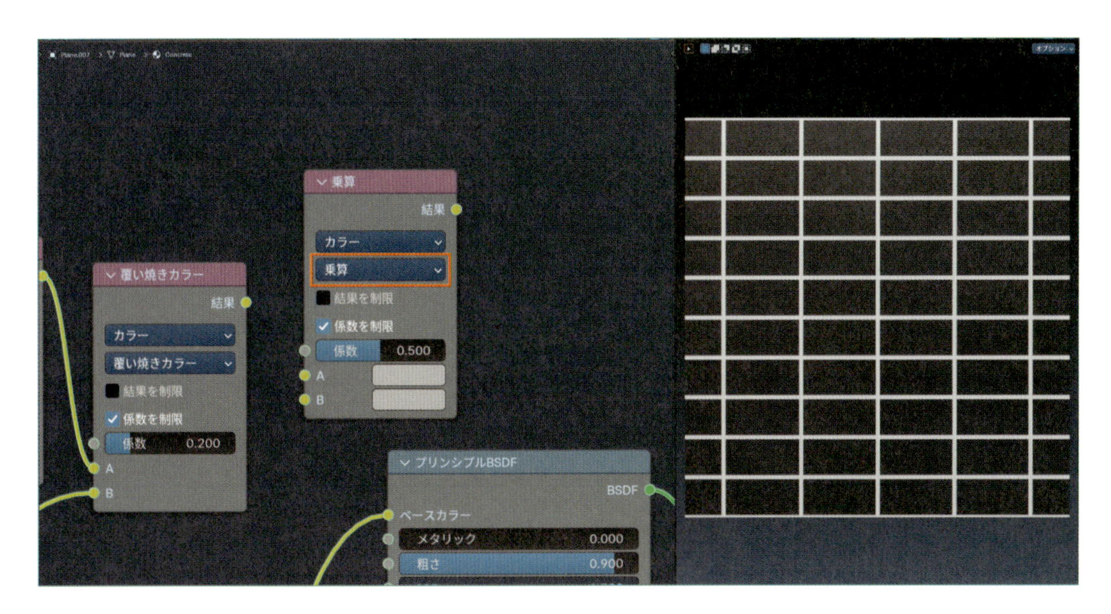

❸**カラーミックス**を次のように接続します。

- ［**カラーミックス（覆い焼きカラー）：結果**］＞［**カラーミックス（乗算）：A**］
- ［**レンガテクスチャ：係数**］＞［**カラーミックス（乗算）：係数**］
- ［**カラーミックス（乗算）：結果**］＞［**プリンシプルBSDF：ベースカラー**］

※ノード配置の都合で、**カラーミックス**につながるリンクが交差します。
　つなぐ先を間違えないよう注意してください。

これで「ザラザラしたコンクリートの質感」を元に、目地の部分だけ**B**のグレーが掛け合わされて色が暗くなり、「ブロック塀の模様」になります。

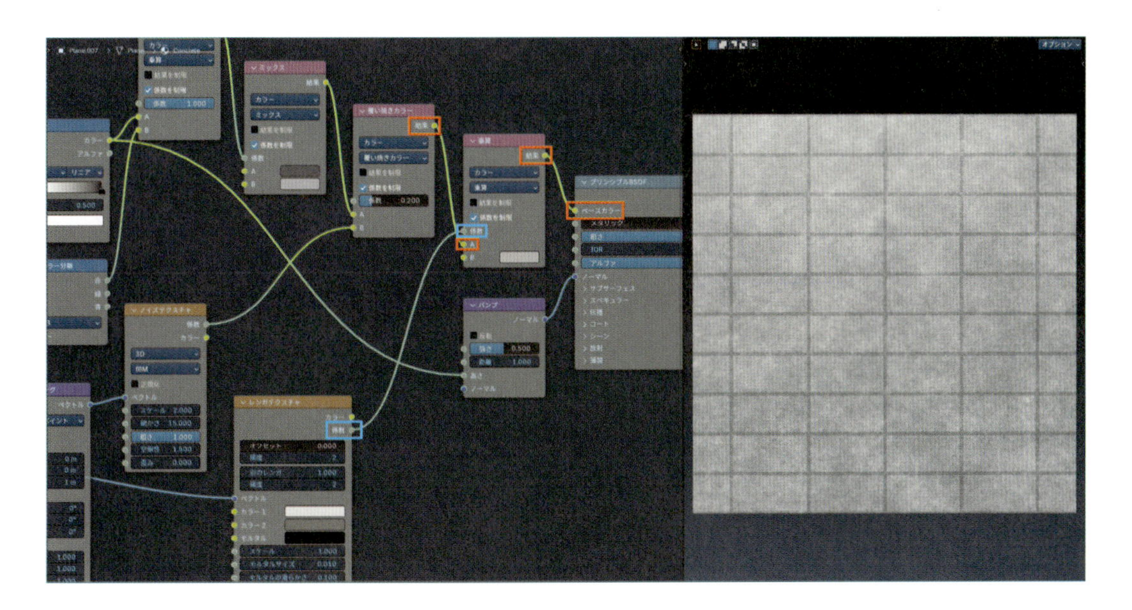

カラーミックス（乗算）の**色B**の**V（明度）**で、目地部分の暗さを操作できます。
白（V：1）の場合、元の模様のままで目地は表示されません。
Vを小さくするほど、目地部分が暗くなります。
ここではデフォルトの**0.5**のままにしておきます。

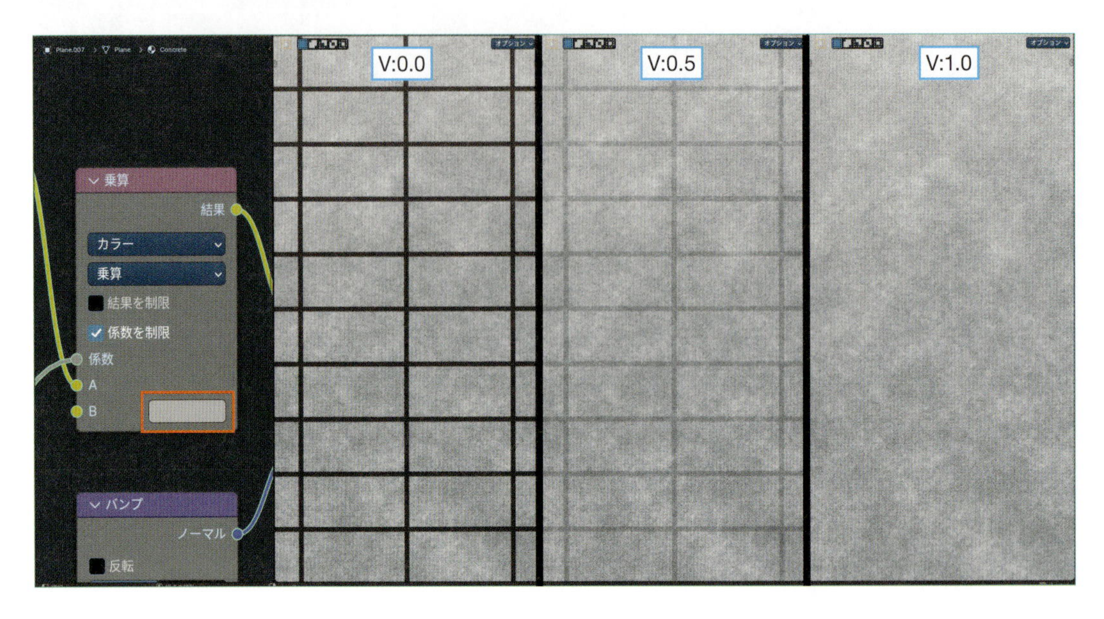

このままだと色ムラが強すぎ、全体がひとつながりの模様に見えてしまうため、色ムラを弱めます。

05 Step 色ムラを弱める

カラーミックス（覆い焼きカラー）の**係数**を**0.1**にします。
これで色ムラが弱まり、自然なブロック塀に見えるようになります。

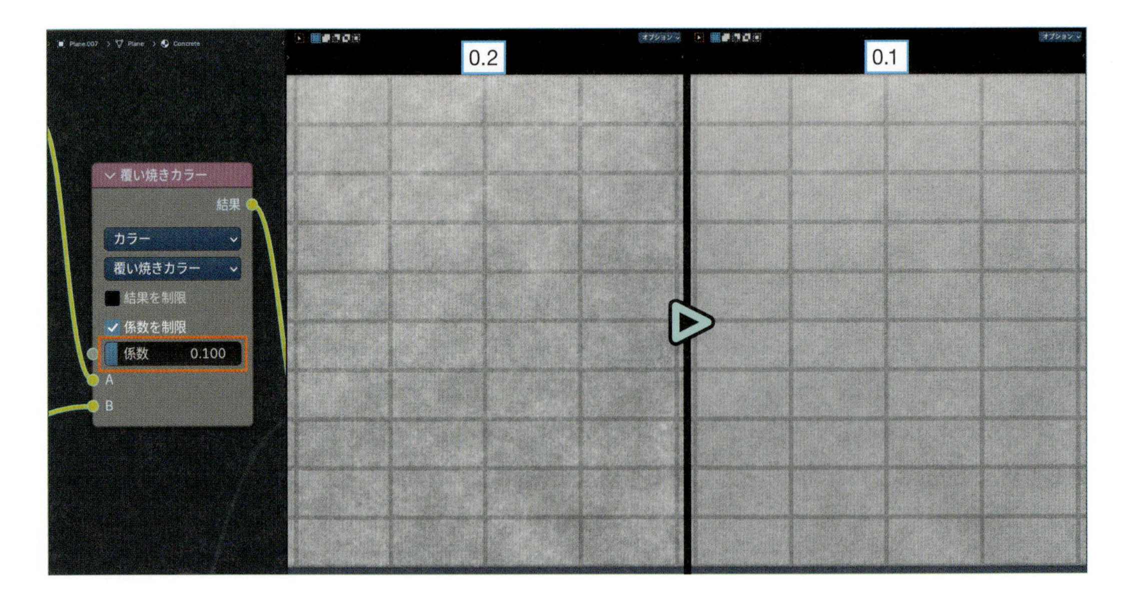

次は、目地部分の凹みをバンプマッピングで表現します。

06 Step バンプマッピングを追加

❶**Shift+A**>**ベクトル**>**バンプ**を追加します。

※この後の変化が見やすいように、3Dビューポートの視点を変えてあります。

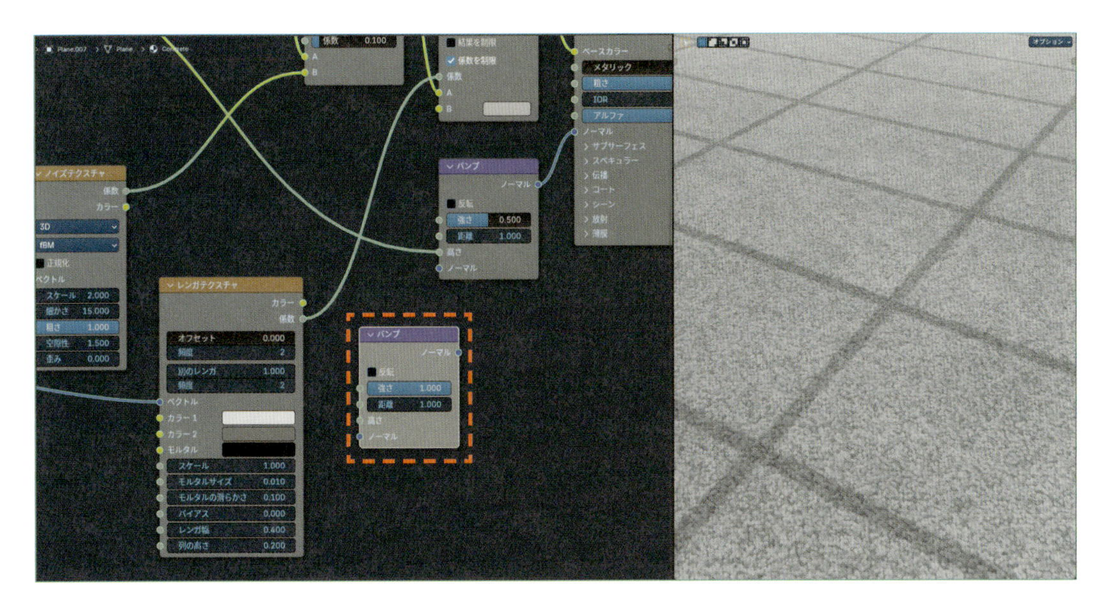

❷**バンプ**の**反転**にチェックを入れます。

❸**レンガテクスチャ**の**モルタルの滑らかさ**を**0.5**にします。

※**モルタルの滑らかさ**についての詳細は、**Chapter3-7　レンガ・タイルの作り方**(167ページ)を参照してください。

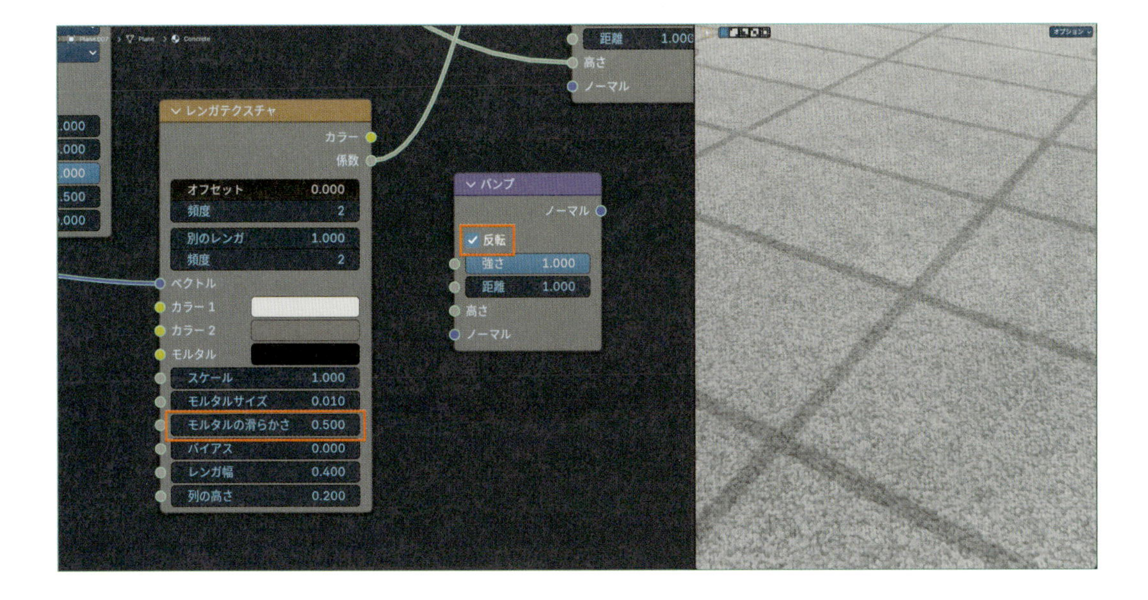

❹次のようにノードを接続します。

- [**レンガテクスチャ**：**係数**]＞[**バンプ(追加)**：**高さ**]
- [**バンプ(追加)**：**ノーマル**]＞[**バンプ(元)**：**ノーマル**]

これで、目地部分の凹みが表現できました。

※つないだ**バンプ**の**強さ**の合計が**1**より大きいので、目地の部分に黒いまだら模様が現れています。しかし、模様が細かく目立たないので、このままにしています。この現象については187ページのPOINT「Cyclesを使う場合の注意点」で詳しく説明しています。

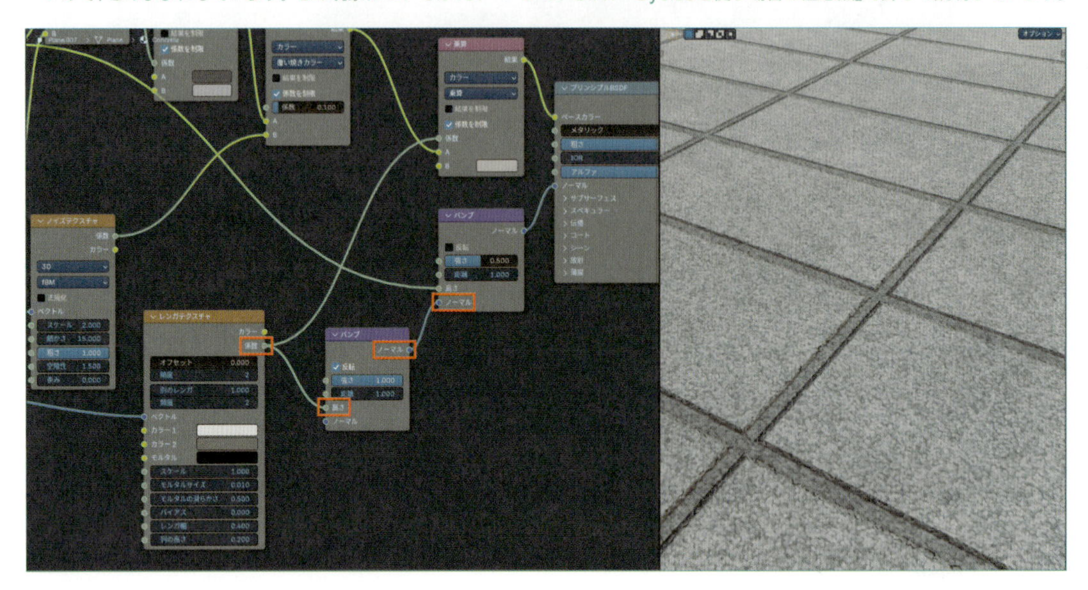

最後に、模様の大きさを操作する仕組みを加えます。このマテリアルは複数のテクスチャを組み合わせて模様を作っています。そのため、全体的な模様の大きさを調整する時、それぞれのテクスチャのスケールを連動させる必要があるので、一括で操作できるようにします。

07 Step スケールの一括操作の設定

❶**Shift+A**＞**ベクトル**＞**マッピング**を追加します。

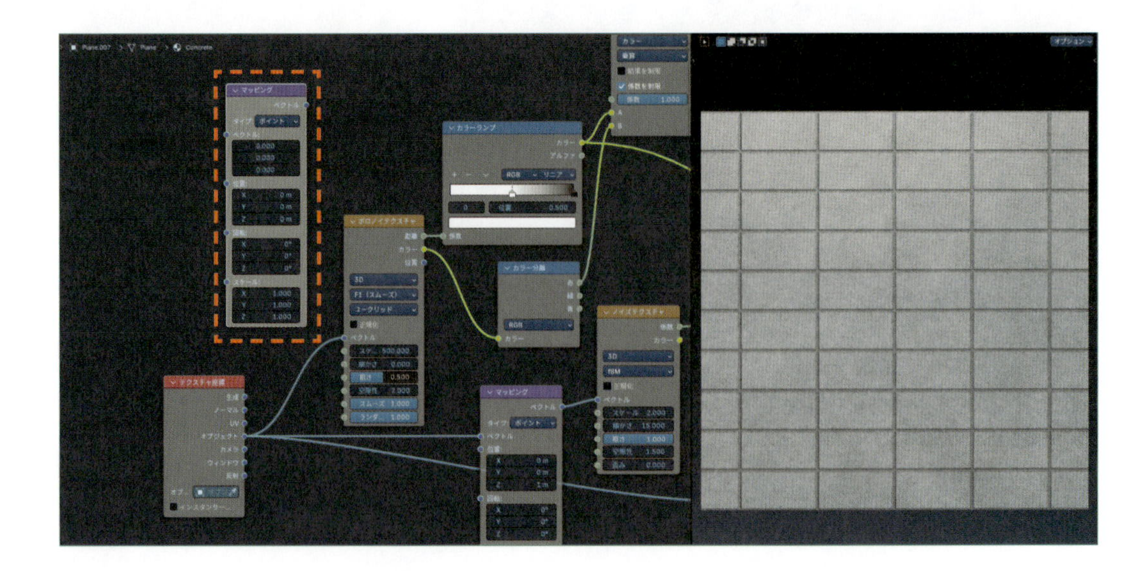

❷下図のオレンジの線で、3本のリンクを**Shift+右ドラッグ**で横切ります。

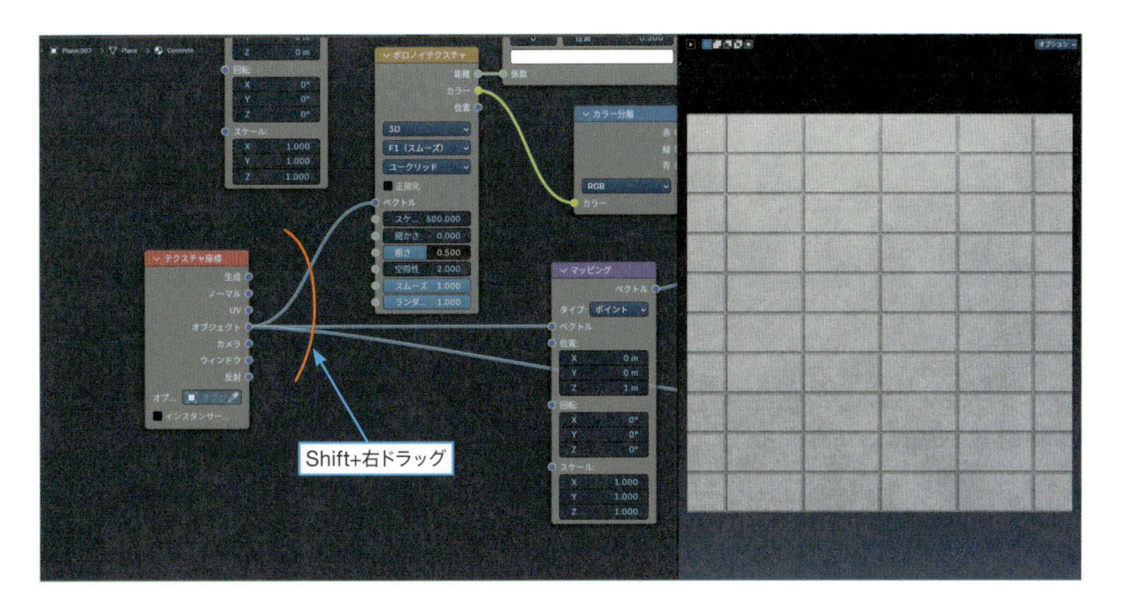

自動で**リルート**が追加され、リンクが束ねられます。

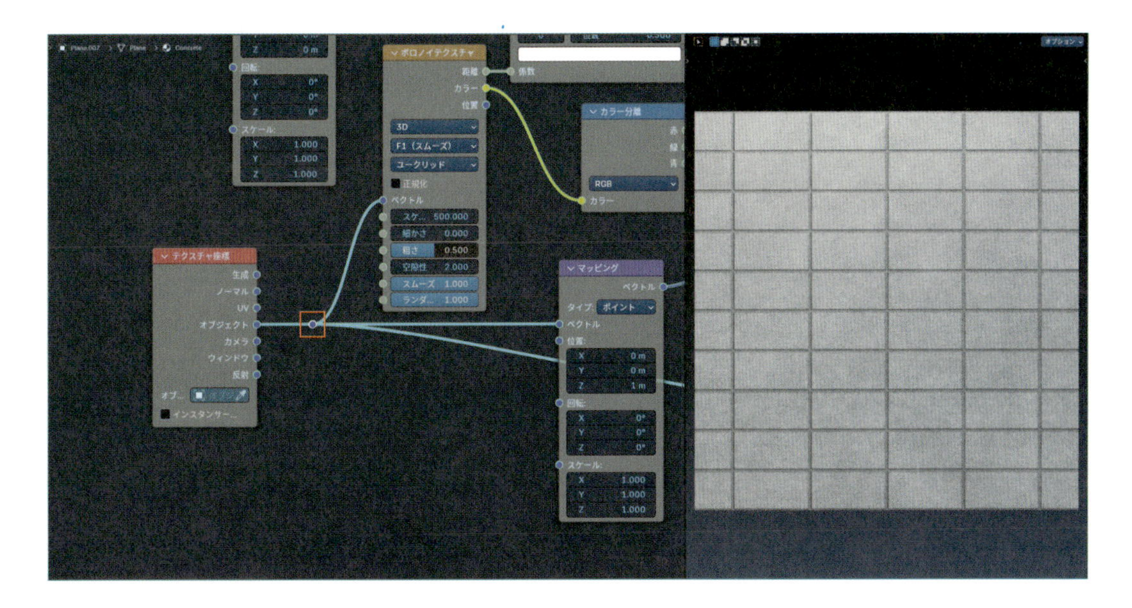

❸マッピングを、テクスチャ座標とリルートの間に接続します。

- ［テクスチャ座標：オブジェクト］>［マッピング：ベクトル］
- ［マッピング：ベクトル］>［リルート］

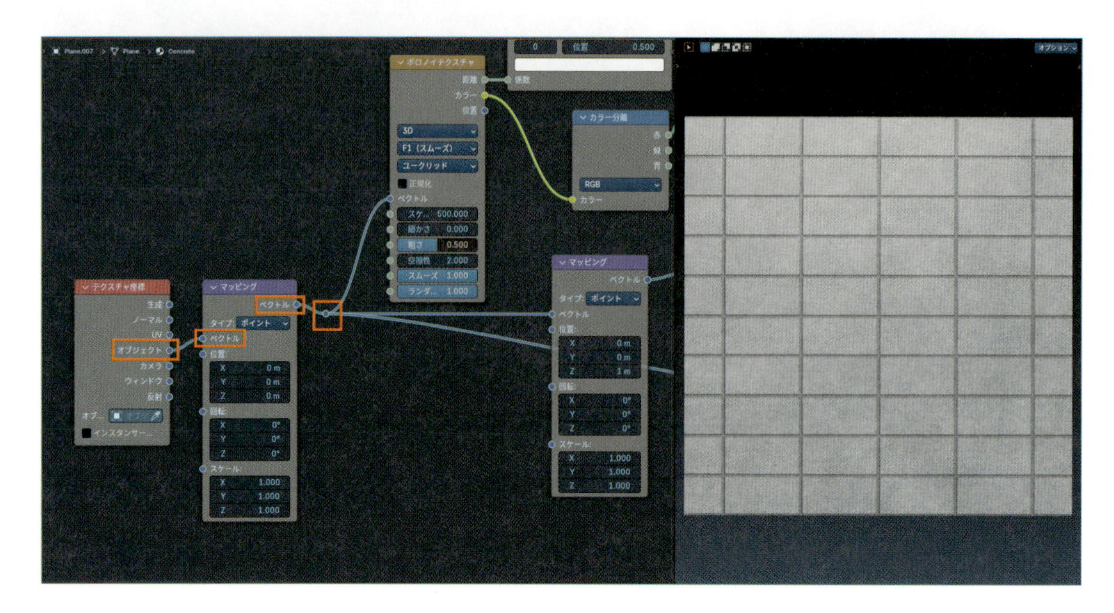

これで、マッピングのスケールの値で、模様の大きさを操作できるようになりました。
スケールはX、Y、Zすべてを同じ値にします。
テクスチャのスケールと同じように、値を大きくすると模様が小さく、値を小さくすると模様が大きくなります。

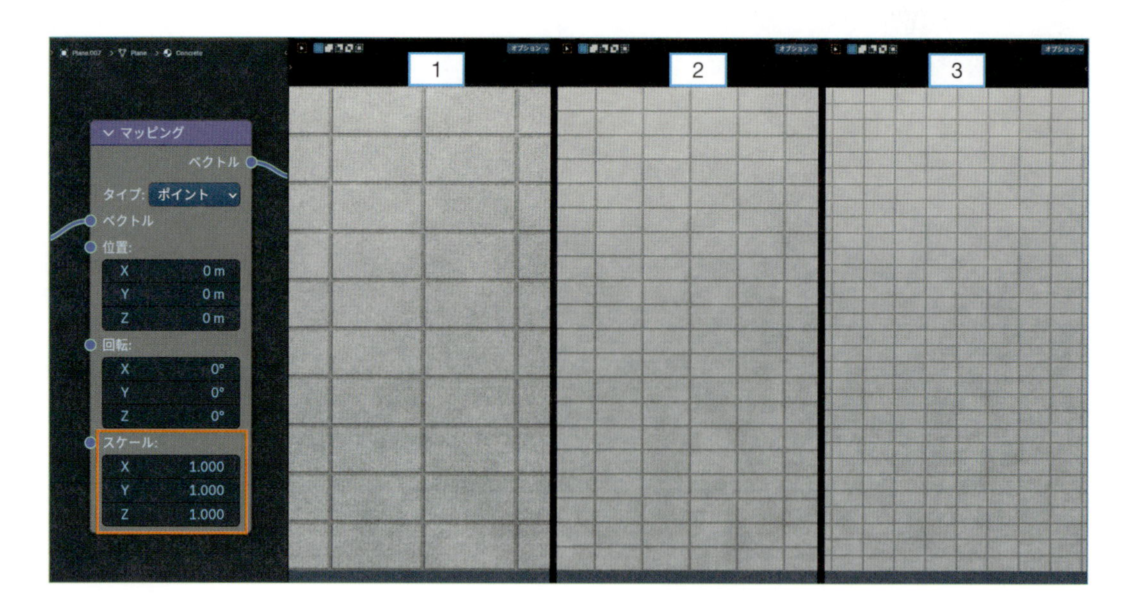

これで今回必要なすべてのノードがそろいました。
ノードツリー全体を見ると、下の画像のようになります（サンプルデータ：3-10-02.blend）。

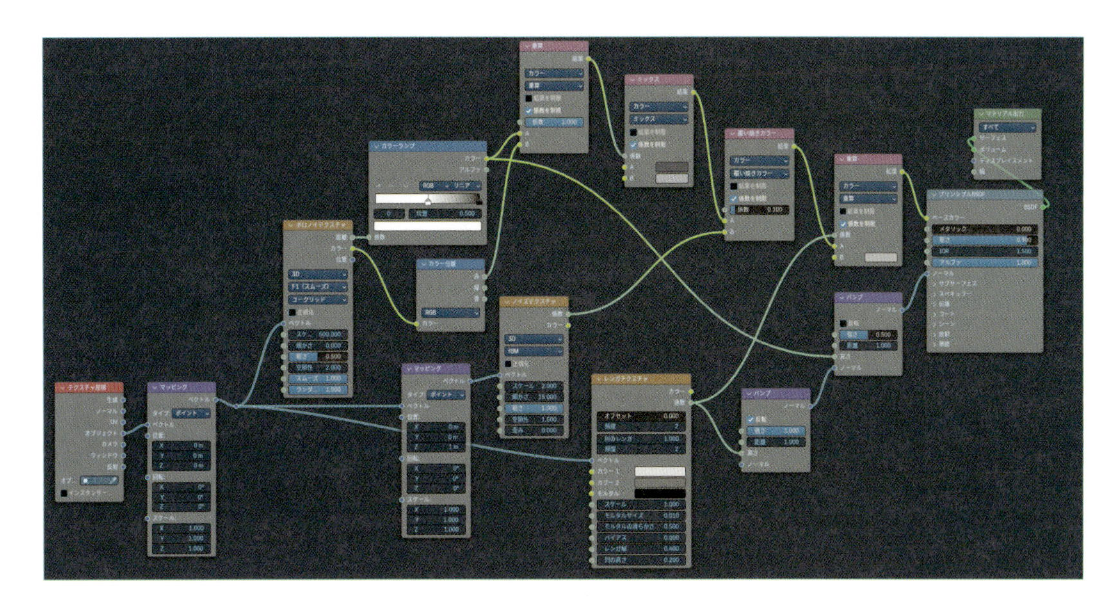

仕上げに、オブジェクトを90°回転して塀を立ち上げます。

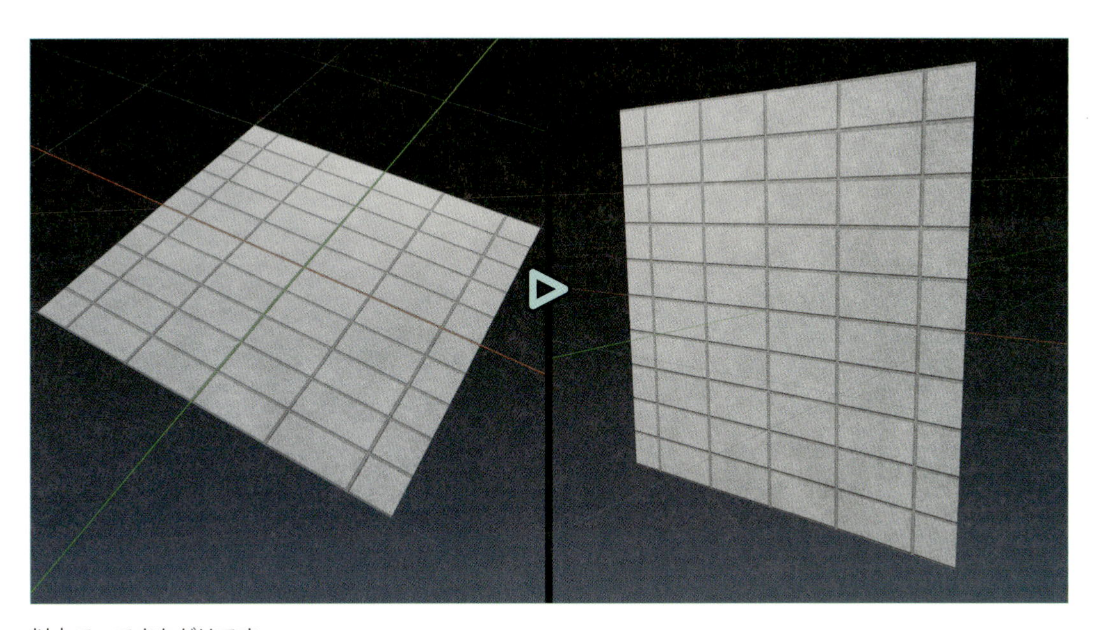

以上で、できあがりです。

Chapter 3

11

木目・木彫りの作り方

波テクスチャを使った、シンプルな木目の作り方を説明します。
また、バンプマッピングで木彫りの彫り跡を表現する方法も説明します。

11-1 波テクスチャについて

水面にできる波紋のような模様を作るテクスチャです。
タイプとWave Profileを切り替えることで、異なるパターンの波模様が作れます。

タイプ

波のパターンを切り替えます。
バンド（直線状の波）と**リング**（同心円状の波）の2種類があります。
木像やお椀など、立体的な形状のオブジェクトの木目を作る場合は**リング**にします。
板のような薄い平面のオブジェクトの木目を作る場合は、作りたい木目に合わせて**バンド**か**リング**を選択します。

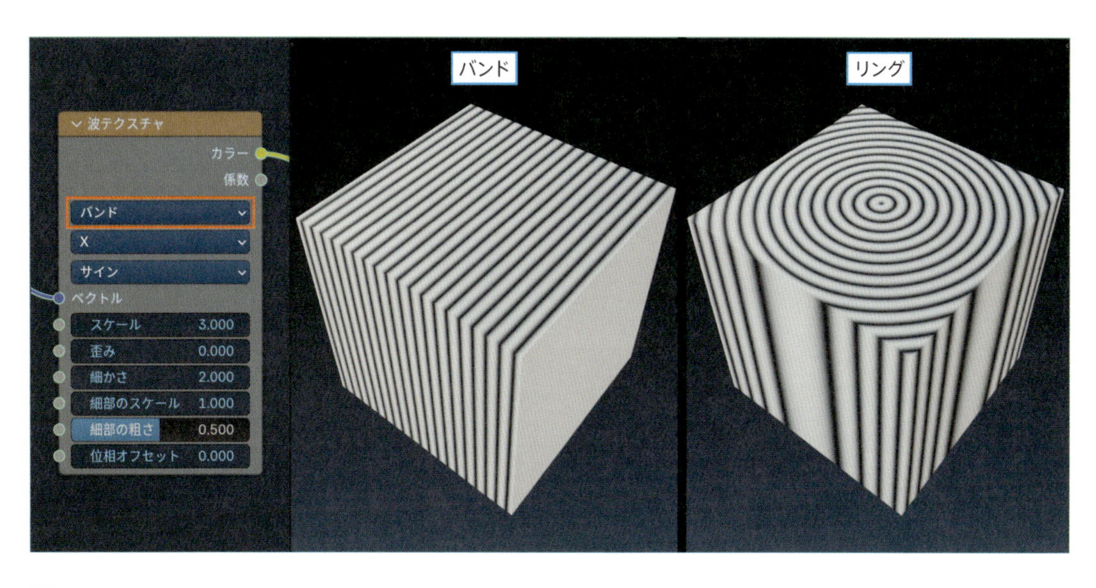

Wave Profile

波のグラデーション変化のパターンを切り替えます。
サイン、**鋸波**、**三角形**の3種類があります。
木目を作る場合は**鋸波**を使います。

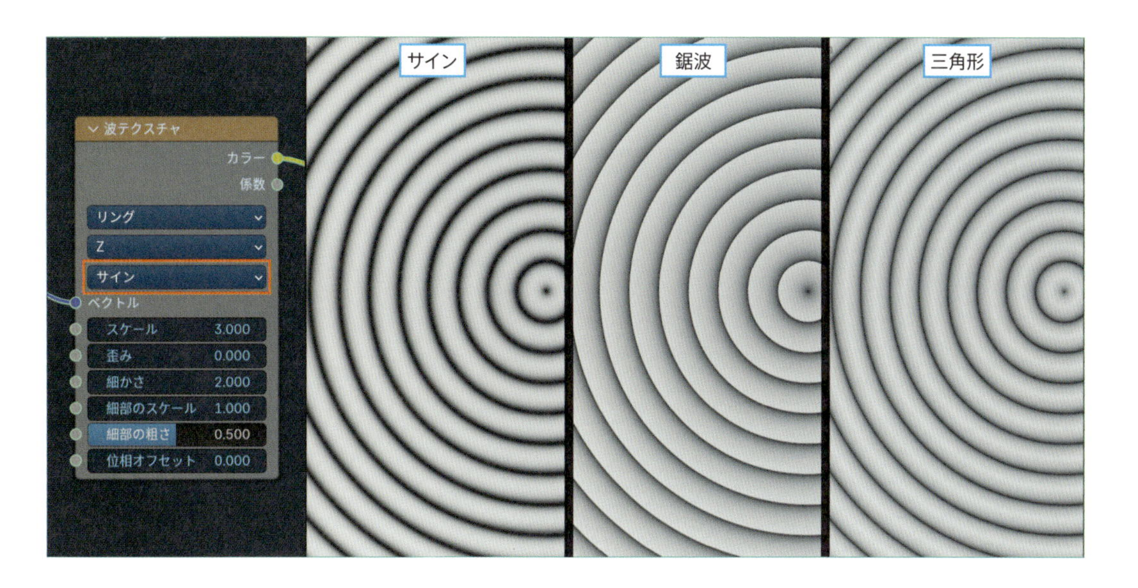

11-2 木目の作り方

まずは**波テクスチャ**を使って、木目の基本パターンを作ります。

01 Step ノードを追加

❶**テクスチャ座標**、**マッピング**、**波テクスチャ**の3つのノードを追加します。

- **Shift+A**>**入力**>**テクスチャ座標**
- **Shift+A**>**ベクトル**>**マッピング**
- **Shift+A**>**テクスチャ**>**波テクスチャ**

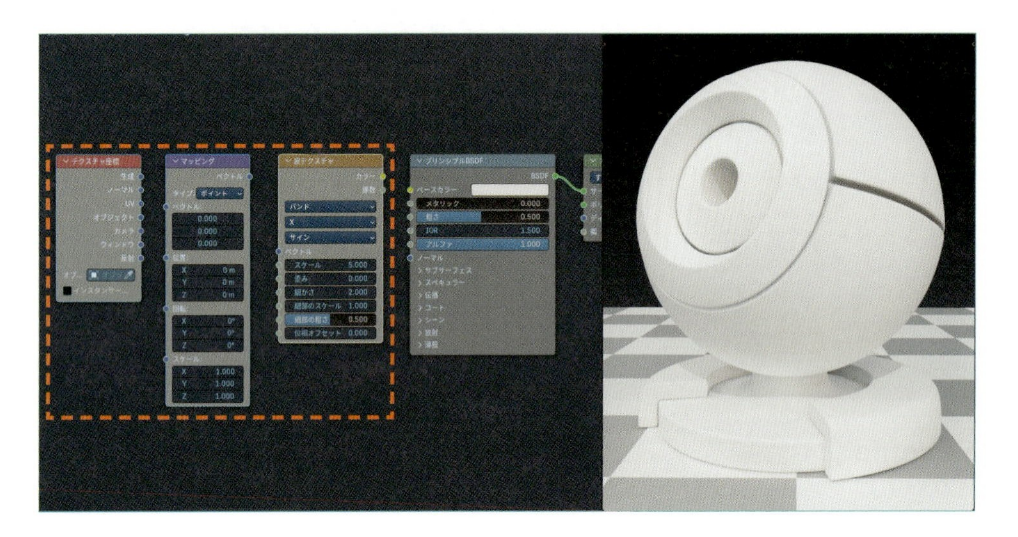

❷この3つのノードを、次のように接続します。

- [**テクスチャ座標**:**オブジェクト**]>[**マッピング**:**ベクトル**]
- [**マッピング**:**ベクトル**]>[**波テクスチャ**:**ベクトル**]
- [**波テクスチャ**:**係数**]>[**プリンシプルBSDF**:**ベースカラー**]

これでオブジェクトが、**波テクスチャ**の模様になります。

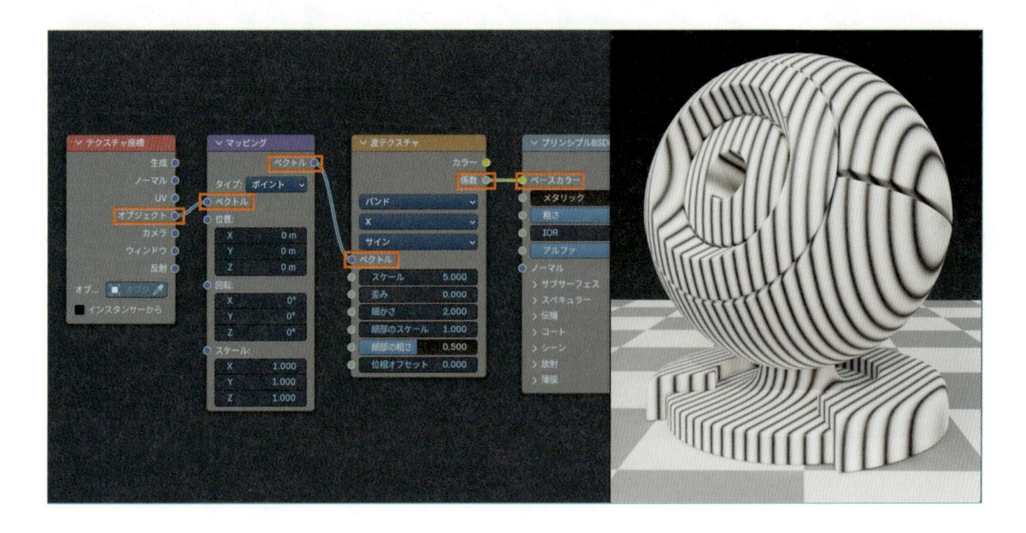

波テクスチャの**タイプ**、**方向**、**Wave Profile**を切り替えて、波模様を調整します。

02 Step 波テクスチャのタイプを変更

波テクスチャの初期状態の**タイプ**は**バンド**（直線状の波模様）です。
ここでは立体的な形状のオブジェクトの木目を作るので、**リング**に切り替えます。
これで、同心円状の波模様になります。

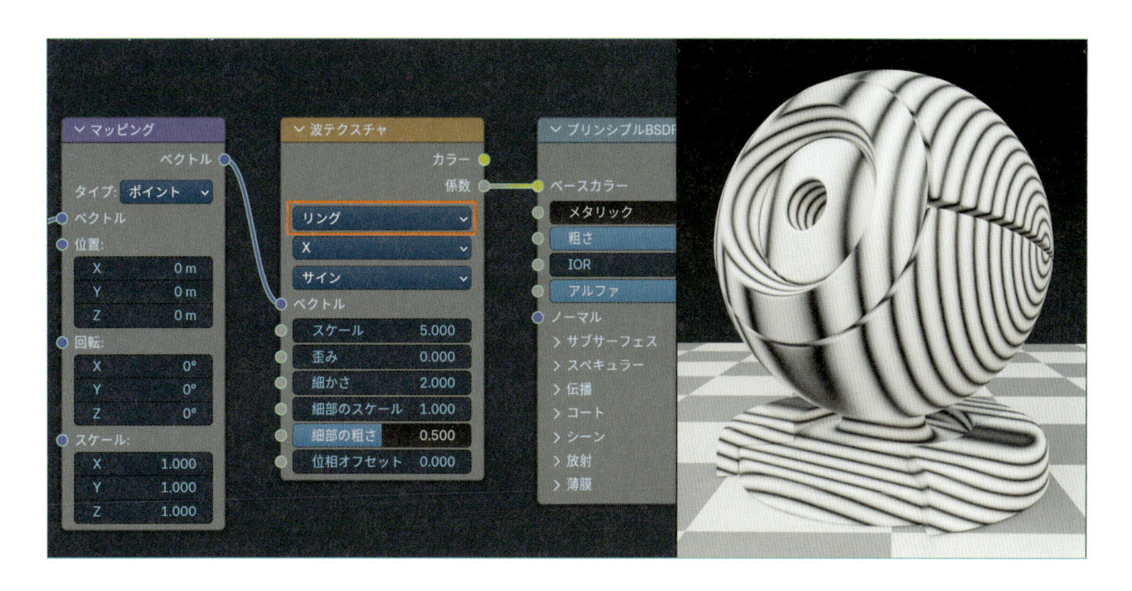

03 Step 波テクスチャの方向を変更

初期状態では波模様がX軸方向を向いているので、**波テクスチャ**の**方向**を**Z**にします。
これで、波模様の向きがZ軸方向になります。

ここまでの変化を立方体で見ると、次のようになります。

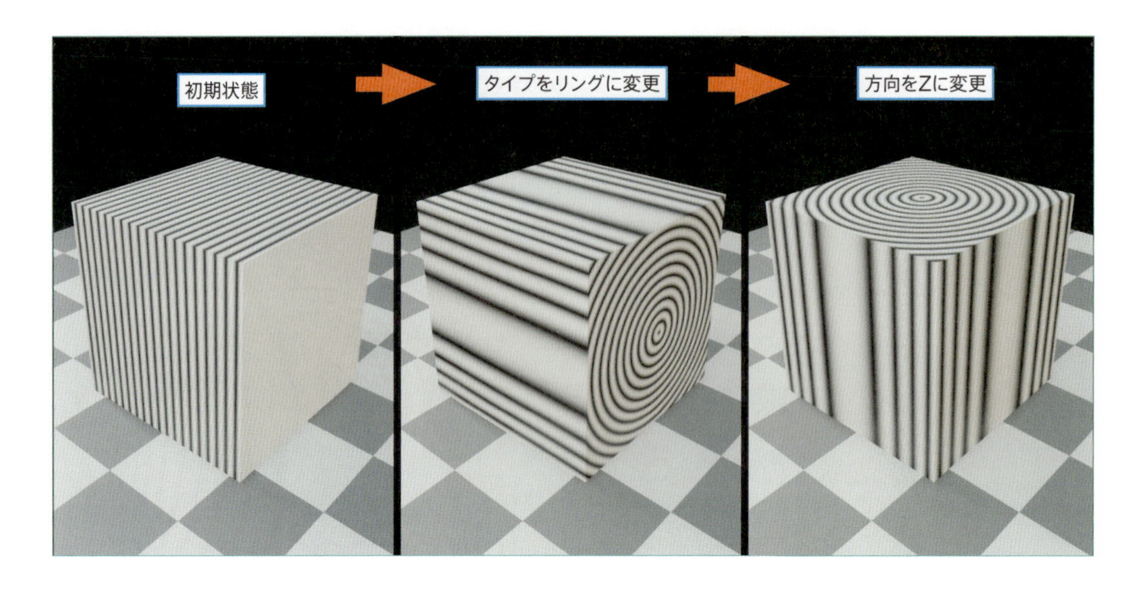

04 Step 波テクスチャのグラデーションパターンを変更

初期状態の**Wave Profile**は**サイン**なので、**鋸波**に切り替えます。
これで波模様のグラデーション変化が、木目の表現に適したパターンになります。

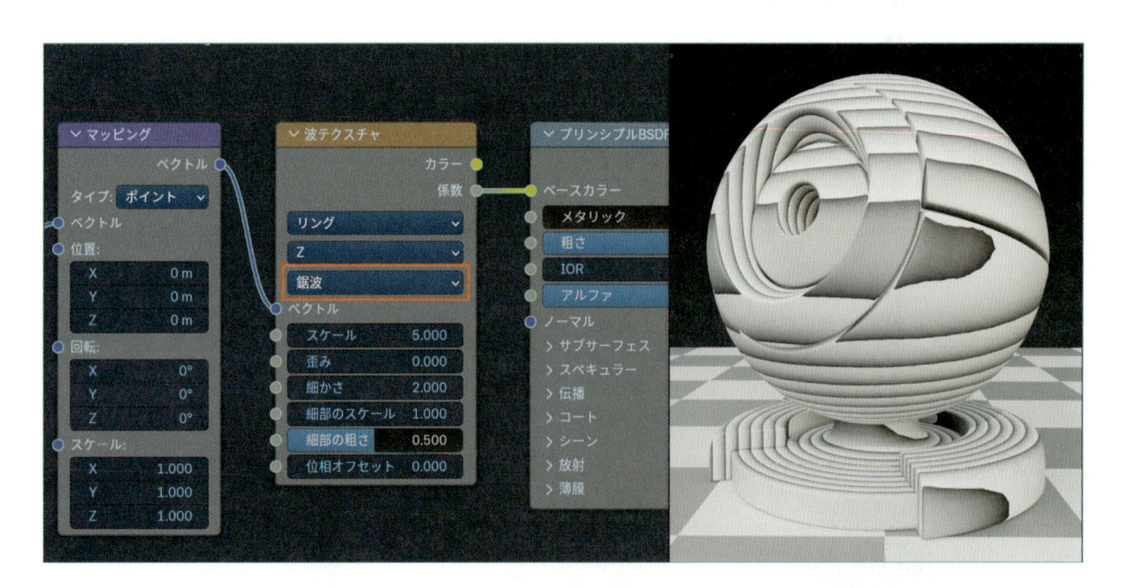

これで、木目の元になる白黒模様ができました。
次は、この模様に色をつけます。

05 Step 木目の色を設定

❶**Shift+A**＞**コンバーター**＞**カラーランプ**を追加します。

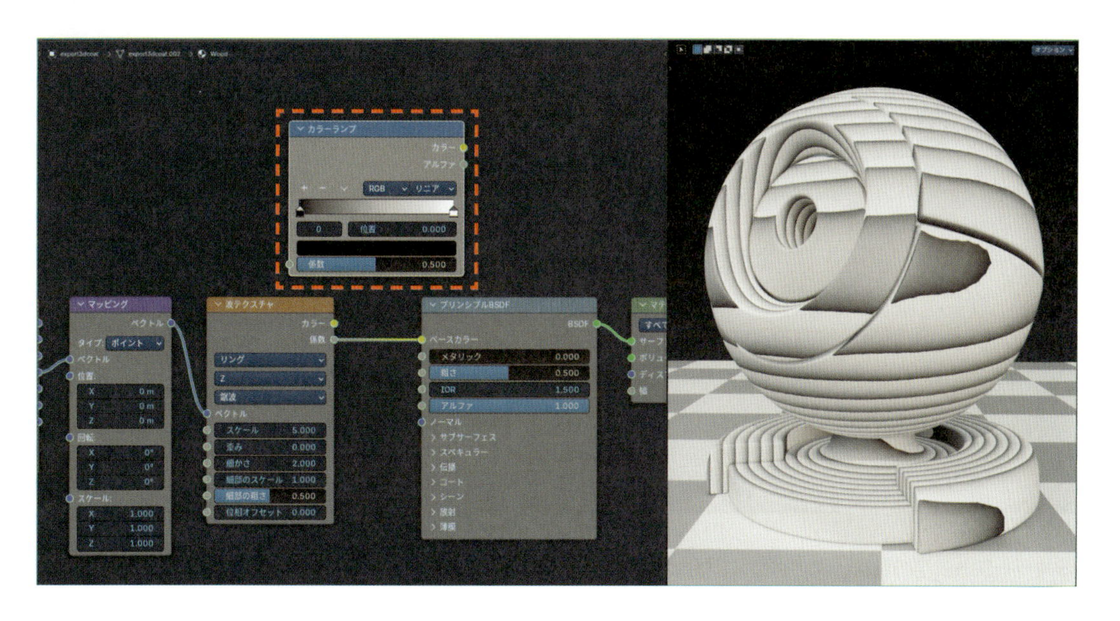

❷**カラーランプ**を、**波テクスチャ**と**プリンシプルBSDF**の間に接続します。

- ［**波テクスチャ**：**係数**］＞［**カラーランプ**：**係数**］
- ［**カラーランプ**：**カラー**］＞［**プリンシプルBSDF**：**ベースカラー**］

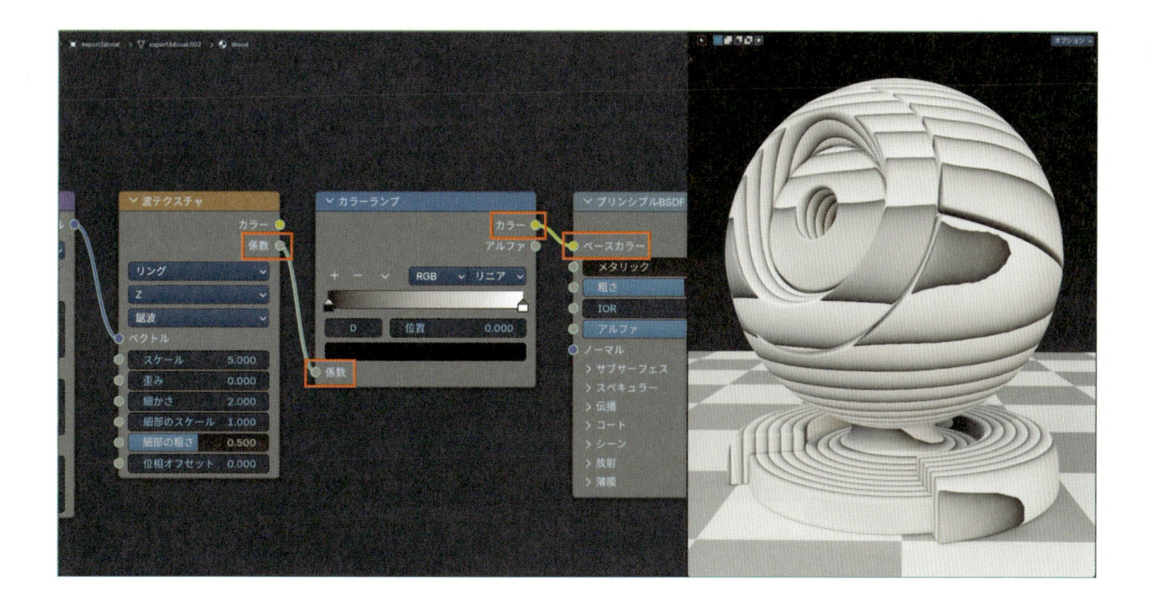

❸**カラーランプ**の＋をクリックして、**カラーストップ**を追加します。

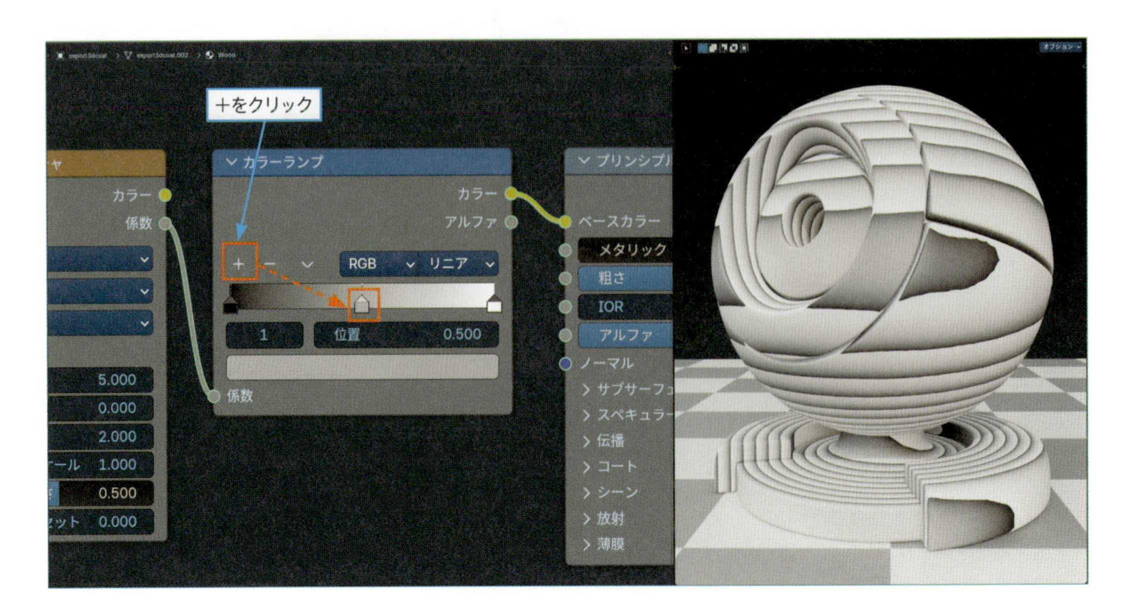

❹カラーストップの色を、次のように設定します。

- **カラーストップ 0**：明るい部分の色 **(D18C60)**
- **カラーストップ 1**：中間の色 **(C07849)**
- **カラーストップ 2**：濃い部分の色 **(7F3529)**

カラーストップ 2で設定する「濃い部分の色」が、いわゆる**年輪模様の色**になります。
ここでは標準的な木のイメージで、() 内の色 (16進数) に設定しています。
これで木目の色ができました。

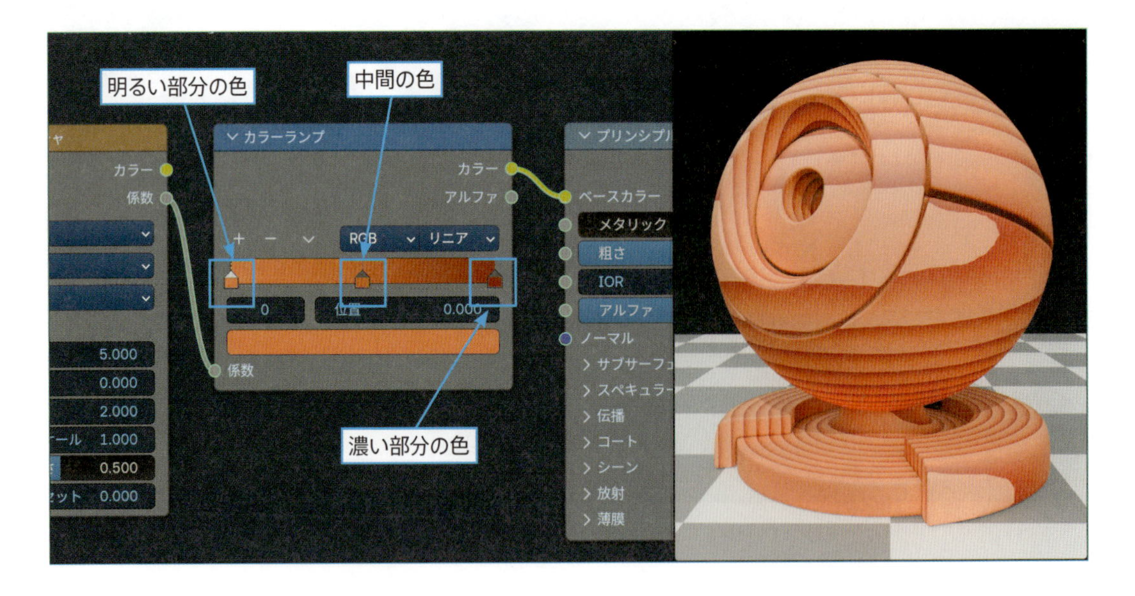

最後に、色ムラを加えてよりリアルな色味にします。

06 Step 色ムラを追加する

❶**ノイズテクスチャ**と**カラーミックス**を追加します。

- **Shift+A**＞**テクスチャ**＞**ノイズテクスチャ**
- **Shift+A**＞**カラー**＞**カラーミックス**

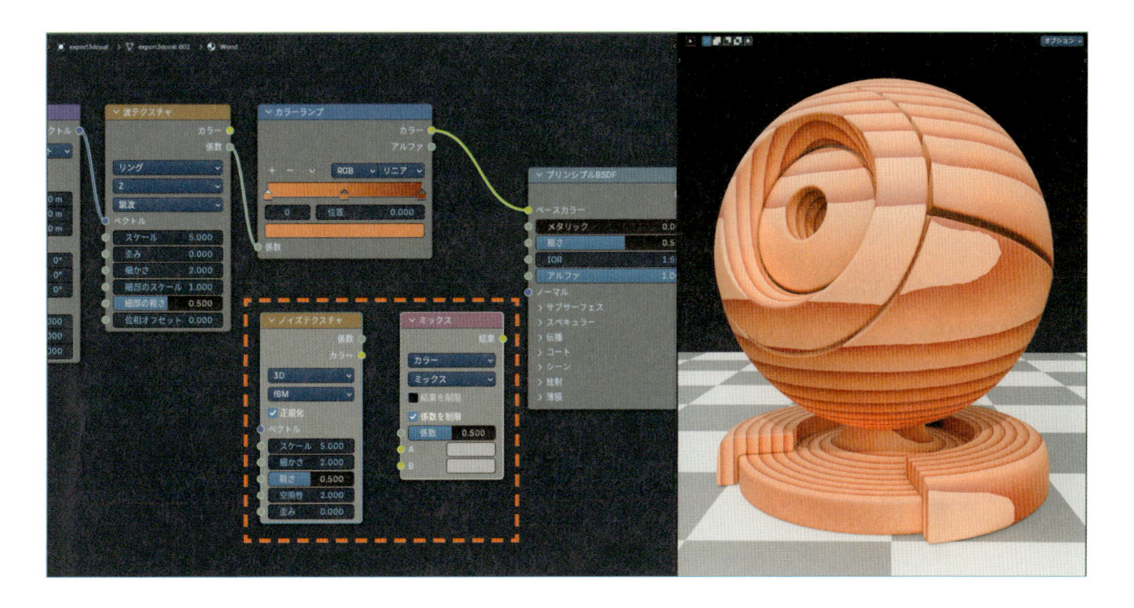

❷この2つのノードを、次のように設定します。

- **ノイズテクスチャ**
  正規化：**OFF**、**スケール**：**2**、**細かさ**：**15**、**粗さ**：**1.0**、**空隙性**：**1.5**
- **カラーミックス**
  ブレンドモード：**覆い焼きカラー**、**係数**：**0.1**

❸この2つのノードを、次のように接続します。

- [**カラーランプ**:**カラー**] > [**カラーミックス**:**A**]
- [**テクスチャ座標**:**オブジェクト**] > [**ノイズテクスチャ**:**ベクトル**]
- [**ノイズテクスチャ**:**係数**] > [**カラーミックス**:**B**]
- [**カラーミックス**:**結果**] > [**プリンシプルBSDF**:**ベースカラー**]

これで色ムラが追加されました。

※色ムラの設定についての詳細は、**Chapter3-2　色ムラの作り方**(075ページ)を参照してください。

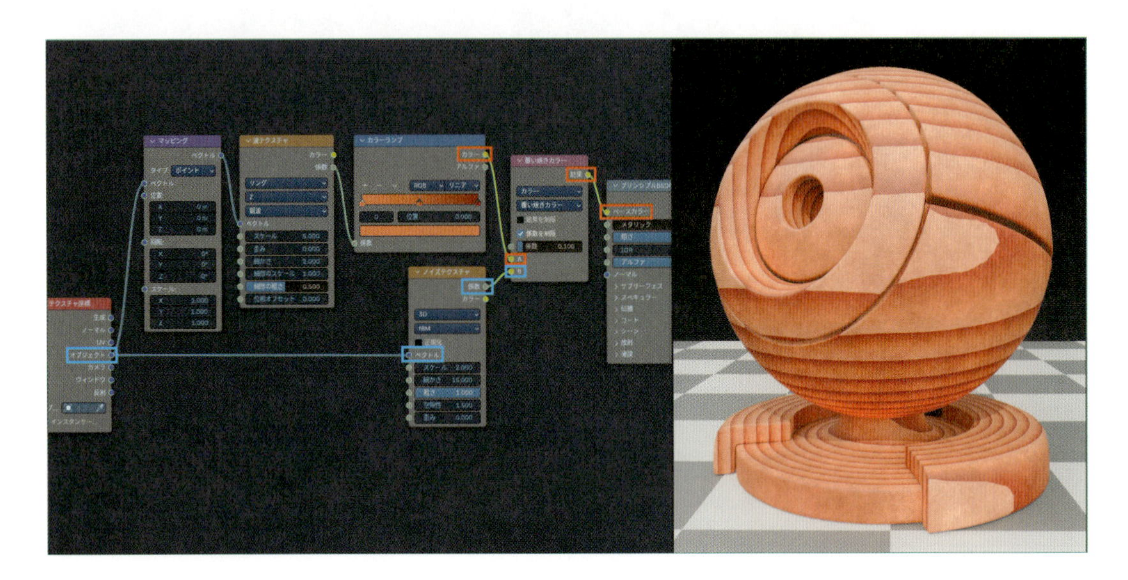

これで木目を作るのに必要なすべてのノードがそろいました(サンプルデータ:3-11-01.blend)。
この模様を調整して、イメージに合わせた木目を作っていきます。

木目の大きさ

波テクスチャの**スケール**で、木目の大きさを操作できます。
値を小さくすると木目が大きくなり、値を大きくすると木目が小さくなります。

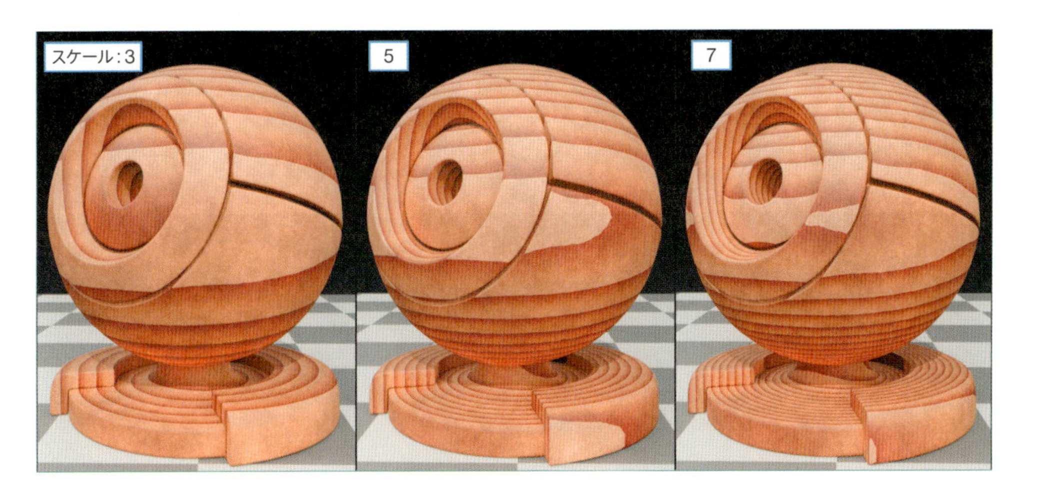

木目の歪み

波テクスチャの歪みを大きくすると、木目が歪みます。
木目の歪み方は木材の種類によって異なるので、作りたいイメージに合わせて設定します。

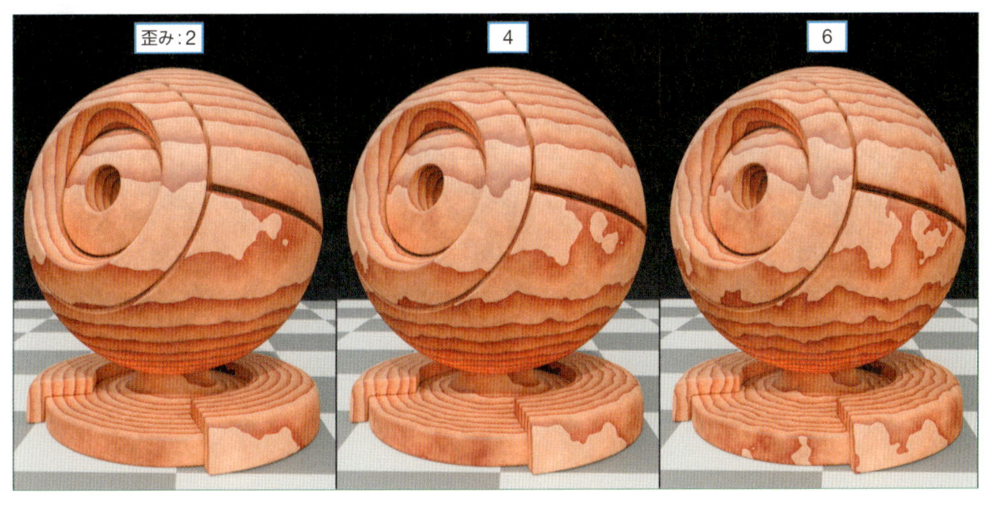

木目の位置と角度

マッピングの**位置**と**回転**で、木目の位置と角度が操作できます。
画面を見ながら、好みで調整してください。

木目のグラデーション

カラーランプの**カラーストップ 1**の**位置**で、木目のグラデーション変化の具合を操作できます。
画面を見ながら、好みで調整してください。

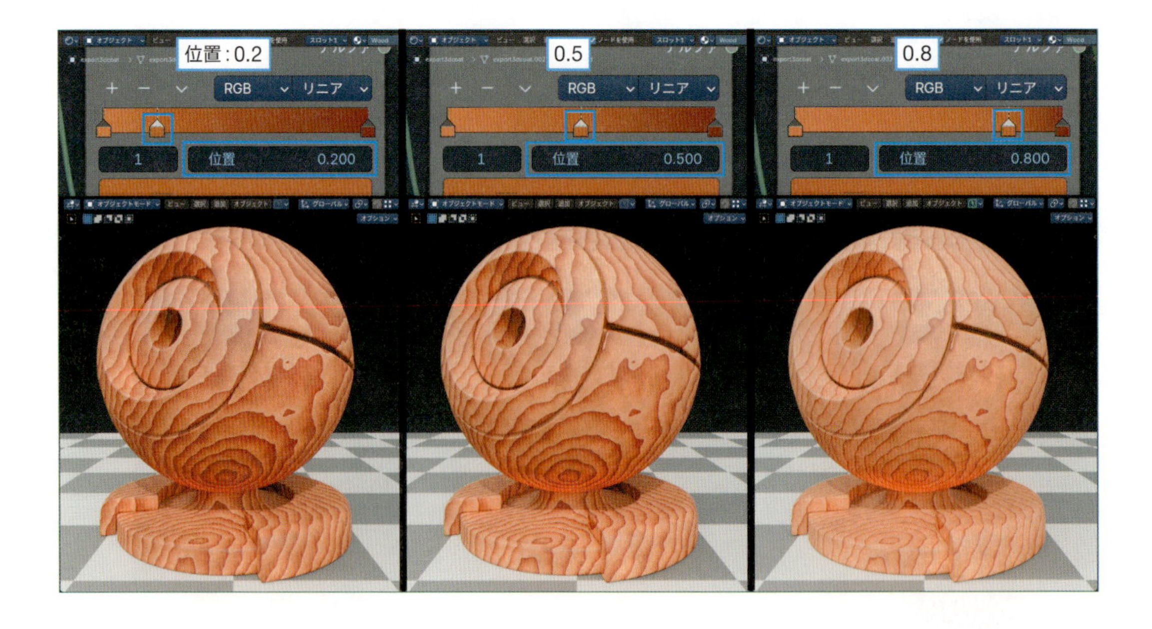

木目のパターン

波テクスチャの**タイプ**で、木目のパターンを切り替えられます。
同心円状または山型の木目を作る場合は**リング**、直線の木目を作る場合は**バンド**にします。

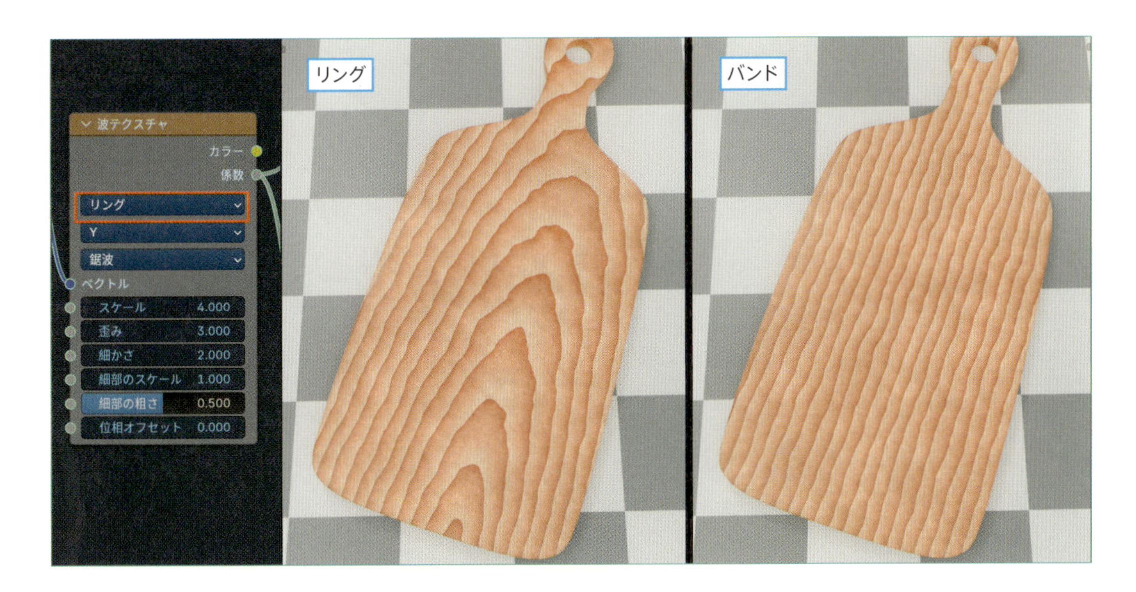

色の設定

木は種類によって、様々な色があります。
いくつか色見本を載せておくので、参考にしてください(色表記は16進数です)。

標準的な木

- **カラーストップ 0**：**DEAF7D**
- **カラーストップ 1**：**CC8E5E**
- **カラーストップ 2**：**73482A**

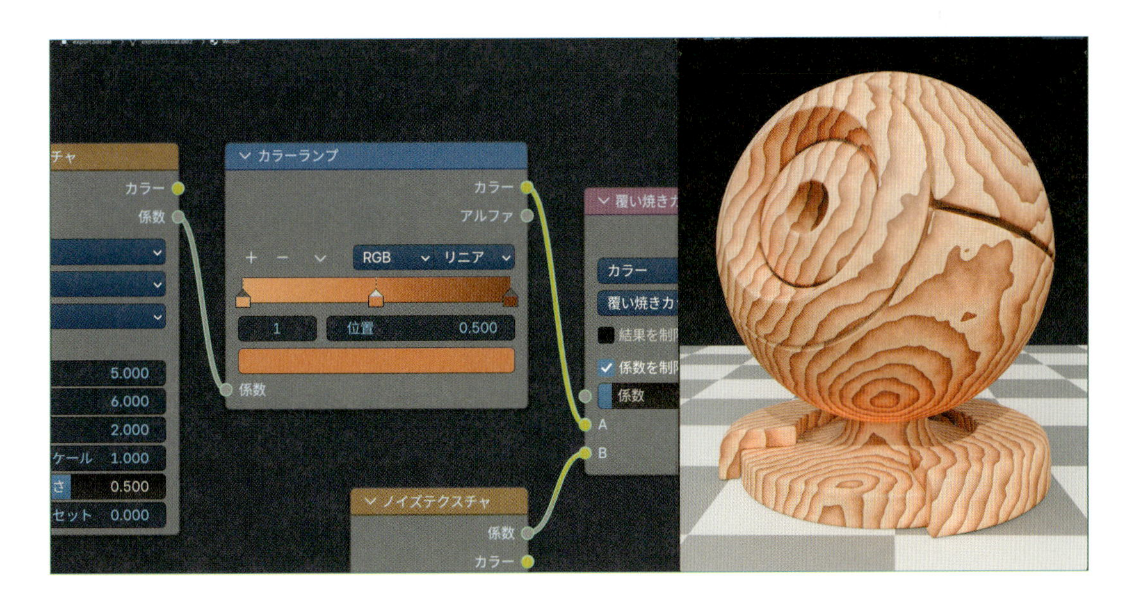

白っぽい木

- カラーストップ 0：D1A48D
- カラーストップ 1：C0A484
- カラーストップ 2：7F5E40

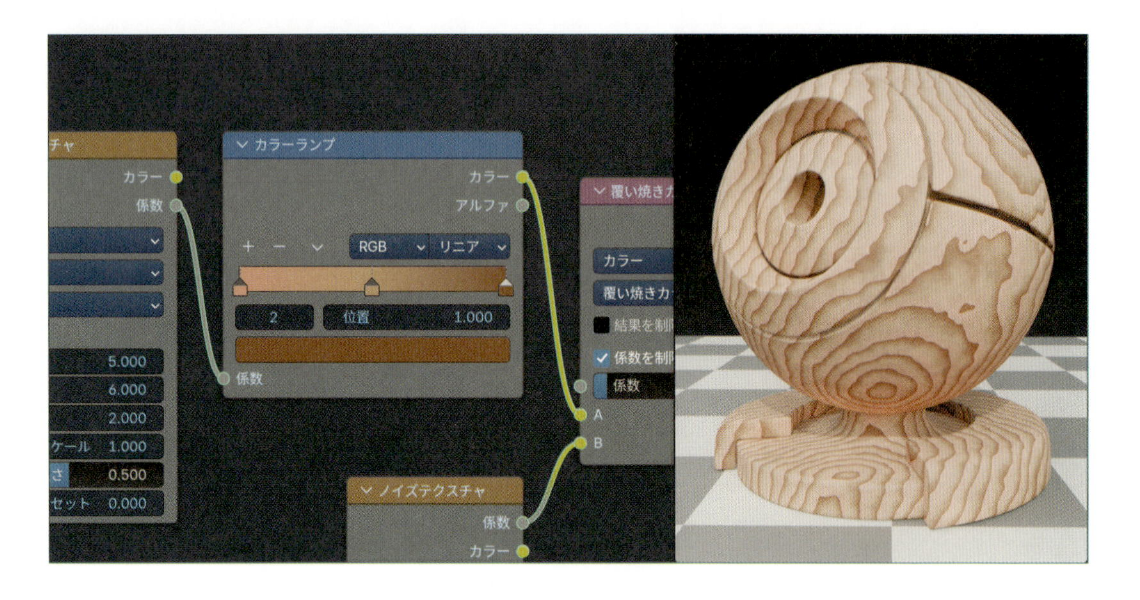

黒っぽい木

- カラーストップ 0：85522B
- カラーストップ 1：734537
- カラーストップ 2：59422D

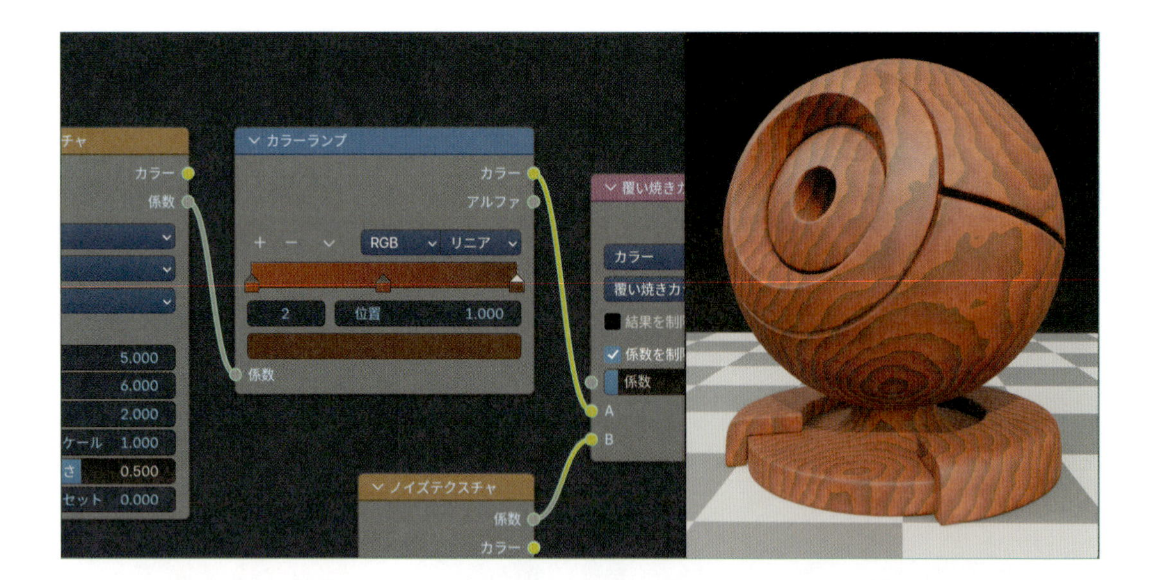

こういうのもあるよね

- カラーストップ 0：D18144
- カラーストップ 1：663D31
- カラーストップ 2：4C3926

Chapter 1
Chapter 2
Chapter 3 1-5
Chapter 3 6-10
Chapter 3 11-15
Chapter 4

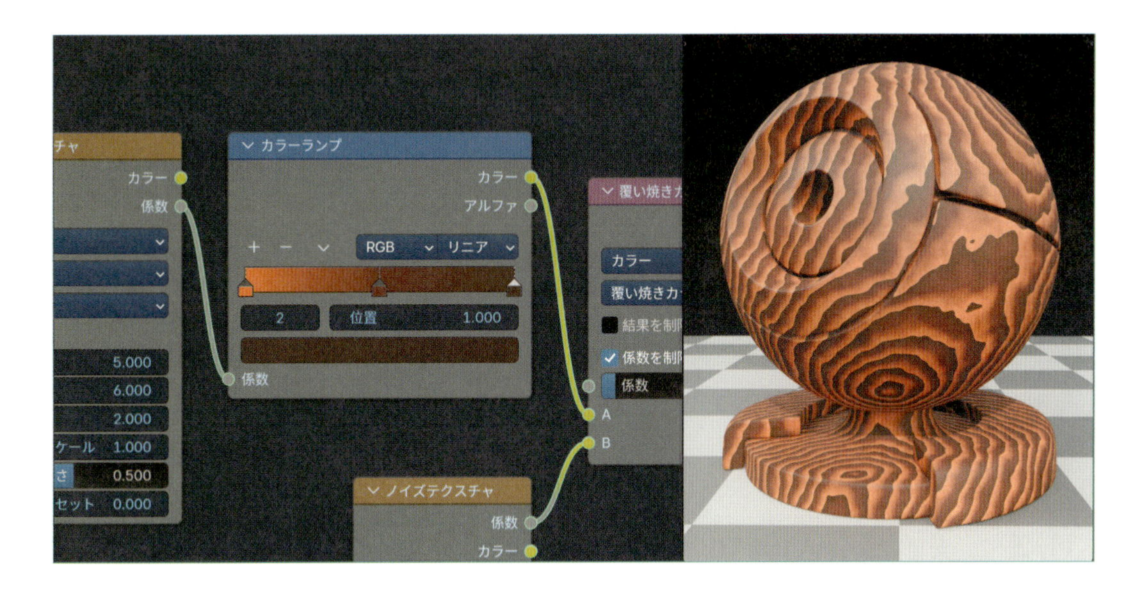

粗さ

プリンシプルBSDFの粗さで、表面の光沢の具合を調整します。
「磨き上げた木」や「ザラザラした木」など、イメージに合わせて設定します。

以上で、できあがりです。

11-3 木彫りの作り方

ここまでの設定に、バンプマッピングで彫り跡の表現を追加して、木彫りのマテリアルを作ります。

01 Step 木目の設定を準備

前項で作成した木目のマテリアルを用意します。

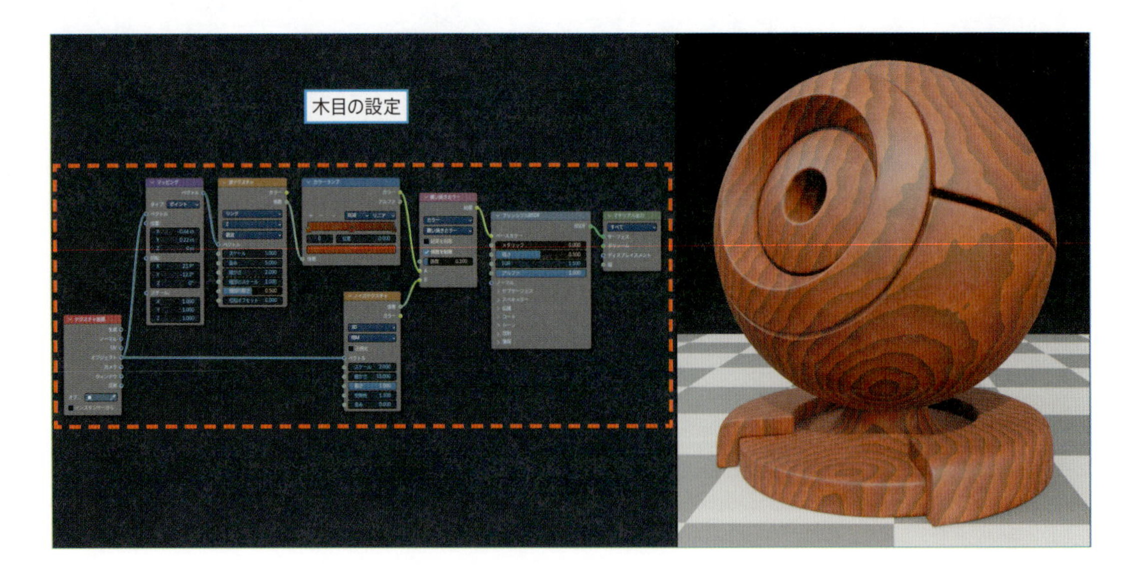

02 Step バンプマッピングを追加

❶ボロノイテクスチャ、ガンマ、バンプの3つのノードを追加します。

- Shift+A＞テクスチャ＞ボロノイテクスチャ
- Shift+A＞カラー＞ガンマ
- Shift+A＞ベクトル＞バンプ

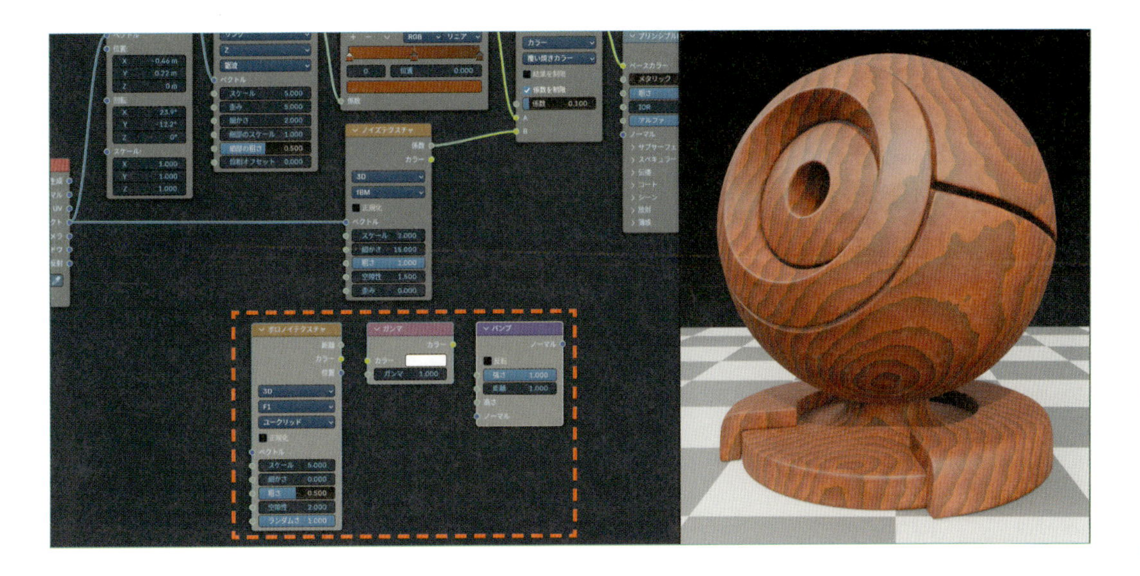

❷この3つのノードを、次のように接続します。

- ［テクスチャ座標：オブジェクト］＞［ボロノイテクスチャ：ベクトル］
- ［ボロノイテクスチャ：距離］＞［ガンマ：カラー］
- ［ガンマ：カラー］＞［バンプ：高さ］
- ［バンプ：ノーマル］＞［プリンシプルBSDF：ノーマル］

これでオブジェクトに擬似的な凹凸が追加されます。

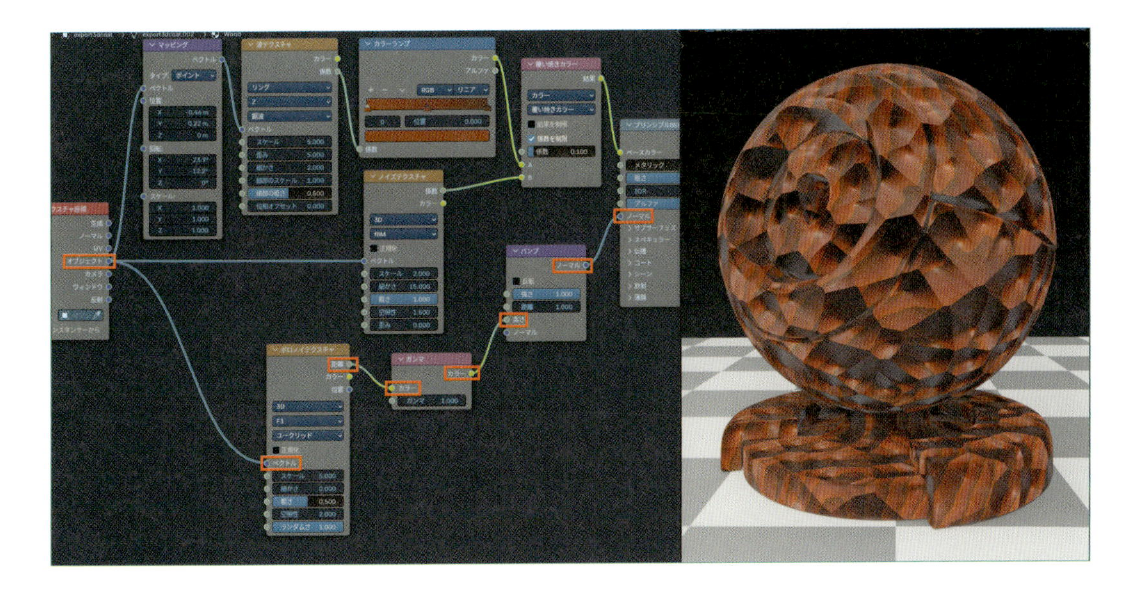

初期状態では凹みの中心が尖った感じになるので、もっと滑らかな凹みにします。

03

Step

滑らかな凹みにする

ガンマの値を**5**にします。

これで彫り跡らしい、滑らかな凹みになります。

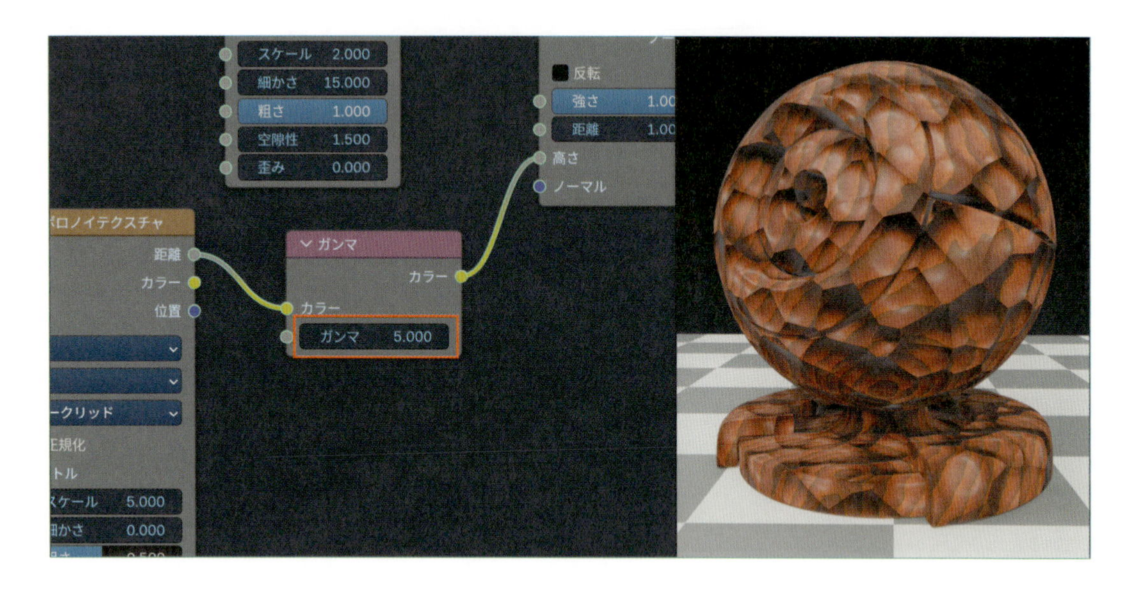

ちなみに、初期状態（凹みの中心が尖った状態）は下図のようになります。

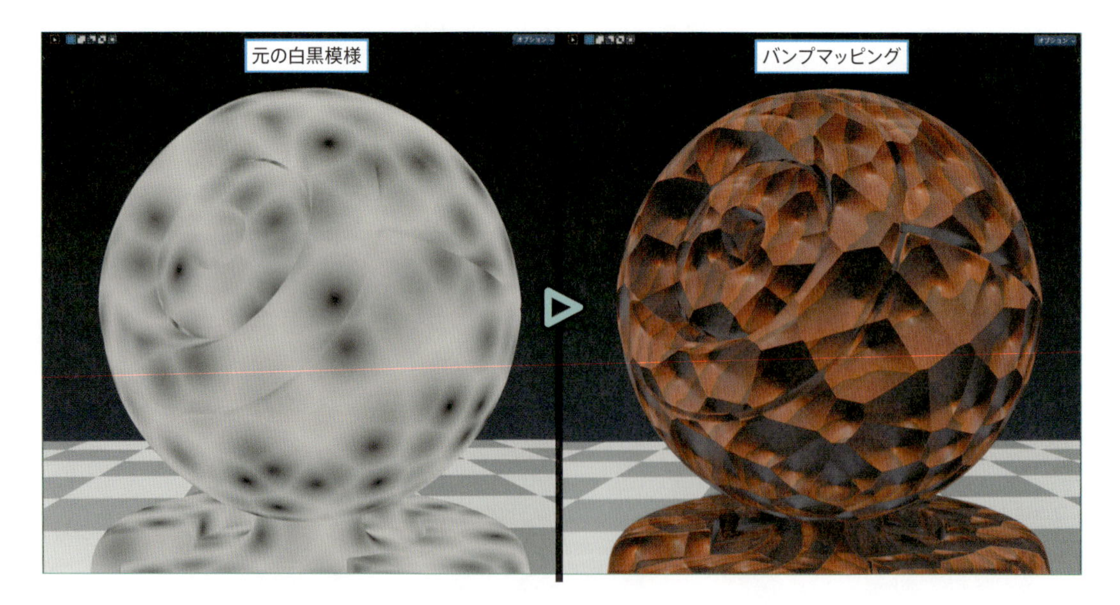

そして**ガンマ**を**5**にすると、下図のように変化します。

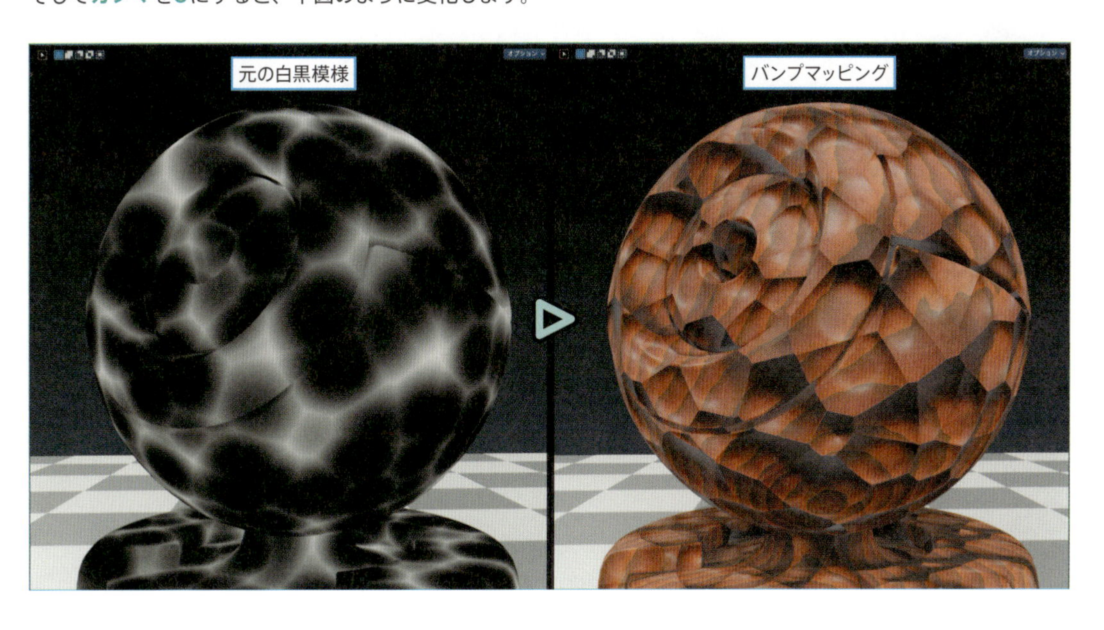

04 凹凸の強さを調整する

Step

バンプの**強さ**で、凹凸の強さを調整します。
画面を見ながら、作りたい彫り跡の具合に合わせて調整します。

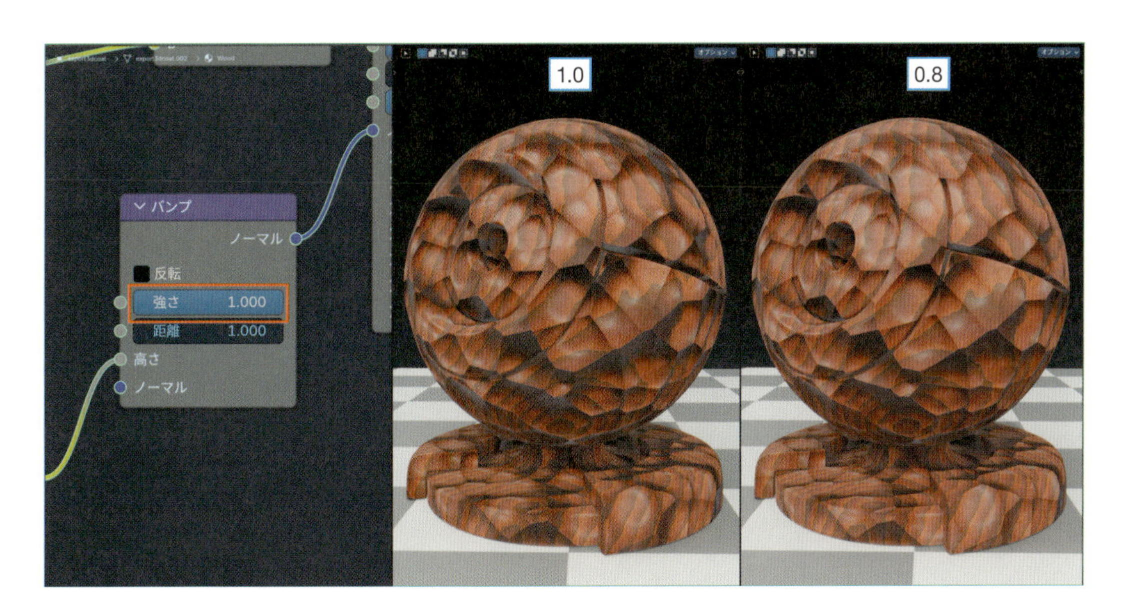

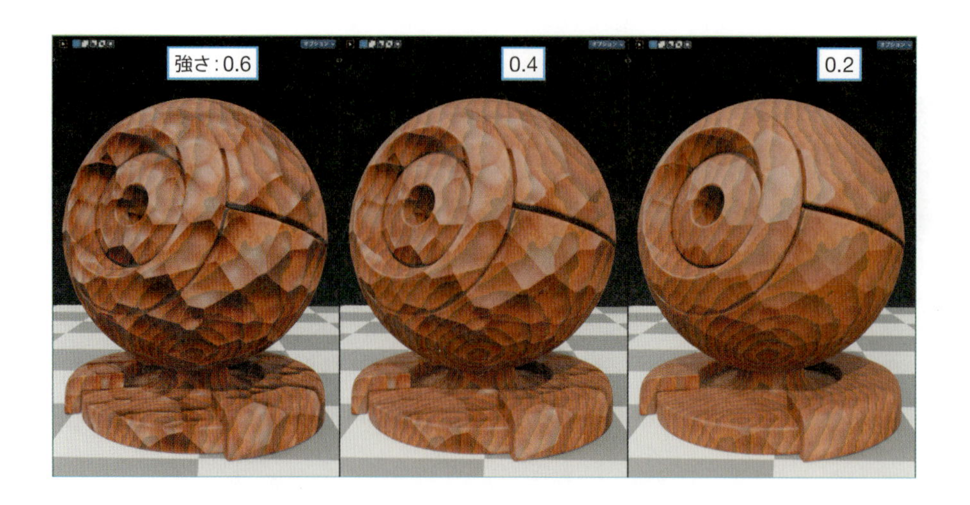

05 Step 彫り跡の大きさを調整する

ボロノイテクスチャの**スケール**で、彫り跡の大きさを調整します。
画面を見ながら、作りたい彫り跡の具合に合わせて調整します（サンプルデータ：3-11-02.blend）。

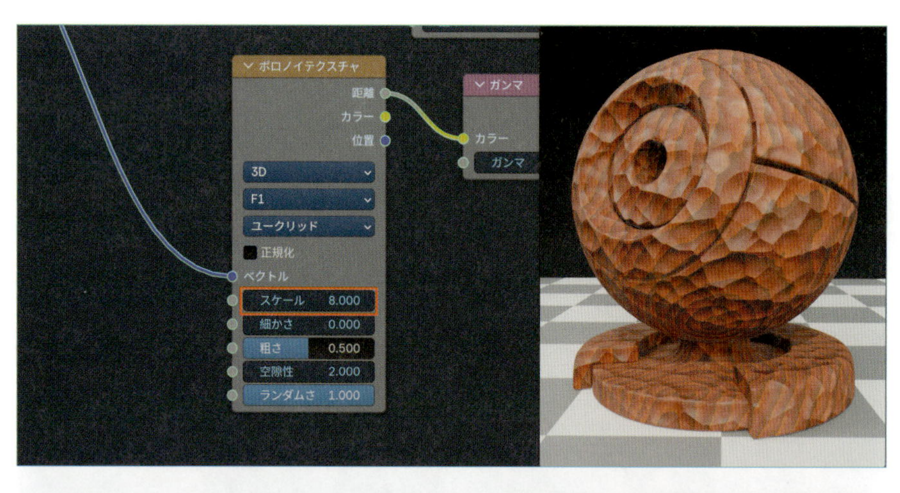

以上で、できあがりです。

Chapter 3

12

フローリングの作り方

レンガテクスチャと**ノイズテクスチャ**を組み合わせて、シンプルなフローリングを作ります。
板張りの壁・天井・テーブルの天板などにも使える手法です。

12-1 フローリングの作り方

まずは**レンガテクスチャ**を使って、フローリングの基本パターンを作ります。
今回の見本は平面オブジェクトを使います。

01 Step ノードを追加

❶**テクスチャ座標**と**レンガテクスチャ**を追加します。

- **Shift+A＞入力＞テクスチャ座標**
- **Shift+A＞テクスチャ＞レンガテクスチャ**

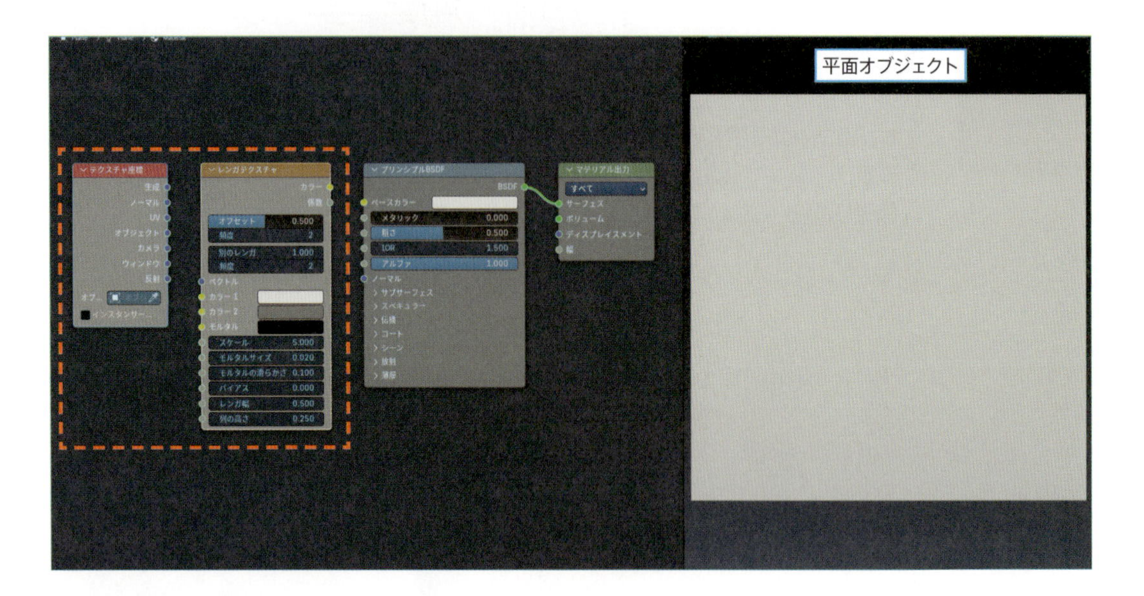

❷この2つのノードを、次のように接続します。

- ［**テクスチャ座標**：**オブジェクト**］＞［**レンガテクスチャ**：**ベクトル**］
- ［**レンガテクスチャ**：**カラー**］＞［**プリンシプルBSDF**：**ベースカラー**］

これでオブジェクトが、**レンガテクスチャ**の模様になります。

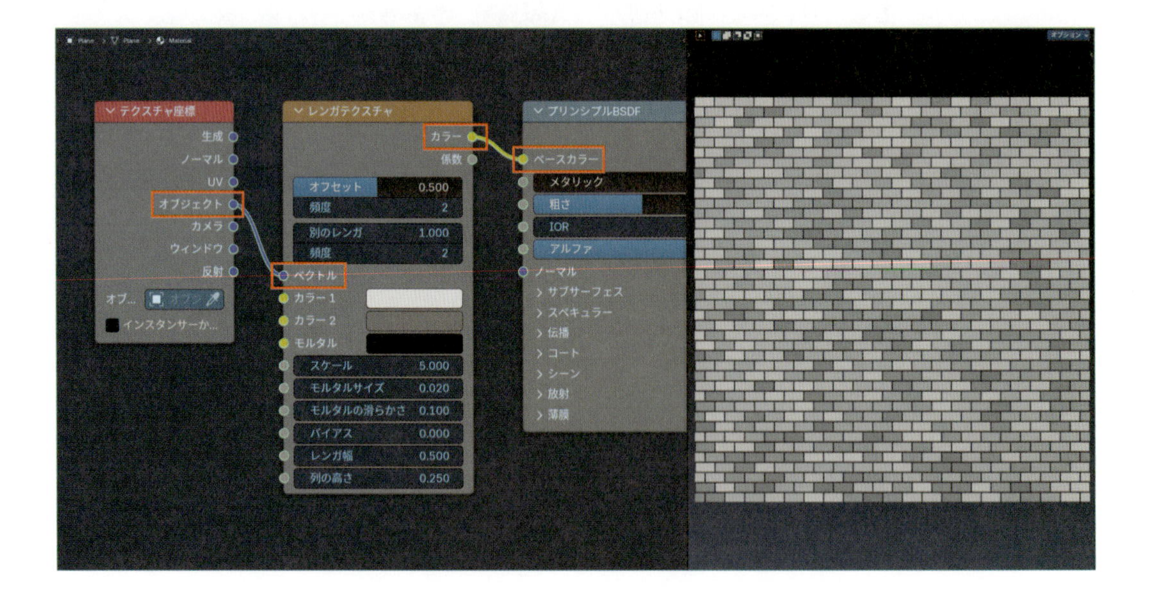

❸**レンガテクスチャ**のパラメーターを、次のように設定します。

- **スケール：1**
- **モルタルサイズ：0.001**
- **レンガ幅：0.91**
- **列の高さ：0.075**

これで、実物と同じ寸法の**標準的なフローリングのパターン**ができました。
板の長さと幅は自由に調整できるので、作りたい見た目に合わせてください。

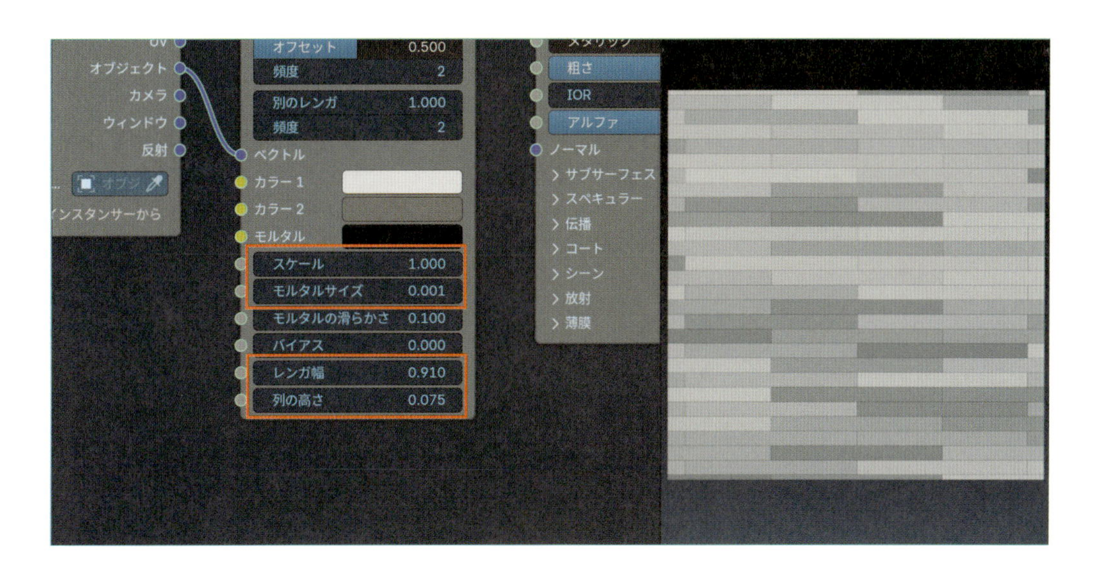

では、板の色を作っていきましょう。
まずは**レンガテクスチャ**の色を設定します。

02 Step レンガテクスチャの色を設定

フローリングの板にはいろいろな種類と色があるので、好みで設定します。
ここでは標準的なフローリングのイメージで、**カラー1：B5774F**、**カラー2：9B552F**（16進数）と設定しました。

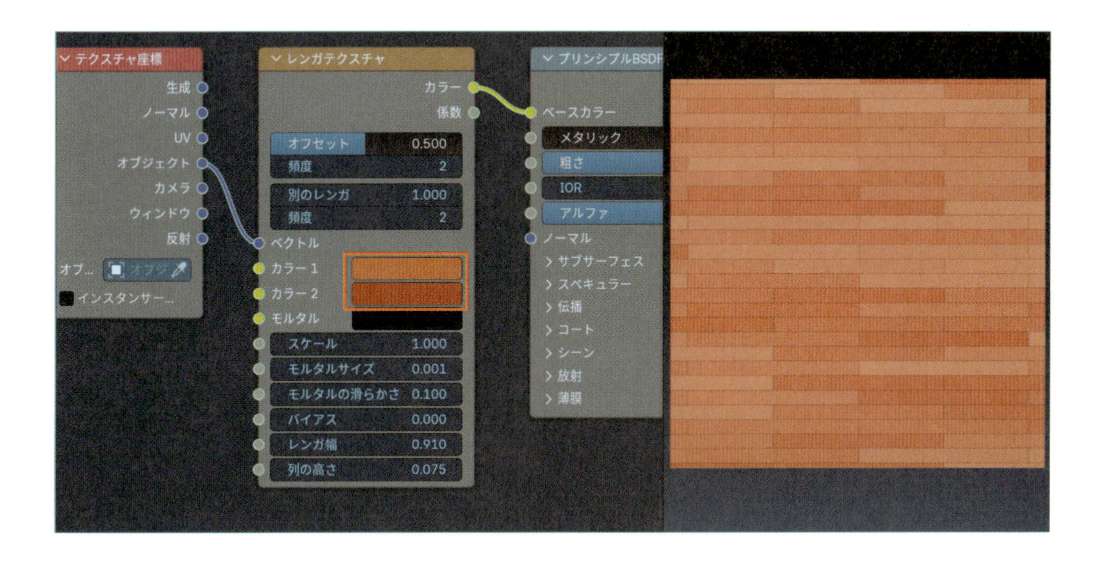

これに、ノイズテクスチャで木目風の模様を加えます。

03 Step ノードを追加

❶マッピングとノイズテクスチャを追加します。

- Shift+A＞ベクトル＞マッピング
- Shift+A＞テクスチャ＞ノイズテクスチャ

※この後の変化が見やすいように、3Dビューポートの視点を拡大してあります。

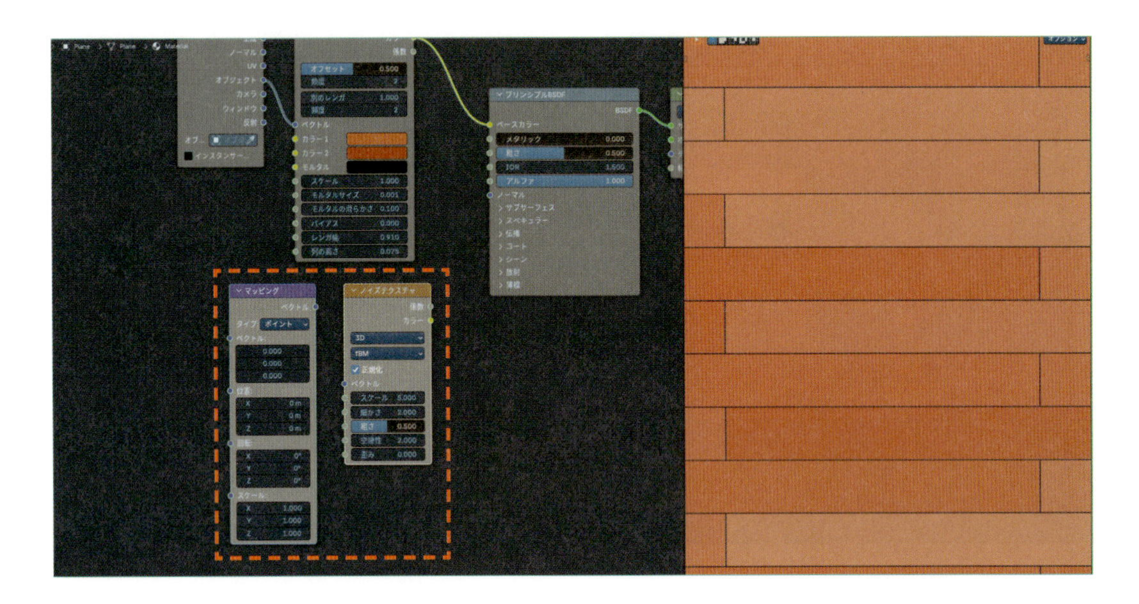

❷この2つのノードを、次のように接続します。

- ［テクスチャ座標：オブジェクト］＞［マッピング：ベクトル］
- ［マッピング：ベクトル］＞［ノイズテクスチャ：ベクトル］
- ［ノイズテクスチャ：係数］＞［プリンシプルBSDF：ベースカラー］

これでオブジェクトが、一時的にノイズテクスチャの模様になります。

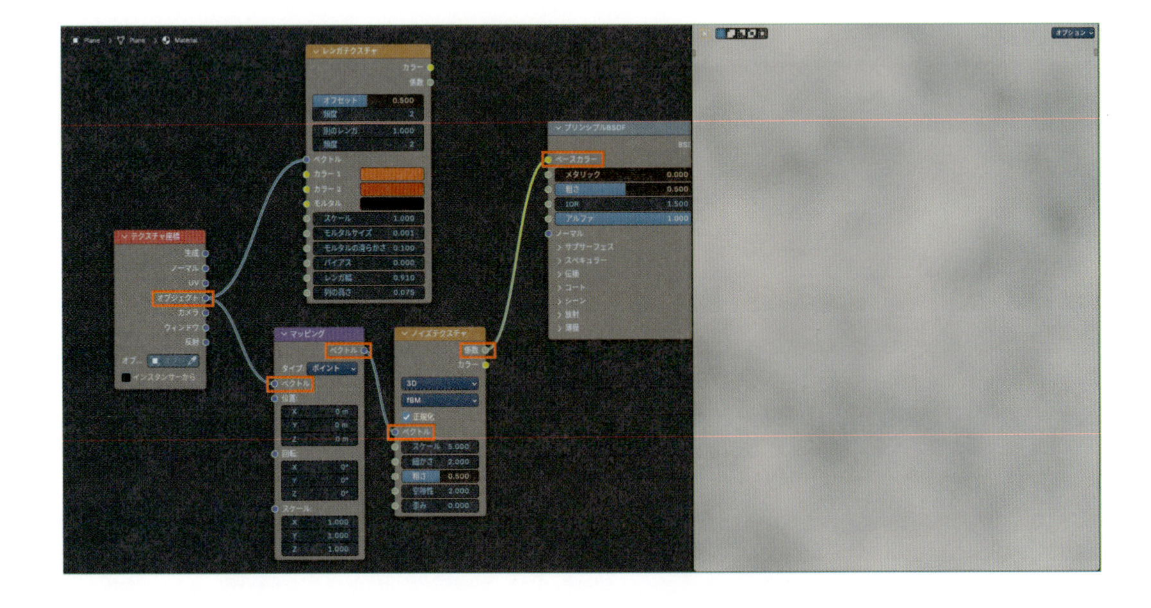

❸マッピングのスケールを、X：0.2、Y：10に設定します。
これで、ノイズテクスチャの模様がX軸方向に引き延ばされます。

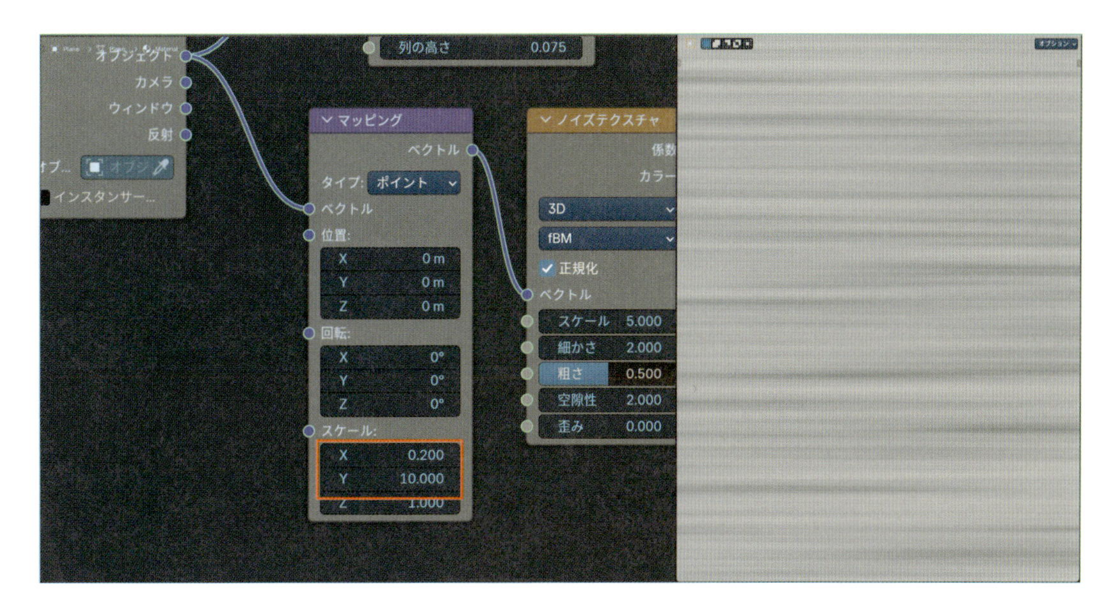

❹ノイズテクスチャの歪みを4にします。
これで模様にゆらぎがついて、木目風の模様になります。

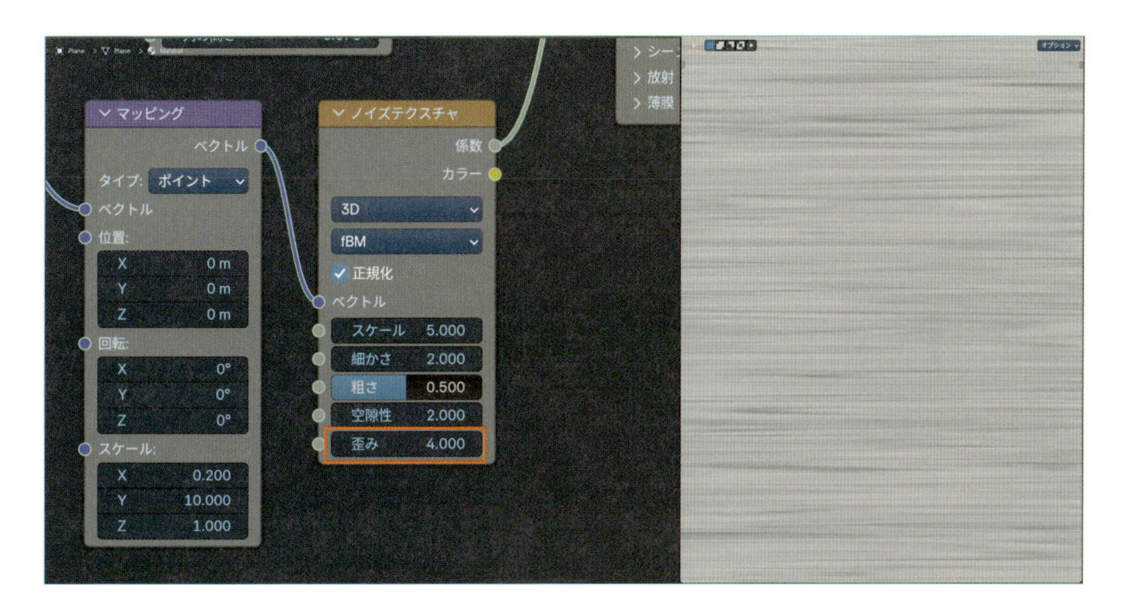

この模様を、レンガテクスチャの模様と掛け合わせます。

04 Step 2つの模様を掛け合わせる

❶**Shift+A**>**カラー**>**カラーミックス**を追加します。

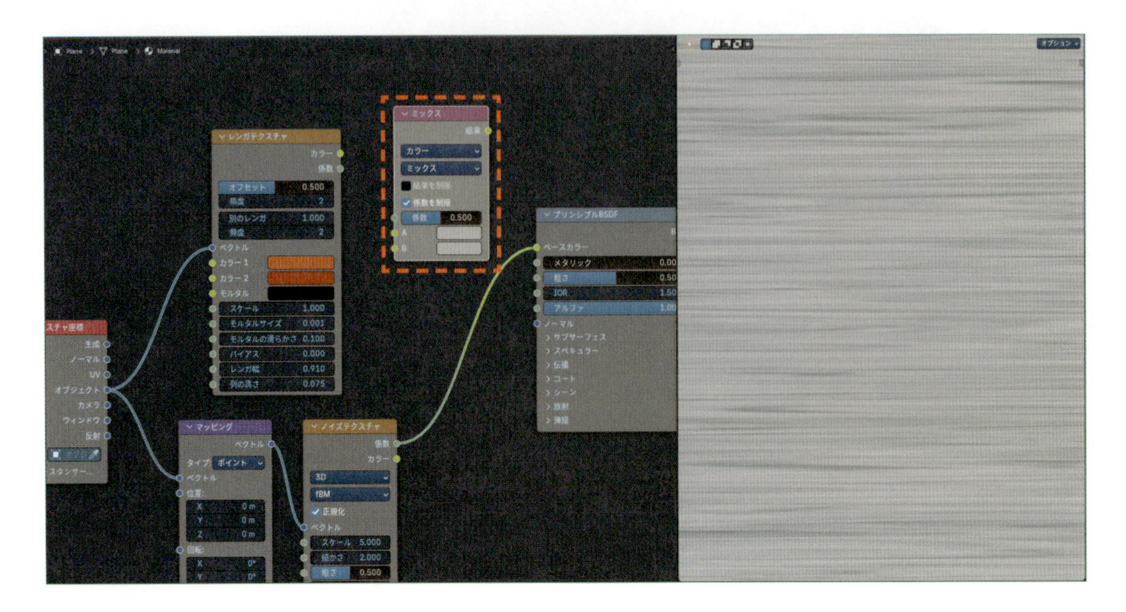

❷**カラーミックス**の**ブレンドモード**を**乗算**にします。

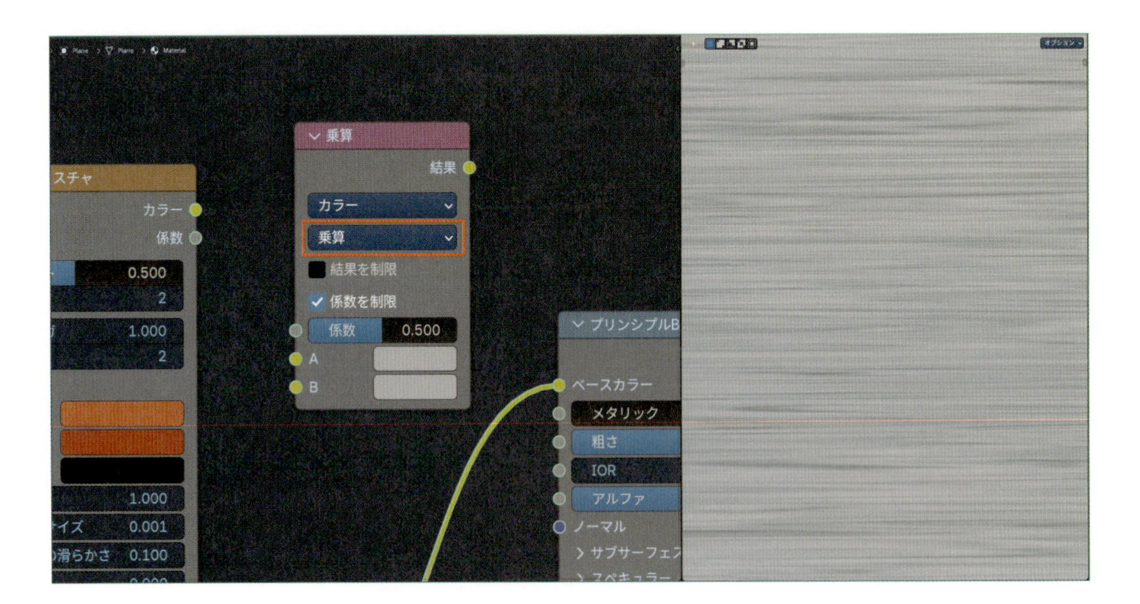

❸**カラーミックス**を、次のように接続します。

- ［**レンガテクスチャ**：**カラー**］>［**カラーミックス**：**A**］
- ［**ノイズテクスチャ**：**係数**］>［**カラーミックス**：**B**］
- ［**カラーミックス**：**結果**］>［**プリンシプルBSDF**：**ベースカラー**］

これで、フローリングのパターンに木目風の模様がつきました。

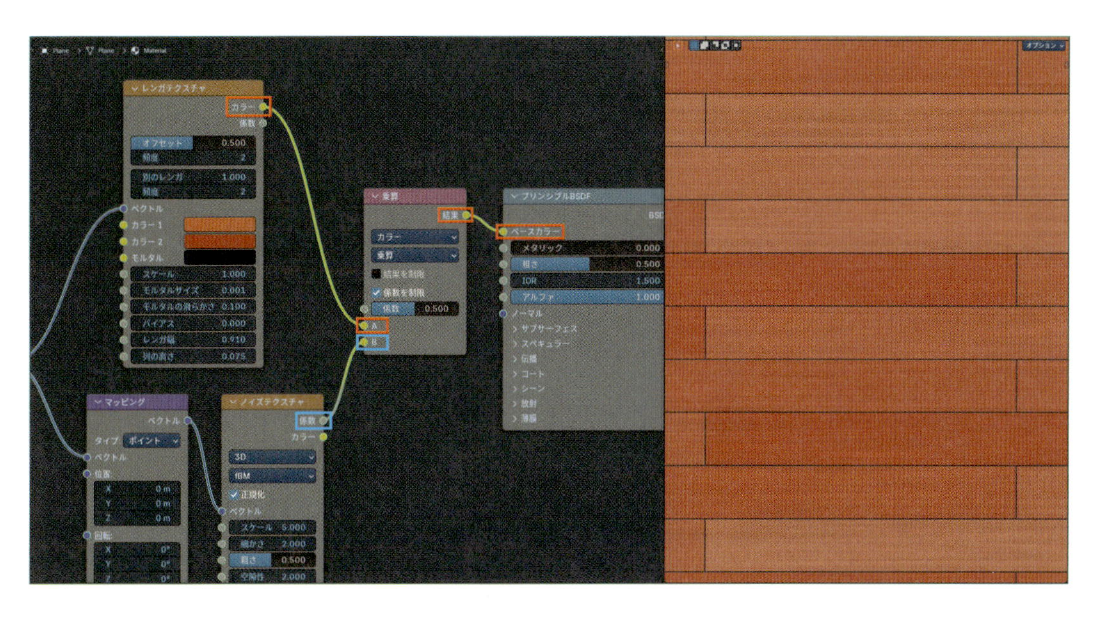

木目の強さは、**カラーミックス**の**係数**で調整します。

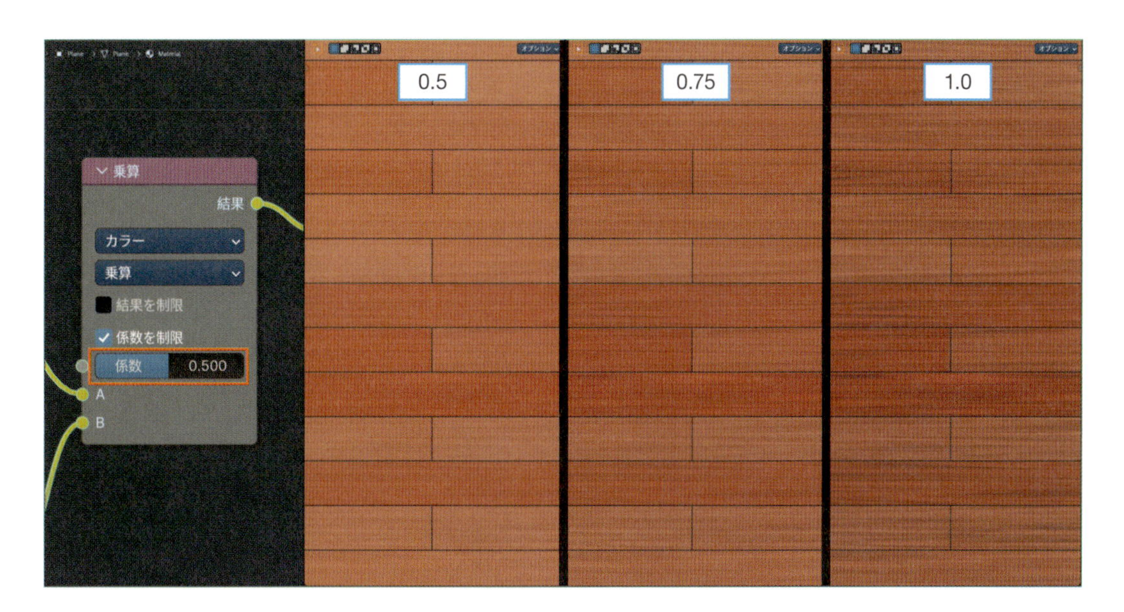

次は、色ムラを加えてよりリアルな色味にします。

05 色ムラを追加する

Step

❶**マッピング**、**ノイズテクスチャ**、**カラーミックス**の3つのノードを追加します。

- **Shift+A**＞**ベクトル**＞**マッピング**
- **Shift+A**＞**テクスチャ**＞**ノイズテクスチャ**
- **Shift+A**＞**カラー**＞**カラーミックス**

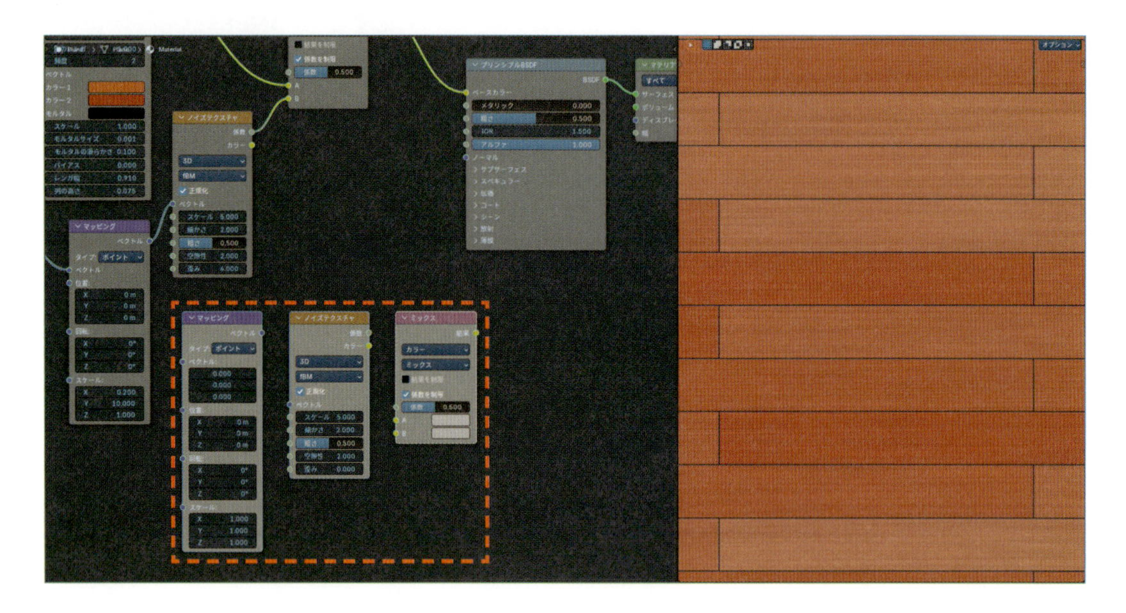

❷この3つのノードを、次のように設定します。

- **マッピング**
  位置　Z：1
- **ノイズテクスチャ**
  正規化：OFF、スケール：2、細かさ：15、粗さ：1.0、空隙性：1.5
- **カラーミックス**
  ブレンドモード：覆い焼きカラー、係数：0.05

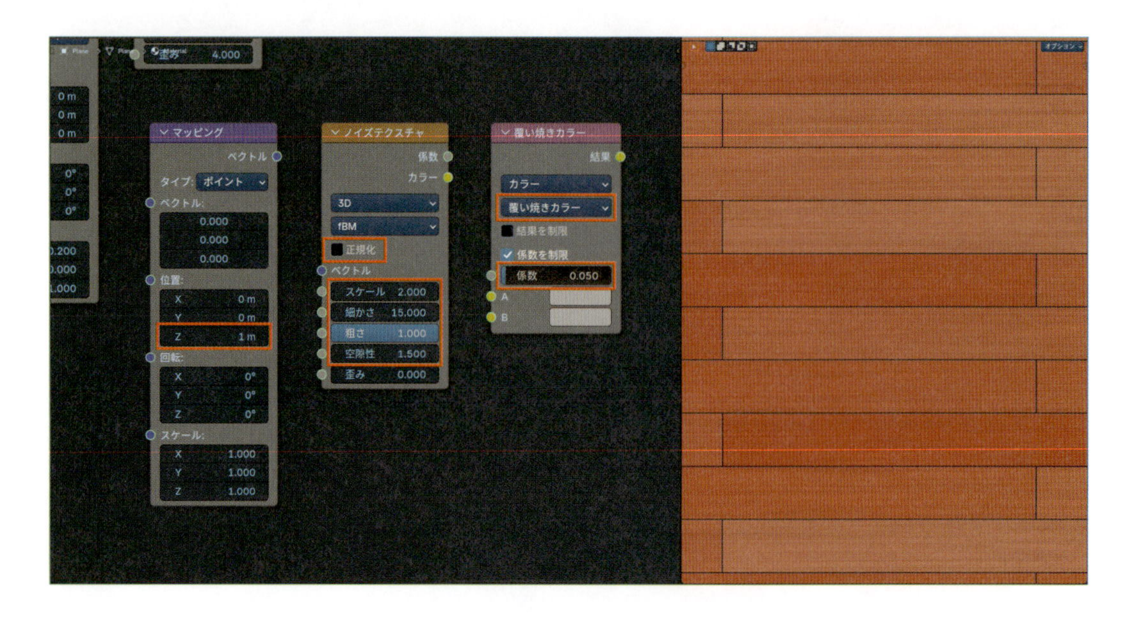

❸この3つのノードを、次のように接続します。

- ［カラーミックス（乗算）：結果］＞［カラーミックス（覆い焼きカラー）：A］
- ［テクスチャ座標：オブジェクト］＞［マッピング：ベクトル］
- ［マッピング：ベクトル］＞［ノイズテクスチャ：ベクトル］
- ［ノイズテクスチャ：係数］＞［カラーミックス（覆い焼きカラー）：B］
- ［カラーミックス（覆い焼きカラー）：結果］＞［プリンシプルBSDF：ベースカラー］

これで色ムラが追加されました。

※色ムラの設定についての詳細は、**Chapter3-2　色ムラの作り方**（075ページ）を参照してください。

※**マッピング**は、「オブジェクトの原点を含む平面で**ノイズテクスチャ**の複雑なフラクタル模様を使うと発生するおかしな模様」への対処のために使用しています。詳しくは、083ページ を参照してください。

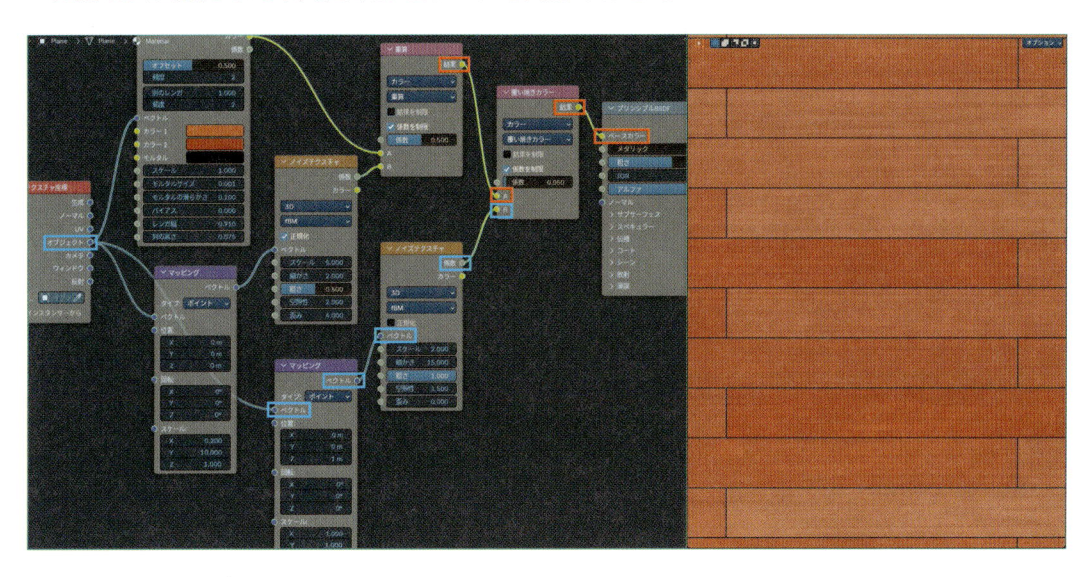

次は、板の部分と溝の部分の**粗さ**を個別に設定できるようにします。

06 Step 板の部分と溝の部分の粗さを個別に設定する

❶**Shift+A**＞**コンバーター**＞**範囲マッピング**を追加します。

※この後の変化が見やすいように、3Dビューポートの視点を変えてあります。

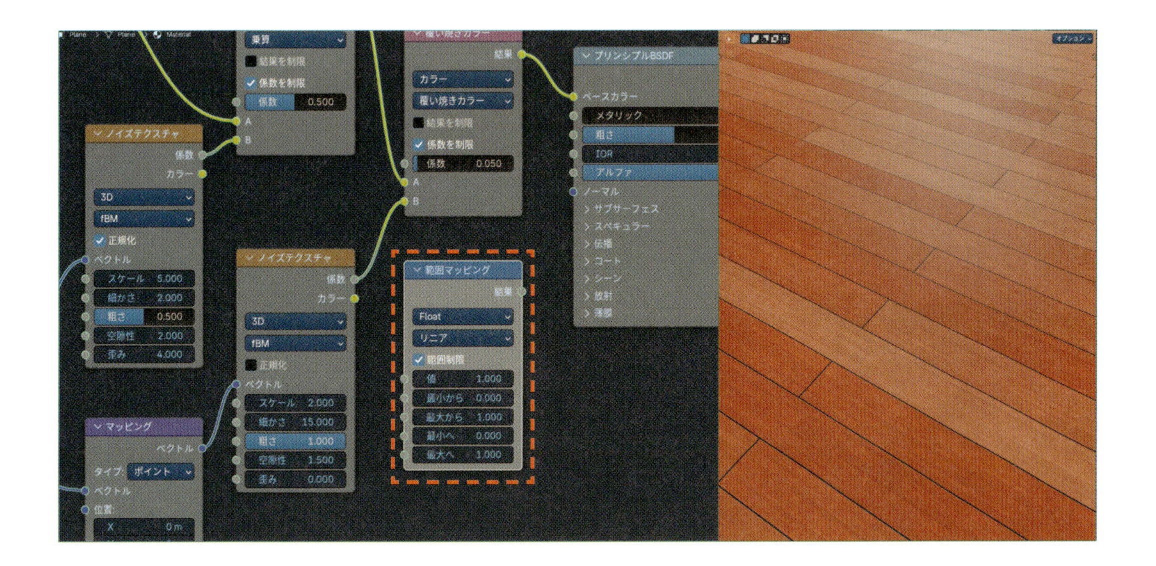

❷**範囲マッピング**を、**レンガテクスチャ**と**プリンシプルBSDF**の間に接続します。

- ［**レンガテクスチャ：係数**］＞［**範囲マッピング：値**］
- ［**範囲マッピング：結果**］＞［**プリンシプルBSDF：粗さ**］

これで、板と溝の**粗さ**を個別に設定できるようになりました。

この時点では、**範囲マッピング**のデフォルトの値により、板の**粗さ**が**0**になっています。

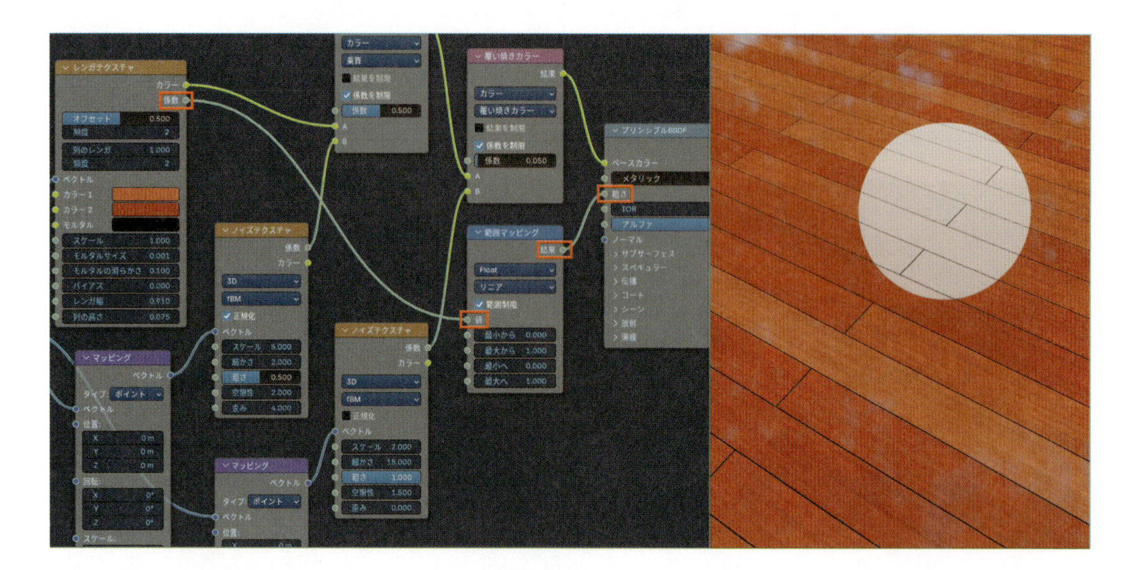

❸**範囲マッピング**のパラメーターを、次のように設定します。

- **最小へ**：板の部分の**粗さ**
- **最大へ**：**1**（溝の部分の**粗さ**）

最小へは、作りたい質感に合わせて設定します（下の画像では**0.3**にしました）。

イメージ的な目安は次のようになります。

- 0.1～0.2：ワックスがけしたばかりのツヤツヤのフローリング
- 0.3～0.4：そこそこツヤのあるフローリング
- 0.5～0.6：だいぶくすんできたフローリング
- 0.7～0.8：光沢を失ったフローリング

最大へは溝の部分に光沢が生じないよう、デフォルトの**1**のままにしておきます。

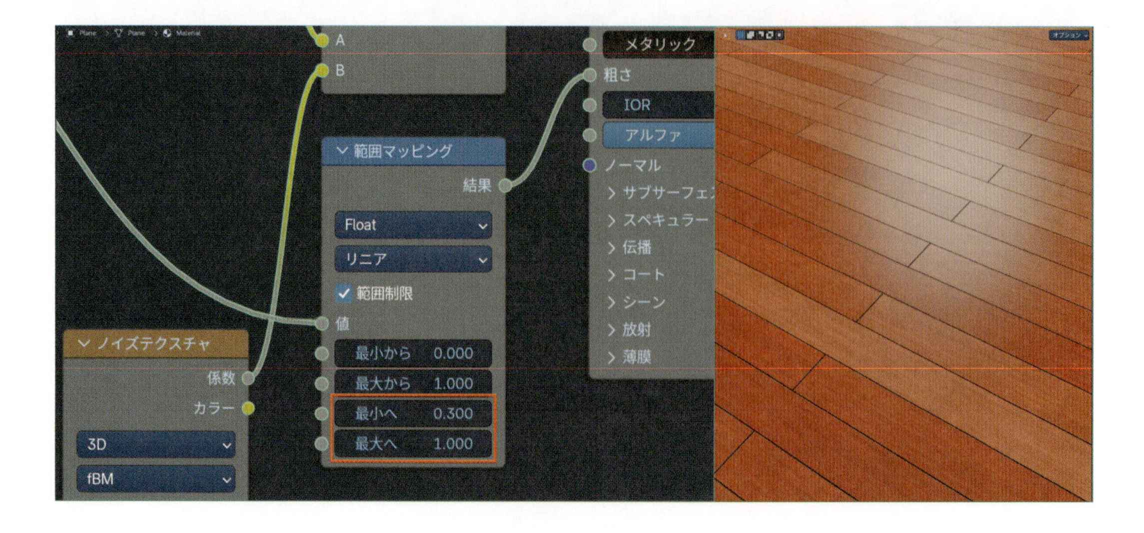

なお、**範囲マッピング**の有無を比較すると、このようになります。
溝の部分の光沢を消すことで、溝らしく見えるようになります。

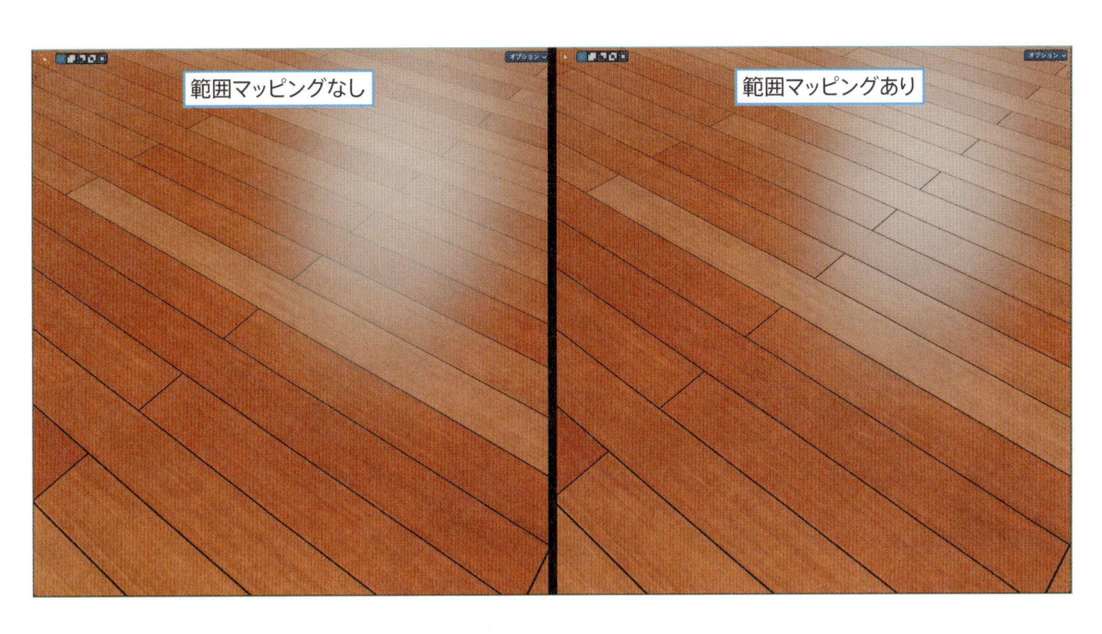

次は、バンプマッピングで細かい木目の凹凸を表現します。

07 Step バンプマッピングを追加

❶**カラーミックス（乗算）**につながっている**ノイズテクスチャ**を選択して、**Shift+D**でコピーします。
コピー後のノードは移動状態になるので、適当な場所でクリックして位置を確定します。

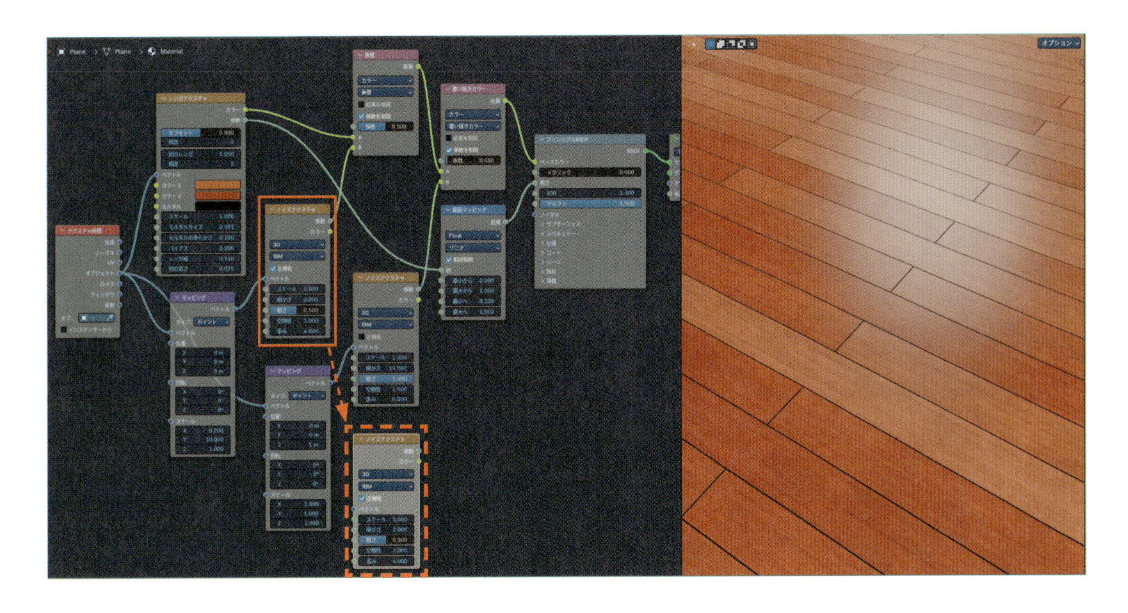

❷**Shift+A**＞**ベクトル**＞**バンプ**を追加します。

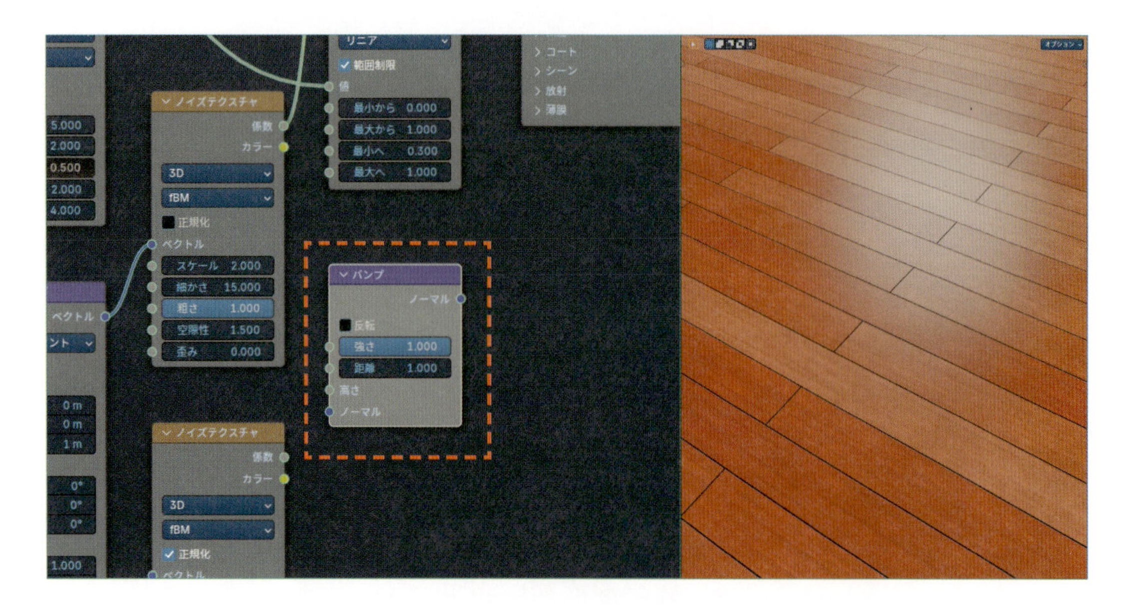

❸**バンプ**の**強さ**を**0.1**にします。

❹ノイズテクスチャと**バンプ**を、次のように接続します。

- ［**マッピング（コピー元のノイズテクスチャにつながっている方）：ベクトル**］＞［**ノイズテクスチャ：ベクトル**］
- ［**ノイズテクスチャ：係数**］＞［**バンプ：高さ**］
- ［**バンプ：ノーマル**］＞［**プリンシプルBSDF：ノーマル**］

これでオブジェクトに、擬似的な凹凸が追加されます。
しかし、このままだと凹凸模様がちょっと大きすぎます。

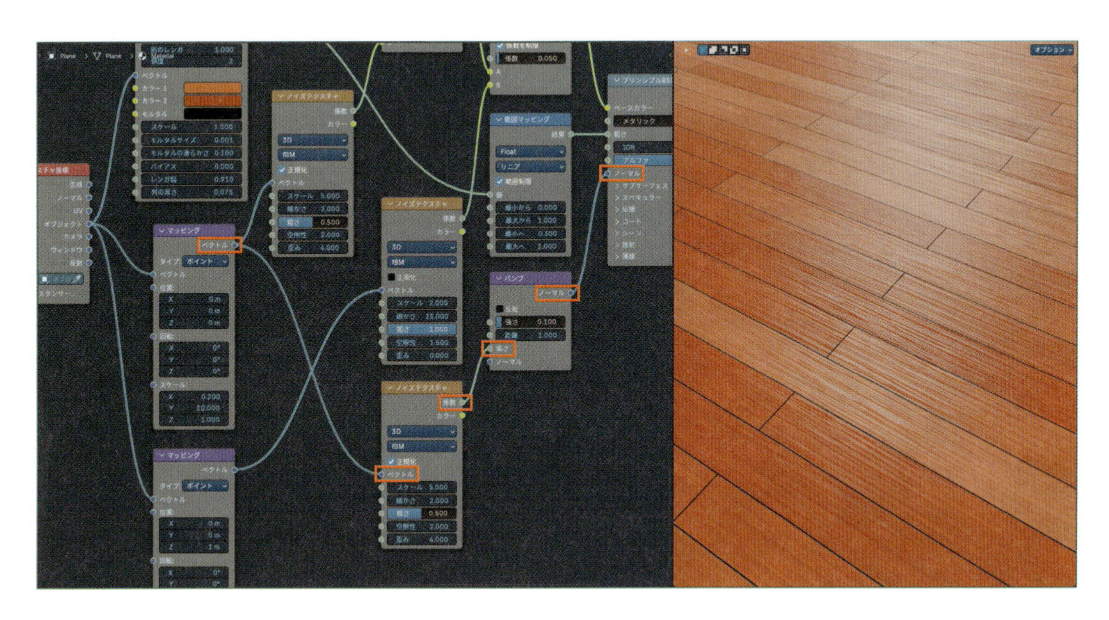

❺ノイズテクスチャの**スケール**を**20**にします。
これで、程良い細かさの凹凸になります。

最後に、模様の大きさを操作する仕組みを加えます。
このマテリアルは複数のテクスチャを組み合わせて模様を作っています。
そのため、全体的な模様の大きさを調整する時、それぞれのテクスチャのスケールを連動させる必要があるので、一括で操作できるようにします。

08 Step スケールの一括操作の設定

❶**Shift+A**>**ベクトル**>**マッピング**を追加します。

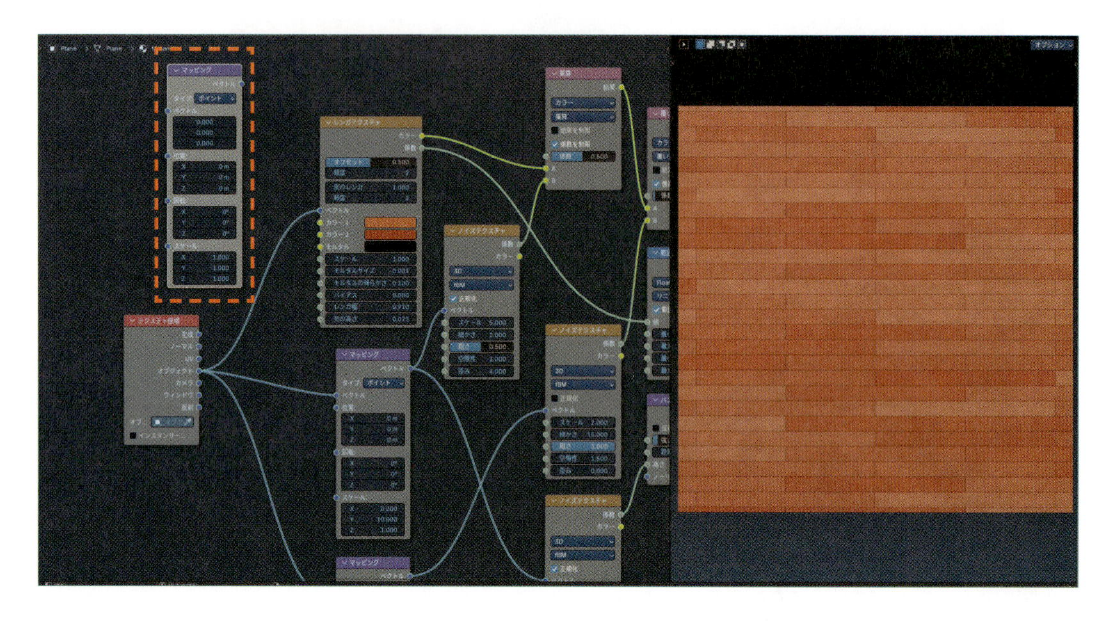

❷下図のオレンジの線で、3本のリンクを**Shift+右ドラッグ**で横切ります。

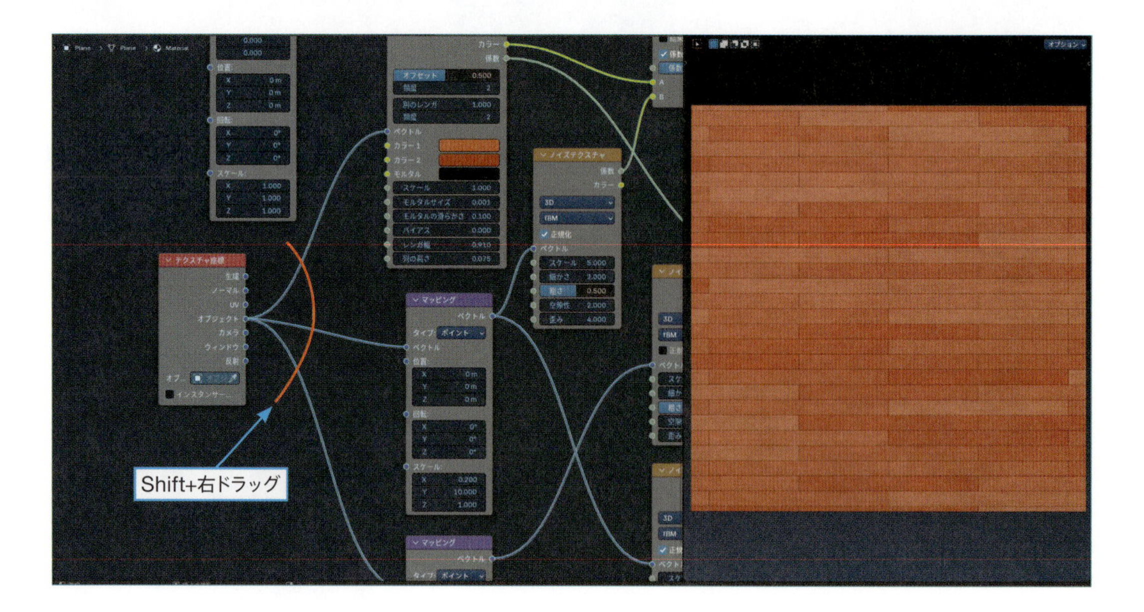

自動で**リルート**が追加され、リンクが束ねられます。

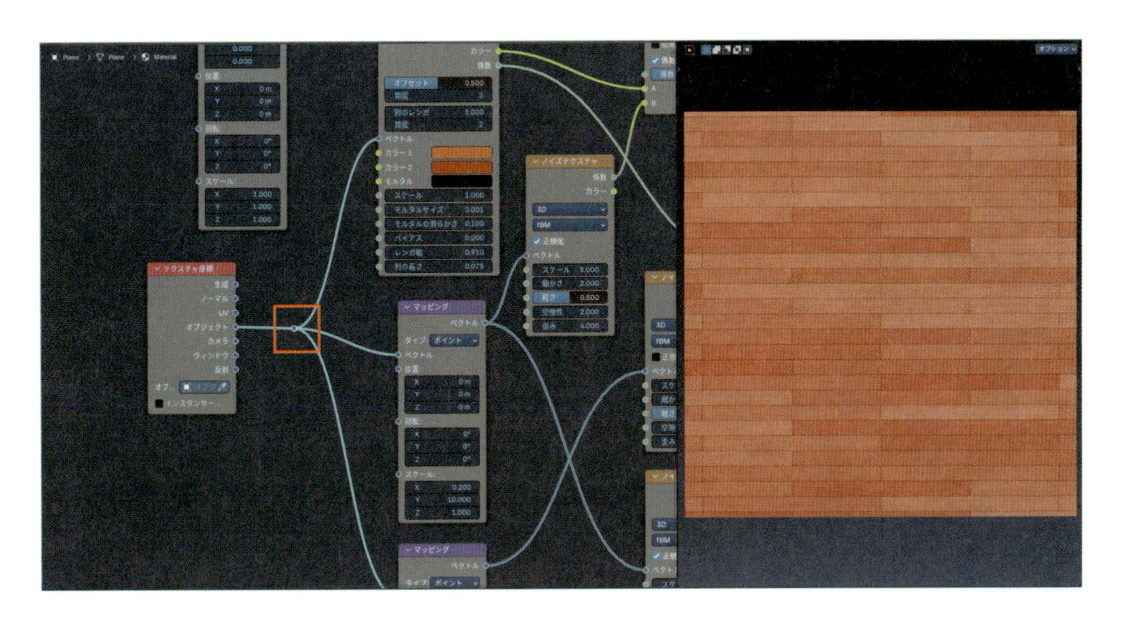

❸**マッピング**を、**テクスチャ座標**と**リルート**の間に接続します。

- ［**テクスチャ座標**：**オブジェクト**］>［**マッピング**：**ベクトル**］
- ［**マッピング**：**ベクトル**］>［**リルート**］

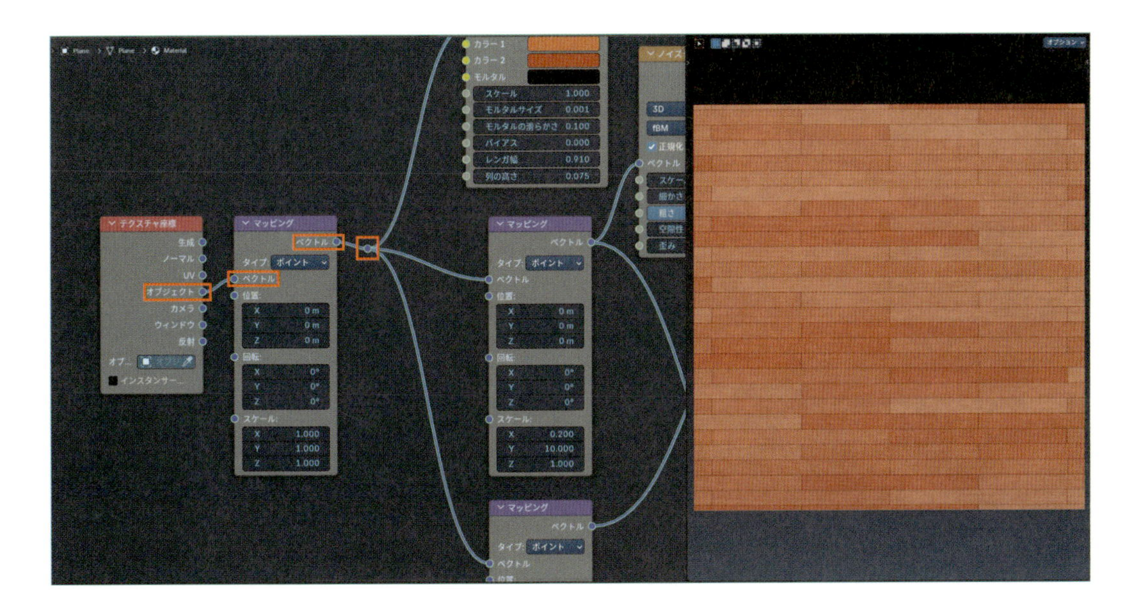

Chapter 1
Chapter 2
Chapter 3 1-5
Chapter 3 6-10
Chapter 3 11-15
Chapter 4

これで、**マッピング**の**スケール**の値で、模様の大きさを操作できるようになりました。
スケールは**X**、**Y**、**Z**すべてを同じ値にします。
テクスチャの**スケール**と同じように、値を大きくすると模様が小さく、値を小さくすると模様が大きくなります。

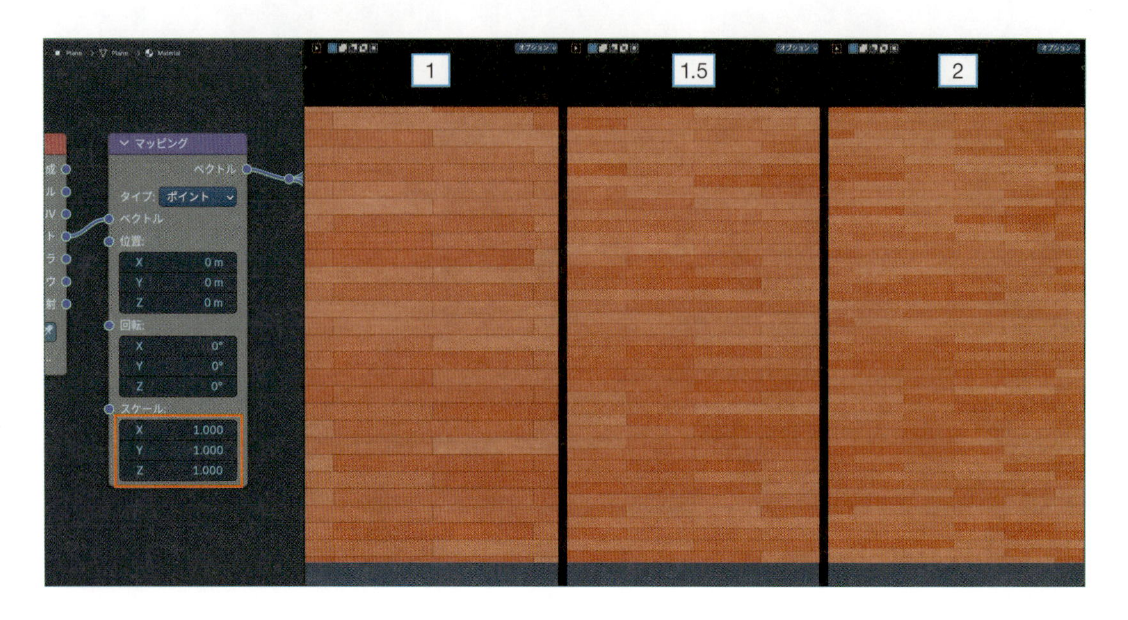

これで今回必要なすべてのノードがそろいました。
ノードツリー全体を見ると、下の画像のようになります（サンプルデータ：3-12-01.blend）。

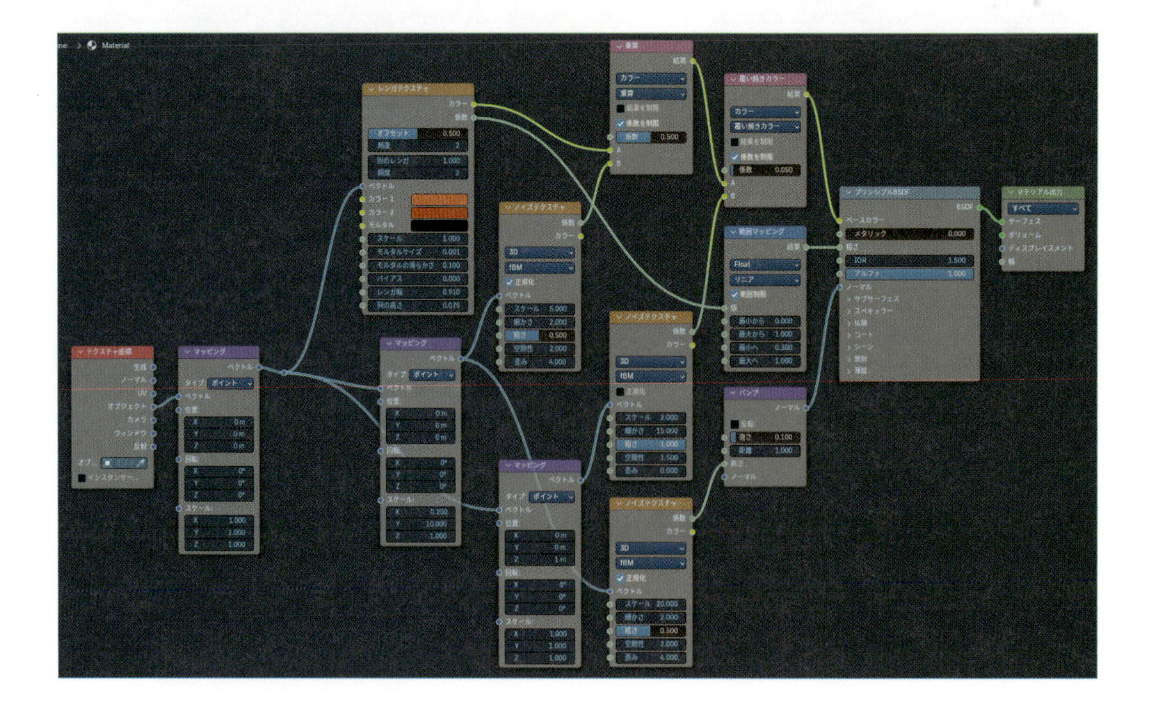

以上で、できあがりです。

12-2 ちょっと改造

用途に合わせた改造法をいくつか紹介します。

テーブルの天板の作り方

テーブルの天板などでは**集成材**という「細かい木材を接着して作られた板」が使われます。
このような板を表現する場合は、**レンガテクスチャ**の**モルタルサイズ**を**0**にして、溝をなくします。

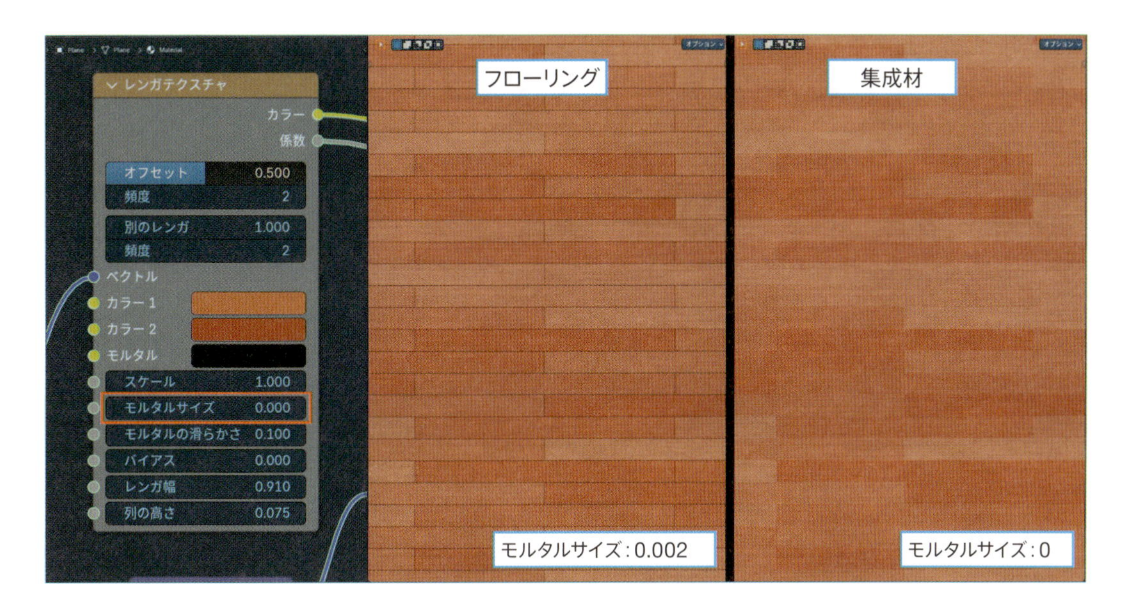

特殊なパターンのフローリング

レンガテクスチャの機能では、「レンガの配列」や「ブロック塀の配列」のような、シンプルなパターンしか作れません。
下図のような特殊なパターンのフローリングを作るには、他のノードを組み合わせて設定する必要があります。

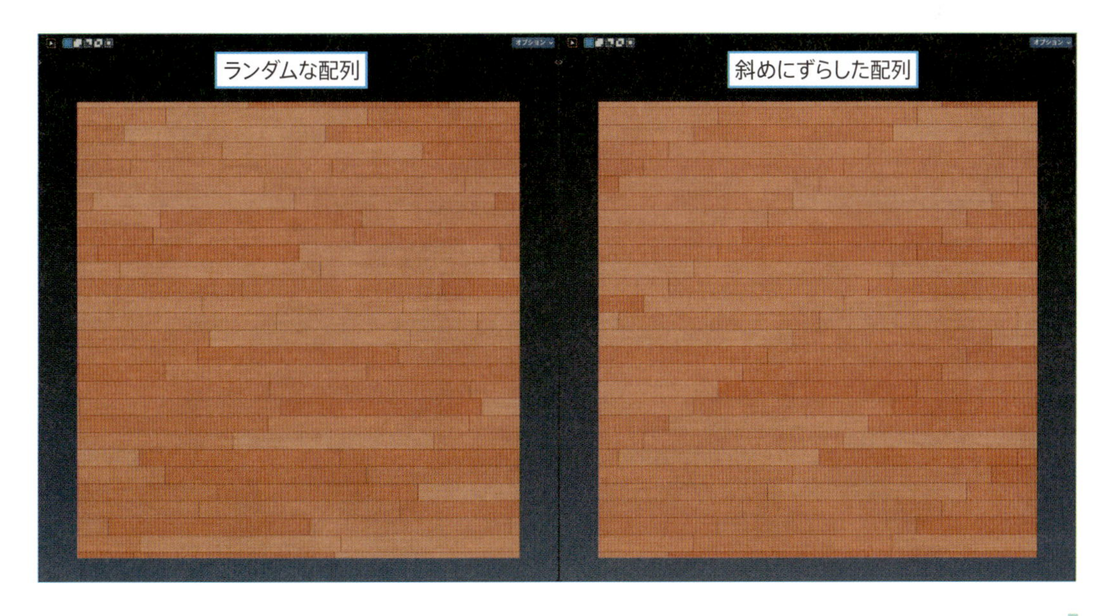

このような設定は中〜上級レベルのテクニックになるので、この本では詳しい説明は省きます。
ノードツリーの見本だけ載せておきますので、興味のある方はチャレンジしてみてください。

【ランダムな配列】

下の画像の、**リルート**と**ノイズテクスチャ**の間のノードが、ランダムな配列を設定する部分です（サンプルデータ：3-12-02.blend）。

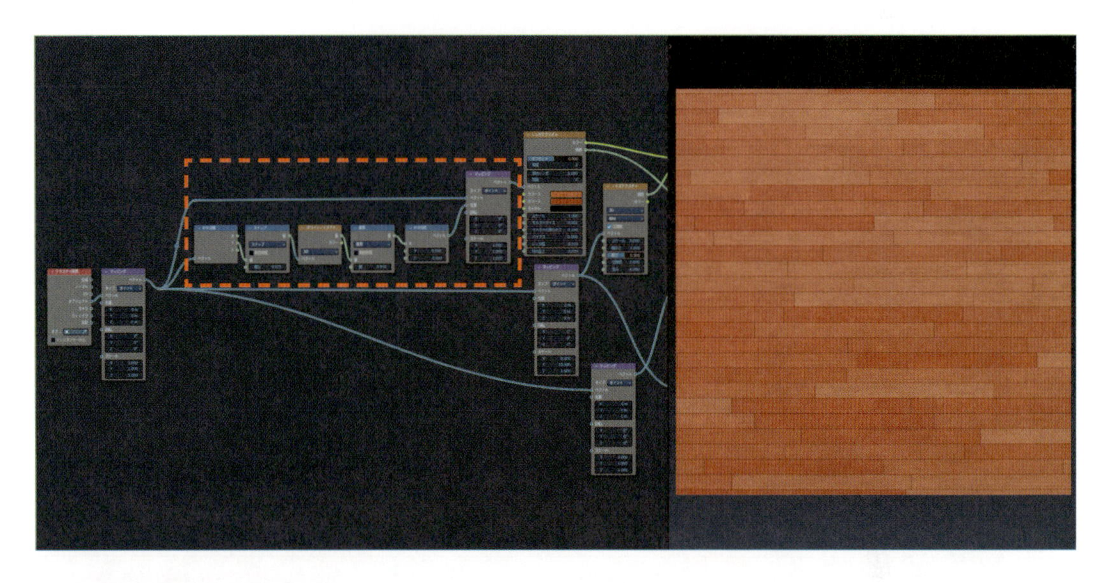

左から順に、次のノードを使います。

- XYZ分離　出力：Y
- 数式（スナップ）　増分：0.075（**レンガテクスチャ**の**列の高さ**と同じ値）
- ホワイトノイズテクスチャ　出力：値
- 数式（乗算）　値：0.91（**レンガテクスチャ**の**レンガ幅**と同じ値）
- XYZ合成　入力：X
- マッピング　入力：位置

【斜めにずらした配列】

下の画像の、リルートとノイズテクスチャの間のノードが、斜めにずらした配列を設定する部分です（サンプルデータ：3-12-03.blend）。

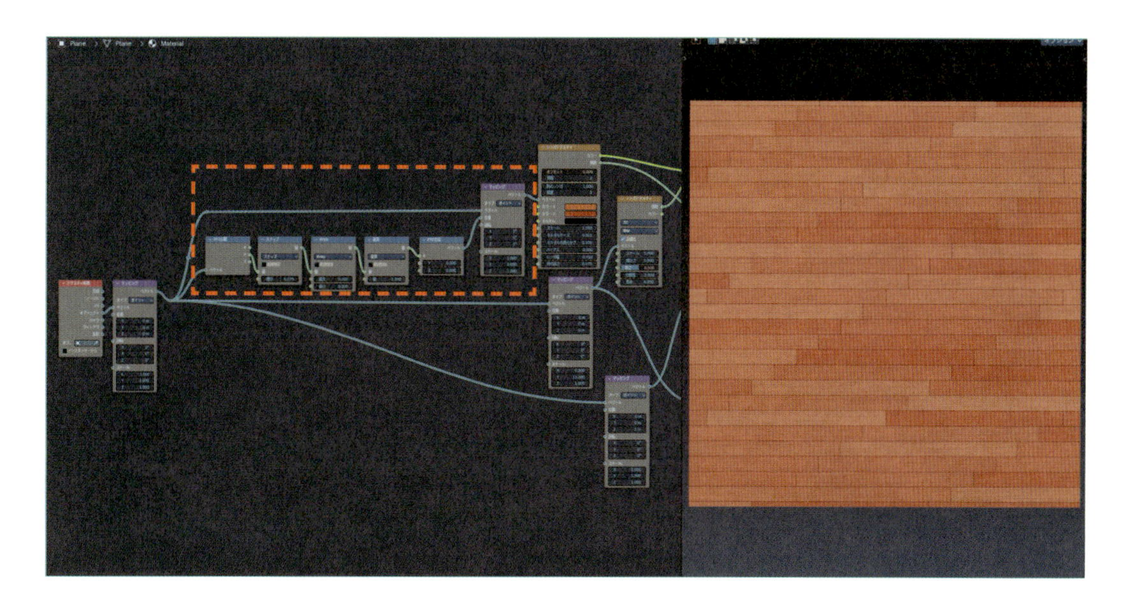

基本的には**ランダムな配列**と同じ設定ですが、次の3箇所だけ変更します。

- **ホワイトノイズテクスチャ**を**数式**ノードに変更
  関数：**Wrap**、**最大**：**0.6**、**最小**：**0**
- **数式（乗算）**ノードの**値**を**-1.5**に変更
- **レンガテクスチャ**の**オフセット**を**0**に変更

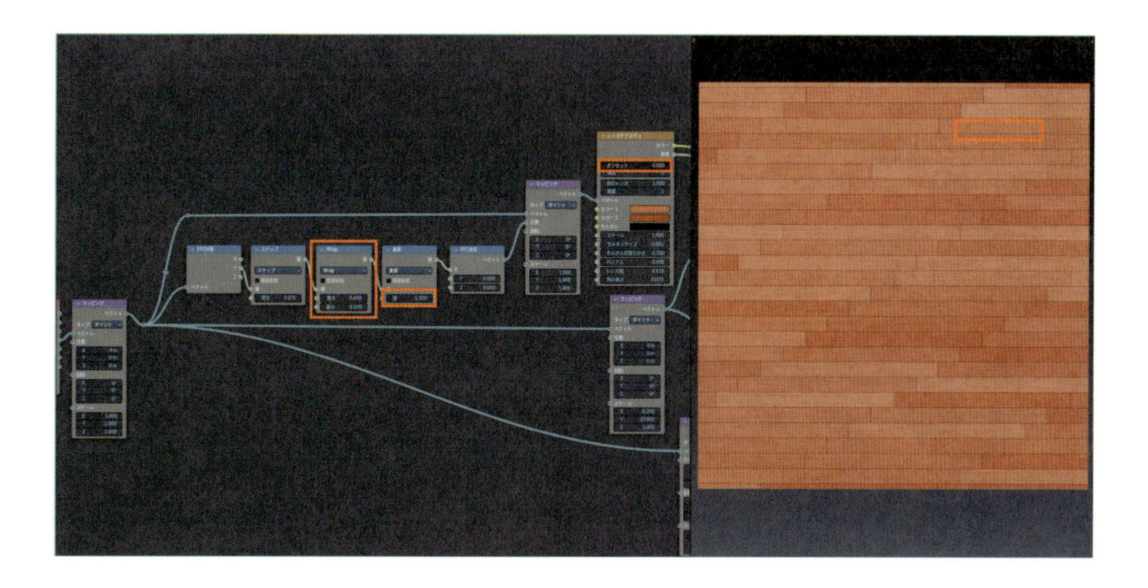

POINT

ワックスがけの表現方法

ワックスのかかったフローリングの「くっきりしつつ、ほのかな映り込み」を表現するには、**プリンシプルBSDF**の**コート**を使います。
コートを使わず、普通に**粗さ**を下げただけでは、かなり強い映り込みになります。

コートを使う場合、連動して**粗さ**、**コートの粗さ**、**コートのノーマル**なども操作する必要があります。
そこに触れるとかなり長くなるので、この本では説明を省きます。
詳しくは著者のブログ（https://hainarashi.hatenablog.com）で解説しているので、興味のある方はそちらを参照してください。

POINT

スペキュラーについて

ここでは溝の部分の光沢を消すのに**粗さ**を**1**にしましたが、こういった「光が入らないので光沢が生じない部分」を表現する場合、実は**プリンシプルBSDF**の**スペキュラー**の方が適しています。
スペキュラーは**非金属の鏡面反射率**を設定するパラメーターで、本来ならば、表現したいオブジェクトの状態に合わせて**粗さ**と**スペキュラー**を使い分ける必要があります。
今回は本の内容をシンプルにするために、説明がややこしくなる**スペキュラー**は使わず、**粗さ**を使った表現に統一しましたが、よりリアルな質感表現をしたい場合や、先々プロの現場を目指したいような場合は、**スペキュラー**についても理解する必要があるでしょう。
スペキュラーについて、より詳しくは著者のブログで説明しているので、興味のある方はそちらを参照してください。

Chapter 3

13

布の作り方

この節ではできるだけシンプルな方法で、次の3種類の布を作ります。

・シャツやシーツなどに使われる**標準的な布**

・**デニム**

・目の粗いゴワゴワした**帆布や麻布**

なお、ここでは布の質感そのものの作り方を説明します。
模様や柄の作り方については、「Chapter3-14　模様・柄の作り方」(317ページ)を参照してください。

13-1 布の質感設定のポイント

布の質感は、さまざまな要素の複合で生まれます。
繊維の材質、糸の太さ、織り方(編み方)の種類、染めムラや色あせによる微細な色変化…
これらを忠実に再現するのはとても大変なので、**いかに特徴をとらえて簡略化するか**が、マテリアル作りのポイントになります。

13-2 前準備

布のマテリアルを作る時の共通設定として、次の2つがあります。

- **テクスチャ座標**は**UV**を使う
- **プリンシプルBSDF**の**シーン**を使う

それぞれ、少し詳しく説明します。

テクスチャ座標はUVを使う

実際の布製品は、「平面の布」を元に服やクッションなどの立体形状を作ります。
テクスチャ座標の**UV**を使うことで、それと同じ状態が表現できます。

テクスチャ座標で**UV**を使うには、事前にオブジェクトを**UV展開**しておく必要があります。
この本では、UVのU（X軸）方向とV（Y軸）方向が布の縦横になるように模様を作るので、その向きに合わせてUVを展開してください。

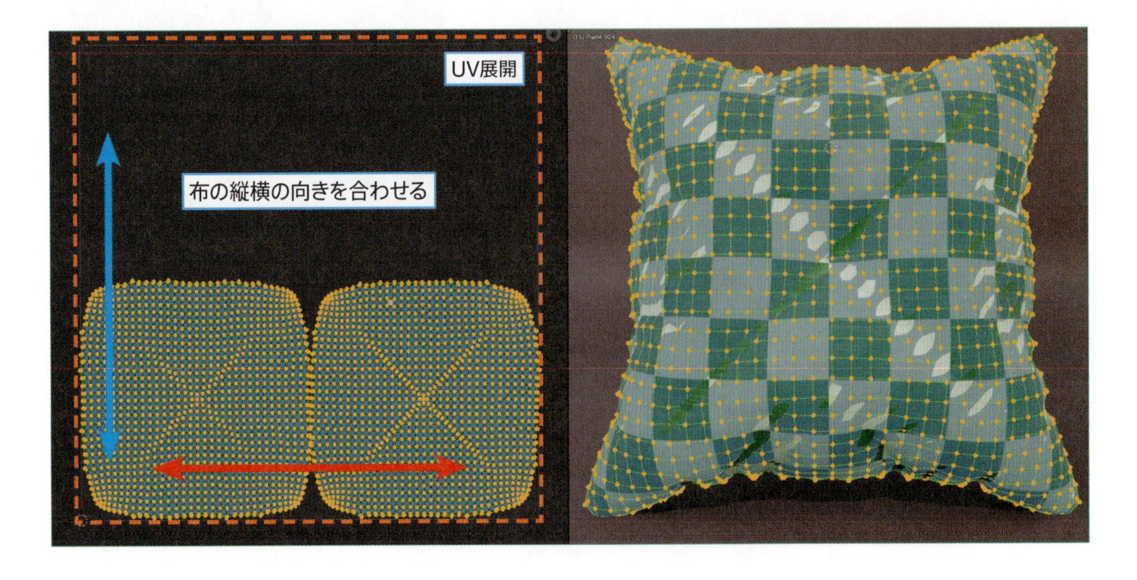

UV展開のやり方についての説明は長くなるので、この本では省略します。
「Blender UV」で検索するとすぐ見つかるので、そちらを参照してください。

シーン(Sheen：輝き・光沢・つや)について

物体表面の微細なケバ立ちによって生じる、やわらかい光沢を表現するパラメーターです。
主に布の質感を作る時に使いますが、他にも**スエード**（起毛革）や**フェルト**、さらには**表面にホコリが積もった状態**の表現にも使えます。

シーンの強さは、**プリンシプルBSDF**の**シーン**パネルを開いたところにある**ウェイト**で操作します。
ウェイトが**0**の場合**シーン**はOFF。値が大きいほど**シーン**による柔らかい光沢の度合いが大きくなり、物体表面の**ケバ立っている感じ**が強くなります。

※以後この本では、**シーンのウェイト**のことを省略して**シーン**と表記します。
※**シーン**パネルの中にある**粗さ**と**チント**は、より凝った（特殊な）布を表現する時に使うパラメーターなので、この本では説明を省略します。

シーンを使うだけでもそこそこ布らしくなりますが、このChapterではテクスチャを使って、アップで見ても耐えられるくらいリアルな布の質感を作る方法を解説します。

MEMO

Blender4.0で**プリンシプルBSDF**がアップデートされた際、**シーン**にも2つの変更が入りました。

1. **シーン**に**ウェイト**と**粗さ**が追加されました。
2. **シーン（ウェイト）**の値に対する光沢の強さが変更されました。

2の光沢の強さについては、3.6以前の**シーン：1.0**が、4.0以降の**シーン（ウェイト）：0.2**に相当します。
単純計算で、4.0以降は3.6以前に比べて5倍強い光沢まで設定できるようになりました。
この本では4.0以降に対応する形で説明しますので、3.6以前を使う場合は**シーン（ウェイト）**の値を置き換えてご利用ください。

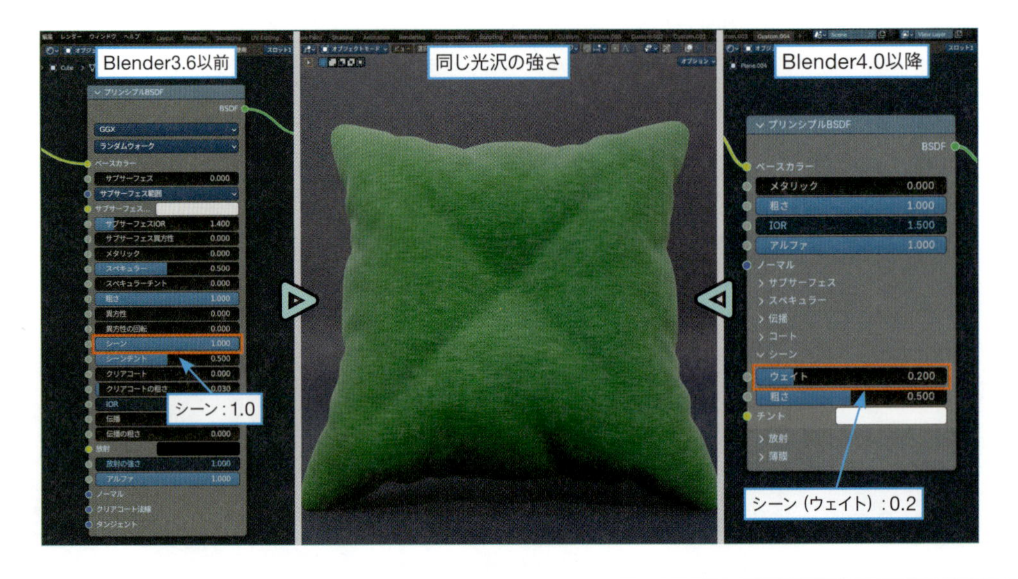

13-3 標準的な布の作り方

シャツやシーツなどに使われるシンプルな布を作ります。
まず**ノイズテクスチャ**を使って、基本の布模様を作ります。

01 基本の布模様を作る

Step

❶**テクスチャ座標**、**マッピング**、**ノイズテクスチャ**の3つのノードを追加します。

- **Shift+A**＞**入力**＞**テクスチャ座標**
- **Shift+A**＞**ベクトル**＞**マッピング**
- **Shift+A**＞**テクスチャ**＞**ノイズテクスチャ**

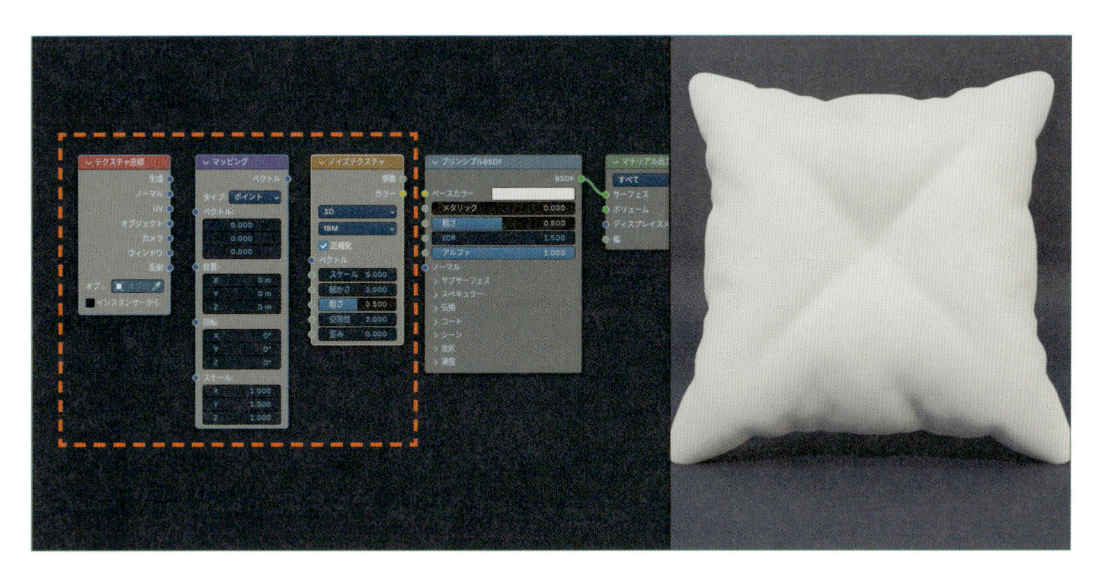

❷この3つのノードを、次のように接続します。

- ［**テクスチャ座標**：**UV**］＞［**マッピング**：**ベクトル**］
- ［**マッピング**：**ベクトル**］＞［**ノイズテクスチャ**：**ベクトル**］
- ［**ノイズテクスチャ**：**係数**］＞［**プリンシプルBSDF**：**ベースカラー**］

これで、オブジェクトが**ノイズテクスチャ**の模様になります。

ただし下図では、UV展開に対して**ノイズテクスチャ**（初期状態）の模様が大きすぎ、よく見えない状態になっています。

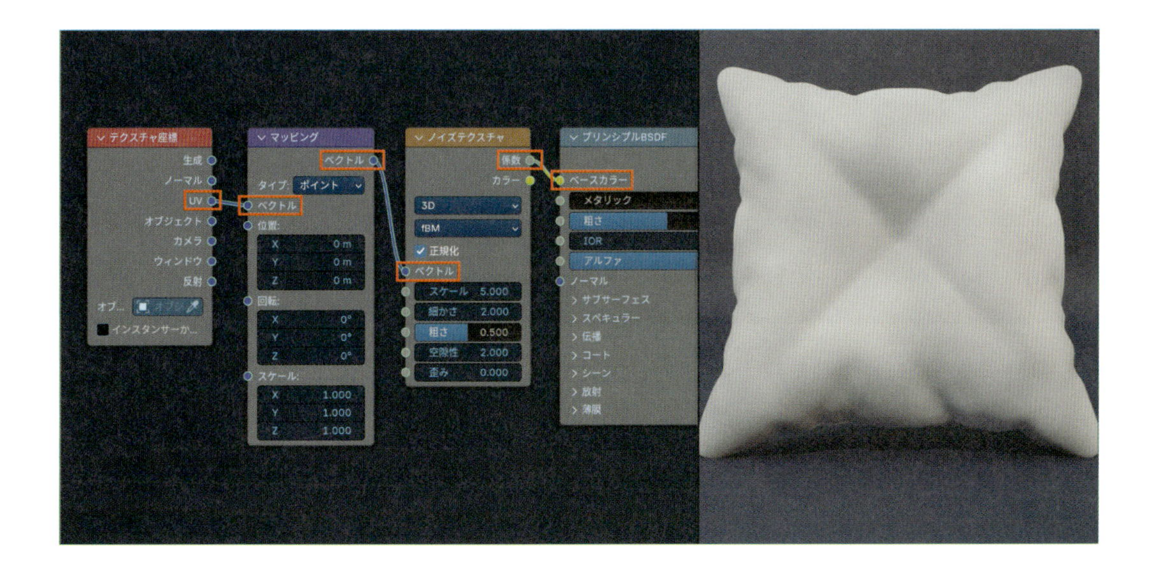

❸マッピングのスケールをY：20に設定します。
これでノイズテクスチャの模様が、UV座標のV（Y軸）方向で縮小され、U（X軸）方向に細長くなります。

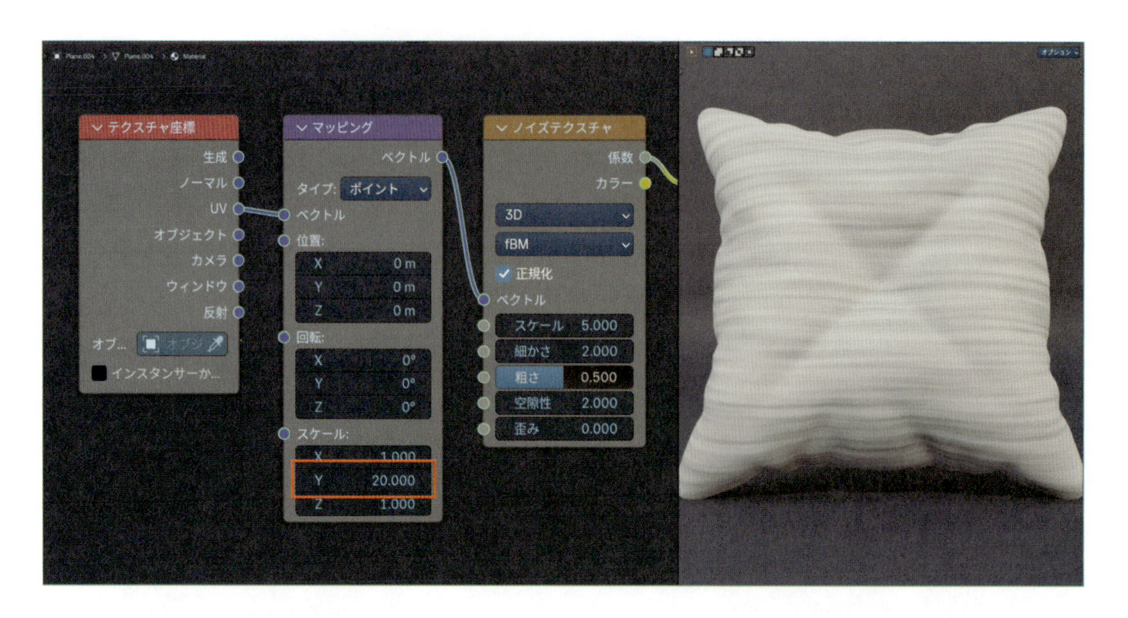

❹ノイズテクスチャの歪みを4にします。
これで模様に布らしいゆらぎがつき、基本の布模様ができました。

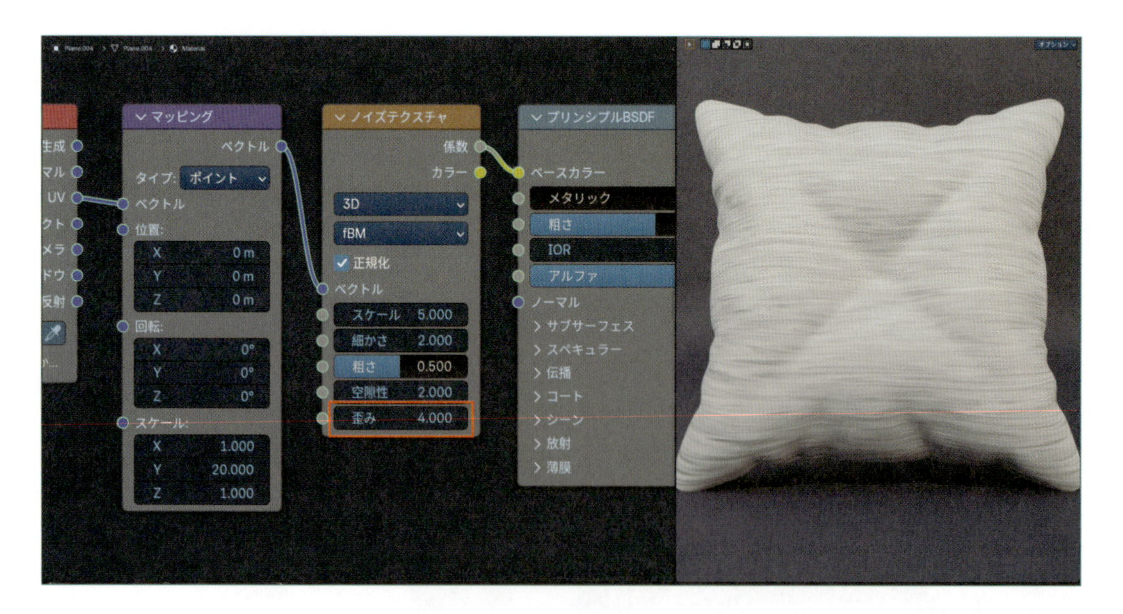

この模様を布の色と掛け合わせます。

02 布に色をつける

Step

❶**カラーランプ**と**カラーミックス**を追加します。

- **Shift+A**＞**コンバーター**＞**カラーランプ**
- **Shift+A**＞**カラー**＞**カラーミックス**

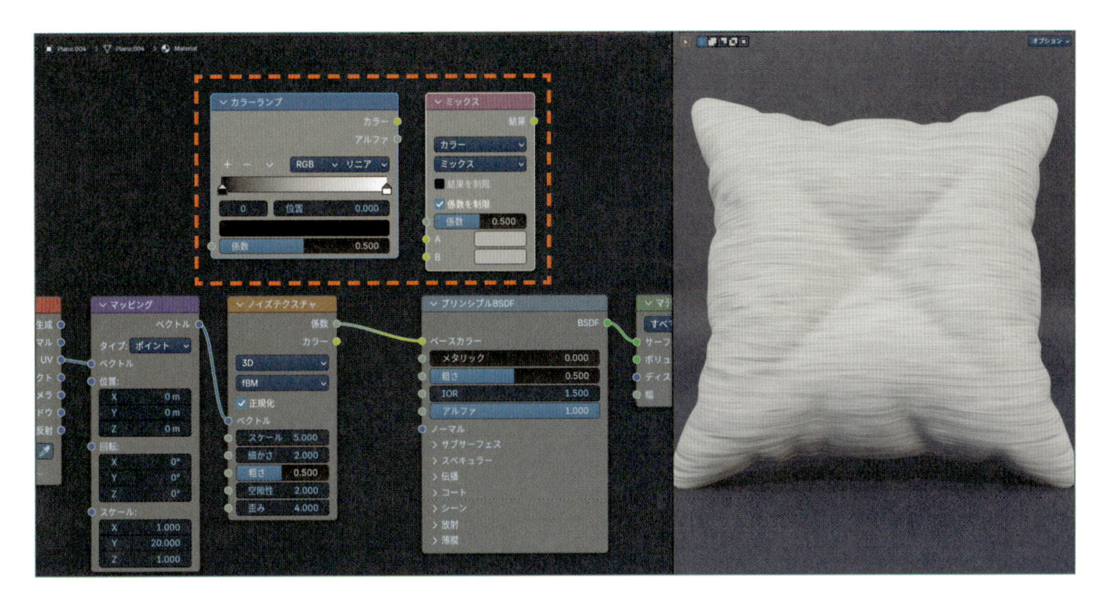

❷この2つのノードを、次のように設定します。

- **カラーランプ**
  白いカラーストップ　位置：0.5
- **カラーミックス**
  ブレンドモード：乗算、係数：1、A：布の本来の色（またはテクスチャ）

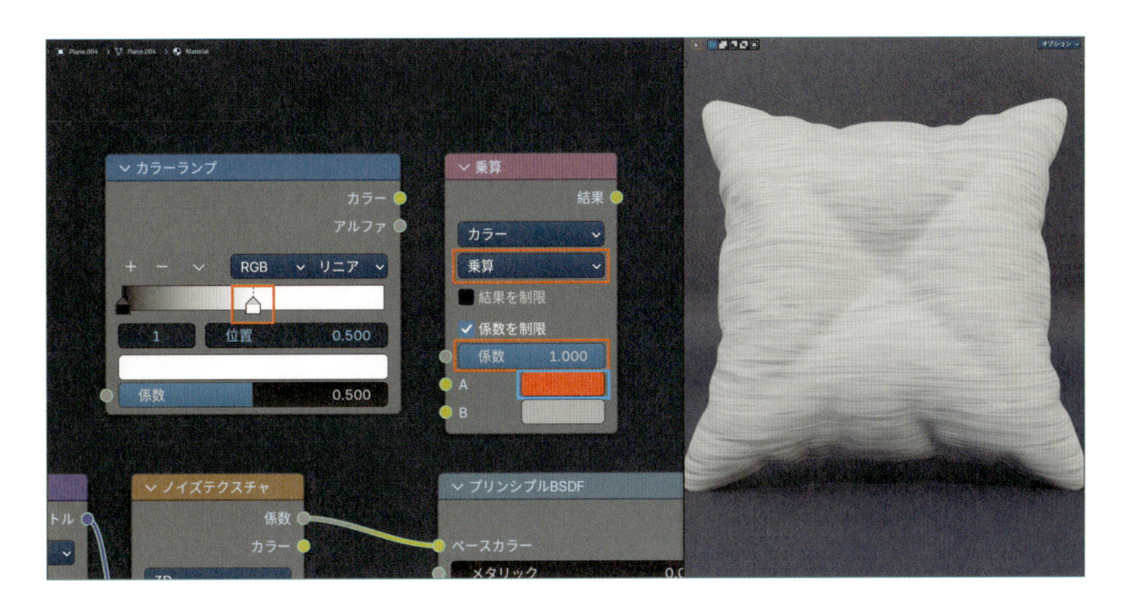

❸この2つのノードを、**ノイズテクスチャ**と**プリンシプルBSDF**の間に接続します。

- ［**ノイズテクスチャ**：**係数**］＞［**カラーランプ**：**係数**］
- ［**カラーランプ**：**カラー**］＞［**カラーミックス**：**B**］
- ［**カラーミックス**：**結果**］＞［**プリンシプルBSDF**：**ベースカラー**］

これで、色つきの布模様ができました。

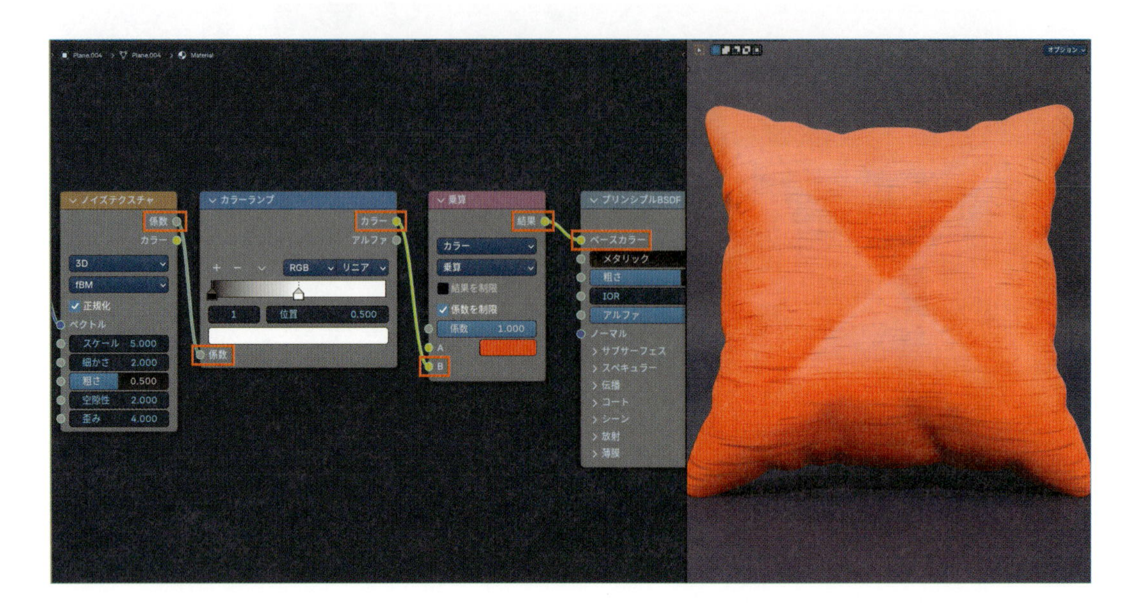

しかし、こうなると明らかに布の光沢ではないのが気になるので、光沢を調整します。

03 Step 光沢を調整する

❶プリンシプルBSDFのパラメーターを、**粗さ**：**1**、**シーン**：**0.2**と設定します。
これで、布のやわらかい光沢になります。
※後で詳しく説明しますが、**粗さ**と**シーン**の組み合わせで、いろいろな布の材質やケバ立ち具合などを表現できます。

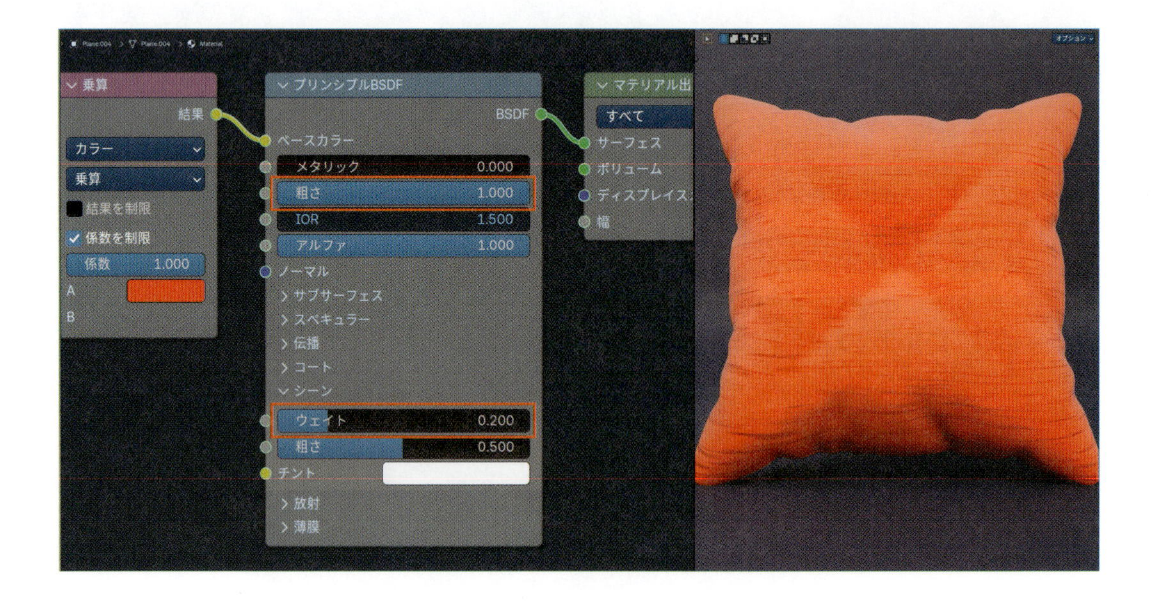

段階ごとの光沢の変化を見ると、下図のようになります。

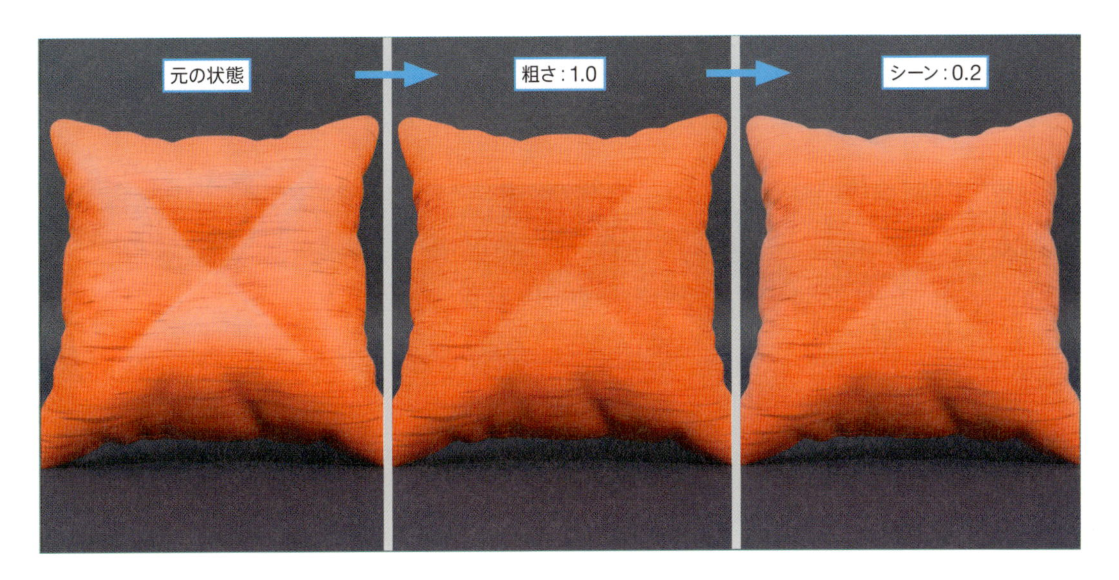

次は、「かすれ」のような模様を加えます。

04 Step かすれ模様を追加

❶カラーランプとカラーミックスを追加します。

- Shift+A＞コンバーター＞カラーランプ
- Shift+A＞カラー＞カラーミックス

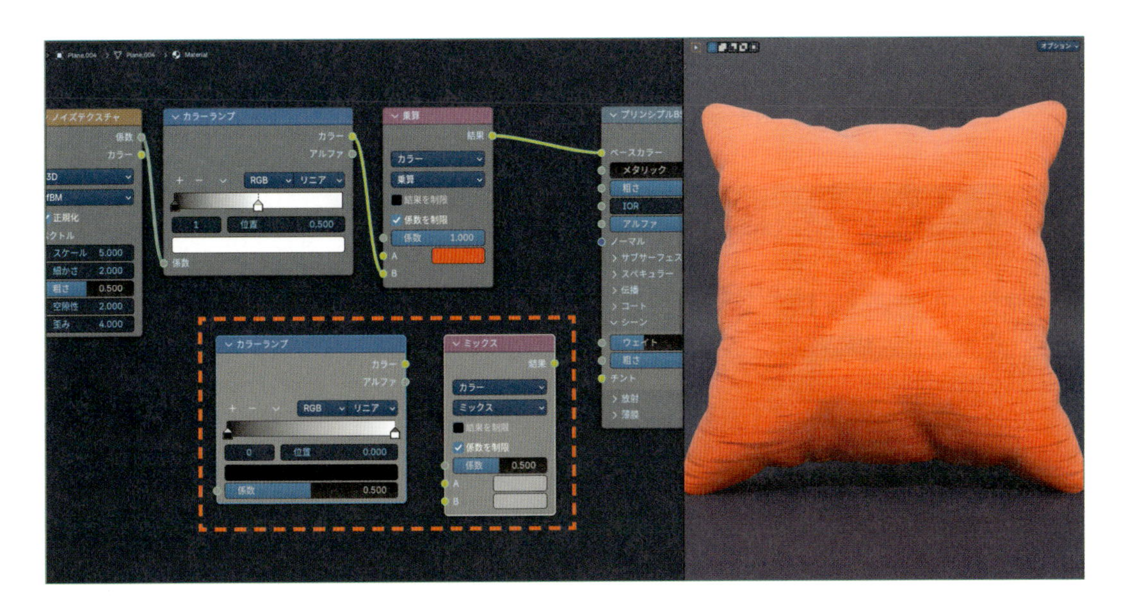

❷この2つのノードを、次のように設定します。

- **カラーランプ**
  黒いカラーストップ　位置：0.5
- **カラーミックス**
  ブレンドモード：スクリーン、係数：0.1

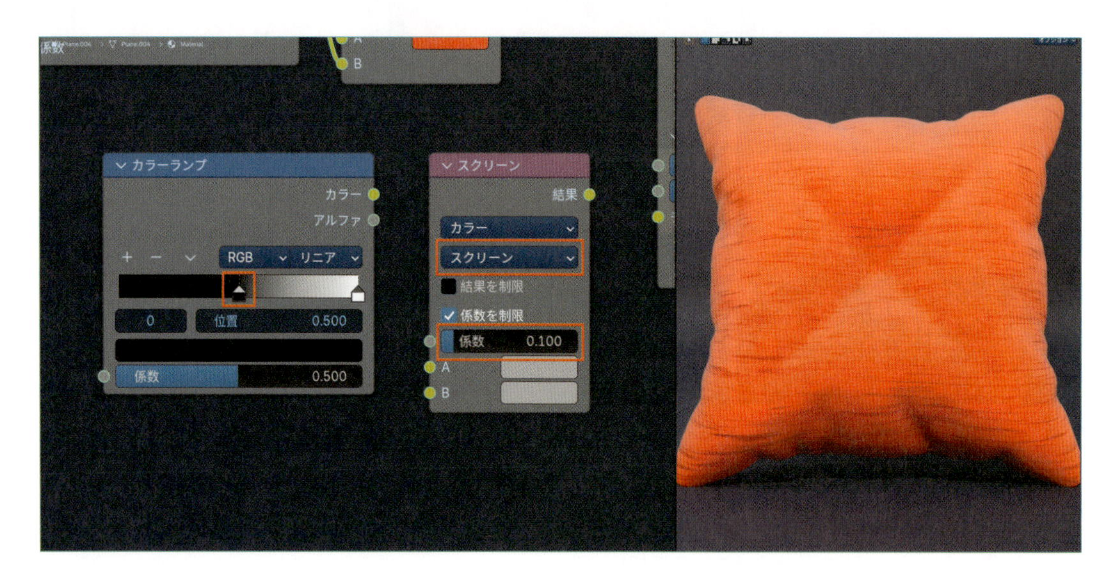

❸この2つのノードを、次のように接続します。

- ［**カラーミックス(乗算)：結果**］>［**カラーミックス(スクリーン)：A**］
- ［**ノイズテクスチャ：係数**］>［**カラーランプ：係数**］
- ［**カラーランプ：カラー**］>［**カラーミックス(スクリーン)：B**］
- ［**カラーミックス(スクリーン)：結果**］>［**プリンシプルBSDF：ベースカラー**］

これで、白い筋状の「かすれ」のような模様が追加されます。

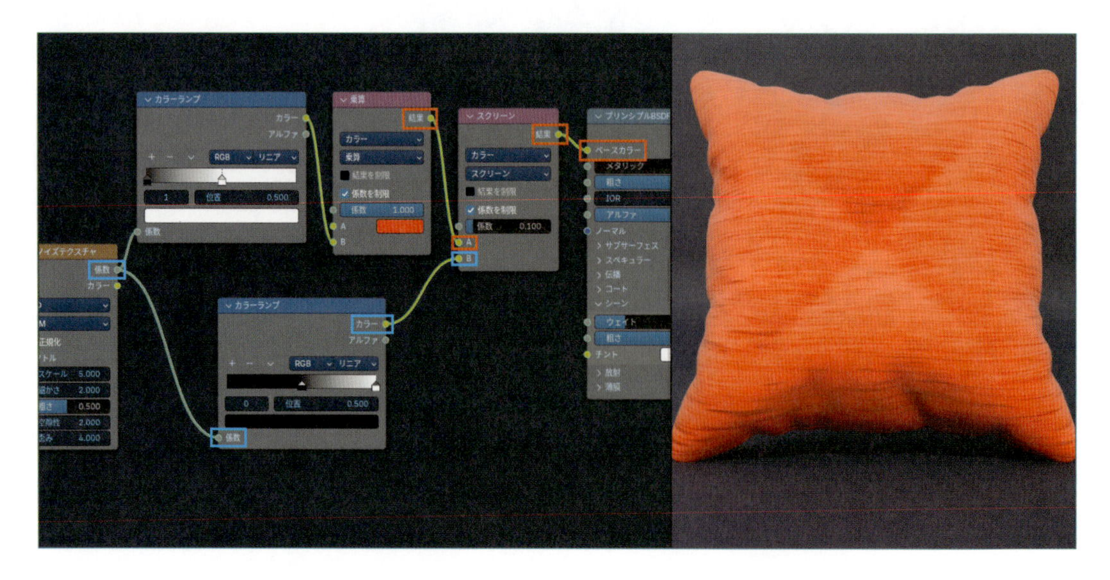

最後に色ムラを加えて、より自然な色味にします。

05 Step 色ムラを追加する

❶マッピング、ノイズテクスチャ、カラーミックスの3つのノードを追加します。

- Shift+A＞ベクトル＞マッピング
- Shift+A＞テクスチャ＞ノイズテクスチャ
- Shift+A＞カラー＞カラーミックス

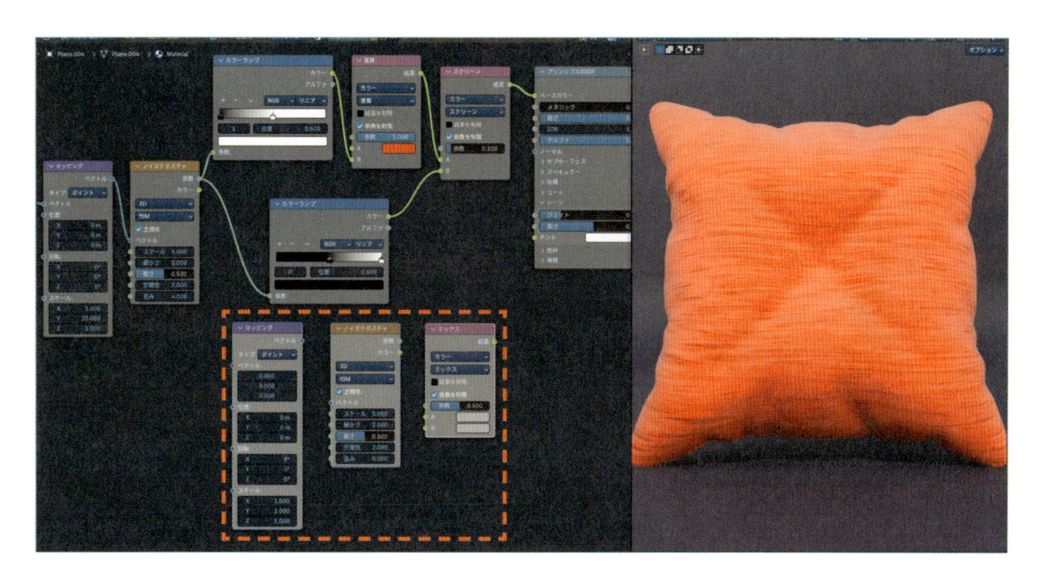

❷この3つのノードを、次のように設定します。

- マッピング
  位置　Z：1
- ノイズテクスチャ
  正規化：OFF、スケール：2、細かさ：15、粗さ：0.95、空隙性：1.5
  ※今回は粗さが0.95なので注意してください。
- カラーミックス
  ブレンドモード：覆い焼きカラー、係数：0.1~0.2

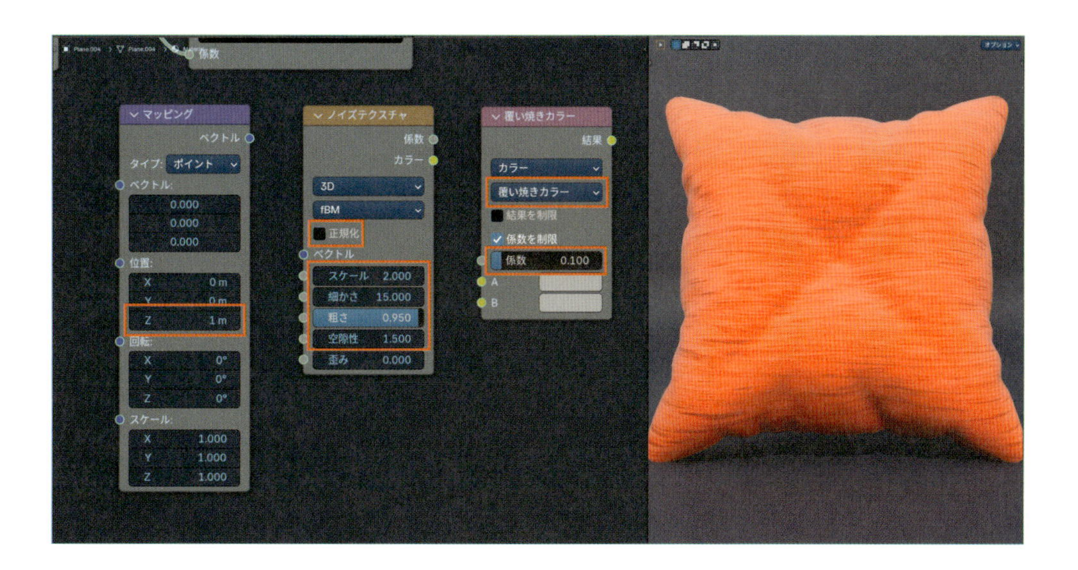

❸この3つのノードを、次のように接続します。

- ［**カラーミックス（スクリーン）：結果**］＞［**カラーミックス（覆い焼きカラー）：A**］
- ［**テクスチャ座標：UV**］＞［**マッピング：ベクトル**］
- ［**マッピング：ベクトル**］＞［**ノイズテクスチャ：ベクトル**］
- ［**ノイズテクスチャ：係数**］＞［**カラーミックス（覆い焼きカラー）：B**］
- ［**カラーミックス（覆い焼きカラー）：結果**］＞［**プリンシプルBSDF：ベースカラー**］

これで色ムラが追加されました。

※色ムラの設定についての詳細は、**Chapter3-2　色ムラの作り方**（075ページ）を参照してください。
※**マッピング**は、「原点を含む平面で***ノイズテクスチャ***の複雑なフラクタル模様を使うと発生するおかしな模様」への対処のために使用しています（UV座標も「原点を含む平面」に当たります）。詳しくは、083ページを参照してください。

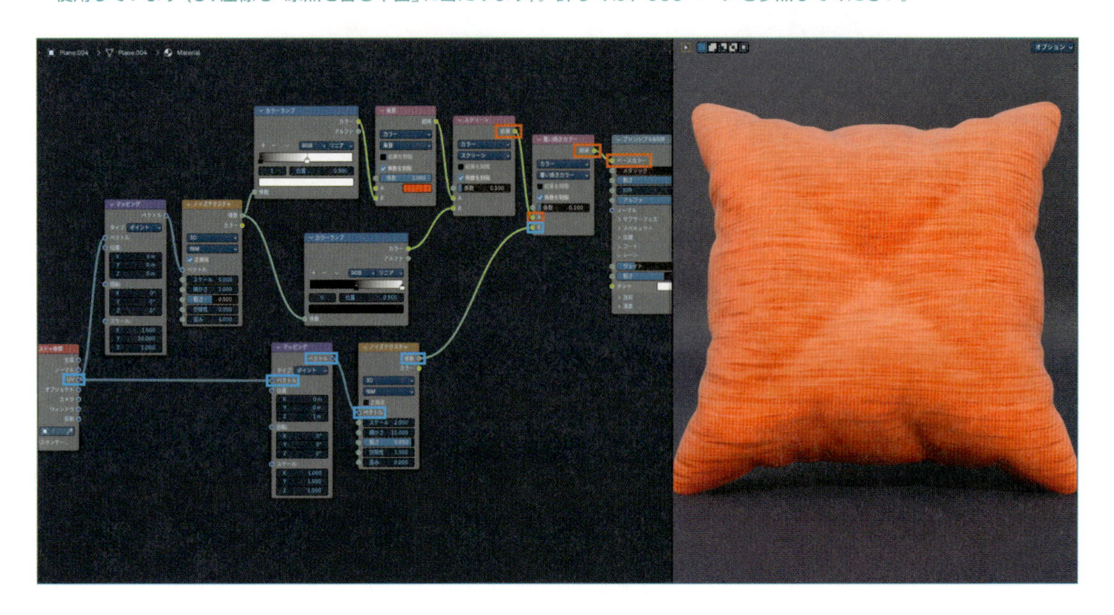

これで今回必要なすべてのノードがそろいました（サンプルデータ：3-13-01.blend）。
最後に、作りたい質感に合わせて微調整すれば完成です。

布模様の大きさ

カラーランプにつながっているノイズテクスチャのスケールで、布模様の大きさを操作できます。
布模様の大きさはUV展開の影響を受けるので、画面で確認しながら作りたい大きさに調整します。

かすれ模様の強さ

カラーミックス（スクリーン）の係数で、かすれ模様の強さを操作できます。
値を大きくするほど、かすれ模様が強くなります。

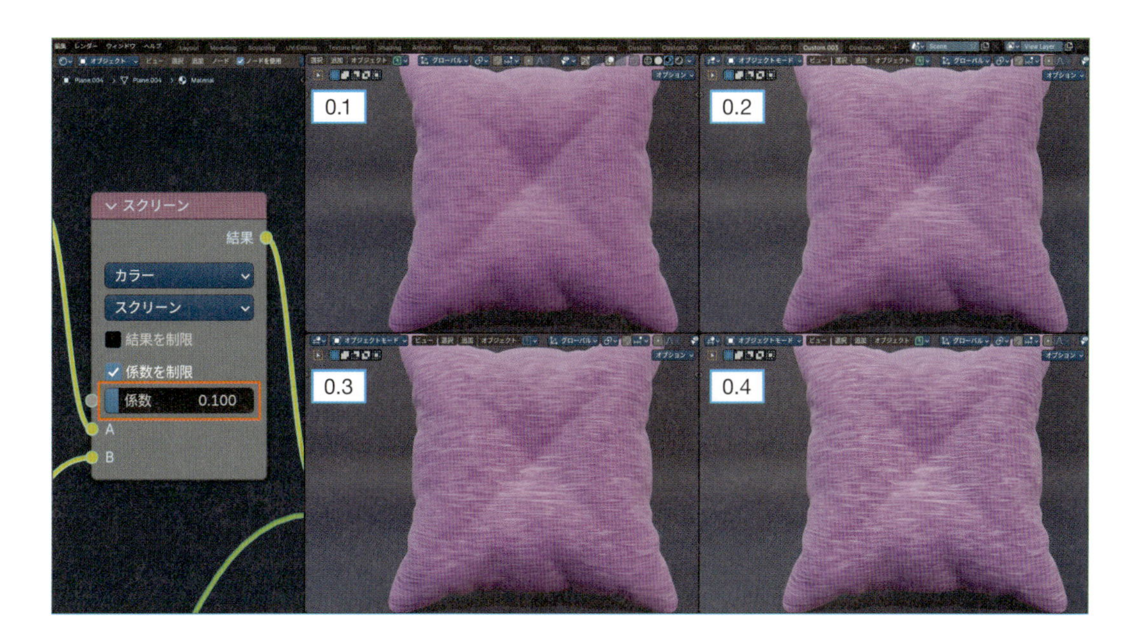

Chapter 1
Chapter 2
Chapter 3 1-5
Chapter 3 6-10
Chapter 3 11-15
Chapter 4

色ムラの強さ

カラーミックス(覆い焼きカラー)の**係数**で、色ムラの強さを操作できます。
イメージ的な目安は次のようになります。

- 0~0.05 ：新品の布、または化学繊維などの色ムラが生じにくい布
- 0.1 ：普通の布(綿や麻など)
- 0.2 ：傷んだ布や汚れた布

布の光沢

プリンシプルBSDFの**粗さ**と**シーン**を組み合わせて光沢を操作すると、いろいろな布の素材や表面のケバ立ち具合などが表現できます。
イメージ的な目安は次のようになります。

- ウィンドブレーカーのようなツルツルした布 **粗さ：0.5、シーン：0**
- 化学繊維の布 **粗さ：0.7~0.8、シーン：0.1**
- 綿や麻の布 **粗さ：0.9~1、シーン：0.2**
- ケバ立った綿の布 **粗さ：1、シーン：0.3**

※布ではありませんが、**粗さ：0.9~1**、**シーン：0.05**にすると**紙袋(クラフトペーパー)**の質感になります。

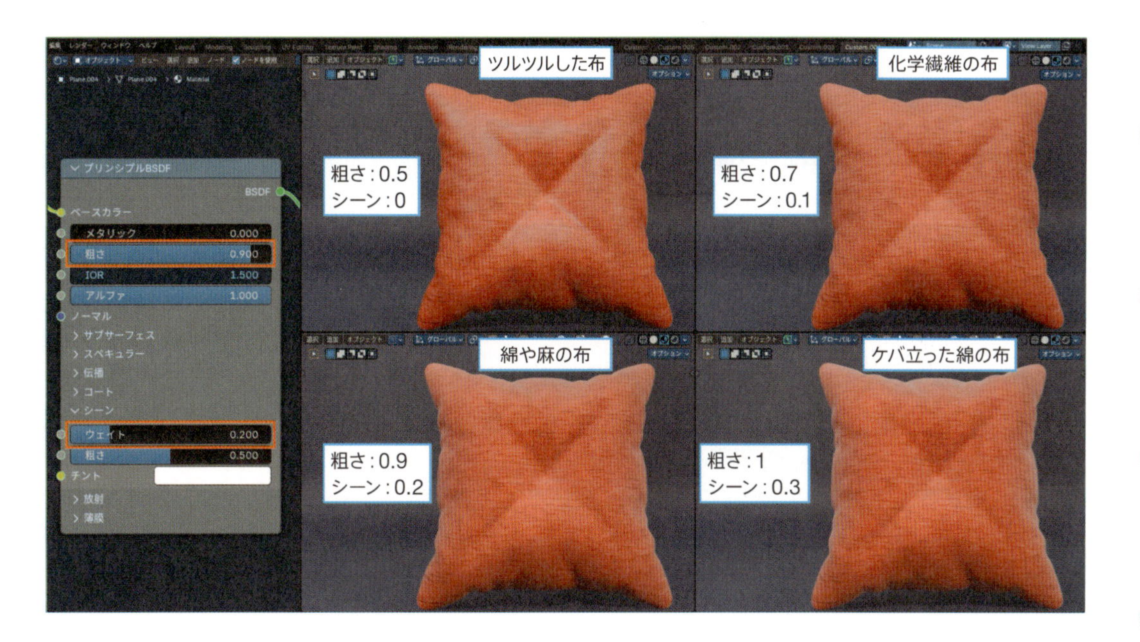

単色の布

実物の無地のYシャツやTシャツなどは布自体は単色でも、ケバ立ち具合の違いによる光沢の変化や、しわ未満の微細な凹凸による陰影の変化などにより、わずかな色の揺らぎがあります。
カラーランプにつながっている**ノイズテクスチャ**の**スケール**を大きくして、布模様が見えなくなるまで細かくすると、この色の揺らぎが表現されて布らしい色合いになります。

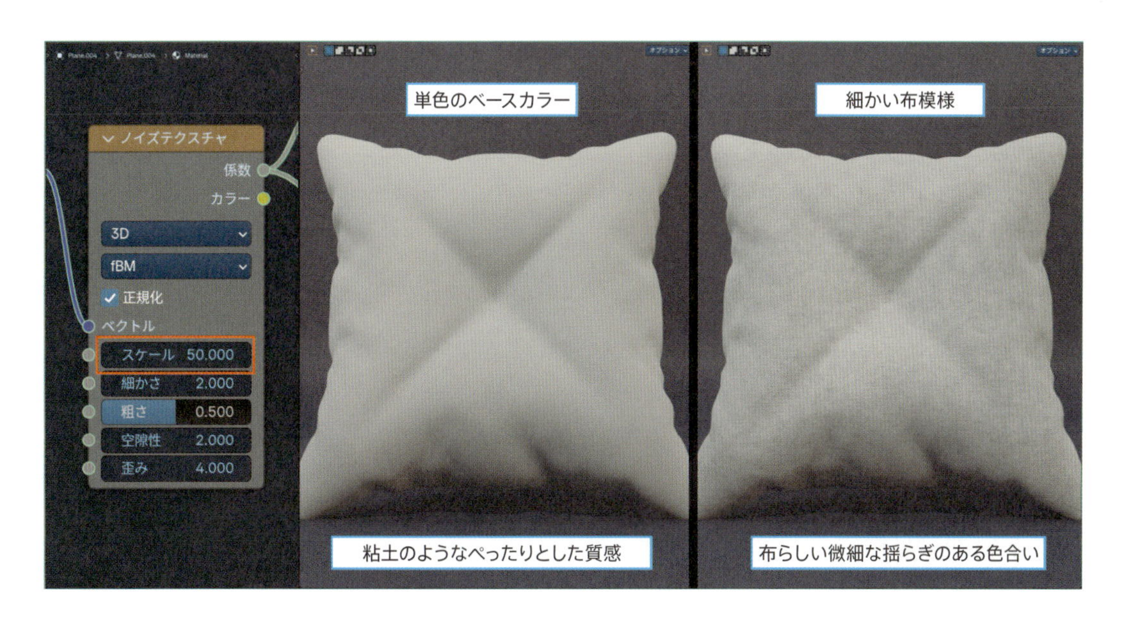

以上で、できあがりです。

13-4 デニムの作り方

ここまでの設定を元に、デニムに作り替えます。

01 Step 布模様の削除

カラーランプにつながっている**ノイズテクスチャ**と、その前後の**マッピング**・**カラーランプ**を選択して、**Xキー**で削除します。

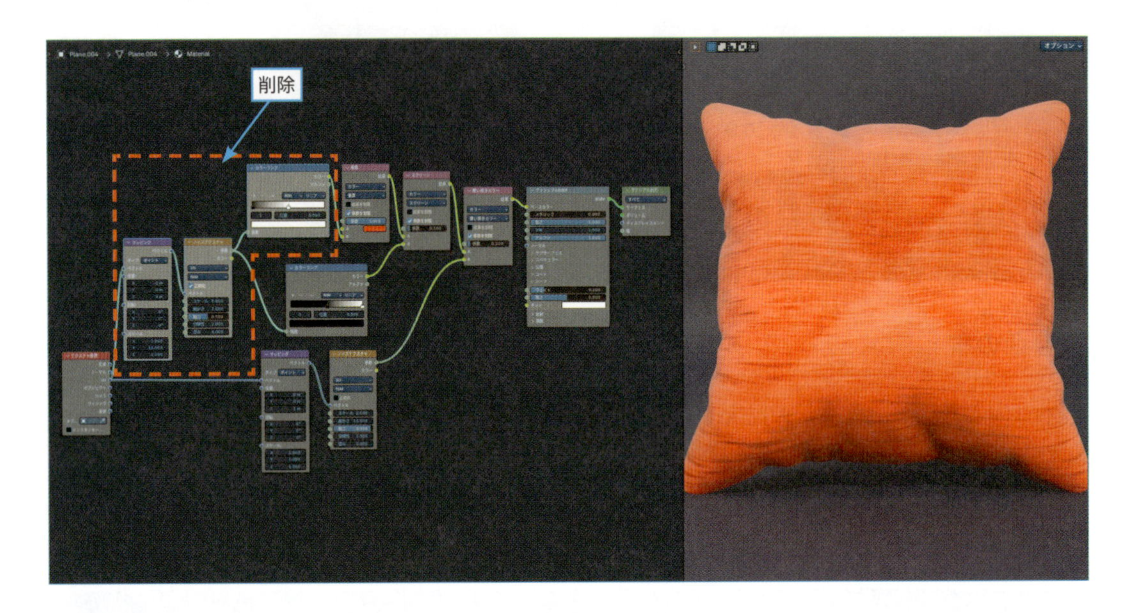

これで布模様がなくなります。

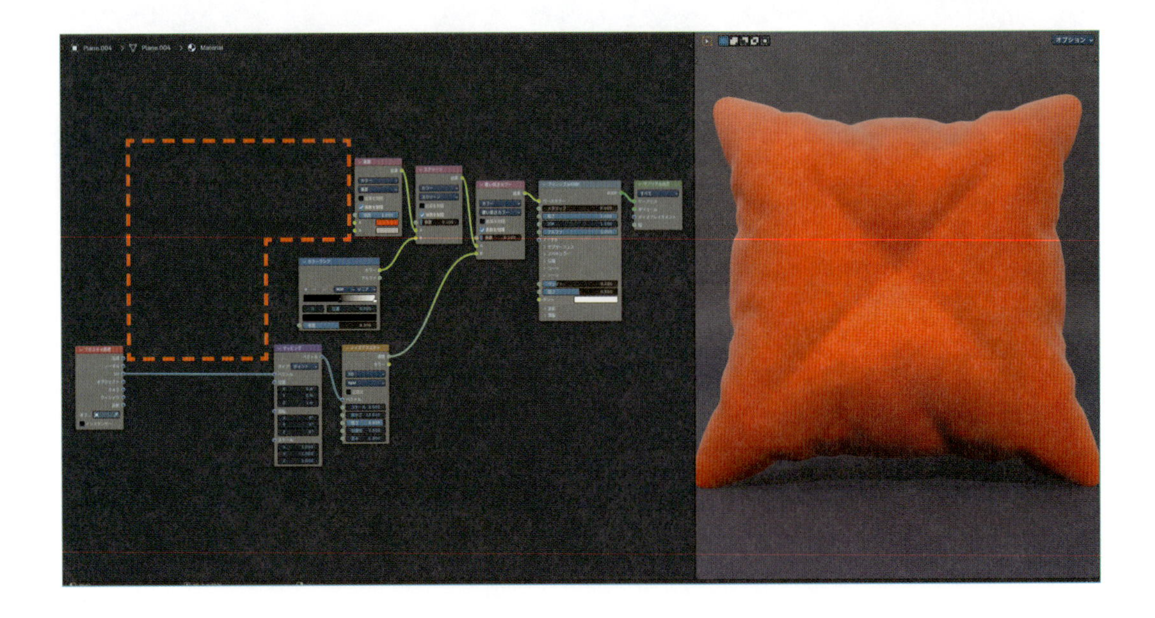

02 Step 色ムラなどを解除する

この後の変化が分かりやすいように、**カラーミックス**の**係数**をすべて**0**にします。
これで一時的に色ムラなどがすべて解除され、**カラーミックス（乗算）**の**A**に設定する「布の本来の色」だけの**ベースカラー**になります。

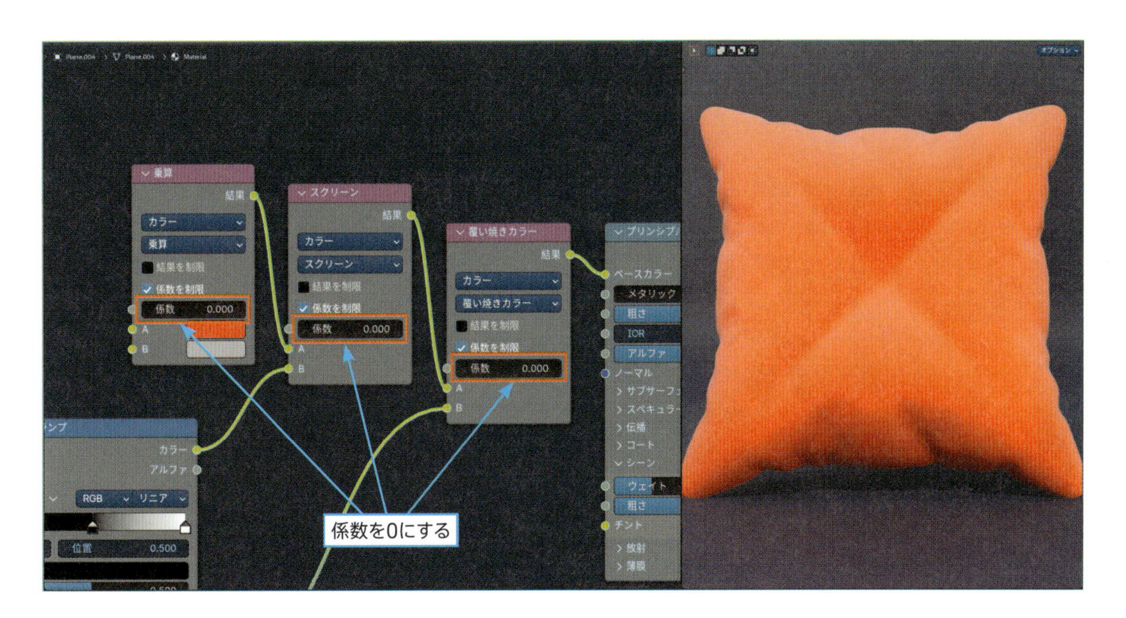

03 Step デニムの基本色を設定

カラーミックス（乗算）の**A**に、「デニムの元になる色」を設定します。
デニムの色には濃い藍色・薄い藍色・グレー・黒などいろいろあります。
ここでは標準的なデニムのイメージで、**2664B2**（16進数）と設定しました。

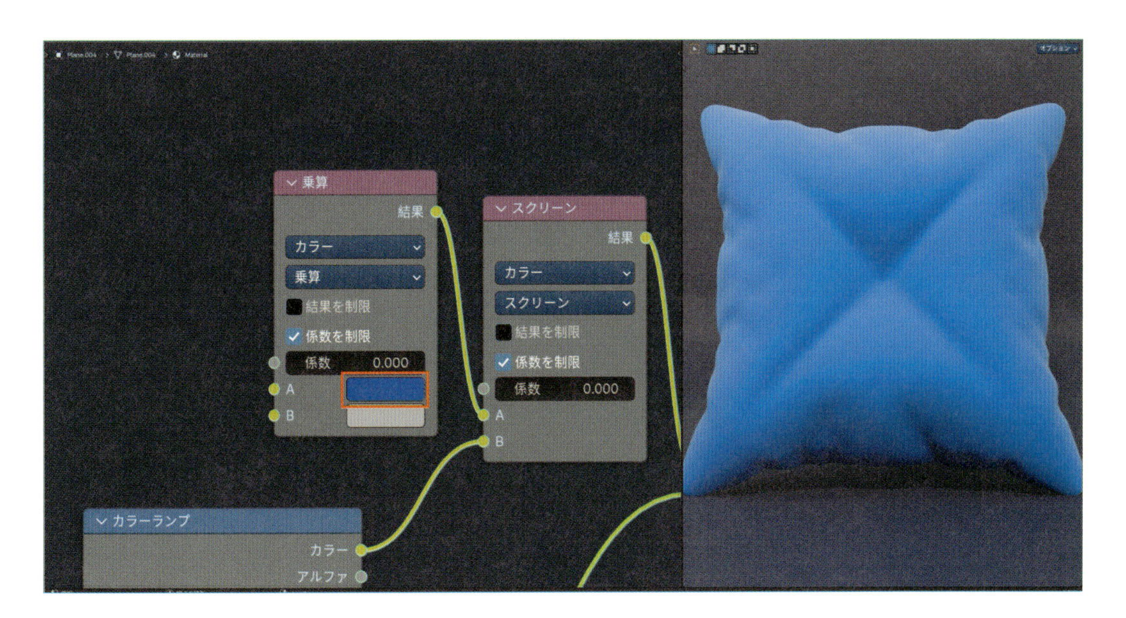

では、デニムの布模様を作りましょう。

04 Step デニムの基本パターンを作る

❶**Shift+A**>**テクスチャ**>**波テクスチャ**を追加します。

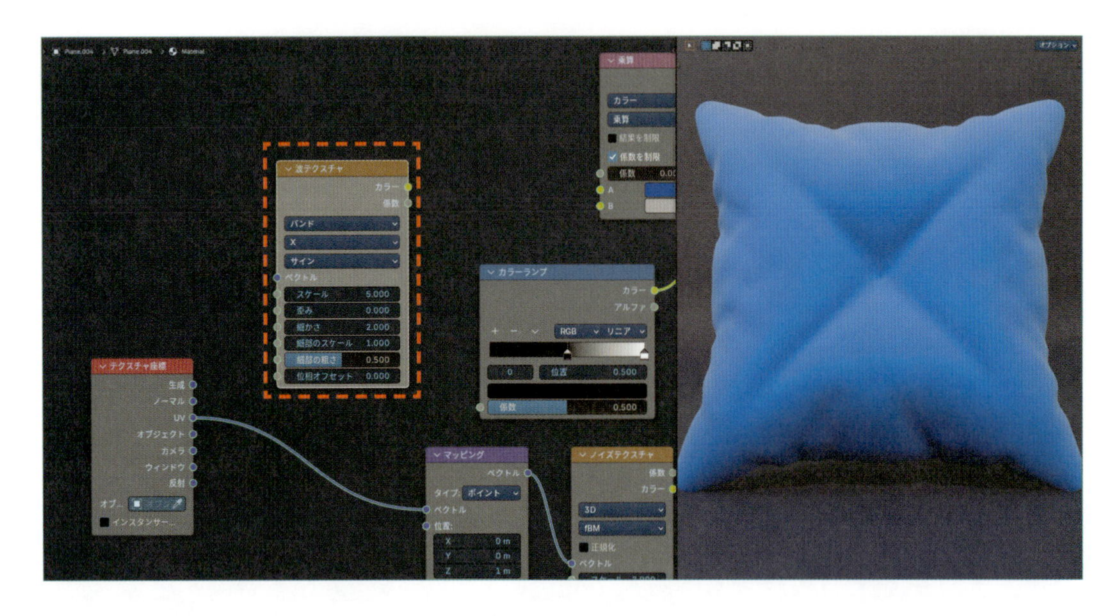

❷**波テクスチャ**を、**テクスチャ座標**と**プリンシプルBSDF**の間に接続します。

- [**テクスチャ座標**:**UV**]>[**波テクスチャ**:**ベクトル**]
- [**波テクスチャ**:**係数**]>[**プリンシプルBSDF**:**ベースカラー**]

これで、一時的に**波テクスチャ**の模様だけがオブジェクトに表示されるようになります。

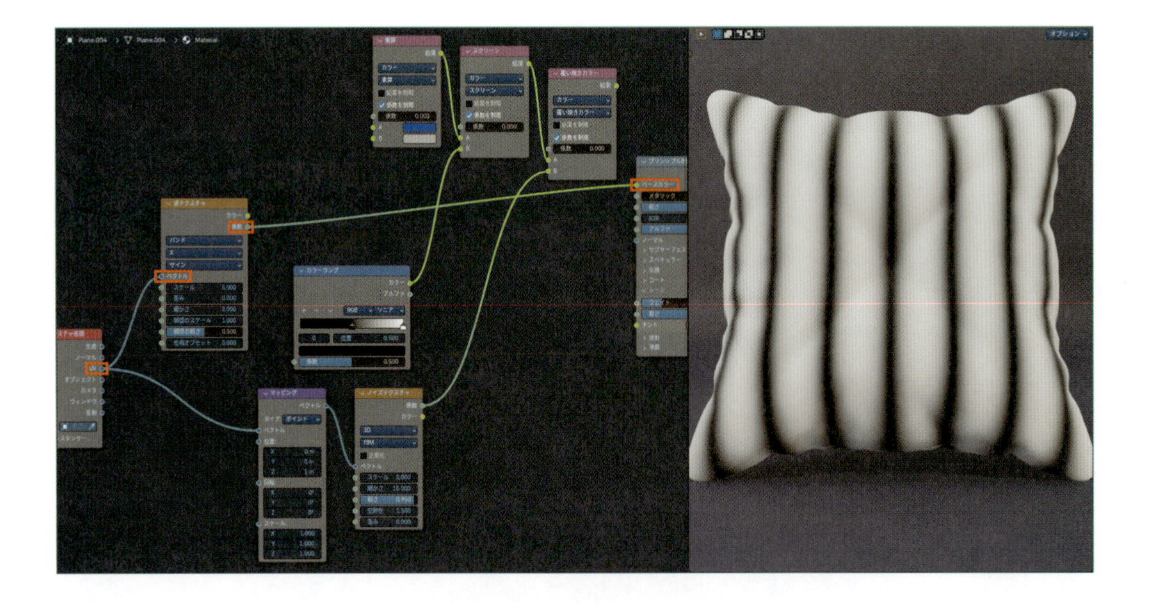

❸**波テクスチャ**の**方向**を**斜め**にします。
これで、模様の向きが斜めになります。

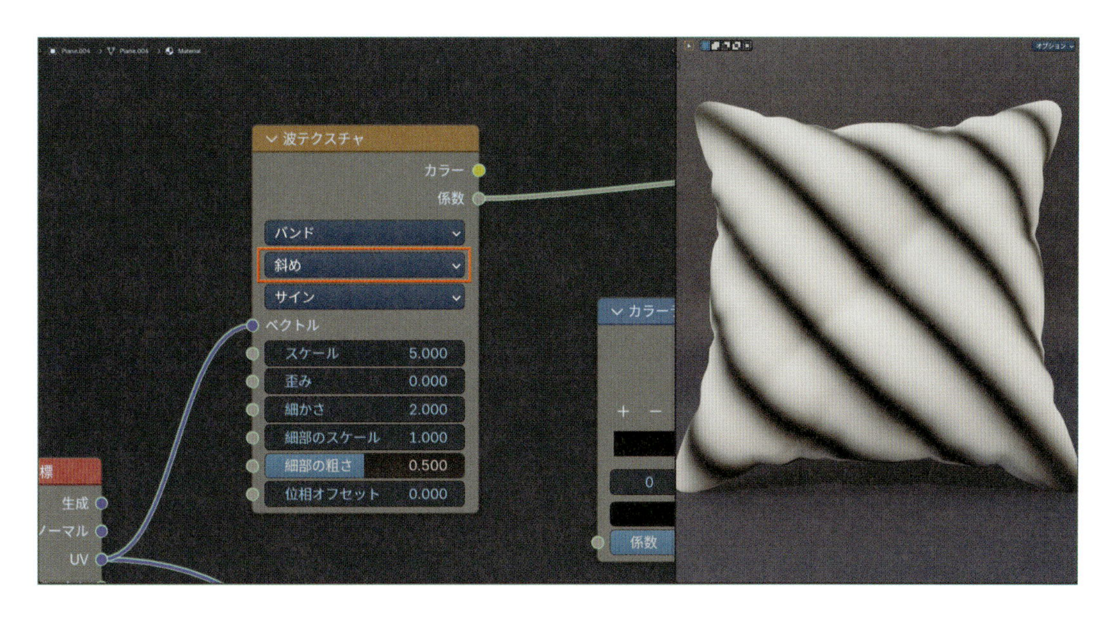

❹**波テクスチャ**を、次のように設定します。

- **歪み**：**4**
- **細部のスケール**：**5**

これで模様が細かく歪み、デニムの元になる白黒模様ができました。

次は、この模様を元に色をつけていきます。

Chapter 1
Chapter 2
Chapter 3 1-5
Chapter 3 6-10
Chapter 3 11-15
Chapter 4

05 デニムの色と掛け合わせる

Step

❶次のようにノードを接続します。

- ［**波テクスチャ**：**係数**］＞［**カラーミックス（乗算）**：**B**］
- ［**カラーミックス（乗算）**：**結果**］＞［**プリンシプルBSDF**：**ベースカラー**］

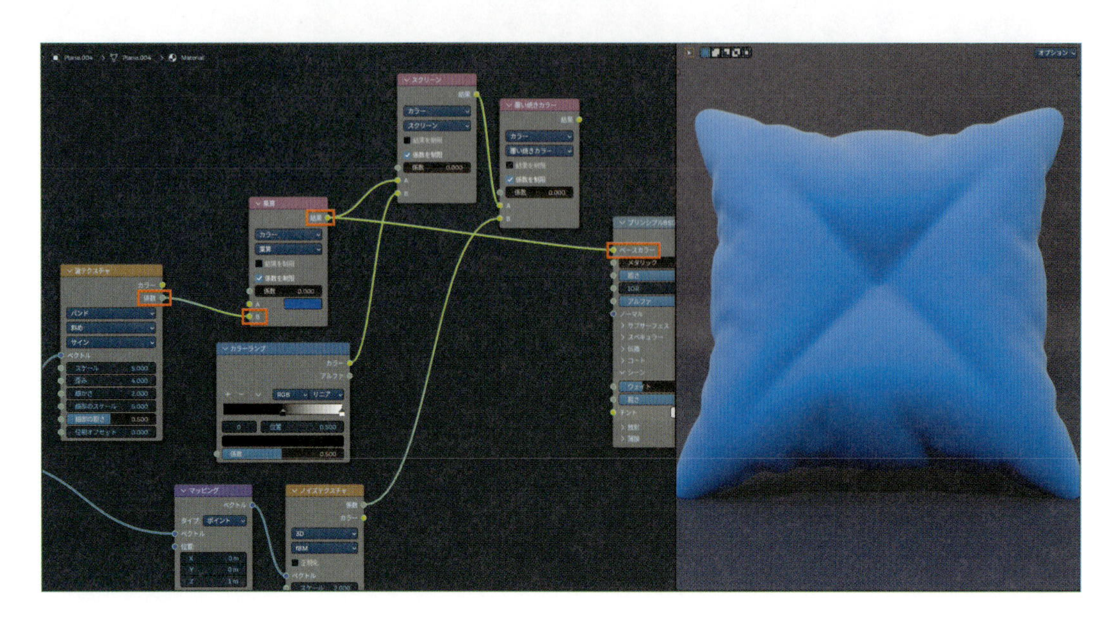

❷**カラーミックス（乗算）**の**係数**を**0.7**にします。
これで、**波テクスチャ**の黒い部分がデニムの色と掛け合わされます。

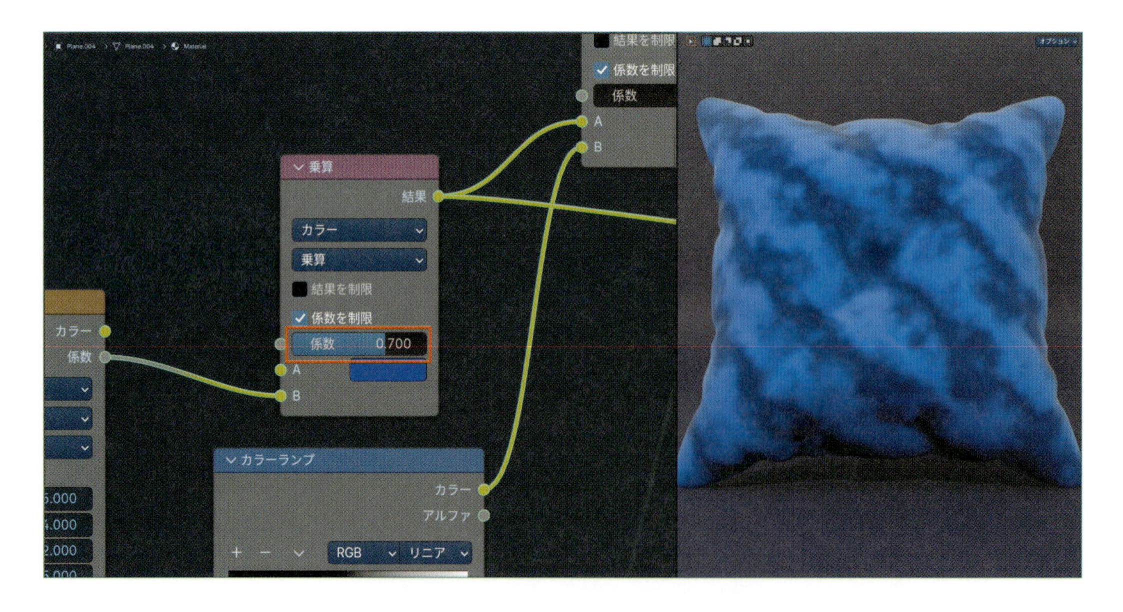

次は、**波テクスチャ**の白い部分を掛け合わせます。

06 Step 白い模様と掛け合わせる

❶次のようにノードを接続します。

- ［波テクスチャ：係数］＞［カラーランプ：係数］
- ［カラーミックス（スクリーン）：結果］＞［プリンシプルBSDF：ベースカラー］

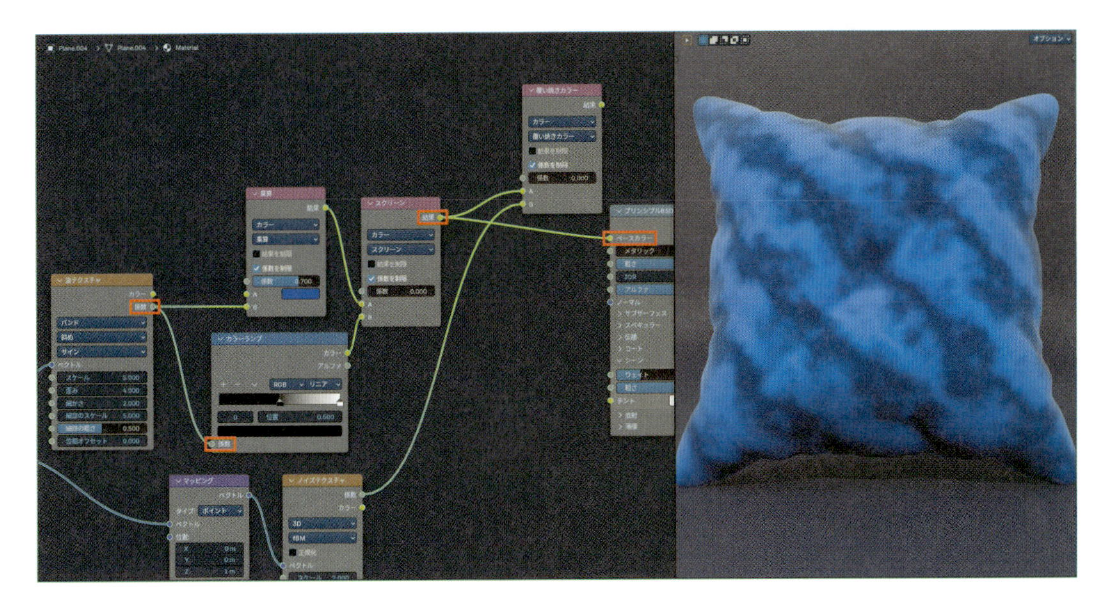

❷カラーミックス（スクリーン）の係数を0.1にします。
これで、波テクスチャの白い部分が掛け合わされます。

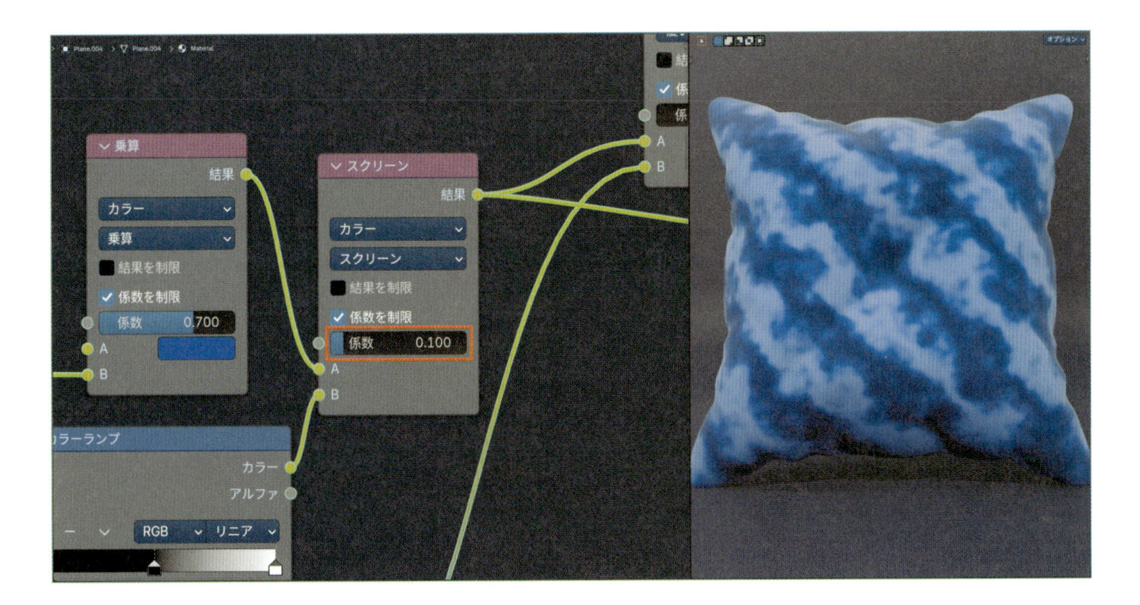

❸カラーランプの黒いカラーストップの位置を0.8にします。
これで、白い部分が狭まります。

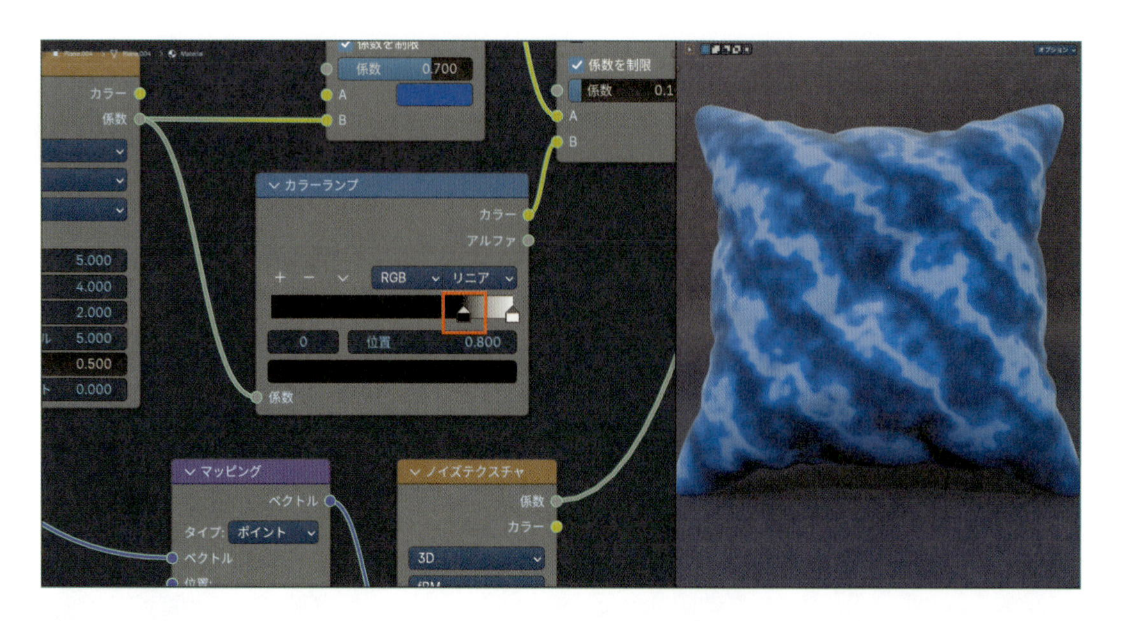

色設定ができたので、この模様を細かくします。

07 Step 模様の大きさを調整する

画面で確認しながら、波テクスチャのスケールを調整します。
これで、デニムの布模様ができました。

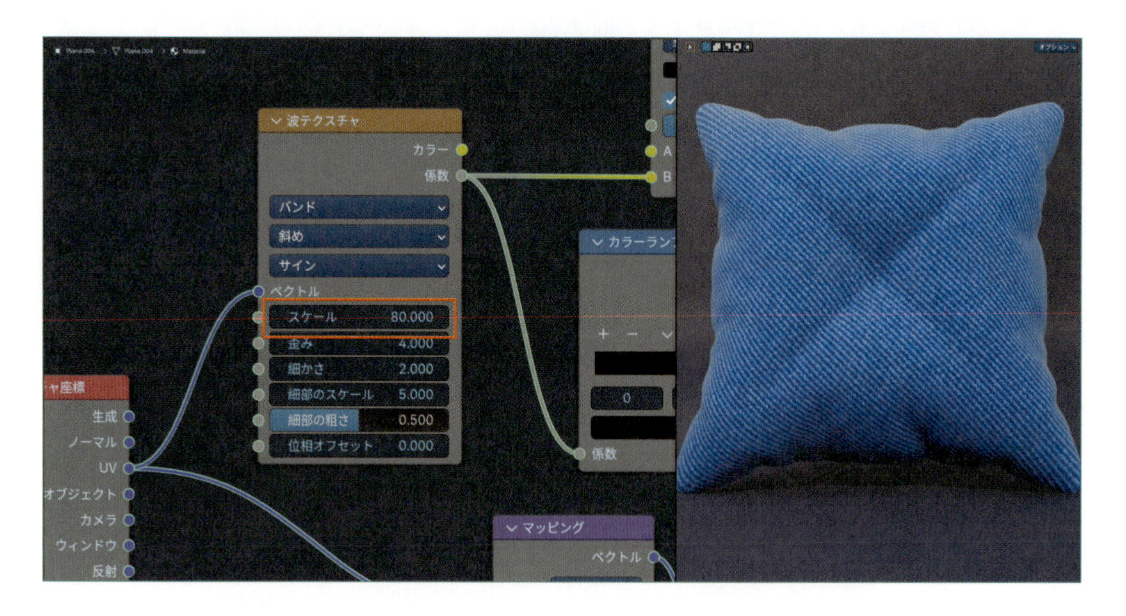

この布模様の黒い部分はデニムの凹んだ部分を表現していますが、今は黒い部分も含めて全体にシーンの光沢がついているため、少し不自然な見た目になっています。
次はシーンの光沢を調整して、布模様の黒い部分に光沢がつかないようにします。

08 Step シーンの光沢を調整する

❶**Shift+A**>**コンバーター**>**範囲マッピング**を追加します。

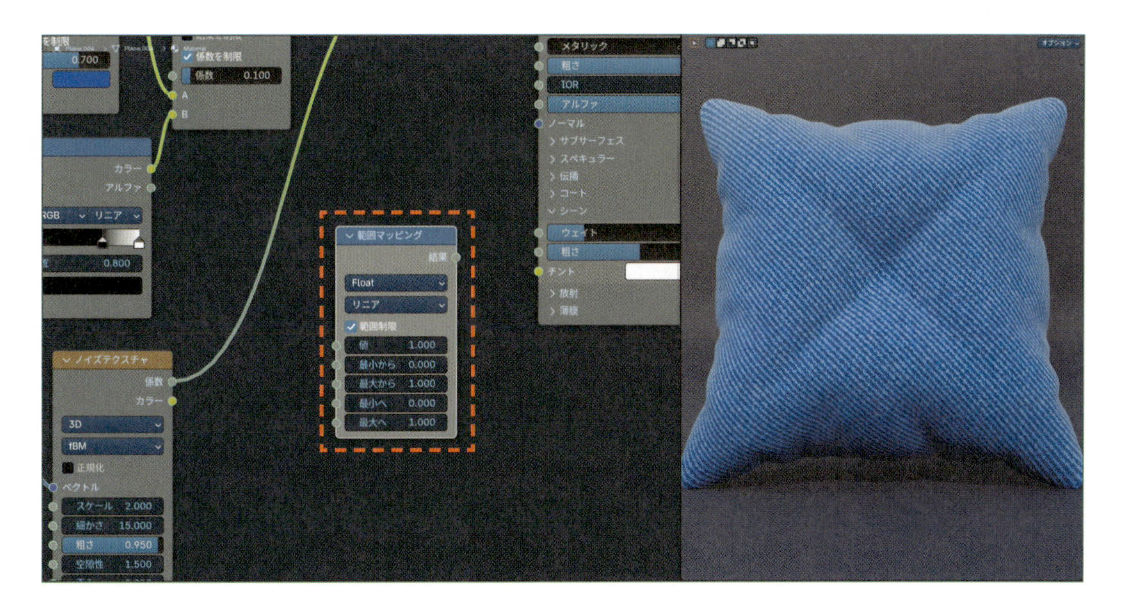

❷**範囲マッピング**を、**波テクスチャ**と**プリンシプルBSDF**の間に接続します。

- [**波テクスチャ**:**係数**]>[**範囲マッピング**:**値**]
- [**範囲マッピング**:**結果**]>[**プリンシプルBSDF**:**シーン(ウェイト)**]

これで、布模様の白い部分と黒い部分の**シーン**を個別に設定できるようになりました。

この時点では、範囲マッピングのデフォルトの値により、白い部分の**シーン**が**1**になっています。

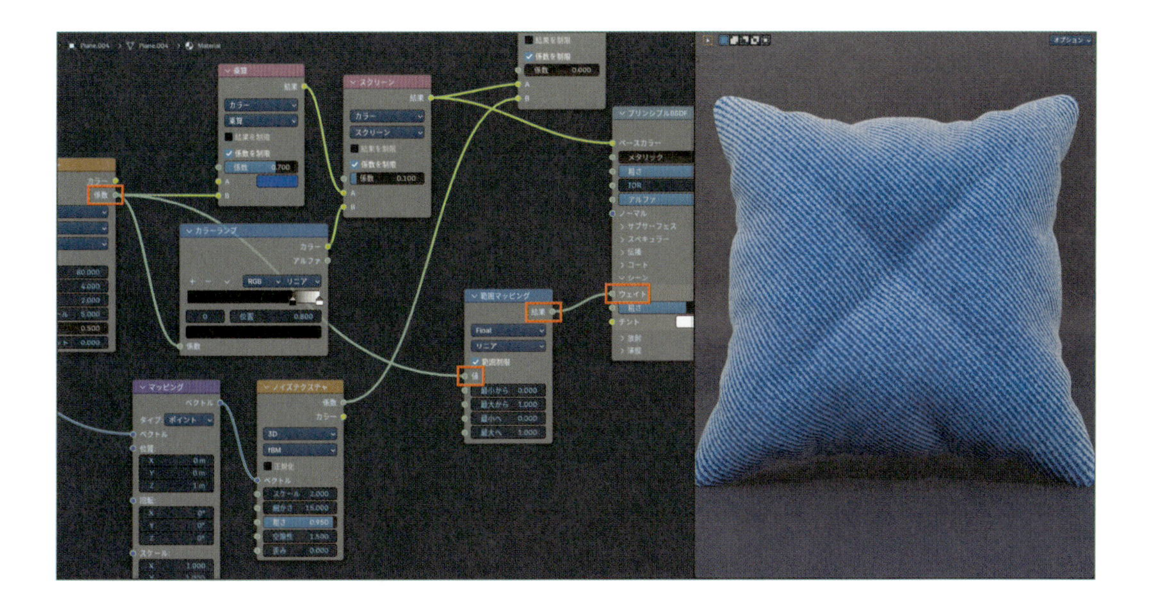

Chapter 1
Chapter 2
Chapter 3 1-5
Chapter 3 6-10
Chapter 3 11-15
Chapter 4

❸範囲マッピングのパラメーターを、次のように設定します。

- 最小へ：**0**（黒い部分の**シーン**）
- 最大へ：白い部分の**シーン**

最小へは黒い部分に光沢が生じないよう、デフォルトの**0**のままにしておきます。

最大へは画面を見ながら作りたい質感に合わせて設定します。下の画像では**0.5**にしました。

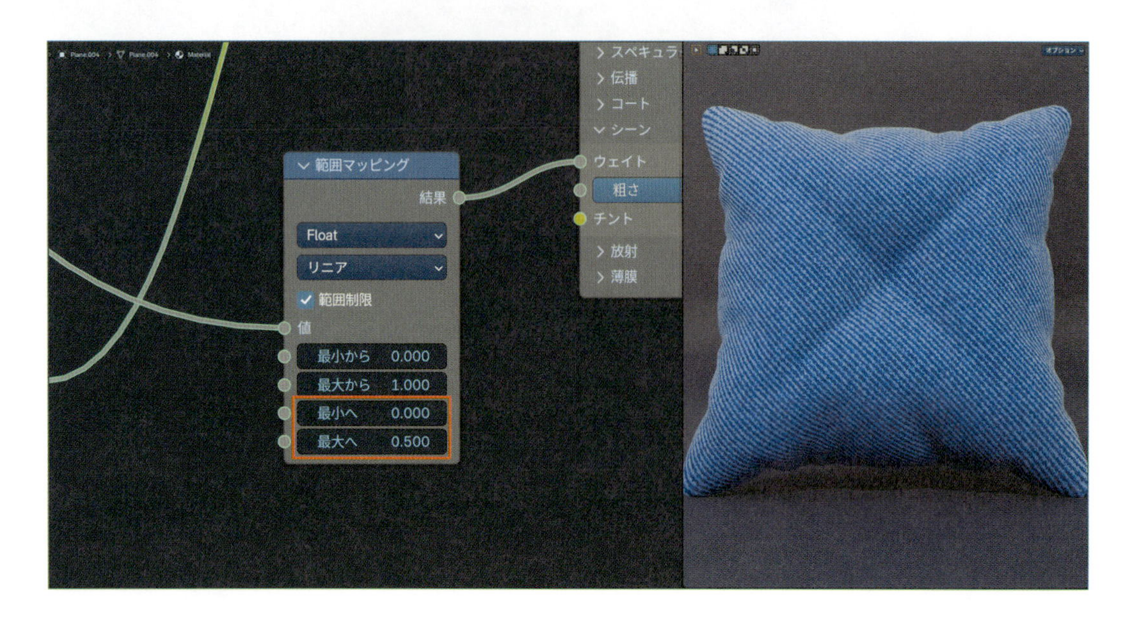

最後に、色ムラを加えます。

09 Step 色ムラを追加する

❶**カラーミックス（覆い焼きカラー）**の**結果**を、**プリンシプルBSDF**の**ベースカラー**に接続します。

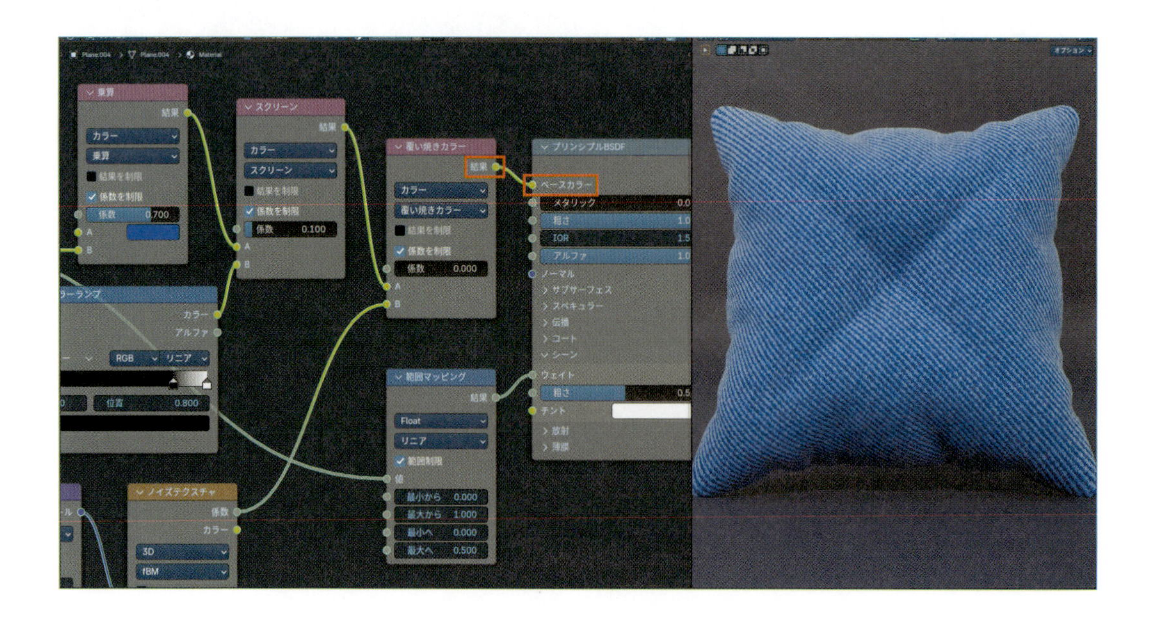

❷**カラーミックス（覆い焼きカラー）**の**係数**を、**0.1～0.3**の範囲で調整します。
これで色ムラが追加されます（サンプルデータ：3-13-02.blend）。

以上で、できあがりです。

コントラストの強いデニム

次のように設定すると、コントラストの強いデニムになります。

- **カラーミックス（乗算）　係数：1**
- **カラーミックス（スクリーン）　係数：0.3**
- **カラーランプ　黒いカラーストップ　位置：0.9**

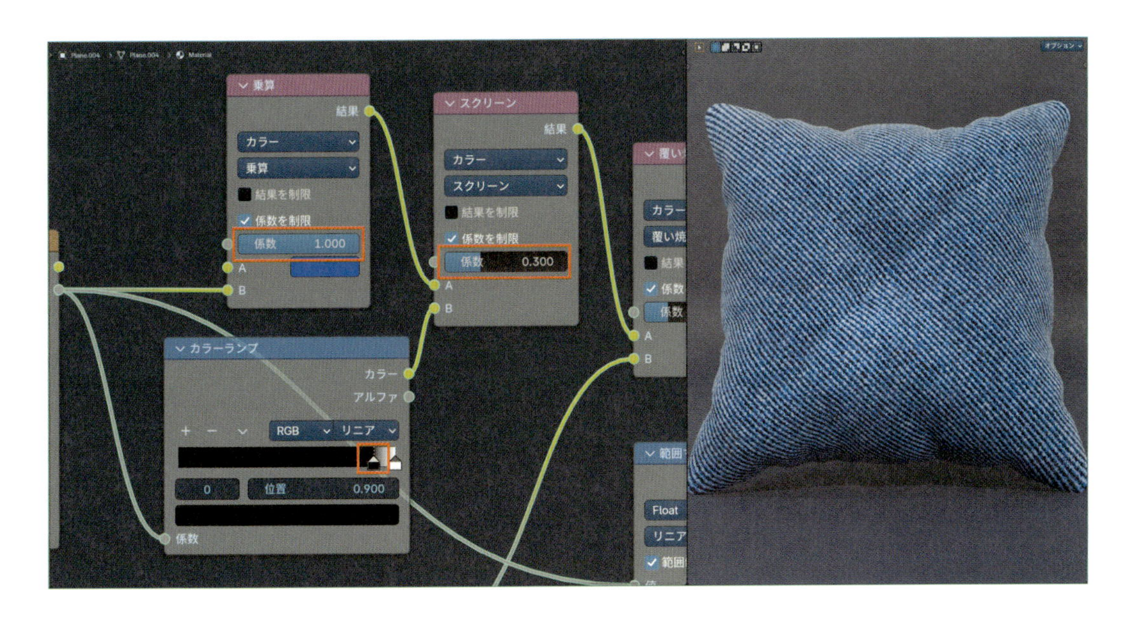

Chapter 1
Chapter 2
Chapter 3 1-5
Chapter 3 6-10
Chapter 3 11-15
Chapter 4

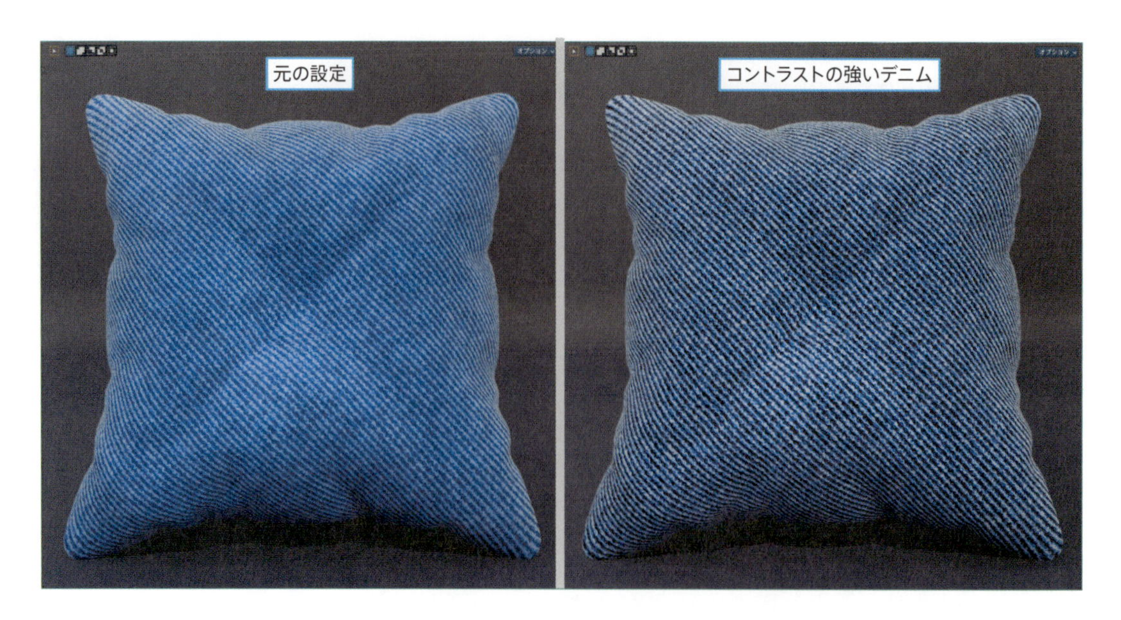

コーデュロイの作り方

波テクスチャの**向き**を**X**または**Y**にすると、コーデュロイになります。

※布の色や各パラメーターの値は、好みで調整してください。

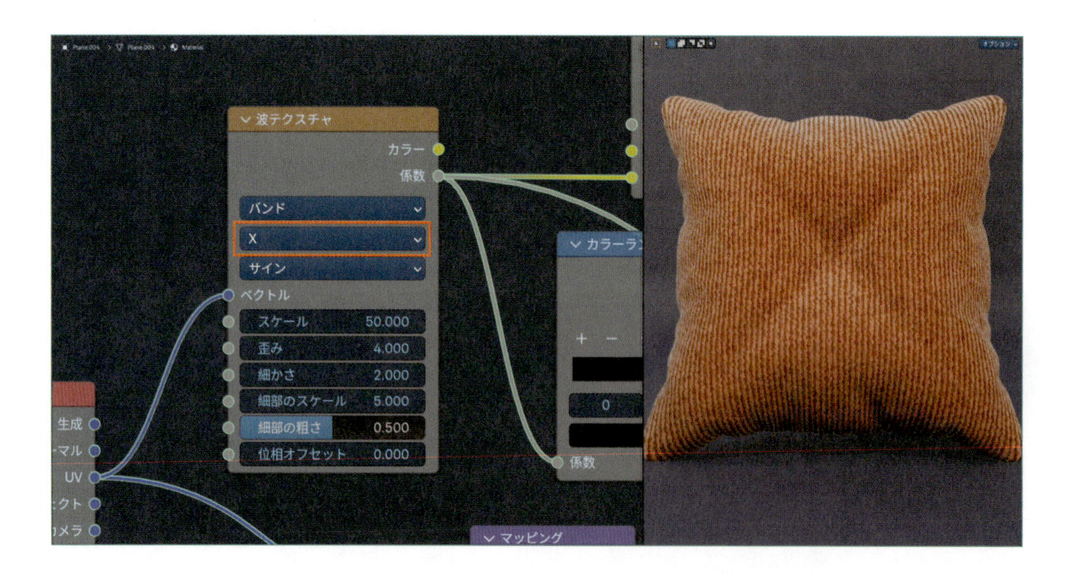

13-5 帆布・麻布の作り方

ここまでの設定を元に、帆布や麻布などの「目の粗いゴワゴワした布」に作り替えます。

01 Step 帆布・麻布の基本色を設定

カラーミックス(乗算)の**A**に、「帆布や麻布の元になる色」を設定します。
ここでは標準的な帆布のイメージで、**D5C0B8**(16進数)と設定しました。

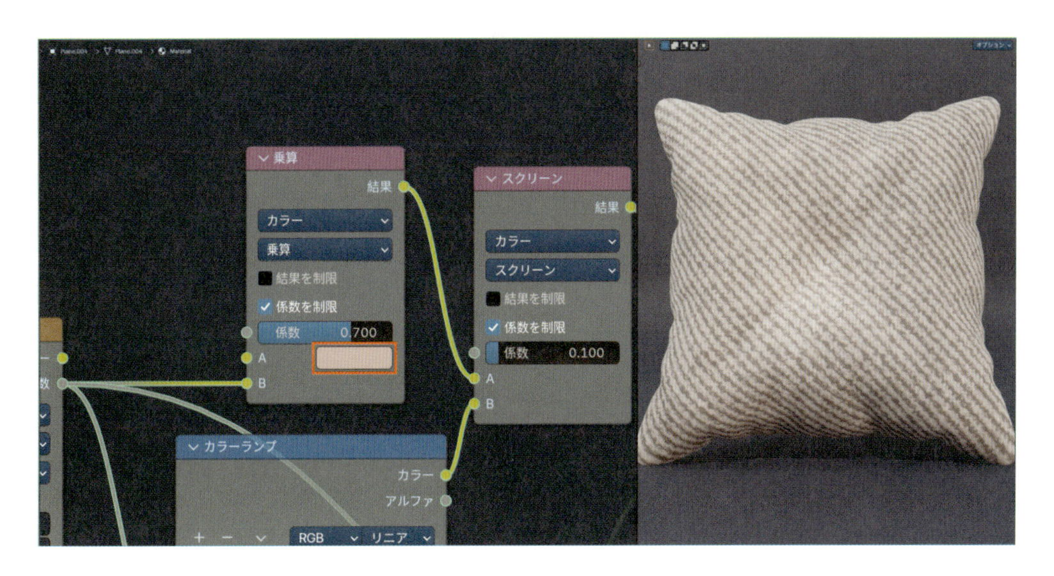

02 Step 模様の向きを変更

波テクスチャの**向き**を**Y**にします。
これで、模様の向きが横方向になります。

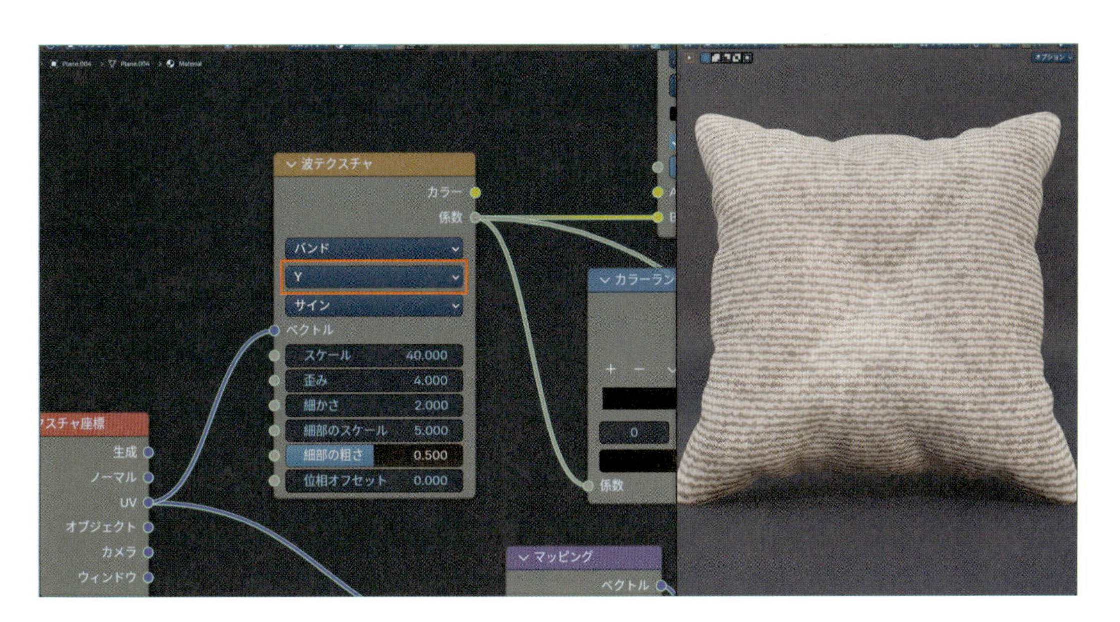

03 波テクスチャをコピー

Step

波テクスチャを選択して、**Shift+D**でコピーします。
コピー後のノードは移動状態になるので、適当な場所でクリックして位置を確定します。

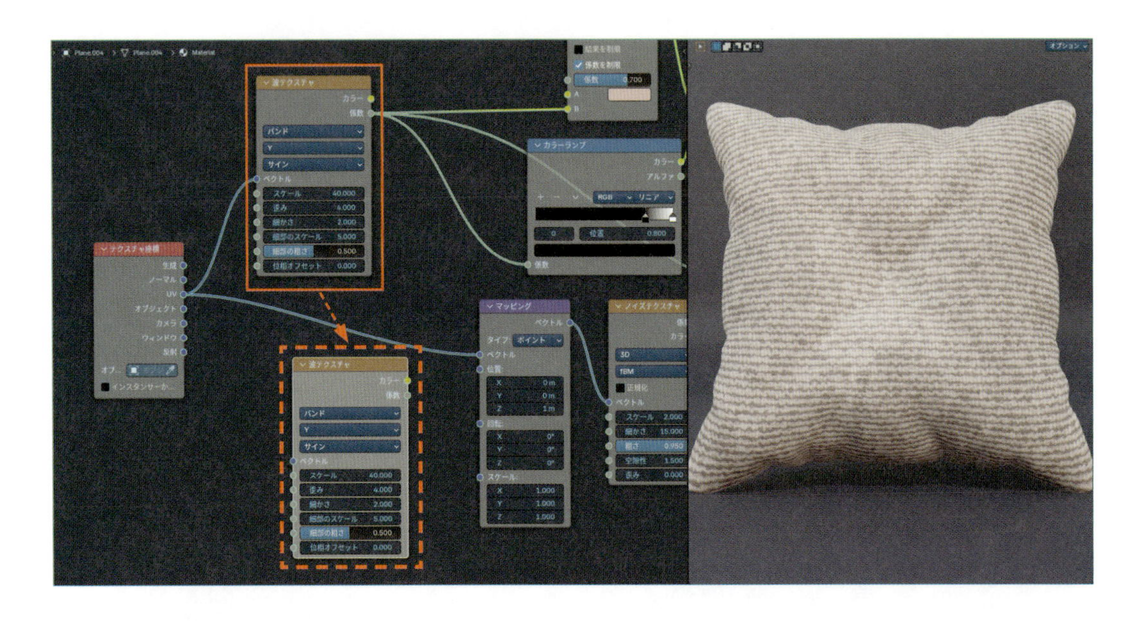

04 模様の向きを変更

Step

元の**波テクスチャ**の**向き**を**X**にします。
これで、縦向きと横向きの2つの模様ができました。

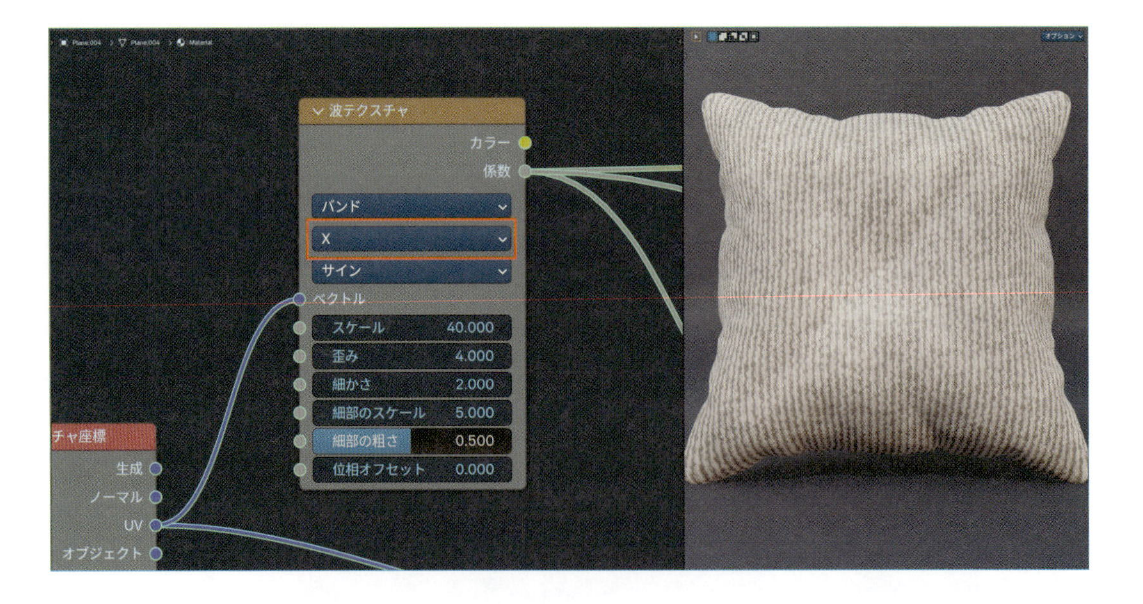

この2つの模様を合成します。

05 縦・横の模様を合成

Step

❶**Shift+A**＞**カラー**＞**カラーミックス**を追加します。

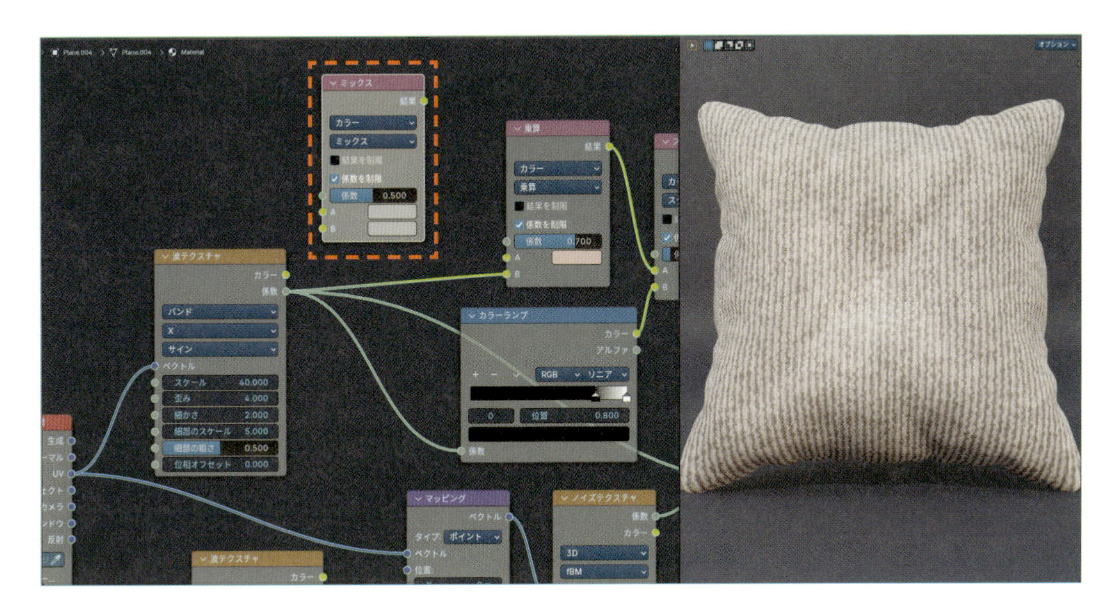

❷下の画像のオレンジの線で、3本のリンクを**Shift+右ドラッグ**で横切ります。

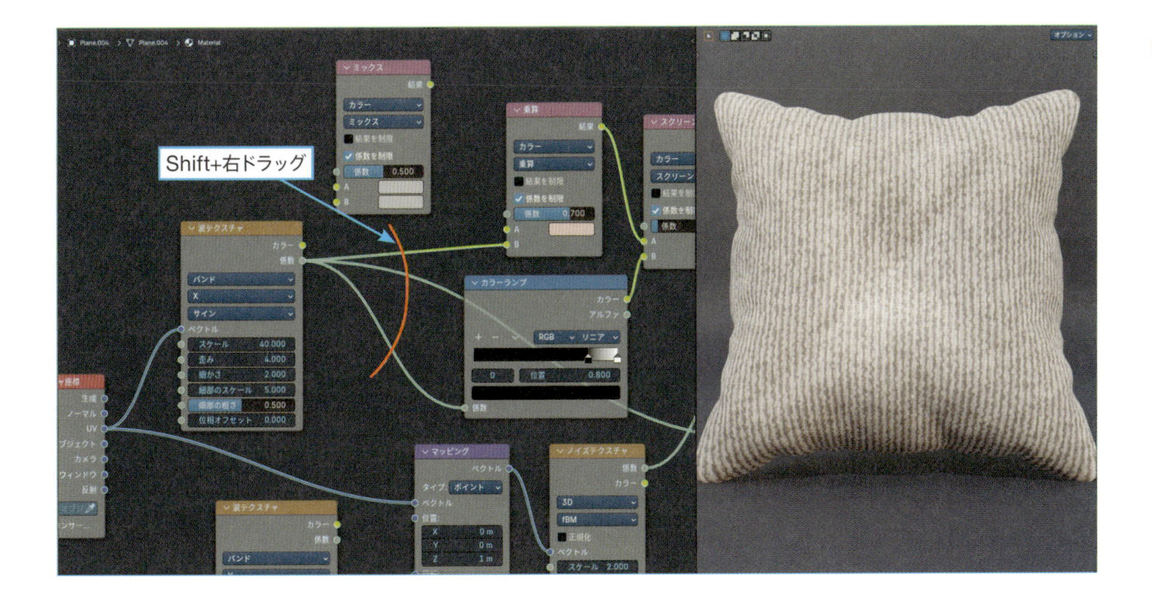

自動でリルートが追加され、リンクが束ねられます。

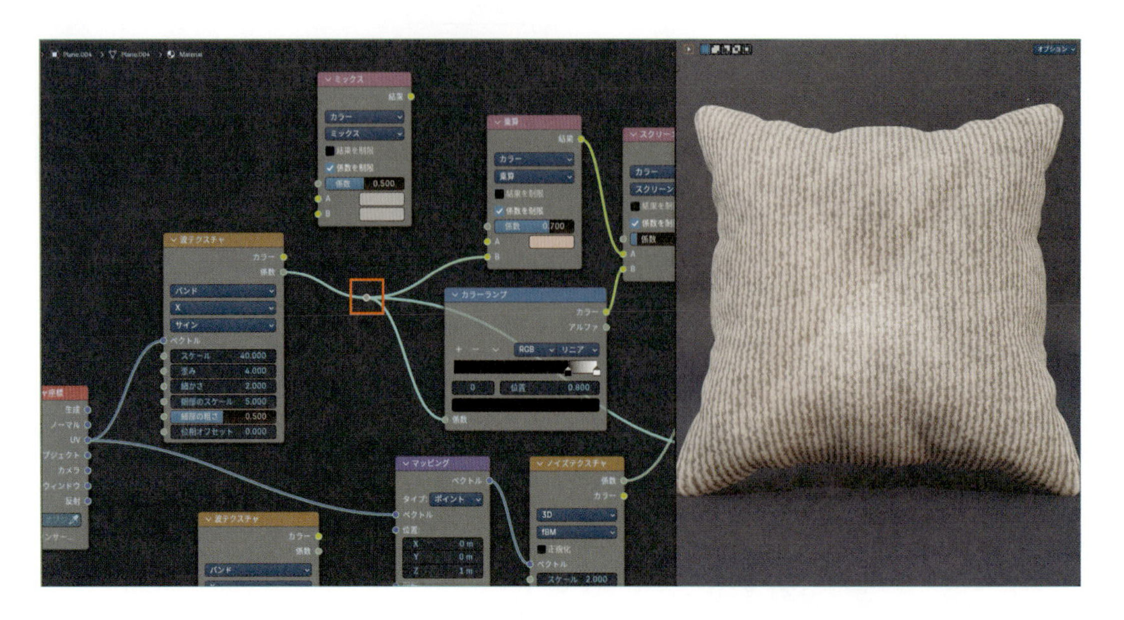

❸**波テクスチャ**と**カラーミックス**を、次のように接続します。

- [**波テクスチャ（X）**:**係数**] > [**カラーミックス（ミックス）**:**A**]
- [**テクスチャ座標**:**UV**] > [**波テクスチャ（Y）**:**ベクトル**]
- [**波テクスチャ（Y）**:**係数**] > [**カラーミックス（ミックス）**:**B**]
- [**カラーミックス（ミックス）**:**結果**] > [**リルート**]

これで縦横の模様がミックスされ、帆布や麻布の布模様ができました。

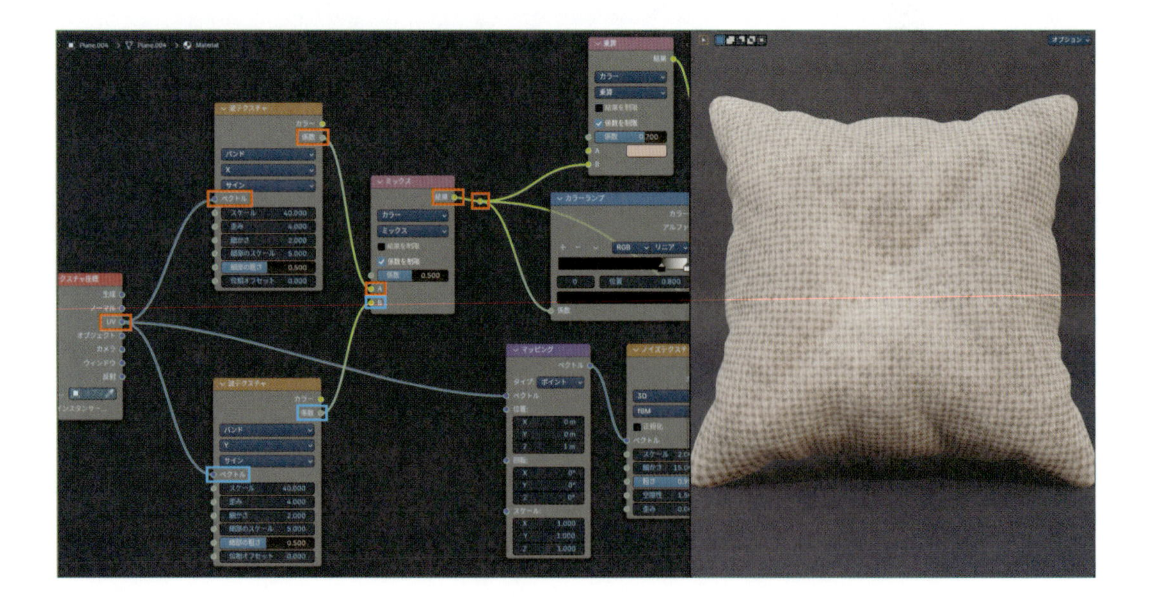

06 Step 布の質感の調整

織り目のくっきり度合いを、**カラーミックス（乗算）**の**係数**で調整します。
値を小さくすると織り目の暗い部分が薄くなり、やわらかい感じに。
大きくすると織り目の暗い部分がくっきりして、ゴワゴワした感じが出ます。

布模様の大きさは、**波テクスチャ**の**スケール**で操作します。
2つの**波テクスチャ**の**スケール**を同じ値にする必要があるので、次のように設定します。

07 Step スケールの一括操作の設定

❶**Shift+A**＞**入力**＞**値**ノードを追加します。

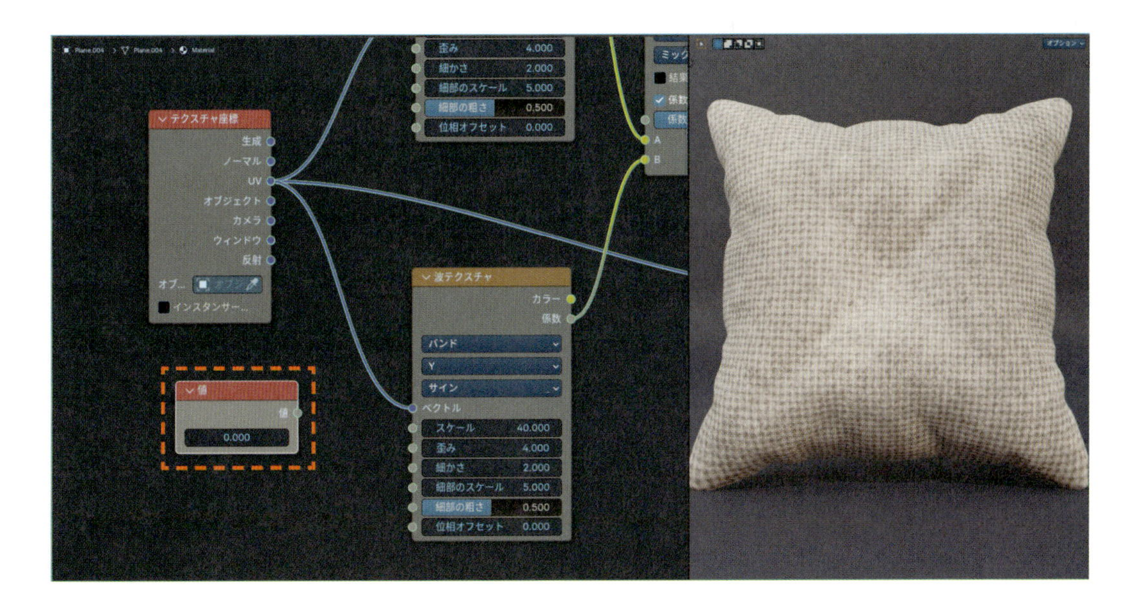

❷**値**ノードを、**波テクスチャ**の**スケール**に接続します。
これで、**値**ノードを操作するだけで、布模様の大きさを調整できるようになりました（サンプルデータ：3-13-03.blend）。

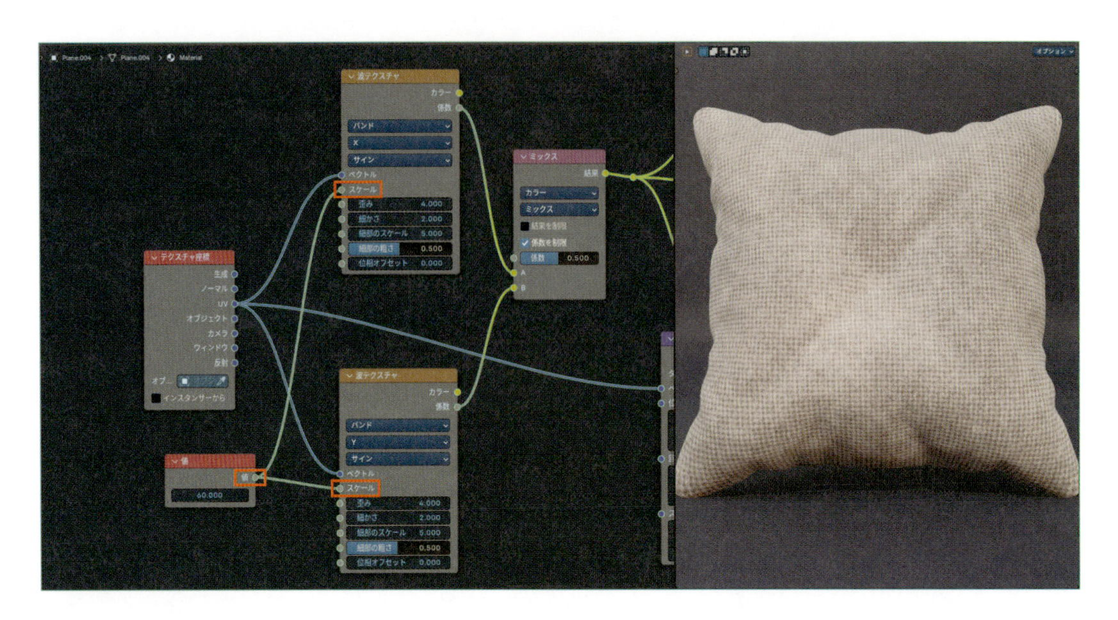

以上で、できあがりです。

麻袋の作り方

カラーミックス（乗算）を、次のように設定します。

- **係数**：**0.8〜1.0**（作りたいゴワゴワ感に合わせて調節）
- **A**：**88694E**（16進数）

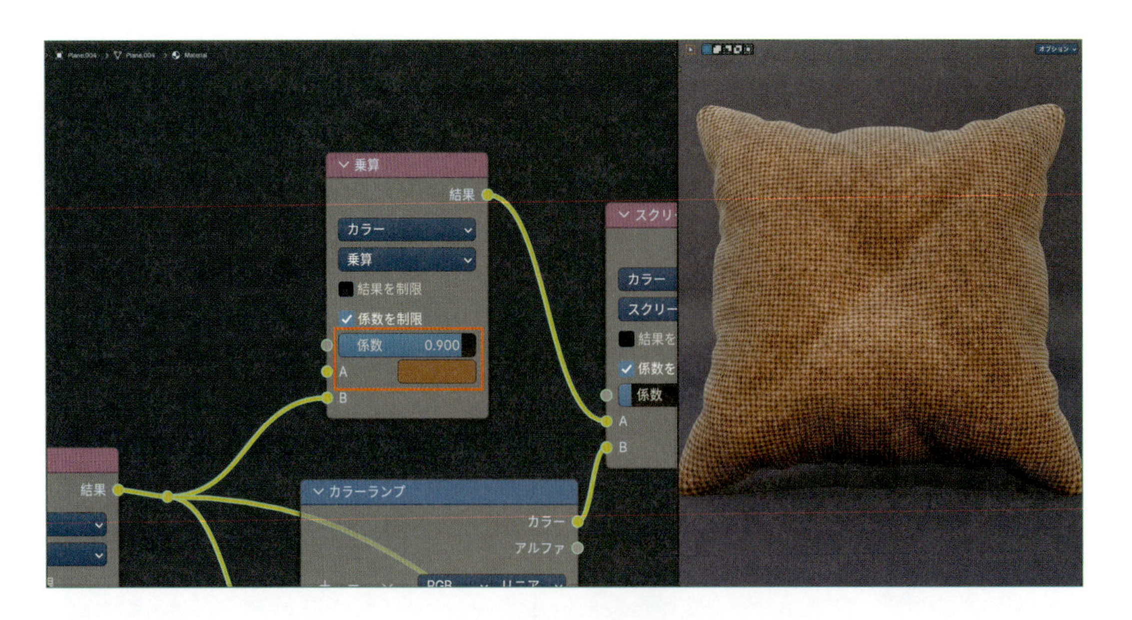

汚れや傷みを表現する場合は、**カラーミックス(覆い焼きカラー)**の**係数**を大きくします。
下の画像では**0.3**にしています。

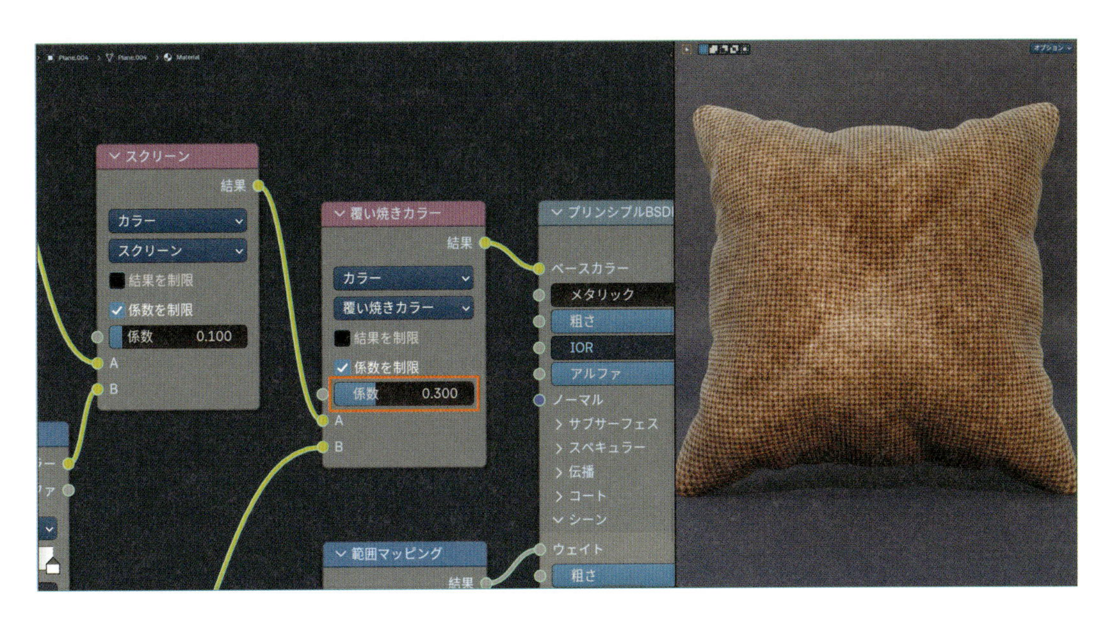

さらにゴワゴワした感じを出すには、バンプマッピングで凹凸表現を追加します。
バンプマッピングについては少し説明を簡略化しますが、次の手順で設定してください。

❶**Shift+A**＞**ベクトル**＞**バンプ**を追加します。
❷**バンプ**を、**リルート**と**プリンシプルBSDF**の間に接続します。
- ［**リルート**］＞［**バンプ**：**高さ**］
- ［**バンプ**：**ノーマル**］＞［**プリンシプルBSDF**：**ノーマル**］

❸**バンプ**の**強さ**を**0.4**に設定します。
(サンプルデータ：3-13-04.blend)

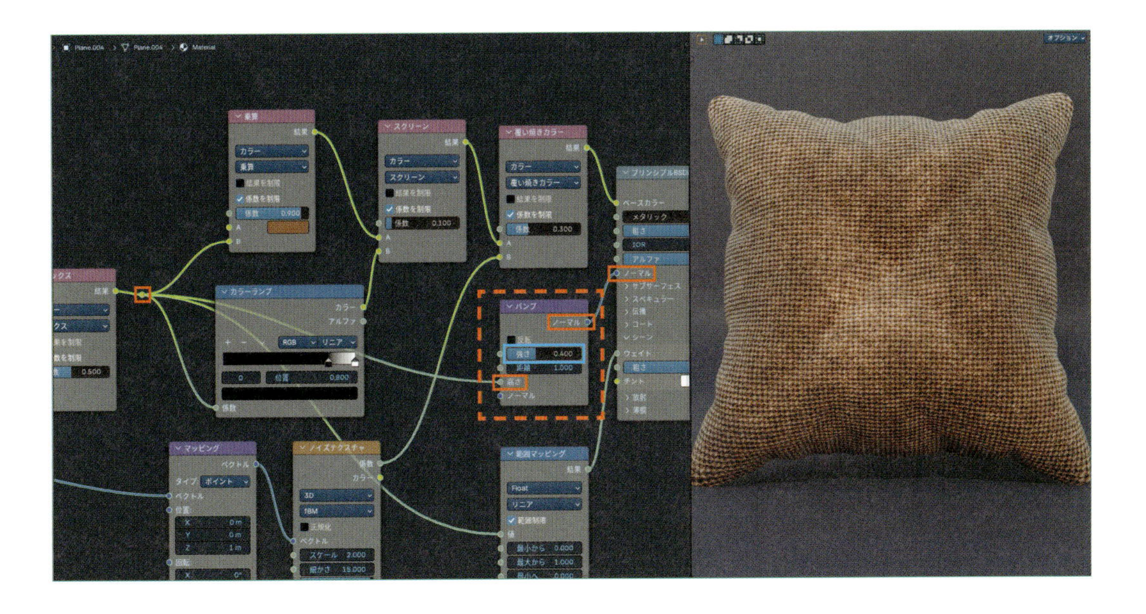

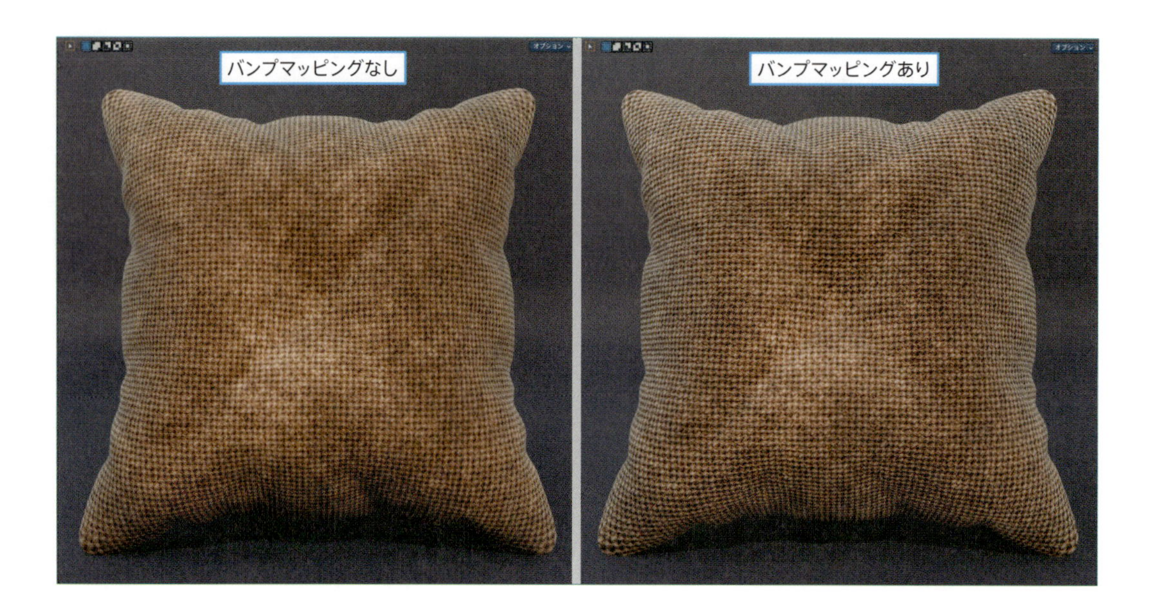

MEMO

布模様の大きさ

ここで作った見本は、紙面でも見えるように、全体的に布模様を大きめに設定しています。
実際にマテリアルを作る際は、もっと模様を細かめにした方が布らしくなると思います。
画面で確認しながら、好みで設定してください。

POINT

ベルベット・絹

マテリアルの設定次第で、下の画像のような**ベルベット**や**絹**の質感も作れます。

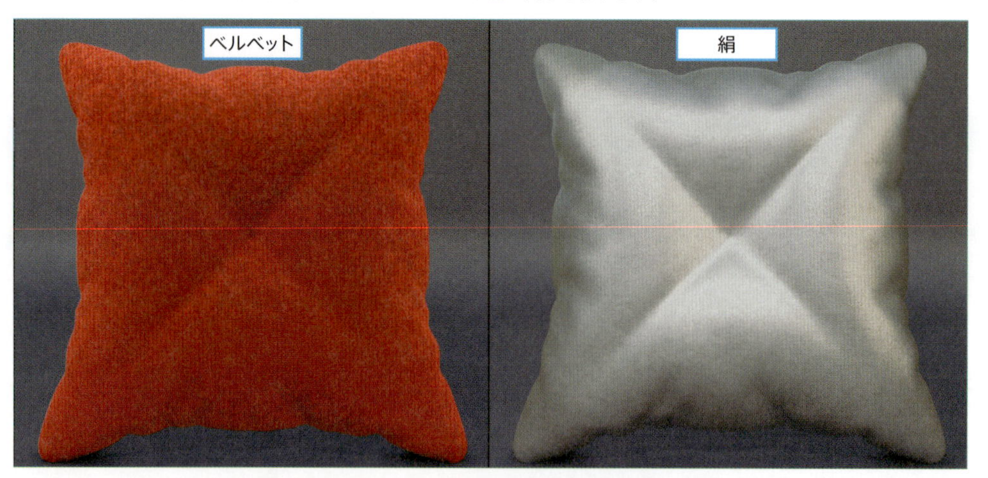

この質感は、**ノーマルマッピング**、**レイヤーウェイト**、**プリンシプルBSDF**の**スペキュラー・スペキュラーチント・シーンチント**など、ここまでに説明していないノードや機能を使って作ります。これらの設定は中級以上向けの手法になるので、この本では触れません。著者のブログ（https://hainarashi.hatenablog.com）で作り方を説明しているので、興味のある方はそちらを参照してください。

Chapter 3

14

模様・柄の作り方

布・壁紙・バッグ・傘・カップなどに使える、いろいろな柄パターンの作り方です。

この節は内容が多いので、ノードの追加・接続などの細かい部分は省いて、要点だけを説明します。
操作方法などで分からない点があったら、他の節で慣れてから再トライしてください。

14-1 模様の一覧と注意点

ここでは以下の模様を作ります。

- **波テクスチャ**を使った模様
  縞模様／チェック模様／タータンチェック／波うつ縞模様
- **ボロノイテクスチャ**を使った模様
  水玉模様／カラフルな水玉模様／くっつき合う水玉模様／水玉以外の模様
- **ノイズテクスチャ**を使った模様
  迷彩柄
- **チェッカーテクスチャ**を使った模様
  市松模様

注意点

- ここの見本は、オブジェクトに模様のみを表示するよう、作成したテクスチャを直接**マテリアル出力**の**サーフェス**に接続しています。 実際にマテリアルを作る際は、**プリンシプルBSDF**の**ベースカラー**など、使用するノードに接続してください。
- テクスチャの**スケール**の値は、紙面で模様が見やすい大きさに設定してあります。
  実際にマテリアルを作る際は、作りたい模様の大きさに合わせて調整してください。
- 色表記はすべて16進数です。
- テクスチャ座標の出力は**UV**を使ってあります。
  用途に合わせて**オブジェクト**などに変更してください。

14-2 波テクスチャを使った模様

縞模様

01 Step ノードを準備

テクスチャ座標、**波テクスチャ**、**カラーランプ**を用意します。

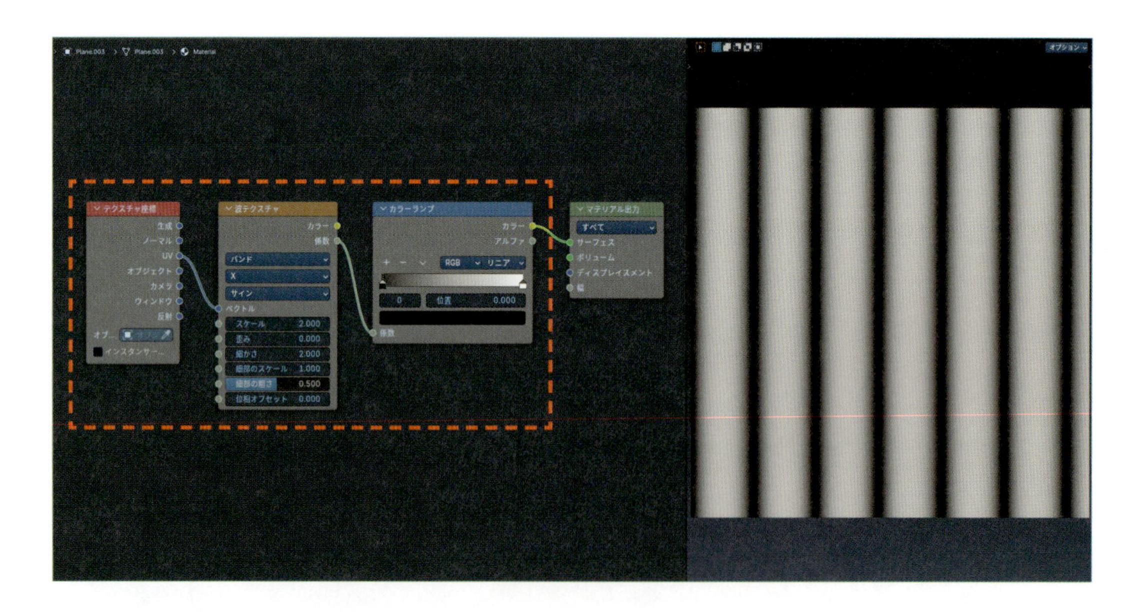

MEMO

検索窓を使ってノードを追加する

ノードを追加する際、どのノードがどこにあるかわからなくなることがあります。
その場合、**Shift+A**でノードを追加するときに**検索**と書かれた場所にノード名を入れれば、探さずにノードの追加ができます。

02 カラーランプの設定

Step

カラーランプの**色の補間**を**一定**にします。
これでグラデーションパターンが、くっきりと切り替わる縞模様になります。
カラーストップの**色**と**位置**は、作りたい縞模様に合わせて設定します(サンプルデータ:3-14-01.blend)。

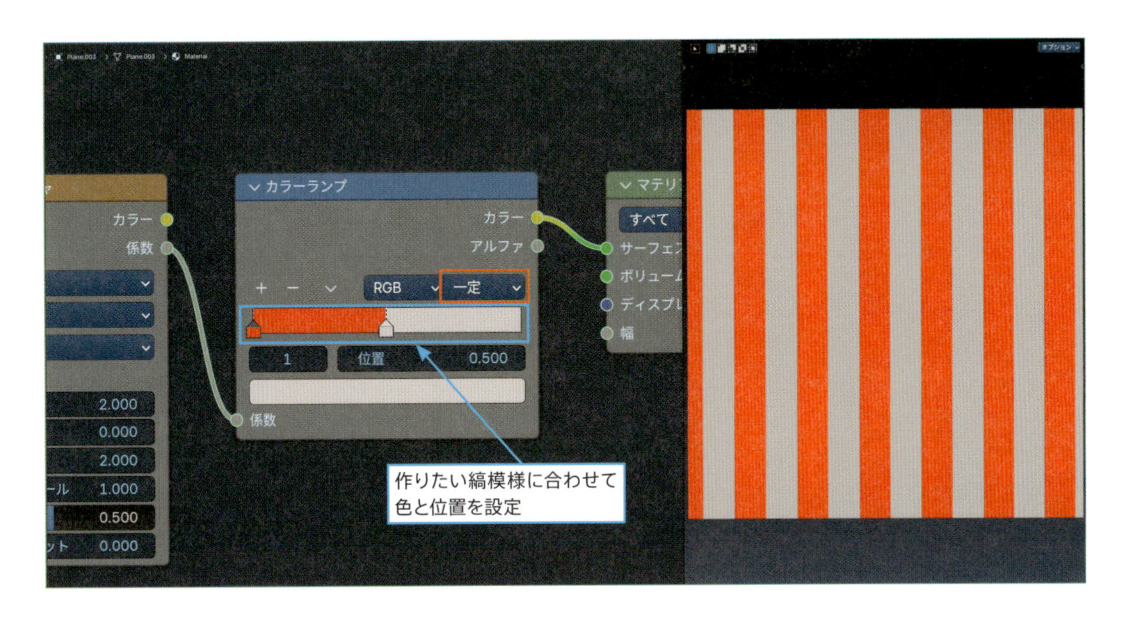

03 色数の増やし方

Step

色数の多い縞模様を作る場合は、**カラーストップ**を増やします(サンプルデータ:3-14-02.blend)。

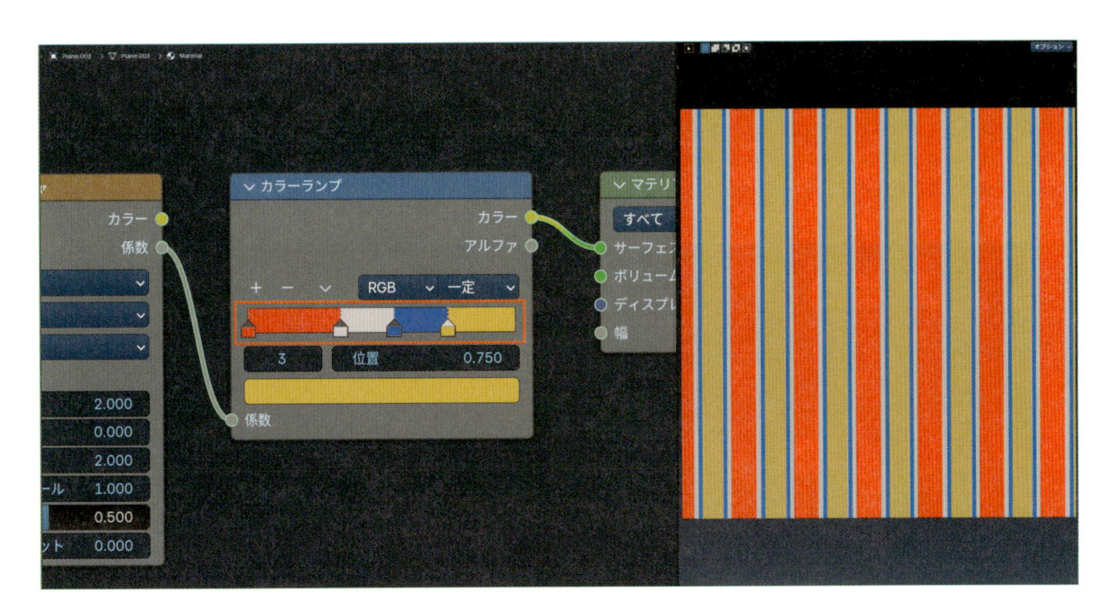

04 Step 模様の揺らぎのつけ方

波テクスチャの**歪み**と**細部のスケール**を大きくすると、模様に揺らぎをつけられます。

布の柄や手書きの模様などを表現する場合は、揺らぎをつけると自然な見た目になります。

下の画像では、**歪み：0.3**、**細部のスケール：100**にしています。

揺らぎの見え具合は**スケール**の影響を受けるので、画面で確認しながら調整します（サンプルデータ：3-14-03.blend）。

POINT

Wave Profileの使い分け

下の画像は、**カラーランプ**の設定は同じまま、**波テクスチャ**の**Wave Profile**を**サイン**と**三角形**で切り替えた比較です。

サインでは、**カラーランプ**の設定よりも赤と緑の部分が広く、黄色の部分が狭く表示されます。

三角形では、**カラーランプ**で設定した通りの縞の幅になります。

これは、**サイン**はサインカーブのグラデーション、**三角形**は三角波のグラデーション、というグラデーションパターンの違いによるものです。

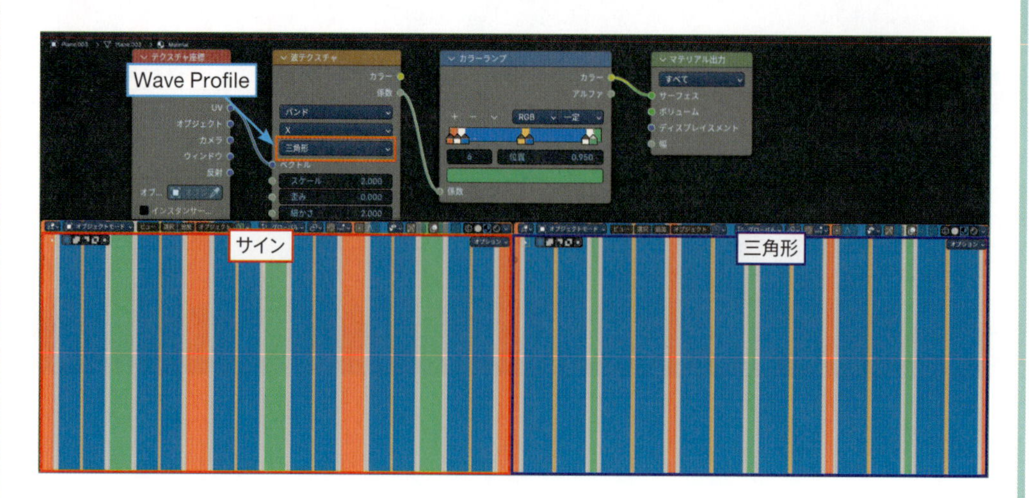

縞模様の幅（**カラーストップ**の**位置**）を、画面上の見た目に基づいて感覚的に設定するだけの場合は、初期状態の**サイン**のままでOKです。
カラーストップの**位置**を数値で指定して「意図した通りの幅」の縞を作りたい場合は、**三角形**を使います。
なお、「繰り返しパターン」の縞模様には、**鋸波**を使います。

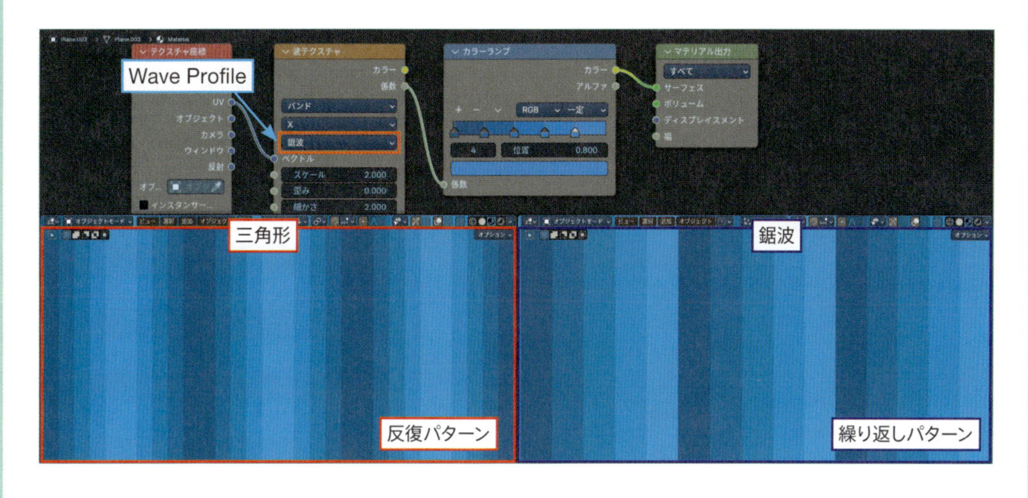

チェック模様

基本の縞模様を元に、シンプルなチェック模様を作ります。

01 Step カラーランプの設定

まず、**白いカラーストップ**の**位置**を**0.5**にして、元になる白黒の縞模様を作ります。

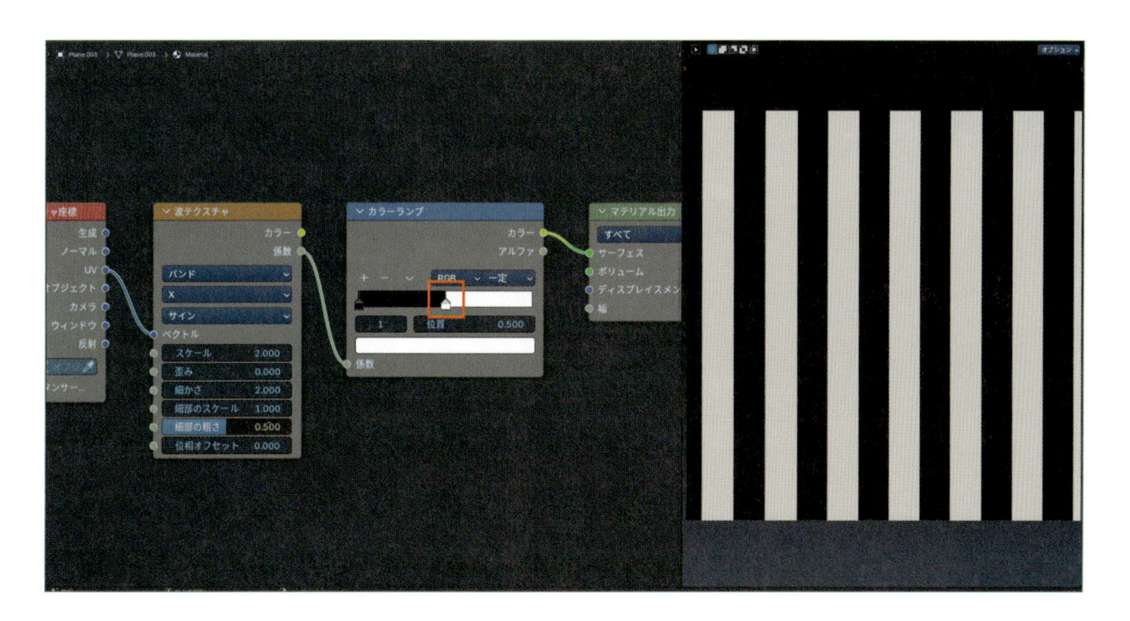

Chapter 1
Chapter 2
Chapter 3 1-5
Chapter 3 6-10
Chapter 3 11-15
Chapter 4

02 Step ノードのコピー

波テクスチャと**カラーランプ**をコピーします。
コピーした**波テクスチャ**は、**向き**を**Y**にします。
これで、縦向きと横向きの2つの模様ができます。

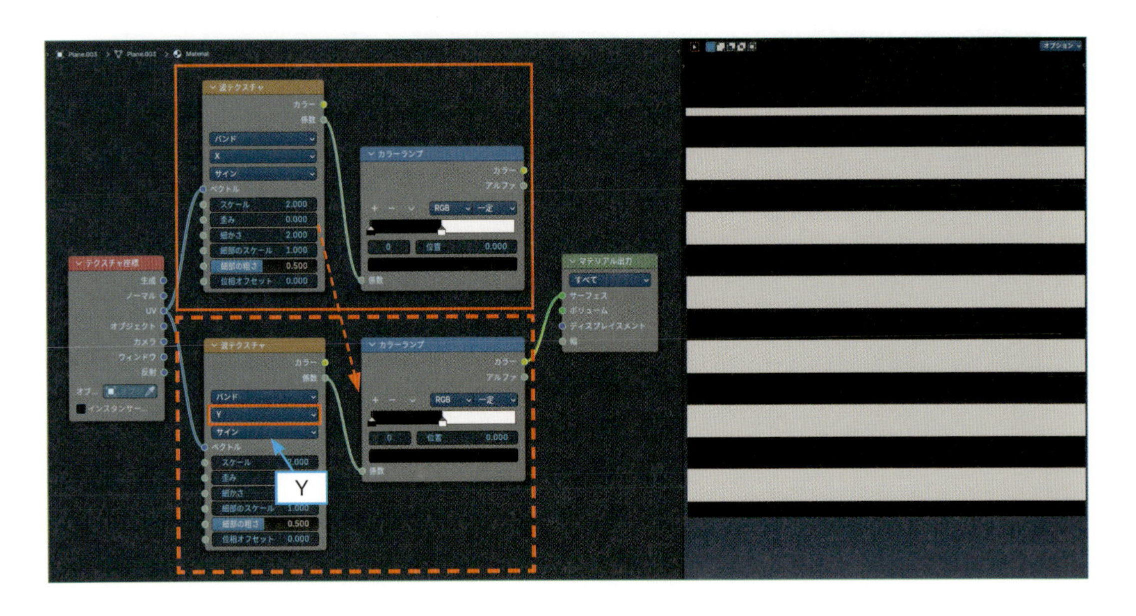

03 Step 2つの縞模様を合成

この2つの縞模様を、**カラーミックス**でミックスします。
カラーミックスは初期状態（**ブレンドモード**：**ミックス**、**係数**：**0.5**）のまま使います。
これで縦横の模様がミックスされ、白黒のチェック模様ができます。

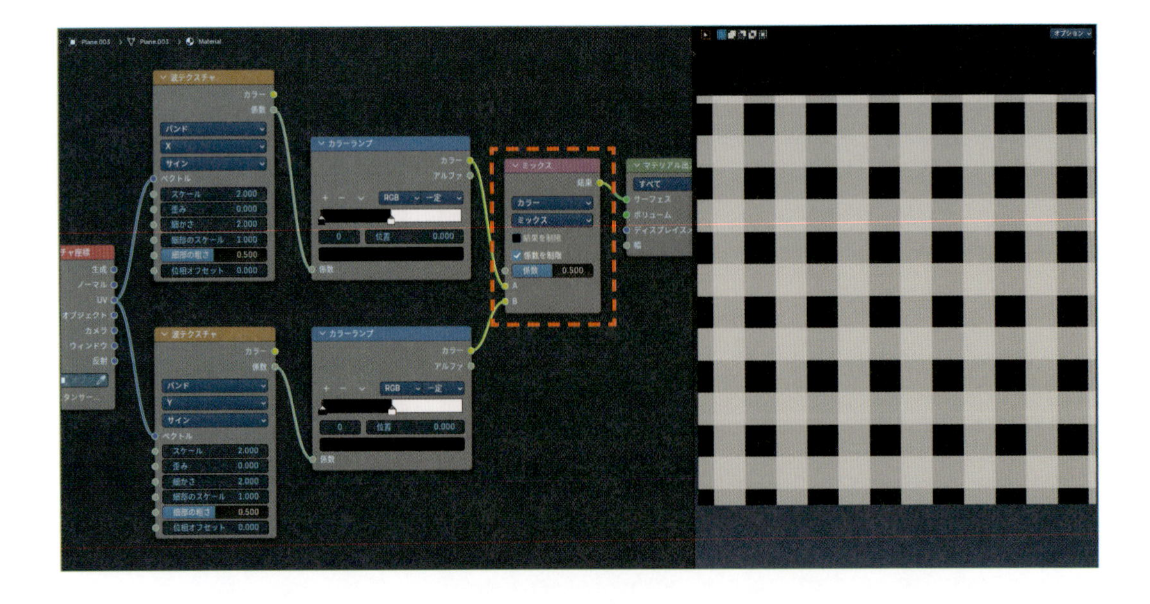

04 Step 模様に色をつける

もうひとつ**カラーミックス**を追加して、この白黒模様を色に変換すればできあがりです（サンプルデータ：3-14-04.blend）。

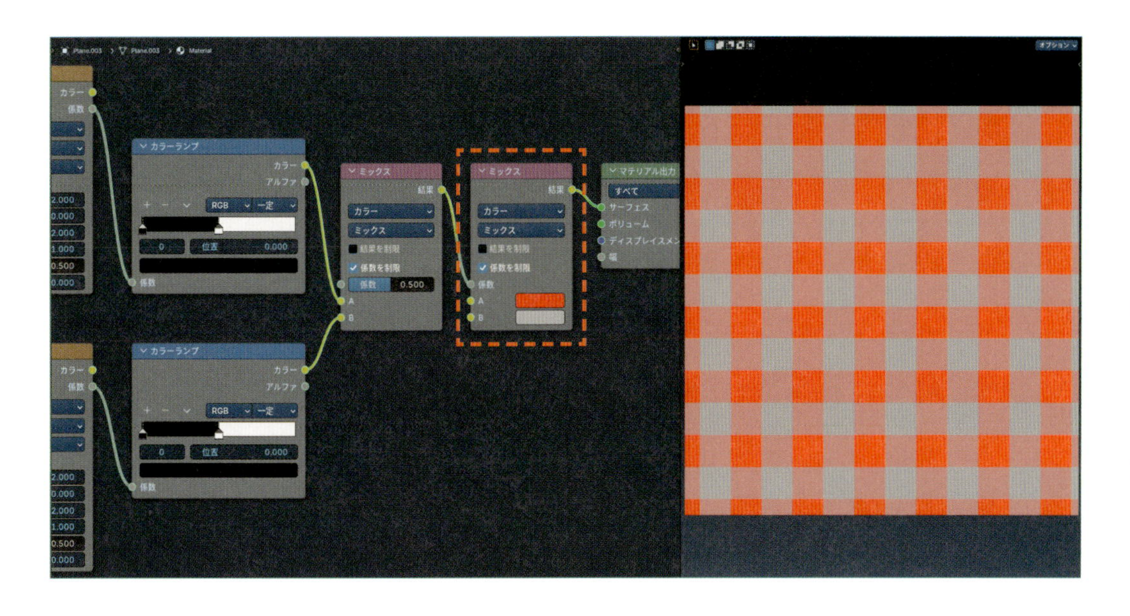

POINT

モノクロのチェック模様を作るには

「モノクロのチェック模様」を作る場合、STEP03の段階でできた白黒のチェック模様をそのまま**ベースカラー**につなげば…と思いがちですが、これは係数を操作するための模様なので、色として扱うと「黒すぎる黒」、「白すぎる白」になります。

※詳しくは、**Chapter2-2　プラスチックの作り方**（033ページ）を参照してください。

モノクロの場合でも、**カラーミックス**を追加して適切な範囲の色を設定すると、よりリアルになります。

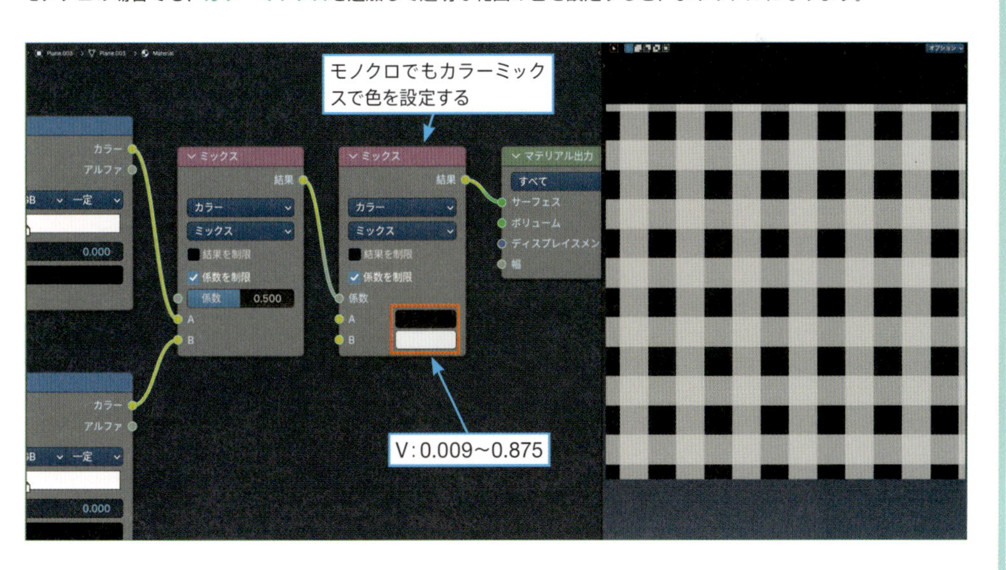

タータンチェック

チェック模様を発展させて、下図のような模様（タータンチェック）を作ります。

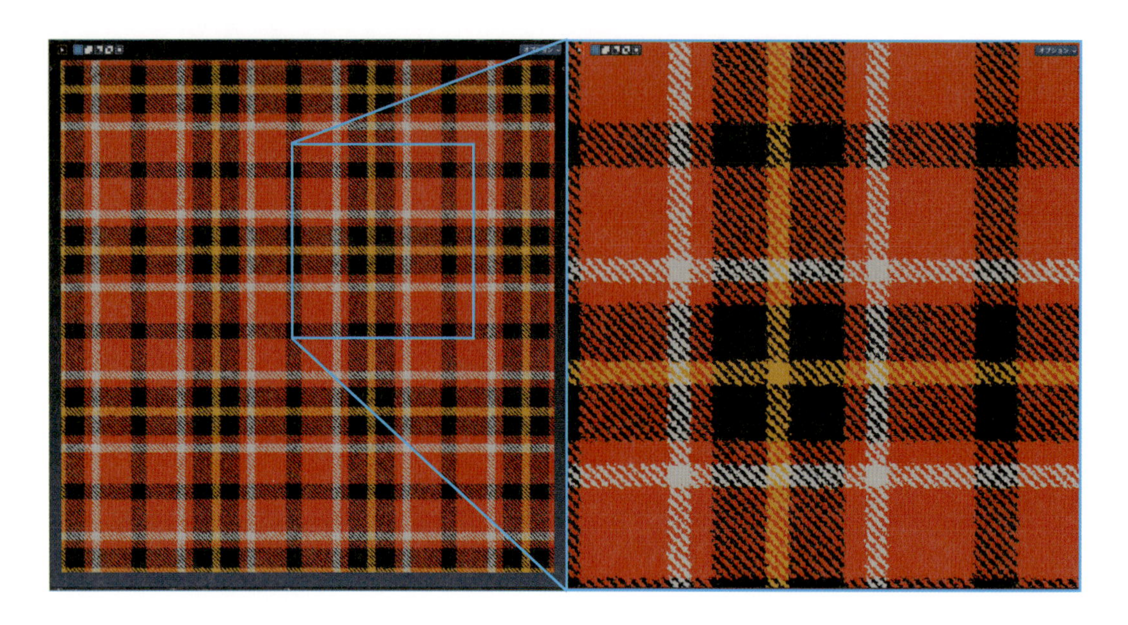

01 Step

波テクスチャの設定

波テクスチャを、次のように設定します。

- Wave Profile：三角形
- スケール：1

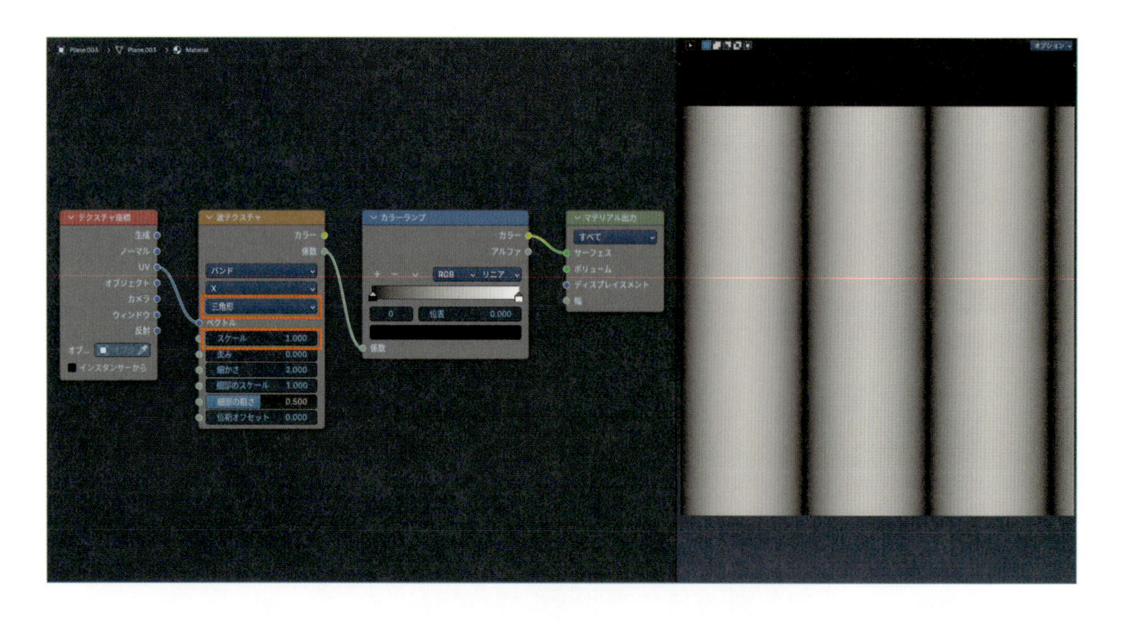

02 カラーランプの設定

Step

カラーランプを次のように設定して、基本の縞模様を作ります。

- **カラーストップ 0　色：BFA236、位置：0**
- **カラーストップ 1　色：091526、位置：0.05**
- **カラーストップ 2　色：A23927、位置：0.3**
- **カラーストップ 3　色：BFBFBF、位置：0.4**
- **カラーストップ 4　色：A23927、位置：0.5**
- **カラーストップ 5　色：091526、位置：0.9**

※**カラーストップ**の1と5、2と4は、それぞれ同じ色です。

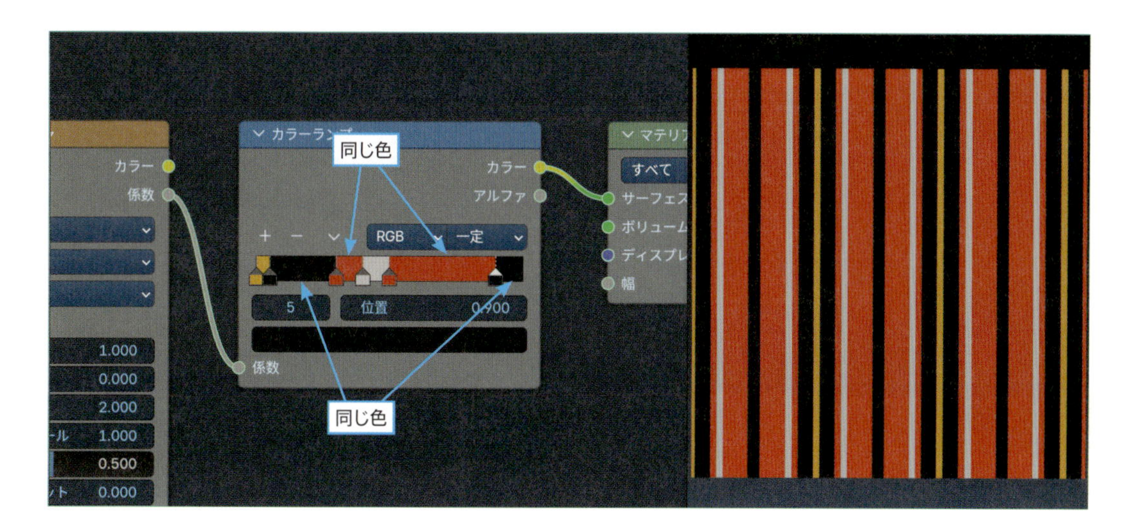

03 ノードの追加と設定

Step

次に、**波テクスチャ**と**カラーランプ**を追加して、斜めの細かい縞模様を作ります。

- **波テクスチャ**
  向き：斜め、スケール：80
- **カラーランプ**
  白いカラーストップ　位置：0.5

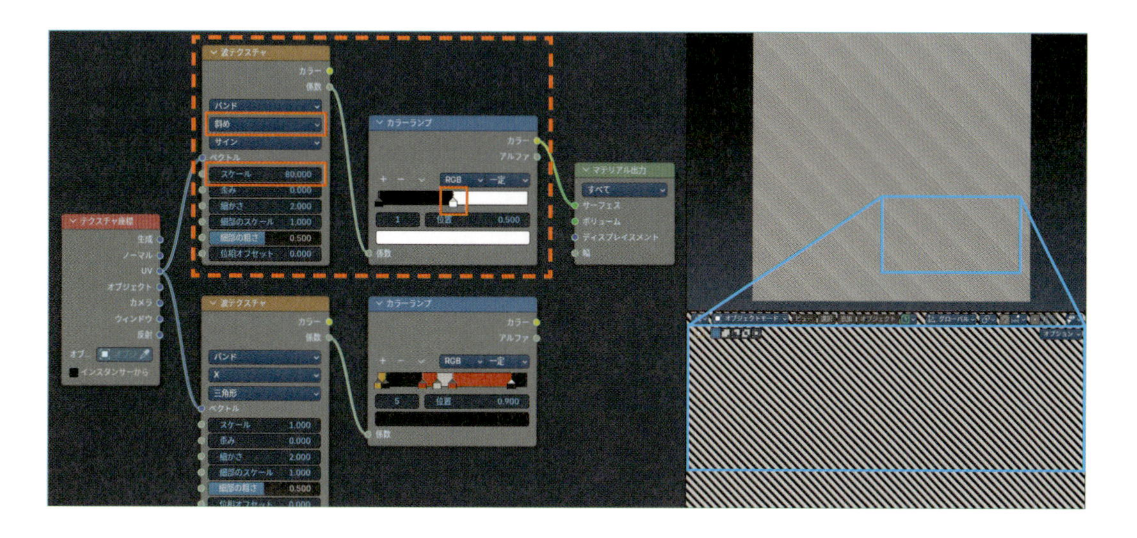

Chapter 1
Chapter 2
Chapter 3 1-5
Chapter 3 6-10
Chapter 3 11-15
Chapter 4

04 Step 2つの縞模様を合成

下図の位置に**カラーミックス**を追加します（**ブレンドモード**：**ミックス**）。
カラーミックスの**色B**は、**A23927**（**カラーランプ**で設定する赤と同じ色）にします。
これで、縞模様に斜めの「抜き」が入ります。

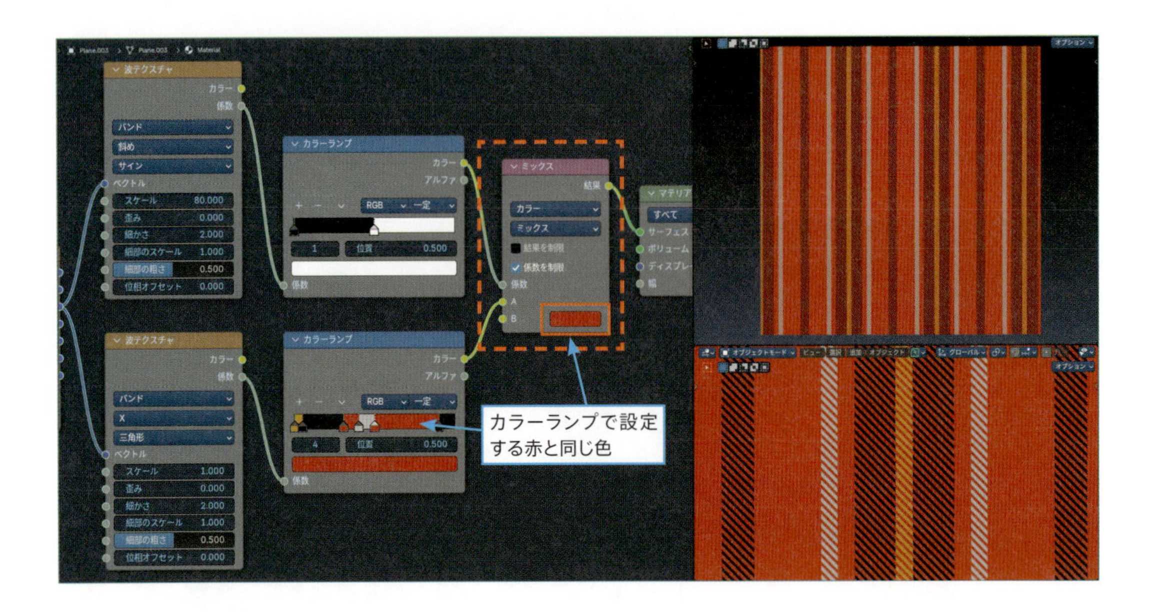

05 Step ノードのコピーと設定

さらに、基本の縞模様を作る**波テクスチャ**と**カラーランプ**をコピーします。
コピーした**波テクスチャ**は、**向き**を**Y**にします。

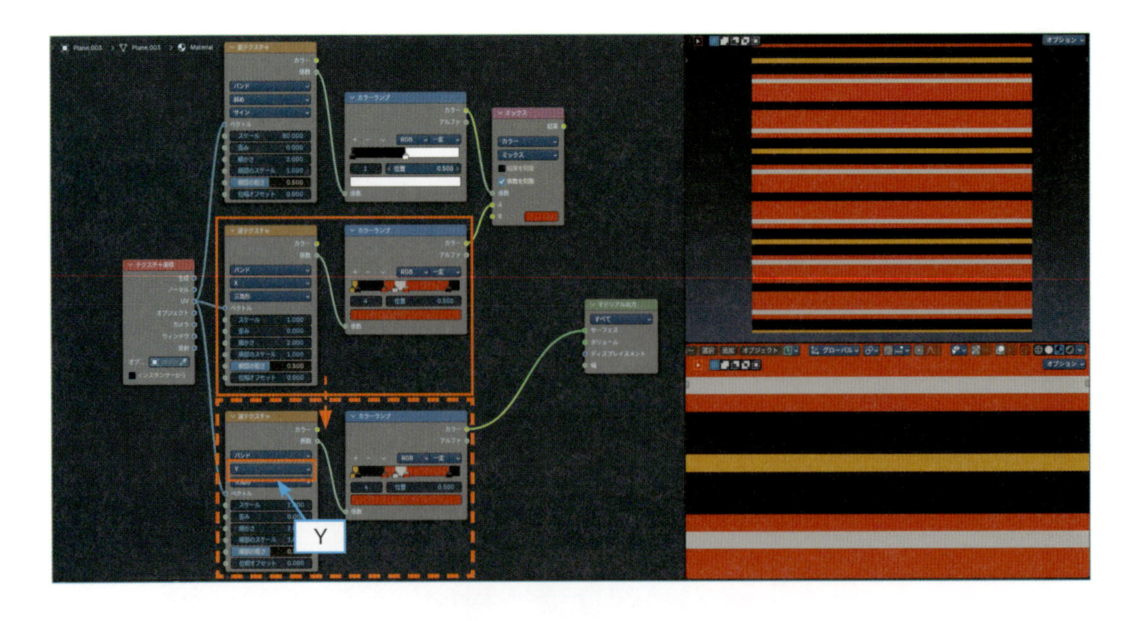

06 Step ノードのコピーと設定

斜めの縞模様を作る**カラーランプ**と**カラーミックス**をコピーします。
コピーした**カラーランプ**は、**カラーストップ**の白黒を逆にします。

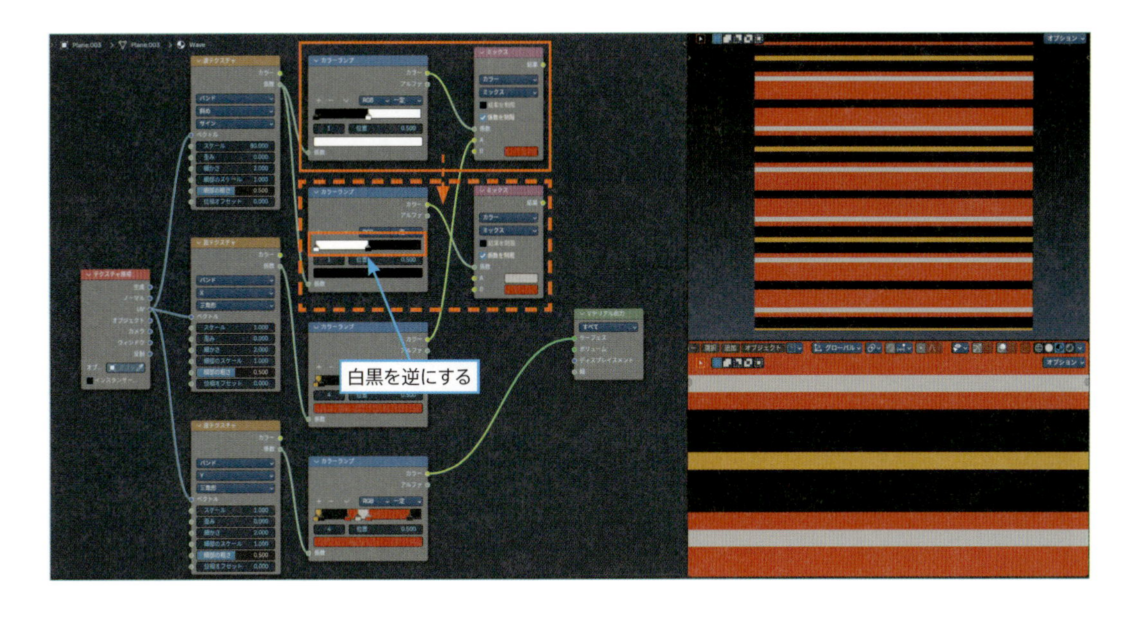

07 Step ノードの接続

コピーしたノードを下図のように接続して、横向きの縞模様に斜めの「抜き」を入れます。
これで、縦向きと横向きの2つの模様が用意できました。

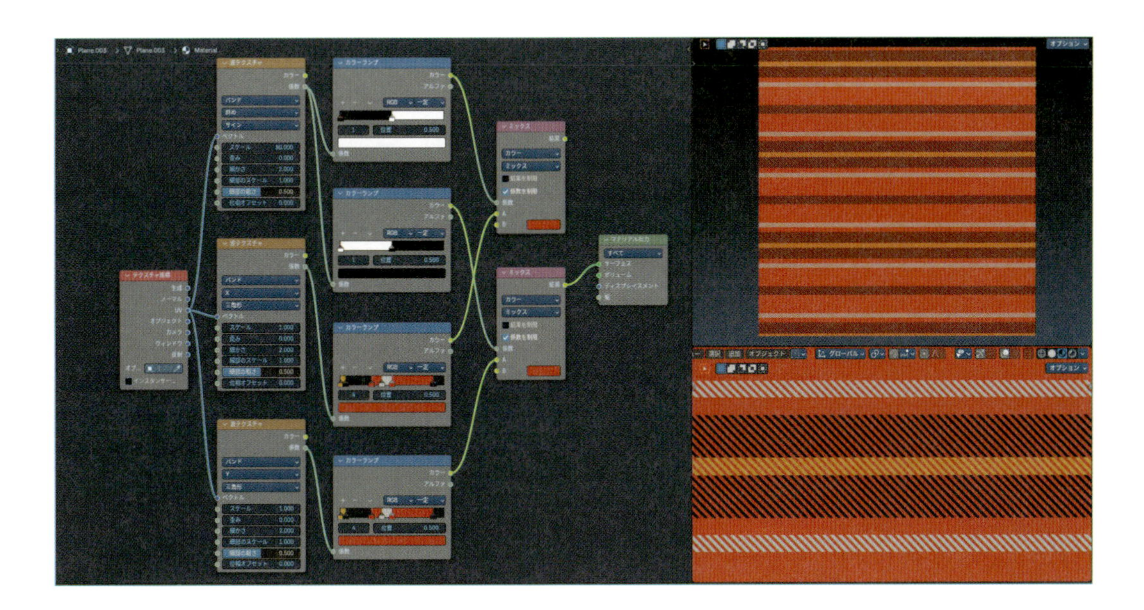

08 Step 2つの縞模様を合成

もうひとつ**カラーミックス**を追加して、この2つの縞模様をミックスします（**ブレンドモード：ミックス**）。これで、チェック模様ができました。

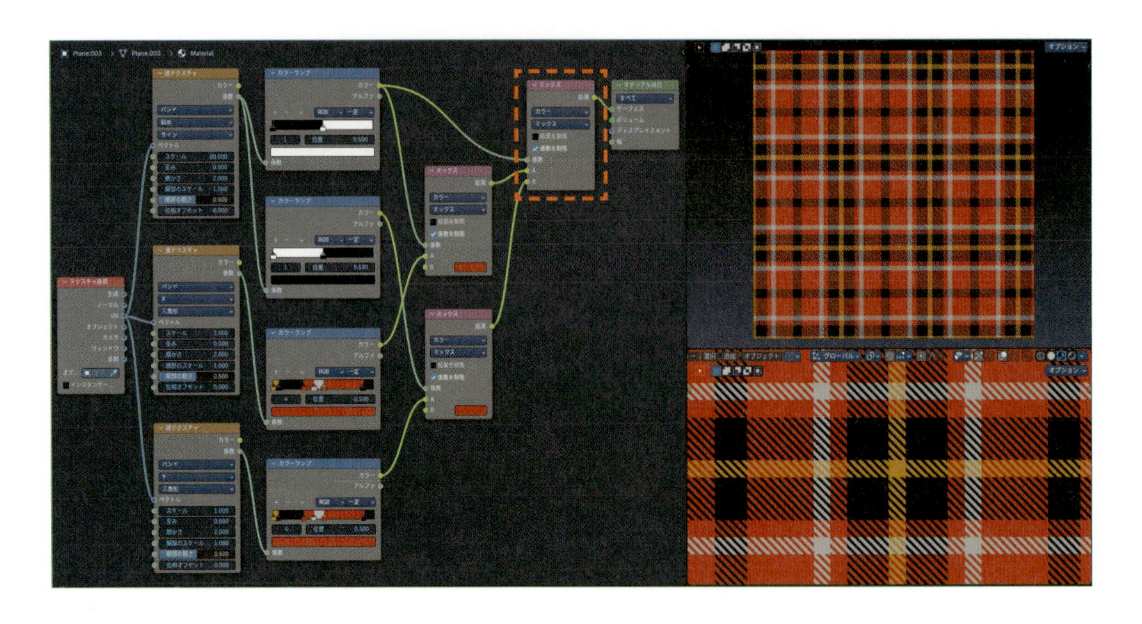

09 Step 模様に揺らぎをつける

最後に、**波テクスチャ**の**歪み**と**細部のスケール**を調整して、模様に揺らぎをつけます。

- **斜めの波テクスチャ　歪み：4、細部のスケール：5**
- **基本の模様の波テクスチャ　歪み：0.1、細部のスケール：300**

以上で、できあがりです。

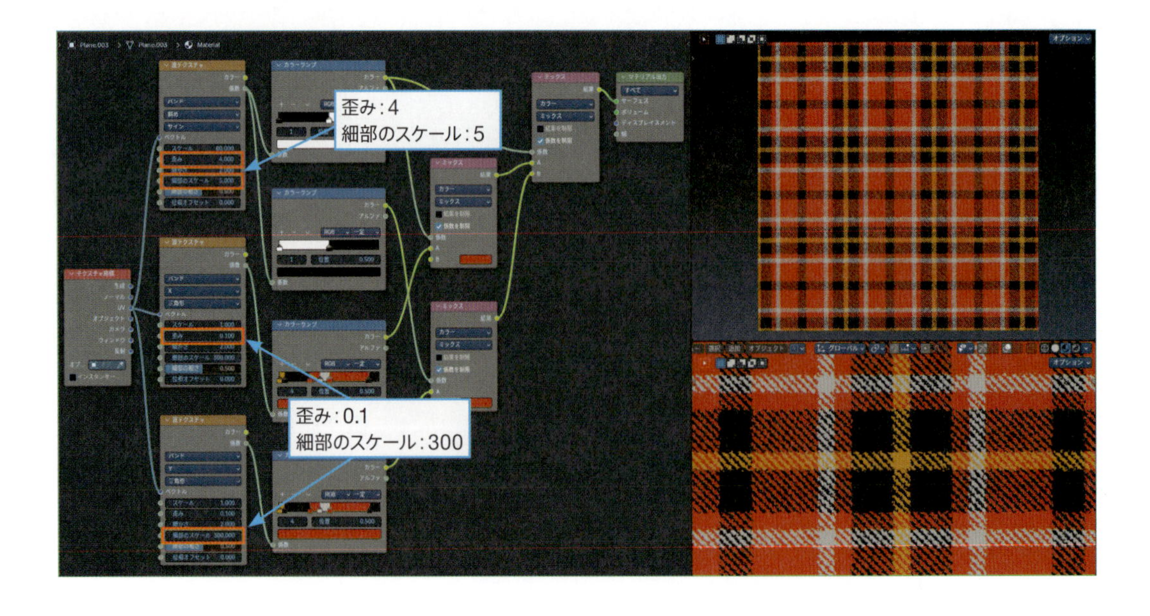

模様の大きさを調整する場合は、**テクスチャ座標**と**波テクスチャ**の間に**マッピング**を追加して、**スケール**の値を操作します（サンプルデータ：3-14-05.blend）。

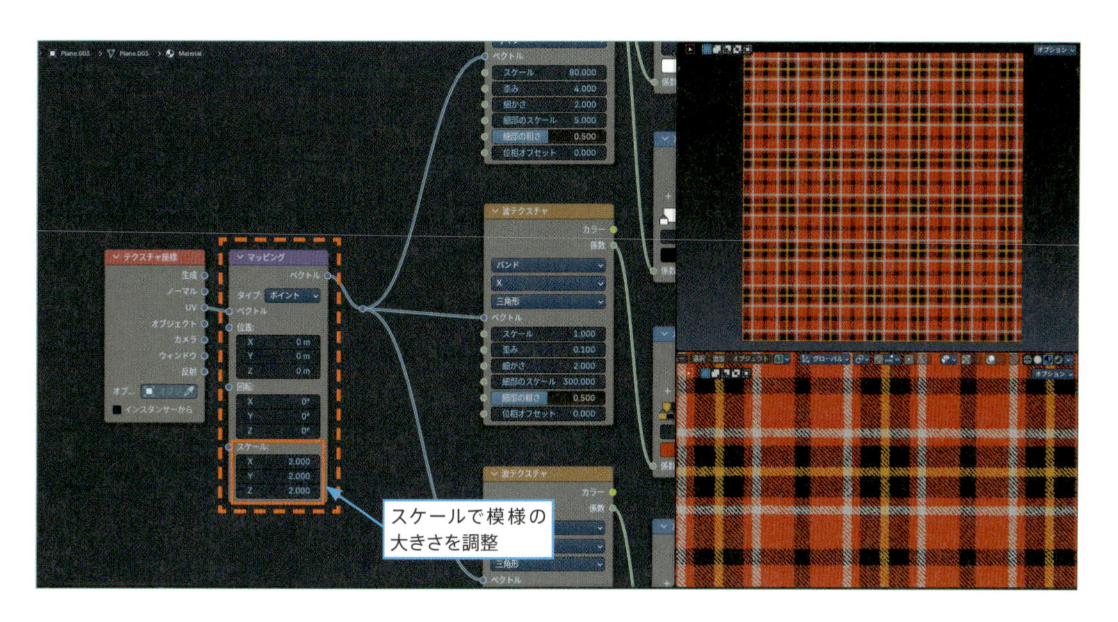

カラーランプの配色と**カラーミックス**の**色B**を変えれば、いろいろなデザインのタータンチェックが作れます（サンプルデータ：3-14-06.blend）。

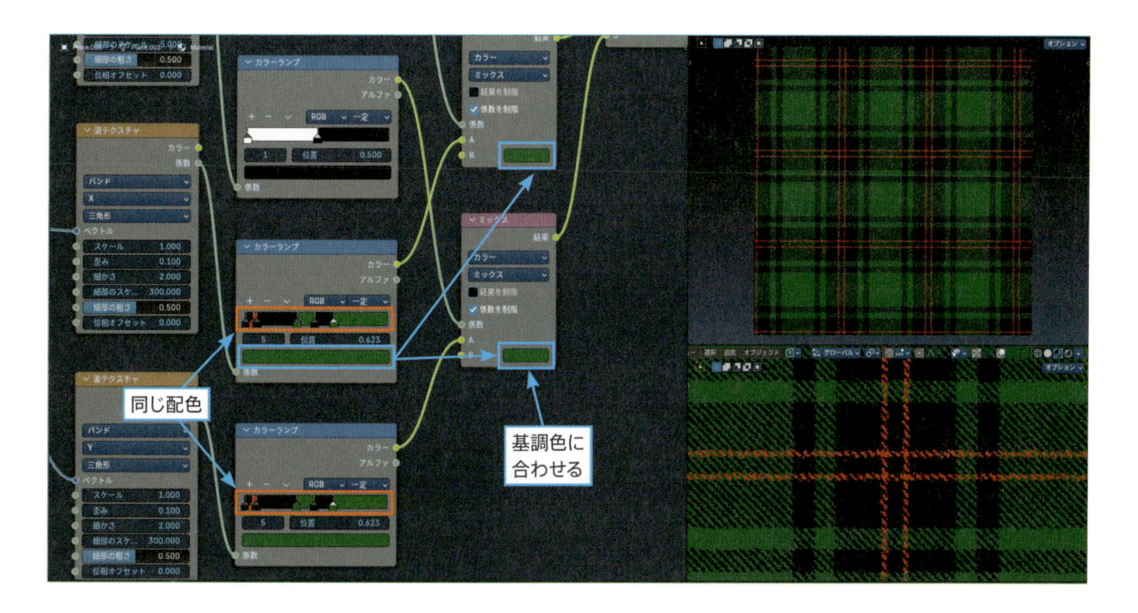

波うつ縞模様

下の画像のような、波うつ縞模様を作ることもできます。

このような設定は中〜上級レベルのテクニックになるので、この本では詳しい説明は省きます。
ノードツリーの見本だけ載せておきますので、興味のある方はチャレンジしてみてください。
下の画像の**テクスチャ座標**と**波テクスチャ**の間のノードが、波うちを設定する部分です。

左から順に、次のノードを使います。

- **波テクスチャ　方向：Y**
- **数式（乗算）**
- **XYZ合成　入力：X**
- **マッピング　入力：位置**

数式ノードの**値**で、波うちの強さを操作できます。

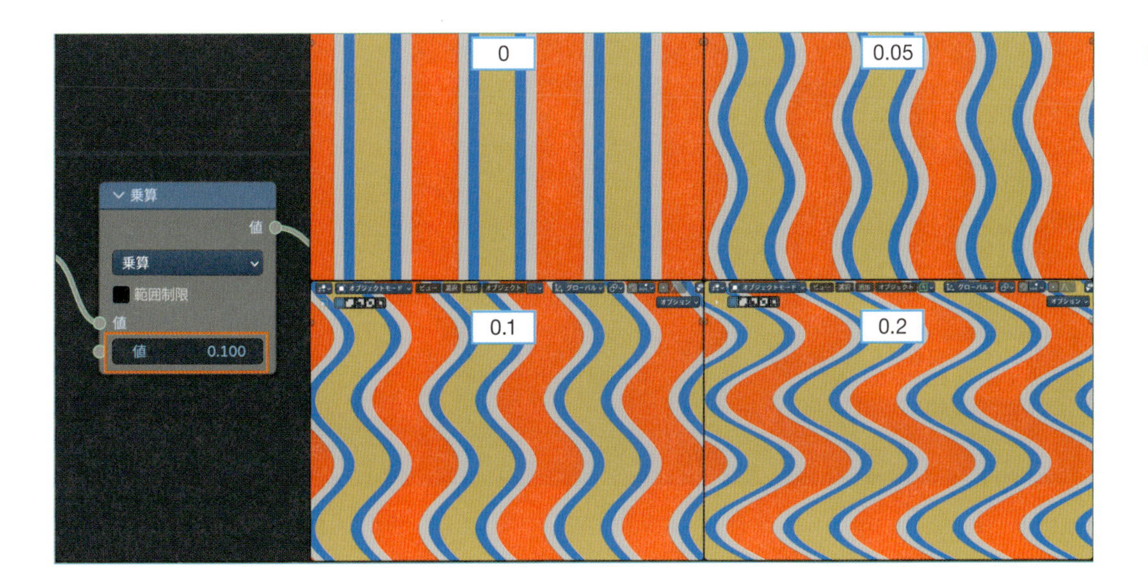

Chapter 1
Chapter 2
Chapter 3 1-5
Chapter 3 6-10
Chapter 3 11-15
Chapter 4

波テクスチャのWave Profileを三角形にすると、ギザギザの波うちに変更できます。

縞模様の向きや大きさを変える場合は、テクスチャ座標の後にマッピングを追加します。
回転 Zを90°にすると、模様が横向きになります。
スケールの値で、模様の大きさを調整できます（サンプルデータ：3-14-07.blend）。

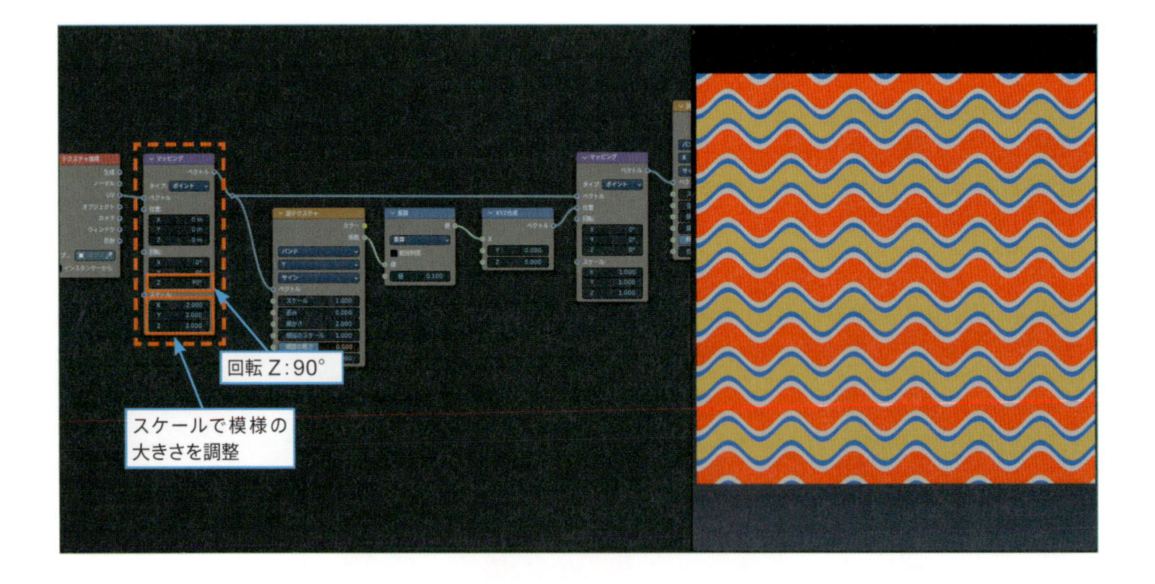

14-3 ボロノイテクスチャを使った模様

水玉模様

01 Step ノードを準備

テクスチャ座標、**マッピング**、**ボロノイテクスチャ**、**カラーランプ**を用意します。

※**ボロノイテクスチャ**の出力は**距離**を使います。

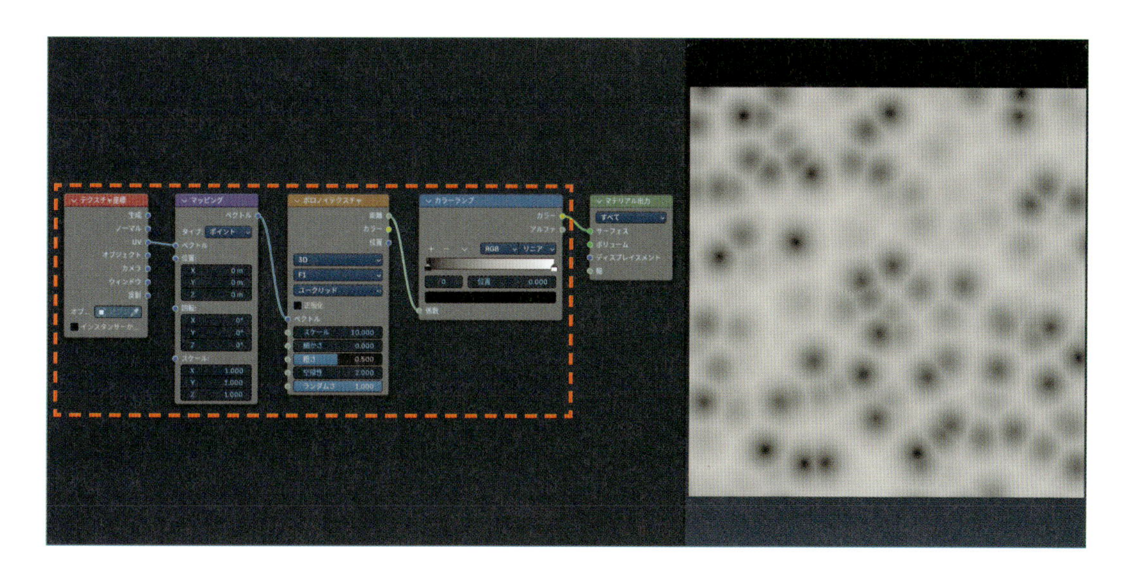

02 Step ボロノイテクスチャの設定

ボロノイテクスチャの**ランダムさ**を**0**にします。

これで、黒い模様が格子状に整列します。

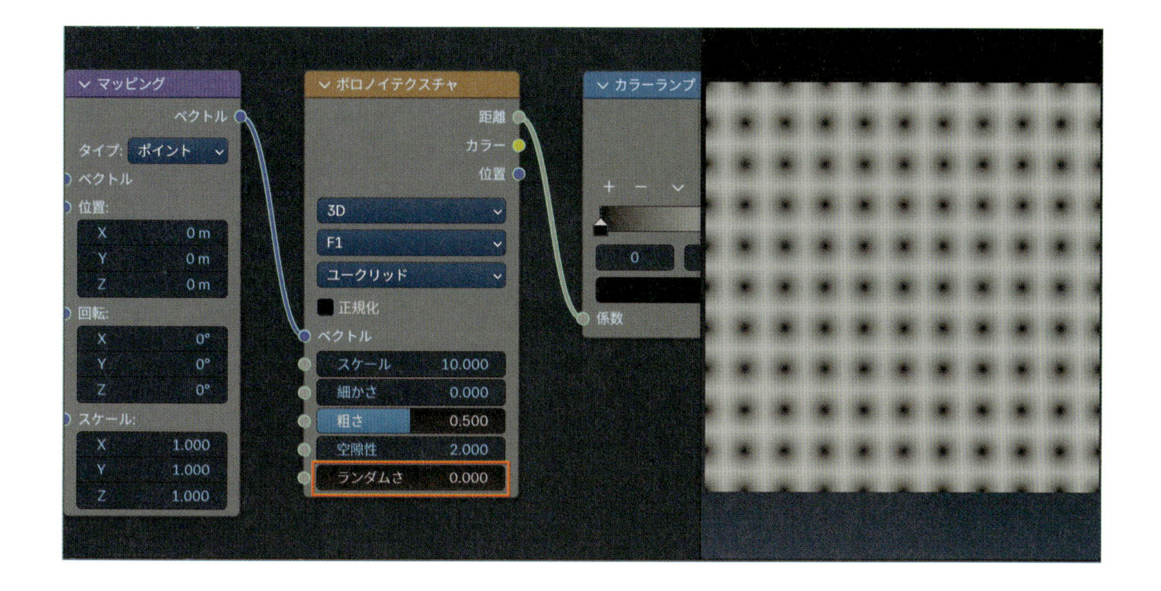

03 Step カラーランプの設定

カラーランプの**色の補間**を**一定**にします。
これでグラデーションパターンが、くっきりと切り替わる水玉模様になります。
カラーストップの**色**と**位置**は、作りたい模様に合わせて設定します（サンプルデータ：3-14-08.blend）。

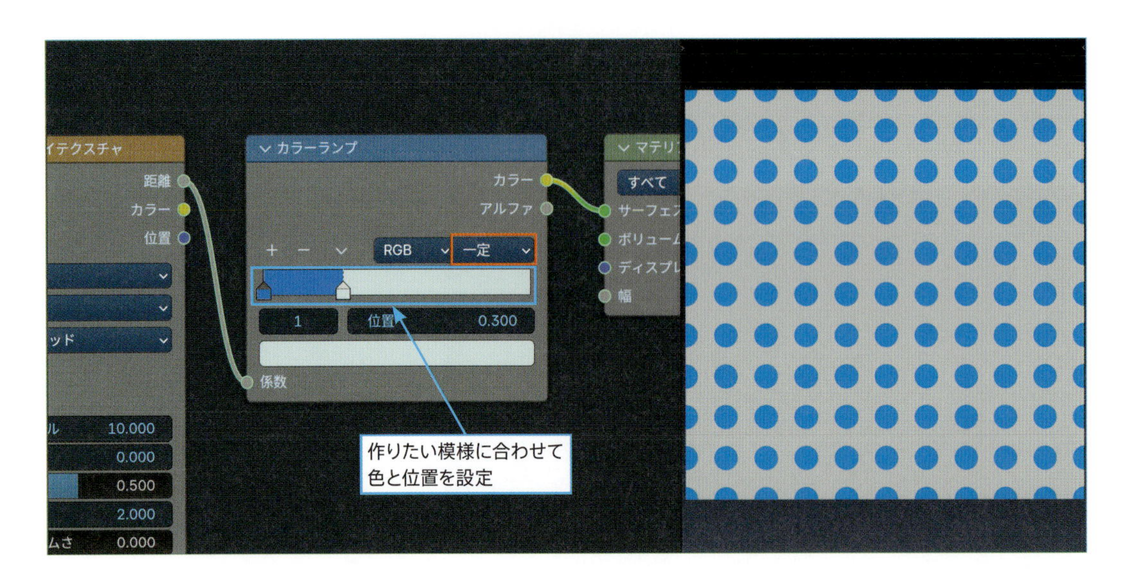

04 Step 水玉の配置の変更方法

マッピングの**回転 Z**を**45°**にすると、斜め配置の水玉模様になります。

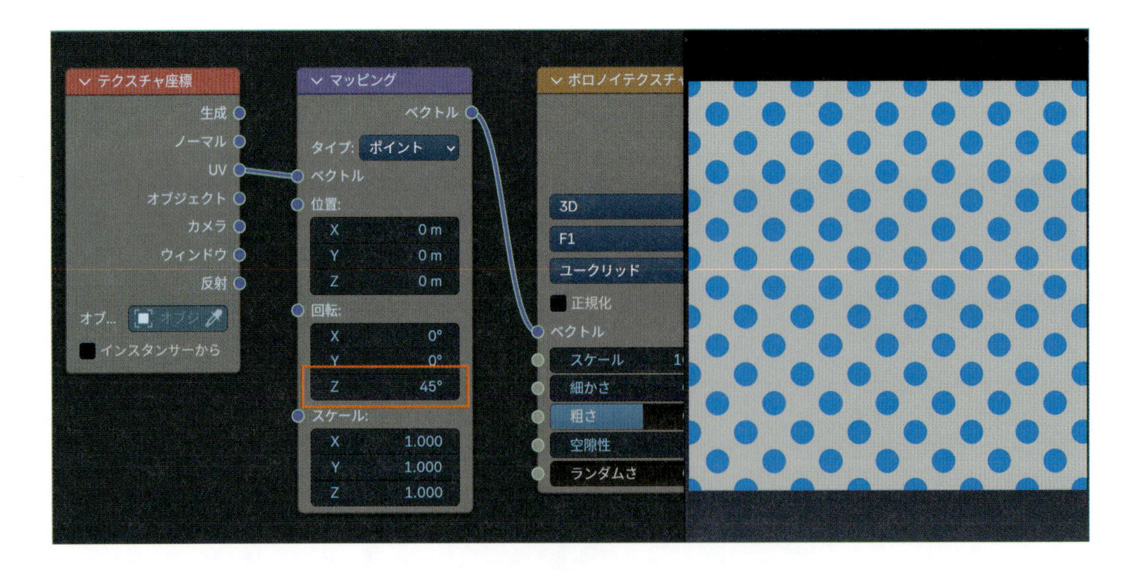

05 水玉の大きさの調整方法

Step

カラーストップ1の**位置**で、水玉の大きさを調整できます。

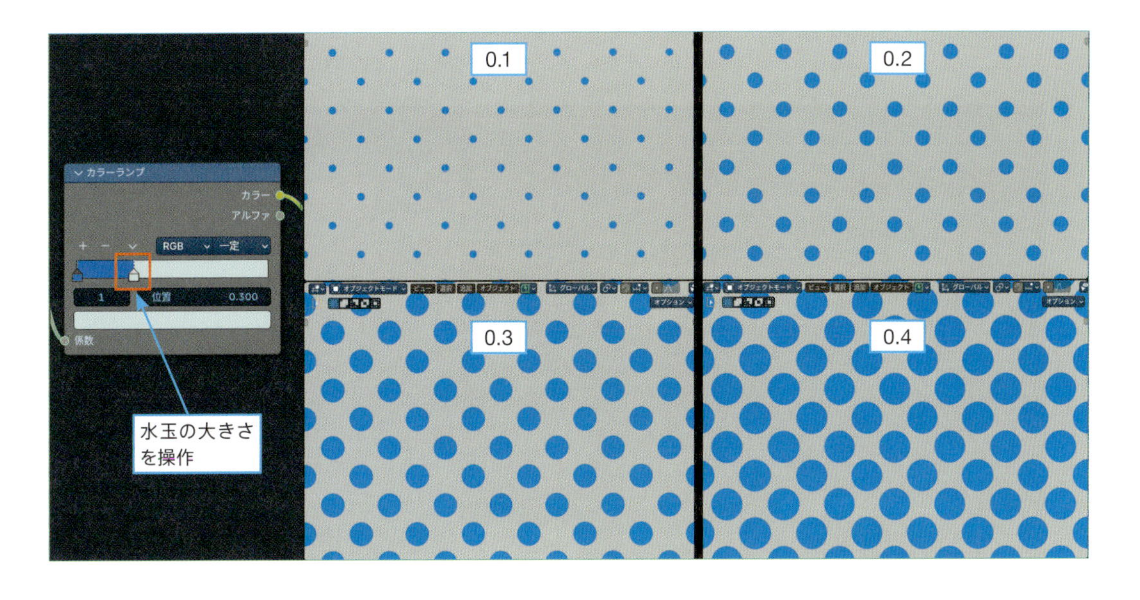

06 リング状の模様の作り方

Step

カラーストップを増やすと、リング状の模様が作れます（サンプルデータ：3-14-09.blend）。

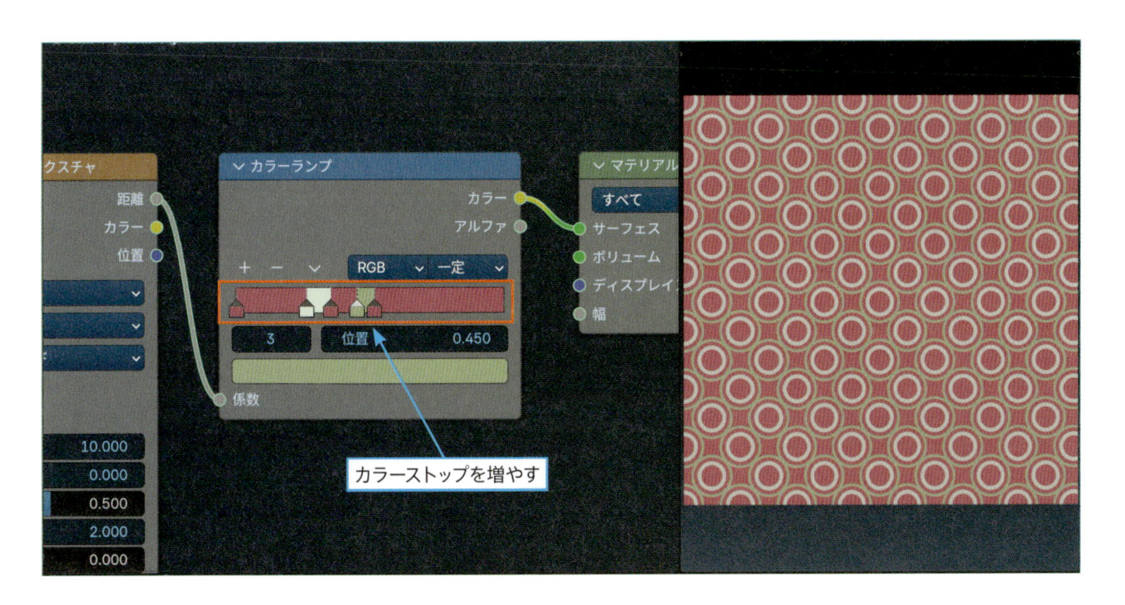

POINT

2色模様のコツ

3色以上の模様を作るなら**カラーランプ**ですべての色を設定する必要がありますが、2色の模様を作る場合は、「白黒の模様を作ってから**カラーミックス**で色に変換する」方が扱いやすいです。
下の2つのノード設定はどちらも同じ結果になりますが、**カラーミックス**を使う方が簡単に色を設定・変更できます。

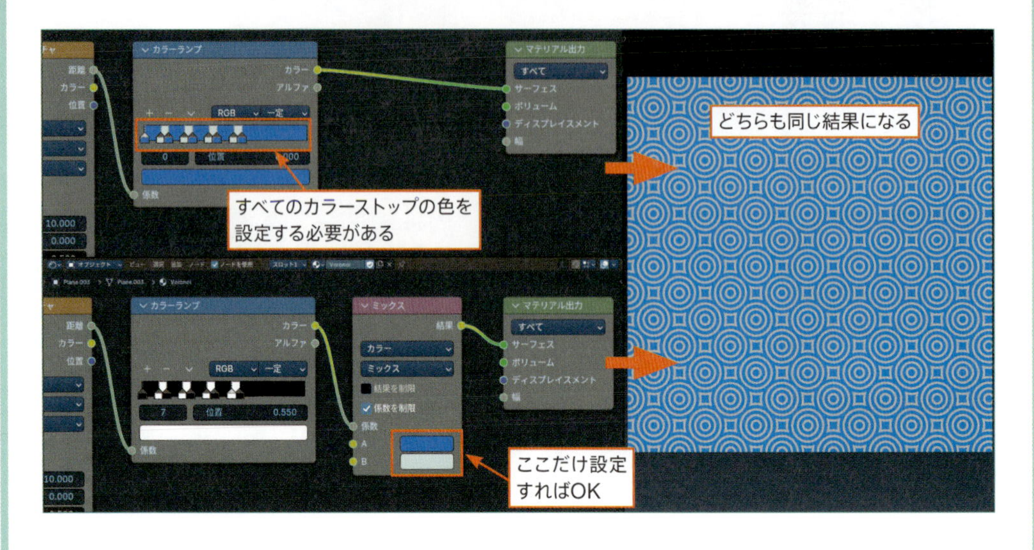

カラフルな水玉模様

ボロノイテクスチャの**カラー**は、領域ごとにランダムな色を出力します。
これを利用して、カラフルな水玉模様が作れます。

01 元になる水玉模様を作る
Step

カラーランプを調整して黒地に白丸の水玉模様を作ります。

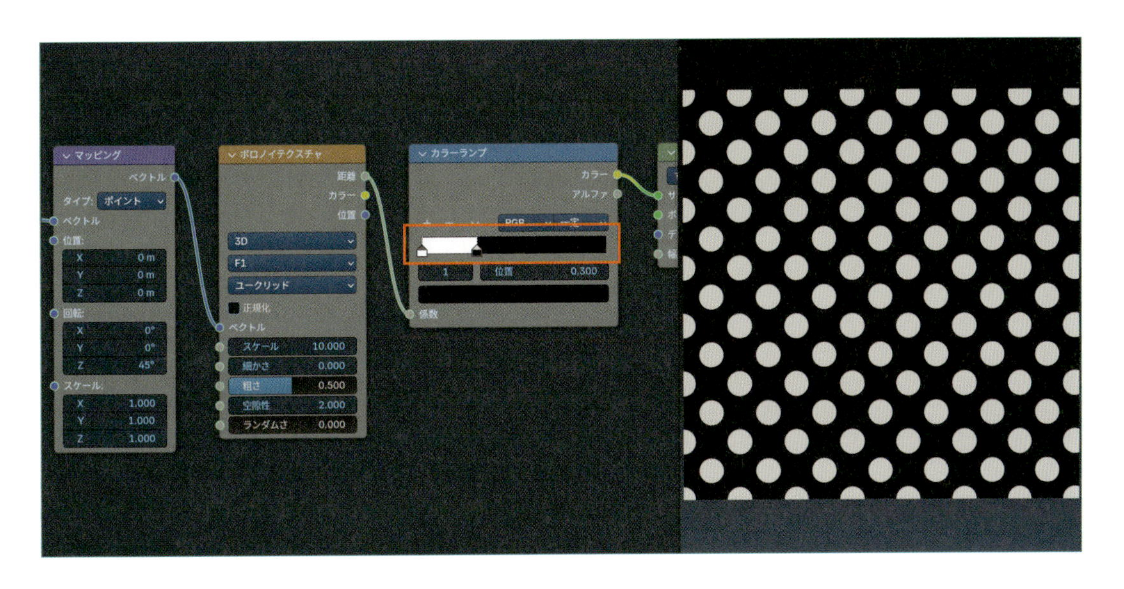

02 ランダムな色に変換
Step

下の画像の位置に**カラーミックス**を追加します。
カラーミックスは、次のように設定します。

- **係数**　：**カラーランプ**の**カラー**を接続
- **A**　　：水玉模様の地の色を設定
- **B**　　：**ボロノイテクスチャ**の**カラー**を接続

これで、カラフルな水玉模様ができます(サンプルデータ：3-14-10.blend)。

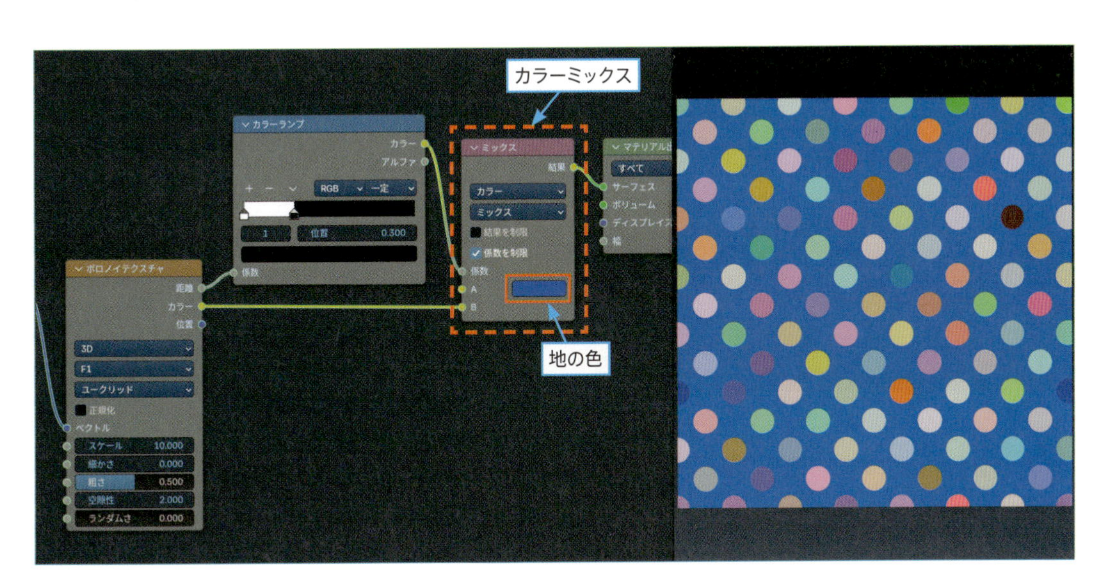

03 水玉の色調の調整

Step

カラーミックスのブレンドモードをスクリーンにすると、水玉の色が淡く明るくなりパステル調にできます。

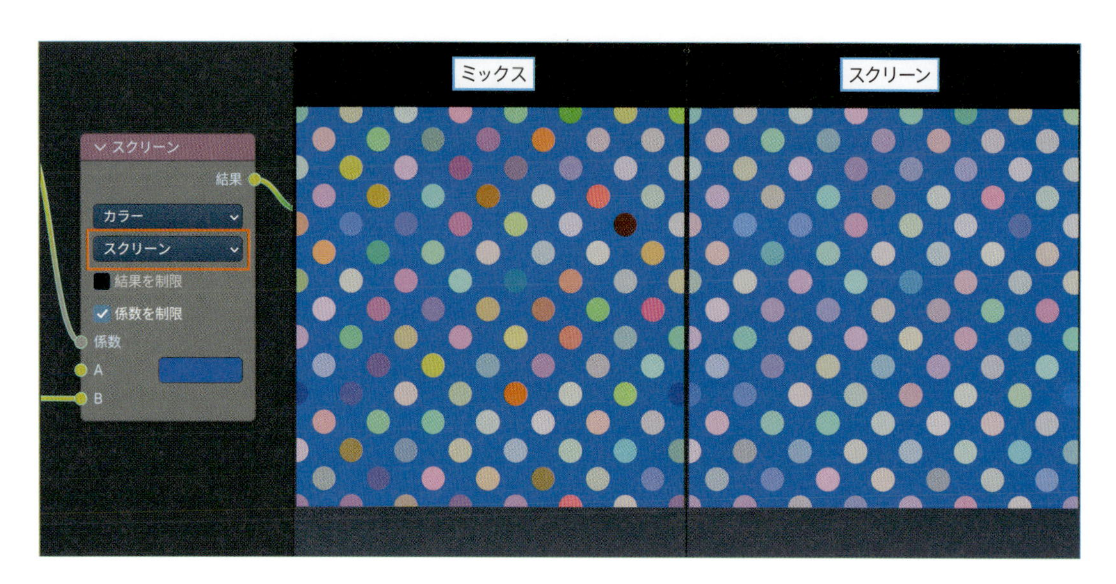

04 水玉の配置をランダムにする

Step

ボロノイテクスチャのランダムさを大きくすると、ランダムな配置のカラフルな水玉模様が作れます。

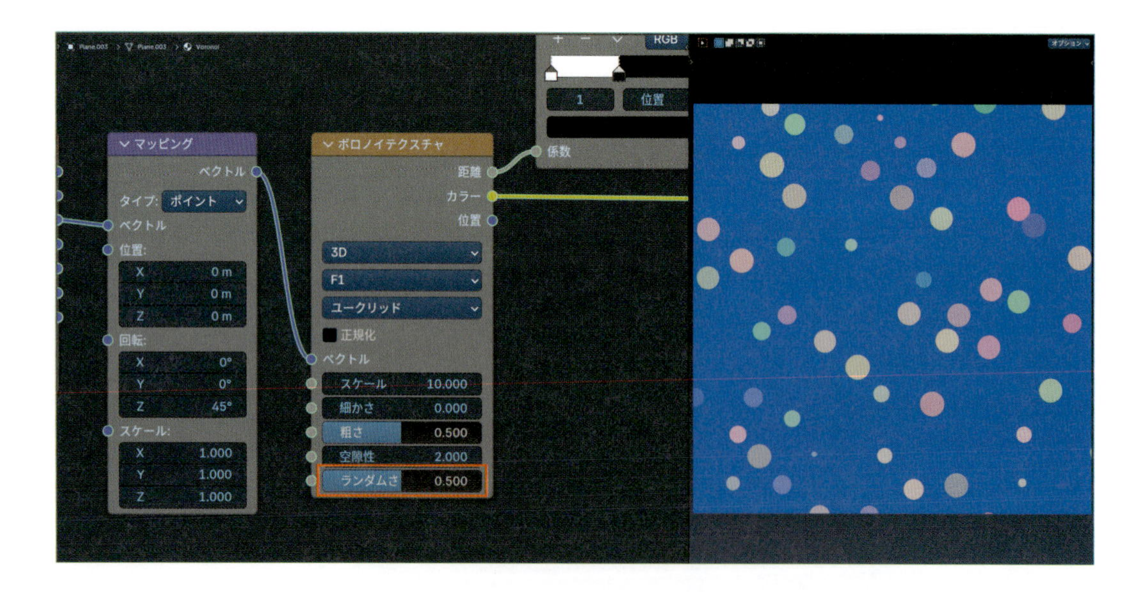

なお、**ランダムさ**を大きくすると水玉のすき間が広がるので、その分水玉を大きくするとバランスが良くなります。

05 Step リング模様の作り方

カラーランプの設定を変えると、カラフルなリング模様が作れます（サンプルデータ：3-14-11.blend）。

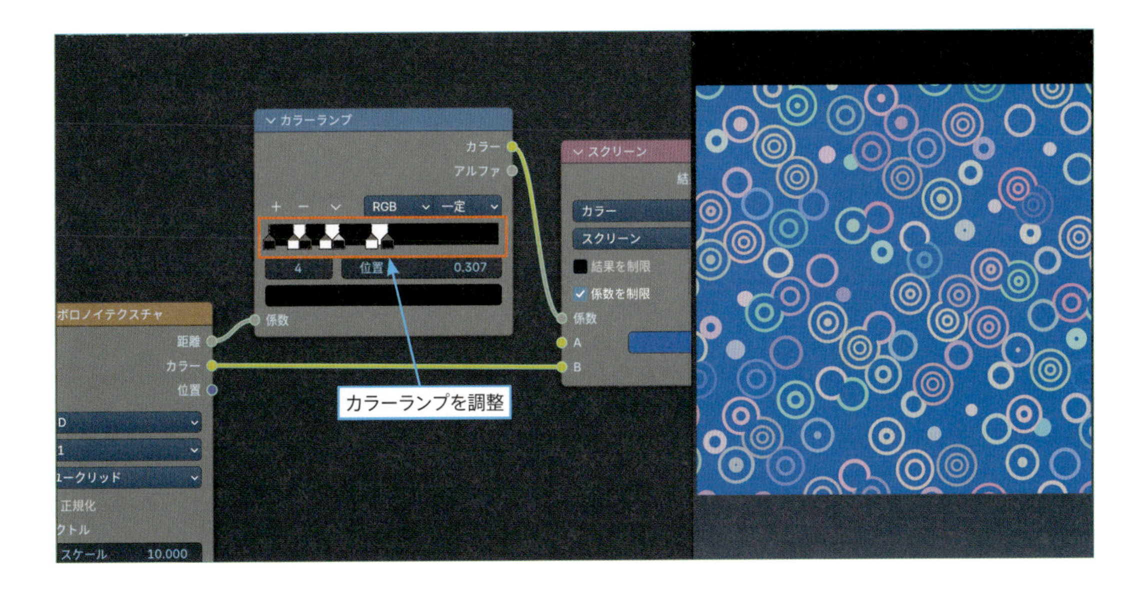

くっつき合う水玉模様

ボロノイテクスチャの**特徴出力**を**F1（スムーズ）**にすると、近くの水玉同士がくっつき合うような模様になります（サンプルデータ：3-14-12.blend）。

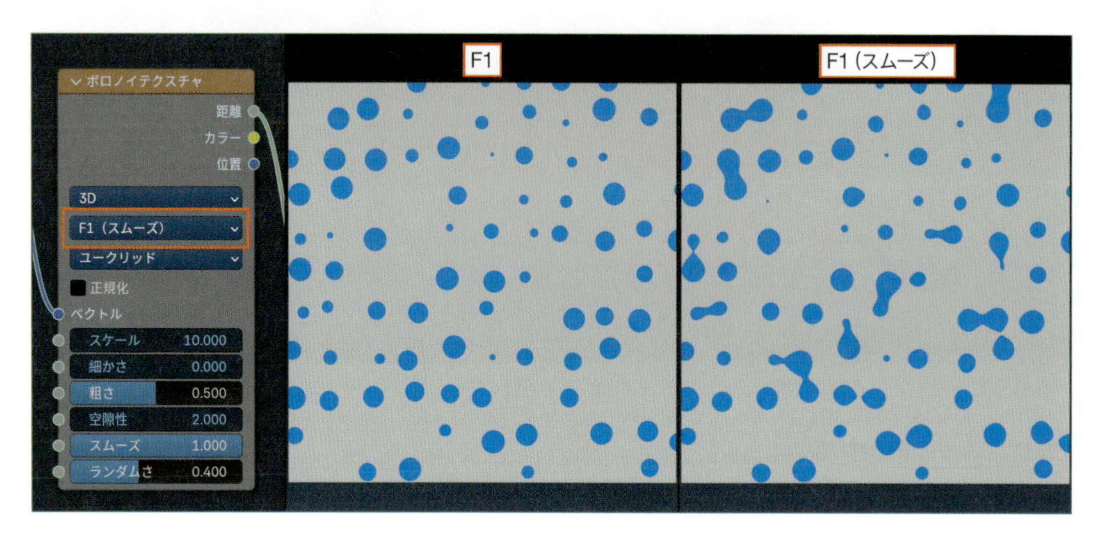

リング模様の場合、**F1**と**F1（スムーズ）**では次のように違いが出ます。

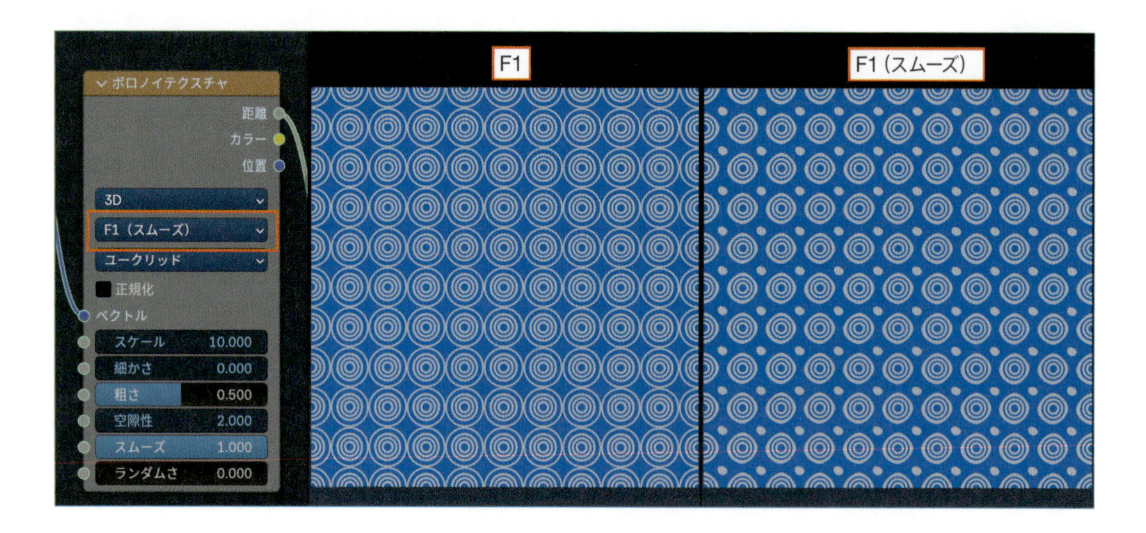

さらにランダムさを大きくすると、こうなります。
F1（スムーズ）を使うと、ちょっと不思議な模様ができます（サンプルデータ：3-14-13.blend）。

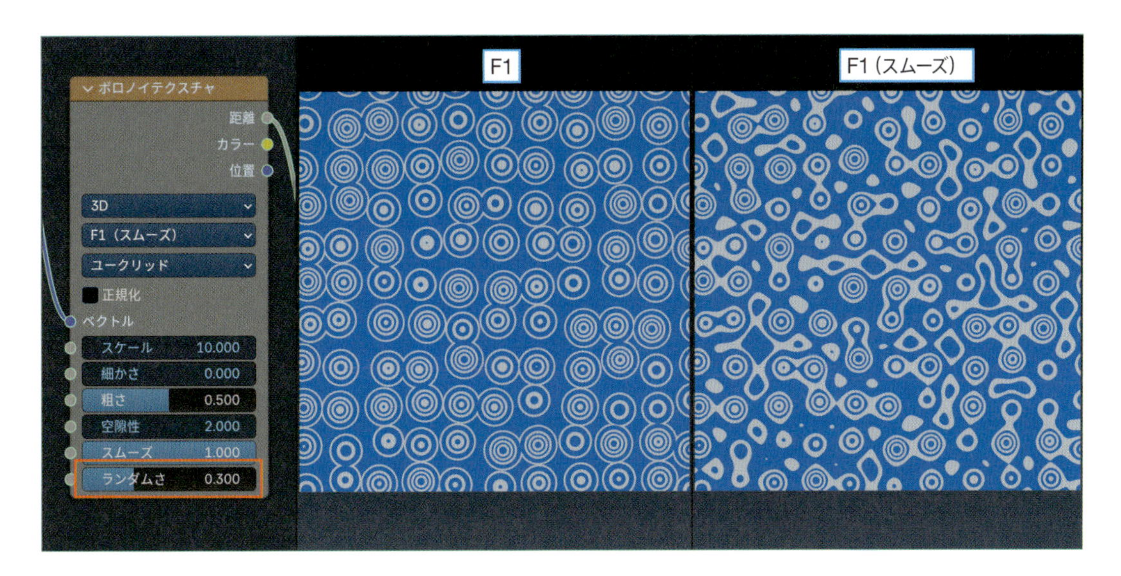

水玉以外の模様

ボロノイテクスチャの距離関数を変更すると、次のように模様が変化します。

- ユークリッド　：円形
- マンハッタン距離　：ひし形
- チェビシェフ距離　：四角形
- ミンコフスキー　：星形

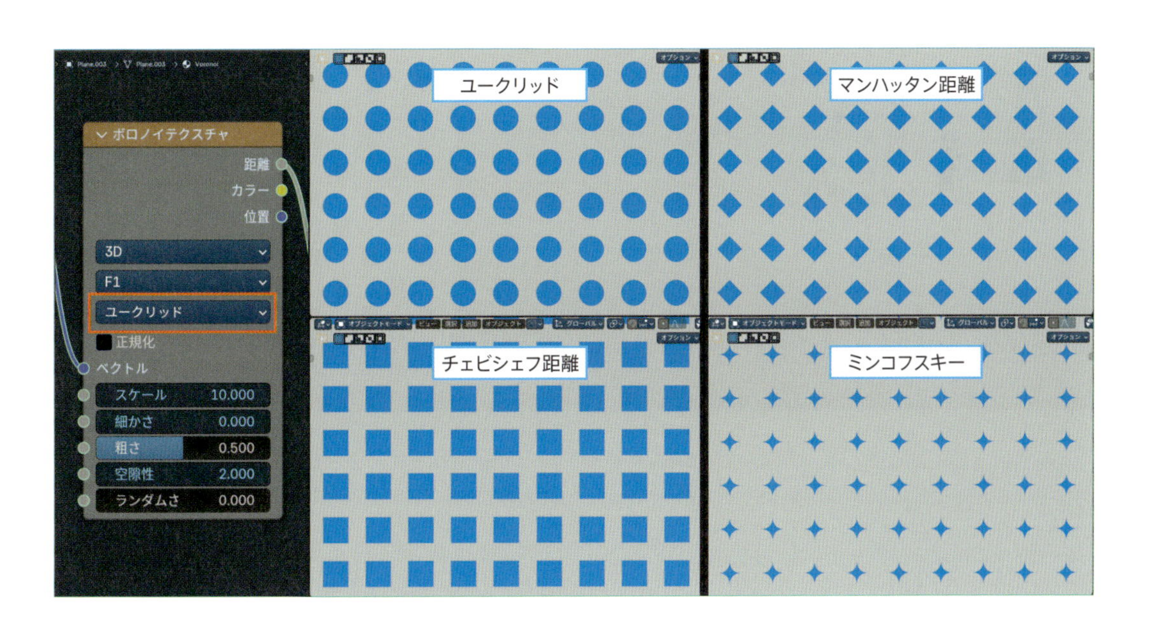

それぞれの模様で作れる、基本的な模様の例を紹介します。

【マンハッタン距離：市松模様】

ボロノイテクスチャの**距離関数**を**マンハッタン距離**にします。
この状態では、「縦横に並ぶひし形の模様」に見えます。

マッピングの**回転 Z**を**45°**にすると、「交互に並ぶ四角形」に見えるようになります。

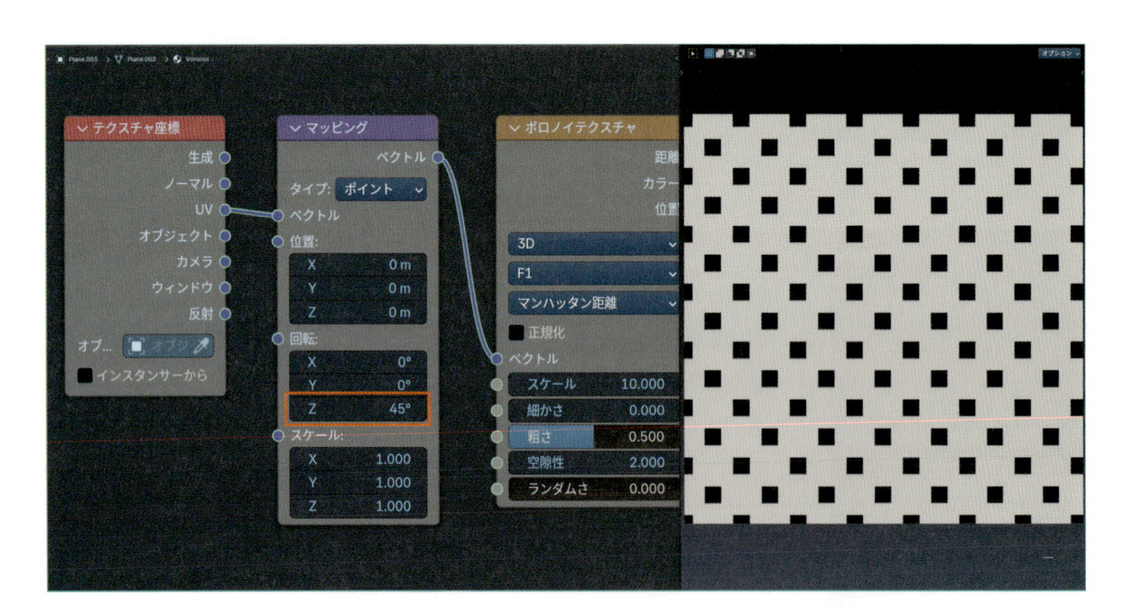

カラーランプの**カラーストップ 1**の**位置**を**0.5**にすると、シンプルな市松模様ができます。
これだけを作るなら、後で説明する**チェッカーテクスチャ**を使った方が簡単ですが…

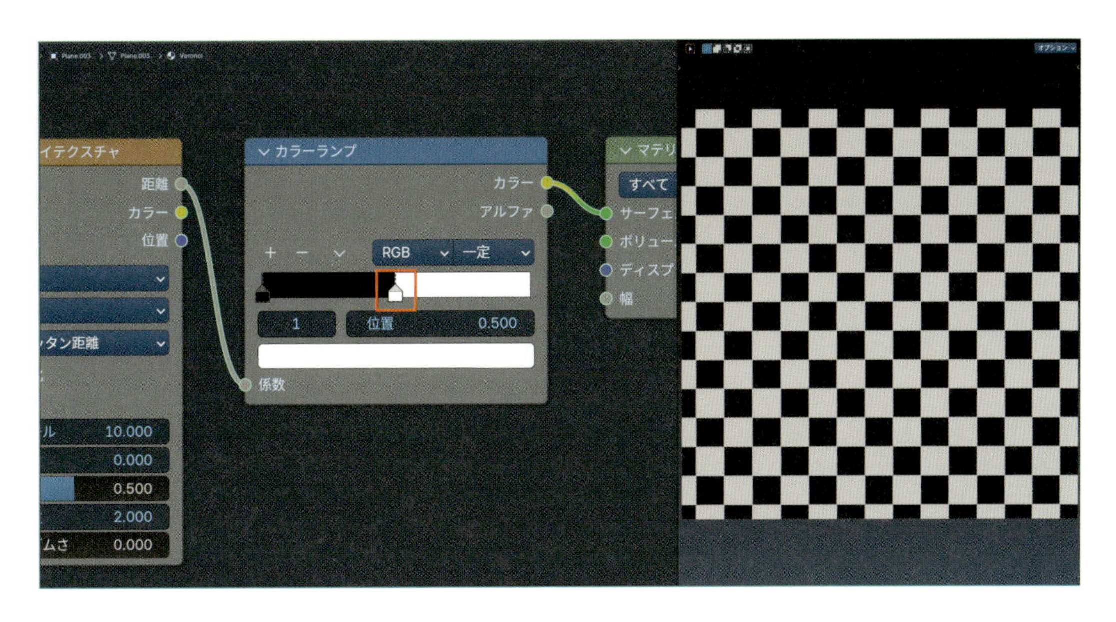

カラーランプを工夫することで、より複雑なバリエーションが作れます（サンプルデータ：3-14-14.blend）。

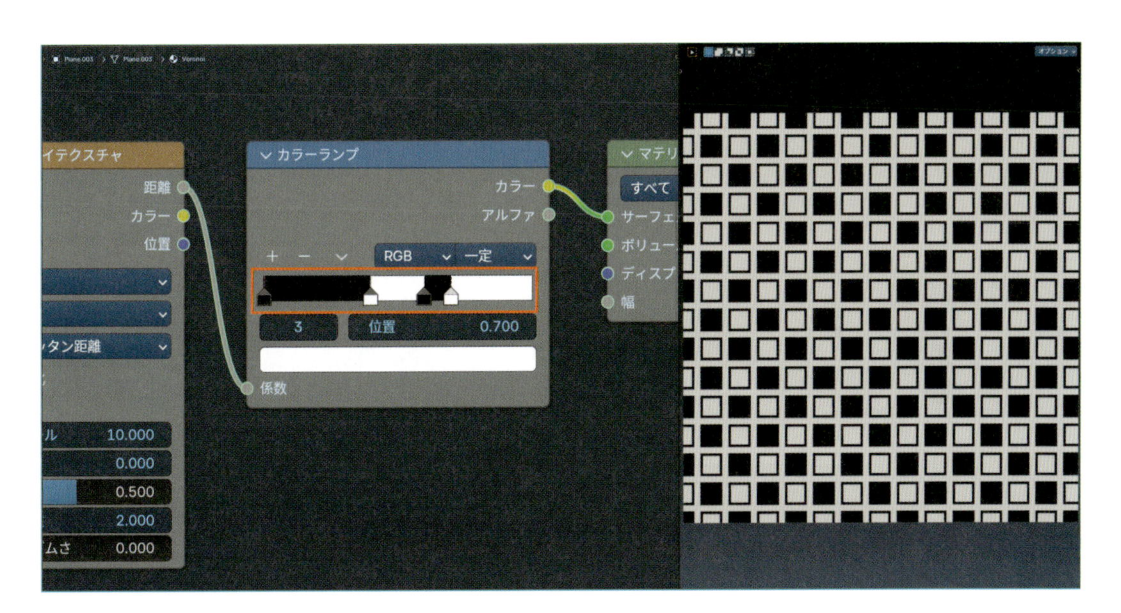

【チェビシェフ距離：格子柄】

ボロノイテクスチャの**距離関数**を**チェビシェフ距離**にします。
この状態では、「黒い四角形が並んだ模様」に見えます。

カラーランプを調整して白い部分を細くすると、「白い線の格子柄」に見えるようになります。
当たり前といえば当たり前ですが、知らないと気づきにくい手法です。

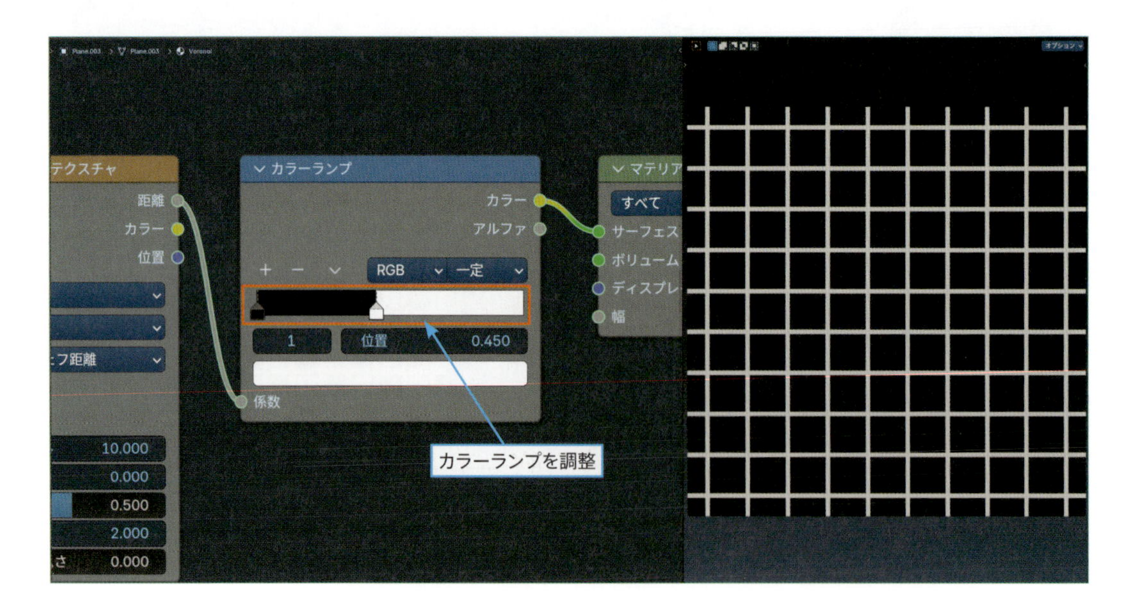

さらにマッピングの回転 Zを45°にすると、「斜め格子柄」になります（サンプルデータ：3-14-15.blend）。

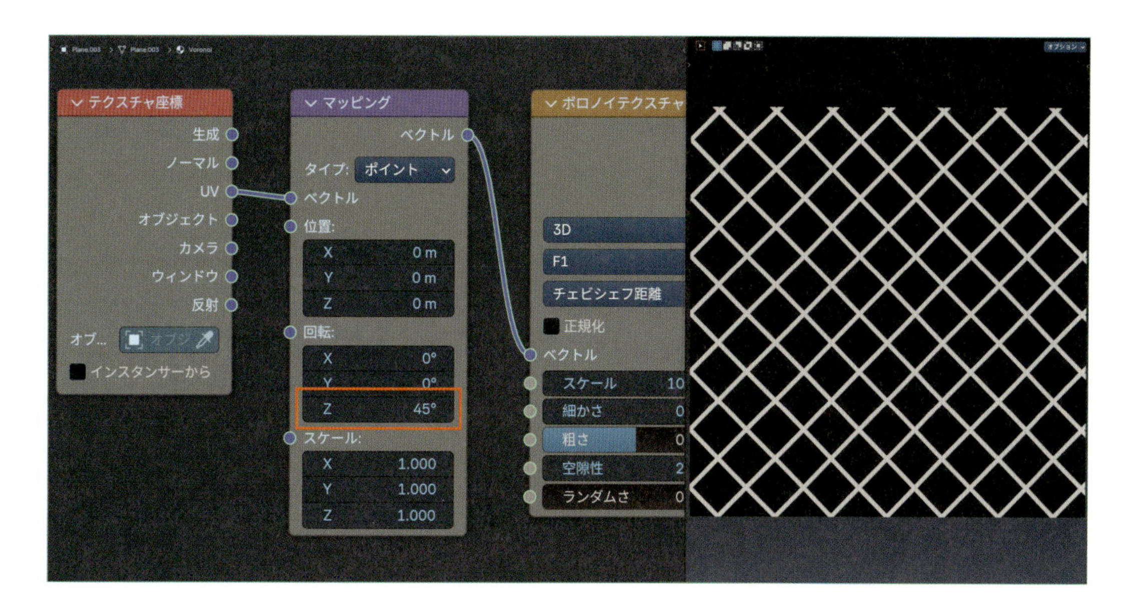

【ミンコフスキー：キラキラ星模様】

ボロノイテクスチャの距離関数をミンコフスキーにします。

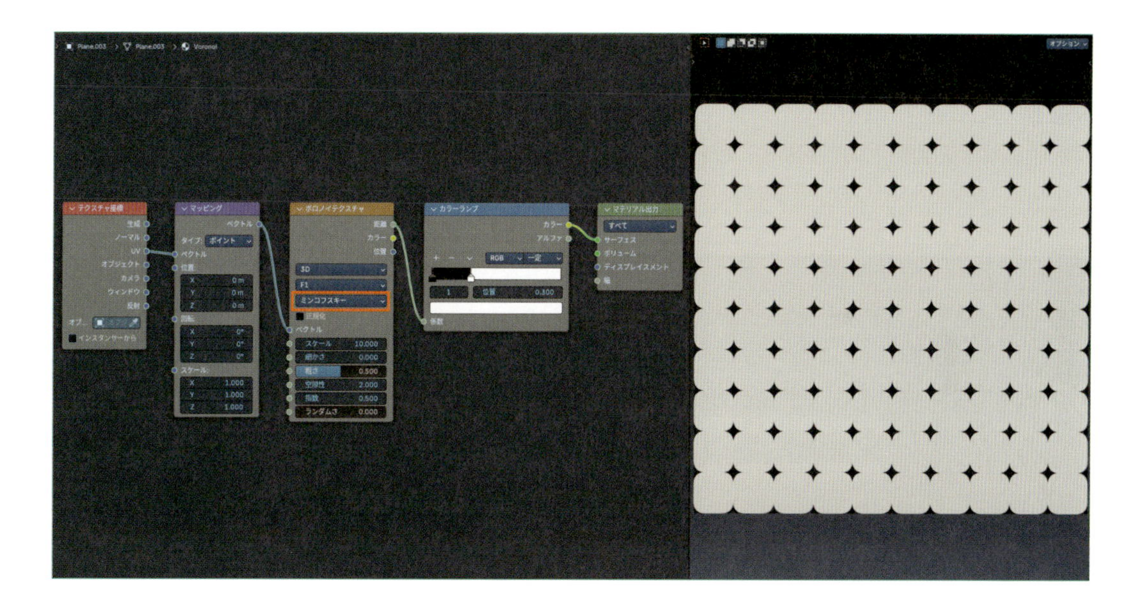

ボロノイテクスチャと**カラーランプ**を、次のように設定します。

- **ボロノイテクスチャ**
  ランダムさ：1
- **カラーランプ**
  カラーストップ0　V（明度）：1、位置：0
  カラーストップ1　V（明度）：0、位置：1

これで、黒地に白のキラキラ星模様ができます。

「カラフルな水玉模様」と同じ手法で、**カラーミックス**を使って「地の色」と**ボロノイテクスチャ**の**カラー**をミックスすれば、カラフルなキラキラ星模様のできあがりです（サンプルデータ：3-14-16.blend）。

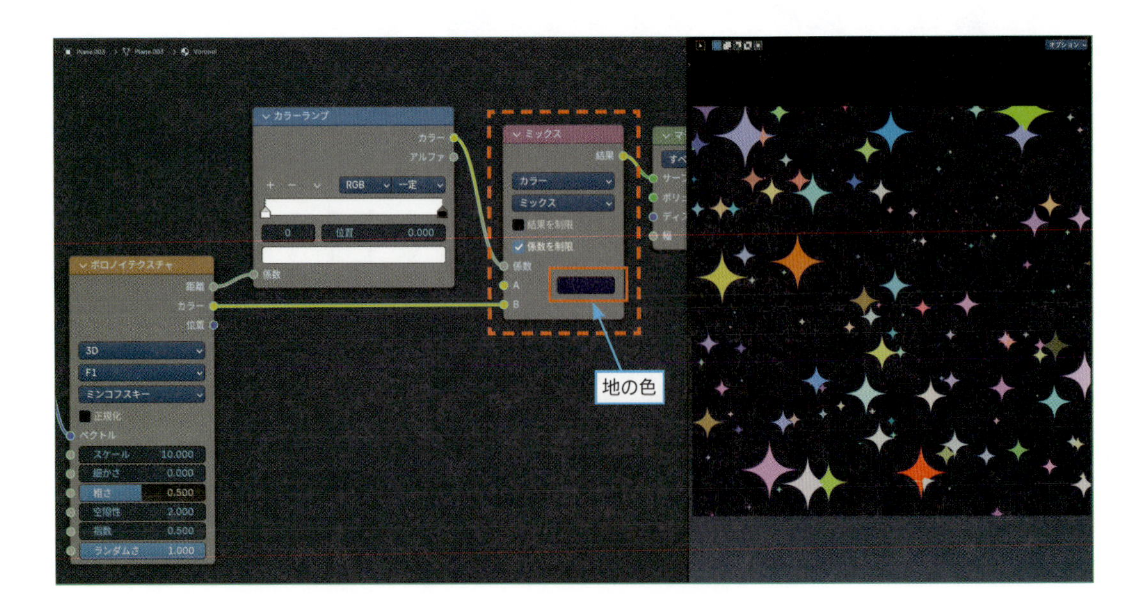

14-4 ノイズテクスチャを使った模様

迷彩柄

よくあるタイプの迷彩柄を作ります。

01 Step ノードの準備

ノイズテクスチャとカラーランプを用意します。

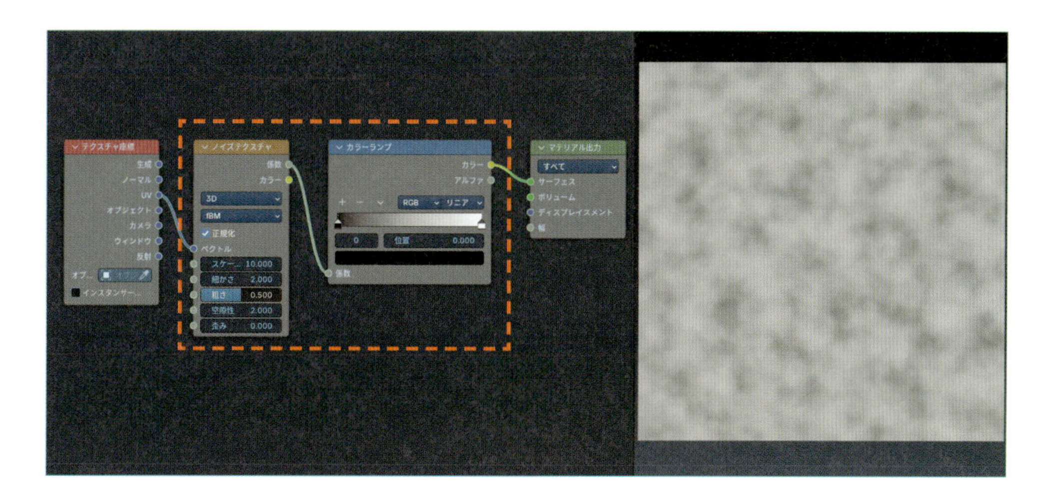

02 Step カラーランプの設定

カラーランプを次のように設定します。

- 色の補間：一定
- カラーストップ 1　V（明度）：0.6、位置：0.5

これでノイズテクスチャの模様が、グラデーションパターンから、くっきりと切り替わる2色模様になります。

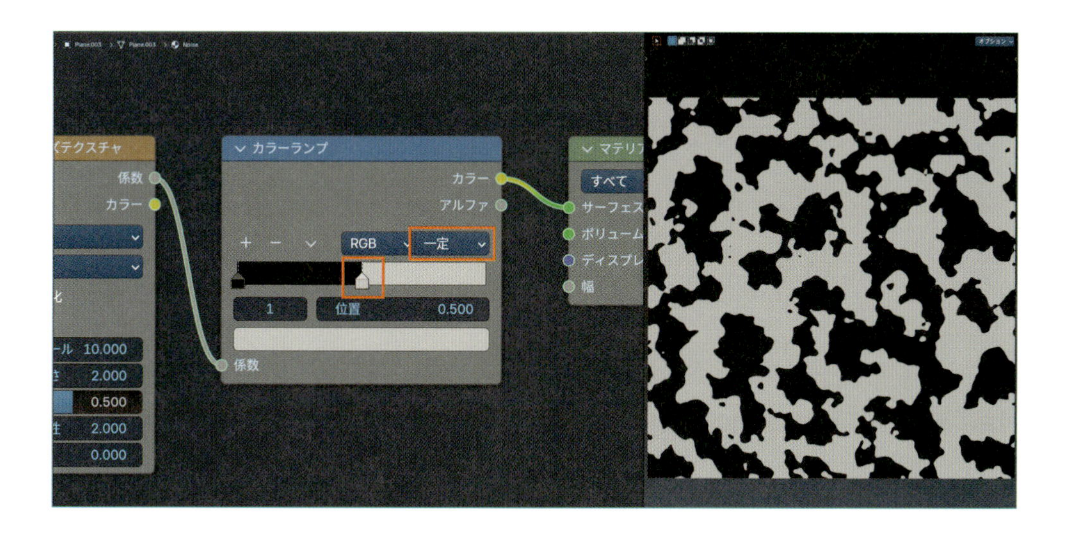

03 Step ノードのコピー

ノイズテクスチャと**カラーランプ**をコピーします。

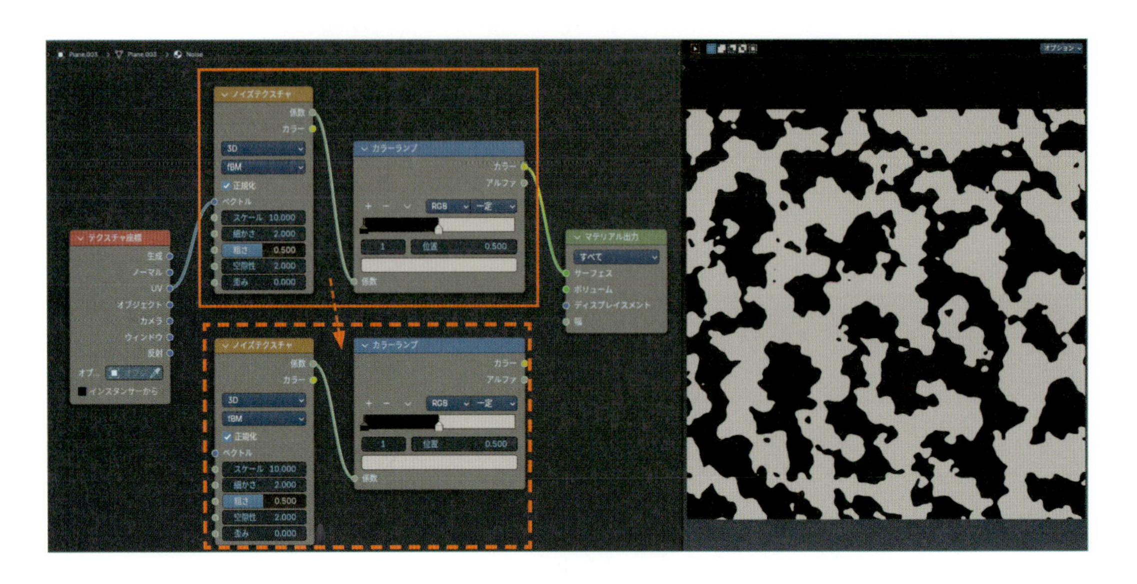

04 Step ノードの設定

コピーした**ノイズテクスチャ**と**カラーランプ**を、次のように設定します。

- **ノイズテクスチャ**
  スケール：**コピー元と違う値**
- **カラーランプ**
  カラーストップ 1　V：**0.3**

ノイズテクスチャの**スケール**は、コピー元より大きくても小さくてもOKです。
ここではコピー元を**10**にしているので、**9**に設定しました。

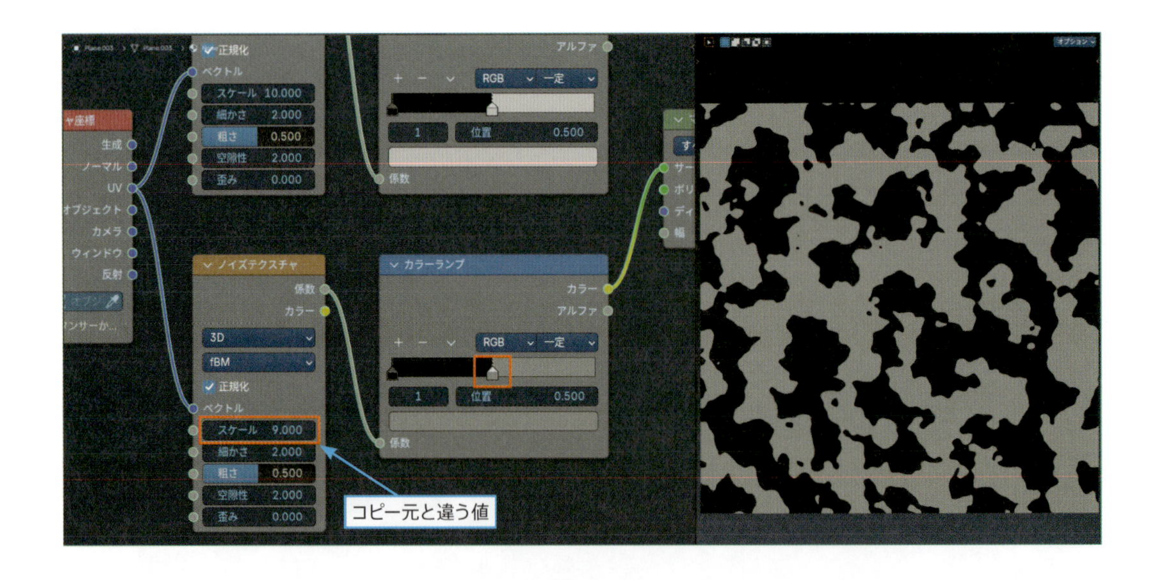

05 Step 2つの模様を合成

下図の位置に**カラーミックス**を追加します。

カラーミックスは**ブレンドモード**：**加算**、**係数**：**1**と設定します。

これで2つの模様が合成され、**V（明度）**が4段階（**0**、**0.3**、**0.6**、**0.9**）で変化する白黒模様ができます。

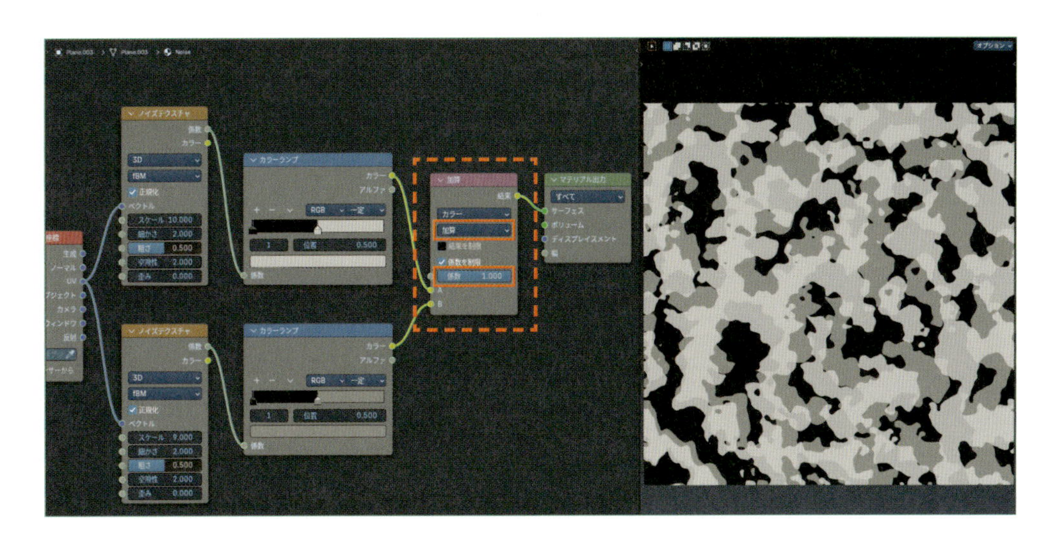

06 Step カラーランプの追加と設定

この模様を**カラーランプ**で色に変換すればできあがりです。

カラーランプは、**色の補間**を**一定**にします。

以下に「標準的な緑と茶色のタイプ」と「グレーのタイプ」の色見本を載せておきます。

【標準的な緑と茶色のタイプ】（サンプルデータ：3-14-17.blend）

- **カラーストップ 0　色：51433A、位置：0**
- **カラーストップ 1　色：2D2B29、位置：0.25**
- **カラーストップ 2　色：B3A780、位置：0.5**
- **カラーストップ 3　色：575F3A、位置：0.75**

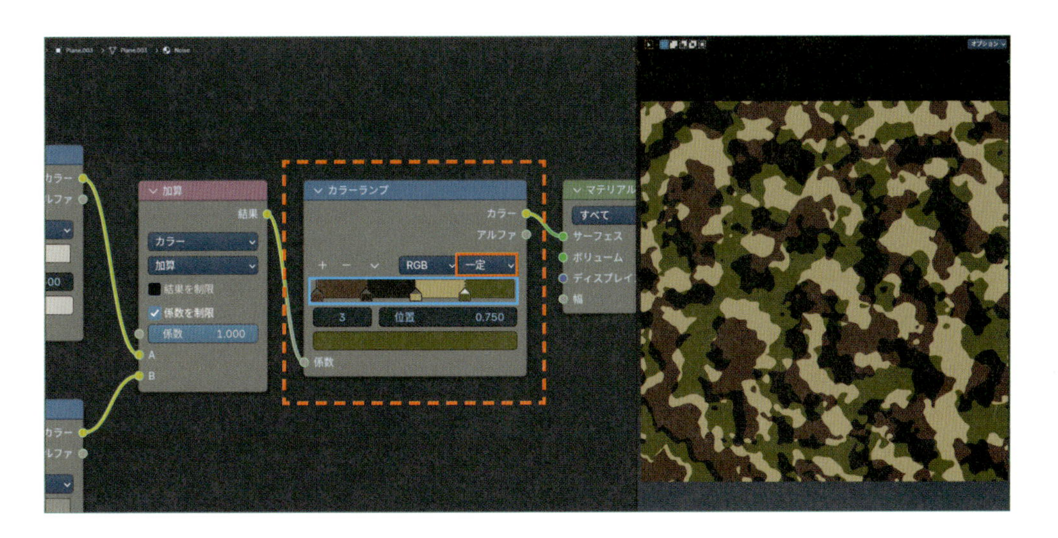

【グレーのタイプ】（サンプルデータ：3-14-18.blend）

- **カラーストップ 0　色：6E6F74、位置：0**
- **カラーストップ 1　色：3C3A3B、位置：0.25**
- **カラーストップ 2　色：EFEFEF、位置：0.5**
- **カラーストップ 3　色：989A9E、位置：0.75**

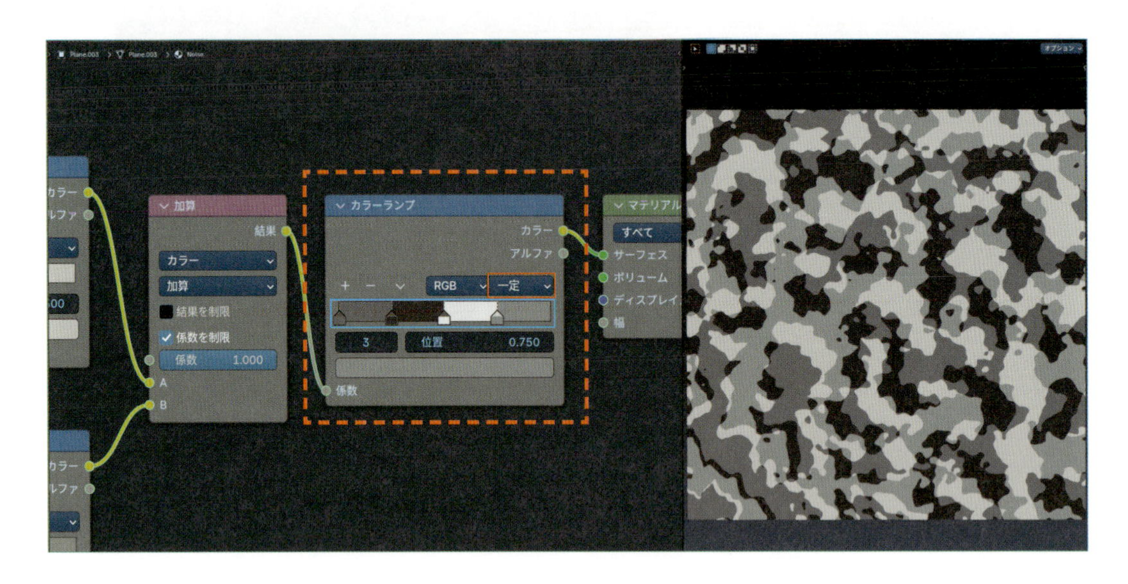

14-5　チェッカーテクスチャを使った模様

チェッカーテクスチャは、シンプルな**市松模様**を作るテクスチャです。
下の画像は**カラー1：24A37D**、**カラー2：251818**に設定した見本です（サンプルデータ：3-14-19.blend）。

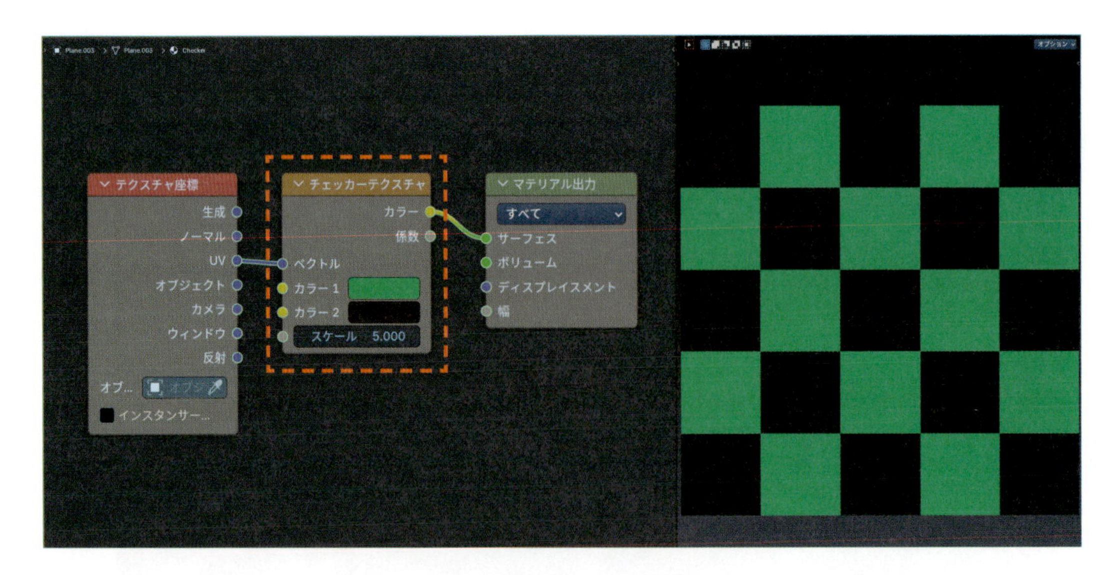

チェッカーテクスチャは、それ自体で市松模様を作るだけでなく、「複数のテクスチャを市松模様状に切り替える」ことにも使えます。

下図のようにノードを組むと、**ボロノイテクスチャ**で作る**水玉模様**と**格子模様**を市松模様状にミックスできます(サンプルデータ：3-14-20.blend)。

※このように使う場合、**チェッカーテクスチャ**の出力は**係数**を使います。

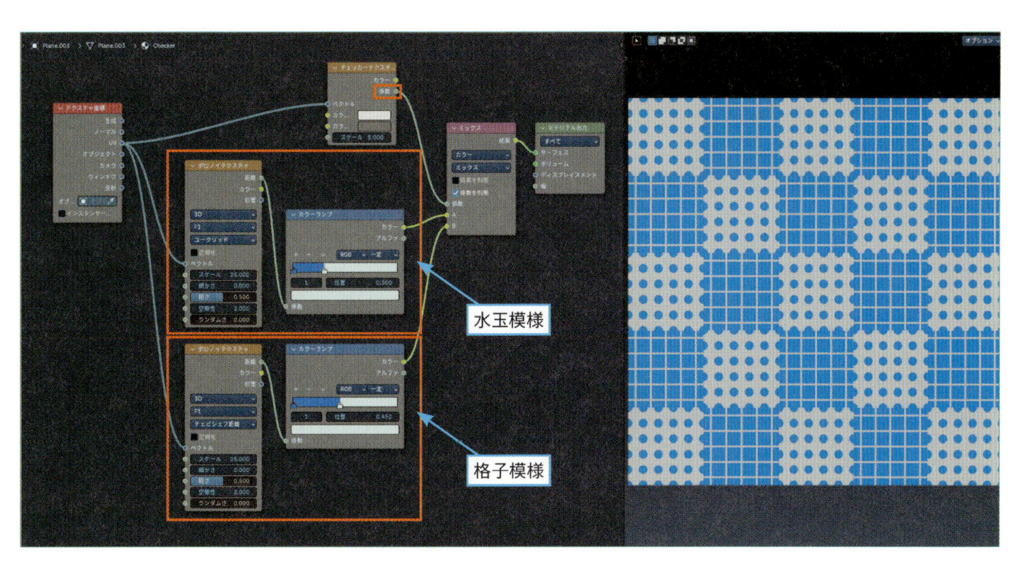

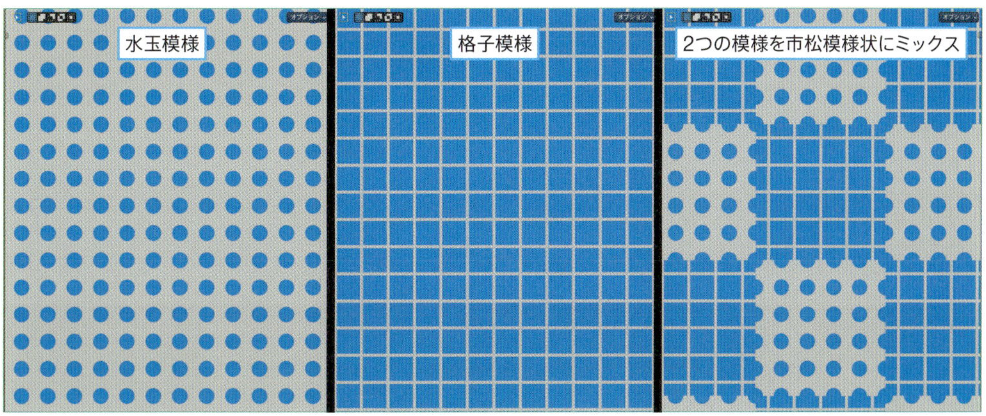

また下の画像のように、マス目ごとに模様を回転させる操作にも使えます。

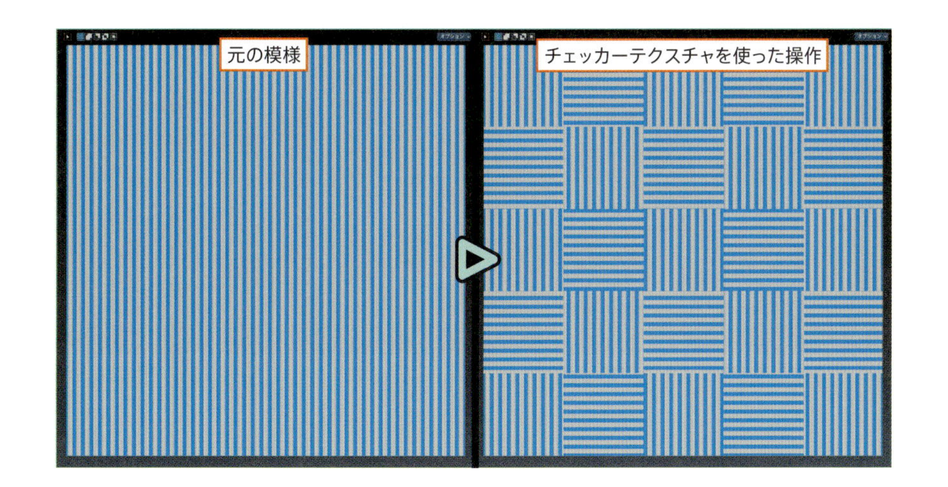

このような設定は中～上級レベルのテクニックになるので、この本では詳しい説明は省きます。
ノードツリーの見本だけ載せておきますので、興味のある方はチャレンジしてみてください。
下の画像の、**テクスチャ座標**と**波テクスチャ**の間のノードが、模様の向きを回転させる部分です。

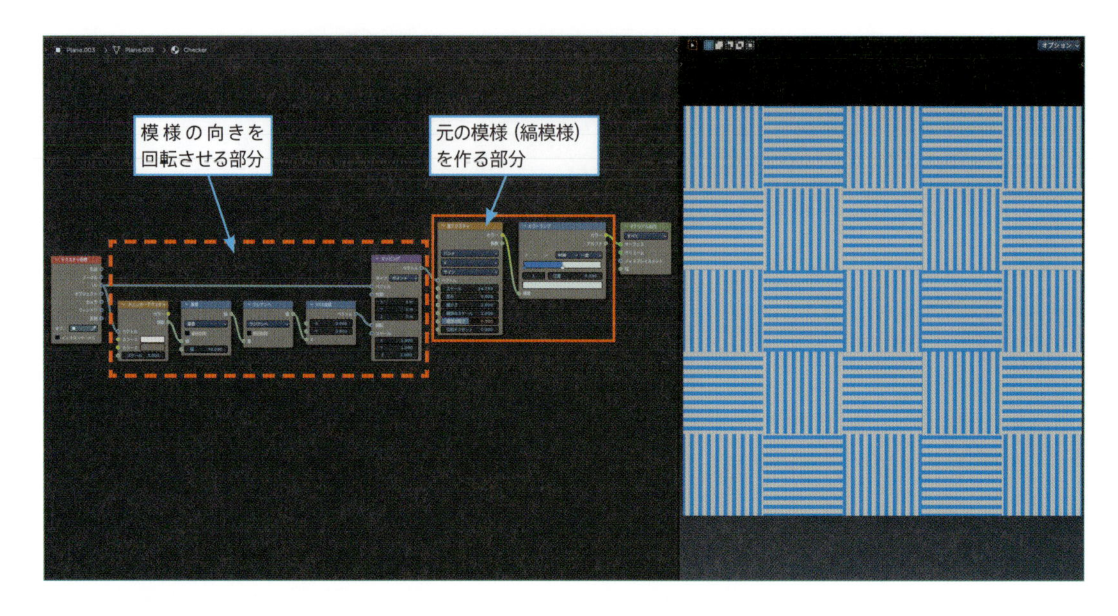

左から順に、次のノードを使います（サンプルデータ：3-14-21.blend）。

- **チェッカーテクスチャ　出力：係数**
- **数式（乗算）　値：90**
- **数式（ラジアンへ）**
- **XYZ合成　入力：Z**
- **マッピング　入力：回転**

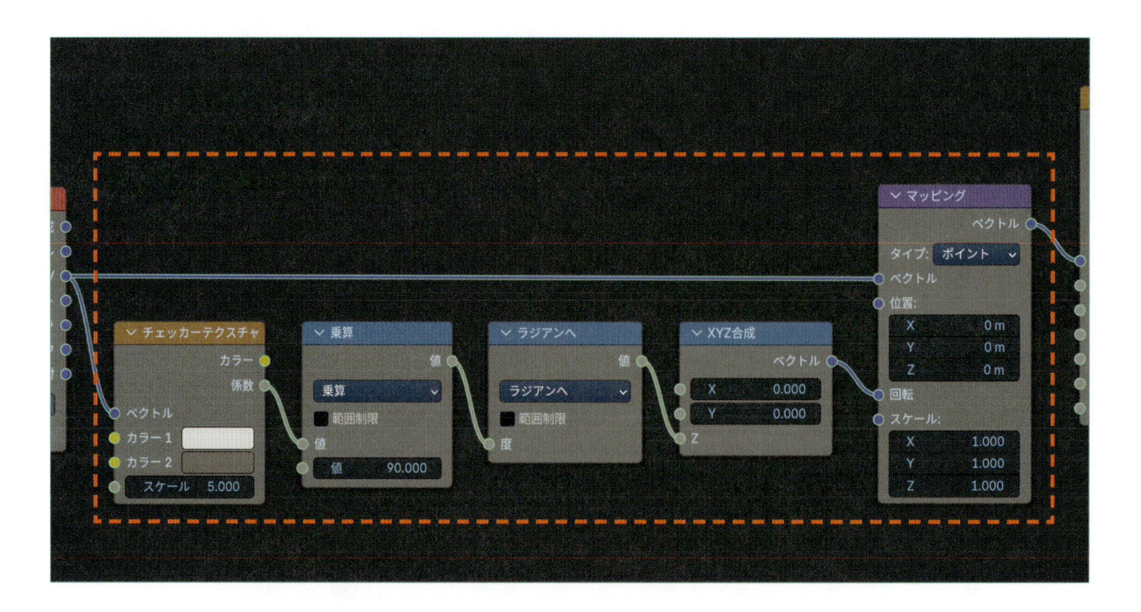

Chapter 3

15

マテリアルの合成の仕方

異なるマテリアルのノードツリーを組み合わせて、新しいマテリアルを作る方法です。これができるようになると、「チュートリアルで気に入ったマテリアルの要素を組み合わせて使う」など、応用の幅が広がります。

15-1 マテリアルの合成の基本

マテリアルは、それぞれが決まった働きをするノードをつなげて作ります。また、つなぎ合わされたノードは、左から右へと処理が進みます。

マテリアルの要素を合成する際には、**何**と**何**をどう組み合わせたいか、そのためには**どの位置で**、**どのノードを使って**合成すればいいかを考える必要があります。そのためノードツリーの組み合わせ方は、元になるノードツリーの構成と、「どのような結果が欲しいか」によって変わります。

「必ずこのように組む」という定型はありませんが、ここでは基本例として、次の2つを作ってみましょう。

- **模様のマテリアル**と**布のマテリアル**を組み合わせた**模様のある布**
  ⇒マテリアル間のノードのコピー＆ペースト、カラーテクスチャの合成のやり方
- **ひび割れのマテリアル**と**コンクリートのマテリアル**を組み合わせた**ひび割れたコンクリート**
  ⇒カラーテクスチャの合成、係数を操作するテクスチャの合成、バンプの合成のやり方

15-2 マテリアル間でのノードのコピーについて

同じ.blendファイル内の場合は、別のマテリアル間でも、標準的なキーボードショートカットでノードをコピー＆ペーストできます。

- Ctrl+C：コピー
- Ctrl+V：ペースト

別の.blendファイルで作成したマテリアルのノードをコピー＆ペーストしたい場合は、その前にマテリアルを**アペンド**（別ファイルからのコピー）または**リンク**（別ファイルのデータ参照）する必要があります。

※アペンドとリンクのやり方についての説明は長くなるので、この本では省略します。「Blender アペンド」で検索すると情報が見つかるので、そちらを参照してください。

15-3 模様のある布の作り方

01 Step オブジェクト（マテリアル）の用意

334ページの**水玉模様のマテリアル**を設定したオブジェクトと、294ページの**布のマテリアル**を設定したオブジェクトが、同じ.blendファイル内にある状態を例にします。

02 ノードのコピー

Step

水玉模様のマテリアルから、すべてのノードを選択して**Ctrl+C**でコピーします。

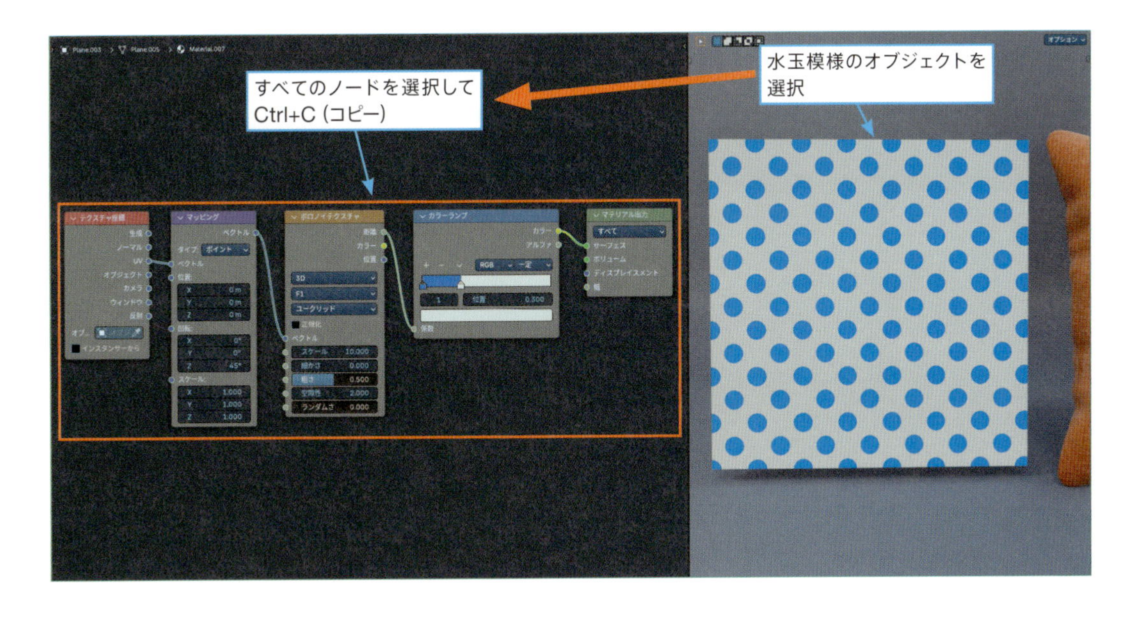

03 ノードのペースト

Step

布のマテリアルに移動して、**Ctrl+V**でペーストします。

ペーストしたノードツリーは、下の画像のように見やすい位置へ移動させてください。

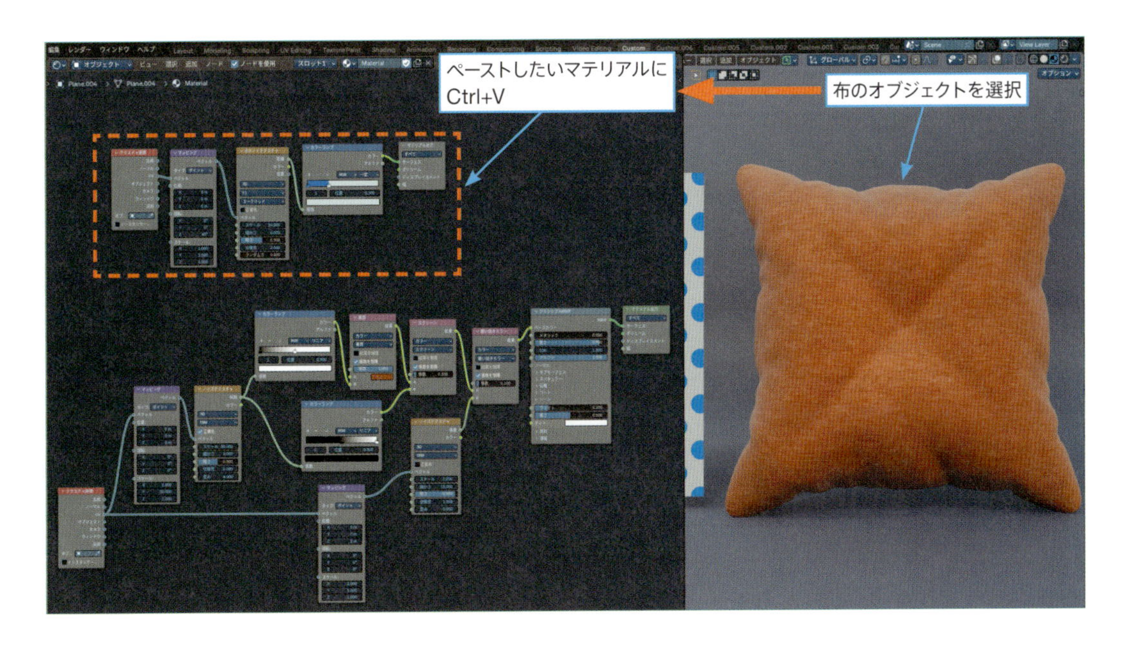

では、布の色（テクスチャ）を水玉模様にしましょう。

04 Step ノードをどうつなぐかを考える

まずは、「どこをどこへつなぐ」かを判断します。

水玉模様を作る部分は、コピーしたノードツリーの**カラーランプから左**になります。

そして布の色（またはテクスチャ）を設定する部分は、布のノードツリーの**カラーミックス（乗算）：A**です。

※詳しくは**Chapter3-13　布の作り方**（283ページ）を参照してください。

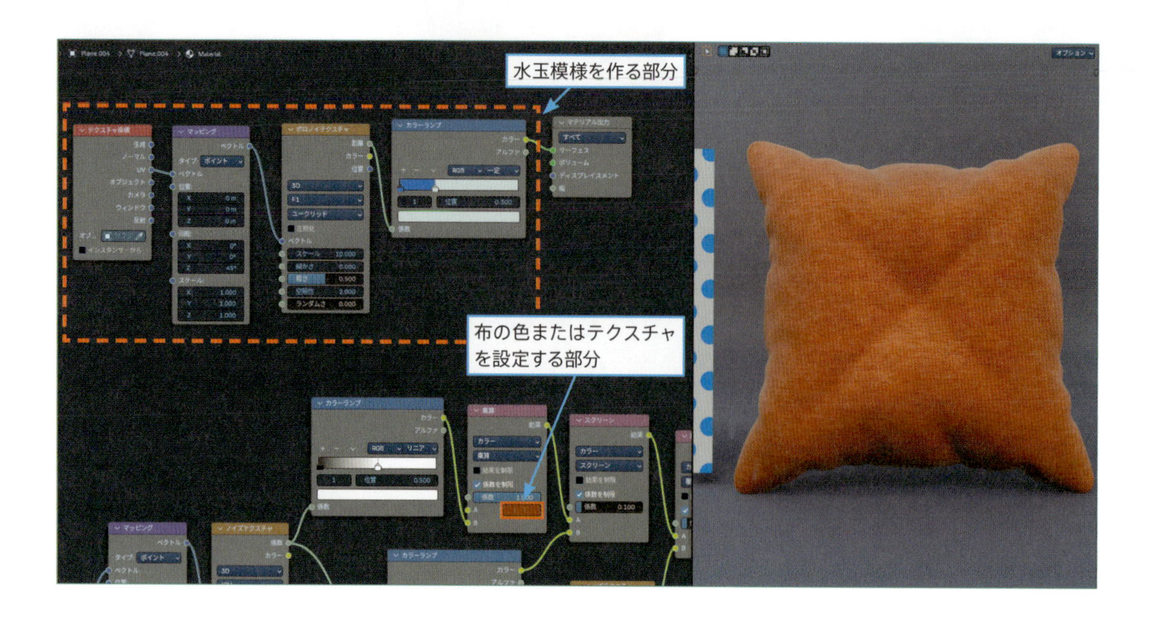

05 Step ノードを接続

カラーランプ（水玉）：カラーと**カラーミックス（乗算）：A**を接続します。

これで、**水玉模様の布**ができました。

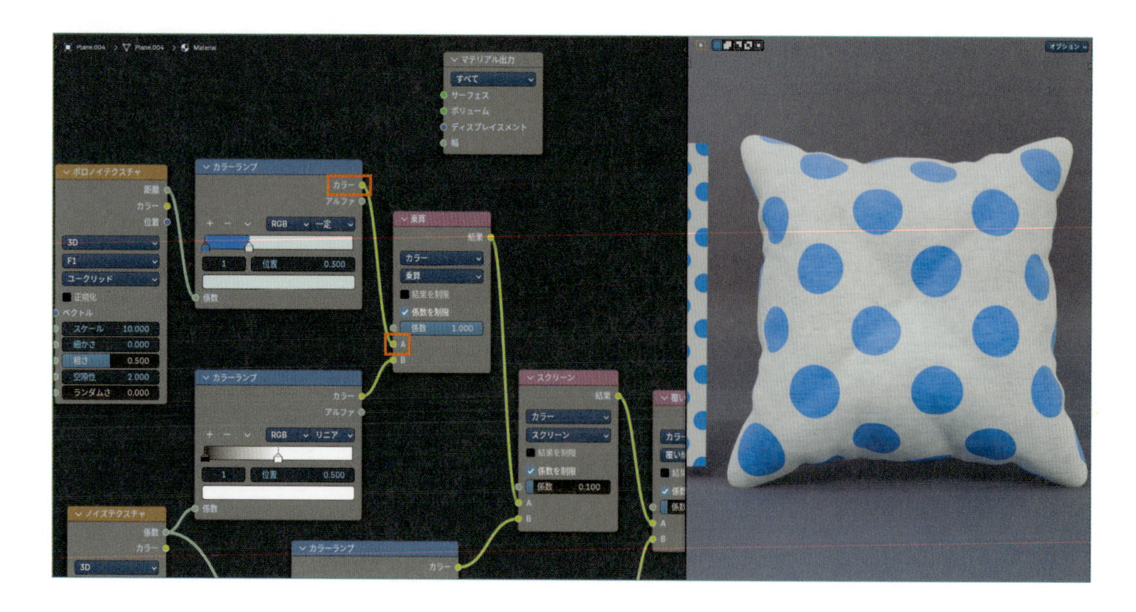

06 Step ノードの整理

❶ノードツリーはできるだけシンプルにした方が、構造や働きが見やすく、編集と操作がしやすくなります。
ここでは**テクスチャ座標**の重複が整理できます。

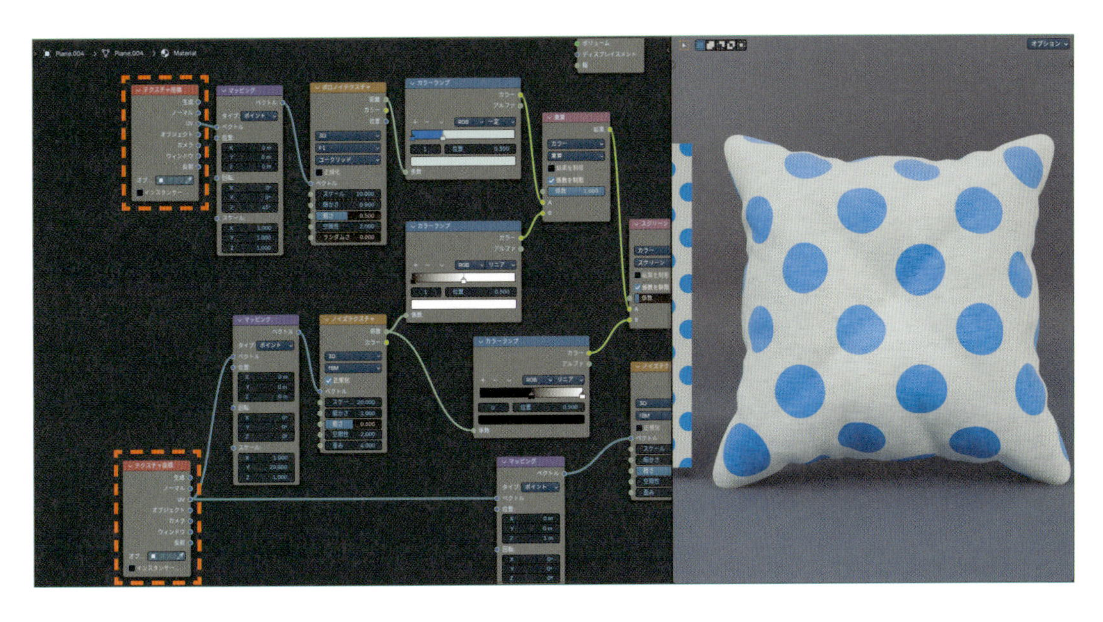

❷**テクスチャ座標（布）：UV**と**マッピング（水玉）：ベクトル**を接続します。

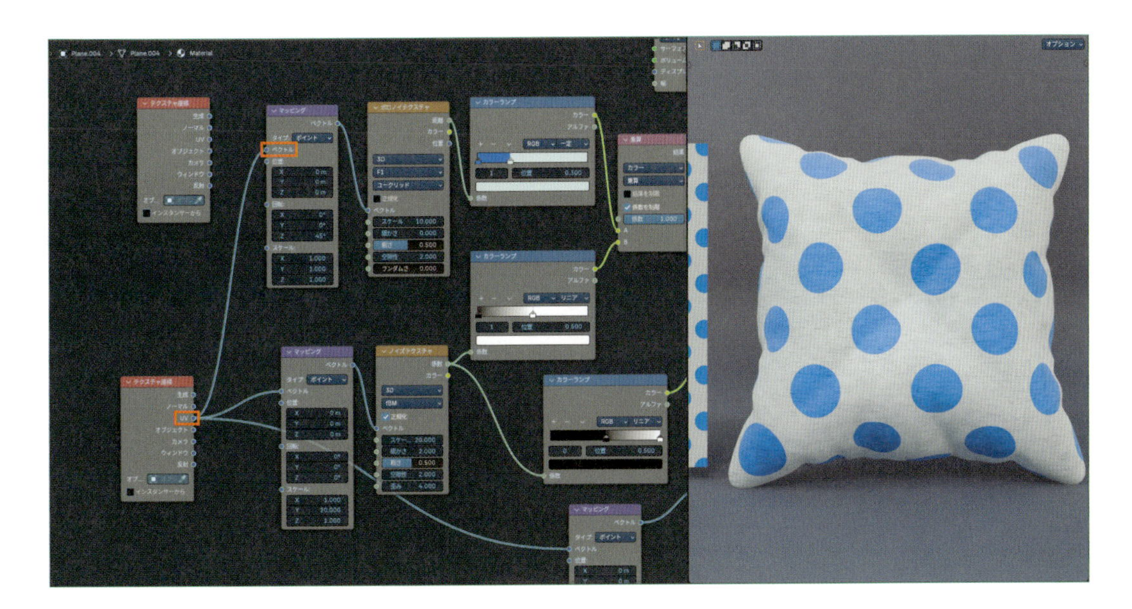

❸コピーしたノードツリーの**テクスチャ座標**と**マテリアル出力**は使わないので、選択して**X**キーで削除します。

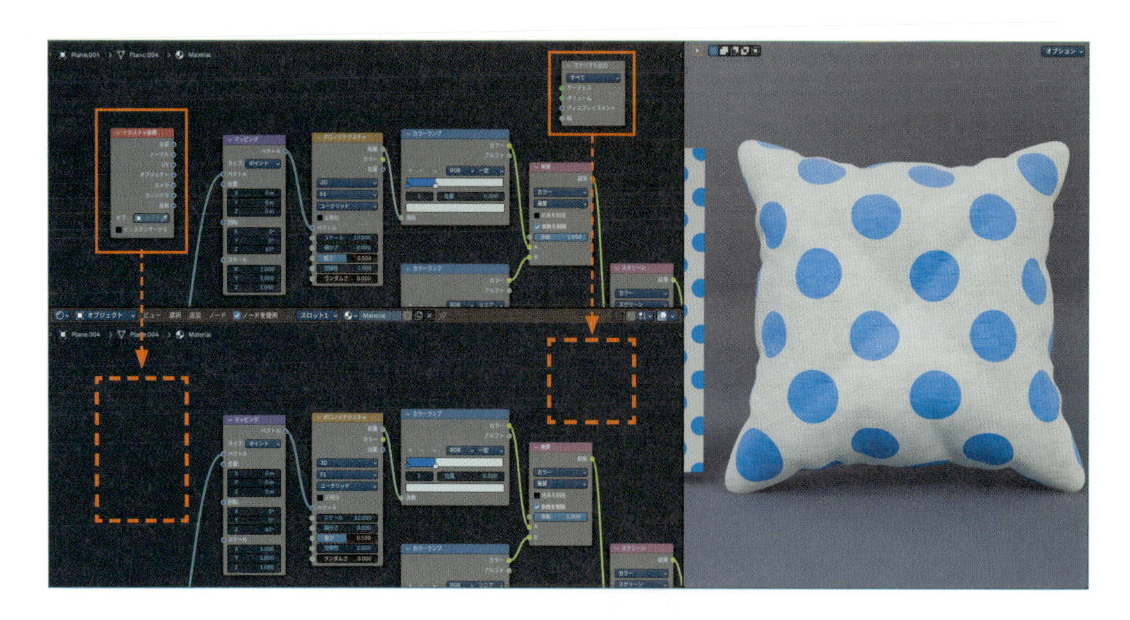

ここでは過程が分かりやすいように、水玉模様のノードツリーを丸ごとコピーして、最後に不要なノードを削除する手順にしました。
最初から最終形が分かっている場合は、必要なノードだけをコピーしても良いです。
やりやすい手順で作業してください。

07 Step 模様の調整

あとは、水玉模様の色や大きさなどを調整すればできあがりです（サンプルデータ：3-15-01.blend）。
※調整方法は**Chapter3-14　模様・柄の作り方**（317ページ）を参照してください。

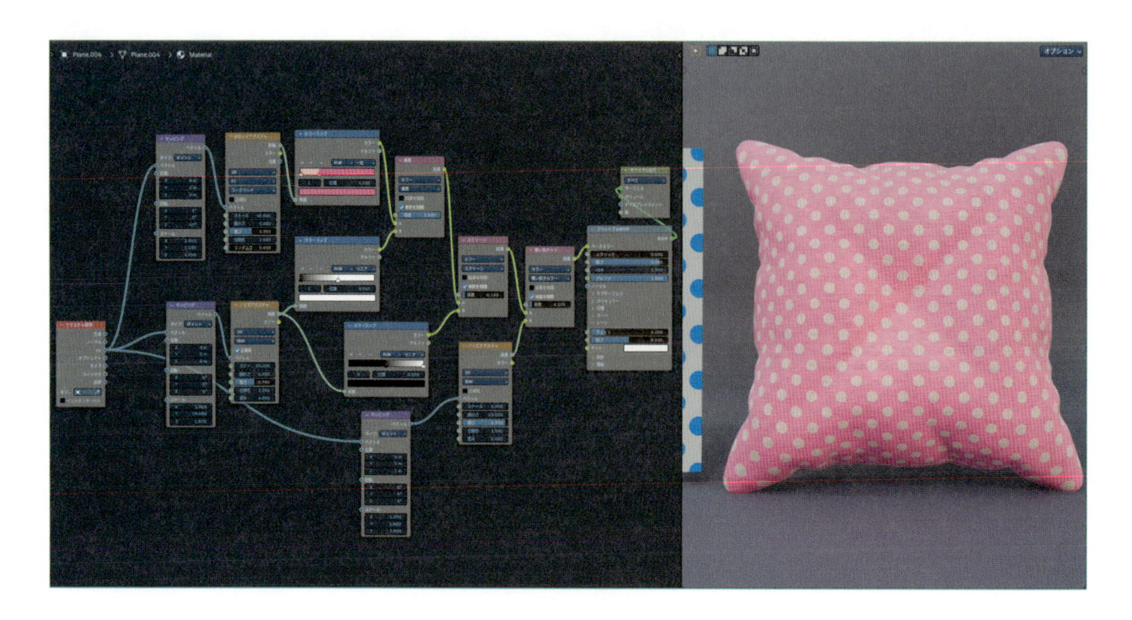

タータンチェックのような複雑なノードツリーの模様でも、同じ手順で合成できます。
「模様を作る部分」をひとかたまりで考えるのがポイントです(サンプルデータ:3-15-02.blend)。

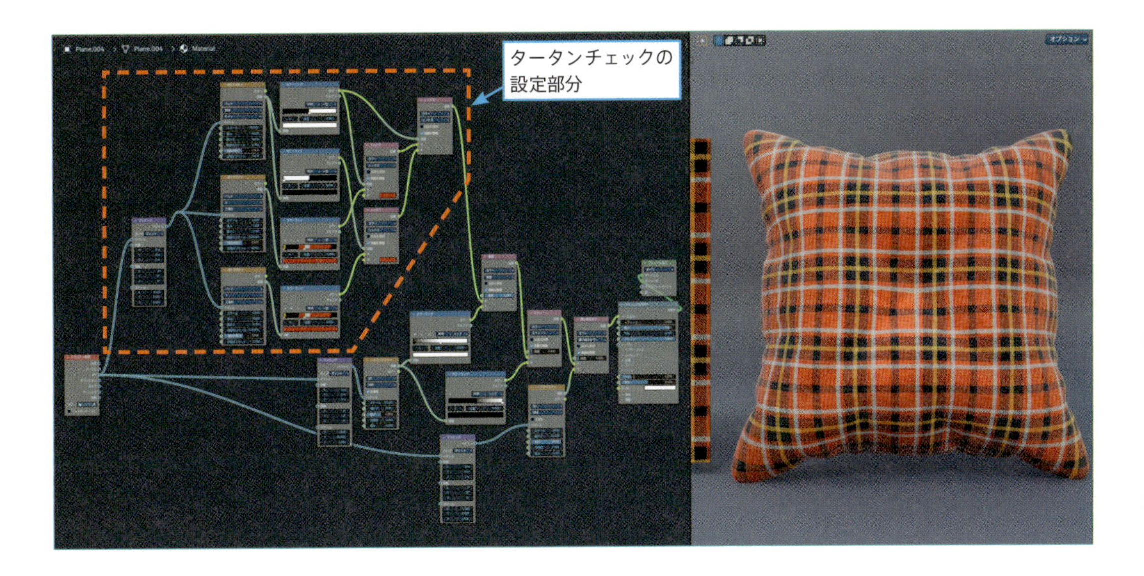

15-4 ひび割れたコンクリートの作り方

ひび割れの設定は、プリンシプルBSDFのベースカラー、粗さ、ノーマルを操作するので、模様のある布を作るよりも少し手順が増えます。

01 Step オブジェクト(マテリアル)の用意

165ページのひび割れのマテリアルを設定したオブジェクトと、217ページのコンクリートのマテリアルを設定したオブジェクトが、同じ.blendファイル内にある状態を例にします。

02 ノードのコピー

Step

ひび割れのマテリアルから、すべてのノードを選択して**Ctrl+C**でコピーします。

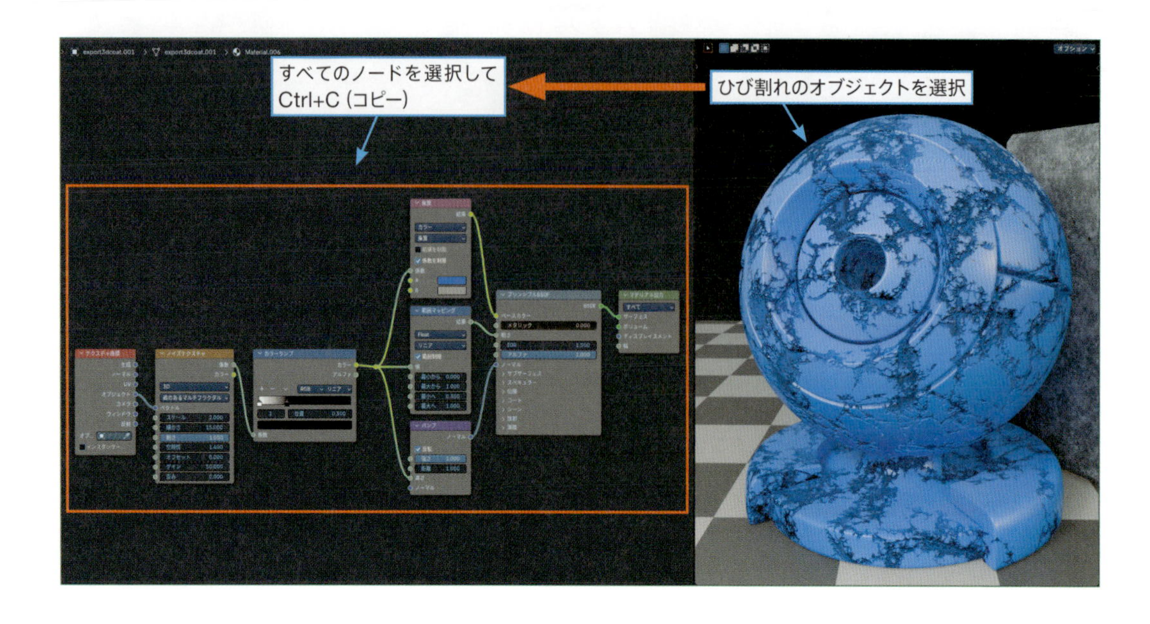

03 ノードのペースト

Step

コンクリートのマテリアルに移動して、**Ctrl+V**でペーストします。

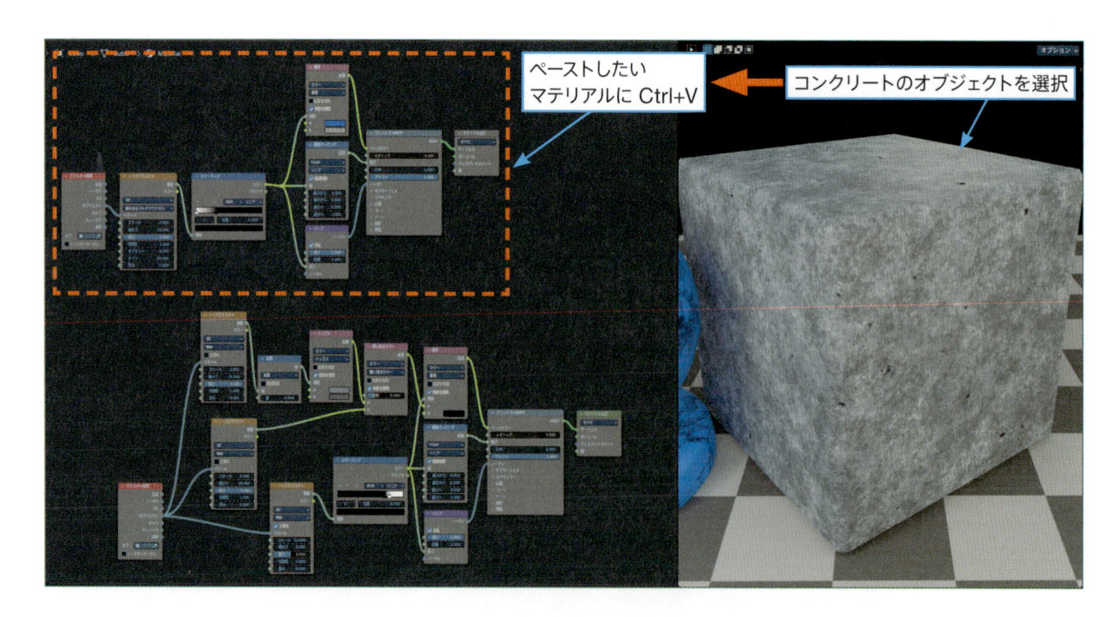

では、合成作業に入ります。

この2つのマテリアルは、どちらも**プリンシプルBSDF**の**ベースカラー**、**粗さ**、**バンプ**を操作して質感を作ってあるので、各パラメーターごとに合成の仕方を考える必要があります。

まずは、**ベースカラー**から合成していきましょう。

04 Step ベースカラーの合成

❶コピーしてきたひび割れのノードツリーを見ると、**ベースカラー**は**カラーミックス**で次のように設定してあります。

- **A：オブジェクト本来の色（またはテクスチャ）**
- **B：ひび割れ部分を暗くするための色（黒～グレー）**

※詳しくはChapter3-6　ひび割れの作り方（134ページ）を参照してください。

以上から、このAにコンクリートのベースカラーを接続すれば、**ひび割れたコンクリートのベースカラー**になると分かります。

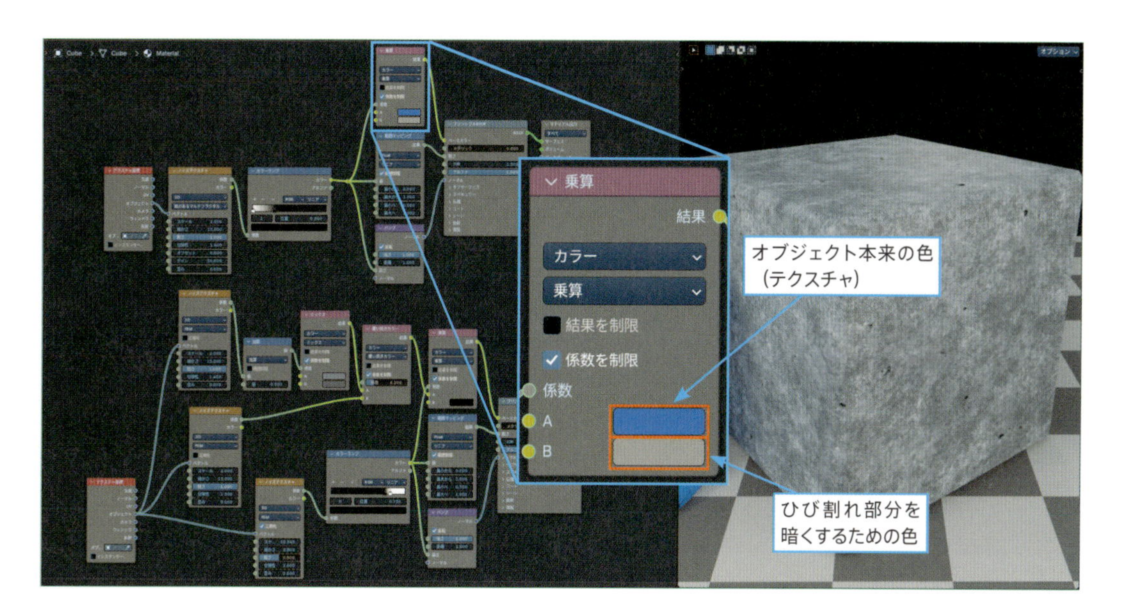

❷ノードを次のように接続します。

- ［**カラーミックス（乗算・コンクリート）：結果**］＞［**カラーミックス（乗算・ひび割れ）：A**］
- ［**カラーミックス（乗算・ひび割れ）：結果**］＞［**プリンシプルBSDF（コンクリート）：ベースカラー**］

これでコンクリートの色に、ひび割れ部分の暗色が加わりました。

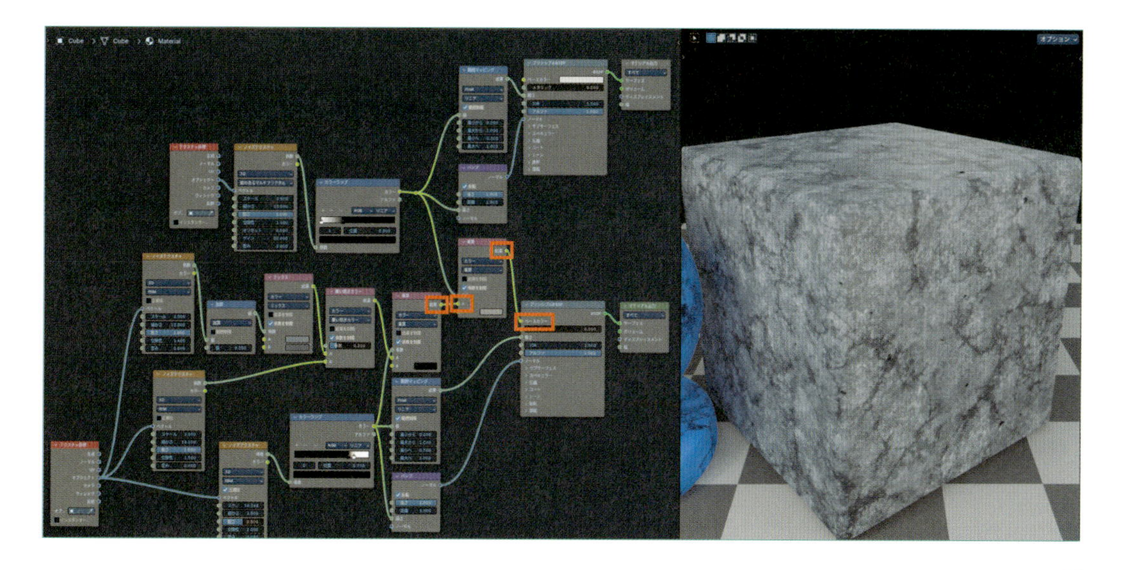

次は、**粗さ**の合成です。

05 Step 粗さの合成

❶ひび割れの設定は、白黒テクスチャと**範囲マッピング**を使って、テクスチャの白い部分（ひび割れの部分）の**粗さ**を**1**にして光沢を消しています。
コンクリートの設定は、白黒テクスチャと**範囲マッピング**を使って、テクスチャの白い部分（コンクリートの気泡の部分）の**粗さ**を**1**にして光沢を消しています。
どちらも**粗さ**が1なので、この2つの白黒テクスチャの**白い部分**を合成すれば、ひび割れ部分とコンクリートの気泡、両方の光沢を消せることになります。

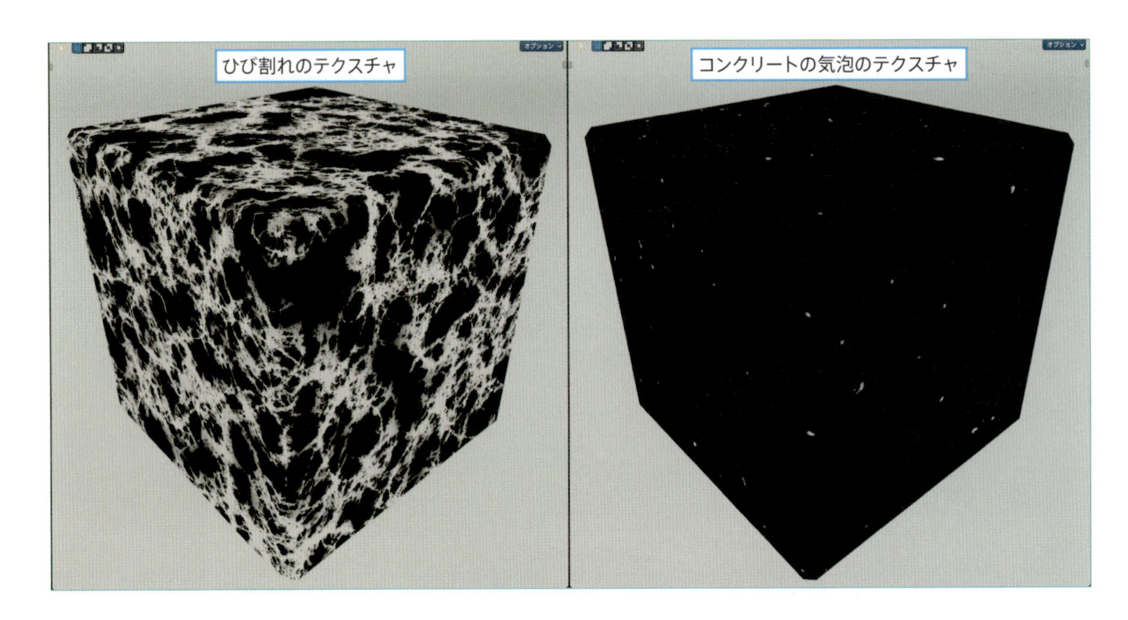

❷テクスチャの合成用に、**Shift+A**＞**カラー**＞**カラーミックス**を追加します。

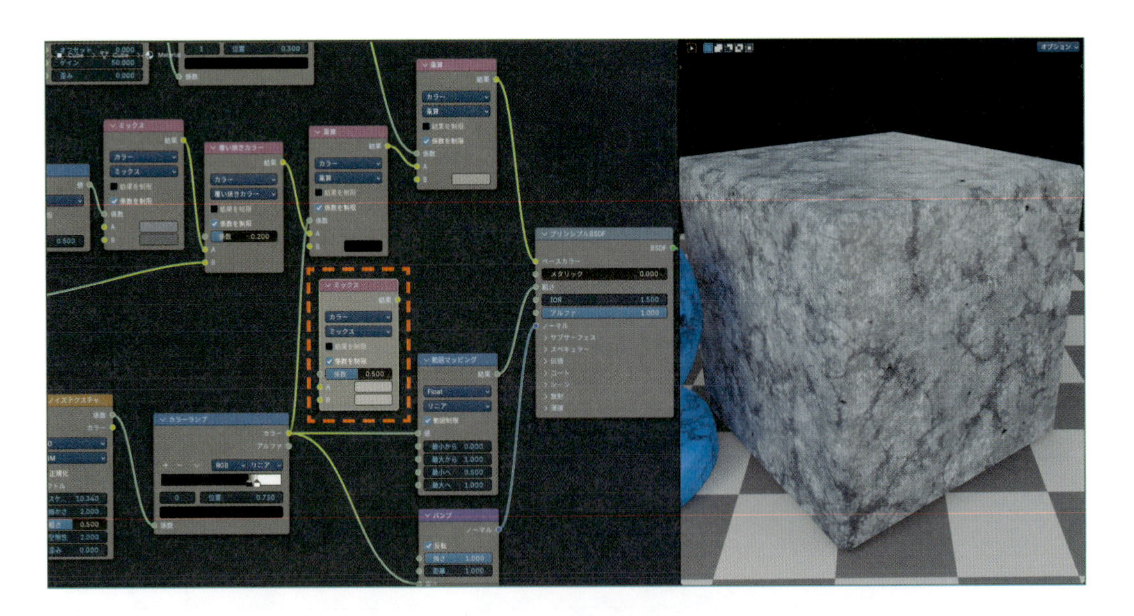

❸**カラーミックス**を、次のように設定します。

- **ブレンドモード**：**スクリーン**
- **係数**：**1**

❹**カラーミックス**を、次のように接続します。

- ［**リルート**］＞［**カラーミックス（スクリーン）**：**A**］
- ［**カラーランプ（コンクリート）**：**カラー**］＞［**カラーミックス（スクリーン）**：**B**］
- ［**カラーミックス（スクリーン）**：**結果**］＞［**範囲マッピング**：**値**］

これで2つの白黒テクスチャの**白い部分**が合成され、**ひび割れ**と**コンクリートの気泡**、どちらの部分も**粗さ**が**1**になり、光沢が生じないようにできました。

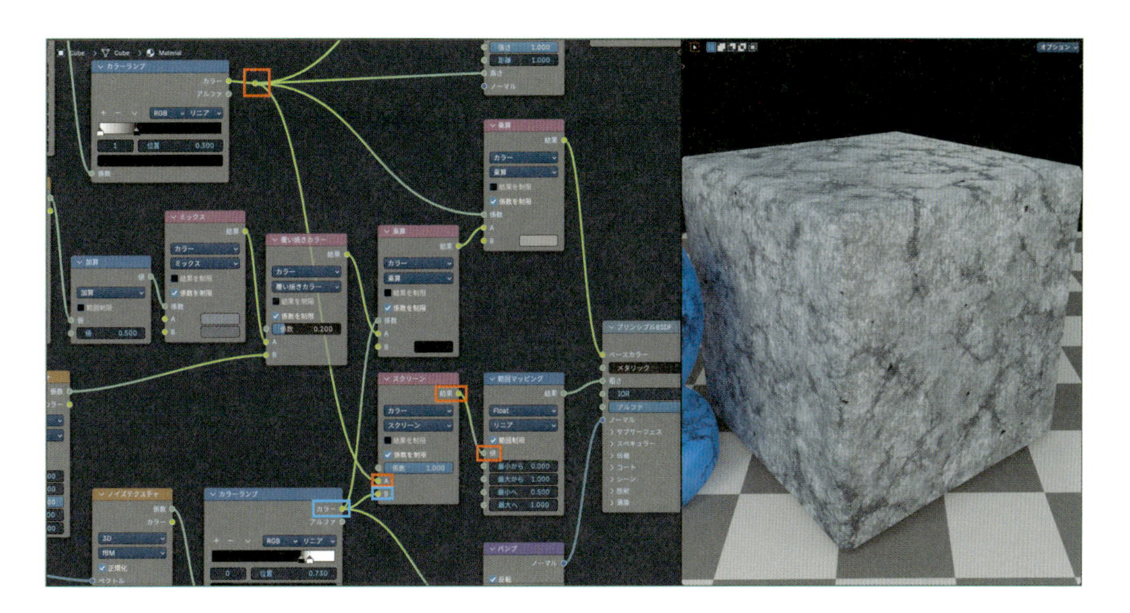

Chapter 1
Chapter 2
Chapter 3 1-5
Chapter 3 6-10
Chapter 3 11-15
Chapter 4

POINT

テクスチャの合成方法について

テクスチャを合成する方法は、元になるノードツリーの構成と、「どのように組み合わせたいか」によって変わります。
ここではテクスチャの**白い部分**同士を合成するので、**カラーミックス**の**スクリーン**（明るい方が優先される合成）を使いました。もし**黒い部分**同士を合成するなら、**カラーミックス**の**乗算**（暗い方が優先される合成）を使います。
白い部分と**黒い部分**を合成するなら、片方のテクスチャの明度を反転させてから、**スクリーン**または**乗算**で合成します。
作りたい結果によっては、**スクリーン**や**乗算**以外のモードを使うこともあります。また、**カラーミックス**以外のノード（**数式**ノードなど）で合成することもあります。
これは本当にケースバイケースなので、いろいろ調べながら試すと良い練習になります。

06 Step バンプマッピングを合成

最後に、**バンプマッピング**を合成します。
複数の**バンプ**ノードは、順番は関係なく、片方の**ノーマル**出力を他方の**ノーマル**入力に接続するだけで合成できます。
これで**コンクリートの気泡**と**ひび割れ**両方の凹凸が合成されました。

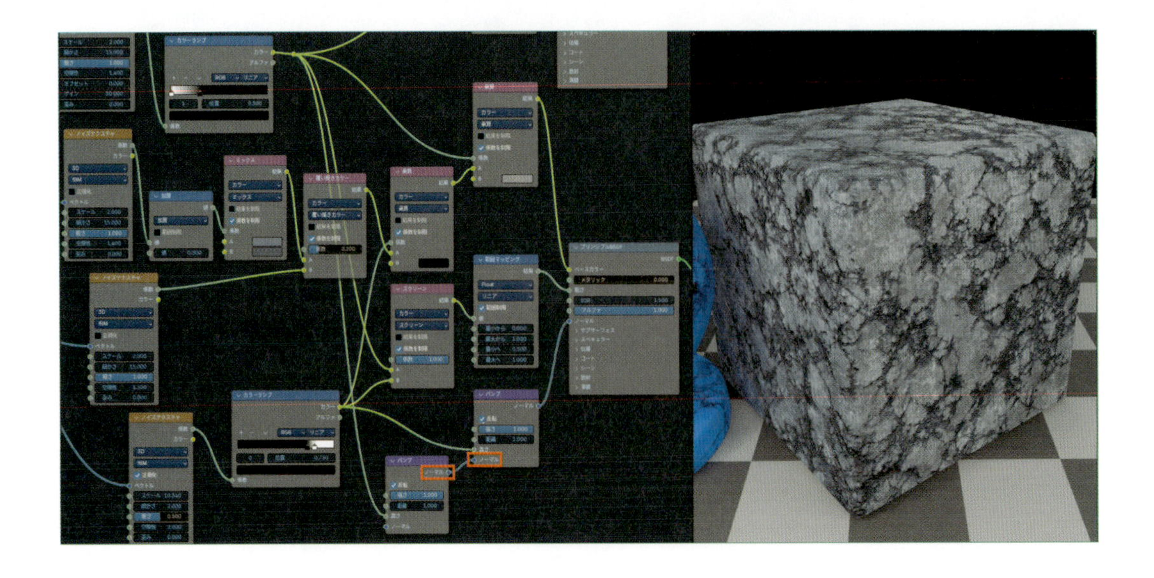

07 Step ノードツリーの整理

最後に、ノードツリーを整理します。

今回もテクスチャ座標の重複が整理できるので、次のようにノードを接続し直します。

- [テクスチャ座標(コンクリート):オブジェクト] > [ノイズテクスチャ (ひび割れ):ベクトル]

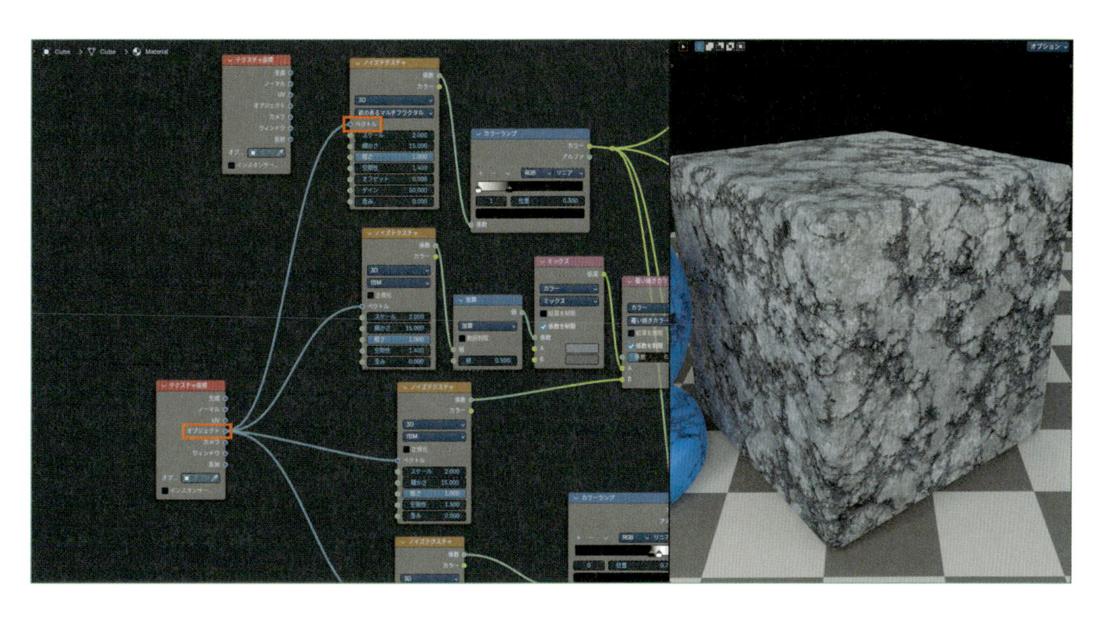

ひび割れのマテリアルからコピーしたテクスチャ座標、範囲マッピング、プリンシプルBSDF、マテリアル出力は使わないことがはっきりしたので、選択してXキーで削除します。

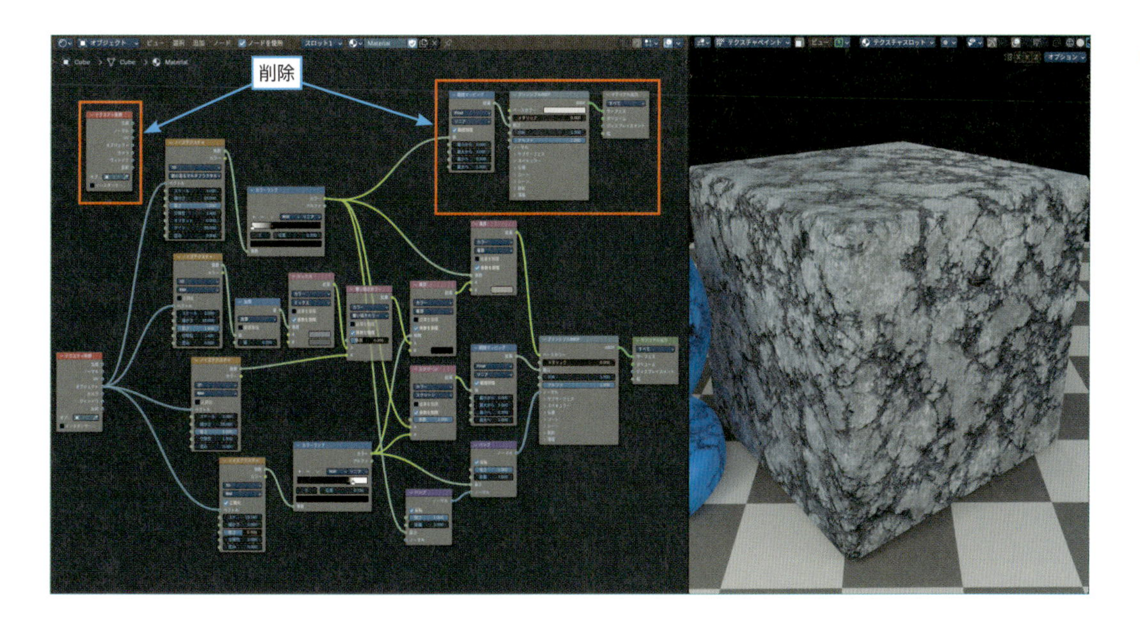

削除後は下図のようになります。

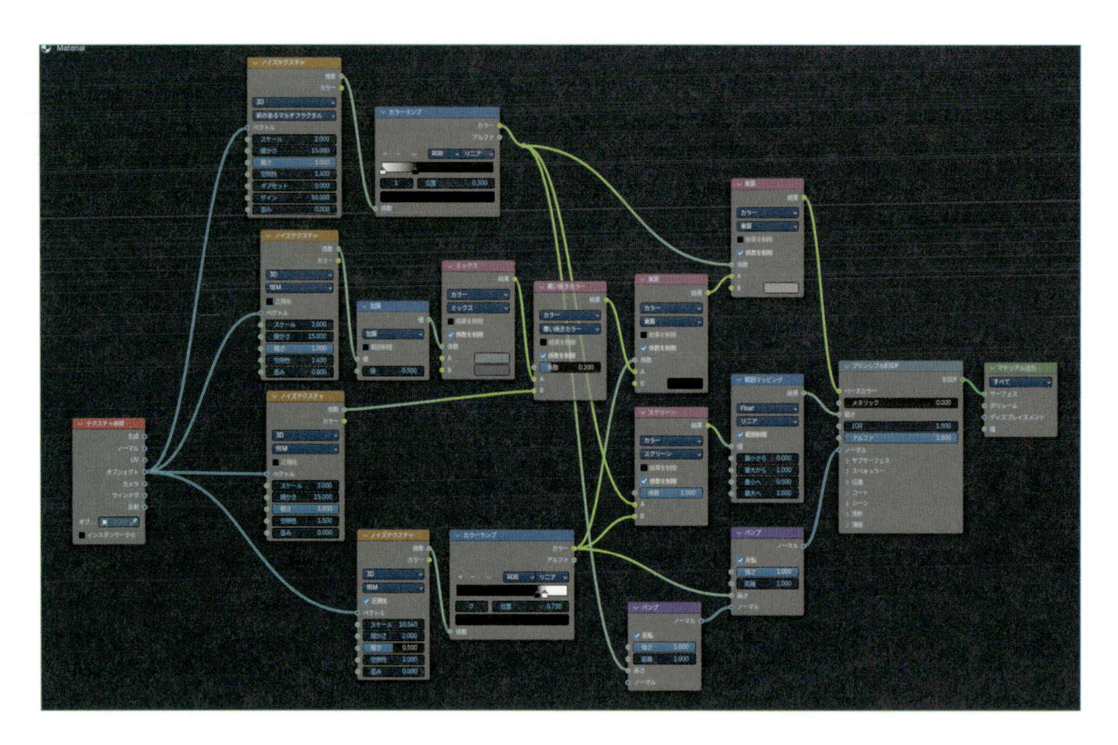

以上で合成は完了しました。
ペースト先のオブジェクトに合わせて、ひび割れの大きさ・範囲・色の濃さなどを調整すればできあがりです（サンプルデータ：3-15-03.blend）。
※調整方法は**Chapter3-6　ひび割れの作り方**（134ページ）を参照してください。

4

Chapter

Appendix

この章では補足説明として、マテリアルの操作や質感表現に影響する「マテリアルデータの基本操作」、「EEVEEの透過・屈折の設定方法」、「環境テクスチャの使い方」について解説します。

Chapter 4

1 マテリアルデータの基本操作

マテリアルそのもののデータを扱う時によく使う、次の操作方法について説明します。

- ・1つのオブジェクトに複数のマテリアルを設定する
- ・作成済みのマテリアルをコピーする
- ・マテリアルの自動削除についてと対処法

1-1 1つのオブジェクトに複数のマテリアルを設定する

ここまでのChapterでは、1つのオブジェクトに対して1つのマテリアルを設定してきました。
しかし実際には、1つのオブジェクトが単一の質感しか持たないということは少なく、複数の質感を持つ方が多いです(例:「ドアは木製、ノブだけ金属」、「自動車の車体、ガラス、タイヤなどはそれぞれ別の質感」)。
ここでは、1つのオブジェクトに複数のマテリアルを設定する方法を解説します。

マテリアルの追加

01 Step マテリアルスロットの追加

オブジェクトを選択した状態で、**マテリアルプロパティ**の右上にある＋ボタンをクリックします。

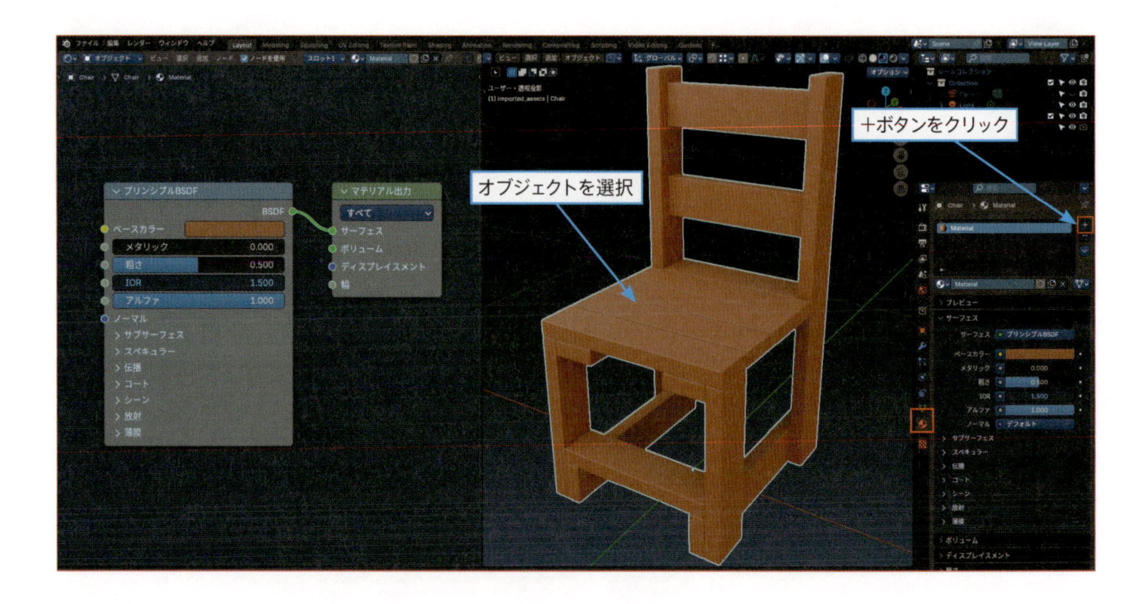

これで、オブジェクトに新しい**マテリアルスロット**が追加されます。
マテリアルスロットは、「オブジェクトごとに設定するマテリアル登録枠」とイメージするといいでしょう。
用意したマテリアルスロットの数だけ、異なるマテリアルを設定できます。

新しいマテリアルスロットはカラッポで、マテリアルが設定されていません。

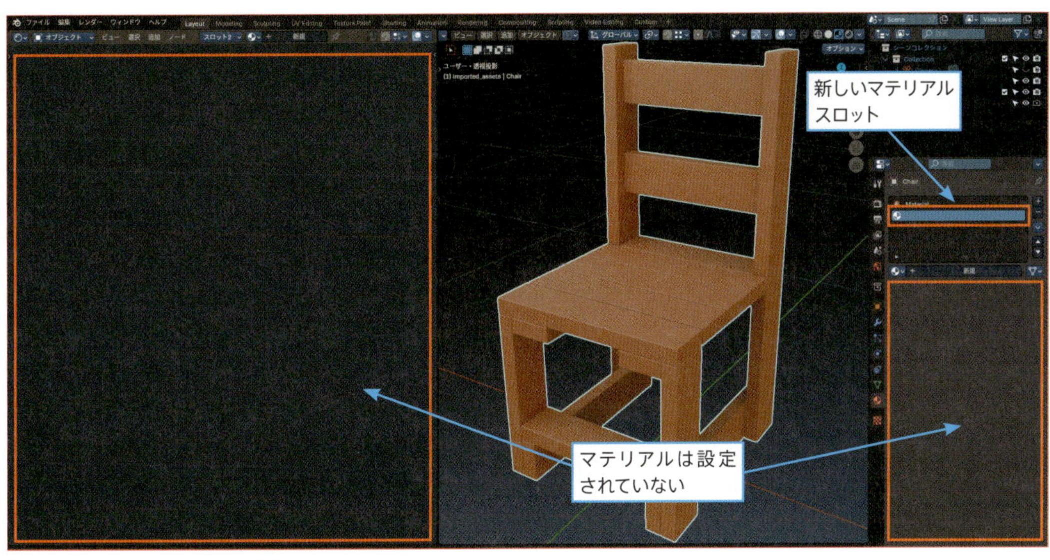

この新しいマテリアルスロットを、別のマテリアルを設定したい**面**に割り当てます。

02 Step マテリアルスロットの割り当て

❶**3Dビューポート**を**編集モード(Edit Mode)**に切り替えて、別のマテリアルを設定する**面**を選択します。
❷新しいマテリアルスロットを選択して、**割り当て**をクリックします。

これで、選択した面に新しい**マテリアルスロット**が割り当てられます。
この時点ではスロットにマテリアルが設定されていないので、初期状態の質感になります。
※下の画像では色の変化が見やすいように、3Dビューポートを**オブジェクトモード**に戻してあります。

次は、この**マテリアルスロット**に新規マテリアルを作成します。

03 Step 新規マテリアルの作成

新しいマテリアルスロットを選択した状態で、次のどちらかをクリックします。

- シェーダーエディターの**新規**ボタン
- マテリアルプロパティの**新規**ボタン

※この2つは連動しているので、片方をクリックすると、もう片方にも反映されます。

これで、新しいマテリアルスロットに新規マテリアルが用意できました。

あとはこれまで通り、マテリアルを編集すればOKです。

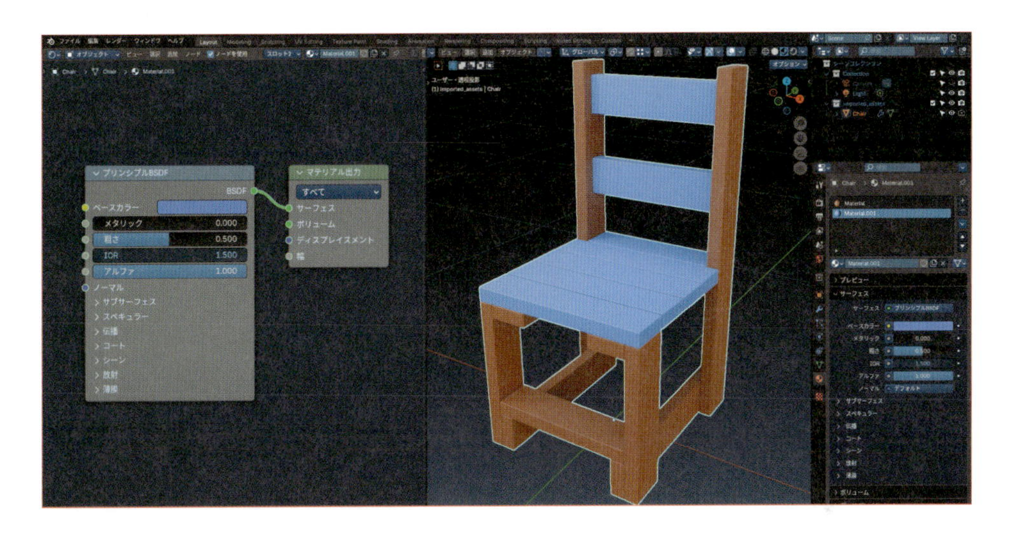

同じ手順で、好きなだけマテリアル（スロット）を増やすことができます。

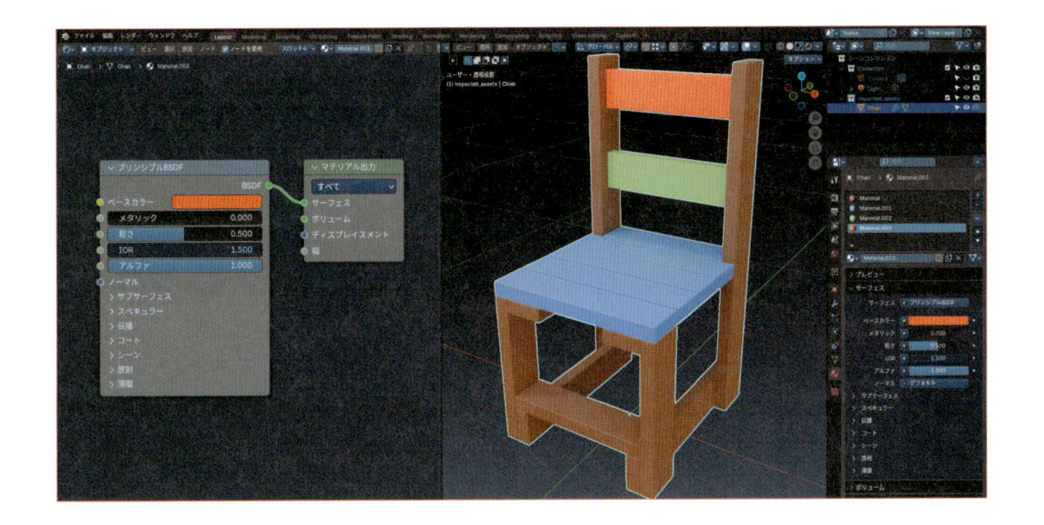

マテリアル（スロット）の変更

面にどのマテリアルスロットを割り当てるかは、自由に変更できます。

❶**編集モード**で、マテリアルを変更したい**面**を選択します。
❷**マテリアルスロット**を選択して、**割り当て**をクリックします。

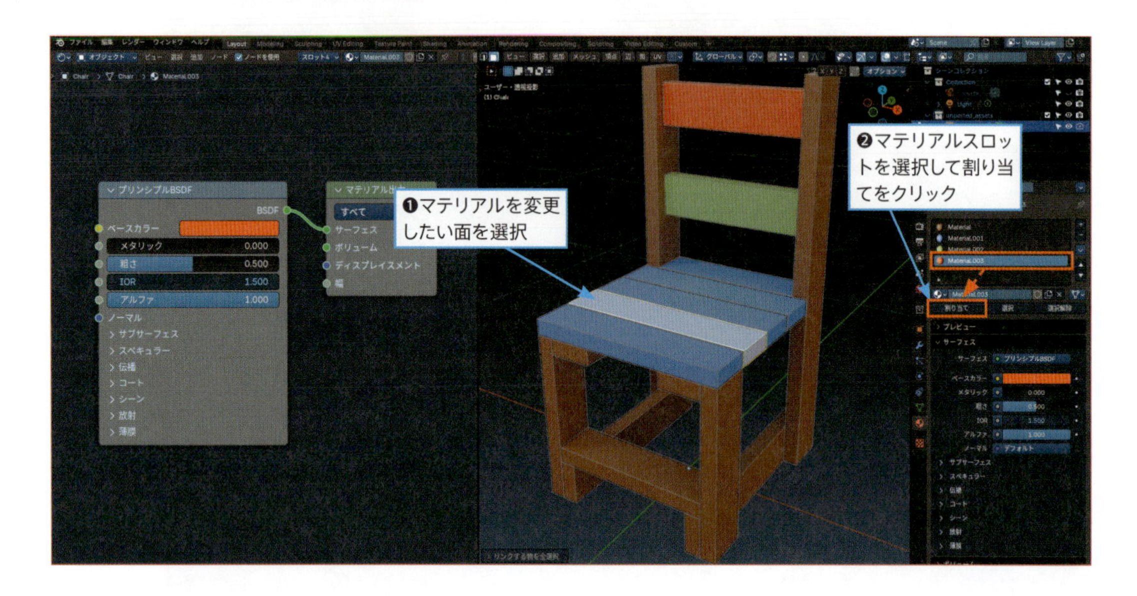

これで下図のようにマテリアルが変更されました。

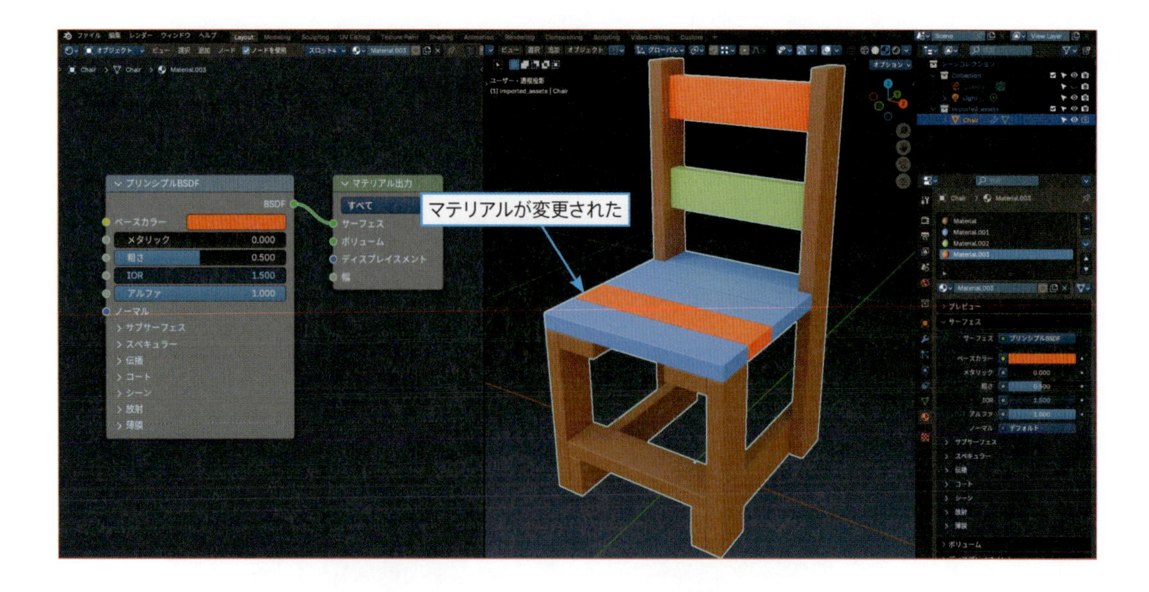

マテリアル（スロット）の削除

不要になったマテリアルを削除するには、削除したいマテリアルスロットを選択して、**マテリアルプロパティ**の右上にある**ー**ボタンをクリックします。

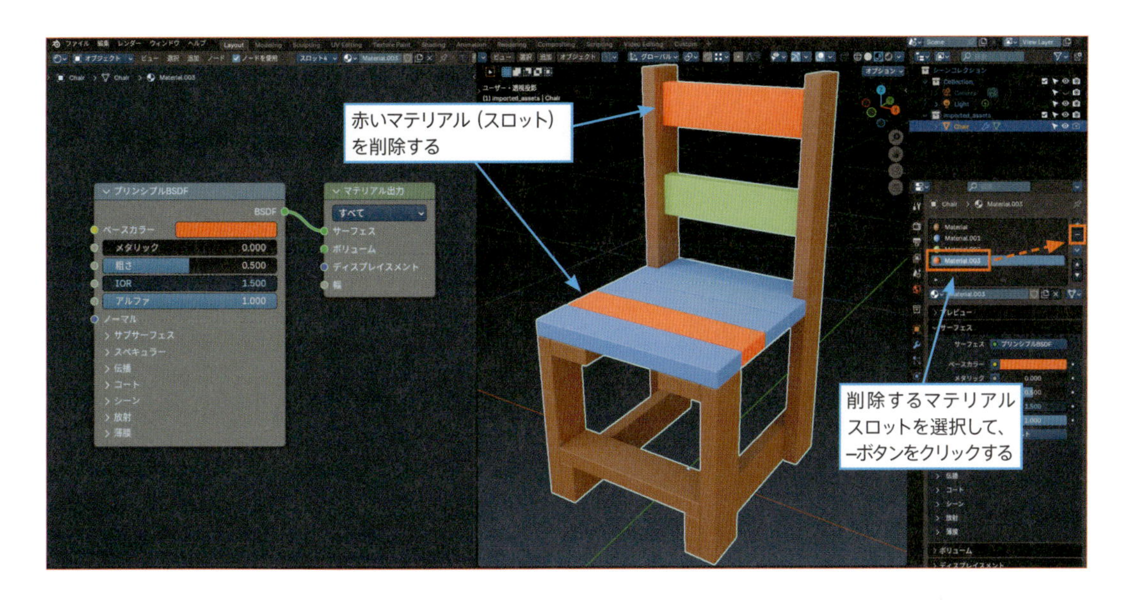

これで、選択したマテリアルスロットが削除されます。
削除したマテリアル（スロット）が割り当てられていた面は、「リストの1つ上のマテリアルスロット」が自動で割り当てられます。

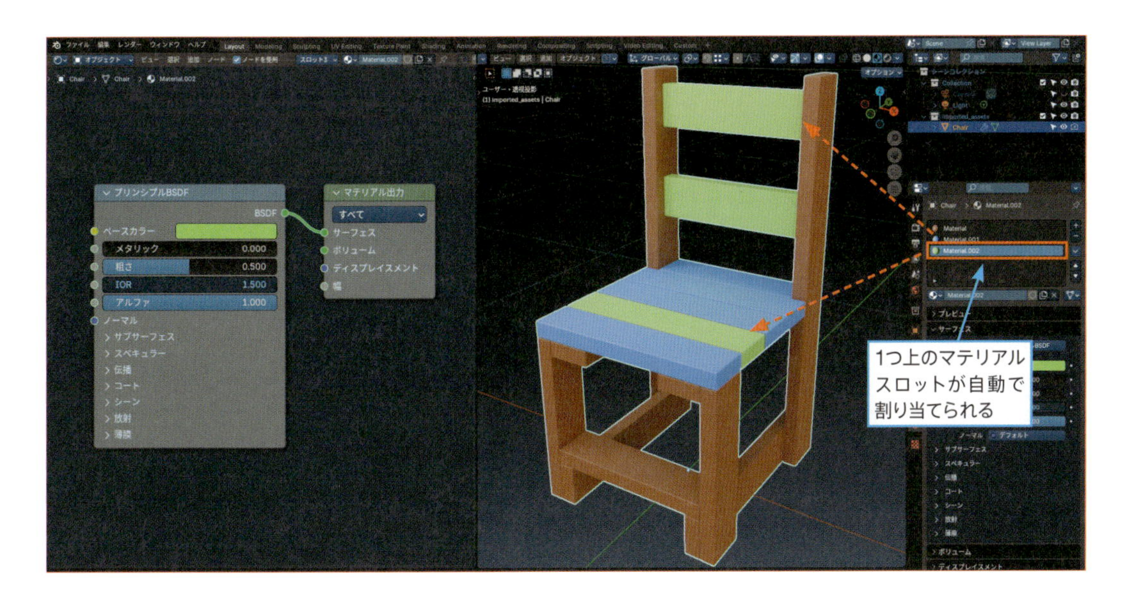

複数のオブジェクトでマテリアルを共有する

複数のオブジェクトを同じ質感にしたい場合は、マテリアルを共有させると便利です。
例えば、下の画像の球（マテリアル未設定）に、立方体のマテリアル（緑色）を設定するには、次の手順で操作します。

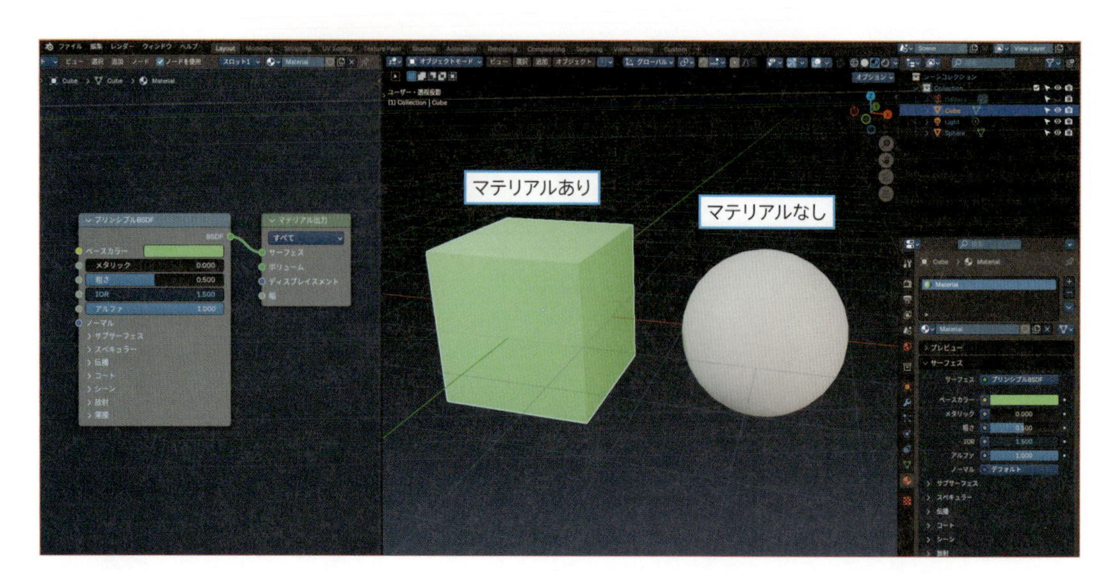

❶球を選択して、シェーダーエディターまたはマテリアルプロパティの、**新規**ボタンの左にある**マテリアルのアイコン**をクリックします。
❷作成済みマテリアルのリストが表示されるので、使用するマテリアルをクリックします。
※シェーダーエディターとマテリアルプロパティは連動しているので、片方を操作すると、もう片方にも反映されます。

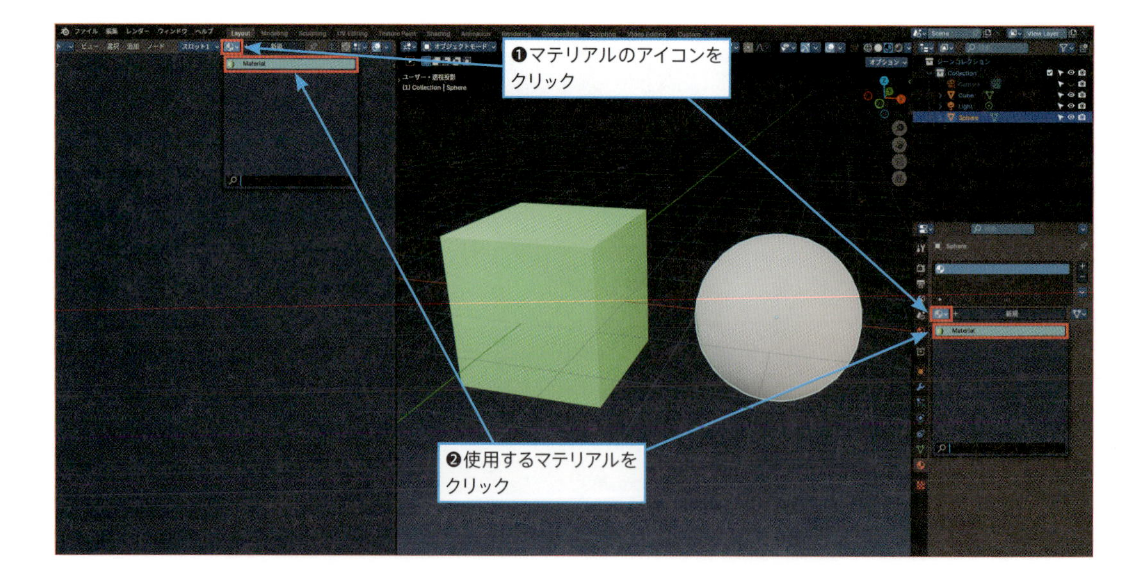

これで、球にも立方体と同じマテリアルが設定されます。

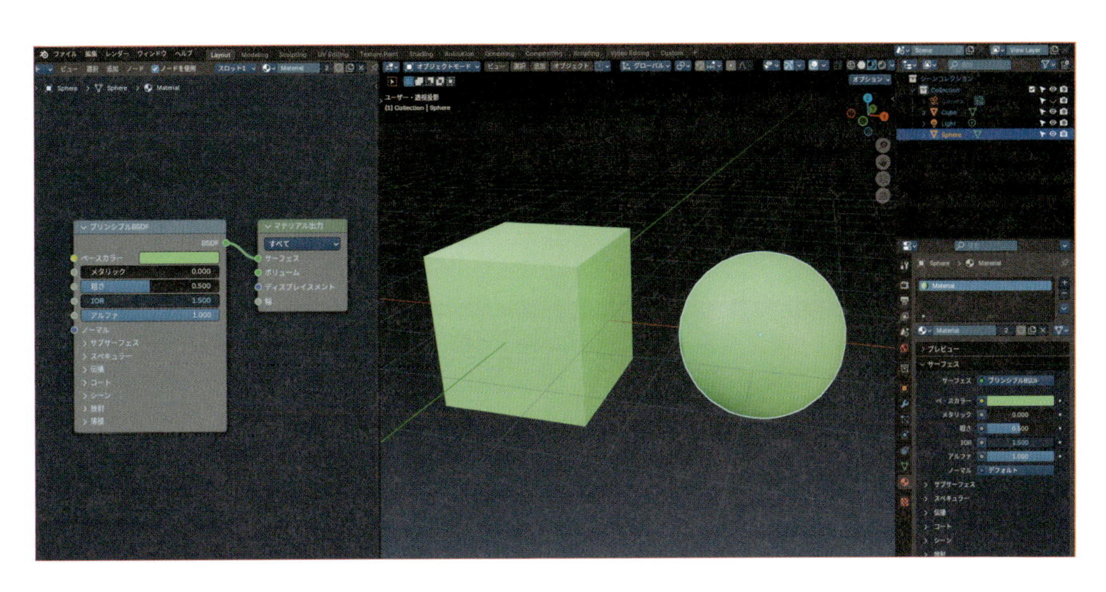

立方体と球は同じマテリアルを共有する状態になっています。
片方のオブジェクトでマテリアルを編集すると、両方の見た目が変化します。

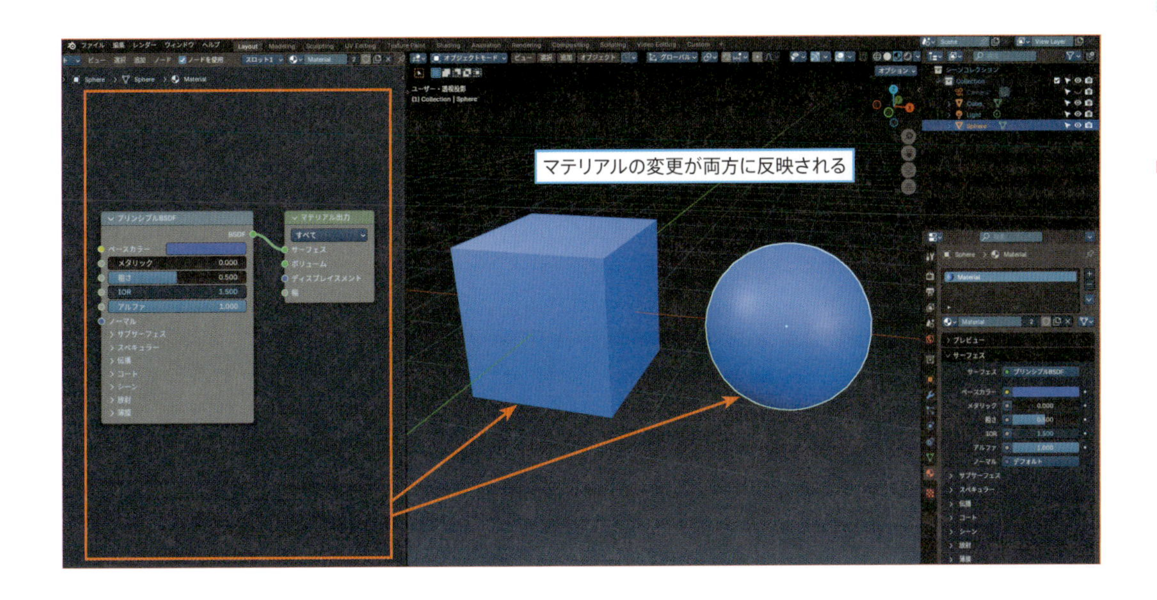

1-2 作成済みのマテリアルをコピーする

「他の設定は同じで一部分だけ違う」というマテリアルを作る場合は、コピーを作ってから編集するのが簡単です。マテリアルのコピーは、次の手順で操作します。

❶マテリアルを共有状態にします。
下の画像では、2つのオブジェクトで**Material**という名前のマテリアルを共有しています。

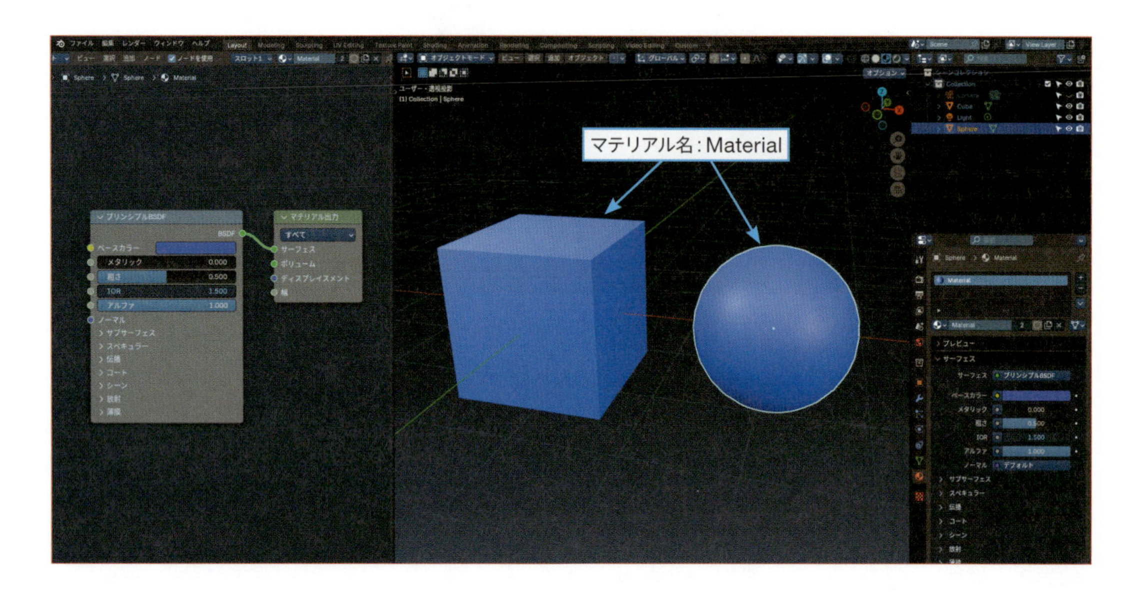

❷マテリアルをコピーしたい方のオブジェクトを選択します。
❸シェーダーエディターまたはマテリアルプロパティの、**マテリアル名**の右にある**数字**の部分をクリックします。
※数字は、そのマテリアルを共有しているオブジェクトの数を示します。

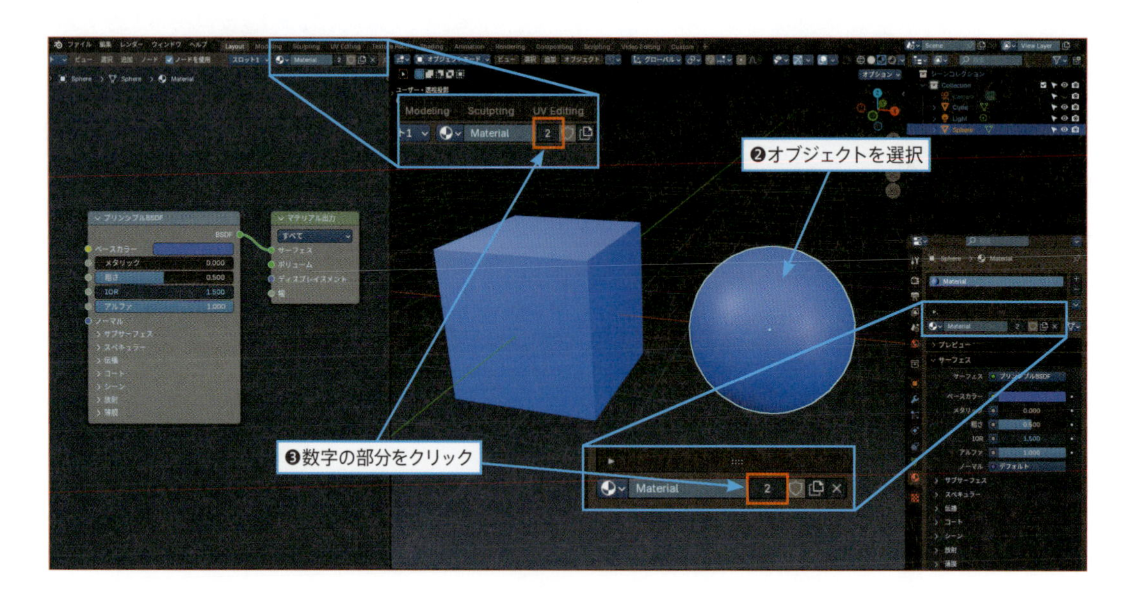

するとクリックした**数字**の欄が消え、マテリアル名に「.001」のような枝番が追加されます。
これでマテリアルがコピーされ、球だけのマテリアルが設定できました。
この時点ではマテリアルの内容もコピーされたままなので、見た目は変化しません。

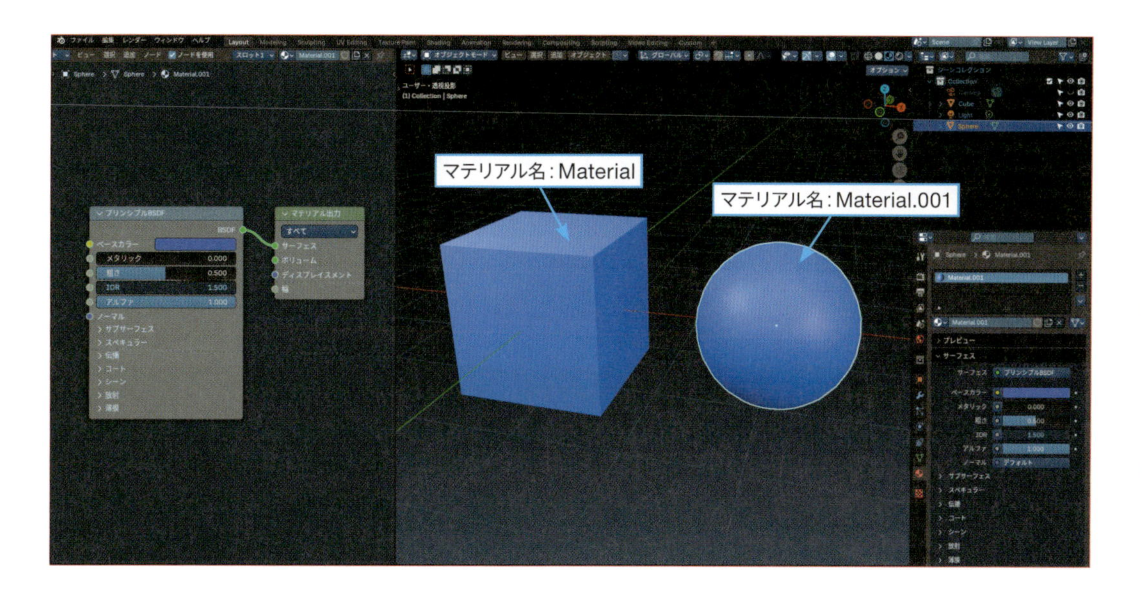

あとは、個別に編集するだけです。

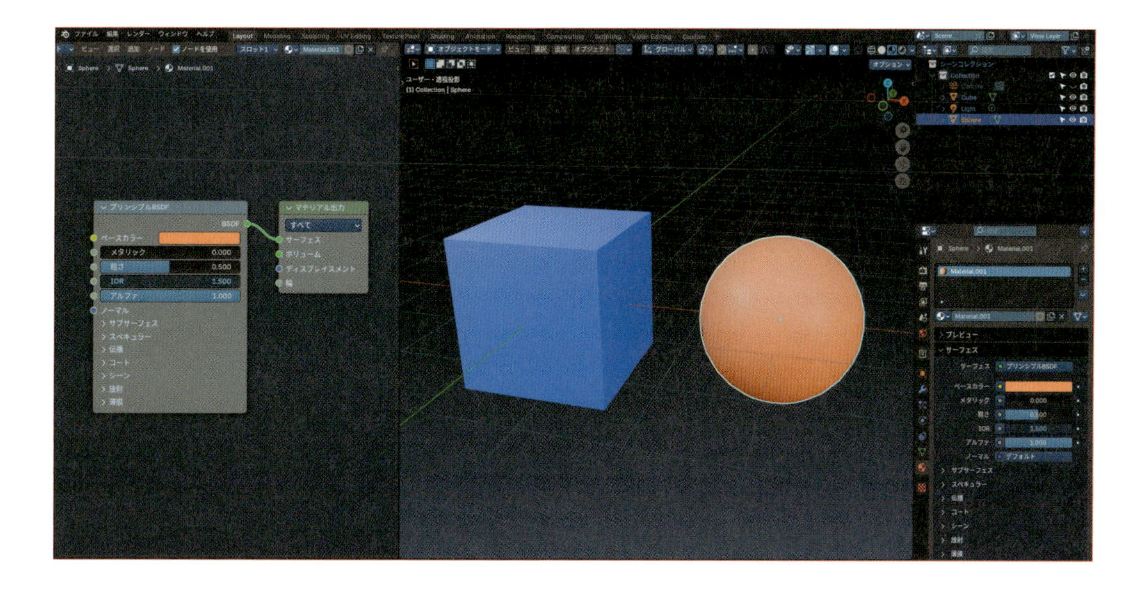

1-3 マテリアルの自動削除についてと対処法

Blenderには「どのオブジェクトにも使われていないマテリアル」を**自動で削除**する機能があります。
正確には、.blendファイルを保存する時に保存対象から外されます。その結果、次にファイルを開いた時にそのマテリアルは消えていることになります。これはデータが無駄に増えることを防ぐための機能ですが、「使ってないけど取っておきたいマテリアル」も消えてしまいます。
消えてほしくないマテリアルは、次の手順で保護しておく必要があります。

❶「どのオブジェクトにも使われていないマテリアル」は、マテリアルのリストで名前の頭に**0**が表示されます。下の画像では**Material.004**が、どのオブジェクトにも使われていないマテリアルです。
これを保護することにします。

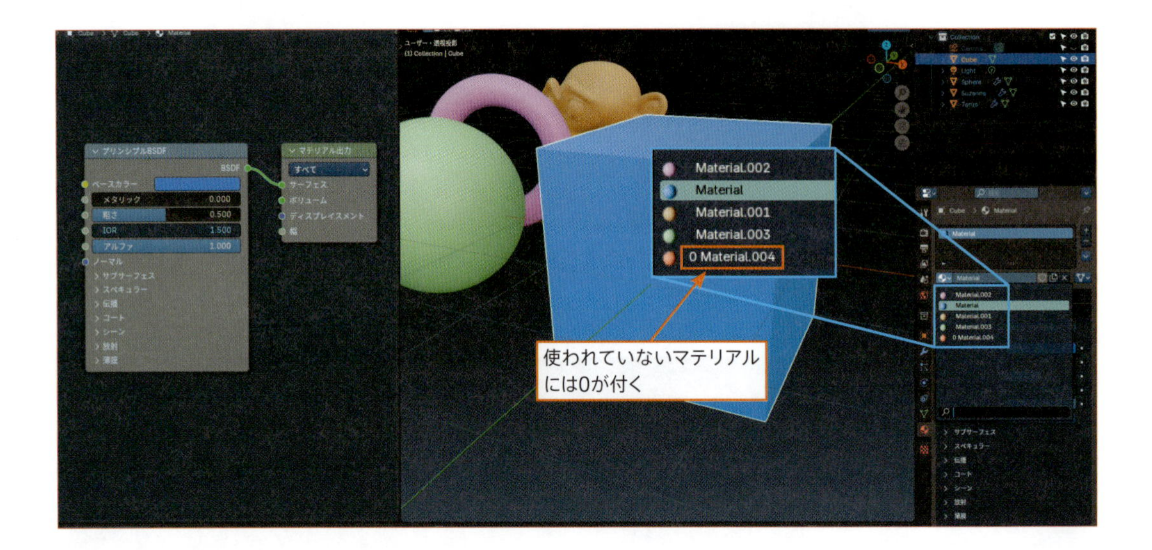

❷使用中のマテリアルでしか、保護の操作はできません。保護の操作のため、適当なオブジェクトに一時的に保護したいマテリアル（ここでは**Material.004**）を設定します。
❸シェーダーエディターまたはマテリアルプロパティの、**マテリアル名**の右にある**盾のアイコン**をクリックします。

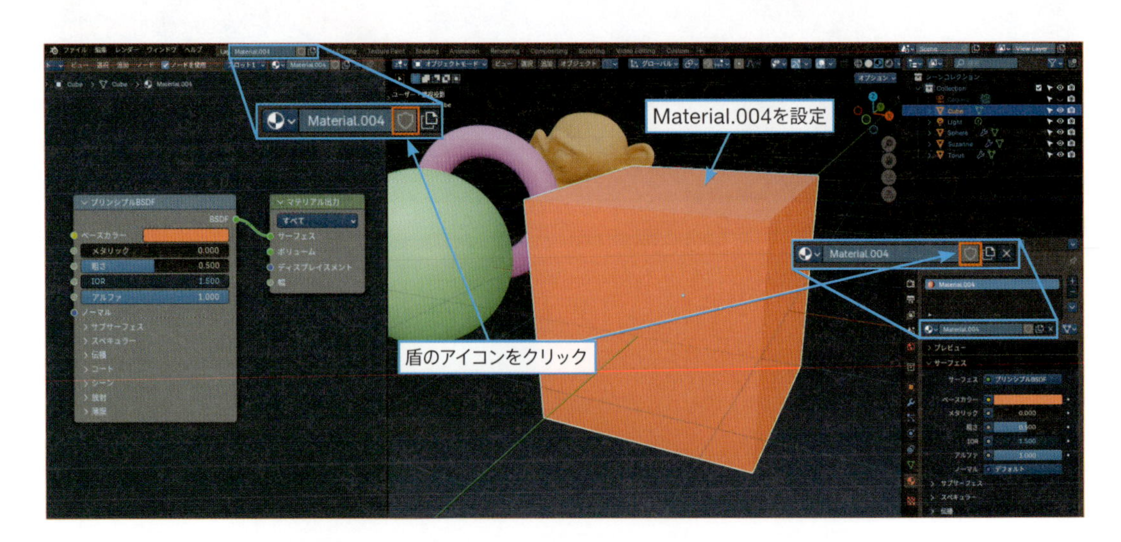

クリックした**盾のアイコン**が、グレーから明るい色（チェックマークつき）に切り替わります。
これで**Material.004**が保護されました。

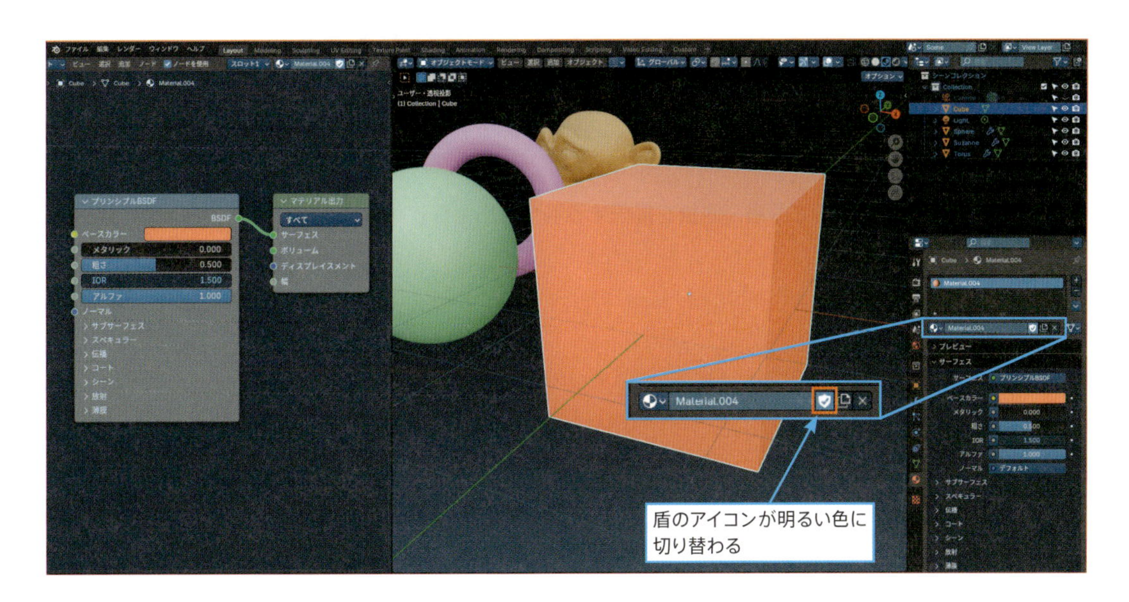

保護されているマテリアルは、マテリアルのリストで、名前の頭に**F**が表示されます。
Fは**Fake User（偽装利用者）**のマークです。
これで、実際にこのマテリアルを使用しているオブジェクトがなくても、Blenderは「使っているオブジェクトがある」と判断して、自動削除の対象から外します。

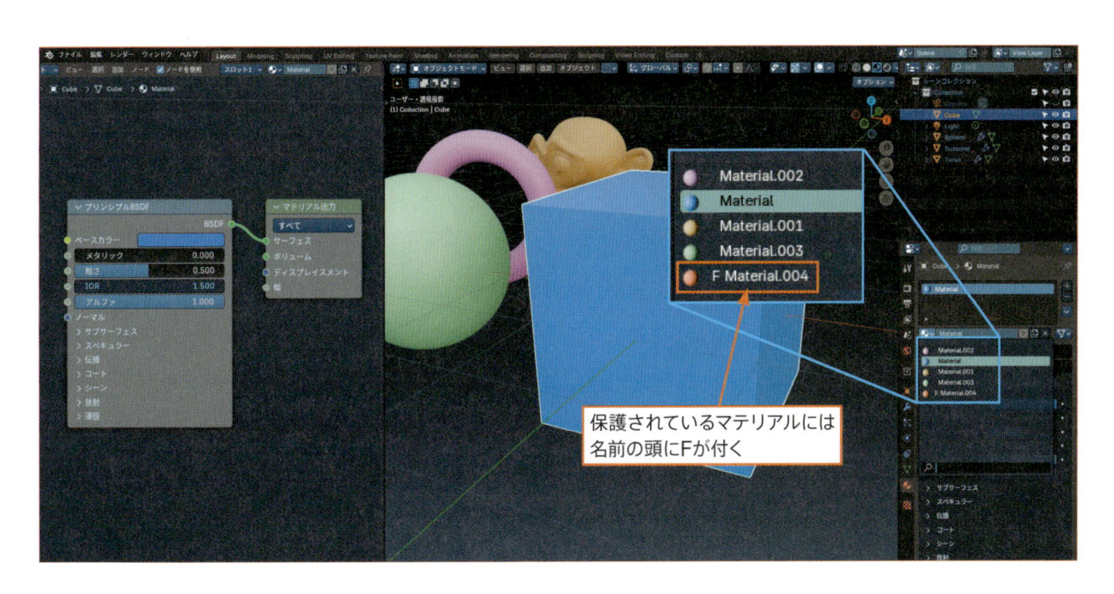

保護を解除する場合は、もう一度**盾のアイコン**をクリックすればOKです。

MEMO

Fake UserのON/OFFの切り替えは、**アウトライナー**>**Blenderファイル**>**マテリアル**からも操作できます。
ここでは詳しい説明は省きますが、「そういう機能もあるのか」くらいに知っておいてください。

Chapter 4

2

EEVEEの透過・屈折の設定方法

EEVEEで透過・屈折を描画する場合に必要な、専用の設定について説明します。

2-1 CyclesとEEVEEの違い

ガラスや水など透過・屈折するマテリアルを作る場合、CyclesとEEVEEでは次のような違いがあります。

- Cycles：自然な屈折が描画される
- EEVEE：初期状態のままではおかしな屈折になる（カメラから見て奥にあるオブジェクトが映り込まない）

EEVEEでより自然な透過・屈折を描画するには、次項の設定が必要です。

2-2 EEVEEの透過・屈折の設定方法

以下はEEVEE専用の設定項目なので、レンダーエンジンがEEVEEになっている時だけ表示されます。

01 Step レンダープロパティの設定

レンダープロパティ>**レイトレーシング** をONにします。

02 Step マテリアルの設定

マテリアルプロパティ>**設定**>**レイトレース伝播** をONにします。
これで、カメラから見て奥にあるオブジェクトも屈折に映り込むようになります。

屈折の具合がきつすぎると感じる場合は、シェーダーエディターで**Shift+A**>**入力**>**値**ノードを追加し、**マテリアル出力**の**幅**に接続します。

※**値**ノードは、デフォルトの**0**のまま使います。
※**幅**と表示されている部分は、Blender4.3で**厚さ**に修正される予定です。

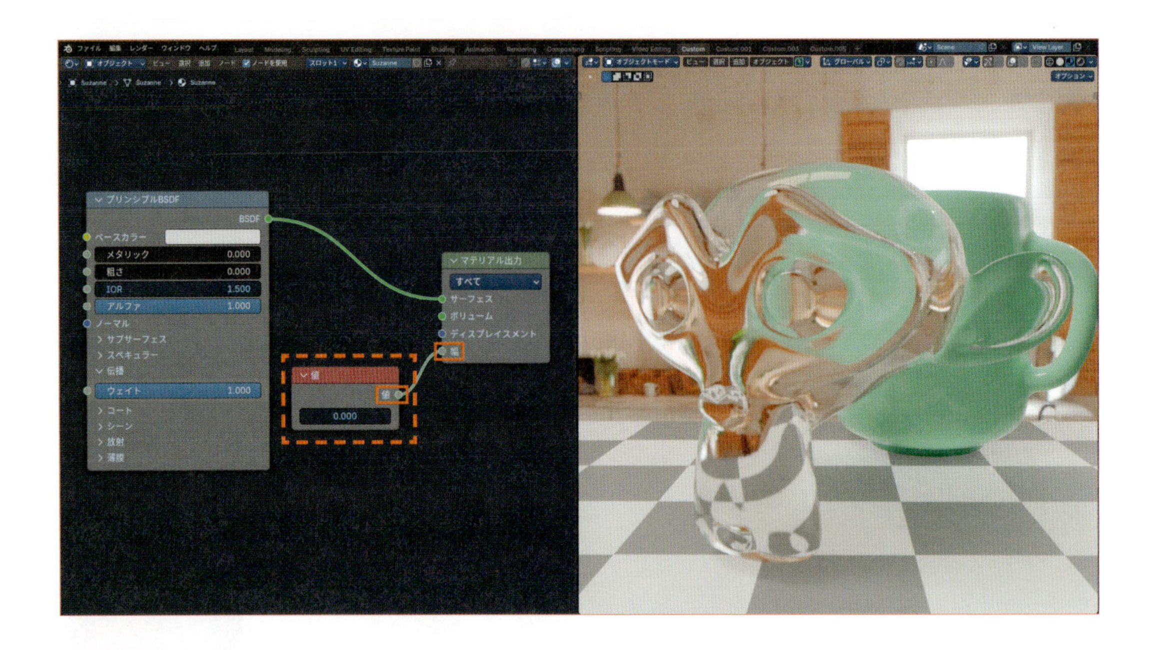

MEMO

- **レイトレース伝播**と**幅(厚さ)**は、マテリアルごとに設定する必要があります。
- **幅(厚さ)**はCyclesでも表示されますが、EEVEE専用の設定項目なので、Cyclesでは効果を持ちません。

2-3 板ガラスの設定方法

窓ガラスや車のウィンドウなど「平面(に近い)ガラス」を作る場合は、次のように設定します。

01 Step マテリアルの設定

マテリアルプロパティ>**設定**>**幅**を、デフォルトの**球**から**厚みのある板**に変更します。

※**幅**と表示されている部分は、Blender4.3で**厚さ**に修正される予定です。

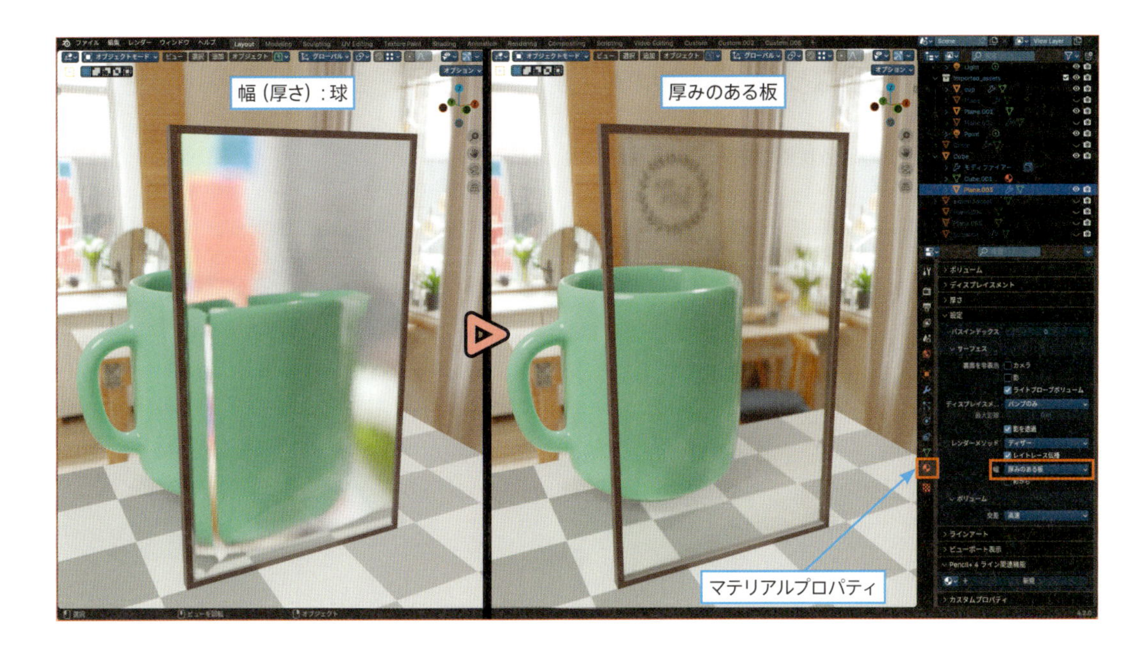

02 シェーダーの設定

Step

❶**シェーダーエディター**で**Shift+A**＞**入力**＞**値**ノードを追加し、**マテリアル出力**の**幅**に接続します。
❷**値**ノードにガラスの厚さ（m）を入力します。
これで、「平面（に近い）ガラス」の屈折が表現できます。

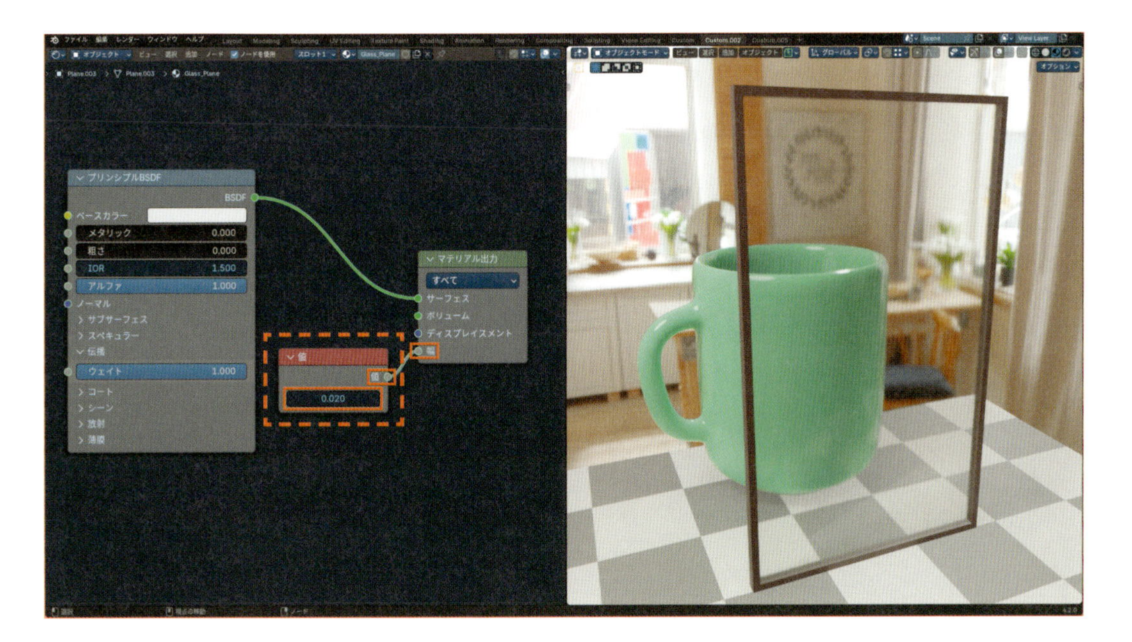

2-4 屈折の重なり合いについて

EEVEEは、屈折が重なり合う状態は描画できません。

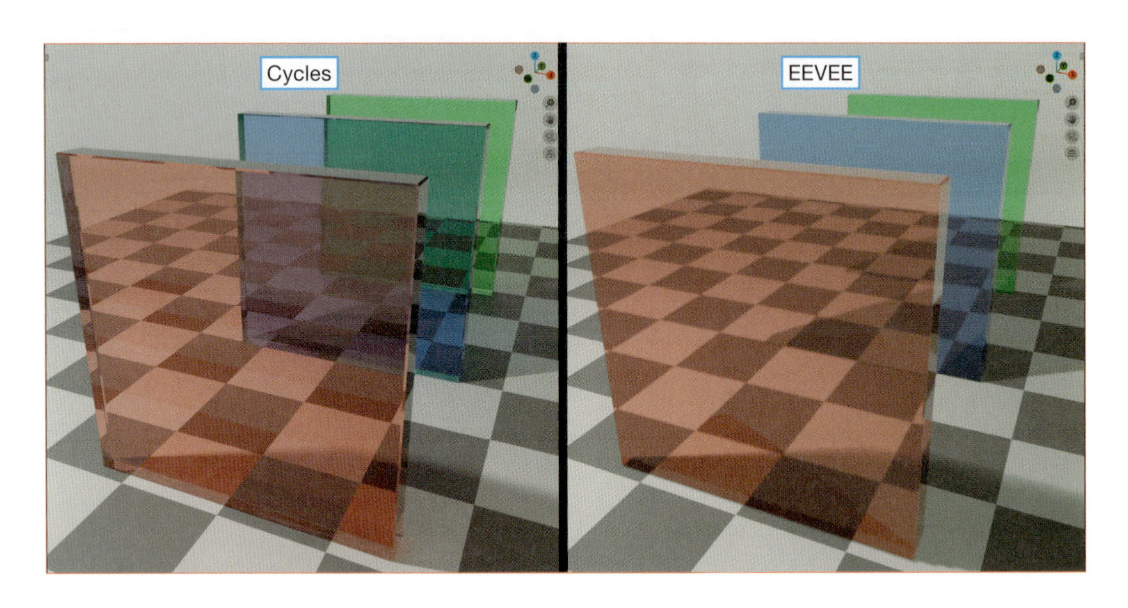

そのため、コップやガラス瓶のような**内部に空洞のあるガラス**や、**水の入ったコップ**などは表現できません。そういった表現をしたい場合はCyclesを使います。

2-5 EEVEE Nextについて

Blender4.2で、EEVEEの次世代バージョンである**EEVEE Next**が導入されました。
レンダープロパティの**レンダーエンジン**には、これまで通り**EEVEE**と表示されますが、中身は**EEVEE Next**に置き換わっています。
EEVEE Nextには**リアルタイムレイトレーシング**などの様々な新機能が搭載され、また不要になった機能が削除されるなど、大きな変化がありました。
そのため4.1以前と4.2以降では**レンダープロパティ**や**マテリアルプロパティ**の項目に多くの違いがあり、特にEEVEEの透過・屈折の設定方法はほぼ別物になっています。

この項では、4.2の透過・屈折の設定方法を説明しました。
4.1以前の設定方法については著者のブログ（https://hainarashi.hatenablog.com）で説明しているので、そちらを参照してください。

POINT

なんでEEVEEの屈折はこんな設定が必要なの？
EEVEEのレンダリングは**ラスタライズ法**という方式です。
ラスタライズ法は、3Dゲームなどで操作に即応した画面表示をするための、高速（リアルタイム）レンダリングを主目的としています。
レンダリングの高速化、つまり処理の簡略化のため**最低限のレンダリングをして、屈折や反射はそれらしく見えるように後付けで画像処理をする**という手法をとっています。
EEVEEのたくさんある設定は、主にその**後付け画像処理**の項目です。
ユーザーがそれぞれの処理を**必要な時、必要な分だけ**ONにすることで、必要以上にレンダリング時間が長くなるのを防いでいます。

Chapter 1
Chapter 2
Chapter 3 1-5
Chapter 3 6-10
Chapter 3 11-15
Chapter 4

Chapter 4

3

環境テクスチャの使い方

ワールドの背景に**環境テクスチャ**を設定する手順を解説します。
環境テクスチャを設定すると、反射や屈折による映り込みが複雑になり、オブジェクトの見た目がよりリアルになります。

3-1 「環境テクスチャ」って何？

3D空間の背景として設定するための特殊な画像です。
環境テクスチャを設定すると3D空間全体が**背景に包まれ**て、360°どの方向を向いても背景がある状態になります。
また単なる背景としてだけではなく、**照明（環境光）**としても働きます。環境テクスチャの中の太陽やライトなどは実際に光源として働き、オブジェクトに複雑な陰影とリアルな質感を加えます。

設定前の環境テクスチャは次図のような画像です。

これを背景に設定して、ぐるっと見回してみると下のようになります。

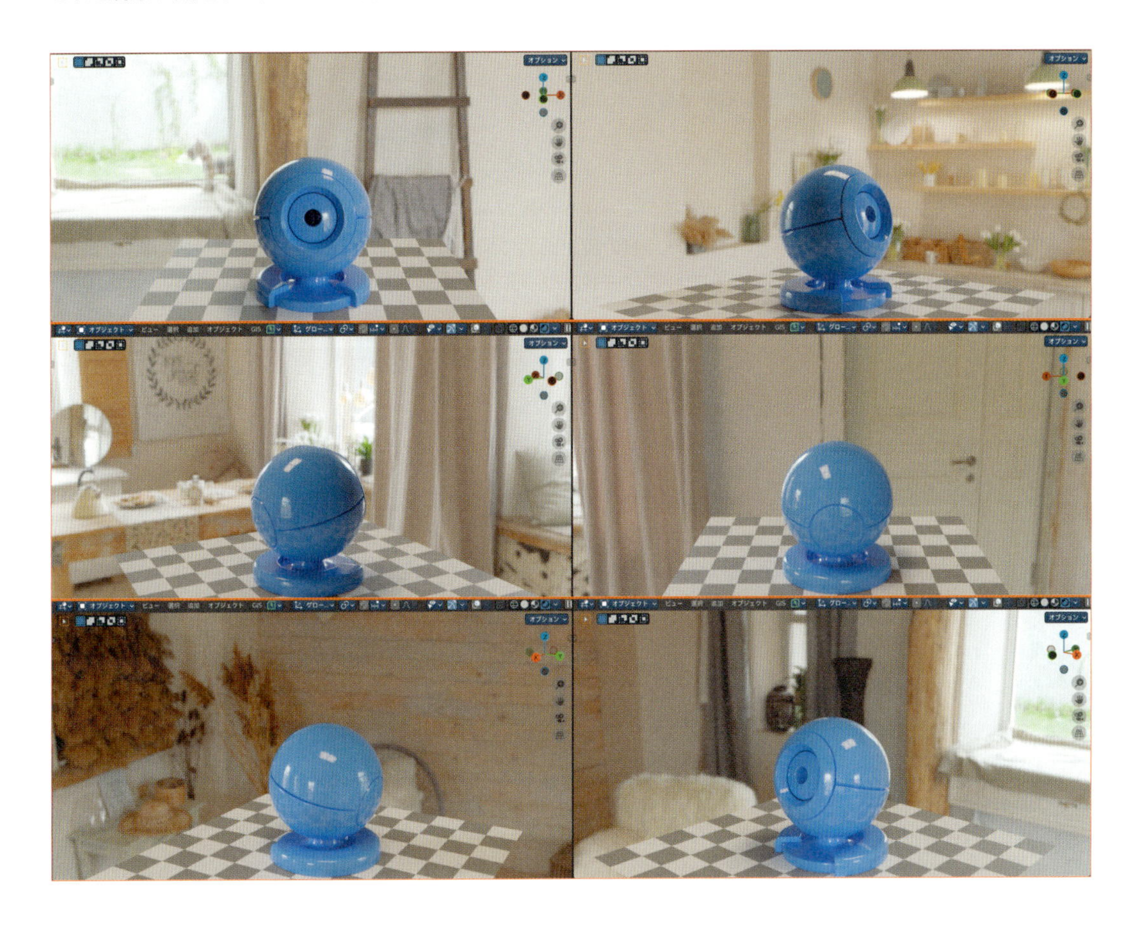

3-2　環境テクスチャの入手方法

ネット上には、無料で環境テクスチャを配布しているサイトがたくさんあり、「環境テクスチャ　フリー」で検索するとすぐ見つかります。
室内・都市・庭園・自然などさまざまなシチュエーションが用意されているので、欲しい背景のテクスチャをダウンロードしてください。

参考までに紹介すると、この本の見本で使用している環境テクスチャは、下記サイトで入手しています。

サイト名：Poly Haven
画像名：Studio Country Hall
URL：https://polyhaven.com/a/studio_country_hall

POINT

環境テクスチャのファイルは、**.hdr**、または**.exr**という拡張子になります。
ちょっと見慣れない拡張子ですが、これは**.jpg**や**.png**などと同じく画像ファイルの一種です。
広い範囲の明度（High Dynamic Range）を記録でき、ここでは照明としての明るさ設定に使われています。

3-3 環境テクスチャの設定手順

では、背景に環境テクスチャを設定してみましょう。

01 Step ワールドの設定画面を開く

❶シェーダーエディターの左上にある**シェーダータイプ**を、**ワールド**に変更します。
これで、シェーダーエディターがワールドの設定画面に切り替わります。
ワールドの設定では、デフォルトで**背景**ノードと**ワールド出力**ノードがセットされています。

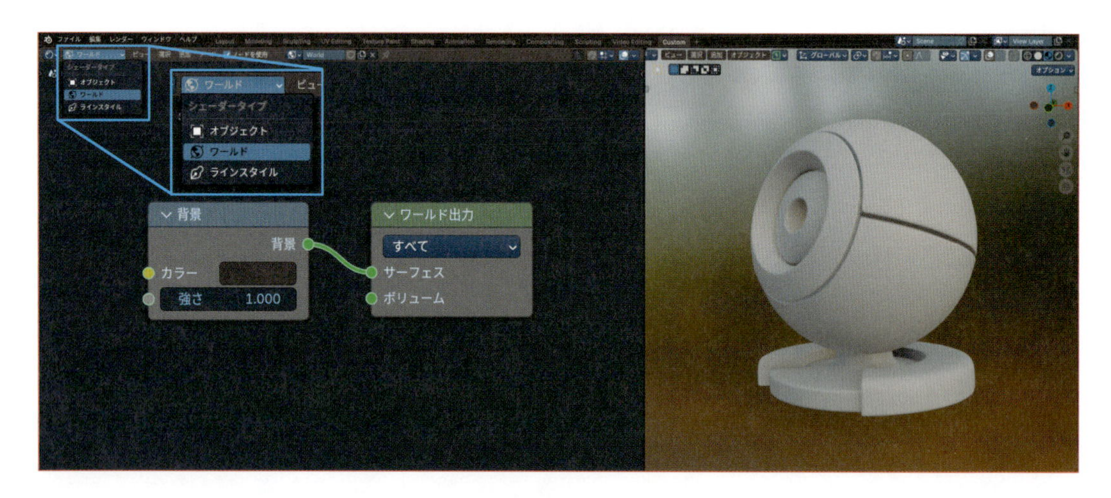

❷3Dビューポートの表示を**レンダー**に切り替えます。
これで、ワールドに設定されている背景が表示されるようになります。
初期状態の背景は、単色の暗いグレーです。

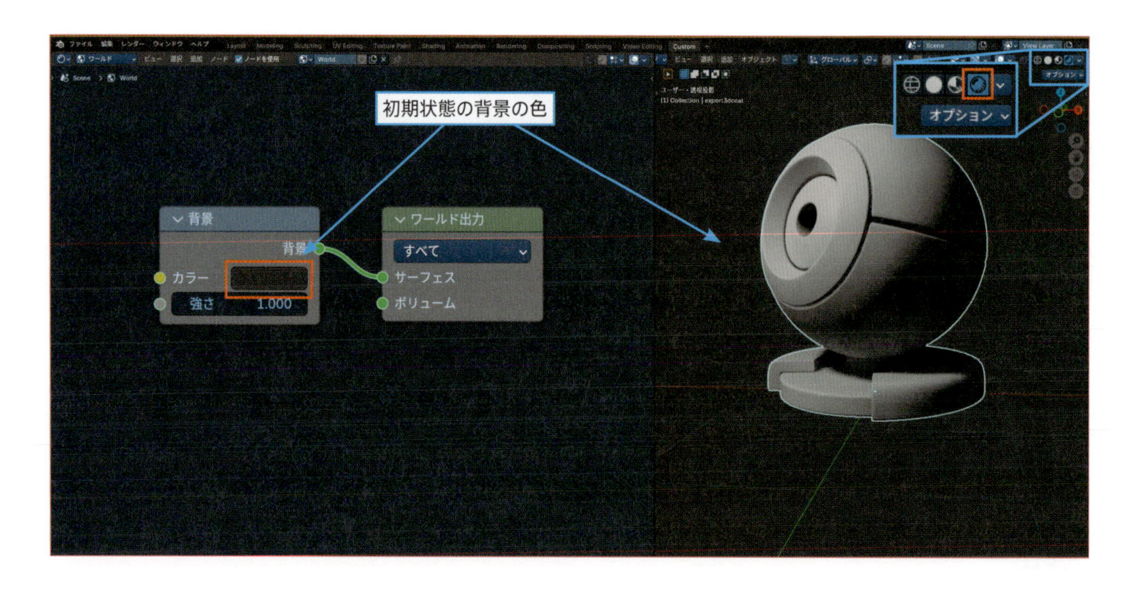

02 ノードを追加する

Step

環境テクスチャを設定するためのノードを追加します。

ノードの追加・接続などの操作方法は、マテリアルを設定する時と同じです。

❶**テクスチャ座標**、**マッピング**、**環境テクスチャ**の3つのノードを追加します。

- **Shift+A**＞**入力**＞**テクスチャ座標**
- **Shift+A**＞**ベクトル**＞**マッピング**
- **Shift+A**＞**テクスチャ**＞**環境テクスチャ**

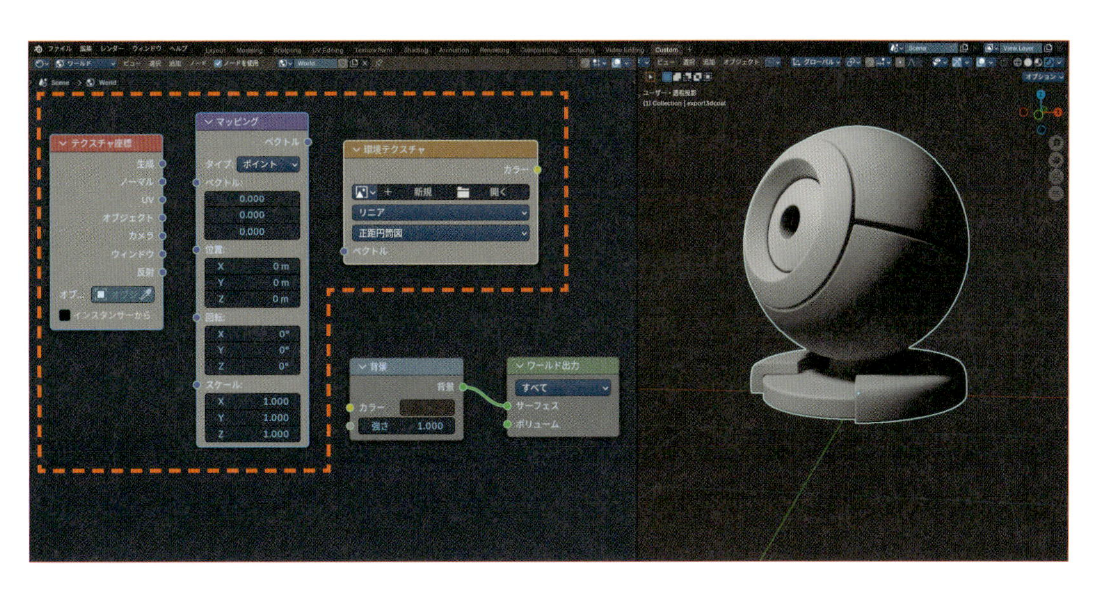

❷この3つのノードを、次のように接続します。

- ［**テクスチャ座標：生成**］＞［**マッピング：ベクトル**］
- ［**マッピング：ベクトル**］＞［**環境テクスチャ：ベクトル**］
- ［**環境テクスチャ：カラー**］＞［**背景：カラー**］

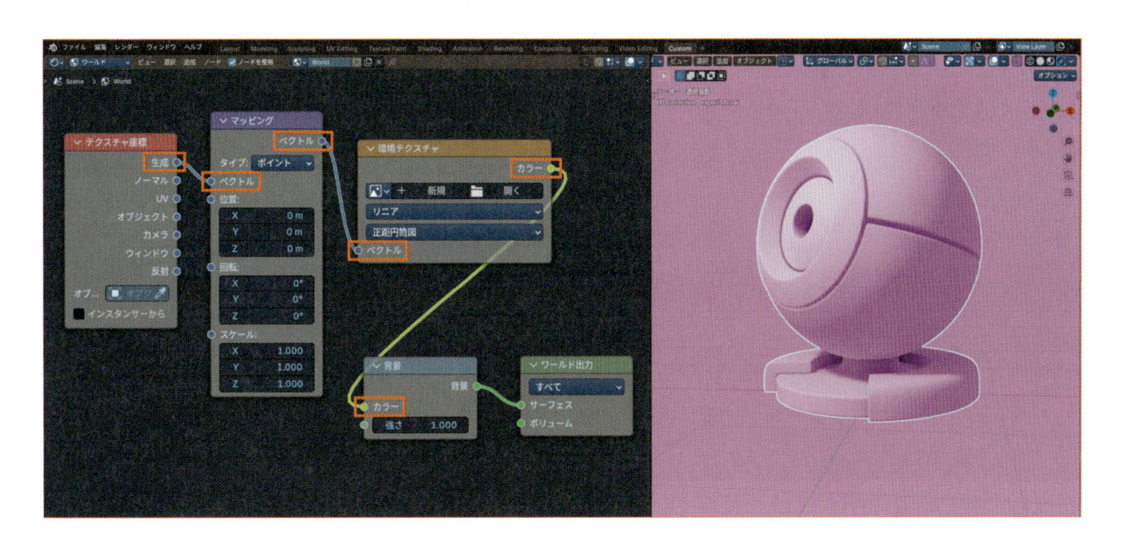

背景が紫色になってしまった！？

とびっくりしますが、これは**環境テクスチャ**に画像ファイルが設定されていないことを示す警告色です。

画像ファイルを設定すると、ちゃんと背景が表示されるようになります。

03 Step 画像ファイルを設定する

3-2で用意した画像ファイルを、**環境テクスチャ**に設定します。

❶**環境テクスチャ**の**開く**をクリックします。

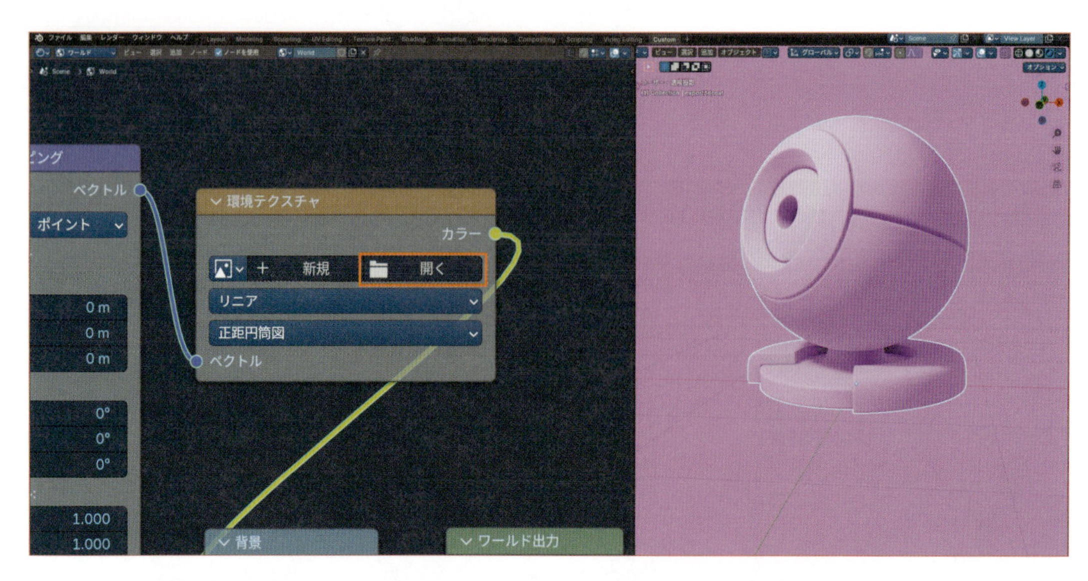

❷ファイルブラウザーが開くので、3-2で用意した画像ファイルを選択して、**画像を開く**をクリックします。

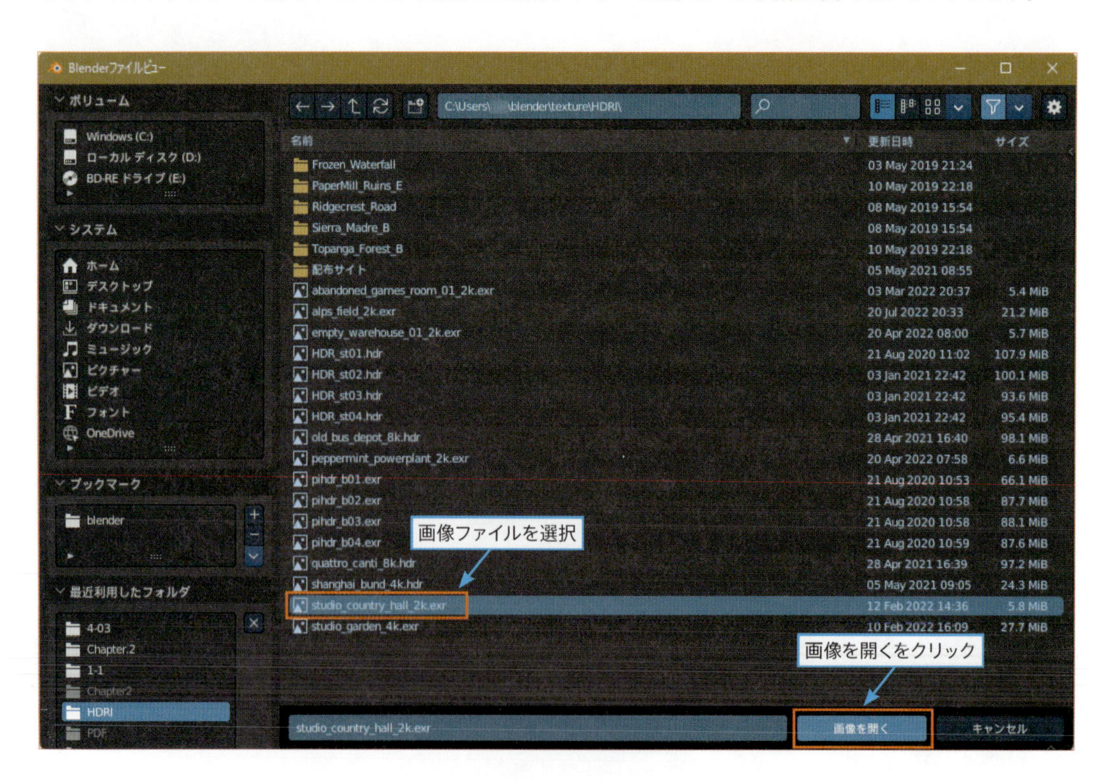

これで環境テクスチャが設定され、背景に表示されるようになります。

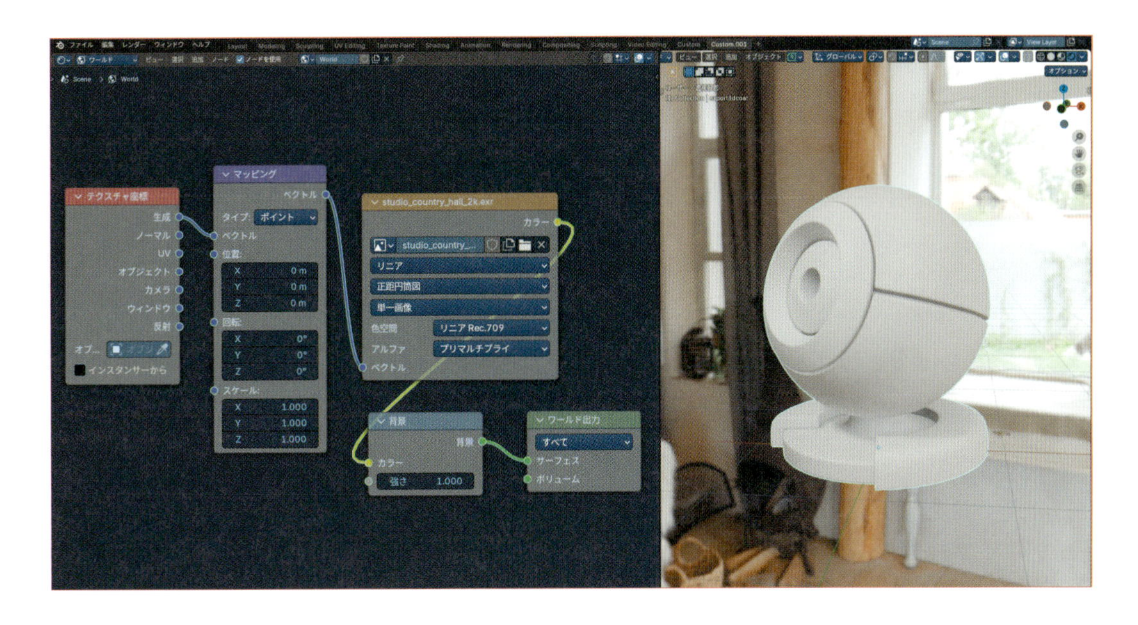

04 Step 背景の向きを変える

マッピングの**回転：Z**に数値を入力すると、背景に表示される環境テクスチャの向きを変えることができます。

画面で確認しながら、好みの向きになるように調整してください。

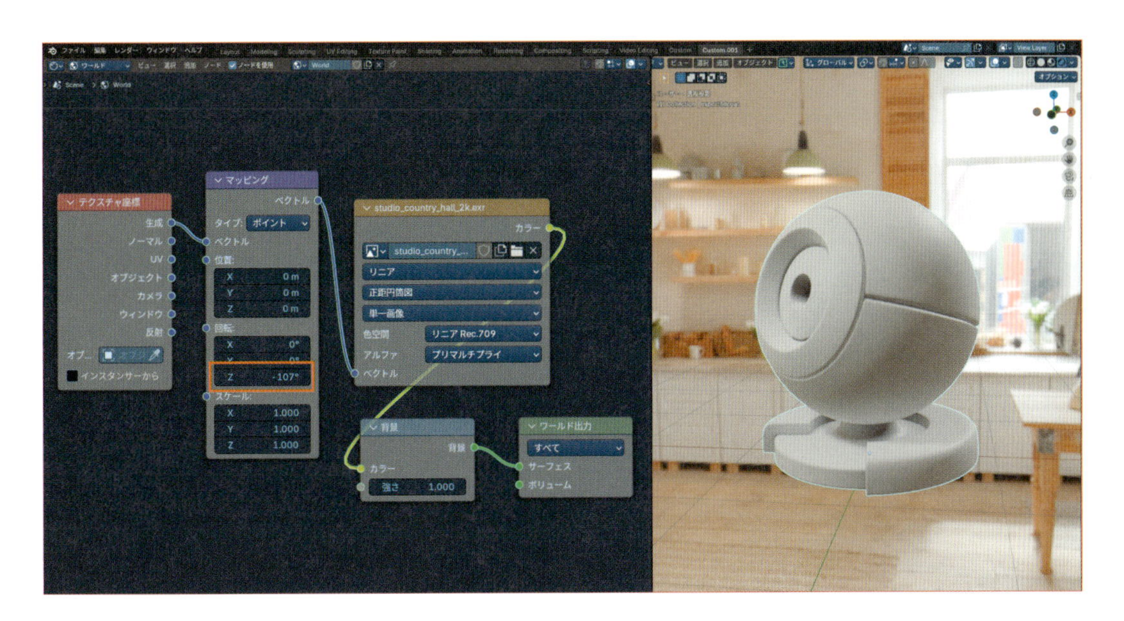

POINT

環境テクスチャは「カメラに映る仮想背景」で、3Dモデルとしての実体はありません。
そのため、「環境テクスチャの床や地面の上にオブジェクトを配置する」というようなことはできません。
オブジェクトが乗る床や地面などは、実際にオブジェクトで用意する必要があります。

終わりに

この本は初心者向けということで、初歩的なノード・パラメーター・テクニックに絞って紹介しつつも、「ノードを組む」感覚が身につく内容を目指しました。

というわけで、この本で紹介したマテリアルの作り方は、初心者でもノードの働きが分かりやすい手順で説明してあります。
でも実際は、ノードはどんな手順で組んでもOK！
手慣れてきたら、自分でやりやすいように自由にアレンジしていってください。

「はじめに」でも書きましたが、マテリアル作りは「習うより慣れろ」。
興味の向くまま遊んでいるうちに、どんどんできることが増えて楽しくなっていきます。

この本が、皆さんがマテリアル作りを楽しむための手助けになれば嬉しいです。

灰ならし
※本文添削・構成アドバイス：相方
※執筆協力：ヴォクセル株式会社

最後に、ひとつだけ余談を。
ノードを組み合わせてテクスチャを加工するテクニックには、**画像編集的な手法**と**プログラミング的な手法**の2種類があります。
画像編集的な手法は、カラーミックスなどを使って色や模様を合成・加工します。
プログラミング的な手法は、主に数式ノードを使って、係数やベクトルを計算式で操作します。
この本は初心者向けの入門書として、感覚的に分かりやすい画像編集的なテクニックを主に紹介しましたが、プログラミング的なテクニックも使えるようになると、できることが倍以上に広がり、もっと楽しくなります。
例えばこんな模様が作れます。

今Blenderでは、ノードでプログラムを組んでオブジェクトの形状を操作するGeometry Nodesが急速に発展していますが、それを習得する前準備としても、プログラミング的な手法にトライするのはオススメです。

使用したモデル

も

よ

り

れ

わ

著者プロフィール

灰ならし（はいならし）

2012年　3月：CADオペレーターとして就職
2013年　5月：SketchUpで3Dモデリングを始める
2014年10月：Blenderを使い始める
2015年11月：灰ならし名義で、pixivにてBlenderで作成した動画を投稿し始める
2020年　6月：ブログ「Blenderであそんでみた」開設
2022年12月：「Blender 質感・マテリアル設定実践テクニック」を執筆
2023年　7月：CGプロダクション ヴォクセル株式会社に入社

執筆協力

ヴォクセル株式会社

「CGI+VFX」をキーワードにフルCGから実写合成まで
作業はモデリング・アニメーション・エフェクト・コンポジット等全領域をカバー。
プロジェクトはアニメ、ゲーム、テレビ、映画、遊技機等々全包囲網で対応。
現在はBlender業務を絶賛拡充中！
https://voxel.co.jp

編集者プロフィール

樋山 淳（ひやま じゅん）

広告デザイン会社からソフトウェア会社、出版社を渡り歩き、企画・編集会社である株式会社三馬力を2010年に起業。現在は書籍企画、編集者、テクニカルライターを兼務し、ディレクター兼コーダーとしてWebサイトの構築、運用も行っている。
https://3hp.me

STAFF

編集・DTP　：　樋山 淳（株式会社三馬力）
ブックデザイン：　霜崎 綾子
カバーCG　：　灰ならし
編集部担当　：　角竹 輝紀・門脇 千智

Blender 質感・マテリアル設定実践テクニック [Blender 4.2 対応版]

2024年12月24日　初版第1刷発行

著者　灰ならし
発行者　角竹 輝紀
発行所　株式会社マイナビ出版
〒101-0003　東京都千代田区一ツ橋2-6-3 一ツ橋ビル 2F
TEL：0480-38-6872（注文専用ダイヤル）
TEL：03-3556-2731（販売）
TEL：03-3556-2736（編集）
編集問い合わせ先：pc-books@mynavi.jp
URL：https://book.mynavi.jp
印刷・製本　株式会社ルナテック

ISBN978-4-8399-8658-2